中国科学院科学出版基金资助出版

现代数学基础丛书·典藏版 115

现代统计研究基础

王启华　史宁中　耿　直　主编

科学出版社
北　京

内 容 简 介

本书主要介绍随机矩阵谱理论及大维数据分析、大规模数据分析及降维技术、变系数模型、纵向数据模型的稳健推断、测量误差模型及其统计分析方法、缺失数据回归分析、复杂疾病的基因关联分析、因果推断与图模型、复杂疾病的基因关联分析、生物医学等价性评价问题的统计推断、约束下的统计推断方法、现代试验设计与抽样调查等研究领域. 不仅介绍进入这些前沿研究领域所必备的基础知识, 而且介绍这些前沿研究领域的最新发展状况及有关重要成果, 探索有关领域的科学研究发展规律与发展方向.

本书适合高等院校数学与统计专业的高年级大学生、研究生、教师及相关科研工作者阅读参考.

图书在版编目(CIP)数据

现代统计研究基础/王启华, 史宁中, 耿直主编. —北京: 科学出版社, 2010

(现代数学基础丛书·典藏版; 115)

ISBN 978-7-03-026515-9

I. 现… II. ①王… ②史… ③耿… III. 数理统计 IV. O212

中国版本图书馆 CIP 数据核字 (2010) 第 015148 号

责任编辑: 陈玉琢 / 责任校对: 钟 洋
责任印制: 徐晓晨 / 封面设计: 陈 敬

科学出版社 出版
北京东黄城根北街 16 号
邮政编码: 100717
http://www.sciencep.com

北京凌奇印刷有限责任公司印刷
科学出版社发行 各地新华书店经销
*
2010 年 1 月第 一 版 开本: 720×1000 1/16
2024 年 4 月 印 刷 印张: 25
字数: 476 000

定价: 149.00 元

(如有印装质量问题, 我社负责调换)

章 节 作 者

第 1 章	白志东	新加坡国立大学与东北师范大学
第 2 章	朱力行	香港浸会大学
	朱力平	华东师范大学
第 3 章	薛留根	北京工业大学
第 4 章	朱仲义	复旦大学
第 5 章	崔恒建	北京师范大学
第 6 章	王启华	中国科学院数学与系统科学研究院
		云南大学
第 7 章	孙六全	中国科学院数学与系统科学研究院
第 8 章	耿　直	北京大学
第 9 章	杨亚宁	中国科学技术大学
第 10 章	唐年胜	云南大学
	王学仁	云南大学
第 11 章	史宁中	东北师范大学
第 12 章	邹国华	中国科学院数学与系统科学研究院
	冯士雍	中国科学院数学与系统科学研究院
第 13 章	方开泰	中国科学院随机复杂结构与数据科学重点实验室
		BNU-HKBU 联合国际学院
	刘民千	南开大学

《现代数学基础丛书》序

对于数学研究与培养青年数学人才而言，书籍与期刊起着特殊重要的作用. 许多成就卓越的数学家在青年时代都曾钻研或参考过一些优秀书籍，从中汲取营养，获得教益.

20 世纪 70 年代后期，我国的数学研究与数学书刊的出版由于“文化大革命”的浩劫已经被破坏与中断了 10 余年，而在这期间国际上数学研究却在迅猛地发展着. 1978 年以后，我国青年学子重新获得了学习、钻研与深造的机会. 当时他们的参考书籍大多还是 50 年代甚至更早期的著述. 据此，科学出版社陆续推出了多套数学丛书，其中《纯粹数学与应用数学专著》丛书与《现代数学基础丛书》更为突出，前者出版约 40 卷，后者则逾 80 卷. 它们质量甚高，影响颇大，对我国数学研究、交流与人才培养发挥了显著效用.

《现代数学基础丛书》的宗旨是面向大学数学专业的高年级学生、研究生以及青年学者，针对一些重要的数学领域与研究方向，作较系统的介绍. 既注意该领域的基础知识，又反映其新发展，力求深入浅出，简明扼要，注重创新.

近年来，数学在各门科学、高新技术、经济、管理等方面取得了更加广泛与深入的应用，还形成了一些交叉学科. 我们希望这套丛书的内容由基础数学拓展到应用数学、计算数学以及数学交叉学科的各个领域.

这套丛书得到了许多数学家长期的大力支持，编辑人员也为其付出了艰辛的劳动. 它获得了广大读者的喜爱. 我们诚挚地希望大家更加关心与支持它的发展，使它越办越好，为我国数学研究与教育水平的进一步提高做出贡献.

杨　乐

2003 年 8 月

前　　言

最近二三十年来, 统计学得到了迅速的发展, 这个发展的特征是非常显著的, 那就是与其他学科的融合, 根据实际问题的需要, 不断探索新的数据分析方法, 逐渐形成新的理论. 我们很高兴地看到, 统计学已经成为自然科学、工程技术、社会科学、人文科学中许多学科数据分析的强有力的工具, 并且在这个过程中, 统计学自身也得到了长足的发展, 形成了很多新的研究领域. 作为统计科研工作者, 特别是年轻的研究人员、博士后和广大的研究生, 了解这些研究领域的基础知识、研究手法、最新成果和发展趋势, 对于开拓视野、确立研究方向, 并站到科研前沿都是非常重要的. 本书正是为这一需要而写.

本书主要介绍随机矩阵谱理论及大维数据分析、大规模数据分析及降维技术、变系数模型、纵向数据模型的稳健推断、测量误差模型及其统计推断方法、缺失数据回归分析、复发事件数据的统计分析、因果推断与图模型、复杂疾病基因的统计关联分析、生物医学等价性评价问题的统计推断、约束下的统计推断方法、现代试验设计与抽样调查等科学研究方向或研究领域. 每一章均介绍一个研究领域或研究方向, 并由已在该领域取得突出成就或者是活跃在这些领域的专家撰写. 由于篇幅所限, 本书不可能介绍统计的所有研究领域, 对所介绍的研究领域, 也不可能非常详细地介绍且面面俱到, 但我们尽量做到在读者读完这本书或某一章节后对各领域或某一领域有一个基本的了解, 从而帮助读者找到自己感兴趣的研究领域或研究方向. 通过读这本书, 使读者能具备阅读有关文献的能力, 并对他们进入这些领域进行更进一步的学习和开展研究工作起到指导作用. 本书除了介绍最新成果外, 还注重一些基础知识的介绍, 并注重系统介绍各领域发展过程中所取得的一系列重要成果, 从而使那些有兴趣的科研人员和学生比较容易进入这些研究领域, 并找到有关领域的研究发展规律.

本书各章是相互独立的, 作者可直接学习某一章, 而不需要了解其他章的内容. 本书对初学者来说是一本科学研究的入门指导书, 而对研究人员来说是了解其他不同研究领域的必备参考书. 本书面向大学数学系统计学专业, 或者与统计学有关的大学高年级学生、研究生、大学教师和科研人员. 因为本书所介绍的研究领域大多都与应用有关, 因此, 本书也适用于广大的应用工作者.

由于作者水平有限, 疏漏不足在所难免, 恳请同行及广大读者批评指正.

作　者

2009 年 10 月

目　录

第1章　随机矩阵谱理论及大维数据分析

1.1　绪　　论

近二三十年来, 由于计算机技术的飞速发展和广泛应用, 人们得以能够搜集、储存和处理大量的高维数据. 数据的维数之大是以前所不能想象的, 从而数理统计的研究热点逐渐由小样本问题转向大样本问题及大维数据分析. 但是人们发现, 由于维数的急剧增加, 由假定维数不变的古典极限定理发展起来的数理统计方法已经不再适用于大维数据分析, 急需发展一套全新的极限理论, 以适应大维数据分析的需要. 因此, 大维数据分析目前已经成为数理统计领域最热门的研究课题之一, 从而也使得大维随机矩阵的谱分析理论找到了新的用武之地. 由于在大维数据分析中假定了数据的维数与样本大小之比趋于无穷, 这样大维随机矩阵的谱分析理论成了目前唯一一套可应用于大维数据分析的极限理论, 并且它能够解决其中一系列的实际问题.

20 世纪 40 年代末、50 年代初为量子力学兴起时期. 当时量子力学家们希望用大量粒子的能级分布性状来解释整个物理系统的整体性质, 而系统中的粒子能级可以用一个大维数观测值矩阵的特征根来描述. 他们通过大量的物理实验和数值计算发现了大量的统计规律. 这些规律被称为定律, 其实就是数学猜想. 在 50 年代末, 普林斯顿大学的著名物理学家 Wigner 教授建议不要用 Schrödinger 方程去计算单个粒子的能级, 而应该把有大量粒子组成的物理系统看成一个黑匣子, 然后用一个其元素服从一定概率分布的 $n \times n$ 的 Hermite 矩阵来描述. 他在严格的数学意义下证明了著名的半圆律, 为了纪念他, 今天都称之为 Wigner 律或 Wigner 半圆律.

由此开始, 随机矩阵理论引起了许多数学家的兴趣, Arnold, Geman, Grenander, Marvcenko, Pastur 等相继参与了该领域的研究. 特别是 Marvcenko 和 Pastur 创立了样本协方差阵的 Marvcenko-Pastur 律, 简记为 MP 律. 50 多年来, 随机矩阵理论得到了飞跃发展, 已成为一个独立的学科, 并得到了广泛的应用. 该领域发表文章的数量成指数速度增长. 白志东 (1999) 对 20 世纪的发展和主要成果给了一个回顾.

由于量子力学的起源背景以及数学描述的困难, 50 多年来的研究主要集中于关于随机矩阵理论特征根的研究, 而对于特征向量的研究则相对缺乏. 但是, 近年

本章作者：白志东, 新加坡国立大学教授, 东北师范大学特聘教授.

致谢：本项目得到国家自然科学基金资助 (10871036).

来, 由于应用上的需要, 关于随机矩阵特征向量的研究唤起了人们的注意. 就一定程度来讲, 如数理统计、信号分析等领域, 特征向量比特征根具有更广泛的实际应用价值.

1.2 随机矩阵的谱分析

设 $\boldsymbol{A}$ 是一个 $p \times p$ 阶的矩阵. 如果 $\boldsymbol{A}$ 的特征根 $\lambda_1, \cdots, \lambda_p$ 全是实数, 则可以定义一个经验分布函数

$$F^{\boldsymbol{A}}(x) = \frac{1}{p}\sum_{j=1}^{p} I(\lambda_j \leqslant x), \tag{1.2.1}$$

其中, $I(\cdot \leqslant \cdot)$ 为示性函数. 如果括号中的不等式成立, 则该函数取值 1; 否则, 取值 0. 显然, $F^{\boldsymbol{A}}$ 给出了 $\boldsymbol{A}$ 的特征根的分布, 故 $F^{\boldsymbol{A}}$ 称为矩阵 $\boldsymbol{A}$ 的经验谱分布 (ESD). 众所周知, 当矩阵 $\boldsymbol{A}$ 为对称矩阵 (实数情形) 或为 Hermite 矩阵 (复数情形) 时, 它的特征根全为实数. 所以, 文献中通常假定 $\boldsymbol{A}$ 为实对称矩阵或复 Hermite 矩阵. 当 $\boldsymbol{A}$ 的特征根为复数时, 可以用它的特征根的实部和虚部定义一个二维经验分布函数,

$$F^{\boldsymbol{A}}(x, y) = \frac{1}{p}\sum_{j=1}^{p} I(\Re(\lambda_j) \leqslant x, \Im(\lambda_j) \leqslant y), \tag{1.2.2}$$

这时, $F^{\boldsymbol{A}}(x, y)$ 也称为 $\boldsymbol{A}$ 的经验谱分布.

设 $\{\boldsymbol{A}_n\}$ 为一个 $p_n \times p_n$ 矩阵序列. 若当 $p_n \to \infty$ 时有 $F^{\boldsymbol{A}_n}$ 存在一个弱极限 F, 则称 F 为矩阵序列 $\{\boldsymbol{A}_n\}$ 的极限谱分布 (LSD).

$\boldsymbol{A}_n$ 为随机矩阵的情形是所感兴趣的. 称这种情形下的理论结果为大维随机矩阵的谱分析, 或简称为随机矩阵论 (RMT).

有时, 也对 $\boldsymbol{A}_n$ 的特征向量感兴趣. 特别是数理统计领域以及大量应用数理统计方法的领域, 如无线电电子学领域和金融风险分析领域, 都会经常应用到样本协方差阵的特征向量及特征向量矩阵, 所以关于特征向量的极限理论结果也属于 RMT 的研究范围.

1.2.1 Wigner 矩阵

所谓 Wigner 矩阵是指一个 $n \times n$ 实对称矩阵或复 Hermite 矩阵. 通常假定对角元及对角线以上的元素相互独立. 概率统计中最常见的情况是规范化以后的样本协方差阵的极限. 在正态分布条件下, 极限矩阵的所有元素都是正态分布. 对角元是 iid (独立同分布) 的正态分布 $N(0, 2\sigma^2)$, 而对角线以上的元素为 iid $N(0, \sigma^2)$. 这时的极限矩阵也称为高斯矩阵, 是一般定义的 Wigner 矩阵的特例. 量子力学中的 Wigner 矩阵是由 Hilbert 空间上的对称线性变换离散化得来的. 通常假定对角元 iid, 而对角线以上的元素 iid. 最广泛的定义只假定独立性和对称性.

设 $\boldsymbol{X}=(x_{ij})$ 是一个 Wigner 矩阵. 为保证半圆律成立, 假定

(1) $Ex_{ij}=0$;

(2) $E|x_{ij}|^2=1$;

(3) Lindeberg 条件成立, 即对于任何 $\eta>0$, 当 $n\to\infty$ 时有

$$\frac{1}{n^2}\sum_{i,j\leqslant n}E|x_{ij}^2|I(|x_{ij}|>\eta\sqrt{n})\to 0. \tag{1.2.3}$$

定理 1.2.1 在上述条件下, $\frac{1}{\sqrt{n}}\boldsymbol{X}$ 的 ESD 以概率 1 趋于半圆律, 即

$$F^{\frac{1}{\sqrt{n}}\boldsymbol{X}}(x)\to F(x),\quad \text{a.s.},$$

其中,

$$F'(x)=\begin{cases}\dfrac{1}{2\pi}\sqrt{4-x^2}, & |x|\leqslant 2,\\ 0, & \text{否则}.\end{cases} \tag{1.2.4}$$

在矩条件下证明 LSD 的存在或 LSD 的显式表达式, 通常首先要对矩阵元素进行截尾和中心化. 关于 Wigner 矩阵的截尾及中心化, 有下面两个引理.

引理 1.2.1 (秩不等式) 设 $\boldsymbol{A}$ 和 $\boldsymbol{B}$ 为两个 n 阶的 Hermite 矩阵, 则

$$||F^{\boldsymbol{A}}-F^{\boldsymbol{B}}||:=\sup_x|F^{\boldsymbol{A}}(x)-F^{\boldsymbol{B}}(x)|\leqslant\frac{1}{n}\text{rank}(\boldsymbol{A}-\boldsymbol{B}).$$

引理 1.2.2 (差不等式) 设 $\boldsymbol{A}$ 和 $\boldsymbol{B}$ 为两个 n 阶的 Hermite 矩阵, 则

$$\begin{aligned}L^3(F^{\boldsymbol{A}},F^{\boldsymbol{B}})&:=\inf\{\varepsilon|F^{\boldsymbol{A}}(x-\varepsilon)-\varepsilon\leqslant F^{\boldsymbol{B}}(x)\leqslant F^{\boldsymbol{A}}(x+\varepsilon)+\varepsilon,\forall x\}\\&\leqslant\frac{1}{n}\text{tr}(\boldsymbol{A}-\boldsymbol{B})^2,\end{aligned}$$

其中, $L(\cdot,\cdot)$ 为两个分布函数之间的 Levy 距离.

下面举例来说明如何应用以上两个引理来对 $\boldsymbol{X}$ 的元素进行截尾和中心化. 由条件 (1.2.3) 知存在一常数列 $\eta=\eta_n\downarrow 0$, 使得

$$\frac{1}{n^2\eta_n^2}\sum_{i,j\leqslant n}E|x_{ij}^2|I(|x_{ij}|>\eta_n\sqrt{n})\to 0. \tag{1.2.5}$$

令 $\tilde{x}_{ij}=x_{ij}I(|x_{ij}|\leqslant\eta_n\sqrt{n})$ 以及 $\widetilde{\boldsymbol{X}}=(\tilde{x}_{ij})_{i,j\leqslant n}$. 由引理 1.2.1 知

$$||F^{\frac{1}{\sqrt{n}}\boldsymbol{X}}-F^{\frac{1}{\sqrt{n}}\widetilde{\boldsymbol{X}}}||\leqslant\frac{1}{n^2}\sum_{i,j\leqslant n}I(|x_{ij}|\geqslant\eta_n\sqrt{n}).$$

再由 Bernstein 不等式[①]可知上式右端以概率 1 趋于 0.

令 $\hat{x}_{ij}=\tilde{x}_{ij}-E\tilde{x}_{ij}$ 以及 $\widehat{\boldsymbol{X}}=(\hat{x}_{ij})_{i,j\leqslant n}$. 由引理 1.2.2 知

$$\begin{aligned}L(F^{\frac{1}{\sqrt{n}}\widetilde{\boldsymbol{X}}},F^{\frac{1}{\sqrt{n}}\widehat{\boldsymbol{X}}})&\leqslant\frac{1}{n^2}\sum_{i,j\leqslant n}|Ex_{ij}I(|x_{ij}|\geqslant\eta_n\sqrt{n})|^2\\&\leqslant\frac{1}{n^2}\sum_{i,j\leqslant n}E|x_{ij}|^2I(|x_{ij}|\geqslant\eta_n\sqrt{n})\to 0.\end{aligned}$$

以上两个不等式就把证明 $\frac{1}{\sqrt{n}}\boldsymbol{X}$ 的半圆律问题归结为证明 $\frac{1}{\sqrt{n}}\widehat{\boldsymbol{X}}$ 的半圆律问题. 但是, 由于 $\frac{1}{\sqrt{n}}\widehat{\boldsymbol{X}}$ 的元素具有任意阶矩, 因此, 可以利用矩方法和 Carleman 定理证明半圆律, 这里略去详细证明. 有兴趣的读者可以参见白志东与 Silverstein 教授合写的专著《大维随机矩阵的谱分析》.

随机矩阵理论的另一个重要课题是极大极小特征值的极限. 关于这个问题, 白志东和殷涌泉 (1986) 证明了如下定理:

定理 1.2.2 假定 Wigner 矩阵 $\boldsymbol{X}$ 的对角元为 iid, 对角线以上的元素为 iid, 则 $\frac{1}{\sqrt{n}}\boldsymbol{X}$ 的最大特征根以概率 1 收敛于一个有限极限 a 的充分必要条件是

(1) $E(x_{11}^{+})^2<\infty$;

(2) $Ex_{12}\leqslant 0, \forall i\neq j$ (即期望为实数情形);

(3) $Ex_{12}^4<\infty$;

(4) $E|x_{12}-Ex_{12}|^2=\sigma^2=\sqrt{a/2}$.

根据定理 1.2.2, 很容易得到如下推论:

推论 1.2.1 假定 Wigner 矩阵 $\boldsymbol{X}$ 的对角元为 iid, 对角线以上的元素为 iid, 则 $\frac{1}{\sqrt{n}}\boldsymbol{X}$ 的最大特征根以概率 1 收敛于一个有限极限 a 且最小特征根以概率 1 收敛于 b 的充分必要条件是

(1) $E|x_{11}|^2<\infty$;

(2) $Ex_{12}=0, \forall i\neq j$;

(3) $E|x_{12}|^4<\infty$;

(4) $E|x_{12}-Ex_{12}|^2=\sigma^2=\sqrt{a/2}=\sqrt{-b/2}$.

在随机矩阵论的应用中, 有许多重要统计量是由随机矩阵的特征根的泛函构成的. 一类重要泛函是线性谱统计量 (LSS), 它的定义为

① Bernstein 不等式: 设 $X_1,\cdots,X_n$ 为一列独立随机变量, 均值为 0, X_i 的方差为 σ_i^2, 并且 $|X_i|\leqslant b$, 则对于任何常数 $\varepsilon>0$ 恒有

$$P(|S_n|\geqslant\varepsilon)\leqslant 2\exp(-\varepsilon^2/2(B_n^2+b\varepsilon)),$$

其中, $S_n=X_1+\cdots+X_b$, $B_n^2=\sigma_1^2+\cdots+\sigma_n^2$.

$$\frac{1}{n}\sum_{i=1}^{n} f(\lambda_i) = \int f(x)\mathrm{d}F^{\boldsymbol{A}_n}(x).$$

显然, 在一定条件下, 它的极限是 $\int f(x)\mathrm{d}F(x)$, 其中, $F(x)$ 是 $\{\boldsymbol{A}_n\}$ 的 LSD. 在应用中, 有统计兴趣的参数通常可以表示成 $\int f(x)\mathrm{d}F(x)$ 的形式, 而 $\int f(x)\mathrm{d}F^{\boldsymbol{A}_n}(x)$ 可以表示参数的估计量. 为了区间估计或假设检验的需要, 需要研究 $\int f(x)\mathrm{d}F^{\boldsymbol{A}_n}(x)$ 的渐近分布. 白志东与姚剑锋 (2008) 建立了 Wigner 矩阵的 LSS 的中心极限定理.

定理 1.2.3 假设 $\mathcal{A}$ 为一族函数, 对于任何 $f \in \mathcal{A}$, 存在一个复平面上包含 $[-2,2]$ 的开区域 $\mathcal{U}$, 使得 f 在区域 $\mathcal{U}$ 中解析. 考虑随机变量族 $\boldsymbol{X}_n(f) = n\int f(x)\cdot \mathrm{d}(F^{\frac{1}{\sqrt{n}}\boldsymbol{X}}(x) - F(x))$, $f \in \mathcal{A}$. 假设 x_{ii} 为 iid 随机变量, 均值为 0, 方差为 σ^2. $x_{ij}(i<j)$ 为均值为 0, 方差为 1 的 iid 随机变量且具有有限的 4 阶矩, 则

(1) 对于任何有限个 $f_k \in \mathcal{A}$, 随机向量列 $\{\boldsymbol{X}_n(f_k)\}$ 为一紧序列;

(2) 如果 $\boldsymbol{X}$ 的元素为实随机变量, 则 $\{\boldsymbol{X}_n(f_k)\}$ 以分布收敛于一正态随机向量 $\{\boldsymbol{X}(f_k)\}$, 其均值为

$$E\boldsymbol{X}(f) = \frac{1}{4}(f(-2)+f(2)) - \frac{1}{2}\tau_0(f) + (\sigma^2-2)\tau_0(f) + \beta\tau_4(f),$$

协方差函数为

$$\begin{aligned} c(f,g) &= E(\boldsymbol{X}(f) - E\boldsymbol{X}(f))(\boldsymbol{X}(g) - E\boldsymbol{X}(g)) \\ &= \sigma^2\tau_1(f)\tau_1(g) + 2(\beta+1)\tau_2(f)\tau_2(g) + 2\sum_{\ell=3}^{\infty}\ell\tau_\ell(f)\tau_\ell(g) \\ &= \frac{1}{4\pi^2}\int_{-2}^{2}\int_{-2}^{2} f'(t)g'(s)V_r(t,s)\mathrm{d}t\mathrm{d}s, \end{aligned}$$

其中

$$\beta = Ex_{12}^4 - 3, \quad \tau_j(f) = \int_{-\pi}^{\pi} f(2\cos(\theta))\cos(j\theta)\mathrm{d}\theta,$$

$$V_r(t,s) = \left(\sigma^2 - 2 + \frac{1}{2}\beta ts\right)\sqrt{(4-t^2)(4-s^2)} + 2\log\left(\frac{4-ts+\sqrt{(4-t^2)(4-s^2)}}{4-ts-\sqrt{(4-t^2)(4-s^2)}}\right);$$

(3) 如果 $\boldsymbol{X}$ 的元素为复随机变量, 并且满足 $Ex_{12}^2 = 0$, 则 $\{\boldsymbol{X}_n(f_k)\}$ 以分布收敛于一正态随机向量, 其均值为

$$E\boldsymbol{X}(f) = (\sigma^2-1)\tau_0(f) + \beta\tau_4(f),$$

协方差函数为

$$\begin{aligned}c(f,g) &= \sigma^2\tau_1(f)\tau_1(g)+2(\beta+1)\tau_2(f)\tau_2(g)+\sum_{\ell=3}^{\infty}\ell\tau_\ell(f)\tau_\ell(g)\\&=\frac{1}{4\pi^2}\int_{-2}^{2}\int_{-2}^{2}f'(t)g'(s)V_i(t,s)\mathrm{d}t\mathrm{d}s,\end{aligned}$$

其中,

$$V_i(t,s)=\left(\sigma^2-1+\frac{1}{2}\beta ts\right)\sqrt{(4-t^2)(4-s^2)}+\log\left(\frac{4-ts+\sqrt{(4-t^2)(4-s^2)}}{4-ts-\sqrt{(4-t^2)(4-s^2)}}\right).$$

1.2.2　样本协方差阵

样本协方差阵是数理统计以及其他应用领域最有价值的一个统计量. 它的定义如下: 设 $\boldsymbol{X}=(x_{ik})$ 是一个由独立随机变量组成的 $p\times n$ 阶随机矩阵, 则样本协方差阵定义为

$$\boldsymbol{S}_n=\frac{1}{n-1}\left(\sum_{k=1}^{n}(x_{ik}-\bar{x}_i)(x_{jk}-\bar{x}_j)\right)_{i,j=1}^{p}=\frac{1}{n-1}\left(\boldsymbol{X}\boldsymbol{X}'-\frac{1}{n}(\boldsymbol{X}\boldsymbol{l}_n)(\boldsymbol{X}\boldsymbol{l}_n)'\right),$$

其中, $\bar{x}_i=\frac{1}{n}\sum_{k=1}^{n}x_{ik}$, 而 $\boldsymbol{l}_n$ 是一个所有元素为 1 的 n 维向量.

由于 $\frac{1}{n}(\boldsymbol{X}\boldsymbol{l}_n)(\boldsymbol{X}\boldsymbol{l}_n)'$ 的秩 (rank) 为 1, 故不影响 $\boldsymbol{S}_n$ 的 LSD, 所以文献中都把它的定义简化为

$$\boldsymbol{S}_n=\frac{1}{n}\boldsymbol{X}\boldsymbol{X}'.$$

样本协方差阵的另一个重要应用领域是无线电电子学. 为数学上的方便起见, 他们通常把波形观测值转换成复数, 所以在无线电领域里通常使用复随机变量. 为适应该领域的需要, 把样本协方差阵的定义改为

$$\boldsymbol{S}_n=\frac{1}{n}\boldsymbol{X}\boldsymbol{X}^*,$$

其中, $*$ 表示矩阵或向量的复共轭加转置.

设 $\boldsymbol{X}=(x_{ij})$ 是一个 $p\times n$ 矩阵. 为保证 MP 律成立, 假定

(1) $Ex_{ij}=0$;

(2) $E|x_{ij}|^2=1$;

(3) Lindeberg 条件成立, 即对于任何 $\eta>0$, 当 $n\to\infty$ 时有

$$\frac{1}{np}\sum_{i=1}^{p}\sum_{j=1}^{n}E|x_{ij}^2|I(|x_{ij}|>\eta\sqrt{n})\to 0; \tag{1.2.6}$$

(4) $p/n\to y\in(0,\infty)$.

平行于 Wigner 矩阵有如下结果:

定理 1.2.4 在上述条件下, $\boldsymbol{S}_n$ 的 ESD 以概率 1 趋于 MP 律, 即

$$F^{\boldsymbol{S}_n}(x) \to F_y(x), \quad \text{a.s.},$$

其中, $a=(1-\sqrt{y})^2$, $b=(1+\sqrt{y})^2$, 并且

$$F_y'(x) = \begin{cases} \dfrac{1}{2\pi xy}\sqrt{(b-x)(x-a)}, & a<x<b, \\ 0, & \text{否则}. \end{cases} \tag{1.2.7}$$

如果 $y>1$, 则 $F_y(x)$ 除了上述密度外, 另在原点有一质量为 $1-1/y$ 的原子.

类似于 Wigner 矩阵的截尾及中心化引理, 可得到下面两个引理.

引理 1.2.3 (秩不等式) 设 $\boldsymbol{A}$ 和 $\boldsymbol{B}$ 为两个 n 阶的 Hermite 矩阵, 则

$$\|F^{\boldsymbol{AA}'} - F^{\boldsymbol{BB}'}\| \leqslant \frac{1}{p}\text{rank}(\boldsymbol{A}-\boldsymbol{B}).$$

引理 1.2.4 (差不等式) 设 $\boldsymbol{A}$ 和 $\boldsymbol{B}$ 为两个 $p\times n$ 阶的复随机矩阵, 则

$$L^4(F^{\boldsymbol{AA}'}, F^{\boldsymbol{BB}'}) \leqslant \frac{2}{p}\text{tr}(\boldsymbol{AA}'+\boldsymbol{BB}')\frac{1}{p}\text{tr}(\boldsymbol{A}-\boldsymbol{B})^2.$$

利用上述引理对于样本协方差阵的截尾和中心化与 Wigner 矩阵十分相似, 故略.

截尾和中心化以后, 就把证明 $\boldsymbol{S}_n$ 的 MP 律问题转化为在截尾条件下证明 MP 律的问题, 故也略去详细证明.

随机矩阵理论的另一个重要课题是考虑极大极小特征值的极限问题. 关于这个问题, Bai 等 (1988), Bai 与 Yin (1993) 证明了如下定理:

定理 1.2.5 若 $\boldsymbol{X}$ 矩阵的元素为 iid 且均值为 0, 方差为 1, 那么 $\boldsymbol{S}_n$ 的最大特征根以概率 1 收敛于一个有限极限 $b=(1+\sqrt{y})^2$ 的充分必要条件是

$$E|x_{11}^4| < \infty. \tag{1.2.8}$$

在条件 (1.2.8) 下, 当 $p<n$ 时 $\boldsymbol{S}_n$ 的最小特征根, 或当 $p>n$ 时 $\boldsymbol{S}_n$ 的第 $p-n+1$ 个最小特征根以概率 1 收敛于 $a=(1-\sqrt{y})^2$.

1.2.3 矩阵乘积

现在考虑 $\boldsymbol{S}$ 与一个非负定的 Hermite 矩阵 $\boldsymbol{T}$ 的乘积 $\boldsymbol{ST}$ 的谱分析. 注意 $\boldsymbol{ST}$ 的全部特征根与矩阵 $\boldsymbol{T}^{1/2}\boldsymbol{ST}^{1/2}$ 的全部特征根一样. 如果把 $\boldsymbol{B}_n := \boldsymbol{T}^{1/2}\boldsymbol{ST}^{1/2}$ 写成

$$\sum_{j=1}^{n} \boldsymbol{T}^{1/2}\boldsymbol{x}_j\boldsymbol{x}_j^*\boldsymbol{T}^{1/2},$$

则它可以看成是从一个协方差阵为 $\boldsymbol{T}$ 的总体中抽出来的一个大小为 n 的样本构造的样本协方差阵. 如果 $\boldsymbol{T}$ 看成另外一个样本协方差阵的逆矩阵 $\boldsymbol{S}^{-1}$, 则这个矩阵乘积是多元统计分析中十分重要的 F 矩阵. 因此, 这类矩阵乘积在大维随机矩阵谱分析中很有兴趣.

1982 年, 殷涌泉与 Krishnaiah 证明了如下定理:

定理 1.2.6　如果 $n\boldsymbol{S}_n$ 为一个 p 维 Wishart 矩阵, $p/n \to y > 0$, 对于任何正整数 k, $p^{-1}\mathrm{tr}\boldsymbol{T}^k \to H_k$, H_k 满足 Carleman 条件, 即

$$\sum_{k=1}^{\infty} H_{2k}^{-1/2k} = \infty,$$

则 $\boldsymbol{ST}$ 的极限谱分布存在, 并且极限谱分布的 k 阶矩由下式给出:

$$\beta_k = \sum_{s=1}^{k} y^{k-s} \sum_{\substack{i_1+i_2+\cdots+i_s=k-s+1 \\ i_1+2i_2+\cdots+si_s=k}} \frac{k!}{s!} \prod_{m=1}^{s} \frac{H_m^{i_m}}{i_m!}.$$

殷涌泉于 1986 年仅在二阶矩存在的条件下, 进一步证明了上述结果. 1987 年, 白志东、殷涌泉与 Krishnaiah 利用上式导出了 F 矩阵的极限谱分布的明显表达式. 当 $p/n_1 \to y_1 < \infty$, $p/n_2 \to y_2 \in (0,1)$ 时, F 矩阵的极限分布为

$$F'_{y_1,y_2}(x) = \begin{cases} \dfrac{1}{2\pi x(y_1 + xy_2)}\sqrt{(b-x)(x-a)}, & a < x < b, \\ 0, & \text{否则}, \end{cases}$$

其中, $a, b = \dfrac{(1 \mp \sqrt{y_1 + y_2 - y_1 y_2})^2}{(1-y_2)^2}$. 如果 $y_1 > 1$, 则极限谱分布在原点有一个质量为 $1 - 1/y_1$ 的点测度.

1995 年, Silverstein 进一步证明了如下定理:

定理 1.2.7　如果 x_{ij} iid 且均值为 0, 方差为 1, $\boldsymbol{T}$ 的极限谱分布 H 存在, 则 $\boldsymbol{ST}$ 为非负定且其极限谱分布存在, 并且极限谱分布 (记作 $F^{y,H}$) 的 Stieltjes 变换① (记作 $s = s(z)$) 为下面的方程在上半平面的唯一解:

$$s = \int \frac{1}{\lambda(1 - y - yzs) - z} \mathrm{d}H(\lambda),$$

其中 z 的虚部为正数.

记 $\boldsymbol{X}_n(f) = p\int f(x)\mathrm{d}(F^{\boldsymbol{B}_n}(x) - F^{y_n,H_n}(x))$, 其中 $p\int f(x)\mathrm{d}F^{\boldsymbol{B}_n}(x) = \sum_{k=1}^{p} f(\lambda_k^{\boldsymbol{B}_n})$

① 对于任何有界变差函数 G, 其 Stieltjes 变换定义为 $s(z) = \int \frac{1}{x-z}\mathrm{d}G(x)$, 其中, z 的虚部为正数. 与特征函数类似, Stieltjes 变换与有界变差函数之间有一一对应关系、逆转公式和连续性定理.

为矩阵 $\boldsymbol{B}_n$ 的线性谱统计量. 2004 年, 白志东与 Silverstein 建立了矩阵 $\boldsymbol{ST}$ 的线性谱统计量的中心极限定理.

定理 1.2.8 设下述条件成立:

(1) x_{ij} 为 iid, $Ex_{ij}=0$, $Ex_{ij}^2=1$, $Ex_{ij}^4<\infty$, $p/n\to y$;

(2) $\boldsymbol{T}$ 的ESD $F^{\boldsymbol{T}}\to H$, 其中, H 是一个概率分布;

(3) $f_1,\cdots,f_k$ 为 k 个在覆盖

$$[\liminf_n \lambda_{\min}^{\boldsymbol{T}} I_{(0,1)}(y)(1-\sqrt{y})^2, \liminf_n \lambda_{\max}^{\boldsymbol{T}} I_{(0,1)}(y)(1+\sqrt{y})^2] \tag{1.2.9}$$

的某个开区域上解析的函数, 则有如下结论:

• 当 $n\to\infty$ 时, 随机向量序列

$$(\boldsymbol{X}_n(f_1),\cdots,\boldsymbol{X}_n(f_k))$$

构成一个紧序列;

• 当 x_{ij} 和 $\boldsymbol{T}_n$ 都是实值且 $Ex_{ij}^4=3$ 时, 上述随机向量序列依分布收敛于一个 Gauss 随机向量 $(X_{f_1},\cdots,X_{f_k})$, 其均值为

$$E\boldsymbol{X}_f=-\frac{1}{2\pi\mathrm{i}}\int_{\mathcal{C}} f(z)\frac{y\displaystyle\int\frac{\underline{s}(z)^3t^2\mathrm{d}H(t)}{(1+t\underline{s}(z))^3}}{\left(1-y\displaystyle\int\frac{\underline{s}(z)^2t^2\mathrm{d}H(t)}{(1+t\underline{s}(z))^2}\right)^2}\mathrm{d}z,$$

而协方差函数为

$$\mathrm{Cov}(\boldsymbol{X}_f,\boldsymbol{X}_g)=-\frac{1}{2\pi^2}\int_{\mathcal{C}_1}\int_{\mathcal{C}_2}\frac{f(z_1)g(z_2)}{(\underline{s}(z_1)-\underline{s}(z_2))^2}\underline{s}'(z_1)\underline{s}'(z_2)\mathrm{d}z_1\mathrm{d}z_2,$$

其中, 两个围道 $\mathcal{C}_1$ 和 $\mathcal{C}_1$ 同时包围且可以任意接近式 (1.2.9) 给出的区间, 但互不相交;

• 当 x_{ij} 和 $\boldsymbol{T}_n$ 都是复值且 $E|x_{ij}^4|=2$, $Ex_{ij}^2=0$ 时, 上述随机向量序列依分布收敛与一个 Gauss 随机向量 $(X_{f_1},\cdots,X_{f_k})$, 其均值为 0, 而协方差为实值时的一半.

在上述结论中, $\underline{s}(z)=-\dfrac{1-y}{z}+ys(z)$. 注意, $\underline{s}(z)$ 满足逆转公式

$$z=-\frac{1}{\underline{s}}+y\int\frac{t}{1+t\underline{s}}\mathrm{d}H(t).$$

为了大维多元分析的需要, 郑术蓉最近导出了大维 F 矩阵的线性谱统计量的中心极限定理.

定理 1.2.9 设 $\boldsymbol{F}=\boldsymbol{S}_1\boldsymbol{S}_2^{-1}$, 其中, $\boldsymbol{S}_i=\dfrac{1}{n_i}\displaystyle\sum_{j=1}^{n_i}\boldsymbol{x}_j\boldsymbol{x}_j^*\,(i=1,2)$ 满足 $p/n_i\to y_i\in(0,1)$. 假定

(1) 对于任何 $\eta > 0$,

$$\frac{1}{pn_i}\sum_{j=1}^{n_i}\sum_{k=1}^{p}E|x_{ijk}^4|I(|x_{ijk}|\geqslant \eta\sqrt{n_i})\to 0$$

(该条件蕴涵 $\sup\limits_{ijk}E|x_{ijk}^4|<\infty$);

(2) 如果 $\{x_{ijk}\}$ 同为实随机变量, 则 $Ex_{ijk}=0$, $E|x_{ijk}^2|=1$, $\beta_i=E|x_{ijk}^4|-1-\kappa$, $\kappa=2$;

(3) 如果 $\{x_{ijk}\}$ 同为复随机变量, 则 $Ex_{ijk}=0$, $E|x_{ijk}^2|=1$, $\beta_i=E|x_{ijk}^4|-1-\kappa$, $\kappa=1$, 并且 $Ex_{ijk}^2=0$;

(4) 设函数 $\{f_1,\cdots,f_k\}$ 同时在包含区间 $[a,b]$ 的复平面上的某个开区域 $\mathcal{U}$ 上解析, 其中, $a,b=\dfrac{(1\mp h)^2}{(1-y_2)^2}$, $h^2=y_1+y_2-y_1y_2$,

则随机向量 $\boldsymbol{X}_n(f_j)(j=1,2,\cdots,k)$ 以分布收敛于联合正态随机向量 $\boldsymbol{X}_{f_j}(j=1,2,\cdots,k)$, 其渐近均值为

$$\begin{aligned}E\boldsymbol{X}_f=&\lim_{r\uparrow 1}\frac{1}{2\pi\mathrm{i}}\oint_{|\xi|=1}f\left(\frac{|1+h\xi|^2}{|1-y_2|^2}\right)\left[\frac{(\kappa-1)\xi}{\xi^2-r^2}-\frac{\kappa-1}{\xi-rh^{-1}y_2}+\frac{\beta_1y_1(1-y_2)^2}{h^2(\xi+rh^{-1}y_2)^3}\right.\\&\left.\cdot\frac{\beta_2y_2(1-y_2)(h\xi+1)}{h^2(\xi+rh^{-1}y_2)^3}\mathrm{d}\xi\right],\end{aligned}$$

渐近协方差函数为

$$\begin{aligned}\mathrm{Cov}(\boldsymbol{X}_f,\boldsymbol{X}_g)=&E(\boldsymbol{X}_f-E\boldsymbol{X}_f)(\boldsymbol{X}_g-E\boldsymbol{X}_g)\\=&-\lim_{r\uparrow 1}\frac{1}{4\pi^2}\oint\oint_{|\xi_1|=|\xi_2|=1}f\left(\frac{|1+h\xi_1|^2}{|1-y_2|^2}\right)g\left(\frac{|1+h\xi_2|^2}{|1-y_2|^2}\right)\left[\frac{\kappa}{(r\xi_1-\xi_2)^2}\right.\\&\left.+\frac{(\beta_1y_1+\beta_2y_2)(1-y_2)^2}{h^2(\xi_1+h^{-1}y_2)^2(\xi_2+h^{-1}y_2)^2}\right]\mathrm{d}\xi_1\mathrm{d}\xi_2,\end{aligned}$$

其中, $r<1$ 但充分接近于 1.

注 无论随机变量为实正态或复正态分布恒有 $\beta_1=\beta_2=0$.

1.2.4 非对称矩阵

当 $\boldsymbol{X}_n$ 的元素为 iid 的随机变量时, 其特征根均为复数. 这时有一个著名的圆律猜想, 即当 $\boldsymbol{X}_n$ 的元素为 iid 且均值为 0, 方差为 1 时, $\dfrac{1}{\sqrt{n}}\boldsymbol{X}_n$ 的谱分布趋向于单位圆上的均匀分布. 这个猜想最早是 Mehta 于 1967 年在他的专著《随机矩阵》中, 对于 $\boldsymbol{X}_n$ 的元素均为标准复正态分布时的特例给以证明的. 他的证明强烈地依赖于 Ginibre 在 1965 年导出的 $\boldsymbol{X}_n$ 的特征根的联合密度表达式. 白志东在 1997 年证明了如下定理:

定理 1.2.10 设下述条件成立：$\boldsymbol{X}_n$ 的元素为 iid, 期望为 0, 方差为 1, 具有有限的 $4+\eta$ 阶矩. 另外, 假定 x_{ij} 的某个实部与虚部的线性组合在给定另一个线性组合时具有有界的条件密度, 则有 $\dfrac{1}{\sqrt{n}}\boldsymbol{X}_n$ 的谱分布以概率 1 趋向于单位圆上的均匀分布.

白志东与 Silverstein 在 2006 年出版的专著《大维随机矩阵的谱分析》一书中, 将矩条件降低到 $2+\eta$. 最近, Tao 和 Vu 去掉了关键的密度条件.

1.3 大维数据分析

1.3.1 基本概念

如在绪论中所提到的, 计算机技术的飞速发展和广泛应用给人们带来的好处是不可估量的. 人们可以收集、储存和处理二三十年以前所不可想象的大量大维数据. 例如, 30 年前, 对一个 50 维的样本协方差阵进行谱分解都是一件很困难的事情. 而今天的计算机程序, 对一个 3000 维的样本协方差阵进行谱分解都是一件轻而易举的事情. 但是, 计算机的使用和大维数据的广泛出现, 也给人们带来了新的挑战. 这就是近百年来发展起来的经典统计方法在处理大维数据时, 变得贫乏无力, 甚至失去效力. 像金庸笔下的包不同先生一样, 否决一切正确的假设, 使得假设检验得出相反的结果. 因此, 人们必须发展出一套全新的统计理论和方法, 以适应大维数据分析的需要. 因此, 近十年来, 大维数据分析变成了数理统计领域中一个十分热门的课题.

这里随之而来的一个问题是如何区分一个问题是传统的多元分析问题, 还是一个大维统计分析问题？也就是说, 当维数达到什么时算大维数据分析, 而维数小到什么时可以算传统的多元统计分析. 在下面几节里, 将通过几个例子来讨论一下大维数据是如何使经典统计方法失效的, 并如何进行补救.

1.3.2 关于均值的统计分析

数理统计主要要解决的问题是关于均值的检验与分析, 以及关于变异或方差的检验与分析. 在本节中, 首先考虑关于均值的问题.

一样本均值检验的问题是检验总体均值等于一个给定值, 即 $H_0: \mu=\mu_0$;

两样本均值检验的问题是检验两个总体的均值相等, 即 $H_0: \mu_1=\mu_2$;

多样本均值检验的问题是检验数个总体的均值相等, 即 $H_0: \mu_1=\cdots=\mu_k$, 也称为多元方差分析问题. 为方便计, 通常改写成 $\mu_i=\mu+\delta_i$, $\sum\limits_{i=1}^{k}\delta_i=0$, 则原假设变为 $H_0: \delta_i=0 (i=1,\cdots,k)$.

以上三个问题都是多元回归分析模型的特例. 多元回归模型如下：设 $\boldsymbol{X}_i \sim N_p(\boldsymbol{B}\boldsymbol{z}_i, \boldsymbol{\Sigma})$ 为一多元样本, 相互独立, 其中, $\boldsymbol{B}_{p\times q}$ 为回归系数矩阵, $\boldsymbol{z}_i$ 为设计点列或共变量观测值. 这一模型可以改写成

$$\boldsymbol{X}_i = \boldsymbol{B}\boldsymbol{z}_i + \varepsilon_i, \quad \varepsilon_i \overset{\text{iid}}{\sim} N_p(0, \boldsymbol{\Sigma}).$$

在正态分布假定下, 经典数理统计已经证明似然比检验通常是最有效的检验方法. 当没有正态分布的假定时, 若样本比较大, 则在正态假定下推导出来的似然比检验, 通常也是渐近最有效的. 但是, 在大维数据分析中是否也是这样呢？实践证明不是这样的. 其实, 很早以前人们就已经发现, 当维数 (样本维数或参数个数) 大时, 统计的效力会衰减, 所以各种各样的降维法 (包括变量选择、逆回归分析和模型选择等为其特例) 在数理分析中发展起来, 早已成为数理统计学科的一项重要内容和统计方法. 虽然, 由于降维的原因, 将会损失样本中的一些信息, 但是由于维数的减少, 统计效力的提高, 还是得大于失的, 所以降维法至今仍是数理统计中的一种重要方法并被人们采用.

但是, 现在出现的问题是维数很大时, 降维法是否仍然适用？例如, 在主分量分析中, 如果把 10 个变量减少到三个主变量, 还可以保留到 90% 以上的信息量, 这是可以的. 但如果有 1000 个变量, 丢掉 700 个变量, 剩下 300 个变量, 仍然是大维问题, 统计效力仍然不高. 如果也只保留三个主变量, 恐怕连 1% 的信息量也剩不下了. 这就是说, 如果维数真的很大, 降维法就不适用了, 必须寻找新的统计方法来解决大维数据分析的问题.

举例而言, 重新考虑上述线性回归问题. 设回归系数矩阵 $\boldsymbol{B}$ 可以分成两块 $(\boldsymbol{B}_1, \boldsymbol{B}_2)$, 其中, $\boldsymbol{B}_i$ 的维数为 $p\times q_i (i=1,2)$, $q_1+q_2=q$. 考虑假设 $H_0: \boldsymbol{B}_1 = \boldsymbol{B}_1^*$. 相应地, 把 $\boldsymbol{z}_i$ 也分解成 $\begin{pmatrix}\boldsymbol{z}_{i1}\\ \boldsymbol{z}_{i2}\end{pmatrix}$. 在对立假设下, $\boldsymbol{B}$ 的极大似然估计是

$$\widehat{\boldsymbol{B}} = \left(\sum_{i=1}^n \boldsymbol{X}_i \boldsymbol{z}_i'\right)\left(\sum_{i=1}^n \boldsymbol{z}_i \boldsymbol{z}_i'\right)^{-1}. \tag{1.3.1}$$

同时, $\boldsymbol{\Sigma}$ 的极大似然估计是

$$\widehat{\boldsymbol{\Sigma}} = \frac{1}{n}\left(\sum_{i=1}^n (\boldsymbol{X}_i - \widehat{\boldsymbol{B}}\boldsymbol{z}_i)(\boldsymbol{X}_i - \widehat{\boldsymbol{B}}\boldsymbol{z}_i)'\right), \tag{1.3.2}$$

极大似然值是

$$L_{\max} = c_n |\widehat{\boldsymbol{\Sigma}}|^{-\frac{1}{2}n},$$

其中, c_n 为一个依赖于 n 的常数. 现在考虑在原假设下的极大似然估计, 令 $\boldsymbol{y}_i = \boldsymbol{X}_i - \boldsymbol{B}_1^* \boldsymbol{z}_{i1}$. 相应地, 在原假设下的极大似然估计是

$$\widehat{\boldsymbol{B}}_{20} = \left(\sum_{i=1}^n \boldsymbol{y}_i \boldsymbol{z}_{i2}'\right)\left(\sum_{i=1}^n \boldsymbol{z}_{i2} \boldsymbol{z}_{i2}'\right)^{-1}.$$

同时, $\boldsymbol{\Sigma}$ 的极大似然估计是

$$\widehat{\boldsymbol{\Sigma}}_0=\frac{1}{n}\left(\sum_{i=1}^{n}(\boldsymbol{y}_i-\widehat{\boldsymbol{B}}_{20}\boldsymbol{z}_{i2})(\boldsymbol{y}_i-\widehat{\boldsymbol{B}}_{20}\boldsymbol{z}_{i2})'\right),$$

极大似然估计量是

$$L_{\max}=c_n|\widehat{\boldsymbol{\Sigma}}_0|^{-\frac{1}{2}n},$$

所以, 似然比统计量为 $\lambda(=|\widehat{\boldsymbol{\Sigma}}|/|\widehat{\boldsymbol{\Sigma}}_0|)$ 的 $\dfrac{1}{2}n$ 次方, 故似然比检验等价于由 λ 构造的检验.

经过简单计算得

$$\lambda=\left|\boldsymbol{I}+(n\widehat{\boldsymbol{\Sigma}})^{-1}(\widehat{\boldsymbol{B}}_1-\boldsymbol{B}_1^*)\boldsymbol{A}_{11:2}(\widehat{\boldsymbol{B}}_1-\boldsymbol{B}_1^*)'\right|^{-1}, \tag{1.3.3}$$

其中, $\widehat{\boldsymbol{B}}_1$ 是 $\widehat{\boldsymbol{B}}$ 的前 q_1 列, $\boldsymbol{A}_{11:2}=\boldsymbol{A}_{11}-\boldsymbol{A}_{12}\boldsymbol{A}_{22}^{-1}\boldsymbol{A}_{21}$, 而

$$\boldsymbol{A}_{jk}=\sum_{i=1}^{n}\boldsymbol{z}_{ij}\boldsymbol{z}_{ik}'.$$

可以证明 $n\widehat{\boldsymbol{\Sigma}}\sim W_p(n-q,\boldsymbol{\Sigma})$, 而在原假设下, $(\widehat{\boldsymbol{B}}_1-\boldsymbol{B}_1^*)\boldsymbol{A}_{11:2}(\widehat{\boldsymbol{B}}_1-\boldsymbol{B}_1^*)'\sim W_p(q_1,\boldsymbol{\Sigma})$ 且二者相互独立. 这就是说, 如果 $\boldsymbol{F}=\dfrac{n-q}{q_1}(n\widehat{\boldsymbol{\Sigma}})^{-1}(\widehat{\boldsymbol{B}}_1-\boldsymbol{B}_1^*)\boldsymbol{A}_{11:2}(\widehat{\boldsymbol{B}}_1-\boldsymbol{B}_1^*)'$ 具有较大的特征根时, 拒绝原假设.

在上述假定下, λ 的精确分布可以写出来, 但这只是理论上的事情. 当 p 和 q_1 都比较大时, 具体计算临界值还是个很麻烦的事. 当正态假定不成立时, λ 的精确分布几乎不可计算. 因此, 需要它的渐近分布. 这就是著名的 Wilks 定理: 当 p 和 q_1 固定而 $n\to\infty$ 时, $-2n\log(\lambda)\to\chi^2_{pq_1}$. 以上结果都可以在 Anderson 的《多元统计分析引论》中找到.

兴趣在于 pq_1 较 n 而言不是很小时, 上述结果的精确度又如何. 由 Wilks 定理的证明可知上述渐近性质仅当 $\dfrac{q_1}{n-q}\boldsymbol{F}$ 的特征根一致充分小时才成立, 这在 pq_1 较 n 不是很小时, 显然不成立.

当 $q_1=1$ 时, 矩阵 $\boldsymbol{F}$ 的唯一非 0 特征根是一个 T^2 统计量的单调函数, 故 LRT 等价于 T^2 检验. 当正态假定成立时, 上述检验方法有一个好处, 就是统计量的精确分布已知, 所以第一类误差可以精确 "确定". 但是, 无论是矩阵 $\boldsymbol{F}$, 还是 T^2 统计量都有一个致命的缺点, 就是当 $p>n-q$ 时, 由于 $n\widehat{\boldsymbol{\Sigma}}$ 不满秩, 故这些统计量不可定义. 不禁要问, 当 p 接近于 $n-q$ 但小于 $n-q$ 时, 上述统计量可以定义, 这些统计量是否就有最优性呢? 换言之, LRT 是否具有一致最优势的功效呢? 如果不是这样, 如何构造更好的统计量呢? 这些是大维数据分析要解决的问题.

Dempster 于 1958 年和 1960 年发表了两篇文章, 提出了非精确检验 (non-exact test), 当 T^2 统计量没有定义时, 非精确检验仍然可以用来检验两个总体均值向量

的差异. 白志东与 Saranadasa (1996) 发现, Dempster 的非精确检验不仅可以解决 T^2 统计量没有定义时的两样本均值检验. 当维数相当大时, 即使 T^2 可以定义, 非精确检验仍然比 T^2 检验具有更大的功效. 同时, 白志东与 Saranadasa 又提出了一个新的检验方法, 不仅构造简单, 具有比前者更大的功效, 并且当正态的假定不成立时, 后者具有更稳健的性质. 为什么由矩阵 $\boldsymbol{F}$ 或 T^2 统计量构造的检验的功效不高呢? 这一点可以由定理 1.2.4 看出. 无论矩阵 $\boldsymbol{F}$ 或 T^2 统计量, 都涉及一个样本协方差阵的逆. 当 p 比较大时, 样本协方差阵的特征根散布在 (a_y, b_y), 当 y 比较靠近 1 时, $a_y = (1-\sqrt{y})^2$ 非常接近于 0, 故样本协方差阵的逆会有很大的特征根. 这将导致由它构成的统计量非常不稳定. 这就是由矩阵 $\boldsymbol{F}$ 或 T^2 构成的统计量的功效都会不高的原因. 要改进的方法就是去除样本协方差阵的逆. 这种方法带来的缺点是统计量的分布依赖于讨厌参数, 必须另外寻找相合的讨厌参数估计, 从而导致第一类误差不准确. 这就是 Dempster 称之为 "非精确" 检验的原因. 通常可以证明尽管第一类误差不准确, 但是是渐近准确的. 本来在非正态假定下, 由中心极限定理构造的假设检验都是具有渐近准确的第一类误差. 从应用的角度来看, 具有高功效的检验才应该是所要追求的.

为了验证上面的论述, 考虑上面提出的关于多元线性回归系数的假设检验 $H_0: \boldsymbol{B}_1 = \boldsymbol{B}_1^*$. 将比较式 (1.3.3) 的 λ 给出 LRT 和下面新提出的检验.

1. 修正的似然比检验

令 $y_1 = p/q_1$ (允许 $y_1 > 1$), $y_2 = p/(n-q)$ 及 $f(x) = \log\left(1 + \dfrac{y_2}{y_1}x\right)$, 则有

$$-\log\lambda = p\int_0^\infty f(x)\mathrm{d}F^{\boldsymbol{F}}(x),$$

其中, $F^{\boldsymbol{F}}$ 是 $\boldsymbol{F}$ 的 ESD. 由定理 1.2.9 得

$$-\log\lambda - p\int_a^b f(x)\frac{(1-y_2)\sqrt{(b-x)(x-a)}}{2\pi x(y_1+y_2x)}\mathrm{d}x \to N(\mu,\sigma^2), \tag{1.3.4}$$

其中, $a, b = \dfrac{(1\mp h)^2}{(1-y_2)^2}$. 而 μ 和 σ^2 可由定理 1.2.9 或郑术蓉 (2009) 中的例 3.1 导出, 其值为

$$\begin{aligned}
\mu &= \frac{1}{2}\log\left(\frac{(c^2-d^2)h^2}{(ch-y_2d)^2}\right),\\
\sigma^2 &= 2\log\left(\frac{c^2}{c^2-d^2}\right) = 2\log\left(\frac{(\sqrt{y_2+y_1b}+\sqrt{y_2+y_1a})^2}{4\sqrt{(y_2+y_1b)(y_2+y_1a)}}\right),\\
c, d &= \frac{1}{2}\left(\sqrt{1+\frac{y_2}{y_1}b} \pm \sqrt{1+\frac{y_2}{y_1}a}\right).
\end{aligned}$$

令 $s(z)$ 表示 $\boldsymbol{F}$ 的 LSD 的 Stieltjes 变换, $\underline{s}(z)=-\frac{1-y_1}{z}+y_1 s(z)$. 注意到 $f(0)=0$, 则有

$$
\begin{aligned}
p\int_a^b f(x)\frac{(1-y_2)\sqrt{(b-x)(x-a)}}{2\pi x(y_1+xy_2)}\mathrm{d}x &= -\frac{p}{2\pi\mathrm{i}}\oint_{\mathcal{C}} f(z)s(z)\mathrm{d}z \\
&= -\frac{n_1}{2\pi\mathrm{i}}\oint_{\mathcal{C}} f(z)\underline{s}(z)\mathrm{d}z,
\end{aligned}
$$

其中, $\mathcal{C}$ 是包围且充分接近区间 $[a,b]$ 的一个围道. 按照郑术蓉 (2009) 的方法作如下变换:

$$
\underline{s}(z)=-\frac{h\xi(1-y_2)^2}{(1+h\xi)(h\xi+y_2)},\quad z=\frac{(1+h\xi)(h+\xi)}{\xi(1-y_2)^2},
$$

其中, $|\xi|=1$, 则有

$$
f(x)=\log(|c+d\xi|^2),\quad \mathrm{d}z=\frac{h(\xi^2-1)}{(1-y_2)^2\xi^2}\mathrm{d}\xi,
$$

所以得到

$$
\begin{aligned}
&p\int_a^b f(x)\frac{(1-y_2)\sqrt{(b-x)(x-a)}}{2\pi x(y_1+xy_2)}\mathrm{d}x \\
=&\frac{n_1}{2\pi\mathrm{i}}\oint_{|\xi|=1}\log(|c+d\xi|^2)\frac{h^2(\xi^2-1)}{\xi(h\xi+y_2)(h\xi+1)}\mathrm{d}\xi \\
=&\frac{n_1h^2}{4\pi\mathrm{i}}\oint_{|\xi|=1}\log(c+d\xi)^2\left(\frac{\xi^2-1}{\xi(h\xi+y_2)(h\xi+1)}+\frac{1-\xi^2}{\xi(h+y_2\xi)(\xi+h)}\right)\mathrm{d}\xi \\
=&\frac{n_1h^2}{2}\left(-\frac{1}{y_2}\log(c^2)+\frac{y_1+y_2}{h^2y_2}\log\left(\frac{(ch-dy_2)^2}{h^2}\right)+\frac{1}{h^2}\log(c^2)\right. \\
&\left.-\frac{1-y_1}{h^2}\log((c-hd)^2)\right) \\
=&n_1\left(2y_1\log(c-dh)+\frac{y_1+y_2}{y_2}\log\left(\frac{c-dy_2/h}{c-dh}\right)-\frac{y_1(1-y_2)}{y_2}\log\left(\frac{c}{c-dh}\right)\right).
\end{aligned}
$$

以上计算第二个等号时用到了 $\log(|c+d\xi|^2)$ 为 $\log((c+d\xi)^2)$ 的实部的事实, 故当 $|\xi|=1$, 即 $\bar{\xi}=\xi^{-1}$ 时,

$$
\log(|c+d\xi|^2)=\frac{1}{2}(\log((c+d\xi)^2)+\log((c+d\xi^{-1})^2)).
$$

然后, 对于 $\log((c+d\xi^{-1})^2)$ 的积分, 作 $\xi^{-1}\to\xi$ 的变量代换. 注意, 这个变量代换使得围道走向反方向.

有了式 (1.3.4) 给出的中心极限定理, 就可以用它来检验统计假设 H_0. 称这个方法为修正的似然比检验.

2. 渐近正态检验

由于似然比统计量要求 $p<n-q$, 修正的似然比检验仍然有上述限制. 参照白

志东与 Saranadasa 的方法, 考虑下述统计方法: 考虑 $\boldsymbol{B}_1$ 的估计. 由式 (1.3.1) 得

$$\widehat{\boldsymbol{B}}_1=\sum_{i=1}^n \boldsymbol{X}_i\boldsymbol{z}_{i1}'\boldsymbol{A}_{11:2}^{-1}-\sum_{i=1}^n \boldsymbol{X}_i\boldsymbol{z}_{i2}'\boldsymbol{A}_{22}^{-1}\boldsymbol{A}_{21}\boldsymbol{A}_{11:2}^{-1}.$$

定义

$$M_{n1}=\mathrm{tr}\Big((\widehat{\boldsymbol{B}}_1-\boldsymbol{B}_1^*)(\widehat{\boldsymbol{B}}_1-\boldsymbol{B}_1^*)'\Big),$$

$$M_{n2}=\mathrm{tr}\Big((\widehat{\boldsymbol{B}}_1-\boldsymbol{B}_1^*)\boldsymbol{A}_{11:2}(\widehat{\boldsymbol{B}}_1-\boldsymbol{B}_1^*)'\Big).$$

前面已经提到 $\widehat{\boldsymbol{B}}$ 是 $\boldsymbol{B}$ 的无偏估计, 故在原假设成立时, $E\widehat{\boldsymbol{B}}_1=\boldsymbol{B}_1^*$. 因此,

$$EM_{n1}=\mathrm{tr}(\boldsymbol{\Sigma})\mathrm{tr}(\boldsymbol{A}_{11:2}^{-1}), \tag{1.3.5}$$

$$EM_{n2}=\mathrm{tr}(\boldsymbol{\Sigma}), \tag{1.3.6}$$

$$\sigma_{n1}^2:=\mathrm{Var}(M_{n1})=2\mathrm{tr}(\boldsymbol{\Sigma}^2)\mathrm{tr}(\boldsymbol{A}_{11:2}^{2})+\beta_x\beta_{z1}, \tag{1.3.7}$$

$$\sigma_{n2}^2:=\mathrm{Var}(M_{n2})=2q_1\mathrm{tr}(\boldsymbol{\Sigma}^2)+\beta_x\beta_{z2}, \tag{1.3.8}$$

其中,

$$\beta_x=E(\boldsymbol{\varepsilon}_1'\boldsymbol{\varepsilon}_1)^2-(\mathrm{tr}(\boldsymbol{\Sigma}))^2-2\mathrm{tr}(\boldsymbol{\Sigma}^2),$$

$$\beta_{z1}=\sum_{i=1}^n[(\boldsymbol{z}_{i1}'-\boldsymbol{z}_{i2}'\boldsymbol{A}_{22}^{-1}\boldsymbol{A}_{21})\boldsymbol{A}_{11:2}^{-2}(\boldsymbol{z}_{i1}-\boldsymbol{A}_{12}\boldsymbol{A}_{22}^{-1}\boldsymbol{z}_{i2})]^2,$$

$$\beta_{z2}=\sum_{i=1}^n[(\boldsymbol{z}_{i1}'-\boldsymbol{z}_{i2}'\boldsymbol{A}_{22}^{-1}\boldsymbol{A}_{21})\boldsymbol{A}_{11:2}^{-1}(\boldsymbol{z}_{i1}-\boldsymbol{A}_{12}\boldsymbol{A}_{22}^{-1}\boldsymbol{z}_{i2})]^2.$$

于是有如下中心极限定理. 为使该定理具有更广泛的应用, 不再假定正态分布的条件. 记

$$\boldsymbol{Z}_{ik}=\boldsymbol{A}_{11:2}^{-(3-k)/2}\Big(\boldsymbol{z}_{i1}-\boldsymbol{A}_{12}\boldsymbol{A}_{22}^{-1}\boldsymbol{z}_{i2}\Big),\quad k=1,2.$$

定理 1.3.1　假设下述条件成立:

(1) $\max(q_1,p,n-q)\to\infty$;

(2) 当 $p\to\infty$ 时, $\mathrm{tr}(\boldsymbol{\Sigma}^2)=o((\mathrm{tr}\boldsymbol{\Sigma})^2)$;

(3) $\max\limits_{1\leqslant i\leqslant n}\boldsymbol{Z}_{ik}'\boldsymbol{Z}_{ik}=o([\mathrm{tr}(\boldsymbol{A}_{11:2}^{-(2-k)})])$;

(4) $\boldsymbol{\varepsilon}_i$ 为均值为 0 的 iid 随机向量, 并且对于任何 $\eta>0$ 和某个 $K>0$ 满足

$$E(\boldsymbol{\varepsilon}_1'\boldsymbol{\varepsilon}_2)^2\leqslant K(\mathrm{tr}(\boldsymbol{\Sigma}^2)),$$

$$\max_{i,j}E(\boldsymbol{\varepsilon}_1'\boldsymbol{\varepsilon}_2)^2 I\Big(|\boldsymbol{\varepsilon}_1'\boldsymbol{\varepsilon}_2|\geqslant\eta\sqrt{\mathrm{tr}(\boldsymbol{A}_{11:2}^{-2(2-k)})\mathrm{tr}(\boldsymbol{\Sigma}^2)/|\boldsymbol{Z}_{ik}\boldsymbol{Z}_{jk}|}\Big)=o(\eta^2(\mathrm{tr}(\boldsymbol{\Sigma}^2))),$$

$$E(\boldsymbol{\varepsilon}_1'\boldsymbol{\varepsilon}_1-\mathrm{tr}(\boldsymbol{\Sigma}))^2\leqslant K\mathrm{tr}(\boldsymbol{\Sigma}^2),$$

$$E(\boldsymbol{\varepsilon}_1'\boldsymbol{\varepsilon}_1-\mathrm{tr}(\boldsymbol{\Sigma}))^2 I\Big(|\boldsymbol{\varepsilon}_1'\boldsymbol{\varepsilon}_1-\mathrm{tr}(\boldsymbol{\Sigma})|\geqslant\eta\sqrt{\beta_{zk}\mathrm{tr}(\boldsymbol{\Sigma}^2)}/\boldsymbol{Z}_{ik}'\boldsymbol{Z}_{ik}\Big)=o(\eta^2\mathrm{tr}(\boldsymbol{\Sigma}^2)),$$

则对任何 $k=1,2$ 有

$$\frac{M_{nk}-EM_{nk}}{\sigma_{nk}}\xrightarrow{\mathscr{D}}N(0,1).$$

证明 不失一般性, 假定真值 $\boldsymbol{B}=\boldsymbol{0}$, 即

$$M_{nk}-EM_{nk}=\sum_{i=1}^{n}\boldsymbol{Z}'_{ik}\boldsymbol{Z}_{ik}(\varepsilon'_i\varepsilon_i-\mathrm{tr}(\boldsymbol{\Sigma}))+\sum_{i\neq j}\boldsymbol{Z}'_{ik}\boldsymbol{Z}_{jk}\varepsilon'_i\varepsilon_j.$$

可以选择 $\eta=\eta_n\to 0$, 并且使得条件 (2) 中的相应极限成立. 定义

$$u_i=\begin{cases}\varepsilon'_i\varepsilon_i-\mathrm{tr}(\boldsymbol{\Sigma}), & |\varepsilon'_i\varepsilon_i-\mathrm{tr}(\boldsymbol{\Sigma})|<\eta\sqrt{\beta_z\mathrm{tr}(\boldsymbol{\Sigma}^2)}\boldsymbol{Z}'_{ik}\boldsymbol{Z}_{ik},\\ 0, & \text{否则},\end{cases}$$

$$v_{ij}=\begin{cases}\varepsilon'_i\varepsilon_j, & |\varepsilon'_i\varepsilon_j|<\eta\sqrt{\mathrm{tr}(\boldsymbol{A}_{11:2}^{-2(2-k)})\mathrm{tr}(\boldsymbol{\Sigma}^2)}/|\boldsymbol{Z}'_{ik}\boldsymbol{Z}_{jk}|,\\ 0, & \text{否则}\end{cases}$$

以及

$$\widetilde{M}_{nk}=\sum_{i=1}^{n}\boldsymbol{Z}'_{ik}\boldsymbol{Z}_{ik}u_i+\sum_{i\neq j}\boldsymbol{Z}'_{ik}\boldsymbol{Z}_{jk}v_{ij}.$$

注意到 $\sum_i\boldsymbol{Z}'_{ik}\boldsymbol{Z}_{ik}=\mathrm{tr}(\boldsymbol{A}_{11:2}^{-(2-k)})$, $\sum_i(\boldsymbol{Z}'_{ik}\boldsymbol{Z}_{ik})^2=\beta_{zk}$ 和 $\sum_{i,j}|\boldsymbol{Z}'_{ik}\boldsymbol{Z}_{jk}|^2=\mathrm{tr}(\boldsymbol{A}_{11:2}^{-2(2-k)})$, 则有

$$\begin{aligned}&P(\widetilde{M}_{nk}\neq M_{nk}-EM_{nk})\\
\leqslant&\sum_{i=1}^{n}P\Big(|\varepsilon'_i\varepsilon_i-\mathrm{tr}(\boldsymbol{\Sigma})|\geqslant\eta\sqrt{\beta_{zk}\mathrm{tr}(\boldsymbol{\Sigma}^2)}/\boldsymbol{Z}'_{ik}\boldsymbol{Z}_{ik}\Big)\\
&+\sum_{i\neq j}P\Big(|\varepsilon'_i\varepsilon_j|\geqslant\eta\sqrt{\mathrm{tr}(\boldsymbol{A}_{11:2}^{-2(2-k)})\mathrm{tr}(\boldsymbol{\Sigma}^2)}/|\boldsymbol{Z}'_{ik}\boldsymbol{Z}_{jk}|\Big)\\
\leqslant&\sum_{i=1}^{n}\frac{(\boldsymbol{Z}'_{ik}\boldsymbol{Z}_{ik})^2E(|\varepsilon'_1\varepsilon_1-\mathrm{tr}(\boldsymbol{\Sigma})|^2)I\Big(|\varepsilon'_1\varepsilon_1-\mathrm{tr}(\boldsymbol{\Sigma})|\geqslant\eta\sqrt{\beta_{zk}\mathrm{tr}(\boldsymbol{\Sigma}^2)}/\boldsymbol{Z}'_{ik}\boldsymbol{Z}_{ik}\Big)}{\eta^2\beta_{zk}\mathrm{tr}(\boldsymbol{\Sigma}^2)}\\
&+\sum_{i\neq j}\frac{(\boldsymbol{Z}'_{ik}\boldsymbol{Z}_{jk})^2E(\varepsilon'_1\varepsilon_2)^2I\Big(|\varepsilon'_1\varepsilon_2|\geqslant\eta\sqrt{\mathrm{tr}(\boldsymbol{A}_{11:2}^{-2(2-k)})\mathrm{tr}(\boldsymbol{\Sigma}^2)}/|\boldsymbol{Z}'_{ik}\boldsymbol{Z}_{jk}|\Big)}{\eta^2\boldsymbol{A}_{11:2}^{-2(2-k)}(\mathrm{tr}(\boldsymbol{\Sigma}^2))}\\
=&o(1),\end{aligned}$$

故 $\dfrac{M_{nk}-EM_{nk}}{\sigma_{nk}}$ 和 $\dfrac{\widetilde{M}_{nk}}{\sigma_{nk}}$ 有相同的极限分布. 其次,

$$\frac{|E\widetilde{M}_{nk}|}{\sigma_{nk}}=\Bigg|\sum_{i=1}^{n}\frac{\boldsymbol{Z}'_{ik}\boldsymbol{Z}_{ik}E(\varepsilon'_1\varepsilon_1-\mathrm{tr}(\boldsymbol{\Sigma}))I\Big(|\varepsilon'_1\varepsilon_1-\mathrm{tr}(\boldsymbol{\Sigma})|\geqslant\eta\sqrt{\beta_{zk}\mathrm{tr}(\boldsymbol{\Sigma}^2)}/\boldsymbol{Z}'_{ik}\boldsymbol{Z}_{ik}\Big)}{\sigma_{nk}}$$

$$
\begin{aligned}
&+\sum_{i\neq j}\frac{\boldsymbol{Z}_{ik}'\boldsymbol{Z}_{jk}E(\boldsymbol{\varepsilon}_1'\boldsymbol{\varepsilon}_2)I\Big(|\boldsymbol{\varepsilon}_1'\boldsymbol{\varepsilon}_2|\geqslant\eta\sqrt{\operatorname{tr}(\boldsymbol{A}_{11:2}^{-2(2-k)})\operatorname{tr}(\boldsymbol{\Sigma}^2)}/|\boldsymbol{Z}_{ik}'\boldsymbol{Z}_{jk}|\Big)}{\sigma_{nk}}\Bigg|\\
\leqslant&\sum_{i=1}^{n}\frac{(\boldsymbol{Z}_{ik}'\boldsymbol{Z}_{ik})^2E(\boldsymbol{\varepsilon}_1'\boldsymbol{\varepsilon}_1-\operatorname{tr}(\boldsymbol{\Sigma}))^2I\Big(|\boldsymbol{\varepsilon}_1'\boldsymbol{\varepsilon}_1-\operatorname{tr}(\boldsymbol{\Sigma})|\geqslant\eta\sqrt{\beta_z\operatorname{tr}(\boldsymbol{\Sigma}^2)}/\boldsymbol{Z}_{ik}'\boldsymbol{Z}_{ik}\Big)}{\eta\sqrt{\beta_z\operatorname{tr}(\boldsymbol{\Sigma}^2)}\sigma_{nk}}\\
&+\sum_{i\neq j}\frac{(\boldsymbol{Z}_{ik}'\boldsymbol{Z}_{jk})^2E(\boldsymbol{\varepsilon}_1'\boldsymbol{\varepsilon}_2)^2I\Big(|\boldsymbol{\varepsilon}_1'\boldsymbol{\varepsilon}_2|\geqslant\eta\sqrt{\operatorname{tr}(\boldsymbol{A}_{11:2}^{-2(2-k)})\operatorname{tr}(\boldsymbol{\Sigma}^2)}/|\boldsymbol{Z}_{ik}'\boldsymbol{Z}_{jk}|\Big)}{\eta\sqrt{\operatorname{tr}(\boldsymbol{A}_{11:2}^{-2(2-k)})\operatorname{tr}(\boldsymbol{\Sigma}^2)}\sigma_{nk}}\\
=&\,o(1),
\end{aligned}
$$

所以只需证明 $\dfrac{\widetilde{M}_{nk}-E\widetilde{M}_{nk}}{\sigma_{nk}}\to N(0,1)$.

以下证明使用矩收敛法. 设 $\ell>2$ 为一整数. 下面估计 $E(\widetilde{M}_n-E\widetilde{M}_n)^\ell$. 为此, 画一个 ℓ 条边的图. 每条边的顶点可以在 $\{1,2,\cdots,n\}$ 中取值, 允许重复. 如果一条边的两个顶点取相同的值, 称它为环 (loop); 否则, 称之为桥 (bridge). 环 (i,i) 对应于项 $\boldsymbol{Z}_{ik}'\boldsymbol{Z}_{ik}(u_i-Eu_i)$. 桥 (i,j) 对应于项 $\boldsymbol{Z}_{ik}'\boldsymbol{Z}_{jk}(v_{ij}-Ev_{ij})$. 这样一来, 每个图对应于 $E(M_{nk}-EM_{nk})^\ell$ 中的一项.

很明显有如下事实成立: 如果一个点只和一个环或一个桥连接, 则该项的均值为 0, 故只需考虑每个顶点的重复度数至少为 2 的图对应的项. 如果有一个顶点连接三个或三个以上的边 (包括环和桥), 则利用截尾的性质来估计. 可以证明

$$
E(\widetilde{M}_n-E\widetilde{M}_n)^\ell=\begin{cases}o(\sigma_{nk}^\ell), & \ell\text{ 是奇数},\\ \ell!!\sigma_{nk}^\ell(1+o(1)), & \ell\text{ 是偶数},\end{cases}
$$

从而定理得到证明. 为了节省篇幅, 省去证明的细节. 有兴趣的读者, 可以参见文献 (白志东和姚剑锋, 2008), 那里使用了类似的方法.

为使用这个定理, 需要找到 EM_{nk} 和 σ_{nk}^2 的合适的估计量. 建议在 EM_{nk} 和 σ_{nk}^2 的表达式中使用

$$
\widehat{\mathbf{tr}(\boldsymbol{\Sigma})}=\operatorname{tr}\Big(\frac{n}{n-q}\hat{\boldsymbol{\Sigma}}\Big)
$$

以及

$$
\widehat{\mathbf{tr}(\boldsymbol{\Sigma}^2)}=\operatorname{tr}\left(\Big(\frac{n}{n-q}\hat{\boldsymbol{\Sigma}}\Big)^2\right).
$$

定理 1.3.2　假设定理 1.3.1 的条件成立, 则有

$$
\frac{M_n-\widehat{EM_{nk}}}{\widehat{\sigma}_{nk}}\xrightarrow{\mathscr{D}}N(0,1).
$$

利用定理 1.3.2, 可以对统计假设 H_0 进行非精确检验.

1.3.3 LRT, 修正的 LRT 以及非精确检验的模拟比较

如上所述, 不能对 LRT 给以精确检验, 在模拟比较中, 对 LRT 只使用 Wilks 定理逼近法. 本节叙述以上 4 种检验方法的第一类误差和功效的比较: 似然比检验记作 LRT, 修正的似然比检验记作 CLRT, 两种非精确检验分别记作 ST1 和 ST2. 非中心化参数记作 $c_0\boldsymbol{B}_0$, 其中, $\boldsymbol{B}_0 = c_0^{-1}\mathrm{tr}(\boldsymbol{B}_1-\boldsymbol{B}_1^*)'\boldsymbol{\Sigma}^{-1}(\boldsymbol{B}_1-\boldsymbol{B}_1^*)$, 而 $c_0^{1/2}(\boldsymbol{B}_1-\boldsymbol{B}_1^*)$ 的元素服从 $N(1,1)$. 误差项服从多元正态 $N(0,\boldsymbol{\Sigma}^2)$, 其中,

$$\boldsymbol{\Sigma} = \begin{pmatrix} 1 & \rho & \rho^2 & \cdots & \rho^{p-1} \\ \rho & 1 & \rho & \cdots & \rho^{p-2} \\ \vdots & \vdots & \vdots & & \vdots \\ \rho^{p-1} & \rho^{p-2} & \rho^{p-3} & \cdots & 1 \end{pmatrix}.$$

设计矩阵 $\boldsymbol{Z}$ 中的元素为 iid $N(1,0.5)$. 对于每一种情形, 进行 1000 次独立重复试验来估计各种检验方法的第一类误差和功效, 其中, 常数 $c_0 = 0, 0.001, 0.002, \cdots, 0.01$.

如前所述, 两种非精确检验依赖于变量的协方差阵, 而两种 LRT 则不依赖. 为此, 选取 $\rho = 0.9$ 和 0 两种情形, 由以下给出的模拟结果可以看出:

(1) LRT 的第一类误差全部为 1. 虽然功效高, 但也不是好的检验方法;

(2) CLRT 的第一类误差比较稳定;

(3) ST2 和 CLRT 在任何情况下都比 ST2 好;

(4) 当 $\boldsymbol{\Sigma} = \boldsymbol{I}$ 时, ST2 比 CLRT 更有功效, 而当 $\boldsymbol{\Sigma}$ 的 $\rho = 0.9$ 时, CLRT 远比 ST2 更有功效. 这说明 ST2, ST1 对 $\boldsymbol{\Sigma}$ 接近 $\boldsymbol{I}$ 的要求比较敏感. 当 $\boldsymbol{\Sigma}$ 接近 $\boldsymbol{I}$ 时, 最好应用 ST2; 否则, 最好应用 CLRT.

表 1.1~ 表 1.4 是针对 $\boldsymbol{\Sigma} = \boldsymbol{I}$, $\rho = 0$ 的情形.

表 1.1 大维数据的 4 种检验方法的比较

$(p = 10, n = 100, q = 50, q_1 = 30, \rho = 0)$

	LRT	CLRT	ST1	ST2
第一类误差	1	0.056	0.061	0.083
功效 $c_0 = 0.01$	1	0.062	0.066	0.087
功效 $c_0 = 0.02$	1	0.076	0.073	0.121
功效 $c_0 = 0.03$	1	0.107	0.090	0.169
功效 $c_0 = 0.04$	1	0.176	0.103	0.281
功效 $c_0 = 0.05$	1	0.278	0.138	0.417
功效 $c_0 = 0.06$	1	0.418	0.170	0.635
功效 $c_0 = 0.07$	1	0.628	0.227	0.844
功效 $c_0 = 0.08$	1	0.784	0.309	0.949
功效 $c_0 = 0.09$	1	0.899	0.448	0.989
功效 $c_0 = 0.10$	1	0.960	0.563	0.998

表 1.2　大维数据的 4 种检验方法的比较 (续)

$(p = 20, n = 100, q = 60, q_1 = 50, \rho = 0)$

	LRT	CLRT	ST1	ST2
第一类误差	1	0.058	0.063	0.083
功效 $c_0 = 0.005$	1	0.063	0.063	0.091
功效 $c_0 = 0.010$	1	0.083	0.063	0.121
功效 $c_0 = 0.015$	1	0.111	0.064	0.200
功效 $c_0 = 0.020$	1	0.163	0.071	0.314
功效 $c_0 = 0.025$	1	0.228	0.082	0.526
功效 $c_0 = 0.030$	1	0.315	0.089	0.726
功效 $c_0 = 0.035$	1	0.424	0.104	0.903
功效 $c_0 = 0.040$	1	0.546	0.116	0.984
功效 $c_0 = 0.045$	1	0.651	0.132	1
功效 $c_0 = 0.050$	1	0.751	0.159	1

表 1.3　大维数据的 4 种检验方法的比较 (续)

$(p = 30, n = 200, q = 80, q_1 = 60, \rho = 0)$

	LRT	CLRT	ST1	ST2
第一类误差	1	0.052	0.047	0.065
功效 $c_0 = 0.003$	1	0.055	0.048	0.073
功效 $c_0 = 0.006$	1	0.074	0.050	0.087
功效 $c_0 = 0.009$	1	0.102	0.058	0.129
功效 $c_0 = 0.012$	1	0.156	0.064	0.213
功效 $c_0 = 0.015$	1	0.239	0.077	0.350
功效 $c_0 = 0.018$	1	0.355	0.095	0.551
功效 $c_0 = 0.021$	1	0.482	0.122	0.744
功效 $c_0 = 0.024$	1	0.615	0.159	0.904
功效 $c_0 = 0.027$	1	0.760	0.217	0.977
功效 $c_0 = 0.030$	1	0.874	0.281	0.999

表 1.4　大维数据的 4 种检验方法的比较 (续)

$(p = 50, n = 200, q = 80, q_1 = 70, \rho = 0)$

	LRT	CLRT	ST1	ST2
第一类误差	1	0.049	0.038	0.049
功效 $c_0 = 0.003$	1	0.057	0.040	0.066
功效 $c_0 = 0.006$	1	0.108	0.041	0.124
功效 $c_0 = 0.009$	1	0.201	0.048	0.297
功效 $c_0 = 0.012$	1	0.322	0.057	0.648
功效 $c_0 = 0.015$	1	0.482	0.074	0.916
功效 $c_0 = 0.018$	1	0.679	0.101	0.996
功效 $c_0 = 0.021$	1	0.812	0.143	1
功效 $c_0 = 0.024$	1	0.904	0.194	1
功效 $c_0 = 0.027$	1	0.962	0.273	1
功效 $c_0 = 0.030$	1	0.988	0.375	1

表 1.5～表 1.8 是针对 $\boldsymbol{\Sigma} \neq \boldsymbol{I}, \rho = 0.9$ 的情形.

表 1.5 大维数据的 4 种检验方法的比较

$(p = 10, n = 100, q = 50, q_1 = 30, \rho = 0.9)$

	LRT	CLRT	ST1	ST2
第一类误差	1	0.057	0.098	0.130
功效 $c_0 = 0.003$	1	0.062	0.098	0.131
功效 $c_0 = 0.006$	1	0.076	0.098	0.131
功效 $c_0 = 0.009$	1	0.098	0.098	0.133
功效 $c_0 = 0.012$	1	0.153	0.099	0.133
功效 $c_0 = 0.015$	1	0.232	0.099	0.133
功效 $c_0 = 0.018$	1	0.374	0.099	0.134
功效 $c_0 = 0.021$	1	0.527	0.099	0.134
功效 $c_0 = 0.024$	1	0.691	0.099	0.136
功效 $c_0 = 0.027$	1	0.849	0.099	0.136
功效 $c_0 = 0.030$	1	0.940	0.100	0.137

表 1.6 大维数据的 4 种检验方法的比较 (续)

$(p = 20, n = 100, q = 60, q_1 = 50, \rho = 0.9)$

	LRT	CLRT	ST1	ST2
第一类误差	1	0.062	0.115	0.175
功效 $c_0 = 0.003$	1	0.065	0.115	0.175
功效 $c_0 = 0.006$	1	0.095	0.115	0.177
功效 $c_0 = 0.009$	1	0.152	0.115	0.181
功效 $c_0 = 0.012$	1	0.275	0.115	0.184
功效 $c_0 = 0.015$	1	0.478	0.115	0.188
功效 $c_0 = 0.018$	1	0.683	0.116	0.194
功效 $c_0 = 0.021$	1	0.874	0.117	0.201
功效 $c_0 = 0.024$	1	0.969	0.117	0.207
功效 $c_0 = 0.027$	1	0.998	0.118	0.214
功效 $c_0 = 0.030$	1	1	0.119	0.226

表 1.7 大维数据的 4 种检验方法的比较 (续)

$(p = 30, n = 200, q = 80, q_1 = 60, \rho = 0.9)$

	LRT	CLRT	ST1	ST2
第一类误差	1	0.049	0.096	0.109
功效 $c_0 = 0.001$	1	0.051	0.096	0.109
功效 $c_0 = 0.002$	1	0.059	0.096	0.109
功效 $c_0 = 0.003$	1	0.082	0.097	0.111
功效 $c_0 = 0.004$	1	0.127	0.097	0.111
功效 $c_0 = 0.005$	1	0.183	0.097	0.111
功效 $c_0 = 0.006$	1	0.283	0.097	0.111
功效 $c_0 = 0.007$	1	0.410	0.097	0.111
功效 $c_0 = 0.008$	1	0.561	0.097	0.112
功效 $c_0 = 0.009$	1	0.720	0.097	0.115
功效 $c_0 = 0.010$	1	0.858	0.097	0.115

表 1.8　大维数据的 4 种检验方法的比较 (续)

$(p=50, n=200, q=80, q_1=70, \rho=0.9)$

	LRT	CLRT	ST1	ST2
第一类误差	1	0.051	0.101	0.114
功效 $c_0=0.001$	1	0.055	0.101	0.114
功效 $c_0=0.002$	1	0.070	0.101	0.115
功效 $c_0=0.003$	1	0.102	0.101	0.115
功效 $c_0=0.004$	1	0.162	0.101	0.115
功效 $c_0=0.005$	1	0.272	0.101	0.115
功效 $c_0=0.006$	1	0.430	0.102	0.116
功效 $c_0=0.007$	1	0.639	0.102	0.119
功效 $c_0=0.008$	1	0.817	0.102	0.119
功效 $c_0=0.009$	1	0.939	0.103	0.120
功效 $c_0=0.010$	1	0.987	0.103	0.124

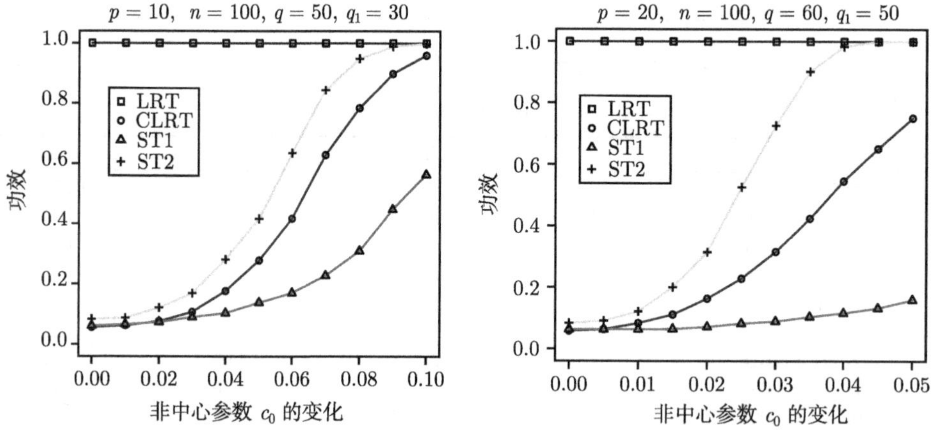

图 1.1　LRT, CLRT, ST1, ST2 的第一类误差和功效的比较 (其中, $\rho=0$)

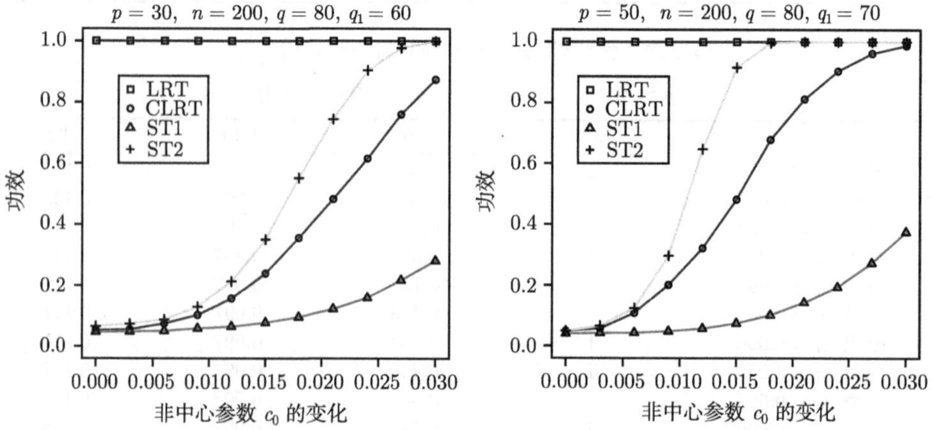

图 1.2　LRT, CLRT, ST1, ST2 的第一类误差和功效的比较 (其中, $\rho=0$)

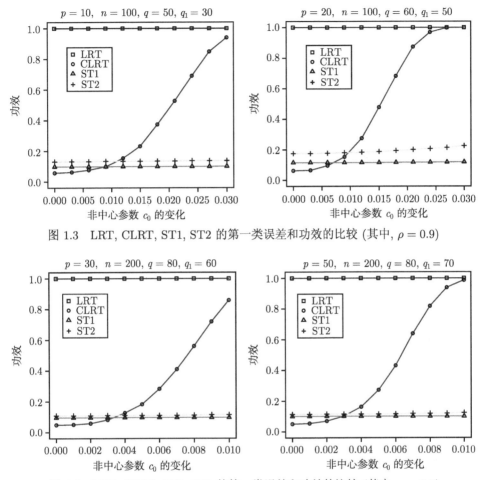

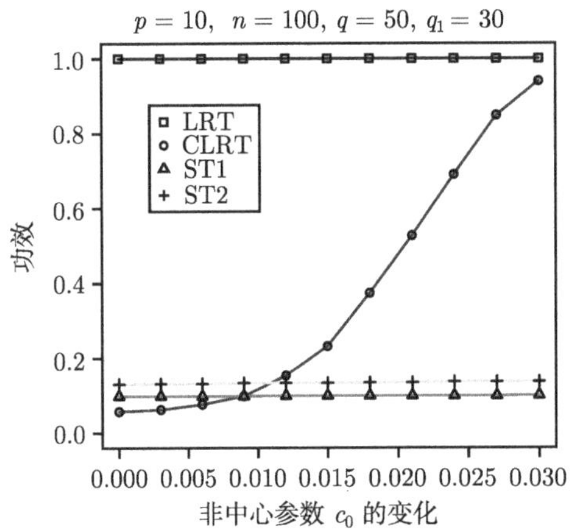

图 1.3 LRT, CLRT, ST1, ST2 的第一类误差和功效的比较 (其中, $\rho=0.9$)

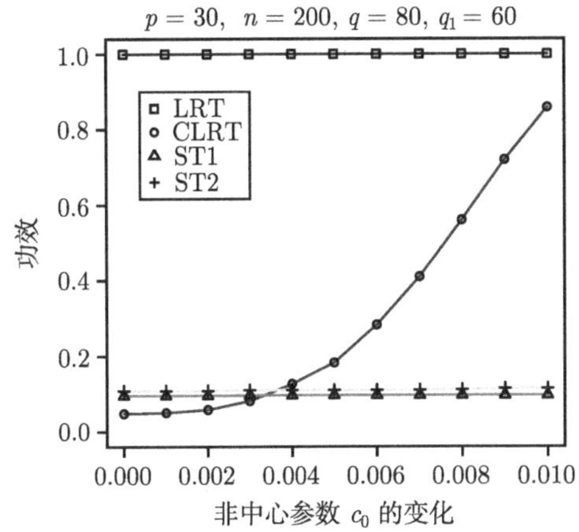

图 1.4 LRT, CLRT, ST1, ST2 的第一类误差和功效的比较 (其中, $\rho=0.9$)

1.3.4 关于变异的统计分析

多元分析的另一个重要课题是关于随机向量散布的程度, 即协方差阵的检验. 与均值问题类似, 也有如下问题:

一样本协方差检验的问题是检验总体的协方差阵等于一个给定值, 即 $H_0:\boldsymbol{\Sigma}=\boldsymbol{\Sigma}_0$;

两样本协方差检验的问题是检验两个总体的协方差阵相等, 即 $H_0:\boldsymbol{\Sigma}_1=\boldsymbol{\Sigma}_2$;

多样本协方差检验的问题是检验数个总体的协方差阵相等, 即 $H_0:\boldsymbol{\Sigma}_1=\cdots=\boldsymbol{\Sigma}_k$.

对于一样本问题, 经过样本的简单变换, 原假设可以写成 $H_0:\boldsymbol{\Sigma}=\boldsymbol{I}$. 这时, -2 倍的 log-LRT 为

$$LL_1 = n(\mathrm{tr}(\boldsymbol{S}_n) - \log(|\boldsymbol{S}_n|) - p) \sim \chi^2_{\frac{1}{2}(p(p+1))}.$$

对于多样本问题, 其 -2 倍的 log-LRT 为

$$LL_k = n\left(\log\left(\left|\sum_{j=1}^{k} c_j \boldsymbol{S}_j\right|\right) - \sum_{j=1}^{k} c_j \log(|\boldsymbol{S}_j|)\right) \sim \chi^2_{\frac{1}{2}(k-1)p(p+1)},$$

其中, $n = n_1 + \cdots + n_k$, $c_j = n_j/n$, 而 $\boldsymbol{S}_j$ 是第 j 个样本的样本协方差阵.

当样本来自正态分布总体时, 虽然其精确分布可以形式地写出来, 但是当维数 p 比较大时, 具体计算假设检验的临界值还是很困难的. 因此, 在实际应用中, 通常还是使用 Wilks 定理作逼近. 以上结果均可以在 Anderson 的《多元统计分析引论》中找到.

现在讨论 p 相对于 n 不是很小时的情况. 模拟结果显示当 $p = 10$ 时, 即使 n 大到 500 或 1000, 第一类误差也会明显大于指定的 0.05. 当 $p = 50$ 时, 第一类误差可以比给定值大 3~5 倍. 当 p 接近于 n 时, log-LRT 就变成了金庸笔下的包不同先生, 无论原假设是什么, 检验结果一定是否定的. 这就说明了由古典极限定理建立起来的统计方法是不能应用于大维数据分析的.

1. 修正的似然比检验

虽然 k 样本等方差检验也可以写成 $k-1$ 个 F 矩阵的函数, 但是当 $k > 2$ 时, 几个 F 矩阵的线性谱统计量的极限联合分布尚未知, 故暂时讨论 $k = 2$ 的情形. 这时可以把 LL_2 改写成

$$LL_2 = g(\boldsymbol{F}_n), \quad g(x) = n_1\left[\frac{y_1 + y_2}{y_2}\log(y_2 x + y_1) - \log(x)\right] + n\log(n_1 n_2/np). \tag{1.3.9}$$

显然, LRT 等价于应用 F 矩阵的线性谱统计量 $\ell_n = f(\boldsymbol{F}_n)$ 给出的假设检验. 当 ℓ_n 比较大时, 拒绝 H_0, 其中, $f(x) = \dfrac{y_2}{y_1 + y_2}\log x - \log(y_2 x + y_1)$. 应用郑术蓉的结果有

$$T_v := \frac{f(\boldsymbol{F}_n) - pf(y_1, y_2) - \mu}{\sigma} \to N(0, 1), \tag{1.3.10}$$

其中,

$$\begin{aligned}
f(y_1, y_2) &= \frac{h^2}{y_1 + y_2}\log\left(\frac{y_1 + y_2}{h^2}\right) + \frac{y_1(1 - y_2)}{y_2}\log(1 - y_2) + \frac{y_2(1 - y_1)}{y_1}\log(1 - y_1), \\
\mu &= \frac{1}{2}\left[\log\left(\frac{h^2}{(y_1 + y_2)(1 - y_2)}\right) - \frac{y_2}{y_1 + y_2}\log\left(\frac{1 - y_1}{1 - y_2}\right)\right], \\
\sigma^2 &= -\frac{2y_2^2}{(y_1 + y_2)^2}\log(1 - y_1) - \frac{2y_1^2}{(y_1 + y_2)^2}\log(1 - y_2) - 2\log\left(\frac{y_1 + y_2}{h^2}\right), \\
h^2 &= y_1 + y_2 - y_1 y_2.
\end{aligned}$$

如果 $T_v > z_\alpha$, 则修正的 log-LRT 拒绝原假设 H_0.

2. 渐近正态检验

考虑 k 样本的方差齐性检验. 设 $\boldsymbol{S}_{n_j}(j=1,\cdots,k)$ 分别为 k 个样本的样本协方差阵. 定义

$$M_n=\sum_{i<j}\mathrm{tr}\big((\boldsymbol{S}_{n_i}-\boldsymbol{S}_{n_j})^2\big),$$

则在一定条件下,

$$\frac{M_n-EM_n}{\sqrt{\mathrm{Var}M_n}}\xrightarrow{\mathscr{D}}N(0,1).$$

Schott (2007) 研究了上述形式的极限定理. 他假定对任何 $i\geqslant 1$,

$$\lim_p\frac{1}{p}\mathrm{tr}(\boldsymbol{\Sigma}^i)=\gamma_i\in(0,\infty), \tag{1.3.11}$$

并定义

$$\begin{aligned}t_{np}=&\sum_{i<j}\Big(\mathrm{tr}((\boldsymbol{S}_{n_i}-\boldsymbol{S}_{n_j})^2)-(n_i\eta_i)^{-1}[n_i(n_i-2)\mathrm{tr}(\boldsymbol{S}_{n_i}^2)+n_i^2\mathrm{tr}((\boldsymbol{S}_{n_i})^2)]\\&-(n_j\eta_j)^{-1}[n_j(n_j-2)\mathrm{tr}(\boldsymbol{S}_j^2)+n_j^2(\mathrm{tr}(\boldsymbol{S}_j))^2]\Big)\\=&\sum_{i<j}[\{1-(n_i-2)/\eta_i\}\mathrm{tr}(\boldsymbol{S}_{n_i}^2)+\{1-(n_j-2)/\eta_j\}\mathrm{tr}(\boldsymbol{S}_j^2)\\&-2\mathrm{tr}(\boldsymbol{S}_{n_i}\boldsymbol{S}_{n_j})-n_i\eta_i^{-1}\{\mathrm{tr}(\boldsymbol{S}_{n_i})\}^2-n_j\eta_j^{-1}\{\mathrm{tr}(\boldsymbol{S}_{n_j})\}^2],\end{aligned} \tag{1.3.12}$$

其中, $\eta_i=(n_i+2)(n_i-1)$. 他在多元正态假定下, 证明了如下定理:

定理 1.3.3 如果条件 (1.3.11) 成立, 则 $t_{np}\xrightarrow{\mathscr{D}}N(0,\sigma^2)$, 其中,

$$\begin{aligned}\sigma^2=&\sum_{i<j}4(b_i+b_j)^2\gamma_2^2+(k-1)(k-2)\sum_{i=1}^k 4b_i^2\gamma_2^2,\\b_i=&\lim p/n_i\in[0,\infty).\end{aligned}$$

注 Schott 定义的 t_{np} 本质上就是 $M_n-\widehat{EM_n}$. 根据他的定义, $\mathrm{Var}(M_n)\to\sigma^2$. 为了应用定理 1.3.3, 只需找到一个 σ^2 的相合估计. 显然, σ^2 可以用

$$\hat{\sigma}^2=4\left[\sum_{i<j}\left(\frac{n_i+n_j}{n_in_j}\right)^2+\sum_{i=1}^k n_i^{-2}\right]\frac{n^2}{(n+2)(n-1)}\left[\mathrm{tr}(\boldsymbol{S}_n^2)-\frac{1}{n}(\mathrm{tr}(\boldsymbol{S}_n))^2\right]$$

来估计, 其中, $\boldsymbol{S}_n$ 是综合样本协方差阵.

1.3.5 大维数据变异量分析三种检验的模拟比较

本节考虑 1.3.4 小节介绍的两样本协方差阵相等的三种假设检验的模拟比较, 即似然比检验 (LRT)、修正的似然比检验 (CLRT) 和 Schott 的非精确检验 (SST). 比较三种检验方法的第一类误差和功效. 在模拟计算中, $\boldsymbol{X}$ 变量由 $N(0,\boldsymbol{I})$ 中抽

取, 而 $\boldsymbol{Y}$ 变量由 $N(0,\boldsymbol{\Sigma})$ 中抽取, 其中, $\boldsymbol{\Sigma}=\operatorname{diag}\left(1+c_0/\sqrt{n_1}\right)$. 和均值情况相似, 对于每种情况重复 1000 次来估计功效和第一类误差. 模拟结果由表 1.9 和图 1.5 给出.

表 1.9　大维数据的 4 种检验方法的比较

$(p=50, n_1=100, n_2=100)$

	LRT	CLRT	SST
第一类误差	1	0.095	0.041
功效 $c_0=2$	1	0.255	0.203
功效 $c_0=2.3$	1	0.298	0.265
功效 $c_0=2.6$	1	0.339	0.342
功效 $c_0=2.9$	1	0.411	0.459
功效 $c_0=3.2$	1	0.497	0.589
功效 $c_0=3.5$	1	0.589	0.693
功效 $c_0=3.8$	1	0.708	0.811
功效 $c_0=4.1$	1	0.740	0.867
功效 $c_0=4.4$	1	0.825	0.923
功效 $c_0=4.7$	1	0.898	0.969

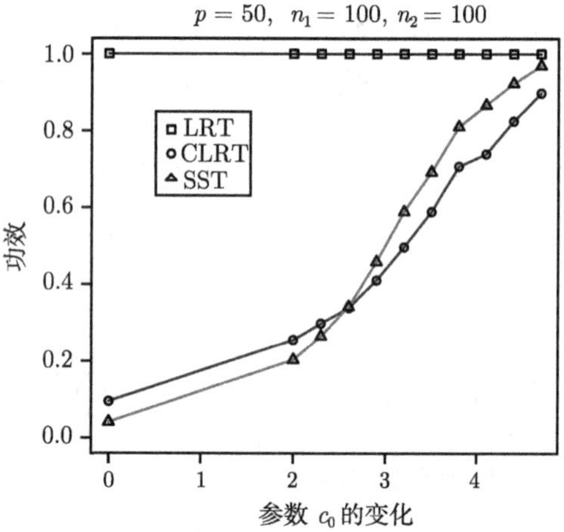

图 1.5　两样本协方差问题的 LRT, CLRT 和 SST 三种检验方法的比较

由上述模拟结果可以看出由 Wilks 定理逼近的古典 LRT 会以概率 1 拒绝真实原假设, 故对于大维数据分析来说, 不是一个好的检验. 修正的 LRT 比 Wilks 定理逼近的 LRT 好多了. 在通常情况下, Schott 提出的非精确检验有比较好的第一类误差和功效, 但是它依赖于真的协方差阵. 特别地, 指出 Schott 的非精确检验强烈地依赖于真的随机变量的 4 阶矩等于 $3\sigma^2$ 的条件 (正态分布的 4 阶矩). 修正的 LRT 不依赖于真实的协方差阵. 这里提供的上述结果也是在 4 阶矩等于 $3\sigma^2$ 的条件下推导出来的. 当然如果应用郑术蓉 (2009) 的结果, 也可以推导出一般情况下的中心极限定理. 在这一方面, 修正的 LRT 优于 Schott 的非精确检验, 但它强烈地要求两个自由度都大于矩阵的维数. 另外, 在通常情况下, 它不如 Schott 检验更有

功效.

由以上分析来看, 大维数据的变异分析还有必要进行进一步的研究. 白志东认为对于 Schott 非精确检验进一步改进, 使之具有更好的稳健性和功效应该是很有意义的.

1.3.6 大维判别分析

判别分析是多元统计分析中的一项重要课题. 它的典型数学描述如下: 设 $(\theta, \boldsymbol{X})$ 为一个 $p+1$ 维随机向量, 其分布为

$$P(\theta = i) = \pi_i,\ \boldsymbol{X}|_{\theta=i} \sim f_i(\boldsymbol{x}), \quad i = 1, 2, \cdots, k,$$

其中, $f_1, \cdots, f_k$ 为 k 个互不相同的概率密度函数. 现在假定得到一个 $\boldsymbol{X}$ 的观测值 $\boldsymbol{x}$, 希望知道 θ 的值. 换句话说, 如果把 $f_1, \cdots, f_k$ 看成 k 个不同的总体, 希望知道 $\boldsymbol{x}$ 来源于哪个总体.

如果 $f_1, \cdots, f_k$ 和 $\pi_1, \cdots, \pi_k$ 均为已知, 则最好的判别分析为 Bayes 判别, 即把 θ 判为 j, 其中, $j = \arg\{\max_i(\pi_i f_i(\boldsymbol{x}))\}$. 如果 k 个总体是以概率 1 可区分的, 即 $\{\boldsymbol{x} \in \mathbb{R}^p | \exists i \neq j, \text{使得} \pi_i f_i(\boldsymbol{x}) = \pi_j f_j(\boldsymbol{x})\}$ 的 Lebesgue 测度为 0, 则 Bayes 判别以概率1是唯一确定的. 如果记 $R_j = \{\boldsymbol{x} \in \mathbb{R}^p | \pi_j f_j(\boldsymbol{x}) = \max_i(\pi_i f_i(\boldsymbol{x}))\}$, 则当 $\boldsymbol{x} \in R_j$ 时, 判 θ 为 j.

在实际应用中, 通常假定 $f_1, \cdots, f_k$ 和 $\pi_1, \cdots, \pi_k$ 全部或部分为未知. 这时需要利用历史资料, 或称为训练样本, 对其进行估计, 然后使用估计的 $f_1, \cdots, f_k$ 和 $\pi_1, \cdots, \pi_k$ 进行判别分析.

如果对 $f_1, \cdots, f_k$ 不作任何假定, 则称之为非参数判别分析. 在多元统计分析中, 通常假定 k 个总体为多元正态分布 $N_p(\boldsymbol{\mu}_i, \boldsymbol{\Sigma}_i)$. 根据 $\boldsymbol{\Sigma}_i$ 相同或不同, 有线性判别分析或二次判别分析. 线性判别分析也称为 Fisher 判别.

为了举例说明大维判别分析和经典判别分析的区别, 考虑 $k = 2$, $\pi_1 = \pi_2 = 1/2$ 及 $\boldsymbol{\Sigma}_1 = \boldsymbol{\Sigma}_2$ 的特例. 这时的 Fisher 判别函数为

$$w(\boldsymbol{x}) = \left(\boldsymbol{x} - \frac{1}{2}(\boldsymbol{\mu}_1 + \boldsymbol{\mu}_2)\right)' \boldsymbol{\Sigma}^{-1}(\boldsymbol{\mu}_1 - \boldsymbol{\mu}_2).$$

也就是说, 当 $w(\boldsymbol{x}) > 0$ 时, 判 $\theta = 2$; 否则, 判 $\theta = 1$.

当 $\boldsymbol{\mu}_1$, $\boldsymbol{\mu}_2$ 和 $\boldsymbol{\Sigma}$ 未知, 但有训练样本 $\{\boldsymbol{x}_{ij} | i = 1, 2, j = 1, \cdots, n_i\}$ 时, $\boldsymbol{\mu}_1$, $\boldsymbol{\mu}_2$ 和 $\boldsymbol{\Sigma}$ 可以用样本值

$$\bar{\boldsymbol{x}}_i = \frac{1}{n_i}\sum_{j=1}^{n_i} \boldsymbol{x}_{ij}, \quad \boldsymbol{S}_n = \frac{1}{n_1 + n_2 - 2}\sum_{i=1}^{2}\sum_{j=1}^{n_i}(\boldsymbol{x}_{ij} - \bar{\boldsymbol{x}}_i)(\boldsymbol{x}_{ij} - \bar{\boldsymbol{x}}_i)'$$

来代替, 即判别函数为

$$w_n(\boldsymbol{x}) = \left(\boldsymbol{x} - \frac{1}{2}(\bar{\boldsymbol{x}}_1 + \bar{\boldsymbol{x}}_2)\right)' \boldsymbol{S}_n^{-1}(\bar{\boldsymbol{x}}_1 - \bar{\boldsymbol{x}}_2),$$

即当 $w_n(\boldsymbol{x}) > 0$ 时, 判 $\theta = 2$; 否则, 判 $\theta = 1$.

经典的统计分析理论已经证明上述经验判别与似然比判别非常近似. 当 p 固定而 $\min(n_1, n_2) \to \infty$ 时, 上述经验判别是渐近最优的, 也就是说, 其错判概率趋向于 Bayes 判别的错判概率.

但是如同前两节指出的, 当 $p > n_1 + n_2 - 2$ 时, $\boldsymbol{S}_n$ 不可逆, 故 $w_n(\boldsymbol{x})$ 没有定义, 需要另寻判别方法. 另一方面, 在实际应用中, 什么叫 "p 固定而 $\min(n_1, n_2) \to \infty$" 是一件无法说清楚的事情, 这是因为 p 和 n_1, n_2 都是给定的. 例如, $n_1 = n_2 = 1000$, 当然 $p = 2$ 可以认为 p 是固定的, 但 $p = 50$, 100 或 500 呢? 又如, 当 $p = 100$ 时, 经验判别分析方法是否是最好的呢? Saranadasa (1993) 和成玉 (2004) 明确指出, 当 p 和 n_1, n_2 成比例增加时, 存在比经验判别方法更好的判别方法. 他们指出以

$$\hat{d}_n(\boldsymbol{x}) = \left(\boldsymbol{x} - \frac{1}{2}(\bar{\boldsymbol{x}}_1 + \bar{\boldsymbol{x}}_2)\right)' (\bar{\boldsymbol{x}}_1 - \bar{\boldsymbol{x}}_2)$$

的正负号决定的判别分析方法, 在非常宽的条件下, 优于经验判别分析方法. 成玉的文章提供了在协方差阵不相等时, 经验二次判别与大维判别方法的模拟比较, 如表 1.10 所示.

表 1.10　经验判别与大维判别在协方差不相等时的比较

	$P(\hat{w}_n(\boldsymbol{x})<0\|\theta=1)$	$P(\hat{w}_n(\boldsymbol{x})\geqslant 0\|\theta=2)$	$P(\hat{d}_n(\boldsymbol{x})<0\|\theta=2)$	$P(\hat{d}_n(\boldsymbol{x})\geqslant 0\|\theta=2)$
$p=10$, $n_1=n_2=13$	0.2587	0.0482	0.0257	0.0934
$p=10$, $n_1=n_2=20$	0.0039	0.0649	0.0035	0.0063
$p=10$, $n_1=n_2=40$	0.0247	0.0190	0.0443	0.0697
$p=15$, $n_1=n_2=20$	0.0491	0.1245	0.0463	0.0102
$p=15$, $n_1=n_2=30$	0.0716	0.0069	0.0070	0.0042
$p=15$, $n_1=n_2=60$	0.0218	0.0068	0.0200	0.0581
$p=20$, $n_1=n_2=27$	0.1498	0.0241	0.0173	0.0278
$p=20$, $n_1=n_2=40$	0.1435	0.0080	0.0296	0.0661
$p=20$, $n_1=n_2=80$	0.0182	0.0087	0.0041	0.0746
$p=30$, $n_1=n_2=40$	0.0872	0.1553	0.0260	0.0164

1.4 公开问题

虽然随机矩阵理论已经发展了 50 多年, 但是仍有许多重要问题没有解决. 有些问题不仅具有重要的理论价值, 而且也具有重要的应用价值. 下面简要介绍几项重要猜想.

1.4.1 关于样本协方差阵的 Haar 猜想

随机矩阵理论中的一条重要发现是, 在矩阵基本元素服从正态分布时成立的结果, 当矩阵元素服从一定矩条件时也有同样的结果成立. 这种现象被称为随机矩阵的归一性 (universality). 这一现象在随机矩阵的经验谱分布理论方面得到了很好的证明, 而对于特征向量和特征向量矩阵方面, 类似的结论还比较少.

众所周知, Wishart 矩阵的特征向量矩阵 (经随机确定各列的符号) 为 Haar(测度) 分布, 或称为 Haar 矩阵 Haar 测度的一般定义是拓扑群上的平移不变测度. 对于随机矩阵而言, 一个实 (复) 数矩阵 $\boldsymbol{H}_{p\times p}$ 称为 Haar 矩阵, 如果对于任何正交 (酉) 矩阵 $\boldsymbol{U}_{p\times p}$, $\boldsymbol{UH}$, $\boldsymbol{HU}$ 与 $\boldsymbol{H}$ 具有相同的分布.

最为精确的 Haar 猜想的数学描述应该是

$$\sup_{B\in\mathscr{B}_c^p}|P(\boldsymbol{U}_p\in B)-P(\boldsymbol{H}_p\in B)|\to 0, \tag{1.4.1}$$

其中, $\mathscr{B}_c^p$ 表示 p 维正交 (酉) 矩阵空间中所有边界 Lebesgue 测度为 0 的 Borel 集合的全体, $\boldsymbol{U}_p$ 为样本协方差阵的特征向量矩阵, 而 $\boldsymbol{H}_p$ 为 p 维实 (复)Haar 矩阵.

由于特征向量矩阵的维数在不断增加, 因此, 导致了数学描述上的困难. 相信式 (1.4.1) 的证明相当困难, 甚至可能不正确. 需要退一步求其证明. 稍微弱一点的应该是如下命题:

对于任何 p 维单位实 (复) 向量 $\boldsymbol{x}_n$, $\boldsymbol{U}_p\boldsymbol{x}_n=\boldsymbol{y}_n$ 近似于 p 维单位球面上的均匀分布.

一个与此等价的命题如下:

记 $\boldsymbol{y}_n$ 的分量为 $(y_{n1},\cdots,y_{np})'$, 则 $\sqrt{p}y_{n1},\cdots,\sqrt{p}y_{np}$ 近似于 iid 标准实 (复) 正态分布, 即对任何有界连续函数 f 有

$$\frac{1}{p}\sum_{i=1}^{p}f(\sqrt{p}y_{ni})\to Ef(Z),\ \text{a.s.}, \tag{1.4.2}$$

其中, Z 为标准实 (复) 正态随机变量.

猜想 (1.4.2) 已经被大量模拟计算所证实, 但理论上的严格证明仍有实际困难, 其原因在于不知道如何把 $\boldsymbol{U}_p$ 从 $\boldsymbol{S}_n$ 中分离出来, 换言之, 还不能把 $\boldsymbol{U}_p$ 表示成 $\boldsymbol{S}_n$ 的显式函数.

为使 Haar 猜想可以处理, 进一步把问题弱化. 定义随机过程

$$X_n(t)=\sqrt{\frac{p}{2}}\sum_{i=1}^{[pt]}\left(|y_{ni}^2|-\frac{1}{p}\right)=\frac{\sqrt{p}}{\sqrt{2}\|\boldsymbol{z}_p\|^2}\sum_{i=1}^{[pt]}\left(|z_{ni}^2|-\frac{\|\boldsymbol{z}_p\|^2}{p}\right). \tag{1.4.3}$$

假如 $\boldsymbol{y}_n$ 是 p 维单位球面上的均匀分布, 设 $\boldsymbol{z}_p$ 为由 iid 标准正态分布随机变量构成的 p 维随机向量, 则它与 $\boldsymbol{z}_p/\|\boldsymbol{z}_p\|$ 具有相同的分布. 很容易证明 $\boldsymbol{X}_n(t)$ 趋向于 $D(0,1)$ 空间上的标准 Brown 桥. 因此, 一个弱化的 Haar 猜想是在矩条件下证明式 (1.4.3) 趋于 Brown 桥.

对于任何矩阵多项式函数 (即解析函数)f 有

$$\int_0^{\infty}f(x)\mathrm{d}X_n(F_n(x))=\sqrt{\frac{p}{2}}\Big(\boldsymbol{x}_n^*f(\boldsymbol{S}_n)\boldsymbol{x}_n-\frac{1}{p}\mathrm{tr}(f(\boldsymbol{S}_n))\Big), \tag{1.4.4}$$

其中, $F_n(x)$ 是 $\boldsymbol{S}_n$ 的 ESD. 这样就把随机过程 $X_n(t)$, 矩阵 $\boldsymbol{S}_n$ 和给定向量 $\boldsymbol{x}_n$ 联系起来, 从而可以从研究 $\boldsymbol{x}_n^*f(\boldsymbol{S}_n)\boldsymbol{x}_n-\dfrac{1}{p}\mathrm{tr}(f(\boldsymbol{S}_n))$ 入手, 也就是要证明

$$\int_0^{\infty}f(x)\mathrm{d}X_n(F_n(x))\xrightarrow{\mathscr{D}}\int_0^{\infty}f(x)\mathrm{d}B(F_y(x)), \tag{1.4.5}$$

其中, $B(\cdot)$ 为 $D(0,1)$ 上的标准 Brown 桥, F_y 为 $\boldsymbol{S}_n$ 的 LSD, 即指数为 y 的 MP 律.

Silverstein 于 1979~1989 年发表了 4 篇论文, 在上述架构下证明了弱化的 Haar 猜想

定理 1.4.1 设 $p/n\to y$,

(1) 对所有 p 维单位向量 $\boldsymbol{x}_n$,

$$\begin{aligned}\left\{\sqrt{p/2}\Big(\boldsymbol{x}_n'\boldsymbol{S}_n^k\boldsymbol{x}_n-\frac{1}{p}\mathrm{tr}(\boldsymbol{S}_n^k)\Big)\right\}_{k=1}^{\infty}&=\left\{\int_0^{\infty}x^k\mathrm{d}X_n(F_n(x))\right\}_{k=1}^{\infty}\\&\xrightarrow{\mathscr{D}}\left\{\int_a^b x^k\mathrm{d}B(F_y(x))\right\}_{k=1}^{\infty}\end{aligned}$$

当且仅当

$$x_{11}=0,\quad Ex_{11}^2=1,\quad Ex_{11}^4=3;$$

(2) 如果 $\boldsymbol{x}_n$ 取值 $(1,0,\cdots,0)'$ 和 $p^{-1/2}(1,\cdots,1)'$ 时都有 $\displaystyle\int_0^{\infty}x\mathrm{d}X_n(F_n(x))$ 收敛于一个随机变量, 则有 $Ex_{11}^4<\infty$ 和 $Ex_{11}=0$;

(3) 如果 $Ex_{11}^4<\infty$, 而 $E(x_{11}-Ex_{11})^4/(\mathrm{Var}(x_{11}))^2\neq 3$, 则存在一列 $\{\boldsymbol{x}_n\}$, 使得

$$\Big(\int_0^{\infty}x\mathrm{d}X_n(F_n(x)),\int_0^{\infty}x^2\mathrm{d}X_n(F_n(x))\Big)$$

不能依分布收敛.

上述结果离弱 Haar 猜想还有一点距离. 定理 1.4.1 只是式 (1.4.5) 在 $f(x)=x^k$ 时的特例, 当然可以很简单地推广到多项式函数, 但是上述结果还不能导出 $X_n(t)\to B(t)$. 为了实现弱 Haar 猜想的证明, Silverstein 于 1990 年证明了如下定理:

定理 1.4.2 设 $p/n\to y, x_{11}$ 具有对称分布和有限 4 阶矩, 并且 $\boldsymbol{x}_n$ 取值于 $(\pm 1/\sqrt{p},\cdots,\pm 1\sqrt{p})'$, 则 $X_n(t)\xrightarrow{\mathscr{D}} B(t)$.

注 与定理 1.4.1 不同, 定理 1.4.2 不要求 x_{11} 的 4 阶矩与正态分布相合, 只要求 4 阶矩有限.

白志东等 (2007) 考虑了更一般定义的样本协方差阵 $\boldsymbol{B}_n=\boldsymbol{T}^{1/2}\boldsymbol{S}_n\boldsymbol{T}_n^{1/2}$, 其中, $\boldsymbol{S}_n$ 为有一个大小为 n, 分量 iid 的 p 维样本构造的样本协方差阵. $\boldsymbol{T}$ 为 p 维非随机的非负定矩阵, $X_n(t)$ 为由 $\boldsymbol{B}_n$ 的特征向量矩阵和一个任取的 p 维单位向量构造的 $D(0,1)$ 上的随机过程. 证明了如下定理:

定理 1.4.3 设 $p/n\to y$, $Ex_{11}=0$, $E|x_{11}^2|=1$, $E|x_{11}^4|<\infty$, $F^{\boldsymbol{T}}\to H$, 并且 $\boldsymbol{x}_n^*(\boldsymbol{T}_n-z\boldsymbol{I})^{-1}\boldsymbol{x}_n\to s(z)$, 则

$$F_1^{\boldsymbol{B}_n}\to F^{y,H},\ \text{a.s.},$$

其中, $F_1^{\boldsymbol{B}_n}$ 为在 λ_k 处赋予质量 $|y_{nk}^2|$ 的另一种谱分布.

进一步研究由特征矩阵 $\boldsymbol{U}_n$ 和任意单位向量 $\boldsymbol{x}_n$ 构造的随机过程 $G_n(x)$ 的线性泛函的极限性质.

定理 1.4.4 除了定理 1.4.3 中的假定条件外, 进一步假定

(1) $g_1,\cdots,g_k$ 为定义在包含实区间

$$\left[\liminf_{n\to\infty}\lambda_{\min}^{\boldsymbol{T}_n}I(0,1)(y)(1-\sqrt{y})^2, \limsup_{n}\lambda_{\max}^{\boldsymbol{T}_n}(1+\sqrt{y})^2\right]$$

的复平面上某个开区域 $\mathscr{D}$ 上的解析函数;

(2) $\sup\limits_{z\in\mathscr{C}+}\sqrt{n}\left|\boldsymbol{x}_n^*(\underline{s}_{F^{y_n,H_n}}(z)\boldsymbol{T}_n+\boldsymbol{I})^{-1}\boldsymbol{x}_n-\int\dfrac{1}{\underline{s}_{F^{y_n,H_n}}(z)t+1}\mathrm{d}H_n(t)\right|\to 0,$

则下面结论成立:

(1) 随机向量

$$\left(\int g_1(x)\mathrm{d}G_n(x),\cdots,\int g_k(x)\mathrm{d}G_n(x)\right)$$

形成一个紧序列;

(2) 如果 X_{11} 和 $\boldsymbol{T}_n$ 都是实值的, 并且 $Ex_{11}^4=3$, 上面的随机向量依分布收敛于一个高斯向量 $(X_{g_1},\cdots,X_{g_k})$, 其均值为 0, 而协方差函数为

$$\mathrm{Cov}(X_{g_i},X_{g_j})=-\frac{1}{2\pi^2}\oint_{\mathcal{C}_1}\oint_{\mathcal{C}_2}g_i(z_1)g_j(z_2)\frac{(z_2\underline{s}(z_2)-z_1\underline{s}(z_1))^2}{y^2z_1z_2(z_2-z_1)(\underline{s}(z_2)-\underline{s}(z_1))}\mathrm{d}z_1\mathrm{d}z_2,$$

其中, 围道 $\mathcal{C}_1$ 与 $\mathcal{C}_2$ 互不相交, 都包含在区域 $\mathscr{D}$ 中且同时包围区间

$$[\liminf_{n\to\infty} \lambda_{\min}^{\boldsymbol{T}_n} I(0,1)(y)(1-\sqrt{y})^2, \limsup_n \lambda_{\max}^{\boldsymbol{T}_n}(1+\sqrt{y})^2].$$

(3) 如果 X_{11} 和 $\boldsymbol{T}_n$ 同时为复值的, 并且满足 $Ex_{11}^2=0$ 以及 $E|x_{11}|^4=2$, 则结论 (2) 成立, 但协方差函数是结论 (2) 时的一半.

为进一步向 Haar 猜想逼近, 有下面的定理:

定理 1.4.5　在定理 1.4.4 的假定外, 进一步假定 $H(x)$ 满足

$$\int \frac{\mathrm{d}H(t)}{(1+t\underline{s}(z_1))(1+t\underline{s}(z_2))} - \int \frac{\mathrm{d}H(t)}{(1+t\underline{s}(z_1))} \int \frac{\mathrm{d}H(t)}{(1+t\underline{s}(z_2))} = 0,$$

则定理 1.4.4 的结论成立, 并且

$$\mathrm{Cov}(X_{g_i}, X_{g_j}) = \frac{2}{y}\left(\int g_i(x)g_j(x)\mathrm{d}F^{y,H}(x) - \int g_i(x)\mathrm{d}F^{y,H}(x)\int g_j(x)\mathrm{d}F^{y,H}(x)\right).$$

注　这个结论是证明 Haar 猜想所必需的.

由上述结果出发, 已证明弱一点 Haar 猜想, 即 $G_n(x)$ 趋向于 Brown 桥. 剩下的工作就是证明 G_n 的紧性.

1.4.2　关于 Tracy-Widom 律的归一性

如前所述, 极端特征根的极限性质在大维随机矩阵理论中具有十分重要的理论价值和应用价值. 它在无线通信理论中也有十分重要的应用价值. 在应用方面的文献可参见文献 (白志东等, 2009) 中关于随机矩阵理论在无线通信中的应用部分.

关于强极限的问题, 主要结果由白志东、殷涌泉、Silverstein, Geman 等获得. 进一步的深刻研究, 首先由 Tracy 和 Widom 开始. 他们二人分别于 1993、1994 和 1996 年研究了关于 Wigner 矩阵的这类问题. 当一个 Wigner 矩阵的所有元素都服从实正态分布时, 称之为 Gauss 正交系(Gaussian orthogonal ensemble, GOE), 这时记 $\beta=1$; 当一个 Wigner 矩阵的所有元素都服从复正态分布①时, 称之为 Gauss 酉系(Gaussian unitary ensemble, GUE), 这时记 $\beta=2$; 当一个 Wigner 矩阵的所有元素都服从四元数体正态分布②时, 则称之为 Gauss 偶对系(Gaussian symplectic ensemble, GSE), 这时记 $\beta=4$. 他们证明了如下定理:

① 所谓复正态分布是指实部和虚部服从 iid 的 $N\left(0,\frac{1}{2}\right)$ 的复随机变量.

② 所谓四元数体正态分布是指形如 $a\boldsymbol{I}_2+b\boldsymbol{i}+c\boldsymbol{j}+d\boldsymbol{k}$ 的复数二阶矩阵, 其中, a,b,c,d 服从 iid $N\left(0,\frac{1}{4}\right)$, 而 $\boldsymbol{I}_2=\begin{pmatrix}1&0\\0&1\end{pmatrix}$, $\boldsymbol{i}=\begin{pmatrix}\mathrm{i}&0\\0&-\mathrm{i}\end{pmatrix}$, $\boldsymbol{j}=\begin{pmatrix}0&1\\-1&0\end{pmatrix}$ 以及 $\boldsymbol{k}=\begin{pmatrix}0&\mathrm{i}\\\mathrm{i}&0\end{pmatrix}$. 因此, 所谓的 n 阶 Wigner GSE 是指一个 $n\times n$ 的四元数分块矩阵, 故为一个 $2n\times 2n$ 的 Wigner 矩阵, 其 $2n$ 个特征根均为实数且重数皆为 2, 故有 n 个互不相同的实特征根.

定理 1.4.6 在正态分布假定下, $n^{2/3}\Big(\lambda_{\max}(n^{-1/2}\boldsymbol{W}_n)-2\Big)$ 的极限分布为 $\beta(=1,2,4)$ 的 Tracy-Widom 律, 其分布函数 $F_\beta(s)$ 由下式给出:

$$F_2(s)=\exp\left(-\int_s^\infty (x-s)q^2(x)\mathrm{d}x\right), \tag{1.4.6}$$

$$F_1(s)=\exp\left(-\frac{1}{2}\int_s^\infty q(x)\mathrm{d}x\right)[F_2(s)]^{1/2}, \tag{1.4.7}$$

$$F_4\Big(\frac{2}{3}s\Big)=\cosh\left(-\frac{1}{2}\int_s^\infty q(x)\mathrm{d}x\right)[F_2(s)]^{1/2}, \tag{1.4.8}$$

其中, $q(s)$ 为第二类 Painlevé方程

$$q''=sq+2q^3$$

满足边界条件

$$q(s)\sim \mathrm{Ai}(s),\quad s\to+\infty$$

的唯一解, 其中, $\mathrm{Ai}(s)$ 表示 Airy 函数.

Tracy-Widom 律 (简称 TW 律) 的分布性状如图 1.6 所示.

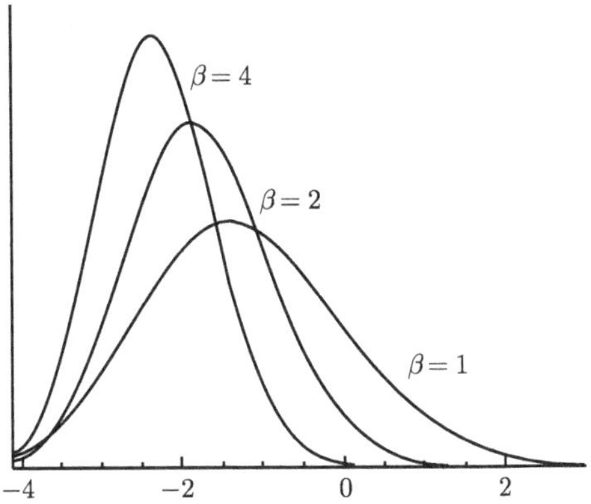

图 1.6 当 $\beta=1,2,4$ 时, F_β 的密度函数

有趣的是 Wishart 矩阵的最大特征根经规范化以后也渐近服从 TW 律. Johnstone (2001) 证明了下述定理:

定理 1.4.7 假定 $\lambda_{\max}$ 表示一个实 Wishart 矩阵 $\boldsymbol{W}(n,\boldsymbol{I}_p)$ 的最大特征根. 记

$$\mu_{n,p}=(\sqrt{n-1}+\sqrt{p})^2,$$

$$\sigma_{n,p}=(\sqrt{n-1}+\sqrt{p})\Big(\frac{1}{\sqrt{n-1}}+\frac{1}{\sqrt{p}}\Big)^{1/3},$$

则有

$$\frac{\lambda_{\max}-\mu_{n,p}}{\sigma_{n,p}}\xrightarrow{\mathscr{D}} W_1\sim F_1,$$

其中, F_1 表示指数 $\beta=1$ 的 TW 分布.

关于复 Wishart 矩阵的情形, Johansson(2000) 证明了如下定理:

定理 1.4.8　假定 $\lambda_{\max}$ 表示复 Wishart 矩阵 $\boldsymbol{W}(n,\boldsymbol{I}_p)$ 的最大特征根. 记

$$\mu_{n,p}=(\sqrt{n}+\sqrt{p})^2,$$
$$\sigma_{n,p}=(\sqrt{n}+\sqrt{p})\left(\frac{1}{\sqrt{n}}+\frac{1}{\sqrt{p}}\right)^{1/3},$$

则有

$$\frac{\lambda_{\max}-\mu_{n,p}}{\sigma_{n,p}}\xrightarrow{\mathscr{D}}W_2\sim F_2,$$

其中, F_2 为指数 $\beta=2$ 的 TW 分布.

有许多理由使人们相信在一定的矩条件下, 随机矩阵的规范化的最大 (小) 特征根会趋于 TW 律 也就是说, TW 律的归一性成立. 目前, 已知的结果有 Soshnikov 的两篇文章, 他证明了下述结果:

考虑 $\boldsymbol{A}_p=\boldsymbol{X}'\boldsymbol{X}$ (当 $\boldsymbol{X}$ 的元素为复随机变量时, $\boldsymbol{A}_p=\boldsymbol{X}^*\boldsymbol{X}$), 其中, $\boldsymbol{X}$ 为 $n\times p$ 阶矩阵, 其元素为 iid 实随机变量 $x_{ij}(1\leqslant i\leqslant n,1\leqslant j\leqslant p)$ 且满足条件

(1) $Ex_{ij}=0,\ E|x_{ij}^2|=1,\ 1\leqslant i\leqslant n,\ 1\leqslant j\leqslant p$;

(2) 随机变量 x_{ij} 的分布对称;

(3) 具有所有阶有限的矩且满足增长限制 $E|x_{ij}^{2m}|\leqslant(Km)^m$.

如果随机变量皆为复随机变量时, 增加如下条件:

x_{ij} 的实部和虚部均有对称分布, 并且满足

$$Ex_{ij}^2=0.$$

在上述条件下, Soshnikov (2002) 证明了定理 1.4.7 与定理 1.4.8 分别在相应条件下成立.

对于 Wigner 矩阵, Soshnikov (1999) 在上述类似的条件下证明了定理 1.4.6 的结果对于实和复两种情况仍然成立.

目前存在的问题有 ① Soshnikov 用的是矩方法, 仍然有人怀疑其证明的正确性; ② Soshnikov 的结果是否在更一般的矩条件下成立.

1.4.3　关于特征根间距的极限性质的归一性

关于特征根间距 (spacings) 的极限性质是量子力学领域里比较关心的一个问题. 关于它的研究主要局限于数学物理. 目前已知的结果也是局限在正态分布条件下取得的. 有兴趣的读者, 可以参见文献 (Johansson, 2001) 及相关文献. 相应的结果也存在归一性的问题, 也就是只在矩假定下进行研究. 本文不作过多介绍.

参考文献

Bai Z D and Yao J F. 2008. Central limit theorems for eigenvalues in a spiked population model. Ann. Inst. Henri Poincaré Probab. Statist. 44(3), 447~474

Bai Z D. 1997. Circular law. Annals of Probab., 25(1): 494~529

Bai Z D. Fang Z B, and Liang Ying-Chang. 2009. Spectral Theory of Large Random Matrix and Applications to Wireless Communication and Finance.

Bai Z D. 1999. Methodologies in spectral analysis of large dimensional random matrices: A review. Statistica Sinica, 9(3): 611~677

Bai Z D, Miao B Q and Pan G M. 2007. On asymptotics of eigenvectors of large sample covariance matrix. Ann. Probab. 35(4), 1532~1572

Bai Z D, Saranadasa H. 1996. Effect of high dimension comparison of significance tests for a high dimensional two sample problem. In Statistica Sinica. 6: 311~329

Bai Z D, Silverstein J W. 2004. CLT for linear spectral statistics of large-dimensional sample covariance matrices. Ann. Probab., 32(1): 553~605

Bai Z D, Silverstein J W. 1999. Exact separation of eigenvalues of large dimensional sample covariance matrices. Ann. Probab., 27(3): 1536~1555

Bai Z D, Yin Y Q. 1993. Limit of the smallest eigenvalue of large dimensional covariance matrix. Ann. Probab., 21(3): 1275~1294

Bai Z D, Yin Y Q, Krishnaiah P R. 1988. On limiting empirical distribution function of the eigenvalues of a multivariate F matrix. Theory Probab. and Its Appl., 32: 537~548

Cheng, Yu. 2004. Asymptotic probabilities of misclassification of two discriminant functions in cases of high dimensional data. Statist. Probab. Lett. 67(1): 9~17

Dempster A P. 1958. A high dimensional two sample significance test. Ann. Math. Statis., 29: 995~1010

Ginibre J. 1965. Statistical ensembles of of complex, quaterion and real matrices. J. Math. Phys., 6: 440~449

Johansson K. 2000. Shape fluctuations and random matrices. Comm. Math. Phys., 209: 437~476

Johansson K. 2001. Universality of the local spacing distribution in certain ensembles of hermitianwigner matrices. Comm. Math. Phys., 215: 683~705

Johnstone I M. 2001. On the distribution of the largest eigenvalue in principal components analysis. Ann. Statist., 29(2): 295~327

Mehta M L. 2004. Random Matrices. 3rd Edition. Elsevier-Academic Press. Amsterdam (First edition (1960) New York.)

Saranadasa H. 1993. Asymptotic expansion of the misclassification probabilities of D-and A-criteria for discrimination from two high dimensional populations using the theory of large dimensional random matrices. J. Multiv. Anal., 46: 154~174

Schott J R. 2007a. A test for the equality of covariance matrices when the dimension is large relative to the sample sizes. Computational Statistics & Data Analysis, 51(12): 6535～6540

Schott J R. 2007b. Some high-dimensional tests for a one-way MANOVA. J. Multiv. Anal., 98(9): 1825～1839

Silverstein J W. 1985. The limiting eigenvalue distribution of a multivariate F matrix. SIAM J. Math. Anal., 16(3): 641～646

Silverstein J W. 1989. On the eigenvectors of large dimensional sample covariance matrices. J. Multiv. Anal., 30: 1～16

Silverstein J W. 1990. Weak convergence of random functions defined by the eigenvectors of sample covariance matrices. Ann. Probab., 18: 1174～1194

Silverstein J W. 1995. Strong convergence of the eimpirical distribution of eigenvalues of large dimensional random matrices. J. Multivariate Anal., 5: 331～339

Sinai Y, Soshnikov A. 1998a. Central limit theorem for traces of large random symmetric matrices. Bol. Soc. Brasil. Mat. (N.S.), 29: 1～24

Sinai Y, Soshnikov A. 1998b. A refinement of Wigner's semicircle law in a neighborhood of the spectrum edge for random symmetric matrices. Funct. Anal. Appl. 32: 114～131

Soshnikov A. 1999. Universality at the edge of the spectrum in Wigner random matrices. Comm. Math. Phys., 207: 697～733

Soshnikov, Alexander. 2002. A note on universality of the distribution of the largest eigenvalues in certain sample covariance matrices. Dedicated to David Ruelle and Yasha Sinai on the occasion of their 65th birthdays. J. Statist. Phys. 108(5-6): 1033～1056

Tracy C A, Widom H. 1993. Level-spacing distribution and Airy kernel. Phys. Letts. B, 305: 115～118

Tracy C A, Widom H. 1994. Level-spacing distributions and the Airy kernel. Comm. Math. Phys., 159: 151～174

Tracy C A, Widom H. 1996. On orthogonal and symplectic matrix ensembles. Comm. Math. Phys., 177(3): 727～754

Yin Y Q. 1986. Limiting spectral distribution for a class of random matrices. J. Multiv. Anal., 20: 50～68

Zheng, Shurong. 2009. Central Limit Theorem for Linear Spectral Statistics of Large Dimensional F-Matrix. To appear in Ann. Inst. Henri Poincaré Probab. Statist.

第 2 章　大规模数据分析及降维技术

2.1　引　　言

数据与现代生活密不可分, 尤其是随着计算机等信息技术的发展, 几乎在各个科学领域, 如生物科学、医学科学、计算机科学以及经济科学等, 都能遇到各种各样的高维数据. 在这些数据背后往往隐藏着一些重要信息, 为了挖掘这些信息, 如为了研究自变量 $\boldsymbol{X}=(\boldsymbol{X}_1,\cdots,\boldsymbol{X}_p)^{\mathrm{T}}$ 对因变量 $\boldsymbol{Y}$ 的影响, 常常利用回归技术建立如下的统计模型:

$$\boldsymbol{Y}=G(\boldsymbol{X},\varepsilon), \tag{2.1.1}$$

其中, ε 是模型误差. 通常可以假定 ε 与 $\boldsymbol{X}$ 独立, 记为 "$\boldsymbol{X} \perp\!\!\!\perp \varepsilon$". 在数据维数很低时, 可以简单地采用观测散点图来建立一个合适的模型. 但是, 由于平面图形显示技术的限制, 人们只能通过图形直接观测三维以内数据变量之间的相互关系. 对于高维数据, 有时会采用单个自变量和因变量之间的散点图来分析. 下面来看一个简单的例子.

例 2.1.1　假设样本 $\{(\boldsymbol{x}_{1,i},\boldsymbol{x}_{2,i},\boldsymbol{x}_{3,i},\boldsymbol{y}_i)^{\mathrm{T}}, i=1,\cdots,1000\}$ 来自某个模型 (稍后会指出真实模型). 此时, $\boldsymbol{X}=(\boldsymbol{X}_1,\boldsymbol{X}_2,\boldsymbol{X}_3)^{\mathrm{T}}$ 是三维的自变量观测矩阵, 其中, $\boldsymbol{X}_i=(\boldsymbol{x}_{i,1},\cdots,\boldsymbol{x}_{i,10000})^{\mathrm{T}}$. 记 $\boldsymbol{Y}=(\boldsymbol{y}_1,\cdots,\boldsymbol{y}_{10000})^{\mathrm{T}}$. 已经不能在一张平面图形中同时显示 $\boldsymbol{Y}$ 和所有 $\boldsymbol{X}$ 之间的回归曲面了. 为此, 先来看看因变量 $\boldsymbol{Y}$ 与单个自变量 $\boldsymbol{X}_i$ 之间的散点图, 如图 2.1 所示.

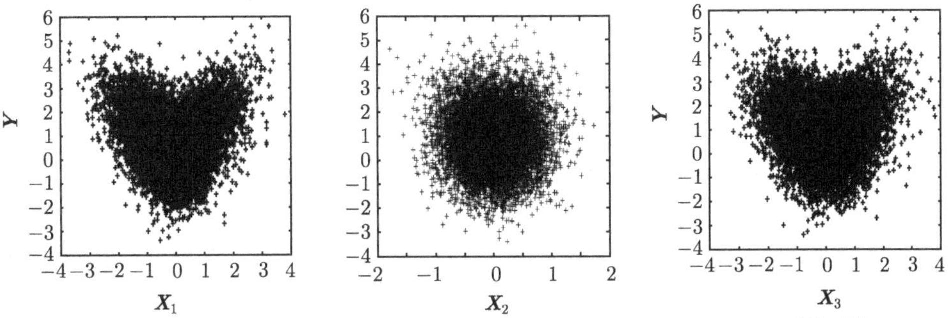

($\boldsymbol{X}_1$, $\boldsymbol{Y}$)　　($\boldsymbol{X}_2$, $\boldsymbol{Y}$)　　($\boldsymbol{X}_3$, $\boldsymbol{Y}$)

图 2.1　因变量 $\boldsymbol{Y}$ 与单个自变量 $\boldsymbol{X}_i$ 之间的散点图

本章作者: 朱力行, 香港浸会大学教授, 华东师范大学紫江学者讲座教授; 朱力平, 华东师范大学副教授.

从图 2.1 看起来, 似乎可以得到如下结论:

(1) $\boldsymbol{Y}$ 与 $\boldsymbol{X}_1$ 呈现某种非线性关系;

(2) $\boldsymbol{Y}$ 与 $\boldsymbol{X}_2$ 没有明显的联系;

(3) $\boldsymbol{Y}$ 与 $\boldsymbol{X}_3$ 呈现某种非线性关系.

实际上, 产生的 $(\boldsymbol{X},\boldsymbol{Y})$ 是来自模型

$$\boldsymbol{Y}=|\boldsymbol{X}_1+\boldsymbol{X}_2|+\varepsilon, \tag{2.1.2}$$

其中, 模型误差 ε 满足 $\varepsilon \perp\!\!\!\perp \boldsymbol{X}$, 来自标准正态分布, 而 $\boldsymbol{X}$ 来自零均值的正态分布, 其协方差阵为

$$\begin{pmatrix} 1 & 0 & 0.9 \\ 0 & 0.2 & 0 \\ 0.9 & 0 & 1 \end{pmatrix}. \tag{2.1.3}$$

显然, 逐个分析散点图得到了错误的结论. 下面考虑这组数据的建模问题. 如果不知道真实模型, 则可能会先尝试线性模型

$$\boldsymbol{Y}=\boldsymbol{\beta}^{\mathrm{T}}\boldsymbol{X}+\varepsilon. \tag{2.1.4}$$

对于参数 $\boldsymbol{\beta}$ 的估计, 自然可以采用最小二乘回归. 另外, 主成分回归以及偏最小二乘回归也是两种比较经典的降维方法. 主成分分析的思路是从 $\boldsymbol{X}$ 的协方差阵中综合 $\boldsymbol{X}$ 的信息, 通过少数的线性组合 (也被称为 “投影”) 来代替原来高维的自变量 $\boldsymbol{X}$. 但是主成分分析的缺点是在提取 “投影” 时没有考虑 $\boldsymbol{X}$ 和 $\boldsymbol{Y}$ 的关系. 偏最小二乘的思路是把最小二乘估计投影到 Krylov 空间, 从而避免了估计 $\boldsymbol{X}$ 的样本协方差的逆. 因此, 当 $\boldsymbol{X}$ 的维数很高时, 或者当 $\boldsymbol{X}$ 的分量之间存在高度的线性相关性时, 偏最小二乘方法极为常用. 另外, 当估计参数 $\boldsymbol{\beta}$ 时, 偏最小二乘方法部分地利用了 $\boldsymbol{X}$ 和 $\boldsymbol{Y}$ 之间的线性关系来寻找一些 $\boldsymbol{X}$ 的线性组合, 从而提高了效率. 尽管最小二乘回归、主成分回归以及偏最小二乘回归在线形模型的时候常常有很好的表现, 但是这些方法在非线性的时候都不能适用了. 下面继续来看例 2.1.1.

例 2.1.2　还是采用例 2.1.1 中的数据. 对这组数据用线性模型 (2.1.4) 来拟合. 分别采用最小二乘、主成分分析以及偏最小二乘得到 $\boldsymbol{\beta}$ 的估计, 分别记为 $\boldsymbol{\beta}_{\text{ols}}$, $\boldsymbol{\beta}_{\text{pca}}$, $\boldsymbol{\beta}_{\text{pls}}$. 图 2.2 给出了观测得到的 $\boldsymbol{Y}$ (纵轴) 以及对应的拟合值 (横轴) 之间的散点图.

从图 2.2 的三个图形可以看出, 用上述三个方法拟合在非线性模型时的表现不尽如人意.

另外, 从这两个例子也可以看到, 高维数据的出现给统计学的发展带来了新的挑战. 如果能够有一个好的方法, 使得不需要假定数据来自某个参数模型就能得到

真实参数 $\boldsymbol{\beta}=(1,1,0)^{\mathrm{T}}$ 的一个很好的估计, 那么通过 $\boldsymbol{Y}$ 和 $\boldsymbol{\beta}^{\mathrm{T}}\boldsymbol{X}$ 之间的散点图, 就很容易建立起一个正确的模型了.

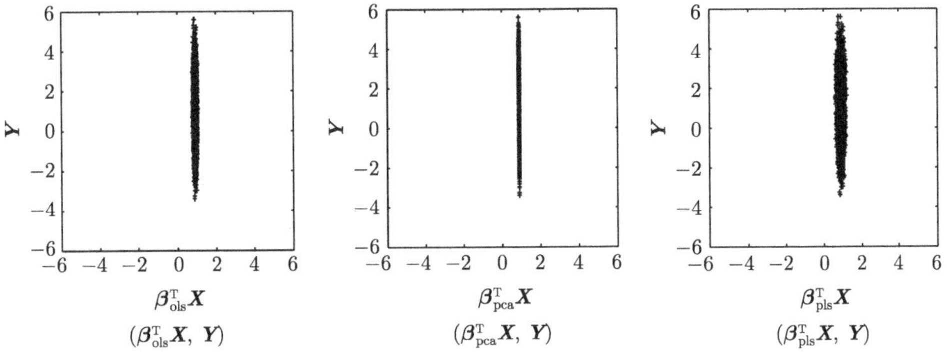

图 2.2 因变量 $\boldsymbol{Y}$ 与其预测值的散点图

一个更加一般的问题是: 假定模型

$$\boldsymbol{Y} \perp\!\!\!\perp \boldsymbol{X} | \boldsymbol{B}^{\mathrm{T}}\boldsymbol{X}, \tag{2.1.5}$$

其中, $\boldsymbol{B}=(\boldsymbol{\eta}_1,\cdots,\boldsymbol{\eta}_K)$ 是一个 $p\times K$ 的矩阵. 这个模型意味着如果要建立 $\boldsymbol{Y}$ 和 $\boldsymbol{X}$ 之间的回归模型, 只需要基于 $\boldsymbol{Y}$ 和 $\boldsymbol{B}^{\mathrm{T}}\boldsymbol{X}$ 来建立回归模型就 “足够” 了. 也就是说, 原来 p 维的自变量 $\boldsymbol{X}$ 可以用 K 维的投影 $\boldsymbol{B}^{\mathrm{T}}\boldsymbol{X}$ 代替. 如果 K 远小于 p, 则就达到了降维的目的! 这个模型非常一般, 包含了很多常见的模型, 如

$$\boldsymbol{Y}=\boldsymbol{\eta}_1^{\mathrm{T}}\boldsymbol{X}+\varepsilon, \tag{2.1.6}$$

$$\boldsymbol{Y}=G_1(\boldsymbol{\eta}_1^{\mathrm{T}}\boldsymbol{X},\cdots,\boldsymbol{\eta}_K^{\mathrm{T}}\boldsymbol{X})+\varepsilon, \tag{2.1.7}$$

$$\boldsymbol{Y}=G_2(\boldsymbol{\eta}_1^{\mathrm{T}}\boldsymbol{X},\cdots,\boldsymbol{\eta}_K^{\mathrm{T}}\boldsymbol{X})\times\varepsilon, \tag{2.1.8}$$

$$\boldsymbol{Y}=G_3(\boldsymbol{\eta}_1^{\mathrm{T}}\boldsymbol{X},\cdots,\boldsymbol{\eta}_K^{\mathrm{T}}\boldsymbol{X})+G_4(\boldsymbol{\eta}_1^{\mathrm{T}}\boldsymbol{X},\cdots,\boldsymbol{\eta}_K^{\mathrm{T}}\boldsymbol{X})\varepsilon. \tag{2.1.9}$$

在例 2.1.1 中, 如果能准确估计 $\boldsymbol{B}=(1,1,0)^{\mathrm{T}}$, 那么就可以把一个三维的自变量 $\boldsymbol{X}$ 替换为一维的自变量组合 $\boldsymbol{B}^{\mathrm{T}}\boldsymbol{X}$. 接下来, 只要基于 $(\boldsymbol{B}^{\mathrm{T}}\boldsymbol{X},\boldsymbol{Y})$ 来建立模型就足够了.

困难在于仅仅假定模型 (2.1.5), 如何来估计 $\boldsymbol{B}$ 呢? Li (1991) 和 Cook (1996) 提出了很多原创性的思想和方法, Cook (1998) 对此进行了系统的归纳和总结, 并借用 Fisher 的充分统计量的思想, 把这些方法都称为 “充分” 降维方法.

2.2 “充分” 降维方法

2.2.1 中心降维子空间

如前所述, 降维的目标是寻找 $p\times K$ 的矩阵 $\boldsymbol{B}$ 满足

$$\boldsymbol{Y} \perp\!\!\!\perp \boldsymbol{X} | \boldsymbol{B}^{\mathrm{T}} \boldsymbol{X}. \tag{2.2.1}$$

显然, 满足式 (2.2.1) 的矩阵 $\boldsymbol{B}$ 不唯一. 例如, 若 $\boldsymbol{A}$ 是任意的一个 $K \times K$ 的非退化矩阵, 则 $\boldsymbol{B}^{\mathrm{T}}\boldsymbol{X}$ 与 $\boldsymbol{A}^{\mathrm{T}}\boldsymbol{B}^{\mathrm{T}}\boldsymbol{X}$ 存在一一对应关系. 也就是说,

$$\boldsymbol{Y} \perp\!\!\!\perp \boldsymbol{X} | \boldsymbol{B}^{\mathrm{T}} \boldsymbol{X} \Leftrightarrow \boldsymbol{Y} \perp\!\!\!\perp \boldsymbol{X} | \boldsymbol{A}^{\mathrm{T}} \boldsymbol{B}^{\mathrm{T}} \boldsymbol{X},$$

但是 $\boldsymbol{B}$ 和 $\boldsymbol{BA}$ 张成的空间是一样的. 这就启发我们去寻找 $\boldsymbol{B}$ 张成的空间, 而不是 $\boldsymbol{B}$ 矩阵本身. 记 $\mathrm{span}\{\boldsymbol{B}\}$ 为 $\boldsymbol{B}$ 的列向量张成的空间, 满足条件独立性 (2.2.1) 的空间 $\mathrm{span}\{\boldsymbol{B}\}$ 称为降维子空间.

另外, 如果 $\boldsymbol{C}$ 也是一个矩阵, 并且满足 $\mathrm{span}\{\boldsymbol{B}\} \subseteq \mathrm{span}\{\boldsymbol{C}\}$, 则

$$\boldsymbol{Y} \perp\!\!\!\perp \boldsymbol{X} | \boldsymbol{B}^{\mathrm{T}} \boldsymbol{X} \Rightarrow \boldsymbol{Y} \perp\!\!\!\perp \boldsymbol{X} | \boldsymbol{C}^{\mathrm{T}} \boldsymbol{X}.$$

也就是说, 如果 $\mathrm{span}\{\boldsymbol{B}\}$ 是一个降维子空间, 则 $\mathrm{span}\{\boldsymbol{C}\}$ 也是一个降维子空间, 所以感兴趣的是最小的降维子空间, 也就是所有降维子空间的交集. 如果所有降维子空间的交集依然满足条件独立性 (2.2.1), 则称之为中心降维子空间 (Cook, 1994, 1998), 通常记为 $\mathcal{S}_{\boldsymbol{Y}|\boldsymbol{X}}$. 中心降维子空间的维数, 记为 $K = \dim(\mathcal{S}_{\boldsymbol{Y}|\boldsymbol{X}})$, 称为结构维数. 若 $\boldsymbol{Z} = \boldsymbol{AX} + \boldsymbol{b}$, 则不难得到

$$\mathcal{S}_{\boldsymbol{Y}|\boldsymbol{Z}} = \boldsymbol{A}^{-1} \mathcal{S}_{\boldsymbol{Y}|\boldsymbol{X}}. \tag{2.2.2}$$

例如, 如果取 $\boldsymbol{A} = [\mathrm{Cov}(\boldsymbol{X})]^{-1/2}, \boldsymbol{b} = -\boldsymbol{A}E(\boldsymbol{X})$, 此时 $\boldsymbol{Z}$ 是标准化的自变量, 满足 $E(\boldsymbol{Z}) = 0$, $\mathrm{Cov}(\boldsymbol{Z}) = \boldsymbol{I}_p$, 则有 $\mathcal{S}_{\boldsymbol{Y}|\boldsymbol{Z}} = [\mathrm{Cov}(\boldsymbol{X})]^{1/2} \mathcal{S}_{\boldsymbol{Y}|\boldsymbol{X}}$. 因此, 在以后讨论中心降维子空间时, 不失一般性, 可以假定预测变量 $\boldsymbol{X}$ 已经被标准化了.

基于 $(\boldsymbol{X}^{\mathrm{T}}, \boldsymbol{Y})$ 的回归本质上是研究条件分布 $F(\boldsymbol{y}|\boldsymbol{x})$. 注意到式 (2.2.1) 等价于条件分布满足

$$F(\boldsymbol{y}|\boldsymbol{x}) = F(\boldsymbol{y}|\boldsymbol{B}^{\mathrm{T}}\boldsymbol{x}). \tag{2.2.3}$$

可以看出, 如果某个降维方法能够准确地估计 $\mathrm{span}\{\boldsymbol{B}\}$, 则基于 $(\boldsymbol{B}^{\mathrm{T}}\boldsymbol{X}, \boldsymbol{Y})$ 来建立回归模型一点也不损失基于原始数据 $(\boldsymbol{X}, \boldsymbol{Y})$ 的回归信息. 借用 Fisher “充分统计量” 的思想, 称这样的降维方法为 “充分” 降维方法.

有时仅仅关心条件均值或者条件方差, 而不需要考虑其他更高阶矩. 类似地, 可以定义中心均值子空间以及中心方差子空间.

2.2.2　中心均值子空间

如果仅仅关于回归均值 $E(\boldsymbol{Y}|\boldsymbol{X})$, 而不是整个条件分布 $F(\boldsymbol{Y}|\boldsymbol{X})$, 降维的目标是寻找 $p \times K$ 的矩阵 $\boldsymbol{B}$, 使得

$$\boldsymbol{Y} \perp\!\!\!\perp E(\boldsymbol{Y}|\boldsymbol{X}) | \boldsymbol{B}^{\mathrm{T}} \boldsymbol{X}. \tag{2.2.4}$$

满足条件独立性 (2.2.4) 的空间 span$\{\boldsymbol{B}\}$ 称为均值降维子空间.

显然, 满足式 (2.2.4) 的矩阵 $\boldsymbol{B}$ 并不唯一. 例如, 当 $\boldsymbol{B}$ 是 $p\times p$ 的单位矩阵时, 式 (2.2.4) 总是满足. 因此, 感兴趣的是最小的均值降维子空间, 也就是所有均值降维子空间的交集. 如果所有均值降维子空间的交集依然满足条件独立性 (2.2.4), 则称之为中心均值子空间 (Cook 和 Li, 2002), 通常记为 $\mathcal{S}_{\boldsymbol{E}(\boldsymbol{Y}|\boldsymbol{X})}$. Cook 和 Li (2002) 证明了式 (2.2.4) 等价于

$$E(\boldsymbol{Y}|\boldsymbol{X})=E(\boldsymbol{Y}|\boldsymbol{B}^{\mathrm{T}}\boldsymbol{X}). \tag{2.2.5}$$

2.2.3 中心方差子空间

模型的异方差性也往往是一个很重要的数据特征, 通过条件方差 $\mathrm{Var}(\boldsymbol{Y}|\boldsymbol{X})$ 来刻画. 此时, 降维的目标是寻找 $p\times K$ 的矩阵 $\boldsymbol{B}$ 满足

$$\boldsymbol{Y}-E(\boldsymbol{Y}|\boldsymbol{X})\perp\!\!\!\perp\mathrm{Var}(\boldsymbol{Y}|\boldsymbol{X})|\boldsymbol{B}^{\mathrm{T}}\boldsymbol{X}. \tag{2.2.6}$$

满足条件独立性 (2.2.6) 的空间 span$\{\boldsymbol{B}\}$ 称为方差降维子空间. 同样地, 感兴趣的仍然是最小的方差降维子空间, 也就是所有方差降维子空间的交集. 如果所有方差降维子空间的交集依然满足条件独立性 (2.2.6), 则称之为中心方差子空间 (Zhu and Zhu, 2009), 通常记为 $\mathcal{S}_{\mathrm{Var}(\boldsymbol{Y}|\boldsymbol{X})}$. Zhu 和 Zhu (2009) 证明了式 (2.2.6) 等价于

$$\mathrm{Var}(\boldsymbol{Y}|\boldsymbol{X})=\mathrm{Var}(\boldsymbol{Y}|\boldsymbol{B}^{\mathrm{T}}\boldsymbol{X}). \tag{2.2.7}$$

尽管式 (2.2.4) 和式 (2.2.6) 形式上很类似, 估计中心方差子空间存在本质上的难度. 因为 $\boldsymbol{Y}-E(\boldsymbol{Y}|\boldsymbol{X})$ 通常是不可直接观测, 而是需要估计的. 但是当 $\boldsymbol{X}$ 的维数很高时, 估计 $E(\boldsymbol{Y}|\boldsymbol{X})$ 会遇到著名的 “维数祸根” 问题. 因此, 估计中心方差子空间会更为困难.

2.2.4 充分降维方法的降维步骤

文献上发展了一些充分降维方法来 “恢复” 上述的子空间. Cook (1998) 对这些方法作了一个非常系统的总结. 在以后的章节中, 将以中心降维子空间为例, 讨论这些充分降维方法. 一般来说, “恢复” 中心降维子空间通常分为如下几个步骤:

(1) “识别” 中心降维子空间: 基于总体形式 $(\boldsymbol{X}^{\mathrm{T}},\boldsymbol{Y})$, 寻找一个矩阵 $\boldsymbol{\Lambda}$, 使得 $\mathrm{span}(\boldsymbol{\Lambda})\subseteq\mathcal{S}_{\boldsymbol{Y}|\boldsymbol{X}}$, 这样的矩阵 $\boldsymbol{\Lambda}$ 被称为核矩阵;

(2) “估计” 中心降维子空间的基方向: 基于样本 $\{(\boldsymbol{x}_i^{\mathrm{T}},\boldsymbol{y}_i),i=1,\cdots,n\}$ 来估计核矩阵 $\boldsymbol{\Lambda}$, 对于核矩阵的估计 $\boldsymbol{\Lambda}_n$ 进行谱分解, 得到特征值和特征向量, 非零特征根所对应的特征向量可以作为中心降维子空间的基方向;

(3) “估计” 中心降维子空间的维数: 如果结构维数已知, 则上述两步就足够了; 否则, 需要进一步估计中心降维子空间的结构维数 $K=\dim(\mathcal{S}_{\boldsymbol{Y}|\boldsymbol{X}})$.

下面将分别就这三步讨论 “充分” 降维方法.

2.3 “识别”中心降维子空间

首先来看中心降维子空间的“识别”问题. 文献上关于“充分”降维的方法很多, 简单地回顾一下 Li (1991) 提出的切片逆回归以及 Cook 和 Weisberg (1991) 的切片平均方差估计的方法, 并提出了平均部分均值估计. 为了叙述方便起见, 记 $\mathcal{S}_{\boldsymbol{Y}|\boldsymbol{X}} = \text{span}\{\boldsymbol{B}\}$. 不妨假定预测变量 $\boldsymbol{X}$ 已经被标准化了, 即满足 $E(\boldsymbol{X}) = \boldsymbol{0}$, $\text{Cov}(\boldsymbol{X}) = \boldsymbol{I}_p$.

2.3.1 切片逆回归

定理 2.3.1 假设

线性条件

$$E(\boldsymbol{X}|\boldsymbol{B}^{\text{T}}\boldsymbol{X}) = \boldsymbol{P}_{\boldsymbol{B}}^{\text{T}}\boldsymbol{X}, \tag{2.3.1}$$

则 $\text{span}\{\text{Cov}[E(\boldsymbol{X}|\boldsymbol{Y})]\} \subseteq \mathcal{S}_{\boldsymbol{Y}|\boldsymbol{X}}$, 其中, $\boldsymbol{P}_{\boldsymbol{B}}$ 是个投影阵, $\boldsymbol{P}_{\boldsymbol{B}} = \boldsymbol{B}(\boldsymbol{B}^{\text{T}}\boldsymbol{B})^{-1}\boldsymbol{B}^{\text{T}}$.

证明 注意到如果有 $\text{span}\{E(\boldsymbol{X}|\boldsymbol{Y})\} \subseteq \mathcal{S}_{\boldsymbol{Y}|\boldsymbol{X}}$, 则定理得证. 为此, 下证 $E(\boldsymbol{X}|\boldsymbol{Y}) = \boldsymbol{P}_{\boldsymbol{B}}^{\text{T}}E(\boldsymbol{X}|\boldsymbol{Y})$. 不难证明

$$E(\boldsymbol{X}|\boldsymbol{Y}) = E[E(\boldsymbol{X}|\boldsymbol{Y},\boldsymbol{B}^{\text{T}}\boldsymbol{X})|\boldsymbol{Y}] = E[E(\boldsymbol{X}|\boldsymbol{B}^{\text{T}}\boldsymbol{X})|\boldsymbol{Y}] = \boldsymbol{P}_{\boldsymbol{B}}^{\text{T}}E(\boldsymbol{X}|\boldsymbol{Y}),$$

其中, 第一个等号成立是利用了条件期望的平滑性, 第二个等号成立则是利用了中心降维子空间的定义 (2.2.1), 而第三个等号成立是利用了线性条件. 证毕. □

在充分降维领域, 线性条件是经常使用的一个假设, 并且一般认为这个假设是比较弱的, 参见文献 (Li, 1991; Cook, 1998, Proposition 4.2, Page 57). Hall 和 Li (1993) 证明了如果解释变量 $\boldsymbol{X}$ 的维数 $p \to \infty$, 而结构维数 K 固定, 则线性条件总是近似满足的.

定理 2.3.1 表明当中心降维子空间的维数为 K 时, $\text{Cov}[E(\boldsymbol{X}|\boldsymbol{Y})]$ 至多有 K 个非零特征根, 这些非零特征根所对应的特征向量都在中心降维子空间里. 因此, 为了识别中心降维子空间, 只需要对核矩阵 $\text{Cov}[E(\boldsymbol{X}|\boldsymbol{Y})]$ 进行谱分解, 得到其特征值和特征向量就可以了.

Cook 和 Weisberg (1991) 注意到当 $\boldsymbol{X}$ 和 $\boldsymbol{Y}$ 的联系函数是偶函数时, 则切片逆回归方法可能失效. 图 2.3 是一个例子.

从图 2.3 可以看出由于对称性, $E(\boldsymbol{X}|\boldsymbol{Y}) = \boldsymbol{0}$. 这时, 切片逆回归方法就完全失效了. 但是也注意到随着 $\boldsymbol{Y}$ 的增加, $\text{Var}(\boldsymbol{X}|\boldsymbol{Y})$ 也是在增加的. 基于这一发现, Cook 和 Weisberg (1991) 提出了切片平均方差估计.

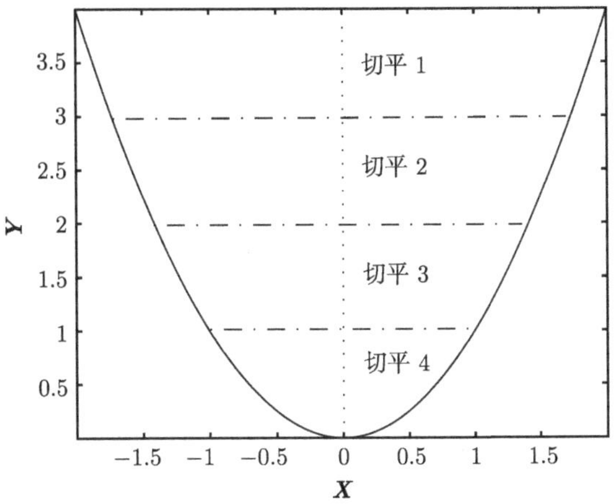

图 2.3 $\boldsymbol{Y}=\boldsymbol{X}^2$

2.3.2 切片平均方差估计

定理 2.3.2 除了线性条件 (2.3.1) 以外, 进一步假定如下的**常数方差**条件:

$$\mathrm{Var}(\boldsymbol{X}|\boldsymbol{B}^{\mathrm{T}}\boldsymbol{X})=\boldsymbol{I}_p-\boldsymbol{P}_{\boldsymbol{B}}, \tag{2.3.2}$$

则 $\mathrm{span}\{E[\boldsymbol{I}_p-\mathrm{Var}(\boldsymbol{X}|\boldsymbol{Y})]^2\}\subseteq\mathcal{S}_{\boldsymbol{Y}|\boldsymbol{X}}$, 其中, $\boldsymbol{I}_p$ 是一个 $p\times p$ 的单位矩阵, $\boldsymbol{P}_{\boldsymbol{B}}$ 是个投影阵, $\boldsymbol{P}_{\boldsymbol{B}}=\boldsymbol{B}(\boldsymbol{B}^{\mathrm{T}}\boldsymbol{B})^{-1}\boldsymbol{B}^{\mathrm{T}}$.

证明 类似于定理 2.3.1, 只需要证明 $\mathrm{span}\{\boldsymbol{I}_p-\mathrm{Var}(\boldsymbol{X}|\boldsymbol{Y})\}\subseteq\mathcal{S}_{\boldsymbol{Y}|\boldsymbol{X}}$ 就可以了. 注意到 $\mathrm{Var}(\boldsymbol{X}|\boldsymbol{Y})=E(\boldsymbol{X}\boldsymbol{X}^{\mathrm{T}}|\boldsymbol{Y})-E(\boldsymbol{X}|\boldsymbol{Y})E(\boldsymbol{X}^{\mathrm{T}}|\boldsymbol{Y})$. 由定理 2.3.1 的证明可知在线性条件下有

$$E(\boldsymbol{X}|\boldsymbol{Y})E(\boldsymbol{X}^{\mathrm{T}}|\boldsymbol{Y})=\boldsymbol{P}_{\boldsymbol{B}}E(\boldsymbol{X}|\boldsymbol{Y})E(\boldsymbol{X}^{\mathrm{T}}|\boldsymbol{Y})\boldsymbol{P}_{\boldsymbol{B}}^{\mathrm{T}}. \tag{2.3.3}$$

下面来处理 $E(\boldsymbol{X}\boldsymbol{X}^{\mathrm{T}}|\boldsymbol{Y})$ 这一项.

$$\begin{aligned}E(\boldsymbol{X}\boldsymbol{X}^{\mathrm{T}}|\boldsymbol{Y})&=E[E(\boldsymbol{X}\boldsymbol{X}^{\mathrm{T}}|\boldsymbol{B}^{\mathrm{T}}\boldsymbol{X})|\boldsymbol{Y}]\\&=E[\mathrm{Var}(\boldsymbol{X}|\boldsymbol{B}^{\mathrm{T}}\boldsymbol{X})+E(\boldsymbol{X}|\boldsymbol{B}^{\mathrm{T}}\boldsymbol{X})E(\boldsymbol{X}^{\mathrm{T}}|\boldsymbol{B}^{\mathrm{T}}\boldsymbol{X})|\boldsymbol{Y}]\\&=\boldsymbol{I}_p-\boldsymbol{P}_{\boldsymbol{B}}+\boldsymbol{P}_{\boldsymbol{B}}E(\boldsymbol{X}\boldsymbol{X}^{\mathrm{T}}|\boldsymbol{Y})\boldsymbol{P}_{\boldsymbol{B}}^{\mathrm{T}}.\end{aligned} \tag{2.3.4}$$

由式 (2.3.3) 和式 (2.3.4) 知 $\boldsymbol{I}_p-\mathrm{Var}(\boldsymbol{X}|\boldsymbol{Y})=\boldsymbol{P}_{\boldsymbol{B}}[\boldsymbol{I}_p-\mathrm{Var}(\boldsymbol{X}|\boldsymbol{Y})]\boldsymbol{P}_{\boldsymbol{B}}^{\mathrm{T}}$. 定理得证. □

特别地, 当解释变量 $\boldsymbol{X}$ 是正态分布时, 则有 $\mathrm{span}\{E[\boldsymbol{I}_p-\mathrm{Var}(\boldsymbol{X}|\boldsymbol{Y})]^2\}=\mathcal{S}_{\boldsymbol{Y}|\boldsymbol{X}}$. Cook (1996), Cook 和 Critchley (2000) 证明了 $\mathrm{span}\{\mathrm{Cov}[E(\boldsymbol{X}|\boldsymbol{Y})]\}\subseteq\mathrm{span}\{E[\boldsymbol{I}_p-\mathrm{Var}(\boldsymbol{X}|\boldsymbol{Y})]^2\}$. 但是, 这里的常数方差条件一般被认为是一个很强的条件.

对比一下切片逆回归以及切片平均方差估计. 如果响应变量是连续的随机变量, 那么在 “估计” 核矩阵时, 不可避免地要采用非参数估计来估计 $E(\boldsymbol{X}|\boldsymbol{Y})$ 或

$\mathrm{Var}(\boldsymbol{X}|\boldsymbol{Y})$, 在下面一章可以看到在估计时如何选择光滑参数将是非常重要且非常困难的问题. 关于 "估计" 核矩阵的问题, 在下一节会详细讨论. 下面来介绍平均部分均值估计, 这种方法的核矩阵在估计时非常简单, 不需要使用非参数估计, 只需要用矩估计就够了.

2.3.3 平均部分均值估计

记 $\mathbf{1}\{\boldsymbol{Y} \leqslant \boldsymbol{y}\}$ 是集合 $\{\boldsymbol{Y} \leqslant \boldsymbol{y}\}$ 上的示性函数. 注意到式 (2.2.1) 事实上等价于说条件分布函数 $F(\boldsymbol{y}|\boldsymbol{x}) = E[\mathbf{1}\{\boldsymbol{Y} \leqslant \boldsymbol{y}\}|\boldsymbol{X} = \boldsymbol{x}] = E[\mathbf{1}\{\boldsymbol{Y} \leqslant \boldsymbol{y}\}|\boldsymbol{B}^{\mathrm{T}}\boldsymbol{X} = \boldsymbol{B}^{\mathrm{T}}\boldsymbol{x}] = F(\boldsymbol{y}|\boldsymbol{B}^{\mathrm{T}}\boldsymbol{x})$. 由积分的链式法则可知 $[\partial F(\boldsymbol{y}|\boldsymbol{X})/\partial \boldsymbol{X}] = \boldsymbol{B}[\partial F(\boldsymbol{y}|\boldsymbol{B}^{\mathrm{T}}\boldsymbol{X})/\partial(\boldsymbol{B}^{\mathrm{T}}\boldsymbol{X})]$. 因此, 直观上看来, $\partial F(\boldsymbol{y}|\boldsymbol{X})/\partial \boldsymbol{X}$ 是可以用来估计中心降维子空间的基方向的. 但由于 $\boldsymbol{X}$ 的维数一般很高, 直接采用非参数的办法来估计条件分布是会遇到 "维数祸根" 问题的. 注意到如果假定 $\boldsymbol{X}$ 来自一个标准正态分布, 根据文献 (Stein, 1981) 中的引理 4, 可以得到

$$E[\boldsymbol{X}F(\boldsymbol{y}|\boldsymbol{X})] = E[\partial F(\boldsymbol{y}|\boldsymbol{X})/\partial \boldsymbol{X}] = \boldsymbol{B}E[\partial F(\boldsymbol{y}|\boldsymbol{B}^{\mathrm{T}}\boldsymbol{X})/\partial(\boldsymbol{B}^{\mathrm{T}}\boldsymbol{X})]. \tag{2.3.5}$$

另一方面, 根据条件期望的平滑性有

$$\boldsymbol{\Lambda}(\boldsymbol{y}) := E[\boldsymbol{X}\mathbf{1}\{\boldsymbol{Y} \leqslant \boldsymbol{y}\}] = E[\boldsymbol{X}E(\mathbf{1}\{\boldsymbol{Y} \leqslant \boldsymbol{y}\}|\boldsymbol{X})] = E[\boldsymbol{X}F(\boldsymbol{y}|\boldsymbol{X})]. \tag{2.3.6}$$

也就是说, $\boldsymbol{\Lambda}(\boldsymbol{y}) \in \mathrm{span}\{\boldsymbol{B}\} = \mathcal{S}_{\boldsymbol{Y}|\boldsymbol{X}}$ 对于任意的 $\boldsymbol{y}$ 都成立. 但是, 在高维数据中, 正态性假定一般认为比较严格, 所以在下面的定理中考虑比较弱的线性条件.

定理 2.3.3 假设 $\mathcal{S}_{\boldsymbol{Y}|\boldsymbol{X}} = \mathrm{span}\{\boldsymbol{B}\}$ 和线性条件 $E(\boldsymbol{X}|\boldsymbol{B}^{\mathrm{T}}\boldsymbol{X}) = \boldsymbol{P}_{\boldsymbol{B}}^{\mathrm{T}}\boldsymbol{X}$, 则对任意给定的 $\boldsymbol{y}$ 有 $\boldsymbol{\Lambda}(\boldsymbol{y}) \in \mathcal{S}_{\boldsymbol{Y}|\boldsymbol{X}}$.

证明 根据式 (2.3.6) 中 $\boldsymbol{\Lambda}(\boldsymbol{y})$ 的定义有

$$\boldsymbol{\Lambda}(\boldsymbol{y}) = E[E(\boldsymbol{X}|\boldsymbol{Y})\mathbf{1}\{\boldsymbol{Y} \leqslant \boldsymbol{y}\}] = E\Big(E[E(\boldsymbol{X}|\boldsymbol{B}^{\mathrm{T}}\boldsymbol{X})|\boldsymbol{Y}]\mathbf{1}\{\boldsymbol{Y} \leqslant \boldsymbol{y}\}\Big) = \boldsymbol{P}_{\boldsymbol{B}}^{\mathrm{T}}\boldsymbol{\Lambda}(\boldsymbol{y}).$$

第一个等号成立是利用了条件期望的平滑性, 第二个等号成立是利用了条件独立性 (2.2.1), 而第三个等号成立是根据线性条件得到的. 定理得证. □

注意到 $\boldsymbol{v}^{\mathrm{T}}\boldsymbol{\Lambda}(\boldsymbol{y}) = 0$ 等价于 $\boldsymbol{v}^{\mathrm{T}}\boldsymbol{\Lambda}(\boldsymbol{y})\boldsymbol{\Lambda}^{\mathrm{T}}(\boldsymbol{y})\boldsymbol{v} = 0$, 即 $\mathrm{span}\{\boldsymbol{\Lambda}(\boldsymbol{y})\} = \mathrm{span}\{\boldsymbol{\Lambda}(\boldsymbol{y}) \cdot \boldsymbol{\Lambda}^{\mathrm{T}}(\boldsymbol{y})\}$. 记 $\tilde{\boldsymbol{Y}}$ 是与 $\boldsymbol{Y}$ 独立同分布的一个随机变量, 则 $\boldsymbol{\Lambda}(\boldsymbol{y})\boldsymbol{\Lambda}^{\mathrm{T}}(\boldsymbol{y}) = E[\boldsymbol{\Lambda}(\tilde{\boldsymbol{Y}})\boldsymbol{\Lambda}^{\mathrm{T}}(\tilde{\boldsymbol{Y}})|\tilde{\boldsymbol{Y}} = \boldsymbol{y}]$. 构造平均部分均值估计的核矩阵如下:

$$\boldsymbol{\Lambda} =: E[\boldsymbol{\Lambda}(\tilde{\boldsymbol{Y}})\boldsymbol{\Lambda}^{\mathrm{T}}(\tilde{\boldsymbol{Y}})]. \tag{2.3.7}$$

通过把所有的 $\boldsymbol{\Lambda}(\boldsymbol{y})$ 汇聚在一起, $\boldsymbol{\Lambda}$ 可以尽可能多地恢复 $\mathcal{S}_{\boldsymbol{Y}|\boldsymbol{X}}$ 的信息. 由于 $\boldsymbol{\Lambda}$ 是一个非负定阵, 则有下面的推论:

推论 2.3.1 在定理 2.3.3 的条件下有

$$\text{span}\{\boldsymbol{\Lambda}\} = \text{span}\{\boldsymbol{\Lambda}(\boldsymbol{y}), \boldsymbol{y} \in \{\boldsymbol{Y} \text{ 的支撑}\}\} \subseteq \mathcal{S}_{\boldsymbol{Y}|\boldsymbol{X}}.$$

推论 2.3.1 表明, $\boldsymbol{\Lambda}$ 的非零特征根所对应的特征向量都在中心降维子空间中, 因此, 只需要对 $\boldsymbol{\Lambda}$ 进行谱分解得到其非零特征根以及对应的非零特征向量即可.

2.4 “估计”中心降维子空间的基方向

基于样本 $\{(\boldsymbol{x}_i^{\mathrm{T}}, \boldsymbol{y}_i)^{\mathrm{T}}, i=1,\cdots,n\}$, 本节来讨论核矩阵的估计问题, 并讨论这些估计方法的大样本性质. 对于估计这些充分降维方法的核矩阵, 常用的有 Li (1991) 提出的切片估计以及核估计、样条估计等方法. 另外, 基于切片估计的想法, 也将提出一种新的估计方法. 根据其计算步骤, 称之为 DEE 方法.

先来看看切片估计. 事实上, 切片估计的思想在图 2.3 中也有所提及.

2.4.1 “切片”估计

Li (1991) 提出切片估计的思想. 为简单起见, 将基于切片逆回归来说明切片估计方法. 切片估计把观测的响应变量 $\{\boldsymbol{y}_i, i=1,\cdots,n\}$ 划分成 H 个区间 $I_1,\cdots,I_H$, 这些区间也被称为切片, 然后估计每一个切片以内的均值 $E(\boldsymbol{X}|\boldsymbol{Y} \in I_h)$, 这样就可以得到切片逆回归的核矩阵 $\boldsymbol{\Lambda} = \text{Cov}[\boldsymbol{E}(\boldsymbol{X}|\boldsymbol{Y})]$ 的估计了. 具体来说, 设 $\{(\boldsymbol{x}_i, \boldsymbol{y}_i), i=1,\cdots,n\}$ 是独立同分布的样本. 根据响应变量的值的大小对所得到的样本进行排序, 得到 $\{(\boldsymbol{x}_{(i)}, \boldsymbol{y}_{(i)}), i=1,\cdots,n\}$, 其中, $\boldsymbol{y}_{(1)} \leqslant \cdots \leqslant \boldsymbol{y}_{(n)}$, $\boldsymbol{x}_{(i)}$ 是对应 $\boldsymbol{y}_{(i)}$ 的自变量向量. 引入下标 (h,j), 其中, 第一个下标 h 表示第 h 个切片, 第二个下标 j 是在给定的切片以内的第 j 个观测. 显然有

$$\boldsymbol{y}_{(h,j)} = \boldsymbol{y}_{(c(h-1)+j)}, \quad \boldsymbol{x}_{(h,j)} = \boldsymbol{x}_{(c(h-1)+j)},$$

其中, $c>0$ 是每个切片以内观测的个数. 切片逆回归的核矩阵的估计 $\boldsymbol{\Lambda}_n$ 形如

$$\boldsymbol{\Lambda}_n = \frac{1}{H}\sum_{h=1}^{H}\left\{\frac{1}{c-1}\sum_{j=1}^{c}\left(\boldsymbol{x}_{(h,j)} - \frac{1}{c}\sum_{\ell=1}^{c}\boldsymbol{x}_{(h,\ell)}\right)\left(\boldsymbol{x}_{(h,j)} - \frac{1}{c}\sum_{\ell=1}^{c}\boldsymbol{x}_{(h,\ell)}\right)^{\mathrm{T}}\right\}, \quad (2.4.1)$$

其中, $H=[(n+c-1)/c]$ 是切片数. 在实际计算中, 当 H 比较大时, 可能最后一个切片以内的点数会小于 c 个, 但这不会影响这个估计的大样本性质. 当每个切片以内只含两个点时, 即 $c=2$, Hsing 和 Carroll (1992) 证明了 $\boldsymbol{\Lambda}_n$ 以 $\sqrt{n}$ 的速度是相合的. Zhu 和 Ng (1995) 推广了这个结果, 证明了当 c 可以为 $2\sim n/2$ 的任意值, $\boldsymbol{\Lambda}_n$ 总是 $\sqrt{n}$ 相合的.

尽管切片估计在估计切片逆回归的核矩阵时具有稳健性, 但是, 用切片估计的方法来估计切片平均方差估计的核矩阵时, 却发生了意想不到的困难. Cook (2000), Cook 和 Critchley (2000) 以及 Zhu 等 (2007) 的大量模拟表明切片平均方差估计的效果非常依赖于切片数的选取. 这些模拟结果由 Li 和 Zhu (2007) 得到了证实: 如果响应变量是离散的, 并且只取有限个值, 则切片估计总是 $\sqrt{n}$ 相合的; 但是, 如果响应变量是连续的, 而且每个切片以内的点数 c 固定时, 切片平均方差估计总是不相合的; 如果 $c \to \infty$ 且 $c/\sqrt{n} \to 0$, 则切片平均方差估计的速度是 $1/c$. 这个理论结果支持了以前的模拟结果. 因此, 如果切片数选择不适当, 则不能期望切片平均方差能得到很理想的估计结果. 遗憾的是迄今为止, 文献上没有一个如何选择切片数的方法.

2.4.2 其他非参数估计

由于切片估计在估计高阶矩方法的核矩阵时不能得到 $\sqrt{n}$ 相合的估计, 因此, Zhu 和 Zhu (2007) 提出了用核估计的方法来估计切片平均方差估计的核矩阵. 由于切片平均方差估计的核矩阵具有如下形式:

$$\boldsymbol{\Lambda} = E\Big(\boldsymbol{I}_p - \mathrm{Cov}(\boldsymbol{X}|\boldsymbol{Y})\Big)^2 = \boldsymbol{I}_p - 2E\Big(\mathrm{Cov}(\boldsymbol{X}|\boldsymbol{Y})\Big) + E\Big(\mathrm{Cov}(\boldsymbol{X}|\boldsymbol{Y})\Big)^2.$$

为简单起见, 记

$$R_{kl}(\boldsymbol{y}) = E(\boldsymbol{X}_k\boldsymbol{X}_l|\boldsymbol{Y}=\boldsymbol{y}), \quad G_{kl}(\boldsymbol{y}) = R_{kl}(\boldsymbol{y})f(\boldsymbol{y}), \quad 1 \leqslant k, l \leqslant p,$$

$$\boldsymbol{r}(\boldsymbol{y}) = E(\boldsymbol{X}|\boldsymbol{Y}=\boldsymbol{y}) = \Big(E(\boldsymbol{X}_1|\boldsymbol{Y}=\boldsymbol{y}), \cdots, E(\boldsymbol{X}_p|\boldsymbol{Y}=\boldsymbol{y})\Big)^{\mathrm{T}} =: \Big(r_1(\boldsymbol{y}), \cdots, r_p(\boldsymbol{y})\Big)^{\mathrm{T}},$$

$$\boldsymbol{g}(\boldsymbol{y}) = \Big(r_1(\boldsymbol{y})f(\boldsymbol{y}), \cdots, r_p(\boldsymbol{y})f(\boldsymbol{y})\Big)^{\mathrm{T}} =: \Big(g_1(\boldsymbol{y}), \cdots, g_p(\boldsymbol{y})\Big)^{\mathrm{T}}. \tag{2.4.2}$$

另外, 引入示性函数

$$\delta_{kl} = \begin{cases} 1, & k = l, \\ 0, & k \neq l, \end{cases}$$

则切片平均方差估计的核矩阵 $\boldsymbol{\Lambda}$ 中第 k 行、第 l 列的元素可以表示为如下形式:

$$\lambda_{kl} = \delta_{kl} - 2E\Big(R_{kl}(\boldsymbol{Y}) - r_k(\boldsymbol{Y})r_l(\boldsymbol{Y})\Big) + E\Big[\sum_{i=1}^{p}\Big(R_{ki}(\boldsymbol{Y})R_{il}(\boldsymbol{Y})$$
$$-R_{ki}(\boldsymbol{Y})r_i(\boldsymbol{Y})r_l(\boldsymbol{Y}) - r_k(\boldsymbol{Y})r_i(\boldsymbol{Y})R_{il}(\boldsymbol{Y}) + r_k(\boldsymbol{Y})r_l(\boldsymbol{Y})r_i^2(\boldsymbol{Y})\Big)\Big].$$

定义相应的核估计形式如下:

$$\hat{g}_i(\boldsymbol{y}) = \frac{1}{nh}\sum_{j=1}^{n}\boldsymbol{x}_{ij}K\Big(\frac{\boldsymbol{y}-\boldsymbol{y}_j}{h}\Big),$$

$$\hat{\boldsymbol{g}}(\boldsymbol{y}) = (\hat{g}_1(\boldsymbol{y}), \cdots, \hat{\boldsymbol{g}}_p(\boldsymbol{y}))^{\mathrm{T}}, \quad \hat{\boldsymbol{f}}(\boldsymbol{y}) = \frac{1}{nh}\sum_{j=1}^{n}K\Big(\frac{\boldsymbol{y}-\boldsymbol{y}_j}{h}\Big),$$

$$\hat{\boldsymbol{r}}(\boldsymbol{y})=(\hat{r}_1(\boldsymbol{y}),\cdots,\hat{r}_p(\boldsymbol{y}))^{\mathrm{T}}=\hat{\boldsymbol{g}}(\boldsymbol{y})/\hat{f}(\boldsymbol{y}),$$

$$\hat{G}_{kl}(\boldsymbol{y})=\frac{1}{nh}\sum_{j=1}^{n}\boldsymbol{x}_{kj}\boldsymbol{x}_{lj}K\Big(\frac{\boldsymbol{y}-\boldsymbol{y}_j}{h}\Big),\quad \hat{R}_{kl}(\boldsymbol{y})=\hat{G}_{kl}(\boldsymbol{y})/\hat{f}(\boldsymbol{y}), \tag{2.4.3}$$

其中, h 是核函数 $K_h(\cdot)=K(\cdot/h)/h$ 中的窗宽, 则 λ_{kl} 的核估计形式如下:

$$\lambda_{n,kl}=\delta_{kl}-\frac{2}{n}\sum_{j=1}^{n}\Big(\hat{R}_{kl}(\boldsymbol{y}_j)-\hat{r}_k(\boldsymbol{y}_j)\hat{r}_l(\boldsymbol{y}_j)\Big)+\frac{1}{n}\sum_{j=1}^{n}\sum_{i=1}^{p}\Big(\hat{R}_{ki}(\boldsymbol{y}_j)\hat{R}_{il}(\boldsymbol{y}_j)$$
$$-\hat{R}_{ki}(\boldsymbol{y}_j)\hat{r}_i(\boldsymbol{y}_j)\hat{r}_l(\boldsymbol{y}_j)-\hat{r}_k(\boldsymbol{y}_j)\hat{r}_i(\boldsymbol{y}_j)\hat{R}_{il}(\boldsymbol{y}_j)+\hat{r}_k(\boldsymbol{y}_j)\hat{r}_l(\boldsymbol{y}_j)\hat{r}_i^2(\boldsymbol{y}_j)\Big). \tag{2.4.4}$$

在一些较弱的正则条件下, Zhu 和 Zhu (2007) 证明了当窗宽 h 的范围为 $o(n^{-\frac{1}{2}})\sim o(n^{-\frac{1}{4}})$ 时, 核估计总是 $\sqrt{n}$ 相合的. 这个结果表明与切片估计相比, 核估计还是具有一些优良性的. 但是, 这个窗宽范围并不包含最优窗宽 $O(n^{-1/5})$. 因此, 在使用核估计时, 还是需要 “undersmoothing” 的, 这也是核估计方差的不足之处. 样条估计也具有类似的性质, 可以参见文献 (Zhu and Yu, 2007).

2.4.3 DEE 方法

由于切片估计在估计切片平均方差估计的核矩阵时收敛速度很慢, 甚至可能不收敛, 而且也没有一个合适的选择切片数的办法或者准则. 其他非参数估计, 如核估计、样条估计, 在估计时必须要 “undersmoothing” 才能有 $\sqrt{n}$ 的速度, 因此, 发展新的估计方法尤为必要. 这一节将提出一种新的估计方法, 即 DEE 方法. 值得指出的是, 这种方法在响应变量 $\boldsymbol{Y}=(\boldsymbol{Y}_1,\cdots,\boldsymbol{Y}_q)^{\mathrm{T}}$ 是高维时仍然适用.

为了叙述方便起见, 先在总体水平下介绍 DEE 方法. 这个方法分为如下三个步骤:

(1) 离散化步骤: 对任给的 $\boldsymbol{t}=(\boldsymbol{t}_1,\cdots,\boldsymbol{t}_q)^{\mathrm{T}}\in\mathbb{R}^q$, 记 $\boldsymbol{Z}(\boldsymbol{t})=:(I_{\{\boldsymbol{Y}_1<\boldsymbol{t}_1\}},\cdots,I_{\{\boldsymbol{Y}_q<\boldsymbol{t}_q\}})^{\mathrm{T}}$ 是定义在集合 $\{\boldsymbol{Y}_1\leqslant\boldsymbol{t}_1\},\cdots,\{\boldsymbol{Y}_q\leqslant\boldsymbol{t}_q\}$ 的示性函数, $\mathcal{S}_{\boldsymbol{Z}(\boldsymbol{t})|\boldsymbol{X}}$ 是基于回归 $\boldsymbol{Z}(\boldsymbol{t})|\boldsymbol{X}$ 所张成的中心降维子空间. 记 $\boldsymbol{\Lambda}(\boldsymbol{t})$ 是一个 $p\times p$ 半正定矩阵 (可以为切片逆回归、切片平均方差估计、平均部分均值估计等许多充分降维方法的核矩阵), 满足 $\mathrm{span}\{\boldsymbol{\Lambda}(\boldsymbol{t})\}=\mathcal{S}_{\boldsymbol{Z}(\boldsymbol{t})|\boldsymbol{X}}$. 显然, 新的响应变量 $\boldsymbol{Z}(\boldsymbol{t})$ 中的所有分量都只取两个值: 0 或 1.

(2) 平均化步骤: 假设 $\boldsymbol{T}$ 是一个随机向量, 其支撑为 $\mathbb{R}^q$, 则 $\boldsymbol{\Lambda}(\boldsymbol{t}):=E[\boldsymbol{\Lambda}(\boldsymbol{T})|\boldsymbol{T}=\boldsymbol{t}]$. 关于随机变量 $\boldsymbol{T}$ 取期望, 可以得到核矩阵 $\boldsymbol{\Lambda}:=E[\boldsymbol{\Lambda}(\boldsymbol{T})]$.

(3) 谱分解步骤: 记 $\boldsymbol{v}_1,\cdots,\boldsymbol{v}_K$ 是 $\boldsymbol{\Lambda}$ 的最大的 K 个特征值对应的特征向量, 则 $\mathrm{span}(\boldsymbol{v}_1,\cdots,\boldsymbol{v}_K)$ 可以用来作为 $\mathcal{S}_{\boldsymbol{Y}|\boldsymbol{X}}$ 的基方向的估计.

下面的定理说明了 DEE 方法在估计中心降维子空间时不会损失信息.

定理 2.4.1 若 $\mathbb{R}^q_{\boldsymbol{Y}}\subseteq\mathbb{R}^q$ 且 $\mathrm{span}\{\boldsymbol{\Lambda}(\boldsymbol{t})\}=\mathcal{S}_{\boldsymbol{Z}(\boldsymbol{t})|\boldsymbol{X}}$ 对任意的 $\boldsymbol{t}$ 都成立, 则 $\mathrm{span}\{\boldsymbol{\Lambda}\}=\mathcal{S}_{\boldsymbol{Y}|\boldsymbol{X}}$.

证明 记 $\boldsymbol{P}$ 是空间 $\mathcal{S}_{\boldsymbol{Y}|\boldsymbol{X}}$ 上的投影, $\boldsymbol{P}_{\boldsymbol{\Lambda}(\boldsymbol{t})}$ 是空间 $\mathrm{span}\{\boldsymbol{\Lambda}(\boldsymbol{t})\}$ 上的投影, $\boldsymbol{P}_{\boldsymbol{\Lambda}}$ 是空间 $\mathrm{span}\{\boldsymbol{\Lambda}\}$ 上的投影.

根据文献 (Ye, Weiss, 2003) 中的引理 3, 可以得到 $\mathrm{span}\{\boldsymbol{\Lambda}\} \subseteq \mathcal{S}_{\boldsymbol{Y}|\boldsymbol{X}}$. 因此, 下面只证明 $\mathcal{S}_{\boldsymbol{Y}|\boldsymbol{X}} \subseteq \mathrm{span}\{\boldsymbol{\Lambda}\}$, 即要证 $\boldsymbol{X} \perp\!\!\!\perp \boldsymbol{Y}|\boldsymbol{P}_{\boldsymbol{\Lambda}}\boldsymbol{X}$, 或等价地,

$$P(\boldsymbol{X} \leqslant \boldsymbol{x}, \boldsymbol{Y} \leqslant \boldsymbol{t}|\boldsymbol{P}_{\boldsymbol{\Lambda}}\boldsymbol{X}) = P(\boldsymbol{X} \leqslant \boldsymbol{x}|\boldsymbol{P}_{\boldsymbol{\Lambda}}\boldsymbol{X})P(\boldsymbol{Y} \leqslant \boldsymbol{t}|\boldsymbol{P}_{\boldsymbol{\Lambda}}\boldsymbol{X}) \tag{2.4.5}$$

对所有的 $\boldsymbol{x} \in \mathbb{R}^p$ 以及 $\boldsymbol{t} \in \mathbb{R}^q$. 设 $\boldsymbol{v} \perp \mathrm{span}\{\boldsymbol{\Lambda}\}$, 则 $\boldsymbol{v}^{\mathrm{T}}\boldsymbol{\Lambda}\boldsymbol{v} = \boldsymbol{v}^{\mathrm{T}}E[\boldsymbol{\Lambda}(\boldsymbol{T})]\boldsymbol{v} = 0$, 这就表明 $\boldsymbol{v}^{\mathrm{T}}\boldsymbol{\Lambda}(\boldsymbol{t})\boldsymbol{v} = 0$ 在 $\mathbb{R}^q_{\boldsymbol{Y}}$ 关于 $F(\cdot)$ 几乎处处成立. 由于 $\boldsymbol{\Lambda}$ 是半正定的, 则有 $\boldsymbol{v} \perp \mathrm{span}\{\boldsymbol{\Lambda}(\boldsymbol{t})\}$ 在 $\mathbb{R}^q_{\boldsymbol{Y}}$ 上关于 F 几乎处处成立. 因此, $\boldsymbol{X} \perp\!\!\!\perp \boldsymbol{Z}(\boldsymbol{t})|\boldsymbol{P}_{\boldsymbol{\Lambda}}\boldsymbol{X}$. 于是, 式 (2.4.5) 的左边可以写成 $P(\boldsymbol{X} \leqslant \boldsymbol{x}, \boldsymbol{Z}(\boldsymbol{t}) = \mathbf{1}|\boldsymbol{P}_{\boldsymbol{\Lambda}}\boldsymbol{X}) = P(\boldsymbol{X} \leqslant \boldsymbol{x}|\boldsymbol{P}_{\boldsymbol{\Lambda}}\boldsymbol{X})P(\boldsymbol{Z}(\boldsymbol{t}) = \mathbf{1}|\boldsymbol{P}_{\boldsymbol{\Lambda}}\boldsymbol{X})$, 可以看出式 (2.4.5) 的右边相等, 其中, $\mathbf{1} = (1, \cdots, 1)^{\mathrm{T}}$. 可以看出, 式 (2.4.5) 在 $\mathbb{R}^q_{\boldsymbol{Y}}$ 上关于 F_Y 几乎处处成立. 定理得证. □

定理 2.4.1 表明, 基于 $\boldsymbol{\Lambda}$ 来估计中心降维子空间 $\mathcal{S}_{\boldsymbol{Y}|\boldsymbol{X}}$ 不会损失信息的. 为了绕过一些技术细节, 文献上常常假设覆盖条件 $\mathrm{span}\{\boldsymbol{\Lambda}(\boldsymbol{t})\} = \mathcal{S}_{\boldsymbol{Z}(\boldsymbol{t})|\boldsymbol{X}}$. 感兴趣的读者可以参见文献 (Cook, 1998; Li et al, 2005; Li and Wang, 2007). 如果 $\mathrm{span}\{\boldsymbol{\Lambda}(\boldsymbol{t})\} \subseteq \mathcal{S}_{\boldsymbol{Z}(\boldsymbol{t})|\boldsymbol{X}}$, 则 $\boldsymbol{\Lambda}$ 的列空间只能张成 $\mathcal{S}_{\boldsymbol{Y}|\boldsymbol{X}}$ 的一部分. 注意到对任意给定的 $\boldsymbol{t}$, 识别 $\mathcal{S}_{\boldsymbol{Z}(\boldsymbol{t})|\boldsymbol{X}}$ 是一个很经典的降维问题, 并且响应变量是取两值的. 当响应变量是一维时, 很多成熟的充分降维方法, 如切片逆回归 (Li, 1991; Zhu and Ng, 1995)、切片平均方差估计 (Cook and Weisberg, 1991; Li and Zhu, 2007)、切片平均三阶矩估计 (Yin and Cook, 2003) 以及方向回归 (Li and Wang, 2007), 都能达到 $\sqrt{n}$ 相合. 这些结果在响应变量都是高维时也自然满足. 也就是说, $\boldsymbol{\Lambda}(\boldsymbol{t})$ 的估计形式 $\boldsymbol{\Lambda}_n(\boldsymbol{t})$ 满足如下关系:

$$\boldsymbol{\Lambda}_n(\boldsymbol{t}) = \boldsymbol{\Lambda}(\boldsymbol{t}) + E_n[\psi(\boldsymbol{X}, \boldsymbol{Y}, \boldsymbol{t})] + R_n(\boldsymbol{t}), \tag{2.4.6}$$

其中, 记号 E_n 是样本平均, 对任意的 $\boldsymbol{t}$ 有

$$E[\psi(\boldsymbol{X}, \boldsymbol{Y}, \boldsymbol{t})] = 0 \quad 且 \quad R_n(\boldsymbol{t}) = o_P(n^{-1/2}), \tag{2.4.7}$$

$\psi(\boldsymbol{X}, \boldsymbol{Y}, \boldsymbol{t})$ 的二阶矩有限. 显然, 不同的充分降维方法得到的 $\psi(\boldsymbol{X}, \boldsymbol{Y}, \boldsymbol{t})$ 具有不同的形式. 这种估计常常称为渐近线性估计, 感兴趣的读者可以参见文献 (Bickel 等, 1993, 第 19 页). 很多逆回归方法都满足等式 (2.4.6) 和式 (2.4.7), 如 Li (1991), Zhu 和 Ng (1995) 以及 Zhu 和 Fang (1996) 得到了切片逆回归的线性表达 (2.4.6), Li 和 Zhu (2007) 证明了切片平均方差估计也满足式 (2.4.6), Li 和 Wang (2007) 也得到了方向回归的渐近线性表达式. 为了说明问题, 进一步假定

$$\sup_{\boldsymbol{t} \in \mathbb{R}^q} \|R_n(\boldsymbol{t})\|_F = o_P(n^{-1/2}), \tag{2.4.8}$$

其中, $\|\cdot\|_F$ 是 Frobenius 范数. Li 等 (2008) 也假定了一个很类似的条件.

现在来讨论 $\boldsymbol{\Lambda}$ 的估计问题. 设 $t_1,\cdots,t_{m_n}$ 是 $\boldsymbol{T}$ 中容量为 m_n 的独立同分布的样本. 对任意给定的 $t_j(j=1,\cdots,m_n)$ 有 n 个样本点 $\{(\boldsymbol{x}_i,\widehat{\boldsymbol{z}}_i(t_j)),i=1,\cdots,n\}$, 其中, $\widehat{\boldsymbol{z}}_i(t_j)=:\mathbf{1}_{\{\boldsymbol{y}_i\leqslant t_j\}}=(I_{\{\boldsymbol{y}_{i1}\leqslant t_{j1}\}},\cdots,I_{\{\boldsymbol{y}_{iq}\leqslant t_{jq}\}})^{\mathrm{T}}$. 记 $\boldsymbol{\Lambda}_n(t_j)$ 是核矩阵 $\boldsymbol{\Lambda}(t_j)$ 的估计, 则 $\boldsymbol{\Lambda}$ 的估计可以表示为

$$\boldsymbol{\Lambda}_{m_n,n}=E_{m_n}[\boldsymbol{\Lambda}_n(\boldsymbol{T})]\equiv\frac{1}{m_n}\sum_{j=1}^{m_n}\boldsymbol{\Lambda}_n(t_j). \tag{2.4.9}$$

下面的定理说明了 $\boldsymbol{\Lambda}_{m_n,n}$ 是一个 $\sqrt{n}$ 的相合估计.

定理 2.4.2 假设条件 (2.4.6)~(2.4.8). 进一步假设, 对任意的 $\boldsymbol{t}\in\mathbb{R}^q$, $\boldsymbol{\Lambda}_n(\boldsymbol{t})$ 中的每一个元素的二阶矩有限. 若 $n=O(m_n)$, 则

$$\boldsymbol{\Lambda}_{m_n,n}-\boldsymbol{\Lambda}=O_P(n^{-1/2}).$$

证明 这个定理的证明与文献 (Li, et al., 2008) 中定理 3.1 的证明很类似, 因此, 略去.

□

定理 2.4.2 说明即使响应变量是连续的, DEE 方法仍然能够达到 $\sqrt{n}$ 收敛速度.

为了证明渐近正态性, 取 $m_n=n$, $t_j=\boldsymbol{y}_j$, $j=1,\cdots,n$. 记 $V=[\boldsymbol{\Lambda}(\tilde{\boldsymbol{Y}})-E\boldsymbol{\Lambda}(\tilde{\boldsymbol{Y}})]+E[\psi(\boldsymbol{X},\boldsymbol{Y},\tilde{\boldsymbol{Y}})|\boldsymbol{X},\boldsymbol{Y}]+E[\psi(\boldsymbol{X},\boldsymbol{Y},\tilde{\boldsymbol{Y}})|\tilde{\boldsymbol{Y}}]$, 其中, $\tilde{\boldsymbol{Y}}$ 与 $\boldsymbol{Y}$ 同分布.

定理 2.4.3 除了定理 2.4.2 假设的条件外, 进一步假定 $E[\psi^2(\boldsymbol{X},\boldsymbol{Y},\tilde{\boldsymbol{Y}})]<\infty$, $E[\psi^2(\boldsymbol{X},\boldsymbol{Y},\boldsymbol{Y})]<\infty$ 以及 $E[\boldsymbol{\Lambda}^2(\boldsymbol{T})]<\infty$, 则

$$\sqrt{n}\Big(\mathrm{vec}(\boldsymbol{\Lambda}_{n,n})-\mathrm{vec}(\boldsymbol{\Lambda})\Big)\ \xrightarrow{\ \mathcal{D}\ }\ N(0,\mathrm{Var}\{\mathrm{vec}(V)\}).$$

证明 证明的思路是把估计量写成一个独立和的形式, 再加上一个可以忽略的余项, 然后用中心极限定理就可以证明渐近正态性了. 为了叙述方便起见, 不妨假定 $\boldsymbol{\Lambda}_{n,n}$ 是一个数, 而不是一个矩阵. 当 $t_i=\boldsymbol{y}_i$ 时, 记

$$U_{j,n}=\frac{1}{n}\sum_{i=1}^{n}\psi(\boldsymbol{x}_j,\boldsymbol{y}_j,\boldsymbol{y}_i),\quad n=1,2,\cdots,$$

则 $\boldsymbol{\Lambda}_{n,n}-\boldsymbol{\Lambda}$ 可以展成如下形式:

$$[E_n\boldsymbol{\Lambda}(\tilde{\boldsymbol{Y}})-E\boldsymbol{\Lambda}(\tilde{\boldsymbol{Y}})]+\frac{1}{n}\sum_{j=1}^{n}U_{j,n}+\frac{1}{n}\sum_{j=1}^{n}R_n(\boldsymbol{y}_j), \tag{2.4.10}$$

其中, 第一项是一个独立和的形式. 根据一致有界条件 (2.4.8), 可以证明第三项是 $o_P(n^{-1/2})$. 因此, 只要证明第二项也能写成一个独立和的形式就够了.

根据定理条件有

$$\frac{1}{n}\sum_{j=1}^{n}U_{j,n}=\frac{2}{n(n-1)}\sum_{i<j}\frac{\psi(\boldsymbol{x}_j,\boldsymbol{y}_j,\boldsymbol{y}_i)+\psi(\boldsymbol{x}_i,\boldsymbol{y}_i,\boldsymbol{y}_j)}{2}+o_P(1/\sqrt{n})$$
$$\equiv U_n+o_P(1/\sqrt{n}).$$

显然, U_n 是一个标准的二阶 U 统计量. 为了把 U_n 写成一个独立和的形式, 用 U_n 的投影来逼近 U_n,

$$\hat{U}_n=\sum_{j=1}^{n}E(U_n|\boldsymbol{x}_j,\boldsymbol{y}_j)=\frac{1}{n}\sum_{j=1}^{n}E[\psi(\boldsymbol{x}_j,\boldsymbol{y}_j,\boldsymbol{y}_i)+\psi(\boldsymbol{x}_i,\boldsymbol{y}_i,\boldsymbol{y}_j)|\boldsymbol{x}_j,\boldsymbol{y}_j]$$
$$=\frac{1}{n}\sum_{j=1}^{n}\{E[\psi(\boldsymbol{x}_j,\boldsymbol{y}_j,\tilde{\boldsymbol{Y}})]+E[\psi(\boldsymbol{X},\boldsymbol{Y},\boldsymbol{y}_j)]\},$$

这个投影显然是个独立和的形式. 利用条件 $E[\psi^2(\boldsymbol{X},\boldsymbol{Y},\tilde{\boldsymbol{Y}})]<\infty$ 以及文献 (Serfling, 1980, 第 189 页) 的定理 5.3.3, 可以得到 $U_n=\hat{U}_n+o(\log n/n)$ 几乎处处成立. 利用这个结果以及式 (2.4.10), 定理得证. □

定理 2.4.3 确保了 DEE 方法的渐近正态性. 尽管 DEE 方法继承了切片估计的思想, 但是 DEE 方法得到了一些切片估计所不具有的优点.

2.5 “估计”中心降维子空间的结构维数

在估计中心降维子空间时, 很多充分降维方法都是分为两步来进行: 第一步估计中心降维子空间的基方向; 第二步估计中心降维子空间的维数. 在第一步中, 假定中心降维子空间的结构维数 K 已知, 对某个核矩阵进行谱分解可以得到基方向的估计, 而在第二步中, 结构维数 K 可以通过序贯方法或者 Bayes 型信息准则来估计得到.

下面先来看看序贯检验.

2.5.1 序贯检验

序贯检验最先是由 Li (1991) 提出来的. 切片逆回归的核矩阵为 $\boldsymbol{\Lambda}=\mathrm{Cov}[\boldsymbol{E}(\boldsymbol{X}|\boldsymbol{Y})]$, 其相应的估计形式记为 $\boldsymbol{\Lambda}_n$, 见式 (2.4.1). 对估计得到的 $\boldsymbol{\Lambda}_n$ 进行谱分解, 可以得到其特征值 $\widehat{\lambda}_1\geqslant\cdots\geqslant\widehat{\lambda}_p$ 以及它们对应的特征向量. 记 $\tilde{\lambda}=\dfrac{1}{p-K}\displaystyle\sum_{i=K+1}^{p}\widehat{\lambda}_i$. Li (1991) 证明了若 $\boldsymbol{X}$ 来自正态分布, 则

$$n(p-K)\tilde{\lambda}\ \text{渐近地服从}\ \chi^2\ \text{分布, 其自由度为}\ (p-K)(H-K-1).$$

基于这个结论, 可以用序贯检验的办法来估计结构维数. 对于给定的显著性水平 α, 先假设 $K=0$, 看看 $n(p-K)\tilde{\lambda}$ 是否大于临界值 $\chi^2_{1-\alpha}((p-K)(H-K-1))$. 如果小于临界值, 则接受原假设 $K=0$; 否则的话, 拒绝原假设, 再来检验 $K=1$. 如此下去, 一直到接受原假设为止. 如果 $K=p-1$ 时还是拒绝原假设, 则推断结构维数为 p, 也就是说, 原模型不能被降维了. 由于正态性假定太强, 因此, Schott (1994), Velilla (1998) 以及 Bura 和 Cook (2001) 推广了 Li (1991) 的序贯检验的结果, 在 $\boldsymbol{X}$ 为椭球对称分布时, 证明了 $n(p-K)\tilde{\lambda}$ 渐近地服从 d 个独立的、自由度为 1 的 χ^2 分布的加权和, 记为 $\kappa_1\chi^2(1)+\cdots+\kappa_d\chi^2(1)$. 这些权重 κ_i 是未知量, 都是需要估计的. 实际中, 这些权重往往都依赖于核矩阵估计的渐近协方差阵, 所以估计起来比较复杂. 这也说明了序贯检验很依赖于核矩阵估计的检验正态性的. 用类似的想法, Cook 和 Ni (2005) 讨论了逆回归族中的 χ^2 检验问题. 可以看出在这些渐近性质之中, 都是假定切片数 H 是固定的, 而且要求 $H>K+1$. 而实际中, K 往往是未知的. 因此, 尽管切片估计在估计中心降维子空间的基方向时对切片数不敏感, 不同的切片数对结构维数的估计是有很大影响的. 另外, 序贯检验还有一些别的缺点, 如最终结构维数的估计取决于检验水平 α 的选取. 另外, 序贯检验方法得到的结构维数的估计不具有相合性.

2.5.2 Bayes 型信息准则

Zhu 等 (2006) 提出了一个 Bayes 型准则, 这个方法的好处在于能够得到结构维数估计的相合性. 下面以切片逆回归为例来说明这个想法.

记 $\boldsymbol{\Lambda}=\mathrm{Cov}[E(\boldsymbol{X}|\boldsymbol{Y})]$, 相应的切片估计记为 $\boldsymbol{\Lambda}_n$. 由于 $\boldsymbol{\Lambda}$ 的最小的 $p-K$ 个特征值为零, 可以把 K 个最大的特征值看成信号, 把 K 看成信号的个数. 为了利用 Zhao 等 (1986a, 1986b) 的想法, 记 $\boldsymbol{\Omega}=\boldsymbol{\Lambda}+\boldsymbol{I}_p$, $\hat{\boldsymbol{\Omega}}=\boldsymbol{\Lambda}_n+\boldsymbol{I}_p$. 记 $\theta_1\geqslant\theta_2\geqslant\cdots\geqslant\theta_p$ 是矩阵 $\boldsymbol{\Omega}$ 的特征值, $\hat{\theta}_1\geqslant\hat{\theta}_2\geqslant\cdots\geqslant\hat{\theta}_p$ 是 $\hat{\boldsymbol{\Omega}}$ 的特征值. 很显然, $\theta_i=\lambda_i+1$, 其中, λ_i 是 $\boldsymbol{\Lambda}$ 的特征值. 估计中心降维子空间的维数现在就等价地转为估计矩阵 $\boldsymbol{\Omega}$ 中的特征根大于 1 的个数了.

定义拟似然函数

$$\log L(\boldsymbol{\theta})=-\frac{n}{2}\log|\boldsymbol{\Omega}|-\frac{n}{2}\mathrm{tr}(\boldsymbol{\Omega}^{-1}\hat{\boldsymbol{\Omega}}). \tag{2.5.1}$$

显然, 拟似然函数是 $\boldsymbol{\theta}=(\theta_1,\cdots,\theta_p)$ 的一个函数. 记 Θ_k 是满足 $\theta_1\geqslant\theta_2\geqslant\cdots\geqslant\theta_k>1$ 且 $\theta_{k+1}=\cdots=\theta_p=1$ 的集合. 另外, 令 τ 是 $\hat{\theta}_i$ 中大于 1 的个数. 根据文献 (Zhao, et al., 1986a, 1986b) 有

$$\sup_{\boldsymbol{\theta}\in\Theta_k}\log L(\boldsymbol{\theta})=-\frac{n}{2}\sum_{i=1}^{p}\log\hat{\theta}_i-\frac{np}{2}+\frac{n}{2}\sum_{i=1+\min(\tau,k)}^{p}(\log\hat{\theta}_i+1-\hat{\theta}_i). \tag{2.5.2}$$

由于目标是估计结构维数 K, 式 (2.5.2) 的右边可以等价地转化为

$$\frac{n}{2}\sum_{i=1+\min(\tau,k)}^{p}(\log\hat{\theta}_i+1-\hat{\theta}_i).$$

下面记

$$\log L_k=\frac{n}{2}\sum_{i=1+\min(\tau,k)}^{p}(\log\hat{\theta}_i+1-\hat{\theta}_i) \tag{2.5.3}$$

以及

$$G(k)=\log L_k-C_nk(2p-k+1)/2, \tag{2.5.4}$$

其中, 第二项是惩罚项, C_n 是惩罚常数, $k(2p-k+1)/2$ 是式 (2.5.1) 中当 $\boldsymbol{\theta}\in\Theta_k$ 满足时自由参数的个数. Bayes 型信息准则定义结构维数的估计为

$$G(\hat{K})=\max_{0\leqslant k\leqslant p-1}G(k). \tag{2.5.5}$$

下面的定理证明了利用 Bayes 信息准则得到的结构维数的估计 $\hat{K}$ 的相合性.

定理 2.5.1　假设 $p=O(n^s)$, K 是一个不依赖于 n 的常数, $\|\boldsymbol{\Omega}-\hat{\boldsymbol{\Omega}}\|=O_P(n^{-t})$ (或 $O(n^{-t})$, a.s.), $t>0,2t>s$, 惩罚常数 C_n 满足

(1) $\lim\limits_{n\to+\infty}C_n/n^{1-s}=0$;

(2) $\lim\limits_{n\to+\infty}C_n/n^{1-2t}=\infty$,

则

$$\hat{K}-K=o_P(1)\ (\text{或 } o(1),\ \text{a.s.}).$$

证明　只证强相合性, 因为弱相合性的证明也是类似的. 记 K 是 $\boldsymbol{\Lambda}$ 的真实维数. 注意到

$$G(K)-G(k)=\log L_K-\log L_k-C_n(K-k)(2p-k-K+1)/2.$$

当 $\|\boldsymbol{\Omega}-\hat{\boldsymbol{\Omega}}\|=O(n^{-t})$, a.s. 时, 则有对于充分大的 n,

$$\hat{\theta}_i>1,i=1,\cdots,K\quad\text{以及}\quad\min(\tau,K)=K,$$

其中, τ 是 $\hat{\theta}_i$ 中满足 $\hat{\theta}_i>1$ 的个数. 如果 $k<K$, 则 $\min(\tau,k)=k$. 因此, 当 n 足够大时,

$$\log L_K-\log L_k=-\frac{1}{2}n\sum_{i=k+1}^{K}(\log\hat{\theta}_i+1-\hat{\theta}_i)=\frac{1}{2}nW_n(K,k),$$

其中,

$$W_n(K,k)=-\sum_{i=k+1}^{K}(\log\hat{\theta}_i+1-\hat{\theta}_i).$$

于是有

$$\lim_{n\to\infty} W_n(K,k) = W(K,k) \equiv -\sum_{i=k+1}^{K} (\log\theta_i + 1 - \theta_i) > 0,$$

所以, 对于充分大的 n 有

$$\log L_K - \log L_k > \frac{1}{4} nW(K,k).$$

注意到 $\lim\limits_{n\to\infty} C_n/n^{1-s} = 0$ 且 $p = O(n^s)$, 则

$$C_n(K-k)(2p-k-K+1)/n \to 0. \tag{2.5.6}$$

因此, 下面的结论依概率 1 成立:

$$G(K) - G(k) > 0. \tag{2.5.7}$$

另一方面, 当 $k > K$ 时, 根据式 (2.5.3) 可以得到

$$|\log L_K - \log L_k| \leqslant n \sum_{i=K+1}^{p} |\log\hat{\theta}_i + 1 - \hat{\theta}_i|,$$

利用 Taylor 展开,

$$\begin{aligned}|\log L_K - \log L_k| &\leqslant n \sum_{i=K+1}^{p} \frac{1}{2}(\hat{\theta}_i - 1)^2(1 + o(1)) \\ &\leqslant n\|\boldsymbol{\Omega} - \hat{\boldsymbol{\Omega}}\|^2 = O(n^{1-2t}), \text{ a.s..}\end{aligned}$$

当 $\lim\limits_{n\to\infty} C_n/n^{1-2t} = \infty$, 对充分大的 n 有

$$G(K) - G(k) = O(n^{1-2t}) + C_n(k-K)(2p-k-K+1)/2 > 0. \tag{2.5.8}$$

结合式 (2.5.7) 和式 (2.5.8) 就证明了

$$\hat{K} = K.$$

因此, 强相合性得证. 类似地, 可以证明弱相合性. □

据我们所知, 这是文献上第一次讨论结构维数的相合性问题. 另外, 定理 2.5.1 包含了解释变量的维数 p 趋向无穷的情形, 因此, 这个结果也相当一般.

2.6 结 束 语

本章讨论了中心降维子空间的“识别”以及“估计”问题, 简要回顾了文献上已有的一些方法, 并提出了一些新的方法, 以期起到“抛砖引玉”的作用. 在充分降维领域, 还有很多有趣的问题, 如解释变量维数发散或者响应变量特别高的情形,

这些问题还值得大家去作进一步的探索. 另外一个热点方向是数据变量的维数相对于样本数来说非常之大, 甚至可能大于样本数. 对于这样的小 “n” 大 “p” 问题, 目前文献上有了一些起步性的工作, 然而, 这些方面还有太多的工作需要做.

参考文献

Bickel P, Klaassen C A J, Ritov Y, et al. 1993. Efficient and Adaptive Inference in Semi-Parametric Models. Baltimore: John Hopkins University Press

Bura E, Cook R D. 2001. Estimating the structural dimension of regressions via parametric inverse regression. J. Roy. Statist. Soc. B. 63: 393~410

Cook R D. 1994. On the interpretation of regression plots. J. Amer. Statist. Assoc, 89: 177~189

Cook R D. 1996. Graphics for regression with a binary response. J. Amer. Statist. Assoc, 91: 983~992

Cook R D. 1998. Regression Graphics: Ideas for studying Regressions through Graphics. New York: Wiley & Sons

Cook R D. 2000. SAVE: A method for dimension reduction and graphics in regression, Commun. Stat. Theor. M., 29: 2109~2121

Cook R D, Critchley F. 2000. Identifying regression outliers and mixtures graphically. J. Amer. Statist. Assoc., 95: 781~794

Cook R D, Li B. 2002. Dimension reduction for conditional mean in regression. Ann. Statist., 30: 455~474

Cook R D, Ni L. 2005. Sufficient dimension reduction via inverse regression: a minimum discrepancy approach. J. Amer. Statist. Assoc, 100: 410~428

Cook R D, Weisberg S. 1991. Discussion to “Sliced inverse regression for dimension reduction”. J. Amer. Statist. Assoc., 86: 316~342

Hall P, Li K C. 1993. On almost linearity of low dimensional projection from high dimensional data. Ann. Statist, 21: 867~889

Hsing T, Carroll R J. 1992. An asymptotic theory for sliced inverse regression. Ann. Statist., 20: 1040~1061

Li B, Wang S L. 2007. On directional regression for dimension reduction. J. Amer. Statist. Assoc, 102: 997~1008

Li B, Wen S Q, Zhu L X. 2008. On a projective resampling method for dimension reduction with multivariate responses. J. Amer. Statist. Assoc, 103: 1177~1186

Li B, Zha H, Chiaromonte F. 2005. Contour regression: a general approach to dimension reduction. Ann. Statist, 33: 1580~1616

Li K C. 1991. Sliced inverse regression for dimension reduction (with discussion). J. Amer. Statist. Assoc., 86: 316~342

Li Y X, Zhu L X. 2007. Asymptotics for sliced average variance estimation. Ann. Statist., 35: 41∼69

Schott J R. 1994. Determining the dimensionality in sliced inverse regression. J. Amer. Statist. Assoc., 89: 141∼148

Serfling R J. 1980. Approximation theorems of mathematical statistics. New York: John Wiley & Sons Inc

Stein C. 1981. Estimation the mean of a multivariate normal distribution. Ann. Statist., 9: 1135∼1151

Velilla S. 1998. Assessing the number of linear components in a general regression problem. J. Amer. Statist. Assoc., 93: 1088∼1098

Ye Z, Weiss. 2003. Using the bootstrap to select one of a new class of dimension reduction methods. J. Amer. Statist. Assoc, 98: 968∼979

Yin X, Cook R D. 2003. Estimating the central subspace via inverse third moment. Biometrika, 90: 113∼125

Zhao L C, Krishnaiah P R, Bai Z D. 1986a. On detection of the number of signals in presence of white noise. J. Multiv. Anal, 20: 1∼25

Zhao L C, Krishnaiah P R, Bai Z D. 1986b. On detection of the number of signals when the noise covariance matrix is arbitrary. J. Multiv. Anal, 20: 26∼49

Zhu L P, Zhu L X. 2007. On Kernel method for sliced average variance estimation. J. Multi. Anal., 98: 970∼991

Zhu L P, Zhu L X. 2009. Dimension reduction for conditional variance in regressions. Statist Sinica, 19(2): 869∼883

Zhu L P, Yu Z. 2007. On spline approximation of sliced inverse reression. Science in China, 50: 1289∼1302

Zhu L X, Fang K T. 1996. Asymptotics for the kernel estimates of sliced inverse regression. Ann. Statist., 24: 1053∼1067

Zhu L X, Miao B Q, Peng H. 2006. Sliced Inverse Regression with Large Dimensional Covariates. J. Amer. Statist. Assoc, 101: 630∼643

Zhu L X, Ng K W. 1995. Asymptotics of sliced inverse regression. Statist. Sinica, 5: 727∼736

Zhu L X, Ohtaki M, Li Y X. 2007. Hybrid methods of inverse regression based algorithms. Comp. Statist. Data. Anal., 51: 2621∼2635

第 3 章 变系数模型

经典线性模型的很有用的推广是变系数模型 (varying-coefficient models). 这个思想起源于教科书, 参见文献 (Shumway, 1988, 第 245 页). 直到 Cleveland 等 (1991), Hastie 和 Tibshirani (1993) 的原始工作发表之前, 这样一个建模技术的潜力一直没有得到充分的探索. 变系数模型是近年来兴起的高维数据回归分析的一个新的发展方向. 变系数模型具有许多优点, 主要有以下几个方面: ① 变系数模型中的回归系数是某些因子的非参数函数, 因此, 该模型在减少建模偏差和避免 "维数祸根"(curse of dimensionality) 方面具有吸引力; ② 变系数模型是线性模型的推广, 因此, 该模型既保留了参数模型容易解释的优点, 又保留了非参数回归模型的灵活和稳健的特点, 适于外延; ③ 变系数模型是一类非常广泛的模型, 包含了文献中常见的一些模型, 如可加模型 (Hastie and Tibshirani, 1990)、部分线性模型 (Hardle, et al., 2000)、单指标函数系数回归模型 (Xia and Li, 1999)、自适应的变系数线性模型 (Fan, et al., 2003) 等. 因此, 自从该模型提出以来, 已有许多统计学者对变系数模型在独立数据和纵向数据下进行了研究, 并把这个模型用于流行病学的研究, 已经取得了一系列丰富的研究成果. Wu 等 (1998, 2000) 考虑了当观测数据为纵向数据 (longitudinal data) 时, 通过极小化局部最小二乘准则, 获得了函数系数的核估计及其渐近性质. Fan 和 Zhang (2000) 对纵向数据变系数模型提出使用两步估计方法估计系数函数. Chiang 等 (2001) 使用光滑样条方法估计了系数函数. Huang 等 (2002) 在研究重复测量的变系数模型时, 利用基函数逼近的思想把每一个系数函数转化成无限维的参数, 基于 Bootstrap 方法构造了函数系数的置信域, 并完成了假设检验. Xue 和 Zhu(2007) 提出了两种纠偏的经验似然 —— 均值校正的经验似然和残差调整的经验似然, 使得所构造的经验对数似然比能够渐近到一个标准卡方分布, 利用这个结果可以构造函数系数的置信带. 许多学者把变系数模型推广到半参数变系数模型, 这个模型比单纯的变系数模型更加灵活, 也具有降维的能力. Xia 等 (2004) 给出了半参数变系数模型中兴趣参数的有效估计. Zhang (2002) 通过对函数系数用局部多项式拟合, 构造了模型中参数和非参数的估计. Li 和 Liang (2007) 研究了半参数变系数模型中参数分量的变量选择问题, 并研究了模型中参数和非参数的估计及其渐近性质. Lam 和 Fan (2007) 考虑当参数分量的维数随着样本大小趋向于无穷大时, 模型中参数和非参数分量估计的渐近性质. 关于变系数模

本章作者: 薛留根, 北京工业大学教授.

型的其他文献可参见 (Hoover, et al., 1998; Cai, et al., 2000; Xia and Li, 1999; Zhang and Lee, 2000; Kim, 2007) 等. 国内统计学者在变系数模型方面也取得了一定的成果, 张日权和卢一强 (2004) 的《变系数模型》一书阐述了国内外一些学者在这个领域的研究成果.

3.1 模型及估计方法

3.1.1 模型

变系数模型具有如下形式:

$$Y = \boldsymbol{a}^{\mathrm{T}}(U)\boldsymbol{X} + \varepsilon, \tag{3.1.1}$$

其中, $(U, \boldsymbol{X})$ 是协变量, Y 是响应变量, $\boldsymbol{a}(\cdot) = (a_1(\cdot), \cdots, a_p(\cdot))^{\mathrm{T}}$ 是未知函数向量, $a_j(U)$ 是 $\mathbb{R}$ 上的可测函数, ε 是随机误差且 $E(\varepsilon|U, \boldsymbol{X}) = 0$.

在模型 (3.1.1) 中, 由于诸回归系数 $a_j(U)$ 依赖于 U, 因此, 大大削减了建模偏差且避免了 "维数祸根", 这是该模型的一大优点. 该模型的另一个优点是更具有可解释性, 它可以被用来有效地分析纵向数据和时间序列数据 (time series data).

3.1.2 局部线性估计

1. 估计方法

设 $\{(U_i, X_i, Y_i); 1 \leqslant i \leqslant n\}$ 是来自模型 (3.1.1) 的独立同分布样本 (iid), 则有

$$Y_i = \boldsymbol{a}^{\mathrm{T}}(U_i)\boldsymbol{X}_i + \varepsilon_i, \quad i = 1, \cdots, n,$$

其中, $\boldsymbol{X}_i = (X_{i1}, \cdots, X_{ip})^{\mathrm{T}}$. 下面用局部线性回归方法来估计系数函数 $a_j(\cdot)(j = 1, \cdots, p)$. 对于给定的点 u_0, 在 u_0 的一个邻域内用线性函数

$$a_j(u) \approx a_j(u_0) + a_j'(u_0) \equiv a_j + b_j(u - u_0), \quad j = 1, \cdots, p$$

局部地逼近 $a_j(\cdot)$. 这就导致下列似然函数:

$$l_n(\boldsymbol{a}, \boldsymbol{b}) = \sum_{i=1}^{n} \left\{ Y_i - \sum_{j=1}^{p} [a_j + b_j(U_i - u_0)] X_{ij} \right\}^2 K_h(U_i - u_0), \tag{3.1.2}$$

其中, $K_h(\cdot) = K(\cdot/h)$, $K(\cdot)$ 是核函数, $h = h_n > 0$ 是窗宽序列, $\boldsymbol{a} = (a_1, \cdots, a_p)^{\mathrm{T}}$, $\boldsymbol{b} = (b_1, \cdots, b_p)^{\mathrm{T}}$. 注意到 a_j 和 b_j 依赖于 u_0, 从而 $l(\cdot, \cdot)$ 也依赖于 u_0. 最大化 $l_n(\boldsymbol{a}, \boldsymbol{b})$ 可以得到估计量 $\hat{\boldsymbol{a}}(u_0)$ 和 $\hat{\boldsymbol{b}}(u_0)$, 其中, $\hat{\boldsymbol{a}}(u_0)$ 的分量给出了 $a_1(u_0), \cdots, a_p(u_0)$

的估计. 为简化记号, 记 $\boldsymbol{\beta}(u_0)=(\boldsymbol{a}^{\mathrm{T}},\boldsymbol{b}^{\mathrm{T}})^{\mathrm{T}}$, $\hat{\boldsymbol{\beta}}(u_0)=(\hat{\boldsymbol{a}}^{\mathrm{T}}(u_0),\hat{\boldsymbol{b}}^{\mathrm{T}}(u_0))^{\mathrm{T}}$. 由最小二乘理论可得

$$\hat{\boldsymbol{\beta}}(u_0)=(\tilde{\boldsymbol{X}}^{\mathrm{T}}\boldsymbol{W}\tilde{\boldsymbol{X}})^{-1}\tilde{\boldsymbol{X}}^{\mathrm{T}}\boldsymbol{W}\boldsymbol{\mathcal{Y}}. \tag{3.1.3}$$

在表达式 (3.1.3) 中, $\tilde{\boldsymbol{X}}$ 为 $n\times 2p$ 矩阵, 其第 i 行元素为 $(X_{i1},\cdots,X_{ip},X_{i1}(U_i-u_0),\cdots,X_{ip}(U_i-u_0))$, $\boldsymbol{W}=\mathrm{diag}\{K_h(U_1-u_0),\cdots,K_h(U_n-u_0)\}$, $\boldsymbol{\mathcal{Y}}=(Y_1,\cdots,Y_n)^{\mathrm{T}}$.

2. 窗宽选择

各种现有的窗宽选择技术可以应用于上面的估计, 这里使用 Cai 等 (2000) 提出的一个简单快捷的窗宽选择方法, 它可以看成改良的交错验证准则, 并且适用于平稳时间序列数据. 该方法的基本思想如下：设 m 和 Q 是两个正整数且 $n>mQ$. 通过最小化平均均方误差 (AMS)

$$\mathrm{AMS}(h)=\frac{1}{Q}\sum_{q=1}^{Q}\mathrm{AMS}_q(h) \tag{3.1.4}$$

来选择 h, 其中,

$$\mathrm{AMS}_h(h)=\frac{1}{m}\sum_{i=n-qm+1}^{n-qm+m}\left\{Y_i-\sum_{j=1}^{p}\hat{a}_{j,q}(U_i)X_{ij}\right\}^2,$$

$\{\hat{a}_{j,q}(\cdot)\}$ 是利用样本 $\{(U_i,X_{i1},\cdots,X_{ip},Y_i);1\leqslant i\leqslant n-qm\}$ 来计算, 其窗宽等于 $h[n/(n-qm)]^{1/5}$. 这种选择窗宽的优点是对于不同的样本量按照 h 的最优速度来选择窗宽, 即 $h\propto n^{-1/5}$. 在实际操作中, 可以使用 $m=[0.1n]$ 和 $Q=4$. 由于窗宽的选取不太依赖 m 和 Q 的选择, 因此, 简单地取 $m=[0.1n]$, 而不取 $m=1$, 这是为了计算上的方便.

3. 主要结果

下面给出 $\hat{\boldsymbol{\beta}}(u_0)$ 的渐近分布. 用 $f_U(\cdot)$ 表示 U 的密度函数. 记 $\mu_j=\int u^jK(u)\mathrm{d}u$, $\nu_j=\int u^jK^2(u)\mathrm{d}u$, $\boldsymbol{H}=\mathrm{diag}(1,h)\otimes\boldsymbol{I}_p$, 其中, $\otimes$ 表示 Kronecker 乘积.

$$\boldsymbol{\Omega}(u)=E(\boldsymbol{X}\boldsymbol{X}^{\mathrm{T}}|U=u),\quad \boldsymbol{\Gamma}(u)=E(\boldsymbol{X}\boldsymbol{X}^{\mathrm{T}}\sigma^2(U,\boldsymbol{X})|U=u), \tag{3.1.5}$$

$$\sigma^2(u,\boldsymbol{x})=\mathrm{Var}(Y|U=u,\boldsymbol{X}=\boldsymbol{x}). \tag{3.1.6}$$

定理 3.1.1 设 $E(Y^4|U=u,\boldsymbol{X}=\boldsymbol{x})$ 在 $u=u_0$ 的邻域内有界, $E(\|\boldsymbol{X}\|^3|U=u)$ 在 u_0 点连续, $a_j''(u)$ $(j=1,\cdots,p)$ 在 u_0 的一个邻域内连续, 函数 $f_U(u)$, $\boldsymbol{\Omega}(u)$, $\boldsymbol{\Gamma}(u)$

和 $\sigma^2(u,\boldsymbol{x})$ 在 $u=u_0$ 有连续的一阶导数且 $f_U(u_0)>0$ 与 $\boldsymbol{\Omega}(u_0)>0$, 核函数 $K(\cdot)$ 是有界的密度且具有紧支撑, $h\to 0$ 且 $nh\to\infty$, 则

$$\sqrt{nh}\left\{\boldsymbol{H}[\hat{\boldsymbol{\beta}}(u_0)-\boldsymbol{\beta}(u_0)]-\frac{h^2}{2(\mu_2-\mu_1^2)}\begin{pmatrix}(\mu_2^2-\mu_1\mu_3)\boldsymbol{a}''(u_0)\\(\mu_3-\mu_1\mu_2)\boldsymbol{a}''(u_0)\end{pmatrix}+o_p(h^2)\right\}$$
$$\xrightarrow{\mathcal{D}} N(0,\boldsymbol{\Delta}^{-1}\boldsymbol{\Lambda}\boldsymbol{\Delta}^{-1}), \tag{3.1.7}$$

其中, $\xrightarrow{\mathcal{D}}$ 表示以分布收敛且

$$\boldsymbol{\Delta}=f_U(u_0)\begin{pmatrix}1&\mu_1\\\mu_1&\mu_2\end{pmatrix}\otimes\boldsymbol{\Omega}(u_0),\quad \boldsymbol{\Lambda}=f_U(u_0)\begin{pmatrix}\nu_0&\nu_1\\\nu_1&\nu_2\end{pmatrix}\otimes\boldsymbol{\Gamma}(u_0). \tag{3.1.8}$$

进一步地, 如果核函数 $K(\cdot)$ 是对称的, 那么

$$\sqrt{nh}\left\{\hat{\boldsymbol{a}}(u_0)-\boldsymbol{a}(u_0)-\frac{h^2\mu_2}{2}\boldsymbol{a}''(u_0)+o_p(h^2)\right\}\xrightarrow{\mathcal{D}} N(0,\boldsymbol{\Sigma}(u_0)), \tag{3.1.9}$$

其中,

$$\boldsymbol{\Sigma}(u_0)=\nu_0\boldsymbol{\Omega}^{-1}(u_0)\boldsymbol{\Gamma}(u_0)\boldsymbol{\Omega}^{-1}(u_0)/f_U(u_0). \tag{3.1.10}$$

当 $K(\cdot)$ 对称时, 估计量 $\hat{a}_j(u_0)$ 的均方误差 (MSE) 是

$$\mathrm{MSE}=\frac{1}{4}h^4\mu_2^2[a_j''(u_0)]^2+\frac{\nu_0\boldsymbol{e}_{j,p}^{\mathrm{T}}\boldsymbol{\Omega}^{-1}(u_0)\boldsymbol{\Gamma}(u_0)\boldsymbol{\Omega}^{-1}(u_0)\boldsymbol{e}_{j,p}}{nhf_U(u_0)},$$

其中, $\boldsymbol{e}_{j,p}$ 为 $2p\times 1$ 单位向量, 其第 j 个元素是 1. 由此可得到最优窗宽为

$$h_{j,\mathrm{opt}}=\left\{\frac{\nu_0\boldsymbol{e}_{j,p}^{\mathrm{T}}\boldsymbol{\Omega}^{-1}(u_0)\boldsymbol{\Gamma}(u_0)\boldsymbol{\Omega}^{-1}(u_0)\boldsymbol{e}_{j,p}}{\mu_2^2f_U(u_0)[a_j''(u_0)]^2}\right\}^{1/5}n^{-1/5}.$$

如果使用最优窗宽 $h_{j,\mathrm{opt}}$, 那么 MSE 有阶 $n^{-4/5}$.

值得指出的是, Cai 等 (2000) 研究了非线性时间序列数据下的函数系数回归模型, 利用局部线性回归技术构造了系数函数的估计量, 并在样本为 α 混合下给出了与定理 3.1.1 类似的结果. Fan 和 Zhang (1999) 给出了系数函数的两步估计, 得到了估计量的渐近均方误差, 并证明了它能达到了最优收敛速度. Cai 等 (2000) 研究了广义变系数模型的估计和检验问题, 使用局部多项式回归技术构造了系数函数的估计, 建立了所给估计量的渐近正态性, 并基于非参数最大似然比检验类提出了一个拟合优度检验方法, 同时使用条件 bootstrap 方法估计了检验的零分布. Fan 和 Zhang (2000) 研究了模型 (3.1.1) 中系数函数的共同置信带和假设检验问题. Zhang 和 Lee (2000) 针对系数函数的局部多项式估计研究了变窗宽选择问题. Cai (2004) 对广义变系数模型用两步估计方法构造了系数函数的估计量, 并得到了所提出的估计的渐近正态性、均方误差和最优收敛速度. Ip 等 (2007) 将广义似然比检验方法应用到系数函数的检验, 并研究了所给检验统计量的渐近性质.

3.1.3 光滑样条估计

系数函数光滑的另一个估计方法是由 Hastie 和 Tibshirani (1993) 提出的光滑样条法, 即最小化

$$\sum_{i=1}^{n}\left[Y_i-\sum_{j=1}^{p}a_j(U_i)X_{ij}\right]^2+\sum_{j=1}^{p}\lambda_j\int[a_j''(u)]^2\mathrm{d}u \tag{3.1.11}$$

来获得 $a_1(u),\cdots,a_p(u)$ 的估计, 其中, $\boldsymbol{\lambda}=(\lambda_1,\cdots,\lambda_p)^{\mathrm{T}}$ 是光滑参数. 这是一个颇具权威的思想, 但有几个潜在的问题. 首先, 有 p 个参数需要同时选择, 这在具体实施中有相当大的难度. 其次, 计算上也是一个挑战. Hastie 和 Tibshirani (1993) 提出了一个迭代算法, 并详细描述了计算的细节. 第三, 得到估计量的样本性质有一定的困难. 用这个方法得到的结果能否达到与一步程序一样的最优收敛速度, 还是一个有待于解决的问题.

3.1.4 多项式样条估计

1. 估计方法

所谓多项式样条, 就是在内结点集合上将多项式与光滑结合在一起的分片多项式. 为了精确地表述这个概念, 假设区间 $\mathcal{U}$ 上的结点序列为 $\xi_0<\xi_1<\cdots<\xi_{M+1}$, 其中, ξ_0 和 ξ_{M+1} 是 $\mathcal{U}$ 的端点. $\mathcal{U}$ 上的 $l\geqslant 0$ 次多项式样条就是每个区间 $[\xi_m,\xi_{m+1})$ 和 $[\xi_M,\xi_{M+1}]$ 上的 l 次多项式, 并且都有 $l-1$ $(l\geqslant 1)$ 阶连续导数, 其中, $0\leqslant m\leqslant M-1$. 分片常数函数、线性样条、二次样条和三次样条分别对应于 $l=0,1,2,3$. 具有特殊次和结点的样条函数的采集来自线性函数空间, 它容易构造合适的基. 例如, 三次样条和结点序列为 $\xi_0,\cdots,\xi_{M+1}$ 的空间来自 $M+4$ 维线性空间. 这个空间的截断权基是 $1,x,x^2,x^3,(x-\xi_1)_+^3,\cdots,(x-\xi_M)_+^3$. 具有较好数字特性的基是 B 样条基, 参见文献 (Boor, 1978; Schumaker, 1981) 关于样条函数的综合论述.

假设模型 (3.1.1) 中的系数函数 $a_j(u)$ $(j=1,\cdots,p)$ 是光滑的, 则它能很好地用一个样条函数 $a_j^*(u)$ 来逼近, 即当样条的结点数目趋于无穷大时, $\sup\limits_{u\in\mathcal{U}}|a_j^*(u)-a_j(u)|\to 0$ (Boor, 1978; Schumaker, 1981). 因此, 存在一个基函数集合 $B_{js}(\cdot)$ (即 B 样条) 和常数 β_{js}^* $(s=1,\cdots,K_j)$, 使得

$$a_j(u)\approx a_j^*(u)=\sum_{s=1}^{K_j}\beta_{js}^*B_{js}(u), \tag{3.1.12}$$

那么, 最小化关于 β 的函数

$$l(\boldsymbol{\beta})=\sum_{i=1}^{n}\left[Y_i-\sum_{j=1}^{p}\left(\sum_{s=1}^{K_j}\beta_{js}^*B_{js}(U_i)\right)X_{ij}\right]^2 \tag{3.1.13}$$

可得到 $\boldsymbol{\beta}$ 的估计, 其中, $\boldsymbol{\beta}=(\boldsymbol{\beta}_1^{\mathrm{T}},\cdots,\boldsymbol{\beta}_p^{\mathrm{T}})^{\mathrm{T}}$, $\boldsymbol{\beta}_j=(\beta_{j1},\cdots,\beta_{jK_j})^{\mathrm{T}}$. 假设式 (3.1.13) 可唯一最小化且记它的最小值为 $\hat{\boldsymbol{\beta}}=(\hat{\boldsymbol{\beta}}_1^{\mathrm{T}},\cdots,\hat{\boldsymbol{\beta}}_p^{\mathrm{T}})^{\mathrm{T}}$, $\hat{\boldsymbol{\beta}}_j=(\hat{\beta}_{j1},\cdots,\hat{\beta}_{jK_j})^{\mathrm{T}}(j=1,\cdots,p)$, 则 $a_j(u)$ 的估计可表示为

$$\hat{a}_j(u)=\sum_{s=1}^{K_j}\hat{\beta}_{js}B_{js}(u),\quad j=1,\cdots,p.$$

称 $\hat{a}_j(u)$ 为 $a_j(u)$ 的最小二乘样条估计.

使用基表示的思想可以更一般地应用到函数逼近的其他基系, 如多项式基和 Fourier 基. 这里考虑 B 样条是因为它有优良的样条逼近性质和好的 B 样条基的数字特性. 当使用 B 样条时, 式 (3.1.12) 中项 K_j 的数目依赖于结点的数目和 B 样条的阶. 注意到不同的 $a_j(u)$ 允许不同的 K_j. 当不同的 $a_j(u)$ 有不同的光滑度时, B 样条就提供了适应性.

2. 结点数的选择

结点数作为光滑参数, 起着与局部线性方法中的窗宽一样的作用. 虽然一个主观的光滑参数可以通过检查估计曲线或残差图来确定, 但利用数据选择 K_j 的自动程序也是有实际兴趣的. 通常是最小化一个准则函数来选择结点数, 这里考虑 4 个准则函数: AIC (Akaike, 1974), AIC_C (Hurvich and Tsai, 1989), BIC (Schwarz, 1978) 和修正的交错验证 (MCV) (Cai, et al., 2000). 用 n 表示式 (3.1.13) 右边项的个数, $p=\sum_j K_j$ 是待估参数的个数, $\mathrm{RSS}=l(\hat{\boldsymbol{\beta}})$ 是式 (3.1.13) 中残差平方和的最小值. 前三个准则定义为

$$\mathrm{AIC}=\log(n^{-1}\mathrm{RSS})+2pn^{-1},$$
$$\mathrm{AIC}_C=\mathrm{AIC}+\frac{2(p+1)(p+2)}{n(n-p-2)},$$
$$\mathrm{BIC}=\log(n^{-1}\mathrm{RSS})+pn^{-1}\log n.$$

MCV 准则可以看成一个修正的多块交错验证准则, 对时间序列数据非常有用. 设 m 和 Q 是两个给定的正整数且 $n>mQ$. 使用长度为 $n-qm$ $(q=1,\cdots,Q)$ 的子序列来估计系数函数 a_j, 基于估计的模型来计算长度为 m 的下一段时间序列的一步预测误差, 那么 MCV 准则函数是 $\mathrm{AMS}=\sum_{q=1}^{Q}\mathrm{AMS}_q$, 其中,

$$\mathrm{AMS}_q=\frac{1}{m}\sum_{i=n-qm+1}^{n-qm+m}\left[Y_i-\sum_{j=1}^{p}\left(\sum_{s=1}^{K_j}\hat{\beta}_{js}^{(q)}B_{js}(U_i)\right)X_{ij}\right]^2,\quad q=1,\cdots,Q,$$

$\{\hat{\beta}_{js}^{(q)}\}$ 是用样本 $\{(U_i,X_i,Y_i);1\leqslant i\leqslant n-qm\}$ 计算得到的估计. Cai 等 (2000) 建议使用 $m=[0.1n]$ 与 $Q=4$.

3. 相合性和收敛速度

为了表达清楚起见, 下面用函数空间记号表示样条估计. 设 $\mathcal{G}_j$ 是 $\mathcal{T}$ 上有固定阶和结点的多项式样条空间, 具有有界的网状比 (即连续结点之间的不同比是有界的且大于 0), 则可由下式获得样条估计 $\hat{a}_j$:

$$\hat{a}_j = \arg\min_{a_j \in \mathcal{G}_j} \sum_{i=1}^{n} \left(Y_i - \sum_{j=1}^{p} g_j(U_i) X_{ij} \right)^2 I(U_i \in \mathcal{C}), \quad j = 1, \cdots, p.$$

上式本质上与式 (3.1.13) 相同, 但它用到了函数空间记号 (假定 B_{js} $(s = 1, \cdots, K_j)$ 是 $\mathcal{G}_j$ 的一个基). 这里, 在最小二乘准则中用权函数是为了屏蔽观察以外的数据, 这是遵循非参数时间序列的常见用法 (Tjϕstheim and Auestad, 1994).

下面在紧区间 $\mathcal{C}$ 上考察样条估计的性质. 设 $\|a\|_2 = \left[\int_{\mathcal{C}} a^2(t)\mathrm{d}t\right]^{1/2}$ 是 $\mathcal{C}$ 上平方可积函数的 L_2 模. 如果 $\|\hat{a}_j - a_j\|_2 \xrightarrow{P} 0$ $(n \to \infty)$, 则称 $\hat{a}_j$ 是 a_j 的相合估计. 记 $K_n = \max\limits_{1 \leqslant j \leqslant p} K_j$, $\rho_{n,j} = \sup\limits_{g \in \mathcal{G}_j} \|g - a_j\|_2$, $\rho_n = \max\limits_{1 \leqslant j \leqslant p} \rho_{n,j} = \inf\limits_{g \in \mathcal{G}_j} \|g - a_j\|_2$.

定理 3.1.2 设

(1) U_i 的密度函数在 $\mathcal{C}$ 上一致有界且大于 0;

(2) 矩阵 $E(\boldsymbol{X}_i \boldsymbol{X}_i^{\mathrm{T}} | U_i = u)$ 的特征根在 $\mathcal{C}$ 上一致有界且大于 0;

(3) $K_n = c_1 n^r$, $0 < r < 1$, $c_1 > 0$ 为常数;

(4) $\{(U_i, X_i, Y_i); 1 \leqslant i \leqslant n\}$ 是 α 混合过程, 并且混合系数 $\alpha(\cdot)$ 满足 $\alpha(n) \leqslant c_2 n^{-\delta}$, $\delta > (5/2)r/(1-r)$, $c_2 > 0$ 为常数;

(5) 对某个充分大的 $m > 0$, $E(|X_{ij}|^m) < \infty$, $j = 1, \cdots, p$;

(6) ε_i 与 (U_i, X_i) $(j = 1, \cdots, p, i' \leqslant i)$ 和 $\varepsilon_{i'}$ $(i' < i)$ 独立, $E(\varepsilon_i) = 0$, $\mathrm{Var}(\varepsilon_i) \leqslant c_3$, 其中, $c_3 > 0$ 为某个常数 (噪声误差可以是异方差), 则

$$\|\hat{a}_j - a_j\|_2^2 = O_P\left(K_n n^{-1} + \rho_n^2\right), \quad j = 1, \cdots, p.$$

特别地, 如果 $\rho_n = o(1)$, 那么 $\hat{a}_j$ 是 a_j 的相合估计, 即 $\|\hat{a}_j - a_j\|_2 = o_P(1)$, $j = 1, \cdots, p$.

定理 3.1.2 给出了与 iid 数据同样的收敛速度 (Stone, et al., 1997; Huang, 1998). 这里, K_n 用来度量估计空间 $\mathcal{G}_j$ 的大小. ρ_n 用来度量逼近误差的大小, 它由诸 a_j 的光滑度和样条空间 $\mathcal{G}_j$ 的维数来确定. 例如, 如果 $a_j (j = 1, \cdots, p)$ 有有界连续导数, 那么 $\rho_n = O(K_n^{-2})$ (DeVore and Lorentz, 1993, 定理 7.2). 在这种情况下, $\hat{a}_j$ 收敛到 a_j 的速度是 $n^{-1}K_n + K_n^{-4}$. 特别地, 如果 K_n 随着样本量 n 的增加而增加, 并且与 $n^{1/5}$ 同阶, 则 $\hat{a}_j$ 的收敛速度是 $n^{-4/5}$. 定理 3.1.2 的证明可参见文献 (Huang and Shen, 2004).

3.2 纵向数据分析

3.2.1 模型

纵向数据常常在生物医学和计量经济学研究中出现, 此类数据的例子也可以在临床试验和疾病追踪研究的文献中看到. 考虑来自 n 个个体的数据, 其第 i 个个体具有 $n_i(i=1,\cdots,n)$ 次观测, 总的观测数为 $N=\sum\limits_{i=1}^{n}n_i$. 设 t_{ij} 是第 i 个个体的第 $j(j=1,\cdots,n_i)$ 次观测时间, $Y_{ij}=Y_i(t_{ij})$ 和 $\boldsymbol{X}_i(t_{ij})$ 分别是第 i 个个体在时间 t_{ij} 的响应变量和协变量的观测, 其中, Y_{ij} 是实值变量, $\boldsymbol{X}_i(t_{ij})$ 是 $p\times 1$ 向量. 虽然由 $\{(t_{ij},\boldsymbol{X}_i(t_{ij}),Y_{ij});1\leqslant i\leqslant n,1\leqslant j\leqslant n_i\}$ 给出的纵向测量在不同的个体之间是独立的, 但在同一个体内的重复测量可能是相关的. 响应变量和协变量的依赖关系由下面的时间变系数模型给出:

$$Y_{ij}=\boldsymbol{\beta}^{\mathrm{T}}(t_{ij})\boldsymbol{X}_i(t_{ij})+\varepsilon_i(t_{ij}), \tag{3.2.1}$$

其中, $\boldsymbol{X}_i(t)=(1,X_{i1}(t),\cdots,X_{ip}(t))^{\mathrm{T}}$, $X_{il}(t)$ 是时间 t 的实值协变量, $\boldsymbol{\beta}(t)=(\beta_0(t),\cdots,\beta_p(t))^{\mathrm{T}}$ 是未知回归系数向量且 $\beta_l(t)\in\mathbb{R}(l=0,\cdots,p)$, 误差 $\varepsilon_i(t)$ 是均值为 0 的随机过程且 $\varepsilon_i(t)$ 是独立的. 不失一般性, 不需要限定 t_{ij} 是非负的, 即 $t_{ij}\in\mathbb{R}$.

3.2.2 局部核估计

1. *估计方法*

假设 $(\boldsymbol{X}(t),Y(t))$ 与 $(\boldsymbol{X}_i(t),Y_i(t))$ 同分布. 对于每一个给定的 $t\in\mathbb{R}$, 模型 (3.2.1) 的等价形式是

$$Y(t)=\boldsymbol{\beta}^{\mathrm{T}}(t)\boldsymbol{X}(t)+\varepsilon(t), \tag{3.2.2}$$

其中, $\varepsilon(t)$ 是均值为 0 的随机过程, 其方差为 $\sigma^2(t)$ 且协方差为 $\rho_\varepsilon(t_1,t_2)$, $\varepsilon(\cdot)$ 和 $\boldsymbol{X}(\cdot)$ 相互独立. 假设给定 $t\in\mathbb{R}$ 的条件期望 $E[\boldsymbol{X}(t)\boldsymbol{X}^{\mathrm{T}}(t)]$ 和 $E[\boldsymbol{X}(t)Y(t)]$ 存在, 并且 $E[\boldsymbol{X}(t)\boldsymbol{X}^{\mathrm{T}}(t)]$ 可逆. 那么, 对于任何 $t\in\mathbb{R}$, $\boldsymbol{\beta}(t)$ 是 $E\{[Y(t)-\boldsymbol{b}^{\mathrm{T}}(t)\boldsymbol{X}(t)]^2\}$ 的唯一最小值, 并且由下式给出:

$$\boldsymbol{\beta}(t)=\{E[\boldsymbol{X}(t)\boldsymbol{X}^{\mathrm{T}}(t)]\}^{-1}E[\boldsymbol{X}(t)Y(t)]. \tag{3.2.3}$$

因此, 估计 $\boldsymbol{\beta}(t)$ 的一个自然的方法是利用局部最小二乘准则. 设 $K(\cdot)$ 是一个 Borel 可测的核函数, h 是可依赖于 n 和 n_i 的正的窗宽, 那么, $\boldsymbol{\beta}(t)$ 的局部核估计可通过极小化

$$L_N(\boldsymbol{b}(t))=\sum_{i=1}^{n}\sum_{j=1}^{n_i}[Y_{ij}-\boldsymbol{b}^{\mathrm{T}}(t)\boldsymbol{X}_i(t_{ij})]^2K_h(t_{ij}-t)$$

而得到, 其中, $K_h(\cdot) = K(\cdot/h)$. 称该估计量为局部核估计, 并记为 $\hat{\boldsymbol{\beta}}_{LK}(t)$. 可以将 $L_N(\boldsymbol{b}(t))$ 等价地写作如下矩阵形式:

$$L_N(\boldsymbol{b}(t)) = \sum_{i=1}^{n}[\boldsymbol{Y}_i - \boldsymbol{X}_i\boldsymbol{b}(t)]^{\mathrm{T}}\boldsymbol{K}_i(t)(\boldsymbol{Y}_i - \boldsymbol{X}_i\boldsymbol{b}(t)), \tag{3.2.4}$$

其中,$\boldsymbol{Y}_i=(Y_{i1},\cdots,Y_{in_i})^{\mathrm{T}}$, $\boldsymbol{X}_i$是一个 $n_i\times(p+1)$ 矩阵, 其第 j 个元素为 $(1, X_{i1}(t_{ij}),\cdots, X_{ip}(t_{ij}))(j = 1,\cdots, n_i)$, $\boldsymbol{K}_i(\cdot)$ 是一个对角核矩阵, 即

$$\boldsymbol{K}_i(t) = \mathrm{diag}(K_h(t_{i1} - t),\cdots, K_h(t_{in_i} - t)).$$

假定 $\sum_{i=1}^{n}\boldsymbol{X}_i^{\mathrm{T}}\boldsymbol{K}_i(t)\boldsymbol{X}_i$ 也是可逆的, 那么 $\hat{\boldsymbol{\beta}}_{LK}(t)$ 作为式 (3.2.4) 的唯一最小值可由下面的 $p+1$ 维列向量给出:

$$\hat{\boldsymbol{\beta}}_{LK}(t) = \left(\sum_{i=1}^{n}\boldsymbol{X}_i^{\mathrm{T}}\boldsymbol{K}_i(t)\boldsymbol{X}_i\right)^{-1}\left(\sum_{i=1}^{n}\boldsymbol{X}_i^{\mathrm{T}}\boldsymbol{K}_i(t)\boldsymbol{Y}_i\right). \tag{3.2.5}$$

使用 $\hat{\boldsymbol{\beta}}_{LK}(t)$ 的好处是它的数学表达式简单清晰, 在实际中容易实现, 并且具有优良的渐近性质. 然而, 因为 $\hat{\boldsymbol{\beta}}_{LK}(t)$ 仅仅包含一个窗宽, 当 $\boldsymbol{\beta}_0(t),\cdots,\boldsymbol{\beta}_p(t)$ 是不同的光滑族时, 它不能对 $\boldsymbol{\beta}(t)$ 的所有分量提供适当的光滑. 因此, 进一步研究其他最小二乘估计方法是必需的, 如光滑样条和局部多项式估计, 它们用多个光滑参数以适应 $\boldsymbol{\beta}_0(t),\cdots,\boldsymbol{\beta}_p(t)$ 的不同光滑的需要.

2. 窗宽选择

下面考虑窗宽选择问题. 由于个体之间是独立的, 因此, 由 Rice 和 Silverman 提出的一个直观的窗宽选择方法是 "抛出一分量" 交错验证 ("leave-one-subject-out" cross-validation). 假设要测量 $\hat{\boldsymbol{\beta}}_{LK}(t)$ 的风险, 常常使用它的平均预测平方误差 (average prediction squared error)

$$\mathrm{APSE}(\hat{\boldsymbol{\beta}}) = \frac{1}{N}\sum_{i=1}^{n}\sum_{j=1}^{n_i}E\{[Y_{ij}^{*} - \hat{\boldsymbol{\beta}}_{LK}^{\mathrm{T}}(t_{ij})\boldsymbol{X}_i(t_{ij})]^2\},$$

其中, Y_{ij}^{*} 是在 $(t_{ij}, \boldsymbol{X}_i(t_{ij}))$ 处的一个新观测. 那么,"抛出一分量" 交错验证准则可由下式给出:

$$CV(h) = \frac{1}{N}\sum_{i=1}^{n}\sum_{j=1}^{n_i}[Y_{ij} - \hat{\boldsymbol{\beta}}_h^{(-i)\mathrm{T}}(t_{ij})\boldsymbol{X}_i(t_{ij})]^2, \tag{3.2.6}$$

其中, $\hat{\boldsymbol{\beta}}_h^{(-i)}(\cdot)$ 是用删除第 i 个个体以后的所有观测得到的 $\boldsymbol{\beta}(\cdot)$ 的估计, 这里取局部核估计量. 最小化 $CV(h)$ 可以得到一个交错验证窗宽 h_{CV}, 即 $h_{CV} = \inf_{h>0} CV(h)$. 此准则可以很容易地推广到其他光滑估计, 如光滑样条和局部多项式.

3. 主要结果

现在给出 $\hat{\boldsymbol{\beta}}_{LK}(t_0)$ 的渐近分布. 下文假定设计点列 $\{t_{ij}; 1 \leqslant i \leqslant n, 1 \leqslant j \leqslant n_i\}$ iid, 并且具有公共的密度 f. 记 $S(f)$ 为 f 的支撑. 设 t_0 是 $S(f)$ 的内点, 并记

$$\sigma^2(t_0) = E[\varepsilon^2(t_0)], \quad \rho_\varepsilon(t_0) = \lim_{\Delta \to 0} E[\varepsilon(t_0 + \Delta)\varepsilon(t_0)],$$

$$\omega_{lr}(t_0) = E[X_{il}(t_{ij})X_{ir}(t_{ij})|t_{ij} = t_0], \quad l, r = 0, \cdots, p,$$

$\boldsymbol{\Omega}(t_0)$ 是一个 $(p+1) \times (p+1)$ 矩阵, 其 (l, r) 元素为 $\omega_{lr}(t_0)$.

定理 3.2.1 假设下列条件成立:

(1) 对某一常数 $h_0 > 0$, $h = h_0 N^{-1/5}$;

(2) 对某一 $0 \leqslant \lambda < \infty$, $\lim\limits_{n \to \infty} N^{-6/5} \sum\limits_{i=1}^{n} n_i^2 = \lambda$;

(3) 核函数 $K(\cdot)$ 是具有紧支撑的对称概率密度且满足 $\int K^2(u)\mathrm{d}u < \infty$;

(4) 存在常数 $\delta > 0$, 使得 $E(|\varepsilon(t)|^{2+\delta}) < \infty$, $E(|X_{il}(t_{ij})|^{4+\delta}) < \infty$, $i = 1, \cdots, n$, $j = 1, \cdots, n_i, l = 0, \cdots, p$, $t \in S(f)$;

(5) 对所有 $l, r = 0, \cdots, p$, $\beta_r(t), \omega_{lr}(t)$ 和 $f(t)$ 在 t_0 点具有连续的二阶导数;

(6) $\sigma^2(t)$ 和 $\rho_\varepsilon(t)$ 在 t_0 点连续, 则

$$\sqrt{Nh}[\hat{\boldsymbol{\beta}}_{LK}(t_0) - \boldsymbol{\beta}(t_0)] \xrightarrow{\mathcal{D}} N(B(t_0), \boldsymbol{\Omega}^{-1}(t_0)\boldsymbol{\Gamma}(t_0)\boldsymbol{\Omega}^{-1}(t_0)),$$

其中, $\boldsymbol{\Gamma}(t_0)$ 是一个 $(p+1) \times (p+1)$ 矩阵, 其 (l, r) 元素为

$$\gamma_{lr}(t_0) = \sigma^2(t_0)\omega_{lr}(t_0)(f(t_0))^{-1} \int K^2(u)\mathrm{d}u + \lambda h_0 \rho_\varepsilon(t_0)\omega_{lr}(t_0),$$

$$B(t_0) = (f(t_0))^{-1} \boldsymbol{\Omega}^{-1}(t_0)(b_0(t_0), \cdots, b_p(t_0))^{\mathrm{T}},$$

$$\begin{aligned} b_l(t_0) = & h_0^{3/2} \sum_{k=1}^{p} [\beta_k'(t_0)\omega_{lk}'(t_0)f(t_0) + \beta_k'(t_0)\omega_{lk}(t_0)f'(t_0) \\ & + (1/2)\beta_k''(t_0)\omega_{lk}(t_0)f(t_0)] \int u^2 K(u)\mathrm{d}u, \end{aligned}$$

其中, $l, r = 0, \cdots, p$.

上述结果是由 Wu 等 (1998) 给出的, 其证明可以在文献 (Wu, et al., 1998) 中找到. Wu 等 (1998) 给出了 $\hat{\boldsymbol{\beta}}_{LK}(t_0)$ 的渐近偏差和方差的估计, 从而可利用定理 3.2.1 构造 $\boldsymbol{\beta}(t_0)$ 的置信域. 同时, Wu 等 (1998) 也构造了 $\boldsymbol{\beta}(t_0)$ 的 Bonferroni 类置信带.

注 3.2.1 在定理 3.2.1 中, 如果将条件 (1) 改为 $h=o(N^{-1/5})$, 但条件 (2)~(6) 被满足, 则渐近偏差项消失且有

$$\sqrt{Nh}[\hat{\boldsymbol{\beta}}_{LK}(t_0)-\boldsymbol{\beta}(t_0)] \xrightarrow{\mathcal{D}} N(0,\boldsymbol{\Omega}^{-1}(t_0)\boldsymbol{\Gamma}(t_0)\boldsymbol{\Omega}^{-1}(t_0)).$$

注 3.2.2 定理 3.2.1 的一个直接含义是：为了确保 $\hat{\boldsymbol{\beta}}_{LK}(t_0)$ 有好的渐近性质, 重复测量的数目 $n_1,\cdots,n_n$ 必须比样本量 N 相对小. Hoover 等 (1988) 证明了 $\hat{\boldsymbol{\beta}}_{LK}(t_0)$ 是 $\boldsymbol{\beta}(t_0)$ 的相合估计当且仅当 $\sum\limits_{i=1}^{n} n_i^2=o(N^2)$, 也即等价于 $\max\limits_{1\leqslant i\leqslant n}(n_i/N)=o(1)$. 这里假定稍强的条件 $\sum\limits_{i=1}^{n} n_i^2=o(N^{6/5})$ 是为了确保 $\hat{\boldsymbol{\beta}}_{LK}(t_0)$ 能达到收敛速度 $N^{-2/5}$.

值得指出的是：Wu 等 (2000) 提出了系数函数的两步核估计方法来修正普通的核估计, 其基本思想是首先中心化协变量, 然后基于局部最小二乘准则来估计系数函数. 他们研究了所给估计量的大样本性质, 并通过模拟研究和实际数据分析说明了两步核方法优于普通的最小二乘核方法.

在许多情况下, 如流行病研究, 协变量 $\boldsymbol{X}$ 不依赖于 t, 仅仅响应变量 Y 随时间 t 作重复测量. 如果假定 $E(\boldsymbol{X}\boldsymbol{X}^{\mathrm{T}})$ 是可逆的, 那么式 (3.2.3) 可简化为 $\boldsymbol{\beta}(t)=\{E(\boldsymbol{X}\boldsymbol{X}^{\mathrm{T}})\}^{-1}E[\boldsymbol{X}Y(t)]$. $E(\boldsymbol{X}\boldsymbol{X}^{\mathrm{T}})$ 的一个显然估计是它的相应样本平均. 因此, 仅仅通过构造 $E[\boldsymbol{X}Y(t)]$ 的光滑估计就可以给出 $\boldsymbol{\beta}(t)$ 的计算简单的估计. Wu 和 Chiang (2000) 研究了协变量独立于时间的变系数模型 $Y(t)=\boldsymbol{\beta}^{\mathrm{T}}(t)\boldsymbol{X}+\varepsilon(t)$, 他们基于逐分量最小二乘准则提出了两个时间变系数的核估计, 通过均方误差和积分均方误差研究了所提出的估计量的理论特性, 并构造了系数函数的逐点置信区间.

3.2.3 局部多项式估计

为了方便起见, 记 $\boldsymbol{X}_i(t_{ij})=\boldsymbol{X}_{ij}$, $\boldsymbol{X}_{ij}=(X_{ij0},\cdots,X_{ijp})^{\mathrm{T}}$, $i=1,\cdots,n, j=1,\cdots,n_i$. 对于每个个体 i, 记 $\boldsymbol{Y}_i=(Y_{i1},\cdots,Y_{in_i})^{\mathrm{T}}$, $\boldsymbol{X}_{i,l}=\mathrm{diag}(X_{i1l},\cdots,X_{in_il})$. 假设 $W_{ij}(t)$ $(i=1,\cdots,n,j=1,\cdots,n_i)$ 是 t_{ij} 和 t 的权函数. 在实际计算中, 可取 $W_{ij}(t)$ 为核权或最近邻权函数. 对于每个 $1\leqslant i\leqslant n$, 设 $\boldsymbol{\mathcal{B}}_i$ 是 $n_i\times d$ 基矩阵, 其 (q,r) 元素为 $(t_{iq}-t)^{r-1}$, 并设 $\boldsymbol{W}_i(t)=\mathrm{diag}(W_{i1}(t),\cdots,W_{in_i}(t))$ 是一个对角权矩阵. 最小化 $b_l(t)$ 的局部加权平方和

$$\sum_{i=1}^{n}\left[\boldsymbol{Y}_i-\sum_{l=0}^{p}\boldsymbol{X}_{i,l}\boldsymbol{\mathcal{B}}_i\boldsymbol{b}_l(t)\right]^{\mathrm{T}}\boldsymbol{W}_i(t)\left[\boldsymbol{Y}_i-\sum_{l=0}^{p}\boldsymbol{X}_{i,l}\boldsymbol{\mathcal{B}}_i\boldsymbol{b}_l(t)\right], \tag{3.2.7}$$

可以得到 $\boldsymbol{\beta}(t)$ 的局部多项式估计 $\hat{\boldsymbol{\beta}}_{LP}(t)=(\hat{\boldsymbol{b}}_0(t),\cdots,\hat{\boldsymbol{b}}_p(t))$, 其中, $\hat{\boldsymbol{b}}_l(t)=(\hat{b}_{1l}(t),\cdots,\hat{b}_{dl}(t))^{\mathrm{T}}$.

由式 (3.2.5) 给出的局部核估计 $\hat{\boldsymbol{\beta}}_{LK}(t)$ 是上述局部多项式估计 $\hat{\boldsymbol{\beta}}_{LP}(t)$ 当 $d=1$ 时的特殊情况. 估计量 $\hat{\boldsymbol{\beta}}_{LP}(t)$ 的最优窗宽仍可以按式 (3.2.6) 定义的准则来选取. 需要说明的是: $\hat{\boldsymbol{\beta}}_{LP}(t)$ 的渐近性质还没有作深入研究, 这是一个公开的问题.

3.2.4 光滑样条估计

假设 $\boldsymbol{\beta}_l(t)$ $(l=0,\cdots,p)$ 是二次连续可微的, 其二阶导数 $\boldsymbol{\beta}_l''(t)$ 有界且平方可积. Hoover 等 (1998) 按照 Hastie 和 Tibshirani (1993) 的思想建议, 通过最小化

$$J(\boldsymbol{\beta},\boldsymbol{\lambda})=\sum_{i=1}^{n}\sum_{j=1}^{n_i}\left[Y_{ij}-\sum_{l=0}^{p}\boldsymbol{\beta}_l(t_{ij})X_{ijl}\right]^2+\sum_{l=0}^{p}\lambda_l\int[\boldsymbol{\beta}_l''(t)]^2\mathrm{d}t \tag{3.2.8}$$

来获得 $\boldsymbol{\beta}(t)=(\boldsymbol{\beta}_0(t),\cdots,\boldsymbol{\beta}_p(t))^{\mathrm{T}}$ 的估计量, 其中, $\boldsymbol{\lambda}=(\lambda_0,\cdots,\lambda_p)^{\mathrm{T}}$ 是正的光滑参数, 它是用来惩罚 $\boldsymbol{\beta}_0(t),\cdots,\boldsymbol{\beta}_p(t)$ 的粗糙程度.

Hastie 和 Tibshirani (1993) 证明了在一定的条件下, 由 $J(\boldsymbol{\beta},\boldsymbol{\lambda})$ 得到的估计量是唯一的, 称该估计量为光滑样条估计, 并记为 $\hat{\boldsymbol{\beta}}_{\mathrm{SS}}(t)$.

为了最小化式 (3.2.8) 的 $J(\boldsymbol{\beta},\boldsymbol{\lambda})$, 利用样条基函数表示 $\boldsymbol{\beta}_0(t),\cdots,\boldsymbol{\beta}_p(t)$ 是方便的. 用下列形式来表达每一个 $\boldsymbol{\beta}_l(t)$:

$$\boldsymbol{\beta}_l(t)=\sum_{r=1}^{d}\gamma_{rl}\boldsymbol{B}_r(t)=\boldsymbol{B}^{\mathrm{T}}(t)\boldsymbol{\gamma}_l, \tag{3.2.9}$$

其中, $d>1$ $(-\infty<t<\infty)$, $\boldsymbol{\gamma}_l=(\gamma_{1l},\cdots,\gamma_{dl})^{\mathrm{T}}$ 是实值系数, $\boldsymbol{B}(t)=(B_1(t),\cdots,B_d(t))^{\mathrm{T}}$ 是基函数集. 然后最小化二次函数 $J(\boldsymbol{\beta},\boldsymbol{\lambda})$ 来找系数向量 $\boldsymbol{\gamma}_l(l=0,\cdots,p)$. 为此, 记

$$\boldsymbol{B}_i=\begin{pmatrix} B_1(t_{i1}) & \cdots & B_d(t_{i1})\\ \vdots & & \vdots\\ B_1(t_{in_i}) & \cdots & B_d(t_{in_i})\end{pmatrix},$$

并记 $\boldsymbol{\Omega}$ 是 $d\times d$ 矩阵, 其 (i,j) 元素为 $\Omega_{ij}=\int\{B_i''(t)B_j''(t)\}\mathrm{d}t$, $\boldsymbol{Y}_i=(Y_{i1},\cdots,Y_{in_i})^{\mathrm{T}}$, $\boldsymbol{X}_{i,l}=\mathrm{diag}(X_{i1l},\cdots,X_{in_il})$. 那么, 式 (3.2.8) 等价于

$$J(\boldsymbol{\beta},\boldsymbol{\lambda})=\sum_{i=1}^{n}\left[\boldsymbol{Y}_i-\sum_{l=0}^{p}\boldsymbol{X}_{i,l}\boldsymbol{B}_l\boldsymbol{\gamma}_l\right]^{\mathrm{T}}\left[\boldsymbol{Y}_i-\sum_{l=0}^{p}\boldsymbol{X}_{i,l}\boldsymbol{B}_l\boldsymbol{\gamma}_l\right]+\sum_{l=0}^{p}\lambda_l\boldsymbol{\gamma}_l^{\mathrm{T}}\boldsymbol{\Omega}\boldsymbol{\gamma}_l. \tag{3.2.10}$$

如果令 $\partial J(\boldsymbol{\beta},\boldsymbol{\lambda})/\partial\gamma_{rl}=0(l=0,\cdots,p)$, 那么式 (3.2.10) 的最小值 $(\boldsymbol{\gamma}_0,\cdots,\boldsymbol{\gamma}_p)$ 满足正则方程组

$$\sum_{i=1}^{n}\left[(\boldsymbol{X}_{i,l}\boldsymbol{B}_l)^{\mathrm{T}}\sum_{l=0}^{p}\boldsymbol{X}_{i,l}\boldsymbol{B}_l\boldsymbol{\gamma}_l\right]+\sum_{l=0}^{p}\lambda_l\boldsymbol{\Omega}\boldsymbol{\gamma}_l=\sum_{i=1}^{n}(\boldsymbol{X}_{i,l}\boldsymbol{B}_l)^{\mathrm{T}}\boldsymbol{Y}_i,\quad l=0,\cdots,p. \tag{3.2.11}$$

如果正则方程组 (3.2.11) 有唯一解 $(\hat{\gamma}_0, \cdots, \hat{\gamma}_p)$, 那么, 不失一般性, 存在 $d \times n_i$ 矩阵 $\boldsymbol{N}_{il}$ $(i = 1, \cdots, n, l = 0, \cdots, p)$, 使得

$$\hat{\gamma}_l = \sum_{i=1}^{n} \boldsymbol{N}_{il} \boldsymbol{Y}_i, \quad l = 0, \cdots, p. \tag{3.2.12}$$

用 $(\hat{\gamma}_0, \cdots, \hat{\gamma}_p)$ 代替式 (3.2.9) 中的 $(\gamma_0, \cdots, \gamma_p)$, 即可得到相应的估计量, 即

$$\hat{\boldsymbol{\beta}}_l(t) = \sum_{i=1}^{n} \boldsymbol{B}^{\mathrm{T}}(t) \boldsymbol{N}_{il} \boldsymbol{Y}_i, \quad l = 0, \cdots, p. \tag{3.2.13}$$

这个线性系统解 $(\hat{\gamma}_0, \cdots, \hat{\gamma}_p)$ 的存在性和唯一性依赖于设计矩阵 $\boldsymbol{X}_{i,l}$ 和 $t_i (i = 1, \cdots, n)$. 对于光滑样条的实际执行, 人们必须选择适当的光滑参数向量 $\boldsymbol{\lambda}$ 和基函数. 从式 (3.2.8) 可以看出太大的 λ_l 会对 $\boldsymbol{\beta}_l(t)$ 的凸凹性进行过分的惩罚, 这就导致一个超光滑的估计 $\hat{\boldsymbol{\beta}}_l(t)$. 相反地, 太小的 λ_l 会导致一个欠光滑的估计 $\hat{\boldsymbol{\beta}}_l(t)$.

实际上, 如果式 (3.2.11) 的唯一解存在, 那么此解可以直接求得或使用 Hastie 和 Tibishirani (1990) 提出的后移 (backfitting) 算法得到. 注意到式 (3.2.11) 构成 $(p+1)d \times (p+1)d$ 阶方程系, 它可以被用来求出所有估计量的解. 一个实际的问题是当 d 相当大时给解方程组带来了困难. 后移算法正是克服这一困难的一个方法. 利用具有相对小的固定同等空间结点的样条来逼近光滑样条解, 也能够妥当地逃避 d 太大的困难, 这就彻底削减了计算的维数. 关于纵向观测下 $\hat{\boldsymbol{\beta}}_l(t)$ $(l = 0, \cdots, p)$ 的深入理论特性需要进一步研究.

式 (3.2.6) 也可以用来选择光滑样条估计的光滑参数. 对于由式 (3.2.7) 得到的局部多项式估计 $\hat{\boldsymbol{\beta}}_{LP}(t)$, 最小化 $CV(h)$ 将得到单一的窗宽 h_{CV}. 当 $\boldsymbol{\beta}_0(t), \cdots, \boldsymbol{\beta}_p(t)$ 满足不同的光滑度条件时, 相应的估计曲线不能够很好地拟合系数曲线. 对于本节提出的光滑样条估计, 交错验证光滑参数包含 $\lambda_{0,CV}, \cdots, \lambda_{p,CV}$. 直观地, 光滑样条中特别多的光滑参数能够被用来满足非参数分量的不同光滑度的需要. 从光滑参数上讲, 光滑样条估计优于局部多项式估计.

Chiang 等 (2001) 利用光滑样条方法研究了变系数模型 $Y(t) = \boldsymbol{\beta}^{\mathrm{T}}(t)\boldsymbol{X} + \varepsilon(t)$. 为估计非参数系数函数, 他们提出了逐分量光滑样条方法, 研究了所构造的估计量的渐近正态性, 并给出了样条估计的风险的渐近表示. Eubank 等 (2004) 进一步考虑了模型 (3.2.1) 中系数函数的光滑样条估计, 发展了系数曲线的 Bayesian 置信区间, 为计算曲线估计和拟合值等提供了有效的计算方法.

3.2.5　最小二乘基估计

1. 估计方法

假设对每一个 $l = 0, \cdots, p$, 有一个基函数 $B_{ls}(t)$ 和常数 γ_{ls}^* 的集合, $s = 1, \cdots, K_l$, 使得

$$\beta_l(t) \simeq \sum_{s=1}^{K_l} \gamma_{ls}^* B_{ls}(t), \quad t \in \mathcal{F},$$

那么, 可以用

$$Y_{ij} \simeq \sum_{l=0}^{p} \sum_{s=1}^{K_l} X_{il}(t_{ij}) \gamma_{ls}^* B_{ls}(t_{ij}) + \varepsilon_i(t_{ij})$$

逼近式 (3.2.1), 并且通过极小化

$$l(\boldsymbol{\gamma}) = \sum_{i=1}^{n} \sum_{j=1}^{n_i} w_i \left\{ Y_{ij} - \sum_{l=0}^{p} \sum_{s=1}^{K_l} X_{il}(t_{ij}) B_{ls}(t_{ij}) \gamma_{ls} \right\}^2 \tag{3.2.14}$$

来估计 γ_{ls}^*, 其中, $\boldsymbol{\gamma} = (\boldsymbol{\gamma}_0, \cdots, \boldsymbol{\gamma}_p)^{\mathrm{T}}$, $\boldsymbol{\gamma}_l = (\gamma_{l1}, \cdots, \gamma_{lK_l})^{\mathrm{T}}$, w_i 是第 i 个个体的非负权且 $\sum_{i=1}^{n} n_i w_i = 1$. 假设 $l(\boldsymbol{\gamma})$ 有唯一的极小值, 并记它的极小值为 $\hat{\boldsymbol{\gamma}} = (\hat{\boldsymbol{\gamma}}_0^{\mathrm{T}}, \cdots, \hat{\boldsymbol{\gamma}}_p^{\mathrm{T}})^{\mathrm{T}}$, 其中, $\hat{\boldsymbol{\gamma}}_l = (\hat{\gamma}_{l1}, \cdots, \hat{\gamma}_{lK_l})$, $l = 0, \cdots, p$. 那么, 自然用

$$\hat{\beta}_l(t) = \sum_{s=1}^{K_l} \hat{\gamma}_{ls} B_{ls}(t)$$

来估计 $\beta_l(t)$, 并称 $\hat{\beta}_l(t)$ 为 $\beta_l(t)$ 的最小二乘基估计.

为了给出 $\hat{\gamma}$ 和 $\hat{\beta}_l(t)$ 的明确表达式, 引入下面一些记号. 记 $\boldsymbol{U}_i(t_{ij}) = [\boldsymbol{X}_i^{\mathrm{T}}(t_{ij}) \boldsymbol{B}(t_{ij})]^{\mathrm{T}}$, $\boldsymbol{U}_i = (U_i(t_{i1}), \cdots, U_i(t_{in_i}))^{\mathrm{T}}$, $\boldsymbol{W}_i = \mathrm{diag}(w_i, \cdots, w_i)$, $\boldsymbol{Y}_i = (Y_{i1}, \cdots, Y_{in_i})^{\mathrm{T}}$,

$$\boldsymbol{B}(t) = \begin{pmatrix} B_{01}(t) & \cdots & B_{0K_0}(t) & 0 & \cdots & 0 & 0 & \cdots & 0 \\ \vdots & & \vdots & \vdots & & \vdots & \vdots & & \vdots \\ 0 & \cdots & 0 & 0 & \cdots & 0 & B_{p1}(t) & \cdots & B_{pK_p}(t) \end{pmatrix},$$

那么式 (3.2.14) 等价于

$$l(\boldsymbol{\gamma}) = \sum_{i=1}^{n} (\boldsymbol{Y}_i - \boldsymbol{U}_i \boldsymbol{\gamma})^{\mathrm{T}} \boldsymbol{W}_i (\boldsymbol{Y}_i - \boldsymbol{U}_i \boldsymbol{\gamma}). \tag{3.2.15}$$

假定 $\sum_{i=1}^{n} \boldsymbol{U}_i^{\mathrm{T}} \boldsymbol{W}_i \boldsymbol{U}_i$ 是可逆的, 那么最小二乘估计 $\hat{\boldsymbol{\gamma}}$ 是唯一的且定义为

$$\hat{\boldsymbol{\gamma}} = \left(\sum_{i=1}^{n} \boldsymbol{U}_i^{\mathrm{T}} \boldsymbol{W}_i \boldsymbol{U}_i \right)^{-1} \left(\sum_{i=1}^{n} \boldsymbol{U}_i^{\mathrm{T}} \boldsymbol{W}_i \boldsymbol{Y}_i \right). \tag{3.2.16}$$

利用这个矩阵表达式, 可以将 $\boldsymbol{\beta}(t)$ 的最小二乘基估计写为

$$\hat{\boldsymbol{\beta}}_{\mathrm{LSB}}(t) = (\hat{\beta}_0(t), \cdots, \hat{\beta}_p(t))^{\mathrm{T}} = \boldsymbol{B}(t) \hat{\boldsymbol{\gamma}}. \tag{3.2.17}$$

注 3.2.3 由基函数 $\{B_{l1},\cdots,B_{lK_l}\}$ 生成的线性函数空间 $\mathcal{C}_l$ 唯一地确定基估计 $\hat{\beta}_l(t)$ $(0\leqslant l\leqslant p)$. 不同的基函数集可以用来生成同一个空间 $\mathcal{C}_l$, 因此, 虽然相应的 $\hat{\boldsymbol{\gamma}}$ 可能不同, 但却给出同一个估计量 $\hat{\beta}_l(t)$. 例如, B 样条基和截断权基都可以被用来生成样条函数空间.

注 3.2.4 在 $\hat{\boldsymbol{\gamma}}$ 和 $\hat{\boldsymbol{\beta}}_{\mathrm{LSB}}(t)$ 的理论和实际特性上, 对式 (3.2.14) 中 w_i 的选择需要一个重要的说明. 选择 $w_i\equiv 1/N$ 相当于对每一个观测有相同的权, 而取 $w_i\equiv 1/(nn_i)$ 相当于对每一个个体有相同的权. 可以想象, w_i 的理想选择可能依赖于数据个体内的相关结构. 然而, 真实的相关结构在实际中常常是未知的, 如果 $n_i(i\equiv 1,\cdots,n)$ 相对较小, $w_i\equiv 1/N$ 似乎是一个实用的选择; 否则, 取 $w_i\equiv 1/(nn_i)$ 是适合的.

2. 选择基

任何一个函数逼近的基系都可以被使用. 当基本函数具有周期性时, Fourier 基是可取的, 多项式也是常用的选择, 它能对光滑函数提供好的逼近. 然而, 这些基对展示某些局部性质可能不是太敏感, 除非使用大的 K_l. 从这方面讲, 多项式样条是值得提倡的. 的确, 如何用一个相对小的 K_l 来选择基使能达到优良的逼近是一个重要的问题. 对一般的指导性建议, 可参见文献 (Ramsay and Silverman, 1997) 的 3.2.2 小节.

3. 选择光滑参数

根据 3.2.2 小节提出的思想, 使用 "抛出一个体" 交错验证方法来选择 K_l. 设 $\hat{\boldsymbol{\gamma}}^{(-i)}$ 是由式 (3.2.16) 定义的最小二乘基估计, 其中, 删除了第 i 个个体的观测. 用 $\hat{\boldsymbol{\gamma}}^{(-i)}$ 代替式 (3.2.17) 中的 $\hat{\boldsymbol{\gamma}}$ 可得到估计量 $\hat{\boldsymbol{\beta}}_{\mathrm{LSB}}^{(-i)}(t)$. 定义

$$CV(\boldsymbol{K})=\sum_{i=1}^{n}\sum_{j=1}^{n_i}w_i\left\{Y_{ij}-\hat{\boldsymbol{\beta}}_{\mathrm{LSB}}^{(-i)\mathrm{T}}(t_{ij})\boldsymbol{X}_i(t_{ij})\right\}^2 \tag{3.2.18}$$

作为 $\boldsymbol{K}=(K_0,\cdots,K_p)$ 的交错验证尺度. 最小化 $CV(\boldsymbol{K})$ 可得到交错验证光滑参数 $\boldsymbol{K}_{CV}$. 使用这个交错验证方法有两个主要理由：第一, 删除一个个体的全部测量仍保持时间数据中的相关性; 第二, 这个方法不要求构建个体内部的相关结构.

4. 主要结果

下面建立 $\hat{\boldsymbol{\beta}}_{\mathrm{LSB}}(t)$ 的相合性和收敛速度. 为此, 首先引入一个距离度量来评估上述最小二乘基估计的特性. 设 $\|a\|_{L_2}=\left\{\int_{\mathcal{T}}[a(t)]^2\mathrm{d}t\right\}^{1/2}$ 是 $\mathcal{T}$ 上任一平方可积实值函数的 L_2 模, $\|A\|_{L_2}=\left\{\sum_{l=0}^{p}\|a_l(t)\|_{L_2}^2\right\}^{1/2}$ 是 $\boldsymbol{A}(t)=(a_0(t),\cdots,a_p(t))^{\mathrm{T}}$ 的 L_2

模, 其中, $a_l(t)$ 是 $\mathcal{T}$ 上的实值函数. 定义 $\hat{\beta}_l(t)$ 的积分平方误 (integrated squared error) 为

$$\mathrm{ISE}(\hat{\beta}_l) = \|\hat{\beta}_l - \beta_l\|_{L_2}^2 = \int_{\mathcal{T}} [\hat{\beta}_l(t) - \beta_l(t)]^2 \mathrm{d}t,$$

并且 $\hat{\boldsymbol{\beta}}_{\mathrm{LSB}}(t) = (\hat{\beta}_0(t), \cdots, \hat{\beta}_p(t))^{\mathrm{T}}$ 的积分平方误为

$$\mathrm{ISE}(\hat{\boldsymbol{\beta}}_{\mathrm{LSB}}) = \sum_{l=0}^{p} \mathrm{ISE}(\hat{\beta}_l).$$

如果 $\mathrm{ISE}(\hat{\boldsymbol{\beta}}_{\mathrm{LSB}}) \xrightarrow{P} 0$, 或等价地 $\mathrm{ISE}(\hat{\beta}_l) \xrightarrow{P} 0 (l = 0, \cdots, p)$, 则称 $\hat{\boldsymbol{\beta}}_{\mathrm{LSB}}(\cdot)$ 是 $\boldsymbol{\beta}(\cdot)$ 的相合估计.

因为在一个线性空间中使用函数来逼近 $\beta_l(t)$, 所以 $\mathrm{ISE}(\hat{\boldsymbol{\beta}}_{\mathrm{LSB}})$ 的渐近性依赖于 $\beta_l(t)$ 与所选的线性空间之间的某个 L_∞ 距离. 特别地, 设 $\mathcal{C}_l$ 是由 $\{B_{l1}(t), \cdots, B_{lK_l}\}$ 生成的线性空间, 并设 $D(\beta_l, \mathcal{C}_l) = \inf\limits_{g \in \mathcal{C}_l} \sup\limits_{t \in \mathcal{T}} |\beta_l(t) - g(t)|$ 是 $\beta_l(\cdot)$ 和 $\mathcal{C}_l$ 间的 L_∞ 距离, 那么, $\mathrm{ISE}(\hat{\boldsymbol{\beta}}_{\mathrm{LSB}})$ 的渐近性质依赖于 $\rho_n = \sum\limits_{l=0}^{p} D(\beta_l, \mathcal{C}_l)$,

$$A_{n,l} = \sup_{g \in \mathcal{C}_l, \|g\|_{L_2} \neq 0} \frac{\sup\limits_{t \in \mathcal{T}} |g(t)|}{\|g\|_{L_2}}, \quad A_n = \max_{0 \leqslant l \leqslant p} A_{n,l}.$$

对于通常使用的基, 如多项式、样条和三角矩阵基, ρ_n 和 A_n 的例子可以在文献 (Huang, 1998, §2.2) 中找到.

假设观测时间点是随机设计且在一个有限区间 $\mathcal{T}$ 上取值, 即 $\{t_{ij} | 1 \leqslant i \leqslant n, 1 \leqslant j \leqslant n_i\}$ 独立地取自未知分布 $F(\cdot)$, 并且 $F(\cdot)$ 具有密度 $f(\cdot)$. 记 $K_n = \max\limits_{0 \leqslant l \leqslant p} K_l$. 当 $n \to \infty$ 时, K_n 可趋于无穷, 也可不趋于无穷. 下面两个定理给出了 $\hat{\boldsymbol{\beta}}_{\mathrm{LSB}}(\cdot)$ 的相合性和渐近正态性, 其证明可参见文献 (Huang, et al., 2002).

定理 3.2.2 设

(1) 存在正的常数 C_1 和 C_2, 使得对任何 $t \in \mathcal{T}$ 都有 $C_1 \leqslant f(t) \leqslant C_2$;

(2) 存在正的常数 C_3 和 C_4, 使得对任何 $t \in \mathcal{T}$ 都有 $C_3 \leqslant \lambda_l(t) \leqslant C_4$, $l = 0, \cdots, p$, 其中, $\lambda_0(t) \leqslant \cdots \leqslant \lambda_p(t)$ 是 $[\boldsymbol{X}(t)\boldsymbol{X}^{\mathrm{T}}(t)]$ 的特征根;

(3) 存在正的常数 C_5, 使得对任何 $t \in \mathcal{T}$ 都有 $|X_l(t)| \leqslant C_5$, $l = 0, \cdots, p$;

(4) 存在正的常数 C_6, 使得对任何 $t \in \mathcal{T}$ 都有 $E[\varepsilon^2(t)] \leqslant C_6$;

(5) $\lim\limits_{n \to \infty} \rho_n = 0$ 且

$$\lim_{n \to \infty} \left[A_n^2 K_n \max\left\{ \max_{1 \leqslant i \leqslant n} (n_i w_i), \sum_{i=1}^{n} n_i^2 w_i^2 \right\} \right] = 0,$$

则 $\hat{\boldsymbol{\beta}}_{\mathrm{LSB}}(\cdot)$ 以概率 1 唯一存在且是 $\boldsymbol{\beta}(\cdot)$ 的相合估计, 而且

$$\mathrm{ISE}(\hat{\boldsymbol{\beta}}_{\mathrm{LSB}}) = O_P\left(K_n \sum_{i=1}^{n} n_i^2 w_i^2 + \rho_n^2\right).$$

注意到定理 3.2.2 对一般的基选择给出了 $\hat{\boldsymbol{\beta}}_{\mathrm{LSB}}(\cdot)$ 的相合性, 其中, 包括多项式、样条和三角矩阵基. 然而, 当使用特殊类型的基时, 可以改进它的收敛速度. 对一个很有兴趣的特别情况, 下面的定理 3.2.3 改进了一类样条估计的收敛速度.

定理 3.2.3　假设 $\mathcal{C}_l$ 是 $\mathcal{T}$ 上具有固定度数的多项式样条空间, 连续结点之间的不同的比是有界的且大于 0. 如果定理 3.2.2 的条件被满足, 则

$$\mathrm{ISE}(\hat{\boldsymbol{\beta}}_{\mathrm{LSB}}) = O_P\left(\sum_{i=1}^{n} n_i^2 w_i^2[(K_n/n_i)+1] + \rho_n^2\right).$$

注 3.2.5　w_i 的不同选择一般导致估计量的不同收敛速度. 对于定理 3.2.2 的一般情况有

$$\sum_{i=1}^{n} K_n n_i^2 w_i^2 = \begin{cases} K_n/n, & w_i = 1/(nn_i), \\ K_n \sum_{i=1}^{n} n_i^2/N^2, & w_i = 1/N. \end{cases}$$

正如 Hoover 等 (1998) 证明的结论

$$\lim_{n\to\infty} \sum_{i=1}^{n} n_i^2/N^2 = 0 \text{ 当且仅当 } \lim_{n\to\infty} \max_{1\leqslant i\leqslant n}(n_i/N) = 0.$$

因此, 由于利用局部光滑方法, $w_i = 1/N$ 权可能导致一个不相合的估计 $\hat{\boldsymbol{\beta}}(\cdot)$, 而 $w_i = 1/(nn_i)$ 对所有 n_i 的选择将导致相合的 $\hat{\boldsymbol{\beta}}(\cdot)$.

注 3.2.6　当给定特殊的光滑条件时, 可以通过确定 $D(\beta_l, \mathcal{C}_l)$ 的大小而得到更精确的收敛速度. 例如, 当 $\beta_l(t)$ 有有界的二阶导数, $\mathcal{C}_l$ 是 $\mathcal{T}$ 上具有 K_n 个内结点的立方样条空间, 此时 $D(\beta_l, \mathcal{C}_l) = O(K_n^{-2})$ (Schumaker, 1981, 定理 6.27), 由定理 3.2.2 得到 $\mathrm{ISE}(\hat{\boldsymbol{\beta}}_{\mathrm{LSB}}) = O_P(K_n/n + K_n^{-4})$. 对 $K_n = O(n^{1/5})$ 的特殊选择, 它简化为 $\mathrm{ISE}(\hat{\boldsymbol{\beta}}_{\mathrm{LSB}}) = O_P(n^{-4/5})$, 这正是在相同光滑条件下具有独立同分布的非参数回归估计的最优收敛速度.

Huang 等 (2002) 利用定理 3.2.2 和定理 3.2.3, 并借助于 bootstrap 方法构造了 $\boldsymbol{\beta}(t)$ 的置信带并进行了假设检验. Huang, Wu 和 Zhou (2004) 利用多项式样条和最小二乘方法进一步研究了 $\boldsymbol{\beta}(t)$ 的估计问题, 它们构造了 $\boldsymbol{\beta}(t)$ 的相合估计, 并给出了估计量的收敛速度和渐近分布, 所得结果可以用来构造了 $\boldsymbol{\beta}(t)$ 的渐近置信区间和置信带. Fan 和 Zhang (2000) 建议用两步估计方法来估计系数函数, 提出了系数函数估计量的标准差的估计方法, 并建立了局部多项式估计的渐近结果. Wu 和

Liang (2004) 考虑了一种具有时间相依光滑协变量的随机变系数模型, 提出了用后移算法来估计系数函数的思想. Lin 和 Ying (2001) 对 $\boldsymbol{\beta}(t)$ 的累积函数提出了一个逼近形式的估计, 并证明了所给估计的 $\sqrt{n}$ 相合性和渐近正态性.

3.2.6 经验似然

1. 自然的经验似然

为了清楚地获得 $\boldsymbol{\beta}(t)$ 的置信域构造的论据, 从最小二乘法的描述开始. 对于给定的时间 $t \in \mathbb{R}$, 可以最小化均方误差 $E\{[Y(t)-\boldsymbol{\beta}^{\mathrm{T}}(t)\boldsymbol{X}(t)]^2|t\}$ 的样本版本定义 $\boldsymbol{\beta}(t)$ 最小二乘估计, 或者解方程 $E\{[Y(t)-\boldsymbol{\beta}^{\mathrm{T}}(t)\boldsymbol{X}(t)]\boldsymbol{X}(t)|t\}=0$. 这就等价于求 $E\{[Y(t)-\boldsymbol{\beta}^{\mathrm{T}}(t)\boldsymbol{X}(t)]^2|t\}f(t)$ 的最小值, 或求解 $E\{[Y(t)-\boldsymbol{\beta}^{\mathrm{T}}(t)\boldsymbol{X}(t)]\boldsymbol{X}(t)|t\}f(t)=0$, 其中, $f(t)$ 为 t_{ij} 的密度. 因为与给定 t 的条件期望有关, 需要局部光滑方法得到样本版本. 为了定义经验似然估计量, 可利用约束 $E\{[Y(t)-\boldsymbol{\beta}^{\mathrm{T}}(t)\boldsymbol{X}(t)]\boldsymbol{X}(t)|t\}f(t)=0$. 由此, 引入如下辅助随机向量:

$$\boldsymbol{Z}_i(\boldsymbol{\beta}(t))=\sum_{j=1}^{n_i}\left[Y_{ij}-\boldsymbol{\beta}^{\mathrm{T}}(t)\boldsymbol{X}_i(t_{ij})\right]\boldsymbol{X}_i(t_{ij})K_h(t_{ij}-t), \tag{3.2.19}$$

其中, h 是窗宽, $K_h(\cdot)=K(\cdot/h)$ 且 $K(\cdot)$ 是核函数.

注意到 $\{\boldsymbol{Z}_i(\boldsymbol{\beta}(t)); 1\leqslant i\leqslant n\}$ 是独立的且 $E\left[\boldsymbol{Z}_i(\boldsymbol{\beta}(t))\right]=0$. 因此, 可以定义 $\boldsymbol{\beta}(t)$ 的一个自然的经验似然比:

$$\mathcal{R}(\boldsymbol{\beta}(t))=-2\max\left\{\sum_{i=1}^{n}\log(np_i)\middle|\, p_i\geqslant 0, \sum_{i=1}^{n}p_i=1, \sum_{i=1}^{n}p_i\boldsymbol{Z}_i(\boldsymbol{\beta}(t))=0\right\},$$

其中, $p_i=p_i(t), i=1,\cdots,n$. 对于一个给定的 $\boldsymbol{\beta}(t)$, $\mathcal{R}(\boldsymbol{\beta}(t))$ 的单位值存在, 假若 0 在点 $\left(\boldsymbol{Z}_1(\boldsymbol{\beta}(t)),\cdots,\boldsymbol{Z}_n(\boldsymbol{\beta}(t))\right)$ 的凸零集的内部 (Owen, 1988, 1990). 由 Lagrange 乘子法, 可以把 $\mathcal{R}(\boldsymbol{\beta}(t))$ 表示为

$$\mathcal{R}(\boldsymbol{\beta}(t))=2\sum_{i=1}^{n}\log\left(1+\boldsymbol{\theta}^{\mathrm{T}}\boldsymbol{Z}_i(\boldsymbol{\beta}(t))\right), \tag{3.2.20}$$

其中, $\boldsymbol{\theta}$ 是 $(k+1)\times 1$ 向量且满足

$$\sum_{i=1}^{n}\frac{\boldsymbol{Z}_i(\boldsymbol{\beta}(t))}{1+\boldsymbol{\theta}^{\mathrm{T}}\boldsymbol{Z}_i(\boldsymbol{\beta}(t))}=0. \tag{3.2.21}$$

记 $\tilde{D}(\boldsymbol{\beta}(t))=(Nh)^{-1}\sum_{i=1}^{n}\boldsymbol{Z}_i(\boldsymbol{\beta}(t))\boldsymbol{Z}_i^{\mathrm{T}}(\boldsymbol{\beta}(t))$. 使用式 (3.2.21) 和 Taylor 展式, 可以证明

$$\mathcal{R}(\boldsymbol{\beta}(t))=\left[\frac{1}{\sqrt{Nh}}\sum_{i=1}^{n}\boldsymbol{Z}_i(\boldsymbol{\beta}(t))\right]^{\mathrm{T}}\tilde{D}^{-1}(\boldsymbol{\beta}(t))\left[\frac{1}{\sqrt{Nh}}\sum_{i=1}^{n}\boldsymbol{Z}_i(\boldsymbol{\beta}(t))\right]+o_P(1). \tag{3.2.22}$$

因此, 在适当的条件下 $\mathcal{R}(\boldsymbol{\beta}(t))$ 是渐近 χ^2 的.

为了叙述上述结果, 首先引入一些记号和假定. 假设 f 有一个紧支撑 $S(f)$. 对所有 $i=1,\cdots,n$, $j=1,\cdots,n_i$ 和 $l,r=1,\cdots,p$, 记

$$\gamma_{lr}(t_0)=E[X_{il}(t_{ij})X_{ir}(t_{ij})|t_{ij}=t_0],$$

$$\sigma^2(t_0)=E[\varepsilon_1^2(t_0)],\quad \rho_\varepsilon(t_0)=\lim_{\delta\to 0}E[\varepsilon_1(t_0+\delta)\varepsilon_1(t_0)].$$

为得到主要结果, 下列正则条件是必须的:

(1) 对某个 $h_0>0$, 窗宽 $h=h_0N^{-1/5}$;

(2) 对某个 $0\leqslant\lambda<\infty$, $\lim\limits_{n\to\infty}N^{-6/5}\sum\limits_{i=1}^n n_i^2=\lambda$;

(3) 核 $K(\cdot)$ 是有界且对称的概率密度函数且满足 $\int u^4K(u)\mathrm{d}u<\infty$;

(4) 存在常数 $\delta\in(2/5,2]$, 使得 $\sup\limits_t E[|\varepsilon_i(t_{ij})|^{2+\delta}|t_{ij}=t]<\infty$ 且 $\sup\limits_t E[X_{il}^4(t_{ij})|t_{ij}=t]<\infty$, $i=1,\cdots,n$, $j=1,\cdots,n_i$, $l=1,\cdots,p$;

(5) 对任何 $l,r=0,\cdots,p$, $\gamma_{lr}(t)$ 和 $f(t)$ 在点 t_0 有连续的一阶导数, 并且 $\beta_r(t)$ 在点 t_0 有连续的二阶导数;

(6) $\sigma^2(t)$ 和 $\rho_\varepsilon(t)$ 在点 t_0 连续;

(7) $\boldsymbol{\Gamma}(t_0)=\Big(\gamma_{lr}(t_0)\Big)$ 是 $(p+1)\times(p+1)$ 阶正定矩阵.

$\mathcal{R}(\beta(t_0))$ 的渐近性质如下:

定理 3.2.4 设条件 (2)~(7) 成立且 $Nh\to\infty$, $Nh^5\to 0$. 如果 $\boldsymbol{\beta}(t_0)$ 是真参数, 则 $\mathcal{R}(\boldsymbol{\beta}(t_0))\xrightarrow{\mathcal{D}}\chi_{p+1}^2$, 其中, χ_{p+1}^2 表示自由度为 $p+1$ 的 χ^2 变量.

用 $\chi_{p+1}^2(\alpha)$ 记 χ_{p+1}^2 的 $1-\alpha$ 分位数, $0<\alpha<1$. 使用定理 3.2.4 可以构造 $\boldsymbol{\beta}(t_0)$ 的渐近置信域, 即

$$R_\alpha(t_0)=\left\{\tilde{\boldsymbol{\beta}}(t_0)|\mathcal{R}(\tilde{\boldsymbol{\beta}}(t_0))\leqslant\chi_{p+1}^2(\alpha)\right\}.$$

由 $\mathcal{R}(\boldsymbol{\beta}(t))$ 可求得 $\{-\mathcal{R}(\boldsymbol{\beta}(t))\}$ 的最大值, 记作 $\hat{\boldsymbol{\beta}}(t)$, 称为 $\boldsymbol{\beta}(t)$ 的最大经验似然估计 (MELE). 由式 (3.2.20) 和式 (3.2.21) 可以证明估计量 $\hat{\boldsymbol{\beta}}(t)$ 是估计方程 $\sum\limits_{i=1}^n\boldsymbol{Z}_i(\boldsymbol{\beta}(t))=0$ 的解. 通过解该估计方程可以得到 $\hat{\boldsymbol{\beta}}(t)=\hat{\boldsymbol{\beta}}_{LK}(t)$, 其中, $\hat{\boldsymbol{\beta}}_{LK}(t)$ 是由 Wu 等 (1998) 得到的加权最小二乘估计 (WLSE), 见式 (3.2.5). 这说明 MELE 与 WLSE 是等价的. 换句话说, MELE 与 WLSE 有相同的渐近分布. 因此, MELE 也具有定理 3.2.1 给出的渐近正态性.

在定理 3.2.4 中, 窗宽 h 的范围在区间 $(c_1N^{-1/2},c_2N^{-1/5})$ 内部, 其中, $c_1>0$ 和 $c_2>0$ 是某常数. 因为 h 的取值不包括最优窗宽, 因此, 需要用欠光滑消除偏差. 然而, 这就涉及如何适当的选择窗宽. 为了避免这个问题, 提出了对经验似然比的一种改良.

2. 残差调整的经验似然

对经验似然比的一个有效的修正是利用它自身的渐近表达来实现. 通过对自然经验似然比渐近性质的推证发现, 对加权残差 $\boldsymbol{Z}_i(\boldsymbol{\beta}(t))$ 进行调整将有助于减少偏差. 为此, 引入辅助随机向量

$$\hat{\boldsymbol{Z}}_i(\boldsymbol{\beta}(t)) = \sum_{j=1}^{n_i} \{Y_{ij} - \boldsymbol{\beta}^{\mathrm{T}}(t)\boldsymbol{X}_i(t_{ij}) - [\hat{\boldsymbol{\beta}}(t_{ij}) - \hat{\boldsymbol{\beta}}(t)]^{\mathrm{T}}\boldsymbol{X}_i(t_{ij})\}\boldsymbol{X}_i(t_{ij})K_h(t_{ij} - t).$$

显然, $\hat{\boldsymbol{Z}}_i(\boldsymbol{\beta}(t))$ 是式 (3.2.19) 中 $\boldsymbol{Z}_i(\boldsymbol{\beta}(t))$ 的调整. $\boldsymbol{\beta}(t)$ 的一个残差调整的经验对数似然比定义为

$$\hat{\mathcal{R}}(\boldsymbol{\beta}(t)) = -2\max\left\{\sum_{i=1}^{n}\log(np_i)\middle| p_i \geqslant 0, \sum_{i=1}^{n}p_i = 1, \sum_{i=1}^{n}p_i\hat{\boldsymbol{Z}}_i(\boldsymbol{\beta}(t)) = 0\right\}.$$

$\hat{\mathcal{R}}(\boldsymbol{\beta}(t))$ 的结果陈述在下列定理中:

定理 3.2.5 设条件 (1)~(7) 成立且核 $K(t)$ 在点 t_0 处是二次可微的. 如果 $\boldsymbol{\beta}(t_0)$ 是真参数, 则 $\hat{\mathcal{R}}(\boldsymbol{\beta}(t_0)) \xrightarrow{\mathcal{D}} \chi^2_{p+1}$.

使用定理 3.2.5 可以构造 $\boldsymbol{\beta}(t_0)$ 的渐近置信域, 即

$$\hat{R}_\alpha(t_0) = \{\tilde{\boldsymbol{\beta}}(t_0)|\hat{\mathcal{R}}(\tilde{\boldsymbol{\beta}}(t_0)) \leqslant \chi^2_{p+1}(\alpha)\}.$$

定理 3.2.4 和定理 3.2.5 的证明可参见文献 (Xue and Zhu, 2007). 同时, Xue 和 Zhu(2007) 也构造了 $\boldsymbol{\beta}(t)$ 的每一分量的渐近逐点置信区间和共同置信带.

3.3 变系数部分线性模型

3.3.1 模型

设 Y 是响应变量, $(U, \boldsymbol{X}, \boldsymbol{Z})$ 是联合协变量, 那么变系数部分线性模型具有如下形式:

$$Y = \boldsymbol{a}^{\mathrm{T}}(U)\boldsymbol{X} + \boldsymbol{\beta}^{\mathrm{T}}\boldsymbol{Z} + \varepsilon, \tag{3.3.1}$$

其中, $\boldsymbol{a}(\cdot) = (a_1(\cdot), \cdots, a_p(\cdot))^{\mathrm{T}}$ 是未知函数向量, $\boldsymbol{\beta} = (\beta_1, \cdots, \beta_q)^{\mathrm{T}}$ 是 q 维未知参数向量, ε 是随机误差且满足 $E(\varepsilon) = 0$ 和 $\mathrm{Var}(\varepsilon) = \sigma^2$. 由于维数灾祸, 为方便起见, 假定 U 是一维协变量. 模型 (3.3.1) 允许 U 与 $\boldsymbol{X}$ 之间以某种方式发生交互作用, 即不同的水平 U 联系不同的线性模型. 这就允许考察协变量 $\boldsymbol{X}$ 的影响在不同的变量 U 的水平上的变化程度.

当 $p = 1$ 且 $X = 1$ 时, 模型 (3.3.1) 变成部分线性模型, 该模型已被许多学者进行了广泛的研究, 得到了一些比较理想的结果.

3.3.2　局部线性估计

1. 估计方法

有许多估计未知参数 $\boldsymbol{\beta}$ 和系数函数 $\boldsymbol{a}(\cdot)$ 的方法. 一个很有用的方法是 Profile 最小二乘方法, 可以证明它是一个半参数有效方法. 当 $\varepsilon \sim N(0,\sigma^2)$ 时, 这个方法就成为 Profile 似然方法.

假设样本 $\{(U_i, \boldsymbol{X}_i, \boldsymbol{Z}_i, Y_i); 1 \leqslant i \leqslant n\}$ 是来自模型 (3.3.1) 的 iid 样本, 则有

$$Y_i = \boldsymbol{a}^{\mathrm{T}}(U_i)\boldsymbol{X}_i + \boldsymbol{\beta}^{\mathrm{T}}\boldsymbol{Z}_i + \varepsilon_i, \quad i = 1, \cdots, n, \tag{3.3.2}$$

其中, $\boldsymbol{X}_i = (X_{i1}, \cdots, X_{ip})^{\mathrm{T}}$, $\boldsymbol{Z}_i = (Z_{i1}, \cdots, Z_{iq})^{\mathrm{T}}$. 对任何 $\boldsymbol{\beta}$, 可将模型 (3.3.2) 写成

$$Y_i^* = \sum_{j=1}^{p} \boldsymbol{a}_j^{\mathrm{T}}(U_i)\boldsymbol{X}_{ij} + \varepsilon_i, \quad i = 1, \cdots, n, \tag{3.3.3}$$

其中, $Y_i^* = Y_i - \sum\limits_{k=1}^{q} \beta_k Z_{ik}$. 这就将变系数部分线性模型 (3.3.2) 转换成了变系数模型 (3.3.3). 下面利用局部线性回归技术来估计模型 (3.3.3) 中的系数函数 $\{a_j(\cdot); j = 1, \cdots, p\}$. 对于给定的点 u_0, 在 u_0 的一个邻域内用线性函数 $a_j(u) \approx a_j + b_j(u - u_0)$ 局部地逼近 $a_j(\cdot)$. 这就导致下列局部加权最小二乘问题：最小化

$$\sum_{i=1}^{n} \left\{ Y_i^* - \sum_{j=1}^{p} [a_j + b_j(U_i - u_0)] X_{ij} \right\}^2 K_h(U_i - u_0) \tag{3.3.4}$$

来求 $\{a_j(\cdot); j = 1, \cdots, p\}$, 其中, $K_h(\cdot) = K(\cdot/h)$, $K(\cdot)$ 是核函数, $h = h_n > 0$ 是窗宽序列. 为使用矩阵记号, 记 $\boldsymbol{\mathcal{Y}} = (Y_1, \cdots, Y_n)^{\mathrm{T}}$, $\boldsymbol{\mathcal{Z}} = (Z_1, \cdots, Z_n)^{\mathrm{T}}$, $\boldsymbol{W}_u = \mathrm{diag}(K_h(U_1 - u), \cdots, K_h(U_p - u))$,

$$\boldsymbol{D}_u = \begin{pmatrix} \boldsymbol{X}_1^{\mathrm{T}} & \boldsymbol{X}_1^{\mathrm{T}}(U_1 - u) \\ \vdots & \vdots \\ \boldsymbol{X}_n^{\mathrm{T}} & \boldsymbol{X}_n^{\mathrm{T}}(U_n - u) \end{pmatrix}.$$

由最小二乘理论可求得问题 (3.3.4) 的解为

$$\hat{a}_j(u) = \boldsymbol{e}_{j,2p}^{\mathrm{T}}(\boldsymbol{D}_u^{\mathrm{T}}\boldsymbol{W}_u\boldsymbol{D}_u^{\mathrm{T}})^{-1}\boldsymbol{D}_u^{\mathrm{T}}\boldsymbol{W}_u(\boldsymbol{\mathcal{Y}} - \boldsymbol{\mathcal{Z}}\boldsymbol{\beta}),$$

其中, $\boldsymbol{e}_{j,2p}$ 是 $2p \times 1$ 单位向量, 其第 j 个分量是 1. 记 $\hat{\boldsymbol{a}}(\cdot) = (\hat{a}_1(\cdot), \cdots, \hat{a}_p(\cdot))^{\mathrm{T}}$. 用 $\hat{\boldsymbol{a}}(U_i)$ 代替式 (3.3.2) 中的 $\boldsymbol{a}(U_i)$ 可得

$$Y_i = \hat{\boldsymbol{a}}^{\mathrm{T}}(U_i)\boldsymbol{X}_i + \boldsymbol{\beta}^{\mathrm{T}}\boldsymbol{Z}_i + \varepsilon_i, \quad i = 1, \cdots, n.$$

用 $\boldsymbol{S}$ 记局部线性回归的光滑矩阵, 即

$$\boldsymbol{S}=\begin{pmatrix}[\boldsymbol{X}_1^{\mathrm{T}}\ \ \mathbf{0}](\boldsymbol{D}_{U_1}^{\mathrm{T}}\boldsymbol{W}_{U_1}\boldsymbol{D}_{U_1})^{-1}\boldsymbol{D}_{U_1}^{\mathrm{T}}\boldsymbol{W}_{U_1}\\ \vdots \\ [\boldsymbol{X}_n^{\mathrm{T}}\ \ \mathbf{0}](\boldsymbol{D}_{U_n}^{\mathrm{T}}\boldsymbol{W}_{U_n}\boldsymbol{D}_{U_n})^{-1}\boldsymbol{D}_{U_n}^{\mathrm{T}}\boldsymbol{W}_{U_n}\end{pmatrix},$$

则有

$$(\boldsymbol{I}-\boldsymbol{S})\boldsymbol{\mathcal{Y}}=(\boldsymbol{I}-\boldsymbol{S})\boldsymbol{\mathcal{Z}}\boldsymbol{\beta}+\boldsymbol{e}, \tag{3.3.5}$$

其中, $\boldsymbol{e}=(\varepsilon_1,\cdots,\varepsilon_n)^{\mathrm{T}}$. 将线性模型的最小二乘理论应用到式 (3.3.5) 可得

$$\hat{\boldsymbol{\beta}}=\{\boldsymbol{\mathcal{Z}}(\boldsymbol{I}-\boldsymbol{S})^{\mathrm{T}}(\boldsymbol{I}-\boldsymbol{S})\boldsymbol{\mathcal{Z}}\}^{-1}\boldsymbol{\mathcal{Z}}^{\mathrm{T}}(\boldsymbol{I}-\boldsymbol{S})^{\mathrm{T}}(\boldsymbol{I}-\boldsymbol{S})\boldsymbol{\mathcal{Y}}.$$

2. 主要结果

下述定理给出了估计量 $\hat{\boldsymbol{\beta}}$ 的渐近分布, 其证明可参见文献 (Fan and Huang, 2005):

定理 3.3.1 设下列条件成立:

(1) 随机变量 U 具有有界支撑 $\mathcal{U}$, 它的密度函数 $f(u)$ 是 Lipschitz 连续的且 $\inf\limits_{u\in\mathcal{U}} f(u)>0$;

(2) 对每个 $u\in\mathcal{U}$, 矩阵 $E(\boldsymbol{X}\boldsymbol{X}^{\mathrm{T}}|U=u)$ 是正定的且 $E(\boldsymbol{X}\boldsymbol{X}^{\mathrm{T}}|U=u)$ 和 $E(\boldsymbol{X}\boldsymbol{X}^{\mathrm{T}}|U=u)^{-1}$ 以及 $E(\boldsymbol{X}\boldsymbol{Z}^{\mathrm{T}}|U=u)$ 都是 Lipschitz 连续的;

(3) 存在 $s>0$, 使得 $E\|X\|^{2s}<\infty$, $E\|Z\|^{2s}<\infty$, 并且对某个 $\epsilon<2-s^{-1}$, 使得 $n^{2\epsilon-1}h\to\infty$;

(4) $\{a_j(u); j=1,\cdots,p\}$ 在 $\mathcal{U}$ 上有连续的二阶导数;

(5) 核 $K(\cdot)$ 是对称的密度函数且具有有界支撑;

(6) $nh^8\to 0$, $nh^2/\log^2 n\to\infty$,

则 $\sqrt{n}(\hat{\beta}-\beta)\xrightarrow{\mathcal{D}}N(0,\boldsymbol{\Sigma})$, 其中,

$$\boldsymbol{\Sigma}=\sigma^2\{E(\boldsymbol{Z}\boldsymbol{Z}^{\mathrm{T}})-E[E(\boldsymbol{Z}\boldsymbol{X}^{\mathrm{T}}|U)E(\boldsymbol{X}\boldsymbol{X}^{\mathrm{T}}|U)^{-1}E(\boldsymbol{X}\boldsymbol{Z}^{\mathrm{T}}|U)]\}^{-1}.$$

考虑 $p=1$ 且 $X\equiv 1$ 的情况, 此时模型 (3.3.1) 为部分线性模型, 那么

$$E(\boldsymbol{Z}\boldsymbol{Z}^{\mathrm{T}})-E[E(\boldsymbol{Z}|U)E(\boldsymbol{Z}^{\mathrm{T}}|U)]=E\{\mathrm{Var}(\boldsymbol{Z}|U)\},$$

并且定理 3.3.1 与 Carroll 等 (1998) 的结果一致. 事实上, 他们证明了 $\boldsymbol{\Sigma}$ 是半参数信息界. 该结果当然也适合更一般的变系数部分线性模型. 因此, Profile 似然估计是半参数有效的.

Fan 和 Huang (2005) 对参数分量的检验问题提出了 Profile 似然比检验, 并得到了所提出的检验统计量在零假设下服从 χ^2 分布. Xia 等 (2004) 针对模型参数

提出了一个有效的估计, 建立了估计量的渐近性质, 并发展了模型选择方法. 关于变系数部分线性模型的其他研究工作可参见文献 (Zhang, et al., 2002; Li 等, 2002; Zhou and You, 2004; You and Zhou, 2006; Lam and Fan, 2007) 等.

3.3.3　一般序列估计

在 3.3.2 小节中, Fan 和 Huang (2005) 使用核 Profile 似然方法来估计变系数部分线性模型中的兴趣参数, 并证明了他们的方法在同方差误差情况下导致了 $\boldsymbol{\beta}$ 的有效估计. 然而, 当误差是条件异方差时, 要使用核方法得到 $\boldsymbol{\beta}$ 的有效估计有更大的困难. 序列估计作为估计未知条件均值回归函数的最好逼近函数有好的定义内涵, 即使模型是错误指定时也是如此. 使用一般序列估计所付出的代价是：要在最优光滑 (即平衡平方偏差和方差项) 下建立非参数分量估计的渐近正态性是困难的. 因此, 序列方法将被认为是弥补变系数部分线性模型中核估计方法的不足.

1. *估计方法*

下面利用序列估计方法来估计模型 (3.3.1) 中的参数分量 $\boldsymbol{\beta}$ 和非参数分量 $\boldsymbol{a}(\cdot)$. 假定随机误差 ε_i 满足 $E(\varepsilon_i|U_i,\boldsymbol{X}_i,\boldsymbol{Z}_i)=0$. 对 $j=1,\cdots,p$, 用 k_j 个基函数的线性组合 $\boldsymbol{g}_j^{k_j}(u)\boldsymbol{\alpha}_j^{k_j}$ 逼近变系数函数 $a_j(u)$, 其中, $\boldsymbol{g}_j^{k_j}(u)=(g_{j1}(u),\cdots,g_{jk_j}(u))^{\mathrm{T}}$ 是 $k_j\times 1$ 基函数向量, $\boldsymbol{\alpha}_j^{k_j}=(\alpha_{j1},\cdots,\alpha_{jk_j})^{\mathrm{T}}$ 是 $k_j\times 1$ 未知参数向量. 逼近函数 $\boldsymbol{g}_j^{k_j}(u)$ 有如下特性：正因为 k_j 可增大, 从而存在 $\boldsymbol{g}_j^{k_j}(u)$ 的线性组合可很好地逼近任何光滑函数 $a_j(u)$, 其逼近的均方误差可以任意小.

定义 $K\times 1$ 矩阵 $\boldsymbol{g}^K(U_i,X_i)=(\boldsymbol{g}_1^{k_1}(U_i)^{\mathrm{T}}X_{i1},\cdots,\boldsymbol{g}_p^{k_p}(U_i)^{\mathrm{T}}X_{ip})^{\mathrm{T}}$ 和 $\boldsymbol{\alpha}=(\boldsymbol{\alpha}^{k_1\mathrm{T}},\cdots,\boldsymbol{\alpha}_p^{k_p\mathrm{T}})^{\mathrm{T}}$, 其中, $K=\sum\limits_{j=1}^{p}k_j$, 从而使用 K 个函数 $\boldsymbol{g}^K(U_i,X_i)$ 的线性组合来逼近 $\boldsymbol{a}^{\mathrm{T}}(U_i)\boldsymbol{X}_i$. 因此, 可将式 (3.3.2) 重写为

$$
\begin{aligned}
Y_i &= \boldsymbol{g}^K(U_i,X_i)^{\mathrm{T}}\boldsymbol{\alpha}+\boldsymbol{\beta}^{\mathrm{T}}\boldsymbol{Z}_i+[\boldsymbol{a}^{\mathrm{T}}(U_i)\boldsymbol{X}_i-\boldsymbol{g}^K(U_i,X_i)^{\mathrm{T}}\boldsymbol{\alpha}]+\varepsilon_i\\
&= \boldsymbol{g}^K(U_i,X_i)^{\mathrm{T}}\boldsymbol{\alpha}+\boldsymbol{\beta}^{\mathrm{T}}\boldsymbol{Z}_i+\mathrm{error}_i,
\end{aligned}
\tag{3.3.6}
$$

其中, 误差的定义是显然的.

记 $\boldsymbol{A}=(\boldsymbol{a}^{\mathrm{T}}(U_1)\boldsymbol{X}_1,\cdots,\boldsymbol{a}^{\mathrm{T}}(U_n)\boldsymbol{X}_n)^{\mathrm{T}}$, $\boldsymbol{G}=(\boldsymbol{g}^K(U_1,\boldsymbol{X}_1),\cdots,\boldsymbol{g}^K(U_n,\boldsymbol{X}_n))^{\mathrm{T}}$, $\boldsymbol{\mathcal{Y}}=(Y_1,\cdots,Y_n)^{\mathrm{T}}$, $\boldsymbol{\mathcal{Z}}=(Z_1,\cdots,Z_n)^{\mathrm{T}}$. 模型 (3.3.6) 可用矩阵形式写为

$$
\boldsymbol{\mathcal{Y}}=\boldsymbol{G}\boldsymbol{\alpha}+\boldsymbol{\mathcal{Z}}\boldsymbol{\beta}+\mathrm{error}. \tag{3.3.7}
$$

用 $\hat{\boldsymbol{\alpha}}$ 和 $\hat{\boldsymbol{\beta}}$ 分别记式 (3.3.7) 中由 $\boldsymbol{\mathcal{Y}}$ 关于 $(\boldsymbol{G},\boldsymbol{\mathcal{Z}})$ 的回归而得到的 $\boldsymbol{\alpha}$ 和 $\boldsymbol{\beta}$ 的最小二乘估计. 那么, 可以用 $\hat{a}_j(u)\stackrel{\mathrm{def}}{=}\boldsymbol{g}_j^{k_j}(u)^{\mathrm{T}}\hat{\boldsymbol{\alpha}}_j^{k_j}$ $(j=1,\cdots,p)$ 估计 $a_j(u)$.

下面导出 $\hat{\boldsymbol{\alpha}}$ 和 $\hat{\boldsymbol{\beta}}$ 的具体表达式. 式 (3.3.2) 可以写成如下矩阵的形式:

$$\boldsymbol{\mathcal{Y}} = \boldsymbol{A} + \boldsymbol{\mathcal{Z}}\boldsymbol{\beta} + \boldsymbol{\varepsilon}, \tag{3.3.8}$$

其中, $\boldsymbol{\varepsilon} = (\varepsilon_1, \cdots, \varepsilon_n)^{\mathrm{T}}$. 记 $\boldsymbol{M} = \boldsymbol{G}(\boldsymbol{G}^{\mathrm{T}}\boldsymbol{G})^{-}\boldsymbol{G}^{\mathrm{T}}$, 其中, $(\cdot)^{-}$ 表示 $(\cdot)$ 的任何对称广义逆. 对任一 $n \times m$ 矩阵 $\boldsymbol{B}$, 定义 $\tilde{\boldsymbol{B}} = \boldsymbol{M}\boldsymbol{B}$, 那么, 用 $\boldsymbol{M}$ 左乘式 (3.3.8) 两边可得

$$\tilde{\boldsymbol{\mathcal{Y}}} = \tilde{\boldsymbol{A}} + \tilde{\boldsymbol{\mathcal{Z}}}\boldsymbol{\beta} + \tilde{\varepsilon}, \tag{3.3.9}$$

式 (3.3.8) 和式 (3.3.9) 左右两边分别相减可得

$$\boldsymbol{\mathcal{Y}} - \tilde{\boldsymbol{\mathcal{Y}}} = (\boldsymbol{\mathcal{Z}} - \tilde{\boldsymbol{\mathcal{Z}}})\boldsymbol{\beta} + (\boldsymbol{A} - \tilde{\boldsymbol{A}}) + \boldsymbol{\varepsilon} - \tilde{\varepsilon}, \tag{3.3.10}$$

把式 (3.3.10) 看成 $\boldsymbol{\mathcal{Y}} - \tilde{\boldsymbol{\mathcal{Y}}}$ 关于 $(\boldsymbol{\mathcal{Z}} - \tilde{\boldsymbol{\mathcal{Z}}})$ 的线性回归, 并由最小二乘估计法也可得到 $\hat{\boldsymbol{\beta}}$, 即

$$\hat{\boldsymbol{\beta}} = (\boldsymbol{\mathcal{Z}} - \tilde{\boldsymbol{\mathcal{Z}}})^{\mathrm{T}}(\boldsymbol{\mathcal{Z}} - \tilde{\boldsymbol{\mathcal{Z}}})^{-}(\boldsymbol{\mathcal{Z}} - \tilde{\boldsymbol{\mathcal{Z}}})^{\mathrm{T}}(\boldsymbol{\mathcal{Y}} - \tilde{\boldsymbol{\mathcal{Y}}}). \tag{3.3.11}$$

用 $\hat{\boldsymbol{\beta}}$ 代替式 (3.3.7) 中的 $\boldsymbol{\beta}$, 并由最小二乘估计法可得到 $\hat{\boldsymbol{\alpha}}$, 即

$$\hat{\boldsymbol{\alpha}} = (\boldsymbol{G}^{\mathrm{T}}\boldsymbol{G})^{-}\boldsymbol{G}^{\mathrm{T}}(\boldsymbol{\mathcal{Y}} - \tilde{\boldsymbol{\mathcal{Z}}}\hat{\boldsymbol{\beta}}). \tag{3.3.12}$$

因此, 可得到 $a_j(u)$ 的估计 $\hat{a}_j(u)$, 即

$$\hat{a}_j(u) = \boldsymbol{g}_j^{k_j}(u)^{\mathrm{T}}\hat{\boldsymbol{\alpha}}_j^{k_j}, \quad j = 1, \cdots, p.$$

2. 主要结果

在给出主要结果之前, 首先给出一个定义和一些条件.

定义 3.3.1 设 $\mathcal{G}$ 是一个函数类. 如果 $\mathcal{G}$ 中任一函数 $g(u, \boldsymbol{x})$ 满足

(1) 对某个连续函数 $h_j(u)$, $g(u, \boldsymbol{x}) = \boldsymbol{h}^{\mathrm{T}}(u)\boldsymbol{x} \equiv \sum_{j=1}^{p} x_j h_j(u)$, 其中, $\boldsymbol{h}(u) = (h_1(u), \cdots, h_p(u))^{\mathrm{T}}$;

(2) $\sum_{j=1}^{p} E[x_{ij}^2 h_j^2(u_i)] < \infty$, 其中, $x_j(x_{ij})$ 是 $\boldsymbol{x}(x_j)$ 的第 j 个分量,

则称 $\mathcal{G}$ 是一个变系数函数类.

对任何函数 $f(u, \boldsymbol{x})$, 用 $E_{\mathcal{G}}[f(u, \boldsymbol{x})]$ 表示 $f(u, \boldsymbol{x})$ 到变系数函数空间 $\mathcal{G}$ 的投影 (在 L_2 模下). 也就是说, $E_{\mathcal{G}}[f(u, \boldsymbol{x})]$ 是属于 $\mathcal{G}$ 的元素且它的所有元素中最靠近 $f(u, \boldsymbol{x})$ 的元素. 更特别地,

$$\begin{aligned} & E\{(f(u, \boldsymbol{x}) - E_{\mathcal{G}}[f(u, \boldsymbol{x})])(f(u, \boldsymbol{x}) - E_{\mathcal{G}}[f(u, \boldsymbol{x})])^{\mathrm{T}}\} \\ = & \inf_{\sum_j x_j h_j(u) \in \mathcal{G}} E\left\{\left(f(u, \boldsymbol{x}) - \sum_{j=1}^{p} x_j h_j(u)\right)\left(f(u, \boldsymbol{x}) - \sum_{j=1}^{p} x_j h_j(u)\right)^{\mathrm{T}}\right\}. \end{aligned} \tag{3.3.13}$$

因此, 对所有 $g(u,\boldsymbol{x})=\sum_{j=1}^{p}x_jh_j(u)\in\mathcal{G}$,

$$
\begin{aligned}
&E\{(f(u,\boldsymbol{x})-E_{\mathcal{G}}[f(u,\boldsymbol{x})])(f(u,\boldsymbol{x})-E_{\mathcal{G}}[f(u,\boldsymbol{x})])^{\mathrm{T}}\}\\
&\leqslant E\left\{\left(f(u,\boldsymbol{x})-\sum_{j=1}^{p}x_jh_j(u)\right)\left(f(u,\boldsymbol{x})-\sum_{j=1}^{p}x_jh_j(u)\right)^{\mathrm{T}}\right\},
\end{aligned}\tag{3.3.14}
$$

其中, 对平方矩阵 $\boldsymbol{A}$ 和 $\boldsymbol{B}$, $\boldsymbol{A}\leqslant\boldsymbol{B}$ 意味着 $\boldsymbol{A}-\boldsymbol{B}$ 是非负半正定的.

下列条件将用来建立 $\hat{\boldsymbol{\beta}}$ 的渐近正态性和 $\hat{\boldsymbol{a}}(u)$ 的收敛速度:

条件 1 (1) 样本 $\{(U_i,\boldsymbol{X}_i,\boldsymbol{Z}_i,Y_i);1\leqslant i\leqslant n\}$ 是独立同分布的, 并与 $(U,\boldsymbol{X},\boldsymbol{Z},Y)$ 有共同分布且 $(U,\boldsymbol{X},\boldsymbol{Z})$ 的支撑是 $\mathbb{R}^{p+q+1}$ 中的紧子集;

(2) $E(Z|U=u,\boldsymbol{X}=\boldsymbol{x})$ 和 $\mathrm{Var}(Y|U=u,\boldsymbol{X}=\boldsymbol{x},\boldsymbol{Z}=\boldsymbol{z})$ 都是 $(U,\boldsymbol{X},\boldsymbol{Z})$ 的支撑上的有界函数.

条件 2 (1) 对每个 K, 存在非奇异矩阵 $\boldsymbol{B}$, 使得对 $\boldsymbol{G}^K(u,\boldsymbol{x})=\boldsymbol{B}\boldsymbol{g}^K(u,\boldsymbol{x})$, $E[\boldsymbol{G}^K(U_i,\boldsymbol{X}_i)\boldsymbol{G}^K(U_i,\boldsymbol{X}_i)^{\mathrm{T}}]$ 的最小特征值在 K 上一致有界且大于零;

(2) 存在满足 $\sup\limits_{(u,\boldsymbol{x})\in\mathcal{S}}\|\boldsymbol{G}^K(u,\boldsymbol{x})\|\leqslant\zeta_0(K)$ 和 $K=K_n$ 的常数序列 $\zeta_0(K)$, 使得 $\zeta_0^2(K)K/n\to0\ (n\to\infty)$, 其中, $\mathcal{S}$ 是 (U,X) 的支撑且 $\|\boldsymbol{A}\|=[\mathrm{tr}(\boldsymbol{A}^{\mathrm{T}}\boldsymbol{A})]^{1/2}$ 表示矩阵 $\boldsymbol{A}$ 的 Euclidean 模.

条件 3 (1) 对 $f(u,\boldsymbol{x})=\sum_{j=1}^{p}x_jh_j(u)$, 存在 $\delta_j>0\ (j=1,\cdots,p)$ 和 $\boldsymbol{\alpha}_f=\boldsymbol{\alpha}_{fK}=(\boldsymbol{\alpha}_1^{k_1\mathrm{T}},\cdots,\boldsymbol{\alpha}_p^{k_p\mathrm{T}})^{\mathrm{T}}$, 使得 $\sup\limits_{(u,\boldsymbol{x})\in\mathcal{S}}|f(u,\boldsymbol{x})-\boldsymbol{G}^K(u,\boldsymbol{x})^{\mathrm{T}}\boldsymbol{\alpha}_f|=O\left(\sum_{j=1}^{p}k_j^{-\delta_j}\right)$;

(2) 对 $\min\{k_1,\cdots,k_p)\}\to\infty$, $\sqrt{n}\sum_{j=1}^{p}k_j^{-2\delta_j}\to0\ (n\to\infty)$.

条件 1 是使用在序列估计方法中的标准假定. 条件 2 通常蕴含 $(U,\boldsymbol{X})$ 的密度函数的下确界大于一个正的常数. 条件 3 说明存在 $\delta_j>0\ (j=1,\cdots,p)$, 使得函数一致逼近的速度为 $\sum_{j=1}^{p}k_j^{-\delta_j}$. 条件 2 和条件 3 不是最弱的, 但有许多序列函数满足这两个条件, 如幂级数和样条.

在上述条件下, 可以得到下列主要定理:

定理 3.3.2 记 $\boldsymbol{e}=\boldsymbol{Z}-\boldsymbol{E}_{\mathcal{G}}(Z)$ 且假设 $\boldsymbol{\Phi}\equiv E(\boldsymbol{e}\boldsymbol{e}^{\mathrm{T}})$ 是正定的, 则在条件 1~条件 3 下有如下结论:

(1) $\sqrt{n}(\hat{\boldsymbol{\beta}}-\boldsymbol{\beta})\xrightarrow{\mathcal{D}}N(0,\boldsymbol{\Sigma})$, 其中, $\boldsymbol{\Sigma}=\boldsymbol{\Phi}^{-1}\boldsymbol{\Omega}\boldsymbol{\Phi}^{-1}$, $\boldsymbol{\Omega}=E[\sigma^2(U,\boldsymbol{X},\boldsymbol{Z})\boldsymbol{e}\boldsymbol{e}^{\mathrm{T}}]$, $\sigma^2(U,\boldsymbol{X},\boldsymbol{Z})=E(\varepsilon^2|U,\boldsymbol{X},\boldsymbol{Z})$;

(2) $\boldsymbol{\Sigma}$ 的相合估计是 $\hat{\boldsymbol{\Sigma}} = \hat{\boldsymbol{\Phi}}^{-1}\hat{\boldsymbol{\Omega}}\hat{\boldsymbol{\Phi}}^{-1}$, 其中, $\hat{\boldsymbol{\Phi}} = n^{-1}\sum_{i=1}^{n}(\boldsymbol{Z}_i - \tilde{\boldsymbol{Z}}_i)(\boldsymbol{Z}_i - \tilde{\boldsymbol{Z}}_i)^{\mathrm{T}}$, $\hat{\boldsymbol{\Omega}} \doteq n^{-1}\sum_{i=1}^{n}\hat{\varepsilon}_i^2(\boldsymbol{Z}_i - \tilde{\boldsymbol{Z}}_i)(\boldsymbol{Z}_i - \tilde{\boldsymbol{Z}}_i)^{\mathrm{T}}$, $\tilde{\boldsymbol{Z}}_i$ 是 $\tilde{\boldsymbol{\mathcal{Z}}}$ 的第 i 列, $\hat{\varepsilon}_i = \boldsymbol{Y}_i - \boldsymbol{g}^K(U_i, \boldsymbol{X}_i)\hat{\boldsymbol{\alpha}} - \hat{\boldsymbol{\beta}}^{\mathrm{T}}\boldsymbol{Z}_i$.

由 Chamberlain (1992) 的结果可知, $\boldsymbol{\beta}$ 估计的渐近方差的逆的半参数有效界是

$$J_0 = \inf_{g\in\mathcal{G}} E\{[\boldsymbol{Z} - \boldsymbol{g}(U, X)][\mathrm{Var}(\varepsilon|U, \boldsymbol{X}, \boldsymbol{Z})]^{-1}[\boldsymbol{Z} - \boldsymbol{g}(U, X)]^{\mathrm{T}}\}. \tag{3.3.15}$$

在误差是条件同方差下, 也即 $\mathrm{Var}(\varepsilon|U, \boldsymbol{X}, \boldsymbol{Z}) = \sigma^2$ 下, 式 (3.3.15) 可重新写成

$$\begin{aligned} J_0 &= \frac{1}{\sigma^2}\inf_{g\in\mathcal{G}} E\{[\boldsymbol{Z} - \boldsymbol{g}(U, \boldsymbol{X})][\boldsymbol{Z} - \boldsymbol{g}(U, \boldsymbol{X})]^{\mathrm{T}}\} \\ &= \frac{1}{\sigma^2}\inf_{g\in\mathcal{G}} E\{[\boldsymbol{Z} - \boldsymbol{E}_{\mathcal{G}}(\boldsymbol{Z})][\boldsymbol{Z} - \boldsymbol{E}_{\mathcal{G}}(\boldsymbol{Z})]^{\mathrm{T}}\} \\ &= \frac{1}{\sigma^2}E(\boldsymbol{e}\boldsymbol{e}^{\mathrm{T}}) = \frac{\boldsymbol{\Phi}}{\sigma^2}. \end{aligned} \tag{3.3.16}$$

注意到式 (3.3.16) 的逆与 $\boldsymbol{\Sigma} = \sigma^2\boldsymbol{\Phi}^{-1}$ 一致, 当误差是条件同方差时, $\boldsymbol{J}_0^{-1}$ 正是 $\sqrt{n}(\hat{\boldsymbol{\beta}} - \boldsymbol{\beta})$ 的渐近方差. 因此, $\boldsymbol{\Sigma}^{-1} = \boldsymbol{J}_0$ 且在条件同方差误差假定下, $\hat{\boldsymbol{\beta}}$ 是半参数有效估计.

下面的定理给出了 $\hat{a}_j(u)$ 收敛到 $a_j(u)$ 的速度.

定理 3.3.3 在条件 1～ 条件 3 下, 对 $j = 1, \cdots, p$ 有

(1) $\sup_{u\in\mathcal{U}}|\hat{a}_j(u) - a_j(u)| = O_P\left(\zeta_0(K)\left(\sqrt{K}/\sqrt{n} + \sum_{j=1}^{p}k_j^{-\delta_j}\right)\right)$, 其中, $\mathcal{U}$ 表示 U 的支撑;

(2) $\frac{1}{n}\sum_{j=1}^{n}[\hat{a}_j(u) - a_j(u)]^2 = O_P\left(K/n + \sum_{j=1}^{p}k_j^{-2\delta_j}\right)$;

(3) $\int[\hat{a}_j(u) - a_j(u)]^2\mathrm{d}F_Z(z) = O_P\left(K/n + \sum_{j=1}^{p}k_j^{-2\delta_j}\right)$, 其中, $F_Z(z)$ 是 Z 的分布函数.

定理 3.3.2 和定理 3.3.3 的证明可参见文献 (Ahmad, et al., 2005).

3.4 自适应变系数线性模型

3.4.1 模型

假设对估计多元回归函数 $G(x) = E(Y|\boldsymbol{X} = \boldsymbol{x})$ 感兴趣, 其中, Y 是随机变量,

$\boldsymbol{X}$ 是 $p\times 1$ 随机向量. Fan 等 (2003) 提出用变系数模型

$$g(x)=\sum_{j=0}^{p} g_j(\boldsymbol{\beta}^{\mathrm{T}}\boldsymbol{x})x_j \tag{3.4.1}$$

逼近回归函数 $G(x)$, 其中, $\boldsymbol{\beta}\in\mathbb{R}^p$ 是未知方向, $\boldsymbol{x}=(x_1,\cdots,x_p)^{\mathrm{T}}$, $x_0=1$, 系数 $g_0(\cdot),\cdots,g_{p-1}(\cdot)$ 是未知函数. 选择方向 $\boldsymbol{\beta}$ 和系数函数 $g_j(\cdot)$, 使得 $E[G(X)-g(X)]^2$ 达到最小. 这个模型的魅力是一旦给定 $\boldsymbol{\beta}$, 人们就可以用标准一维核回归在 $\boldsymbol{\beta}^{\mathrm{T}}\boldsymbol{x}$ 周围局部地估计 $g_j(\cdot)$. 进而, 可容易地展示系数函数 $g_j(\cdot)$ 的外貌, 这对观察 $g(\cdot)$ 的表面如何变化可能是特别有用的. 当指标 $\boldsymbol{\beta}^{\mathrm{T}}\boldsymbol{x}$ 给定时, 模型 (3.4.1) 在 $\boldsymbol{x}$ 的每一纵坐标出现线性. 它可以包括二次和交叉乘积项 (或更一般的任何给定的 x_j 的函数) 作为 $\boldsymbol{x}$ 的 "新" 分量. 因此, 它对迎合复杂的多元非线性结构有相当大的适应性.

不失一般性, 在模型 (3.4.1) 中, 总是假定 $|\boldsymbol{\beta}|=1$, 并且 $\boldsymbol{\beta}$ 的第一个非零分量是正的. 为避免因指标方向 $\boldsymbol{\beta}$ 无唯一性而引起的复杂化, 总是假定 $G(\cdot)$ 容许 $g(\cdot)$ 的唯一的最小二乘逼近, 即 $g(\cdot)$ 不能表达为形式

$$g(x)=\boldsymbol{\alpha}^{\mathrm{T}}\boldsymbol{x}\boldsymbol{\beta}^{\mathrm{T}}\boldsymbol{x}+\boldsymbol{\gamma}^{\mathrm{T}}\boldsymbol{x}+c,$$

其中, $\boldsymbol{\alpha},\boldsymbol{\gamma}\in\mathbb{R}^p$, $c\in\mathbb{R}$ 是常数, $\boldsymbol{\alpha}$ 与 $\boldsymbol{\beta}$ 不相互平行 (Fan, et al., 2003, 定理 1).

3.4.2 估计方法

设 $\{(X_i,Y_i);1\leqslant i\leqslant n\}$ 是严平稳过程, 并且与 (X,Y) 有相同分布, 并设 $\beta_p\neq 0$. 按照文献 (Fan, et al., 2003) 中定理 1 的部分 (b), 仅仅按

$$g(x)=\sum_{j=0}^{p-1} g_j(\boldsymbol{\beta}^{\mathrm{T}}\boldsymbol{x})x_j \tag{3.4.2}$$

搜索一个近似值. 下面的任务可以在形式上分为两部分：一是就给定的 $\boldsymbol{\beta}$ 来估计函数 $g_j(\cdot)$; 二是就给定的 $g_j(\cdot)$ 来估计指标系数 $\boldsymbol{\beta}$. 下面分别进行讨论.

1. 给定 $\boldsymbol{\beta}$ 后 $g_j(\cdot)$ 的局部线性估计

对给定的 $\boldsymbol{\beta}$ 且 $\beta_p\neq 0$, 需要估计

$$g(X)=\arg\min_{f\in\mathcal{F}(\boldsymbol{\beta})} E\{[Y-f(X)]^2|\boldsymbol{\beta}^{\mathrm{T}}\boldsymbol{X}\}, \tag{3.4.3}$$

其中,

$$\mathcal{F}(\boldsymbol{\beta})=\left\{f(\boldsymbol{x})=\sum_{j=0}^{p-1} f_j(\boldsymbol{\beta}^{\mathrm{T}}\boldsymbol{x})x_j \,\middle|\, f_0(\cdot),\cdots,f_{p-1}(\cdot)\ \text{可测且}\ E[f^2(X)]<\infty\right\}.$$

由式 (3.4.3) 的最小二乘性质导致估计 $\hat{g}_j(z)=\hat{b}_j(j=0,\cdots,p-1)$, 其中, $(\hat{b}_0,\cdots,\hat{b}_{p-1})$ 是下列加权二乘和的最小值：

$$\sum_{i=1}^{n}\left\{Y_i-\sum_{j=0}^{p-1}b_jX_{ij}\right\}^2K_h(\boldsymbol{\beta}^{\mathrm{T}}\boldsymbol{X}_i-z)w(\boldsymbol{\beta}^{\mathrm{T}}\boldsymbol{X}_i),$$

其中, $w(\cdot)$ 是一个具有有界支撑的有界权函数, 其作用是用来控制边界效应, $K_h(\cdot)=K(\cdot/h)$, $K(\cdot)$ 是核函数, h 是窗宽. 注意到这里仅仅使用了一维核光滑.

上面的估计方法是基于局部常数逼近, 即对 z 的近邻点 y, $g_j(y)\approx g_j(z)$. 因为局部常数回归与局部线性回归相比有几个缺点 (Fan and Gijbes, 1996), 因此, 考虑函数 $g_0(\cdot),\cdots,g_{p-1}(\cdot)$ 的局部线性估计. 这就导致最小化有关 $\{b_j\}$ 和 $\{c_j\}$ 的加权和

$$\sum_{i=1}^{n}\left\{Y_i-\sum_{j=0}^{p-1}[b_j+c_j(\boldsymbol{\beta}^{\mathrm{T}}\boldsymbol{X}_i-z)]X_{ij}\right\}^2K_h(\boldsymbol{\beta}^{\mathrm{T}}\boldsymbol{X}_i-z)w(\boldsymbol{\beta}^{\mathrm{T}}\boldsymbol{X}_i),\tag{3.4.4}$$

定义 $\hat{g}_j(z)=\hat{b}_j$, $\hat{g}(z)=\hat{c}_j$, $j=0,\cdots,p-1$ 且记

$$\hat{\boldsymbol{\theta}}=(\hat{b}_0,\cdots,\hat{b}_{p-1},\hat{c}_0,\cdots,\hat{c}_{p-1})^{\mathrm{T}}.$$

由最小理论可推出

$$\hat{\boldsymbol{\theta}}=[\boldsymbol{\mathcal{X}}(z)\boldsymbol{\mathcal{W}}(z)\boldsymbol{\mathcal{X}}(z)]^{-1}\boldsymbol{\mathcal{X}}(z)\boldsymbol{\mathcal{W}}(z)\boldsymbol{\mathcal{Y}},\tag{3.4.5}$$

其中, $\boldsymbol{\mathcal{Y}}=(Y_1,\cdots,Y_n)^{\mathrm{T}}$, $\boldsymbol{\mathcal{W}}(z)$ 是 $n\times n$ 对角矩阵, 其第 i 个对角元素是 $K_h(\boldsymbol{\beta}^{\mathrm{T}}\boldsymbol{X}_i-z)w(\boldsymbol{\beta}^{\mathrm{T}}\boldsymbol{X}_i)$, $\boldsymbol{\mathcal{X}}(z)$ 是 $n\times 2p$ 矩阵, 其第 i 行元素为 $(U_i,(\boldsymbol{\beta}^{\mathrm{T}}\boldsymbol{X}_i-z)\boldsymbol{U}_i^{\mathrm{T}})$, $U_i=(1,X_{i1},\cdots,X_{ip-1})^{\mathrm{T}}$.

2. $g_j(\cdot)$ 固定后搜寻 $\boldsymbol{\beta}$ 的方向

Fan 等 (2003) 提出用最小化

$$R(\boldsymbol{\beta})=\frac{1}{n}\sum_{i=1}^{n}\left\{Y_i-\sum_{j=0}^{p-1}g_j(\boldsymbol{\beta}^{\mathrm{T}}\boldsymbol{X}_i)X_{ij}\right\}^2w(\boldsymbol{\beta}^{\mathrm{T}}\boldsymbol{X}_i)\tag{3.4.6}$$

搜寻 $\boldsymbol{\beta}$ 的方向. 用一步 Newton-Raphson 估计的思想, 可以用一步估计方案来估计 $\boldsymbol{\beta}$. 如果初始值相当好, 人们当然希望得到好的估计.

假设 $\hat{\boldsymbol{\beta}}$ 是方程 (3.4.6) 的最小值, 那么 $\dot{\boldsymbol{R}}(\hat{\boldsymbol{\beta}})=0$, 其中, $\dot{\boldsymbol{R}}(\cdot)$ 表示 $R(\cdot)$ 的导数. 对任何接近 $\hat{\boldsymbol{\beta}}$ 的点 $\boldsymbol{\beta}^{(0)}$, 有下面近似表达式：

$$0=\dot{\boldsymbol{R}}(\hat{\boldsymbol{\beta}})\approx\dot{\boldsymbol{R}}(\boldsymbol{\beta}^{(0)})+\ddot{\boldsymbol{R}}(\boldsymbol{\beta}^{(0)})(\hat{\boldsymbol{\beta}}-\boldsymbol{\beta}^{(0)}),$$

其中, $\ddot{\boldsymbol{R}}(\cdot)$ 是 $R(\cdot)$ 的 Hessian 矩阵. 这就导致了一步迭代估计

$$\boldsymbol{\beta}^{(1)} = \boldsymbol{\beta}^{(0)} - \ddot{\boldsymbol{R}}(\boldsymbol{\beta}^{(0)})^{-1}\dot{\boldsymbol{R}}(\boldsymbol{\beta}^{(0)}), \tag{3.4.7}$$

其中, $\boldsymbol{\beta}^{(0)}$ 是初始值. 利用第一个正的非零元素重新调节 $\boldsymbol{\beta}^{(1)}$, 使其具有单位模. 由方程 (3.4.6) 容易导出

$$\dot{\boldsymbol{R}}(\boldsymbol{\beta}) = -\frac{2}{n}\sum_{i=1}^{n}\left\{Y_i - \sum_{j=0}^{p-1} g_j(\boldsymbol{\beta}^{\mathrm{T}}\boldsymbol{X}_i)X_{ij}\right\}\left\{\sum_{j=0}^{p-1} \dot{g}_j(\boldsymbol{\beta}^{\mathrm{T}}\boldsymbol{X}_i)X_{ij}\right\}\boldsymbol{X}_i w(\boldsymbol{\beta}^{\mathrm{T}}\boldsymbol{X}_i),$$

$$\begin{aligned}\ddot{\boldsymbol{R}}(\boldsymbol{\beta}) = &\frac{2}{n}\sum_{i=1}^{n}\left\{\sum_{j=0}^{p-1} \dot{g}_j(\boldsymbol{\beta}^{\mathrm{T}}\boldsymbol{X}_i)X_{ij}\right\}^2 \boldsymbol{X}_i\boldsymbol{X}_i^{\mathrm{T}} w(\boldsymbol{\beta}^{\mathrm{T}}\boldsymbol{X}_i)\\ &-\frac{2}{n}\sum_{i=1}^{n}\left\{Y_i - \sum_{j=0}^{p-1} g_j(\boldsymbol{\beta}^{\mathrm{T}}\boldsymbol{X}_i)X_{ij}\right\}\\ &\left\{\sum_{j=0}^{p-1} \ddot{g}_j(\boldsymbol{\beta}^{\mathrm{T}}\boldsymbol{X}_i)X_{ij}\right\}\boldsymbol{X}_i\boldsymbol{X}_i^{\mathrm{T}} w(\boldsymbol{\beta}^{\mathrm{T}}\boldsymbol{X}_i).\end{aligned} \tag{3.4.8}$$

为方便起见, 在推导过程中, 假定权函数 $w(\cdot)$ 的导数为 0. 实际上, 通常将 $w(\cdot)$ 取为示性函数.

在矩阵为奇异或接近奇异的情况下, 利用如下岭回归方法: 在式 (3.4.8) 右边用 $\boldsymbol{X}_i\boldsymbol{X}_i^{\mathrm{T}} + q_n\boldsymbol{I}_n$ 代替 $\boldsymbol{X}_i\boldsymbol{X}_i^{\mathrm{T}}$ 而得到 $\ddot{\boldsymbol{R}}_r$, 然后用 $\ddot{\boldsymbol{R}}_r$ 代替式 (3.4.7) 中的 $\ddot{\boldsymbol{R}}$, 其中, q_n 是某个正的岭参数. 另外, 可以用广义交错验证方法选择窗宽, 参见文献 (Fan, et al., 2003), 这里不再赘述.

3.5 结 束 语

值得指出的是: Xia 和 Li (1999) 研究了比模型 (3.4.1) 更一般的单指标系数回归模型, 他们提出了一个估计方法来估计兴趣参数, 并证明了相应估计量的相合性和渐近正态性. Lu 等 (2007) 也研究了模型 (3.4.1), 他们用严平稳 β 过程的经验过程理论得到了所给估计量的渐近性质. Scheike 和 Martinussen (2004) 将变系数的思想推广到 Cox 比例风险模型, 他们提出了一个新的检验来研究协变量是否随时间的变化而变化. Wong 等 (2008) 提出了一个单指标变系数模型, 构造了参数分量和非参数分量的估计, 并给出了估计量的渐近分布. Zhang (2004) 和 Guo (2004) 把变系数模型推广到具有混合效应的情况, 给出了该类模型的实际应用, 限于篇幅, 这里不再详述.

现有文献对变系数模型的研究大都集中在独立数据和纵向数据方面,然而变系数模型在一些复杂数据下的研究结果还很少见,这些复杂数据包括缺失数据、删失数据、测量误差数据和时间序列数据等. 因此, 在这些复杂数据下, 对变系数模型和半参数变系数模型进行研究是一个很有兴趣的研究课题.

参 考 文 献

张日权, 卢一强. 2004. 变系数模型. 北京: 科学出版社

Ahmad I, Leelahanon S, Li Q. 2005. Efficient estimation of a semiparametric partially linear varying coefficient model. Annals of Statistics, 33(1): 258~283

Boor C. 1978. A Practical Guide to Splines. New York: Springer

Cai Z W. 2002. Two-step likelihood estimation procedure for varying-coefficient models. Journal of Multivariate Analysis, 82(1): 189~209

Cai Z W, Fan J Q, Li Y Z. 2000. Efficient estimation and inferences for varying-coefficient models. Journal of the American Statistical Association, 95(451): 888~902

Cai Z W, Fan J Q, Yao Q W. 2000. Functional-coefficient regression models for nonlinear time series. Journal of the American Statistical Association, 95(451): 941~956

Chamberlain G. 1992. Efficiency bounds for semiparametric regression. Econometrica, 60: 567~596

Chiang C T, Rice J A, Wu C O. 2001. Smoothing spline estimation for varying coefficient models with repeatedly measure dependent variables. Journal of the American Statistical Association, 96: 605~619

Cleveland W S, Grosse E and Shyu W M. 1992. Local regression models. In Statistical Models (eds J M Chambers and T J Hastie). pp. 309~376. Pacific Grove: Wadsworth and Brooks

DeVore R A, Lorentz G G.1993. Constructive Approximation. Berlin: Springer-Verlag

Eubank R L, Huang C F, Maldonado Y M, et al. 2004. Smoothing spline estimation in varying-coefficient models. Journal of the Royal Statistical Society Series B, 66: 653~667

Fan J Q, Huang T. 2005. Profile likelihood inferences on semiparametric varying-coefficient partially linear models. Bernoulli, 11(6): 1031~1057

Fan J Q, Yao Q W, Cai Z W. 2003. Adaptive varying-coefficient linear models. Journal of the Royal Statistical Society, Series B, 65: 57~80

Fan J Q, Zhang J T. 2000. Two-step estimation of functional linear models with applications to longitudinal data. Journal of the Royal Statistical Society Series B, 62: 303~322

Fan J Q, Zhang W Y. 1999. Statistical estimation in varying-coefficient models. Annals of Statistics, 27 (5): 1491~1518

Fan J Q, Zhang W Y. 2000. Simultanenous confidence bands and hypothsis testing in vary-coefficient models. Scandinavian Journal of Statistics, 27: 715~731

Guo W S. 2004. Functional data analysis in longitudinal settings using smoothing splines, Statistical Methods in Medical Research, 13(1): 49~62

Hastie T J, Tibshirani R J. 1990. Generalized Additive Models. London: Chapman & Hall

Hastie T J, Tibshirani R J. 1993. Varying-coefficient models. Journal of the Royal Statistical Society Series B, 55: 757~796

Hardle W, Liang H, Gao J T. 2000. Partially Linear Models. Heidelberg: Spring Physica

Hoover D R, Rice J A, Wu C O, et al. 1998. Nonparametric smoothing estimates of time-varying coefficient models with longitudinal data. Biometrika, 85(4): 809~822

Huang J Z. 1998. Projection estimation in multiple regression with applications to functional ANOVA models. Annals Statistics, 26: 242~272

Huang J Z, Shen H P. 2004. Functional coefficient regression models for non-linear time series: a polynomial spline approach. Scandinavian Journal of Statistics, 31(4): 515~534

Huang J Z, Wu C O, Zhou L. 2002. Varying-coefficient models and basis function approximations for the analysis of repeated measurements. Biometrika, 89(1): 111~128

Huang J Z, Wu C O, Zhou L. 2004. Polynomial spline estimation and inference for varying coefficient models with longitudinal data. Statistica Sinica, 14(3): 763~788

Ip W C, Wong H N, Zhang R Q. 2007. Generalized likelihood ratio test for varying-coefficient models with different smoothing variables. Computational Statistics & Data Analysis, 51(9): 4543~4561

Kim M. 2007. Quantile regression with varying coefficients. Ann Statist, 35: 92~108

Lam C, Fan J Q. 2008. Profile-kernel likelihood inference with diverging number of parameters. Annals of Statistics, 36(5): 2232~2260

Li Q, Huang C J, Li D, et al. 2002. Semiparametric smooth coefficient models. Journal of Business & Economic Statistics, 20(3): 412~422

Li R Z, Liang H. 2008. Variable selection in semiparametric regression modeling. Annals of Statistics, 36(1): 261~286

Lin D Y, Ying Z. 2001. Semiparametric and nonparametric regression analysis of longitudinal data-comment. Journal of the American Statistical Association, 96(453): 116~119

Lu Z D, Tjϕstheim D, Yao Q W. 2007. Adaptive varying-coefficient linear models for stochastic processes: asymptotic theory. Statistica Sinica, 17(1): 177~197

Ramsay J O, Silverman B W. 1997. Functional Data Analysis. New York: Springer-Verlag

Schumaker L. 1981. Spline Functions: Basic Theory. New York: John Wiley & Sons

Shumway R H. 1988. Applied Statistical Time Series Analysis. Upper Saddle River, N. J. USA: Prentice Hall

Stone C J. 1982. Optimal global rates of convergence for nonparametric regression. Annals of Statistics, 10: 1348~1360

Stone C J, Hansen M, Kooperberg C, et al. 1997. Polynomial splines and their tensor products in extended linear modeling (with discussion). Annals Statistics, 25: 1371~1470

Tjϕstheim D, Auestad B H. 1994. Nonparametric identification of nonlinear time series: projections. Journal of the American Statistical Association, 89: 1398~1409

Wong H, Ip W C, Zhang R Q. 2008. Varying-coefficient single-index model. Computational Statistics & Data Analysis, 52: 1458~1476

Wu C O, Chiang C T. 2000. Kernel smoothing on varying coefficient models with longitudinal dependent variable. Statistica Sinica, 10: 433~456

Wu C O, Chiang C T, Hoover D R. 1998. Asymptotic confidence regions for kernel smoothing of a varying-coefficient model with longitudinal data. Journal of the American Statistical Association, 93: 1388~1403

Wu C O, Yu K F, Chiang C T. 2000. A two-step smoothing method for varying-coefficient models with repeated measurements. Annals of the Institute of Statistical Mathematics, 52(3): 519~543

Wu H L, Liang H. 2004. Backfitting random varying-coefficient models with time-dependent smoothing covariates. Scandinavian Journal of Statistics, 31(1): 3~19

Xia Y, Li W K. 1999a. On the estimation and testing of functional-coefficient linear models. Statistica Sinica, 9: 735~757

Xia Y, Li W K. 1999b. On single-index coefficient regression models. Journal of the American Statistical Association, 94: 1275~1285

Xia Y, Zhang W, Tong H. 2004. Efficient estimation for semivarying-coefficient models. Biometrika, 91(3): 661~681

Xue L G, Zhu L X. 2007. Empirical likelihood for a varying coefficient model with longitudinal data. Journal of the American Statistical Association, 102(478): 642~654

You J H, Zhou Y. 2006. Empirical likelihood for semiparametric varying-coefficient partially linear regression models. Statistics & Probability Letters, 76(4): 412~422

Zhang D W. 2004. Generalized linear mixed models with varying coefficients for longitudinal data. Biometrics, 60(1): 8~15

Zhang W Y, Lee S Y. 2000. Variable bandwidth selection in vary-coefficient models. Journal of Multivariate Analysis, 74(1): 116~134

Zhang W Y, Lee S Y, Song X Y. 2002. Local polynomial fitting in semivarying coefficient model. Journal of Multivariate Analysis, 82(1): 166~188

Zhou X, You J H. 2004. Wavelet estimation in varying-coefficient partially linear regression models. Statistics & Probability Letters, 68(1): 91~104

第 4 章　纵向数据模型的稳健推断

在回归分析中, 通常研究的截面数据是通过对一系列不同的个体仅仅在一个时间点上观察得到的数据. 与截面数据对应的纵向数据是由对一系列不同的个体在不同时间点上重复观察得到的数据. 社会学家和经济学家经常把这类数据称为面板数据. 由于这类数据大量产生于生物医药、临床实验、社会经济等领域, 对这类数据的统计分析的研究已经引起了许多统计学家和应用研究工作者的广泛兴趣. 本章结合纵向数据统计分析的基本原理给大家介绍我们最近的一些研究成果, 同时给大家介绍在这一领域的热点问题.

4.1　引　　言

4.1.1　数据结构的特征

设 y_{ij} 为第 i $(i=1,\cdots,m)$ 个个体的第 $j(j=1,\cdots,n_i)$ 次观察. 如果个体内部的观察次数相同, 即 $n_1=n_2=\cdots=n_m=n$, 这个数据集称为平衡的纵向数据; 反之, 称为非平衡数据. 表 4.1 表示一个平衡的纵向数据集.

表 4.1　m 个个体, 每个个体 n 次观察的平衡数据表

个体	观察				
	1	2	3	$\cdots$	n
1	y_{11}	y_{12}	y_{13}	$\cdots$	y_{1n}
2	y_{21}	y_{22}	y_{23}	$\cdots$	y_{2n}
$\vdots$	$\vdots$	$\vdots$	$\vdots$		$\vdots$
m	y_{m1}	y_{m2}	y_{m3}	$\cdots$	y_{mn}

在表 4.1 中, 用矩阵表示了 m 个个体, 每个个体有 n 次观察. 行表示个体内部的观察, 第 i 行向量 $\boldsymbol{Y}_i=(y_{i1},\cdots,y_{in})^{\mathrm{T}}$, 列表示在时刻点上不同个体的观察.

纵向数据的个体在不同时间点上重复观察的独特结构, 使得人们能够直接研究个体的动态变化. 由于截面数据是对一系列不同的个体仅仅在一个时间点上观察, 这类数据的统计分析不能研究个体的动态变化. 这是两类数据最根本的差异. 纵向数据统计分析的主要目的有以下几个：① 描述个体内部响应变量随着时间变化而

本章作者：朱仲义, 复旦大学教授.

变化的规律; ② 确定响应变量与其他协变量之间的关系; ③ 研究个体之间的差异. 这些统计分析的目的有别于截面数据和时间序列数据的统计分析, 只能通过纵向数据的统计分析得到.

因为同一个个体在不同时间点上的重复观察, 个体内部的数据趋向于相关. 这个相关性类似于时间系列数据. 同时, 对不同个体之间的观察, 通常假定是独立的, 这一性质又类似于截面数据. 对应表 4.1, 行之间是独立的, 列之间是相关的. 纵向数据的结构综合了截面数据和时间序列数据的特点. 这类数据中含有丰富的信息, 同时也给分析这类数据带来了复杂和困难.

分析纵向数据的复杂和困难来自于个体内部观察数据的相关性. 为了进行正确的统计推断, 必须说明个体内部的相关性. 这个相关性使得纵向数据分析方法有别于截面数据和时间序列数据分析方法, 需要特别的统计方分析法. 纵向数据的内部相关性来源于以下三个方面:

纵向数据内部相关性的第一个来源是个体之间的非齐次性, 这个非齐次性反映了个体倾向的波动. 在任何纵向数据中都有一部分个体的观察值一致高于平均, 另一部分一致低于平均. 为了刻画这个非齐次性, 通常引入随机效应或统计模型的回归系数假定是随机的. 相关性的另一个来源是个体内部的波动, 这些波动主要来源于个体内部固有的随着时间变化而变化的波动. 相关性的最后一个来源是测量误差.

下面通过几个例子来说明纵向数据分析的一些问题.

4.1.2 两个例子

在这里, 首先介绍两个数据集合. 在本章中, 将要反复使用这两个数据集合去说明所提出的分析方法的有效性和可行性. 一个例子中因变量是连续变量, 另一个例子中因变量是离散变量. 下面首先介绍连续因变量的例子.

例 4.1.1 荷尔蒙数据 在一个关于黄体酮的纵向荷尔蒙研究中, 34 个健康妇女一个月经周期内在不同时间点的尿样被收集, 共有 492 个观察值. 每个妇女尿中的黄体酮分别被测量. 研究者主要感兴趣的是黄体酮在月经周期内的变化规律及妇女的年龄和体重如何影响这个变化及不同妇女之间的差异. 数据集的多重时间序列图如图 4.1 所示.

图 4.1 显示了不同的妇女在不同的时间点有不同的黄体酮水平, 并且在总体平均意义下, 黄体酮的水平与月经周期内的时间呈非线性关系. Zhang 等 (1998) 对该数据集建立了半参数混合效应模型, 并采用最大惩罚似然的方法分析了该数据集. Fung 等 (2002) 也分析了该数据, 发现第 10, 405, 445 个观察值是影响点. 特别地, 他们指出第 10 个观察值是明显的异常点. 在本章中, 利用稳健统计推断方法再一次分析这个数据集.

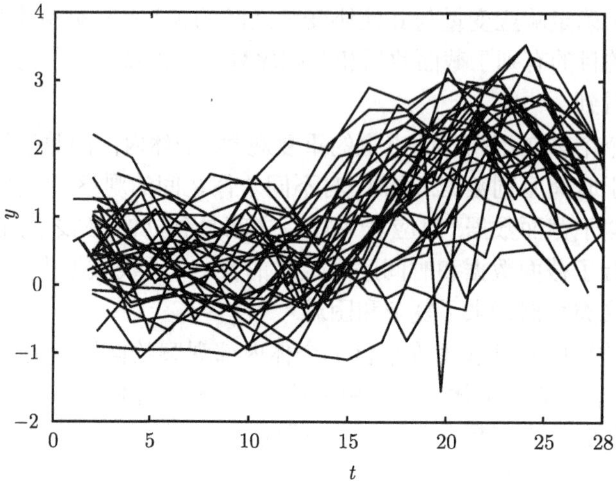

图 4.1 荷尔蒙数据的多重时间序列图

在下面的例子中, 响应变量是二元变量, 即是离散变量. 离散变量的纵向数据模型是在医学研究中非常常用的一类模型.

例 4.1.2 GUIDE 数据 为了研究老年人小便渗漏对生活影响的问题, 共有来自 38 个医疗中心的 137 位年龄在 76 岁以上的老年病人被调查是否受到小便渗漏的困扰. 每个医疗中心用不同的医疗方法对老年人的小便渗漏问题进行治疗. 响应变量是一个取值为 0, 1 的随机变量. 如果来自第 i 个医疗中心的第 j 个病人受到这个问题的困扰, 则响应变量 y_{ij} 取值为 1, 否则为 0. 对这个数据集分析的主要目的如下: ① 研究一些协变量 X, 如性别、年龄等, 对响应变量 y 的影响; ② 研究各个医疗中心之间是否有差异. Preisser 和 Qaqish(1999) 分析了该组数据, 并建立了 logistic 混合效应模型分析该数据, 包括 5 个协变量, 分别为标准化的年龄 (AGE)、性别 (GENDER)(1= 女性)、每天渗漏的次数 (DAYACC)、渗漏的严重程度 (SEVERE)(按严重程度分为 4 个程度: 1 表示程度最轻, 4 表示最严重) 以及每天通常去厕所的次数 (TOILET). 标准化的年龄指 (实际年龄 (年) −76)/10. 通过分析, 他们指出可能的影响点包括第 7, 10, 27, 56, 59, 97 和 131 个病人. 特别地, 第 97 个病人是一个极端点. 在本章中, 用新的稳健的广义部分线性混合效应模型和稳健似然方法分别对这个数据集进行了分析, 得到了一些比较合理的结果.

4.1.3 模型介绍

为介绍纵向数据模型, 首先引入一些记号. 对第 i 个个体, 第 j 次观察, y_{ij} 表示响应变量, $\boldsymbol{x}_{ij}$ 表示 p 维协变量. 响应变量 y_{ij} 的均值和方差分别表示为 $E(y_{ij}) = \mu_{ij}$ 和 $\mathrm{Var}(y_{ij}) = v_{ij}$. 对 n_i 维向量 $\boldsymbol{Y}_i$ 同样有均值 $E\boldsymbol{Y}_i = \boldsymbol{\mu}_i$ 和协方差阵为

$\mathrm{Var}(Y_i) = \boldsymbol{V}_i$, 并且用 $\boldsymbol{R}_i$ 表示 $\boldsymbol{Y}_i$ 的相关系数矩阵.

当在试验单元中仅有一次观察时, 仅能对响应变量 $\boldsymbol{Y}$ 的被称为边际均值的总体平均建立模型. 当有重复观察时, 可以有几个方法被用来建模.

当主要关心的是响应变量与协变量的总体效应时, 如在荷尔蒙数据中, 主要感兴趣的是妇女黄体酮水平在月经周期内的变化规律, 而妇女的个体差异作为其次, 那么可以像截面数据分析那样建立边际模型. 例如, 线性模型 $E(\boldsymbol{Y}_i) = \boldsymbol{X}_i\boldsymbol{\beta}$ 及 $\mathrm{Var}(\boldsymbol{Y}_i) = \boldsymbol{V}_i(\boldsymbol{\alpha})$, 其中, $\boldsymbol{\beta}$ 和 $\boldsymbol{\alpha}$ 需要利用数据去估计. 边际模型有一个很重要的优点, 即分别对均值和方差进行了建模. 只要均值模型假定正确, 无论方差模型假定是否正确, 总能获得均值部分的相合估计.

第二个建模方法是随机效应模型. 假定个体内部的相关性来自于不同个体之间的差异, 即回归系数是随机的. 可以建立如下模型:

$$E(y_{ij}|\boldsymbol{\beta}_i) = \boldsymbol{x}_{ij}^{\mathrm{T}}\boldsymbol{\beta}_i. \tag{4.1.1}$$

通常, 个体内部的重复观察次数不是很多, 可进一步假定 $\boldsymbol{\beta}_i$ 是具有均值为 $\boldsymbol{\beta}$ 的随机变量, 记为 $\boldsymbol{\beta}_i = \boldsymbol{\beta} + \boldsymbol{U}_i$, 其中, $\boldsymbol{\beta}$ 固定未知, $\boldsymbol{U}_i$ 是期望为 0 的随机变量, 并且称为潜变量或随机效应. 可以看到 $\boldsymbol{U}_i$ 是在个体内部不变, 个体之间变化的, 所以随机效应一方面刻画了个体内部的相关性, 另一方面刻画了个体之间的差异. 在 GUIDE 数据中主要研究医疗中心的差异, 而其他影响老人生活的因素及作为第二感兴趣的. 在分析这类数据时, 随机效应模型非常有用.

第三个建模方法是转移模型. 转移模型就是在 $y_{i1}, \cdots, y_{ij-1}$ 和 $\boldsymbol{x}_{ij}$ 条件下, 对 y_{ij} 建立模型, 即对 $E(y_{ij}|y_{i1}, \cdots, y_{ij-1}, \boldsymbol{x}_{ij})$ 建模. 这类模型类似于自回归模型, 但是要比自回归复杂. 关于 y_{ij} 是连续性响应变量的转移模型的研究有比较丰富的文献, 但是对 y_{ij} 是离散响应变量, 如计数、分类数据等的转移模型是目前的热点问题.

4.1.4 进一步阅读

有关纵向数据分析的文献非常丰富. 如果对纵向数据分析在生物、医药领域中的应用感兴趣, 读者可以参见文献 (Diggle, et al., 2002; Fitzmaurice, et al., 2004). 有关纵向数据的混合模型和非参数、半参数模型的理论和应用的内容, 可以参见文献 (Wu and Zhang, 2006). 如果对社会、经济等领域的纵向数据分析比较感兴趣, 读者可以参见文献 (Frees, 2004). 有关纵向数据分析的最新研究成果的介绍可以参见文献 (Fitzmaurice, et al., 2008), 这本论文集是收集了国际上一些最有名的纵向数据分析专家的论文, 这些论文对各个专题进行了总结和前景预测, 是这个方向的一本最新、最权威的书.

4.2 边际模型

4.2.1 部分线性模型的稳健推断

1. 模型

在这一节中, 首先研究边际部分线性模型的 M 估计. 具体讨论这样的数据集

$$\{(y_{ij},\boldsymbol{x}_{ij},t_{ij})|j=1,\cdots,n_i,i=1,\cdots,m\}.$$

该数据集共有 m 个个体, 第 i 个个体有 n_i 个观察, 共有 $n=\sum\limits_{i=1}^{m}n_i$ 个观察, y_{ij} 和 $\boldsymbol{x}_{ij}\in\mathbb{R}^p$ 分别为在时间点 t_{ij} 的响应变量和协变量. 可以建立如下模型:

$$y_{ij}=\boldsymbol{x}_{ij}^{\mathrm{T}}\boldsymbol{\beta}+f(t_{ij})+e_{ij}, \tag{4.2.1}$$

其中, $\boldsymbol{\beta}$ 是未知的回归系数, $f(\cdot)$ 是定义在 $[0,1]$ 的未知光滑函数, e_{ij} 是随机误差. 在这一节中, 进一步假定不同个体之间的 e_{ij} 是独立的, 个体内部相关, 但是不假定具体的相关结构. 当 $n_i=1(i=1,\cdots,m)$ 时, 这个模型就是熟悉并得到广泛研究的部分线性模型. 有关这个模型的研究可以参见文献 (Hädler, et al., 2002).

模型 (4.2.1) 最早由 Zeger 和 Diggle(1994) 在研究 HIV 缺乏症时提出, 随后许多研究者对这个模型进行了研究, Zeger 和 Diggle(1994) 利用核与最小二乘方法, 提出了参数和非参数的统计推断方法; Zhang 等 (1998) 利用光滑样条和最大似然方法, 提出了估计和检验的方法. 众所周知, 基于最小二乘和最大似然的估计和推断方法对数据中的异常点非常敏感. 本节主要介绍当误差的分布和协方差结构没有具体的形式时, 有关半参数模型 (2.1) 的 M 估计.

在 $\boldsymbol{\beta}\in\mathbb{R}^p$ 和 $f(\cdot)$ 在回归样条空间中, 求如下目标函数的最小值:

$$\sum_{i=1}^{m}\sum_{j=1}^{n_i}\rho(y_{ij}-\boldsymbol{x}_{ij}^{\mathrm{T}}\boldsymbol{\beta}-f(t_{ij})), \tag{4.2.2}$$

其中, $\rho(\cdot)$ 是一个损失函数, 选取在 $\rho(0)=0$ 达到最小的凸函数. 不像一般的估计方程方法, 我们的方法避免了估计方程有多重根的问题, 同时不假设特别的协方差结构. 把最小值 $\hat{\boldsymbol{\beta}},\hat{f}(t)$ 作为 $\boldsymbol{\beta}$ 和 $f(\cdot)$ 的 M 估计.

2. 估计方法

首先, 用回归样条逼近函数 $f(\cdot)$, 然后, 用 M 估计方法估计样条系数和线性回归系数. 由于假定数据的个体之间 "工作独立", 计算方法像普通 M 估计方法一样, 非常简单.

一个样条是分段多项式, 并且在节点处是光滑连接. 令 $t_0 = 0 < t_1 < \cdots < t_k < 1 = t_{k+1}$ 是区间 $[0,1]$ 的 k 个不同的划分点. 使用这些点作为节点, 用 $N = k + l$ 个正则化的阶数为 l 的 B 样条函数作为基函数, 形成了线性样条空间 S_k^l. B 样条基函数有如下形式:

$$B_i(x) = (t_i - t_{i-l})[t_{i-l}, \cdots, t_i](t - x)_+^{l-1}, \quad i = 1, \cdots, k + l, \tag{4.2.3}$$

其中, $[t_i, \cdots, t_{i+l}]\phi$ 表示在 $l+1$ 个点 $t_i, \cdots, t_{i+l}$ 的函数 ϕ 的 l 阶差分, 对任何 $i = 1 - l, \cdots, p$, $t_i = t_{\min(\max(i,0),k+1)}$ 及 $(a)_+ = aI(x > 0)$, $I(\cdot)$ 表示示性函数. 把这些基函数表示为一个向量 $\boldsymbol{\pi}(x) = (B_1(x), \cdots, B_N(x))^{\mathrm{T}} (N = k + l)$.

作为光滑函数的逼近方法, B 样条有两个所期望的性质: B 样条基函数有局部支撑, 所以样条逼近有很好的局部性质; 更加重要的是这个方法经常能用比较少的节点数提供非常好的逼近. 结合 B 样条计算的有效性和稳定性, 这些因素使得这个逼近方法是相当好的一种光滑逼近方法. 当然还有一些其他的光滑方法, 如核、光滑样条和小波级数等光滑方法. 在本章中, 主要研究回归样条, 即 B 样条方法.

函数 $f(x)$ 可用样条逼近为 $f(x) \approx \boldsymbol{\pi}(x)^{\mathrm{T}}\boldsymbol{\alpha}$ 对某些 $\boldsymbol{\alpha}$, 那么线性化的回归模型可表示为

$$y_{ij} \approx (\boldsymbol{x}_{ij}^{\mathrm{T}}, \boldsymbol{\pi}(t_{ij})^{\mathrm{T}})\boldsymbol{\theta} + e_{ij}, \tag{4.2.4}$$

其中, $\boldsymbol{\theta} = (\boldsymbol{\beta}^{\mathrm{T}}, \boldsymbol{\alpha}^{\mathrm{T}})^{\mathrm{T}}$ 是参数向量. 那么, 考虑通过最小化

$$\sum_{i=1}^{m}\sum_{j=1}^{n_i} \rho(y_{ij} - \boldsymbol{x}_{ij}^{\mathrm{T}}\boldsymbol{\beta} - \boldsymbol{\pi}(t_{ij})^{\mathrm{T}}\boldsymbol{\alpha}) \tag{4.2.5}$$

得到 $\boldsymbol{\theta}$ 的估计. 若函数 $\rho(\cdot)$ 除去有限个点以外是可微的且令导数为 $\psi(r) = \rho'(r)$, 则式 (4.2.5) 的解满足如下方程:

$$\sum_{i=1}^{m}\sum_{j=1}^{n_i} \psi(y_{ij} - \boldsymbol{d}_{ij}^{\mathrm{T}}\boldsymbol{\theta}_N)\boldsymbol{d}_{ij} \approx 0, \tag{4.2.6}$$

其中, $\boldsymbol{d}_{ij} = (\boldsymbol{x}_{ij}^{\mathrm{T}}, \boldsymbol{\pi}(t_{ij})^{\mathrm{T}})^{\mathrm{T}}$. 如果 $\rho(\cdot)$ 处处可微, 则可以利用 Newton-Raphson 方法获得式 (4.2.6) 的解.

在这里, 选用 $l = 3$, 即利用立方样条逼近函数 $f(\cdot)$. 如果函数 $f(\cdot)$ 少光滑, 那么也可以选择线性或二阶样条逼近. 同时, 用样本 $\{t_{ij}\}$ 的分位数作为节点的位置. 关于节点数, 用如下的 BIC 准则选取:

$$\mathrm{BIC}(N) = \log\left\{\sum_{i=1}^{m}\sum_{j=1}^{n_i} \rho(y_{ij} - \boldsymbol{d}_{ij}^{\mathrm{T}}\hat{\boldsymbol{\theta}}_N)\right\} + \frac{\log n}{2n}(N + p), \tag{4.2.7}$$

其中, $\hat{\boldsymbol{\theta}}_N$ 是通过式 (4.2.6) 获得的 M 估计. 准则 (4.2.7) 类似于 Bayesian 信息准则. 大的 BIC 表示拟合比较差, 则选取 N, 使 BIC 比较小. 下面给出估计的渐近性质.

3. 估计的渐近性质

为建立渐近性质, 首先给出一些证明渐近结果所需要的假定条件. 首先, 令 $\boldsymbol{e}_i = (e_{i1}, \cdots, e_{in_i})^{\mathrm{T}}$ 和 $\boldsymbol{\psi}(\boldsymbol{e}_i) = (\psi(e_{i1}), \cdots, \psi(e_{in_i}))^{\mathrm{T}}$. 对任何矩阵 $\boldsymbol{A}$, $||\boldsymbol{A}||$ 表示欧氏范数.

条件 (A.1) $\{n_i\}$ 是有界正整数序列, 样本 t_{ij} 中可区分值为 [0,1] 上的拟均匀序列, 即假定 $\max\limits_{1\leqslant i\leqslant h}|q_{i+1}-q_i| = o(k_n^{-1})$, 并且 $\max\limits_{1\leqslant i\leqslant h} q_i/\min\limits_{1\leqslant i\leqslant h} q_i \leqslant M$, 其中, $q_i = (s_i - s_{i-1})$, $M>0$, $s_1 < s_2 < \cdots < s_h$, s_i 表示 $\{t_{ij}\}$ 的第 i 个可区分节点.

条件 (A.2) 对任何 $r \geqslant 2$, $f(\cdot)$ 具有 r 阶有界导数.

条件 (A.3) $\rho(\cdot)$ 是凸函数且对任何 $i \geqslant 1$ 有 $E\boldsymbol{\psi}(\boldsymbol{e}_i) = 0$. 进一步, 存在 $\delta > 0$ 有 $\sup\limits_{i\geqslant 1} E||\boldsymbol{\psi}(\boldsymbol{e}_i)||^{2+\delta} < \infty$ 及

$$E\boldsymbol{\psi}(\boldsymbol{e}_i)\boldsymbol{\psi}^{\mathrm{T}}(\boldsymbol{e}_i) = Q_i \geqslant 0 \tag{4.2.8}$$

且 $||Q_i|| < \infty$.

条件 (A.4) 存在正数 $\{b_{ij}\}$ 且 $0 < \inf\limits_{i,j} b_{ij} \leqslant \sup\limits_{i,j} b_{ij} < \infty$, 使得

$$\sup_{i,j} |E\boldsymbol{\psi}(e_{ij}+s) - b_{ij}s| = O(s^2), \quad s \to 0. \tag{4.2.9}$$

条件 (A.5) 存在常数 $0 < c, C < \infty$, 使得

$$\sup_{i,j} E\{\boldsymbol{\psi}(e_{ij}+s) - \boldsymbol{\psi}(e_{ij})\}^2 < C, \quad s \to 0 \tag{4.2.10}$$

和对任何 $|s| < c$ 及 $v \in \mathbb{R}$ 有 $|\boldsymbol{\psi}(v+s) - \boldsymbol{\psi}(v)| < C$.

上述条件是有关 M 估计和非参数函数为得到基本的渐近性质所需要的非常一般的假设. 另外, 一个对半参数模型复杂的问题是变量 $\boldsymbol{x}_{ij}$ 和 t_{ij} 的相关. 为刻画这个相关性, 假定这两个变量之间有如下关系:

$$x_{ijk} = g_k(t_{ij}) + \delta_{ijk}, \quad 1 \leqslant i \leqslant m, 1 \leqslant j \leqslant n_i, 1 \leqslant k \leqslant p, \tag{4.2.11}$$

其中, 函数 $g_k(\cdot)$ 具有 r 阶有界导数, δ_{ijk} 是相互独立且具有期望为 0, 并与 e_{ij} 独立的随机变量. 令 $\boldsymbol{\varLambda}_n$ 是 $n \times p$ 矩阵, 它的第 s 列为 $\boldsymbol{\delta}_s = (\delta_{11s}, \cdots, \delta_{1n_1s}, \cdots, \delta_{mn_ms})^{\mathrm{T}}$ 和

$$\boldsymbol{B}_n = \mathrm{diag}(b_{11}, \cdots, b_{1n_1}, \cdots, b_{mn_m}), \quad \bar{\boldsymbol{Q}}_n = \mathrm{diag}(Q_1, \cdots, Q_m).$$

进一步, 令

$$\boldsymbol{\pi}_i = (\pi(t_{i1}), \cdots, \pi(t_{in_i}))^{\mathrm{T}}, \quad \boldsymbol{M} = (\boldsymbol{\pi}_1^{\mathrm{T}}, \cdots, \boldsymbol{\pi}_m^{\mathrm{T}})^{\mathrm{T}}, \quad \boldsymbol{H}_n^2 = \boldsymbol{N}\boldsymbol{M}^{\mathrm{T}}\boldsymbol{B}_n\boldsymbol{M}.$$

下面给出另外几个在证明参数估计的渐近正态性时所需要的假定.

条件 (A.6) (1) $E\boldsymbol{\Lambda}_n=0$, 并且 $\sup\limits_{n\geqslant 1}\dfrac{1}{n}E||\boldsymbol{\Lambda}_n||^2<\infty$;

(2) $\dfrac{1}{n}\boldsymbol{\Lambda}_n^{\mathrm{T}}\bar{\boldsymbol{Q}}_n\boldsymbol{\Lambda}_n\xrightarrow{p}\boldsymbol{S}$, $\dfrac{1}{n}\boldsymbol{\Lambda}_n^{\mathrm{T}}\boldsymbol{B}_n\boldsymbol{\Lambda}_n\xrightarrow{p}\boldsymbol{K}$, 其中, $\boldsymbol{K}$ 和 $\boldsymbol{S}$ 为正定矩阵.

条件 (A.7) 对充分大的 n, 矩阵 $\boldsymbol{H}_n$ 非奇异且 $n^{-1}\boldsymbol{H}_n^2$ 的特征值大于 0 小于无穷大.

由条件 (A.1), 样本量 n 与个体数 m 同阶, 样本的个体中只存在局部的相关性. 同时, 对非参数函数 f_0 的光滑条件的假定决定了样条估计 $\hat{f}_M=\boldsymbol{\pi}(t)^{\mathrm{T}}\hat{\boldsymbol{\alpha}}$ 的收敛速度. 条件 (A.2) 保证了利用 $\{t_{ij}\}$ 的分位数序列作为样条节点序列是一个拟均匀的序列. 为了获得估计 $\hat{\boldsymbol{\beta}}_M$ 的渐近正态性, 类似于文献 (He, et al., 2005), 假定式 (4.2.11). 类似的假定已经被 He 等 (2002) 以及其他学者使用.

要实现估计的渐近性质, 可区分节点数 k 需要随着样本量 n 的增加而增加. 另一方面, 过多的节点也会导致估计的方差增加, 因此, 节点数需要合适的选择, 在估计的偏差和方差之间作平衡. 这里考虑到最优收敛速度, 选择 $k_n\approx n^{1/(2r+1)}$.

在上述条件下, 得到了 M 估计 $\hat{\beta}_M$ 和 $\hat{f}_M(\cdot)$ 的渐近性质, 表示为如下的两个定理:

定理 4.2.1 假定条件 (A.1) ~ 条件 (A.7) 成立. 如果节点数 $k_n\approx n^{1/(2r+1)}$, 则

$$\frac{1}{n}\sum_{i=1}^{m}\sum_{j=1}^{n_i}(\hat{f}_M(t_{ij})-f_0(t_{ij}))^2=O_p(n^{-2r/(2r+1)}),\tag{4.2.12}$$

并且

$$\sqrt{n}(\hat{\beta}_M-\beta_0)\xrightarrow{\mathcal{L}}N(0,\boldsymbol{V}_\beta),\tag{4.2.13}$$

其中, $\boldsymbol{V}_\beta=\boldsymbol{K}^{-1}\boldsymbol{S}\boldsymbol{K}^{-1}$, 矩阵 $\boldsymbol{K}$ 和 $\boldsymbol{S}$ 的定义见条件 (A.6), $\xrightarrow{\mathcal{L}}$ 表示依分布收敛.

由定理 4.2.1 可知在相当一般的条件下 (如文献 (Stone, 1985, 引理 8 和引理 9), 结论 (4.2.12) 说明 $\int(\hat{f}_M(t)-f_0(t))^2\mathrm{d}t=O_p(n^{-2r/(2r+1)})$. 在假定 (A.1) 下, 这是估计 $\hat{f}_M$ 所能达到的最优收敛速度. $\hat{\beta}_M$ 的渐近正态性可以用于有关回归参数 β_0 的统计推断, 如构造 β_0 的置信区间和进行假设检验. 为此, 需要估计 $\hat{\boldsymbol{\beta}}_M$ 的协方差阵 $\boldsymbol{V}_\beta$. 因此, 令 $\boldsymbol{X}=(x_{11},\cdots,x_{1n_1},\cdots,x_{mn_m})^{\mathrm{T}}$ 和

$$\hat{\boldsymbol{P}}=\boldsymbol{M}(\boldsymbol{M}^{\mathrm{T}}\hat{\boldsymbol{B}}_n\boldsymbol{M})^{-1}\boldsymbol{M}^{\mathrm{T}}\hat{\boldsymbol{B}}_n,\quad \hat{\boldsymbol{X}}^*=(\boldsymbol{I}-\hat{\boldsymbol{P}})\boldsymbol{X}=(\hat{\boldsymbol{X}}_1^{*\mathrm{T}},\cdots,\hat{\boldsymbol{X}}_m^{*\mathrm{T}})^{\mathrm{T}},$$

其中, $\hat{\boldsymbol{B}}_n=\mathrm{diag}(\dot{\psi}(\hat{e}_i))$, 也定义

$$\hat{S}_n=\sum_{i=1}^{m}\hat{\boldsymbol{X}}_i^{*\mathrm{T}}\boldsymbol{\psi}(\hat{\boldsymbol{e}}_i)\boldsymbol{\psi}^{\mathrm{T}}(\hat{\boldsymbol{e}}_i)\hat{\boldsymbol{X}}_i^{*\mathrm{T}},\quad \hat{K}_n=\hat{\boldsymbol{X}}_i^{*\mathrm{T}}\mathrm{diag}(\dot{\boldsymbol{\psi}}(\hat{\boldsymbol{e}}_i)\hat{\boldsymbol{X}}_i^{*\mathrm{T}},\tag{4.2.14}$$

其中, $\hat{\boldsymbol{e}}_i=(\hat{e}_{i1},\cdots,\hat{e}_{im_i})^{\mathrm{T}}$, $\hat{e}_{ij}=y_{ij}-\boldsymbol{x}_{ij}^{\mathrm{T}}\hat{\boldsymbol{\beta}}-\boldsymbol{\pi}^{\mathrm{T}}(t_{ij})\hat{\boldsymbol{\alpha}}$, $\dot{\boldsymbol{\psi}}(\cdot)$ 是函数 $\psi(\cdot)$ 的导数 (如果它存在); 否则, 对某些正数 h_n 且 $h_n\to 0$ 及 $\liminf\limits_{n\to\infty} nh_n^2>0$, 定义

$$\dot{\boldsymbol{\psi}}(r)=\{\boldsymbol{\psi}(r+h_n)-\boldsymbol{\psi}(r-h_n)\}/(2h_n). \tag{4.2.15}$$

由下面的定理, 渐近协方差阵 $\boldsymbol{V}_\beta=\boldsymbol{K}^{-1}\boldsymbol{S}\boldsymbol{K}^{-1}$ 的相合估计为 $\hat{\boldsymbol{V}}_\beta=n\hat{\boldsymbol{K}}_n^{-1}\hat{\boldsymbol{S}}_n\hat{\boldsymbol{K}}_n^{-1}$.

定理 4.2.2 *在定理 4.2.1 成立的条件下, 如果节点数满足* $k_n\approx n^{1/(2r+1)}$, *则*

$$n^{-1}\hat{\boldsymbol{K}}_n\xrightarrow{p}\boldsymbol{K},\quad n^{-1}\hat{\boldsymbol{S}}_n\xrightarrow{p}\boldsymbol{S}. \tag{4.2.16}$$

虽然每个个体的协方差结构未知且变化, 定理 4.2.2 显示能够相合地估计 $\hat{\boldsymbol{\beta}}_M$ 的协方差阵.

上述两个定理的证明可以参考文献 (He, et al., 2002).

4. 实例分析

例 4.2.1 荷尔蒙数据 有关这组数据, 在前面已经作了介绍. Zhang 等 (1998) 和 Fung 等 (2002) 已经分析了这组数据. 在这里, 分别用最小一乘和最小二乘方法再分析这组数据, 建立如下模型:

$$y_{ij}=\beta_1\mathrm{AGE}_i+\beta_2\mathrm{BMI}_i+f(t_{ij})+e_{ij},$$

其中, $\mathrm{AGE}_i,\mathrm{BMI}_i$ 分别是第 i 个妇女的年龄和体重指标, e_{ij} 不像 Zhang 等 (1998) 和 Fung 等 (2002) 那样假定具体的分布. 首先利用最小二乘法分析, 按照准则 (2.7), 选取样条的节点数为 2, 具体的分析结果如表 4.2 所示. 然后, 利用最小一乘法分析, 分别按照准则 (2.7) 和 (2.15) 选取样条的节点数为 2 和 $h_n=0.1$. 分析结果表明最小二乘法、最小一乘法同 Zhang 等 (1998) 大体相当, 体重和年龄对荷尔蒙几乎无影响 (参数的 T 检验的 p 值都很大); 最小一乘法中体重指标负影响更加小. 最小一乘法的光滑函数的 B 样条逼近如图 4.2 所示, 显然, 荷尔蒙随时间非线性变化. 但是, 我们的方法不仅不需要假定误差的分布, 而且计算方法简单有效, 所得结果同其他方法有可比性.

表 4.2 荷尔蒙数据中的参数估计

	我们的方法		Zhang 等
	LSE	LAD	
AGE	1.704(2.032)	1.634(2.408)	0.925(1.924)
BMI	−2.940(2.304)	−0.852(3.088)	−2.913(2.376)

通过这个实际例子的分析表明, 样条结合 M 估计的方法是切实可行的; 同时, 通过大量的模拟分析表明 (没有放在这里), 此方法简单有效, 是分析纵向数据值得

推荐的方法. 但是, 由于没有假设个体内部的协方差结构, 当个体内部的相关程度比较高时, 估计的效率可能会降低. 为了提高效率, 结合协方差结构的纵向数据分析方法可以参考我们的最新研究成果 (Zhu, et al., 2008).

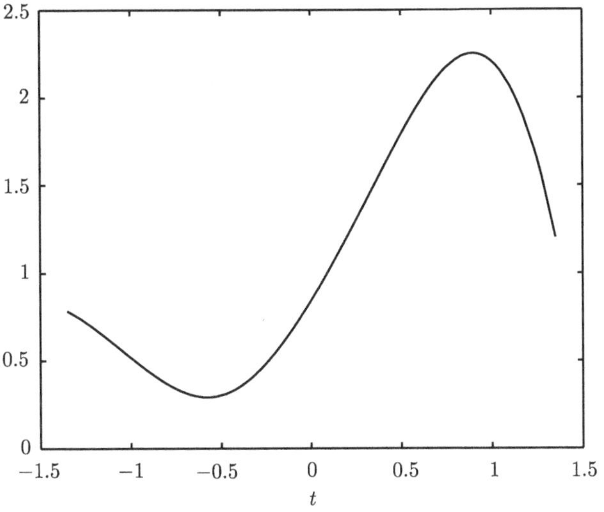

图 4.2 荷尔蒙数据的荷尔蒙随时间变化的曲线图

4.2.2 广义部分线性模型的稳健推断

在 4.2.1 小节中, 研究了响应变量是连续的, 纵向数据的部分线性模型的 M 估计. 这个方法的特点如下: ① 不同损失函数 (包括二次、绝对值函数) 的选取能够获得不同种类的估计; ② 在个体内部不需要解释相关结构也能够进行有效的统计推断. 但是, 许多纵向数据是离散数据 (如分类数据、计数数据等), 上述方法就不能使用. 另一方面, 当纵向数据个体内部的相关性比较高时, 上述方法的效率就比较低. 为克服 4.2.1 小节方法的不足, 研究如下模型和方法:

1. 广义部分线性模型

考虑如下半参数广义部分线性模型:

$$g(\mu_{ij}) = \boldsymbol{x}_{ij}^{\mathrm{T}}\boldsymbol{\beta} + f(t_{ij}), \quad i = 1, \cdots, m, j = 1, \cdots, n_i, \tag{4.2.17}$$

其中, $\mu_{ij} = E(y_{ij})$, $\boldsymbol{x}_{ij}$, $\boldsymbol{\beta}$, $f(\cdot)$, t_{ij} 的含义与模型 (4.2.1) 相同, 函数 $g(\cdot)$ 是一个单调的函数称为联系函数. 这个模型能够刻画连续和离散纵向数据, 并且是广义线性模型和非参数模型的组合. 许多研究工作者已经研究了这类模型. Boente 等 (2006) 研究了当 $n_i = 1$ 时, 即独立数据的广义部分线性模型的稳健估计. 当非参数项 $f(\cdot)$ 在模型中不存在时, Liang 和 Zeger (1986) 提出了一个非常著名的方法 —— 广义

估计方程 (GEE) 方法. GEE 方法引入了 "工作相关矩阵" 来刻画个体内部的相关性, 并结合广义线性模型的得分函数, 构造了估计方程. 这个方法的特点是一方面由于引入 "工作相关矩阵" 提高了估计的效率; 另一方面, 这个方法无论选用何种 "工作相关矩阵", 参数部分都能得到相合估计, 仅是效率有变化. GEE 方法在分析纵向数据时已经获得了大量的应用. 有关纵向数据的广义部分线性模型, Lin 和 Ying(2001) 研究了核光滑的 Profile 估计, Bai 等 (2008) 基于二次推断函数, 研究了参数的推断方法, He 等 (2005) 基于 GEE 思想, 利用 B 样条逼近非参数函数并结合稳健估计的特点, 提出了稳健的广义估计方程 (RGEE), 研究了这个模型的稳健统计推断方法. 本节主要介绍 He 等 (2005) 的成果.

2. 稳健估计方程

进一步解释模型的二阶矩. 令 $\mathrm{Var}(y_{ij}) = \phi v(\mu_{ij})$, 其中, ϕ 称为离差参数, $v(\cdot)$ 是已知的方差函数. 边际期望 μ_{ij} 用如下模型刻画:

$$\eta_{ij} = g(\mu_{ij}) = \boldsymbol{x}_{ij}^{\mathrm{T}}\boldsymbol{\beta} + f(t_{ij}), \quad \mu_{ij} = \mu(\eta_{ij}) = g^{-1}(\eta_{ij}). \tag{4.2.18}$$

类似于式 (4.2.4), 用 B 样条逼近非参数函数 $f(\cdot)$, 那么回归问题 (4.2.18) 又可表示为

$$\eta_{ij}(\theta) = g(\mu_{ij}(\theta)) = \boldsymbol{x}_{ij}^{\mathrm{T}}\boldsymbol{\beta} + \boldsymbol{\pi}(t_{ij})^{\mathrm{T}}\boldsymbol{\alpha} = \boldsymbol{d}_{ij}^{\mathrm{T}}\boldsymbol{\theta}, \tag{4.2.19}$$

其中, $\boldsymbol{d}_{ij}$, $\boldsymbol{\theta}$, $\boldsymbol{\alpha}$ 的含义与式 (4.2.5) 相同. 对 $i = 1, \cdots, m$, 令 $\boldsymbol{\mu}_i = (\mu_{i1}, \cdots, \mu_{in_i})^{\mathrm{T}}$, $\boldsymbol{Y}_i = (y_{i1}, \cdots, y_{in_i})^{\mathrm{T}}$ 及相同地定义 X_i 和 π_i. 进一步有 $\mu_{ij}(\boldsymbol{\theta}) = \mu(\boldsymbol{d}_{ij}^{\mathrm{T}}\boldsymbol{\theta})$, 其中, $\mu(\cdot) = g^{-1}(\cdot)$. 根据 Preisser 等 (1999) 以及 Lin 和 Ying(2001) 的工作, 为了使用 y_{ij} 的前二阶矩的边际信息, 选取一个有界得分函数 ψ, 并定义如下稳健估计方程:

$$U_{\boldsymbol{\theta}}(\mu(\boldsymbol{\theta})) = \sum_{i=1}^{m} U(\mu_i(\boldsymbol{\theta})) = \sum_{i=1}^{m} \boldsymbol{D}_i^{\mathrm{T}}\boldsymbol{\Delta}_i^{\mathrm{T}}(\mu_i(\boldsymbol{\theta}))\boldsymbol{V}_i^{-1}(\mu_i(\boldsymbol{\theta}), \gamma)h_i(\mu_i(\boldsymbol{\theta})) = 0, \tag{4.2.20}$$

其中, $\boldsymbol{D}_i = (\boldsymbol{x}_i^{\mathrm{T}}, \boldsymbol{\pi}_i^{\mathrm{T}})$ 是联合设计矩阵, $h_i(\mu_i(\boldsymbol{\theta})) = \boldsymbol{W}_i[\psi(\mu_i(\boldsymbol{\theta})) - C_i(\mu_i(\boldsymbol{\theta}))]$ 是估计方程的核, $\psi(\mu_i(\boldsymbol{\theta})) = \psi(A_i^{-1/2}(Y_i - \mu_i(\boldsymbol{\theta})))$, $\boldsymbol{W}_i$ 为权函数矩阵, $C_i(\mu_i(\boldsymbol{\theta}))$ 为纠偏项将在后面详细解释, $\boldsymbol{\Delta}_i(\mu_i(\boldsymbol{\theta})) = \mathrm{diag}\{\dot{\mu}_{i1}(\boldsymbol{\theta}), \cdots, \dot{\mu}_{in_i}(\boldsymbol{\theta})\}$ 及 $\dot{\mu}_{ij}(\cdot)$ 表示 $\mu(\cdot)$ 的一阶导数并在 $\boldsymbol{d}_{ij}^{\mathrm{T}}\boldsymbol{\theta}$ 计值, $\boldsymbol{A}_i = \phi\ \mathrm{diag}(v(\mu_{i1}), \cdots, v(\mu_{in_i}))$, q 维参数 $\boldsymbol{\gamma}$ 是决定工作相关矩阵 $\boldsymbol{R}_i(\gamma)$ 的相关系数参数, 令 $\boldsymbol{V}_i = \boldsymbol{V}_i(\mu, \gamma) = \boldsymbol{R}_i(\gamma)\boldsymbol{A}_i^{1/2}$. 因为 ϕ 是一个离差参数, $\boldsymbol{V}_i$ 同这个参数无关. 可以选取不同的 ψ 函数, 如 $\psi(x) = x$, 在这种情况下, 估计方程 (4.2.20) 同 Liang 等 (1986) 的广义估计方程类似. 不同的是在式 (4.2.20) 中加入了一个同其他协变量有关的权矩阵, 当 $\boldsymbol{W}_i = \boldsymbol{I}$ 和 $\boldsymbol{R}(\gamma) = \boldsymbol{I}$ 时, 这个估计方程就是 McCullaug 和 Nelder(1989) 的拟似然估计方程. 在本节中, 主要研究 ψ 是一个 Huber's Score 函数, 即 $\psi(x) = \min(c, \max(-c, x))$, 阈值 $c \in [1, 2]$ 为常数, c 的选取将会影响最终稳健估计的效率, 本节取 $c = 1.5$.

这个估计方程有如下特点：① 它能够同时限制自变量和因变量的异常值对估计的影响; ② 它结合了“工作相关矩阵”, 考虑了个体内部的相关性, 能够提高估计的效率, 这些在实例分析和计算机模拟中都得到了证实. 这个估计方程综合了 GEE 和稳健估计方程的特点, 所以把它称为 RGEE.

权函数矩阵 $\boldsymbol{W}_i = \mathrm{diag}\{w_{i1}, \cdots, w_{in_i}\}$ 是一个对角矩阵, 用来限制协变量中异常点的影响. 利用

$$w_{ij} = \left\{ \frac{1 + ||S_d^{-1}(d_{ij} - m_d)||^2}{\dim(d_{ij})} \right\}^{1/2} \tag{4.2.21}$$

计算权, 其中, $\dim(d)$ 表示 d 的维数, m_d 和 S_d 分别表示 d_{ij} 的中位数和中位数绝对偏差. 如果考虑全部协变量 $\boldsymbol{x}_{ij}$ 和伪协变量 $\boldsymbol{\pi}(t_{ij})$, 则记 $\boldsymbol{d}_{ij} = (\boldsymbol{x}_{ij}^{\mathrm{T}}, \boldsymbol{\pi}^{\mathrm{T}}(t_{ij}))^{\mathrm{T}}$. 在实际中, 可以排除某些对杠杆点没有贡献的协变量, 如取值 0, 1 的协变量. 若 t_{ij} 在一个区间内均匀分布, 则对应的 B 样条基函数不大可能对杠杆点有太多的贡献, 在计算权函数时可以不予考虑. 由于 $\psi(\mu_i) = \psi(A_i^{-1/2}(Y_i - \mu_i))$, 使用 $C_i(\mu_i) = E(\psi(A_i^{-1/2}(Y_i - \mu_i)))$ 去保证估计的 Fisher 相合. 注意到在对称分布情形下, 如正态分布, $C_i(\mu_i) = E\psi(A_i^{-1}(Y_i - \mu_i)) = 0$. 对一些非对称分布, 如 Poisson 分布、二项分布等, 可以利用数值积分计算 C_i.

离差参数 ϕ 可以用

$$\hat{\phi} = \{1.483 \text{ median}\{|\hat{e}_{it} - \text{median}\{\hat{e}_{it}\}|\}\}^2 \tag{4.2.22}$$

估计, 其中, $\hat{e}_{it} = [y_{it} - \mu_{it}(\hat{\boldsymbol{\theta}})]/[v(\mu_{it}(\hat{\boldsymbol{\theta}}))]^{1/2}$ 是 Pearson 残差, $\hat{\boldsymbol{\theta}}$ 是 $\boldsymbol{\theta}$ 的一个估计, 这是一个相合估计. 利用 $\psi(\mu_i(\hat{\boldsymbol{\theta}})) - C_i(\mu_i(\hat{\boldsymbol{\theta}}))$ 稳健的相关系数, 像 Liang 和 Zeger(1986) 那样, 估计 $\boldsymbol{\gamma}$.

下面讨论求解估计方程 (4.2.20). 首先说明当用 B 样条基函数的线性组合逼近 $f_0(\cdot)$ 时, 节点的选择问题. 类似于 He 等 (2005), 节点的数目取为 $N_k^{1/5}$ 的整数部分, 其中, N_k 是 $\{t_{ij}|i = 1, \cdots, m, j = 1, \cdots, n_i\}$ 的可区分的设计点的个数. 这个节点数目的选择与后面讨论的渐近性质中有关结论所需的最优节点数是一致的, 但是主要原因是经验上的试验结果和为了简化处理. 对于节点位置, 采用样本 $\{t_{ij}|i = 1, \cdots, m, j = 1, \cdots, n_i\}$ 的分位数作节点. 例如, 使用 4 个节点, 则从样本 $\{t_{ij}|i = 1, \cdots, m, j = 1, \cdots, n_i\}$ 中选取样本的 $1/5, 2/5, 3/5, 4/5$ 分位数作为节点.

利用 Fisher Scoring 算法来求解估计方程 (4.2.20). 给定 $\boldsymbol{\theta}$, $\boldsymbol{\gamma}$ 和 ϕ 的初值, 于是可以通过下面的迭代过程, 获得 $\boldsymbol{\theta}$ 的估计:

$$\boldsymbol{\theta}^{(i+1)} = \boldsymbol{\theta}^{(i)} - \left(\sum_{i=1}^{m} \boldsymbol{D}_i^{\mathrm{T}} \boldsymbol{\Sigma}_i(\mu_i(\boldsymbol{\theta})) \boldsymbol{D}_i \right)^{-1} \sum_{i=1}^{m} \boldsymbol{D}_i^{\mathrm{T}} \boldsymbol{\Delta}_i^{\mathrm{T}}(\mu_i(\boldsymbol{\theta})) \boldsymbol{V}_i^{-1}(\mu_i(\boldsymbol{\theta})) h_i(\mu_i(\boldsymbol{\theta})) \Bigg|_{\boldsymbol{\theta}=\boldsymbol{\theta}^{(i)}}, \tag{4.2.23}$$

其中, $\boldsymbol{\Sigma}_i(\mu_i(\boldsymbol{\theta}))=\boldsymbol{\Delta}_i^{\mathrm{T}}(\mu_i(\boldsymbol{\theta}))\boldsymbol{V}_i^{-1}(\mu_i(\boldsymbol{\theta}))\boldsymbol{\Gamma}_i(\mu_i(\boldsymbol{\theta}))\boldsymbol{\Delta}_i(\mu_i(\boldsymbol{\theta}))$, $\boldsymbol{\Gamma}_i(\mu_i(\boldsymbol{\theta}))=E\dot{h}_i(\mu_i(\boldsymbol{\theta}))=E\partial h_i(\mu_i)/\partial\mu_i\big|_{\mu_i=\mu_i(\boldsymbol{\theta})}$, $i=0,1,\cdots,m$.

迭代收敛后, 把最后的解称为稳健的 GEE 估计, 记为 $\hat{\boldsymbol{\beta}}_{\mathrm{RGEE}}$ 和 $\hat{f}_{\mathrm{RGEE}}(t)=\boldsymbol{\pi}^{\mathrm{T}}(t)\hat{\boldsymbol{\alpha}}$. 一般情况下, 只要初始值选取合适, 迭代收敛能够得到保证. 选取 GEE 估计作为迭代的初始值.

3. 估计的渐近性质

为研究 $\hat{\boldsymbol{\beta}}_{\mathrm{RGEE}}$ 和 $\hat{f}_{\mathrm{RGEE}}$ 的渐近性质, 首先给出一些正则条件. 记 $\mu_{ij}=E(y_{ij})=g^{-1}(\boldsymbol{x}_{ij}^{\mathrm{T}}\boldsymbol{\beta}+f(t_{ij}))(i=1,\cdots,m)$. 进一步, 记 $\boldsymbol{e}_i=\boldsymbol{A}_i^{-1/2}(\boldsymbol{Y}_i-\boldsymbol{\mu}_i)$, 其中, $\boldsymbol{\mu}_i=(\mu_{i1},\cdots,\mu_{in_i})^{\mathrm{T}}$, $\psi(\boldsymbol{e}_i)$ 表示函数 $\psi(\cdot)$ 作用于 $\boldsymbol{e}_i$ 的每一个分量. $\boldsymbol{h}_i(\boldsymbol{e}_i)=\boldsymbol{W}_i(\psi(\boldsymbol{e}_i)-E\psi(\boldsymbol{e}_i))$ 也记作向量. 另外, 记 $\mu_{ij}(\boldsymbol{\theta})=g^{-1}(\boldsymbol{x}_{ij}^{\mathrm{T}}\boldsymbol{\beta}+\boldsymbol{\pi}_{ij}^{\mathrm{T}}\boldsymbol{\alpha})=g^{-1}(\boldsymbol{d}_{ij}^{\mathrm{T}}\boldsymbol{\theta})$.

条件 (A.8)　存在 $\delta>0$, 使

$$\sup_{i\geqslant 1}E\|h_i(\boldsymbol{e}_i)\|^{2+\delta}<\infty,\quad Eh_i(\boldsymbol{e}_i)\boldsymbol{h}_i^{\mathrm{T}}(\boldsymbol{e}_i)=\bar{B}_i>0\quad \text{及}\quad \sup_i\|\bar{B}_i\|<\infty.$$

条件 (A.9)　存在正常数 C_1, 使得

$$\infty>\sup_{i,j}v(\mu_{ij})\geqslant\inf_{i,j}v(\mu_{ij})\geqslant C_1>0,$$

函数 $v(\cdot)$, $g^{-1}(\cdot)$ 和 $C_{ij}(\mu_{ij})=E\psi((v(\mu_{ij}))^{-1/2}(y_{ij}-\mu_{ij}))$ 有有界的二阶导数. 函数 $\psi(\cdot)$ 二次分段可导且导数有界.

条件 (A.10)　假定相关系数参数的估计 $\hat{\gamma}$ 是 $n^{1/2}$ 相合, 即 $n^{1/2}(\hat{\gamma}-\gamma_0)=O_p(1)$.

进一步, 令

$$\boldsymbol{\Sigma}^0=\mathrm{diag}(\Sigma_1^0,\cdots,\Sigma_m^0),\quad \bar{\boldsymbol{X}}=(\boldsymbol{I}-\bar{\boldsymbol{P}})\boldsymbol{X},\quad \bar{\boldsymbol{P}}=\boldsymbol{M}(\boldsymbol{M}^{\mathrm{T}}\boldsymbol{\Sigma}^0\boldsymbol{M})^{-1}\boldsymbol{M}^{\mathrm{T}}\boldsymbol{\Sigma}^0,$$

$$\bar{\boldsymbol{K}}_n=\bar{\boldsymbol{X}}^{\mathrm{T}}\boldsymbol{\Sigma}^0\bar{\boldsymbol{X}}\quad \text{和}\quad \bar{\boldsymbol{S}}_n=\sum_{i=1}^m\bar{\boldsymbol{X}}_i^{\mathrm{T}}\boldsymbol{\Delta}_{0,i}^{\mathrm{T}}\boldsymbol{V}_{0,i}^{-1}\mathrm{Cov}(\boldsymbol{h}_i(\boldsymbol{e}_i))\boldsymbol{V}_{0,i}^{-1}\boldsymbol{\Delta}_{0,i}\bar{\boldsymbol{X}}_i,$$

其中, $\boldsymbol{\Delta}_{0,i}=\boldsymbol{\Delta}_i(\mu_i)$, $\boldsymbol{\Sigma}_i^0=\boldsymbol{\Sigma}_i(\mu_i)$ 和 $\boldsymbol{V}_{0,i}=\boldsymbol{V}_i(\mu_i)$. 为建立 $\hat{\boldsymbol{\beta}}_{\mathrm{RGEE}}$ 的渐近正态性, 需要如下条件:

条件 (A.11)　对充分大的 n, $k_n(\boldsymbol{M}^{\mathrm{T}}\boldsymbol{\Sigma}^0\boldsymbol{M})$ 非奇异且 $\boldsymbol{M}^{\mathrm{T}}\boldsymbol{\Sigma}^0\boldsymbol{M}(k_n/n)$ 的特征值大于 0, 小于无穷大.

条件 (A.12)　条件 (2.11) 成立, 并且有

$$n^{-1}\bar{\boldsymbol{K}}_n\xrightarrow{p}\bar{\boldsymbol{K}}>0,\quad n^{-1}\bar{\boldsymbol{S}}_n\xrightarrow{p}\bar{\boldsymbol{S}}>0.$$

条件 (A.8) 和条件 (A.9) 是加在得分函数 ψ 上的, 这些条件非常一般; 如果 ψ 是有界函数, 则条件 (A.8) 和条件 (A.9) 自动成立. 条件 (A.11) 和条件 (A.12) 类似于条件 (A.6) 和条件 (A.7).

由上述条件, 有如下定理:

定理 4.2.3 在条件 (A.1), 条件 (A.2) 和条件 (A.8) ~ 条件 (A.12) 下有

$$\frac{1}{n}\sum_{i=1}^{m}\sum_{j=1}^{n_i}(\hat{f}_{\mathrm{RGEE}}(t_{ij})-f_0(t_{ij}))^2=O_p(n^{-2r/(2r+1)}) \tag{4.2.24}$$

和

$$\sqrt{n}(\hat{\boldsymbol{\beta}}_{\mathrm{RGEE}}-\boldsymbol{\beta}_0)\to N(0,\bar{\boldsymbol{V}}_\beta), \tag{4.2.25}$$

其中, $\bar{\boldsymbol{V}}_\beta=\bar{\boldsymbol{K}}^{-1}\bar{\boldsymbol{S}}\bar{\boldsymbol{K}}^{-1}$.

定理 4.2.3 的证明可以参见文献 (He, et al., 2005).

定理 4.2.3 表明由稳健估计方程 (4.2.20) 得到的参数与非参数估计一方面具有稳健性质; 另一方面, 它们能够同时达到最优收敛速度. 这个结论把 Liang 和 Zeger(1986) 的相关结论推广到了半参数模型, 同时, 只要正确假定方程 (4.2.20) 中的相关系数矩阵 $\boldsymbol{R}(\gamma)$, 就获得了参数估计的半参数有效性, 这一性质同 Lin 和 Carrol (2001) 利用 Profile 核估计得到的结论完全不一样. 在文献 (Lin and Carroll, 2001) 中, 他们利用加权核估计非参数部分, 为得到参数的最优收敛速度估计, 只能假设个体内部是 "工作独立", 不然要 "Undersmoothing".

4. 实数据分析

为了进一步说明稳健方法的可行性, 应用广义部分线性模型去拟合 GUIDE 数据, 并采用稳健方法分析.

例 4.2.2 GUIDE 数据(Preisser and Qaqish, 1999) Preisser 和 Qaqish (1999) 利用 GEE 和稳健方法分析了该组数据. 对该组数据建立下面的广义部分线性模型:

$$\mathrm{logit}(\mu_{ij})=\boldsymbol{x}_{ij}^{\mathrm{T}}\boldsymbol{\beta}+f_0(\mathrm{AGE}_{ij}),$$

其中, $\boldsymbol{x}_{ij}$ 包含 GENDER, DAYACC, SEVERE, TOILET. 在我们的分析中, 假定 AGE 变量作为非参数函数的变量纳入模型, 并用两个内节点的立方回归样条逼近. 我们在估计方程中使用可交换的工作相关矩阵, 但是相关系数的估计接近于 0, 说明相同治疗小组内病人几乎不相关. 这个现象同实际不太吻合, 实际上, 在每个治疗小组内部的病人相互影响, 并且使用相同的治疗方法, 从而在同一组内的试验结果有相关性. 现在这个方法还是没有发现这个事实. Preisser 和 Qaqish (1999) 也没有发现这一事实. 在下面的方法中, 我们利用混合模型的稳健估计方法重新分析了这组数据, 得到了更加合理的结论. 图 4.3 给出了关于年龄的非参数函数的估计曲线, 呈现了一个有趣的现象: 在 85 岁以后, 受困扰的概率随着年龄的增长而减少, 明显呈非线性状态.

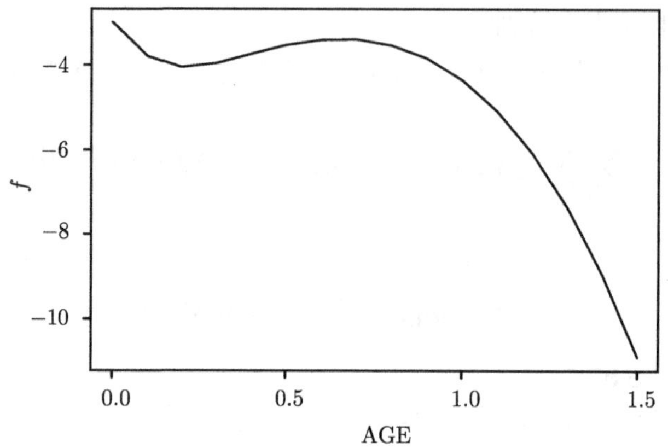

图 4.3　GUIDE 数据中关于年龄的非参数曲线图

表 4.3 给出了我们估计的结果, 并列上 Preisser 和 Qaqish(1999) 的估计结果作为比较. 这里, 稳健方法中权函数 w_{ij} 的计算是基于协变量 $Z=$(DAYACC, TOILET) 的. 由于年龄变量 AGE 进入模型的方式不一样, 由表 4.3 可以发现我们的稳健估计与 Preisser 和 Qaqish (1999) 的稳健估计在数值上存在一定的差异. 在我们的稳健估计中, 性别变量 GENDER 在统计意义下是显著的, 这个显著性质没有被广义线性模型所揭示. 数据中有 63% 的妇女回答的 “是”, 仅有 45% 的男性回答的 “是”, 所以这个变量显著是合理的. 如果不用稳健方法, 两个模型中的 GENDER 和 TOILET 两个变量都不显著. 根据 Preisser 和 Qaqish (1999) 的讨论, 第 8, 19, 42, 44 和 88 个病人有非常高或低的上厕所和尿遗留的频数, 所以在模型中扮演着高杠杆点的角色, 并且这些病人所对应的响应变量是异常的, 即背离了一般趋向. 稳健方法降低了这些观察点的权, 更加精确地反映了变量之间的关系.

表 4.3　GUIDE 数据的回归参数估计

	半参数模型		参数模型	
	Robust	Nonrobust	GEE	Schweppe
截距	–	–	−3.04(0.96)	−3.93(1.21)
GENDER	−1.57(0.61)	−0.85(0.58)	−0.75(0.60)	−1.34(0.75)
AGE(10 年)	–	–	−0.67(0.56)	−1.49(0.70)
DAYACC	0.59(0.14)	0.49(0.11)	0.39(0.09)	0.56(0.12)
SEVERE	0.67(0.40)	0.89(0.39)	0.81(0.36)	0.72(0.37)
TOILET	0.27(0.10)	0.09(0.08)	0.11(0.10)	0.36(0.13)

在我们的稳健方法中, 变量 SEVERE 不显著. 我们又仔细研究了这个变量, 发现在我们的模型中, 这个变量对输出变量的影响已经被其他两个变量解释了. 在这个例子中, 非参数成分和稳健估计方程的使用, 使我们能够在 GUIDE 研究的预测因子获得了额外的洞察力.

4.2.3 一些相关的问题

上述两小节向大家介绍了纵向数据边际模型的一些推断方法. 第一种方法简单便于计算, 包括了最小一乘法和最小二乘法. 它的特点是不需要解释个体内部的协方差阵. 但是, 这种方法只适宜响应变量是连续型变量和个体内部相关性不高的时候. 第二种方法提出了一类稳健估计方程, 并且包含 GEE 方法. 但是需要假定工作协方差阵, 当工作协方差阵假定正确时, 能够提高推断的效率. Zhou 等 (2008) 基于 RGEE, 对边际广义部分线性模型的参数部分提出了稳健检验方法, 并获得了检验统计量的渐近分布. 最近, Wang, Zhu 和 Zhou (2009) 基于分位数回归, 研究了部分变系数模型的参数和系数函数的估计和检验问题.

对上述边际模型, 为了提高效率, 必须通过某种方法估计相关系数. 在某些情况中, 无论是 Liang 和 Zeger(1986) 的矩估计, 还是这里的稳健矩估计, 这些协方差阵中的相关系数参数的估计有可能会不收敛. 进而, 导致 RGEE 和 GEE 方法不能实施.

基于上述考虑, Qin 和 Zhu(2009a) 对相关系数提出了稳健估计方程, 也可称为 RGEE2 方法:

$$\begin{aligned} U_{\gamma,s}(\gamma;\mu)=\sum_{i=1}^{m}\Bigg\{&\frac{a}{2}\mathrm{tr}\left[\boldsymbol{W}_i^2\boldsymbol{V}_i^{-1}(\gamma)\frac{\partial \boldsymbol{V}_i(\gamma)}{\partial\gamma_s}\right]\\ &-\frac{1}{2}\boldsymbol{h}_i^{\mathrm{T}}\boldsymbol{V}_i^{-1/2}(\gamma)\frac{\partial \boldsymbol{V}_i(\gamma)}{\partial\gamma_s}\boldsymbol{V}_i^{-1/2}(\gamma)\boldsymbol{h}_i\Bigg\}=0, \end{aligned} \tag{4.2.26}$$

$s=1,\cdots,q$, 其中, q 为 γ 的维数, a 由模型中数据实际边际分布决定的纠偏系数, 可以通过数值积分或 Monte Carlo 方法计算. 例如, 在正态分布情形下, 经过计算 $a=0.9205$, 其他符号的意义同上. Qin 等 (2008) 针对边际分布是非对称分布时, 提出纠偏的稳健估计方程. 通过理论和计算机模拟证实了提出的方法相当有效.

另一方面, Bai 等 (2008) 基于 Qu 和 Song(2004) 的二次推断函数方法, 对纵向数据的部分线性模型提出了对应的二次推断函数, 并且证明了二次推断函数与似然比统计量具有相同的性质, 即渐近 χ^2 性质. 这个方法避免了协方差参数的估计, 类似于广义矩估计 (GMM). Bai 等 (2009a) 把上述方法推广到了纵向数据的单指标模型.

文献 (Lin and Carroll, 2001) 指出, 若利用局部线性核方法估计边际非参数回归模型中的非参数函数, 估计的偏差同个体内部的协方差阵有关. 在 "工作独立" 假定时, 估计的方差最小. 若利用 B 样条估计回归函数, Zhu 等 (2008) 证明了估计的偏差同个体内部的协方差阵无关, 并且当正确假定协方差阵时, 估计的方差最小. 这些结论与 Lin 和 Carroll(2001) 的不太一致且有趣. Qin 和 Zhu (2009b) 把 Zhu 等 (2008) 的结果推广到了部分线性模型, 证明了无论是非参数还是参数估计, 利用样条光滑方法正确假设个体内部协方差时, 估计最有效.

对于边际模型, Xue 和 Zhu(2007a) 利用经验似然方法研究了部分线性模型中参数和非参数的经验似然推断方法, 获得了有关参数和非参数的经验似然置信区域. 最近, Zhang 和 Zhu (2009) 研究了部分线性模型的参数部分的经验似然推断, 证明了当正确假设个体内部协方差结构时, 参数的经验似然置信区域最小 (即最有效). Bai 等 (2009b) 也研究了经验似然推断, 获得了一个有趣的结论: 无论用何种协方差阵, 经验似然比总是有 Wilk's 现象. 但是通过计算机模拟发现, 当假设正确的方差阵时, 经验似然似然置信区域最小 (即最有效). Wang 和 Zhu(2009b) 研究了纵向数据模型的经验似然的高阶渐近推断, 获得了二阶校正置信区域.

4.3 混合效应模型

4.2 节研究了纵向数据边际模型的统计推断问题, 主要目的是研究回归系数的统计推断问题, 即研究自变量和因变量之间的群体效应; 方差部分仅是讨厌参数或者是为了使均值部分推断更加有效. 在产生纵向数据的实践问题中, 有许多研究目标, 主要有以下几个: ① 研究自变量和因变量之间的关系; ② 研究个体之间的差异. 由此, 在 20 世纪 60 年代提出了随机效应模型或者混合效应模型. 本节研究广义部分线性混合效应模型的稳健推断.

4.3.1 广义部分线性混合效应模型的稳健推断

广义部分线性混合效应模型 (GPLMM) 在医学、生物、经济中有着广泛的应用. GPLMM 实际上是广义部分线性模型 (GPLM) 和广义线性混合效应模型 (GLMM) 的结合. 采用部分线性模型可以避免非参数函数中包含高维的协变量, 而加入随机效应则可以刻画出数据中个体之间的差异和纵向数据或重复测量数据中个体内观察数据的相关性. 特别当响应变量为离散数据时, 在模型中引入随机效应更为常用. 因为在这种情况下, 通过在模型中加入随机效应, 一方面, 能够刻画数据相关性和个体之间的差异; 另一方面, 可以得到样本的似然函数, 进行有效的统计推断. 但是, 这也给计算估计和推断带来了很大的计算麻烦. 本节结合稳健估计和 MCMC 方法, 研究此类模型的有效统计推断方法.

1. *模型和估计方法*

对于观察到的数据集为 $\{(\boldsymbol{x}_{ij}, y_{ij}, t_{ij}); i=1,\cdots,m, j=1,\cdots,n_i\}$. 假定在来自第 i 个个体的随机效应 $\boldsymbol{U}_i$ 给定的条件下, 响应变量 $\boldsymbol{Y}_i=(y_{i1},\cdots,y_{in_i})^{\mathrm{T}}$ 服从以下的条件指数族分布:

$$f_{\boldsymbol{Y}_i|\boldsymbol{U}_i}(\boldsymbol{Y}_i|\boldsymbol{U}_i,\boldsymbol{\beta}_0,f_0,\phi)=\prod_{j=1}^{n_i}\exp[\{y_{ij}\theta_{0,ij}-b(\theta_{0,ij})\}/\phi+c(y_{ij},\phi)], \tag{4.3.1}$$

其中, $\theta_{0,ij}$ 是典则参数, $b(\cdot)$ 和 $c(\cdot,\cdot)$ 是由分布确定的已知函数. 记 $E(y_{ij}|\boldsymbol{U}_i)=\mu_{0,ij}$, $\text{Var}(y_{ij}|\boldsymbol{U}_i)=\phi v(\mu_{0,ij})$, $i=1,\cdots,m, j=1,\cdots,n_i$, 其中, ϕ 是离差参数, $v(\cdot)$ 是已知的方差函数, 是条件均值 $\mu_{0,ij}$ 的函数, 描述了响应变量的方差与均值之间的关系. 条件均值 $\mu_{0,ij}$ 与典则参数的联系通过下面的公式表示: $\mu_{0,ij}=\dot{b}(\theta_{0,ij})$, 其中, $\dot{b}(\theta_{0,ij})$ 表示 $b(\theta_{0,ij})$ 对 $\theta_{0,ij}$ 的一阶导数. 假定条件均值 $\mu_{0,ij}$ 满足下面的关系式:

$$\eta_{ij}^0=g(\mu_{0,ij})=\boldsymbol{x}_{ij}^{\mathrm{T}}\boldsymbol{\beta}_0+f_0(t_{ij})+\boldsymbol{z}_{ij}^{\mathrm{T}}\boldsymbol{U}_i,\quad \mu_{0,ij}=\mu(\eta_{ij}^0)=g^{-1}(\eta_{ij}^0), \tag{4.3.2}$$

其中, $\boldsymbol{\beta}_0$ 是 p 维回归参数, 协变量为 $x_{ij}, f_0(\cdot)$ 是未知的光滑函数, $\boldsymbol{U}_i$ 是 q 维随机效应向量, 相应的协变量为 z_{ij} , $g(\cdot)$ 是给定的联系函数, 通过 $g(\cdot)$, 可以将条件均值 $\mu_{0,ij}$ 的某个变换与协变量建立联系, 从而可以描述更多的实际问题. 假定随机效应 $\boldsymbol{U}_i$ 独立同分布服从 $f_u(U|\Sigma), i=1,\cdots,m$, Σ 未知. 进一步假定来自不同个体的观察值是独立的. 不失一般性, 类似 4.2 节, 假定 t_{ij} 的取值范围是区间 [0,1]. $\boldsymbol{\beta}_0,\Sigma,f_0$ 是感兴趣的参数与非参数函数. 离差参数 ϕ 是讨厌参数, 可以采用它的一个相合估计来估计, 类似式 (4.3.16) 的估计.

模型 (4.3.1), (4.3.2) 是一类非常广泛的模型, 它包含了连续分布模型, 如正态、逆高斯、Gamma 分布等模型, 和离散分布模型, 如二项、Poisson 等模型. 本节主要介绍广义部分线性混合效应模型, 主要内容来自于文献 (Qin and Zhu, 2007). 有关正态部分线性混合效应模型的稳健统计推断可以参考文献 (Qin and Zhu, 2008).

类似于前面几节, 首先采用 B 样条来逼近 f_0, 即 $\boldsymbol{\pi}^{\mathrm{T}}(t)\boldsymbol{\alpha}$ 逼近 $f_0(t)$, 其中, $\boldsymbol{\pi}(t)=(B_1(t),\cdots,B_N(t))^{\mathrm{T}}$ 为 $N\times 1$ 维向量, $\boldsymbol{\alpha}\in\mathbb{R}^N$ 为样条系数向量. 这样可以线性化式 (4.3.2), 于是得到

$$\eta_{ij}(\boldsymbol{\theta}_0)=g(\mu_{ij}(\boldsymbol{\theta}_0))=\boldsymbol{x}_{ij}^{\mathrm{T}}\boldsymbol{\beta}_0+\boldsymbol{\pi}(t_{ij})^{\mathrm{T}}\boldsymbol{\alpha}+\boldsymbol{z}_{ij}^{\mathrm{T}}\boldsymbol{U}_i=\boldsymbol{d}_{ij}^{\mathrm{T}}\boldsymbol{\theta}_0+\boldsymbol{z}_{ij}^{\mathrm{T}}\boldsymbol{U}_i, \tag{4.3.3}$$

其中, $\boldsymbol{d}_{ij}=(\boldsymbol{x}_{ij}^{\mathrm{T}},\boldsymbol{\pi}_{ij}^{\mathrm{T}})^{\mathrm{T}}$, $\boldsymbol{\theta}_0=(\boldsymbol{\beta}_0^{\mathrm{T}},\boldsymbol{\alpha}^{\mathrm{T}})^{\mathrm{T}}$ 为待估的联合回归参数. 记 $\boldsymbol{\mu}_i(\boldsymbol{\theta}_0,\boldsymbol{U}_i)=(\mu_{i1}(\boldsymbol{\theta}_0,\boldsymbol{U}_i),\cdots,\mu_{in_i}(\boldsymbol{\theta}_0,\boldsymbol{U}_i))^{\mathrm{T}}$, $\mu_{ij}(\boldsymbol{\theta}_0,\boldsymbol{U}_i)=g^{-1}(\boldsymbol{d}_{ij}^{\mathrm{T}}\boldsymbol{\theta}_0+\boldsymbol{z}_{ij}^{\mathrm{T}}\boldsymbol{U}_i)$, 类似地, 可以定义 $\boldsymbol{X}_i,\boldsymbol{Z}_i$ 和 $\boldsymbol{\pi}_i$, $i=1,\cdots,m$, $j=1,\cdots,n_i$.

类似于式 (4.2.20), 对模型 (4.3.1) 提出如下稳健估计方程来估计式 (4.3.3) 中的向量 $\boldsymbol{\theta}_0$:

$$E_{u|y}\left[\sum_{i=1}^m \boldsymbol{D}_i^{\mathrm{T}}\boldsymbol{\Delta}_i\{\mu_i(\boldsymbol{\theta},\boldsymbol{U}_i)\}\boldsymbol{A}_i^{-1/2}\{\mu_i(\boldsymbol{\theta},\boldsymbol{U}_i)\}\boldsymbol{h}_i\{\mu_i(\boldsymbol{\theta},\boldsymbol{U}_i)\}\right]=0, \tag{4.3.4}$$

其中, $\boldsymbol{\Delta}_i(\boldsymbol{\theta},\boldsymbol{U}_i)=\text{diag}\{\dot{\mu}_{i1}(\boldsymbol{\theta},\boldsymbol{U}_i),\cdots,\dot{\mu}_{in_i}(\boldsymbol{\theta},\boldsymbol{U}_i)\}$, 其中, $\dot{\mu}(\cdot)$ 表示 $\mu(\cdot)$ 在 $\boldsymbol{d}_{ij}^{\mathrm{T}}\boldsymbol{\theta}+\boldsymbol{z}_{ij}^{\mathrm{T}}\boldsymbol{U}_i$ 处的一阶导数, $\boldsymbol{A}_i=\boldsymbol{A}_i\{\mu_i(\boldsymbol{\theta},\boldsymbol{U}_i)\}=\phi\text{diag}\{v(\mu_{i1}(\boldsymbol{\theta},\boldsymbol{U}_i)),\cdots,v(\mu_{in_i}(\boldsymbol{\theta},\boldsymbol{U}_i))\}$, $\boldsymbol{h}_i(\boldsymbol{\theta},\boldsymbol{U}_i)=\boldsymbol{W}_i\{\psi(\mu_i(\boldsymbol{\theta}))-C_i(\mu_i(\boldsymbol{\theta}))\}$ 是该估计方程的核, 其中, $\boldsymbol{W}_i=\text{diag}(w_{i1},\cdots,$

$w_{in_i})$ 是权函数矩阵, 类似于文献 (Sinha, 2004), 选取权函数 w_{ij} 为 Mahalanobis 距离的函数, 具体表达式为

$$w_{ij} = w(x_{ij}) = \min\left(1, \left\{\frac{b_0}{(\boldsymbol{x}_{ij} - \boldsymbol{m}_x)^{\mathrm{T}}\boldsymbol{S}_x^{-1}(\boldsymbol{x}_{ij} - \boldsymbol{m}_x)}\right\}^{\gamma/2}\right),$$

其中, $\gamma \geqslant 1$, 在本章中考虑等于 1, b_0 为自由度等于 $\boldsymbol{x}_{ij}$ 维数的 χ^2 分布的 95% 分位数, $\boldsymbol{m}_x$ 和 $\boldsymbol{S}_x$ 分别是变量 x_{ij} 位置参数和尺度参数的某个稳健估计, C_i 是纠偏项, ψ 是一个 Huber's Score 函数, 同估计方程 (4.2.20) 中的含义一致.

这个估计方程同式 (4.2.20) 非常相似, 但是这个方程中含有不可观察的随机效应. 在广义线性混合效应模型下, 样本的似然函数带有关于随机效应 U 的积分, 因此, 对样本的对数似然函数求导所得的估计方程带有观察值给定下关于随机效应 U 的条件期望. 这里提出的估计方程 (4.3.4) 与估计方程 (4.2.20) 的最大差异在于估计方程 (4.3.4) 在观察值 Y 给定的条件下对随机效应 U 取了条件期望. 通常情况下, 这个条件期望没有显式解. 这是这种方法的特点和难点.

Sinha (2004) 提出了类似的估计方程, 但是我们的估计方程 (4.3.4) 同他的方程最大的不同点在于当样本量 $n \to \infty$ 时, 参数 $\boldsymbol{\theta}$ 的维数将趋于无穷. 这给研究估计的渐近性质带来了很大的困难. 另一方面, 值得注意的是估计方程 (4.3.4) 中的数学期望 $E_{u|y}$ 中也包含未知参数需要估计. 这对于计算估计的大样本渐近标准差的影响很大. 不考虑 $E_{u|y}$ 中的未知参数将会造成估计的大样本渐近标准差低估了该估计实际的标准差, 这在正态情形下更加明显, 而 Sinha(2004) 并未考虑 $E_{u|y}$ 中含有未知参数. 我们在计算估计和研究性质时考虑了这一问题, 得到了比较好的结果. 为了区别在其他参数处的期望, 记在真实参数处取的条件期望为 $E^{(0)}$.

关于 B 样条基函数的节点数和节点的位置的选择问题, 类似于 1.2.2 小节. 由此, 可以通过下面的迭代过程, 获得 $\boldsymbol{\theta}$ 的估计:

$$\begin{aligned}\boldsymbol{\theta}^{(i+1)} = \boldsymbol{\theta}^{(i)} &+ \left\{E_{u|y}\sum_{i=1}^{m}\boldsymbol{D}_i^{\mathrm{T}}\boldsymbol{\Omega}_i(\mu_i(\boldsymbol{\theta},\boldsymbol{U}_i))\boldsymbol{D}_i\right\}^{-1}\\ &\cdot\left[E_{u|y}\left\{\sum_{i=1}^{m}\boldsymbol{D}_i^{\mathrm{T}}\boldsymbol{\Delta}_i(\mu_i(\boldsymbol{\theta},\boldsymbol{U}_i))\boldsymbol{A}_i^{-1/2}(\mu_i(\boldsymbol{\theta},\boldsymbol{U}_i))\boldsymbol{h}_i(\mu_i(\boldsymbol{\theta},\boldsymbol{U}_i))\right\}\right]\Bigg|_{\boldsymbol{\theta}=\boldsymbol{\theta}^{(i)}},\end{aligned} \tag{4.3.5}$$

其中,

$$\begin{aligned}\boldsymbol{\Omega}_i(\mu_i(\boldsymbol{\theta},\boldsymbol{U})) = &-\frac{\partial}{\partial\mu_i}[E_{u|y}\{\boldsymbol{\Delta}_i(\mu_i(\boldsymbol{\theta},\boldsymbol{U}_i))\boldsymbol{A}_i^{-1/2}\\ &\cdot(\mu_i(\boldsymbol{\theta},\boldsymbol{U}_i))\boldsymbol{h}_i(\mu_i(\boldsymbol{\theta},\boldsymbol{U}_i))\}]\boldsymbol{\Delta}_i(\mu_i(\boldsymbol{\theta},\boldsymbol{U}_i)).\end{aligned}$$

为计算式 (3.5) 中的条件期望, 需要获得随机效应 U 在观察值 Y 给定下的条件分布, 即 $U|Y$ 的分布. 而 $U|Y$ 的分布一般难以计算, 因为它的计算需要先有 Y

的边际分布, 而 Y 的边际分布是通过将 (Y,U) 的联合分布中的随机效应 U 积分积去求得的, 如果 U 是高维随机变量, 将涉及一个高维积分问题, 通常难以处理.

类似于文献 (Sinha, 2004), 这里采用 Metropolis 算法从 $U|Y$ 中产生随机抽样值, 然后利用 Monte Carlo 方法近似式 (3.5) 中条件期望. Metropolis 算法不需要 Y 的边际分布, 从而可以避免高维积分问题.

为了简便起见, 下面用 $f_{u|y}$ 表示 Y 给定下 U_i 的后验密度函数, $f_{y|u}$ 表示 U_i 给定下 Y 的条件密度函数, 类似地, 用 f_y 和 f_u 分别表示 Y_i 和 U_i 的边际密度函数.

假定 $\boldsymbol{U}$ 为 k 维向量, 则同时产生整个 $\boldsymbol{U}|Y=(u_1|y,\cdots,u_k|y)$ 是困难的, 因此, 采用单元素的 Metropolis-Hastings 算法, 通过依次抽取 $\boldsymbol{U}|Y$ 的各个分量产生整个 $\boldsymbol{U}|Y$. 选择 $f_u(\boldsymbol{U}|\Sigma)$ 作为候选分布, 然后给出接受函数, 由该函数确定接受新值的概率. 单元素的 Metropolis-Hastings 算法的实现步骤如下:

(1) 从候选分布 $f_u(\boldsymbol{U}|\Sigma)$ 中抽取 $\boldsymbol{U}=(u_1,\cdots,u_k)$ 作为初值;

(2) 令 $l=0$, $\boldsymbol{U}^{(l)}=\boldsymbol{U}$;

(3) 从条件分布 $f_u(u_1|u_2^{(l)},\cdots,u_k^{(l)})$ 中抽取样本 u_1' 作为替换 $\boldsymbol{U}^{(l)}=(u_1^{(l)},\cdots,u_k^{(l)})$ 第一个分量 $u_1^{(l)}$ 的候选值, 以概率

$$\alpha_1(u_1^{(l)},u_1')=\min\left(1,\frac{f_{u|y}(\boldsymbol{U}_1'|y,\theta,\Sigma)f_u(u_1^{(l)}|u_2^{(l)},\cdots,u_k^{(l)},\theta,\Sigma)}{f_{u|y}(\boldsymbol{U}|y,\theta,\Sigma)f_u(u_1'|u_2^{(l)},\cdots,u_k^{(l)},\theta,\Sigma)}\right) \tag{4.3.6}$$

接受 u_1'; 否则拒绝 u_1', 保留 $u_1^{(l)}$, 其中, $\boldsymbol{U}_1'=(u_1',u_2^{(l)},\cdots,u_k^{(l)}),\boldsymbol{U}=\boldsymbol{U}^{(l)}$.

记 $\boldsymbol{U}_1^{(l)}=(u_1^*,u_2^{(l)},\cdots,u_k^{(l)})$, 若接受 u_1', 则 $u_1^*=u_1'$; 否则, $u_1^*=u_1^{(l)}$.

然后, 依次从 $f_u(u_j|u_1^*,\cdots,u_{j-1}^*,u_{j+1}^{(l)},\cdots,u_k^{(l)})(j=2,\cdots,k)$ 抽取样本 u_j' 作为 $\boldsymbol{U}^{(l)}$ 的第 $j(j=2,\cdots,k)$ 个分量 $u_j^{(l)}$ 的候选值, 以概率

$$\alpha_j(u_j^{(l)},u_j')=\min\left(1,\frac{f_{u|y}(\boldsymbol{U}_j'|y,\theta,\Sigma)f_u(u_j^{(l)}|u_1^*,\cdots,u_{j-1}^*,u_{j+1}^{(l)},\cdots,u_k^{(l)},\theta,\Sigma)}{f_{u|y}(\boldsymbol{U}_{j-1}^{(l)}|y,\theta,\Sigma)f_u(u_j'|u_1^*,\cdots,u_{j-1}^*,u_{j+1}^{(l)},\cdots,u_k^{(l)}\theta,\Sigma)}\right) \tag{4.3.7}$$

接受 u_j'; 否则, 拒绝 u_j', 保留 $u_j^{(l)}$, 其中, $\boldsymbol{U}_j'=(u_1^*,\cdots,u_{j-1}^*,u_j',u_{j+1}^{(l)},\cdots,u_k^{(l)}),\boldsymbol{U}_{j-1}^{(l)}=(u_1^*,\cdots,u_{j-1}^*,u_j^{(l)},\cdots,u_k^{(l)})$.

记 $\boldsymbol{U}_j^{(l)}=(u_1^*,\cdots,u_j^*,u_{j+1}^{(l)},\cdots,u_k^{(l)})$, 当接受 u_j' 时, $u_j^*=u_j'$; 当拒绝 u_j' 时, $u_j^*=u_j^{(l)}$. 当抽完 $\boldsymbol{U}^{(l)}$ 的第 k 个分量时, 就抽到一个完整的新值 $\boldsymbol{U}^{(l+1)}=(u_1^*,\cdots,u_k^*)$.

令 $l=l+1$.

(4) 重复步骤 (3), 直到 $\boldsymbol{U}^{(l)}$ 的抽样分布收敛为止, 此时抽得的 $\boldsymbol{U}^{(L)}$ 就是来自 $\boldsymbol{U}|Y$ 的一个样本.

注意到式 (3.6) 中的第二项可以化简为

$$\frac{f_{u|y}(\boldsymbol{U}_j^{'}|y,\theta,\Sigma)f_u(\boldsymbol{U}_{j-1}^{(l)}|\Sigma)}{f_{u|y}(\boldsymbol{U}_{j-1}^{(l)}|y,\theta,\Sigma)f_u(\boldsymbol{U}_j^{'}|\Sigma)}=\frac{f_{y|u}(y|\boldsymbol{U}_j^{'},\theta,\Sigma)}{f_{y|u}(y|\boldsymbol{U}_{j-1}^{(l)},\theta,\Sigma)}=\frac{\prod\limits_{i=1}^{n}f_{y_i|u}(y_i|\boldsymbol{U}_j^{'},\theta,\Sigma)}{\prod\limits_{i=1}^{n}f_{y_i|u}(y_i|\boldsymbol{U}_{j-1}^{(l)},\theta,\Sigma)}.$$

由此, 这里接受函数 $\alpha_j(u_j^{(l)},u_j^{'})$ 的计算只涉及 $Y|\boldsymbol{U}$ 的条件分布, 不需要其他分布.

我们在 Fisher Scoring 迭代过程式 (4.3.5) 中加入单元素的 Metropolis-Hastings 算法来计算条件期望的 Monte-Carlo 估计. 具体算法可描述如下:

(1) 令 $m_s=0$, 选择 $\theta^{(0)}$ 和 $\Sigma^{(0)}$, 初值的选取可以采用一般的 MCFS 估计, 类似于文献 (McCulloch, 1997);

(2) 采用 Metropolis 算法, 从条件分布 $f_{U|Y}(U|Y,\theta^{(m_s)},\Sigma^{(m_s)})$ 中抽取 N 个观察值 $U^{(1)},\cdots,U^{(N)}$, 然后利用这些抽样值计算条件期望的估计值. 过程如下:

(i) 利用下式计算 $\theta^{(m_s+1)}$:

$$\theta^{(m_s+1)}=\theta^{(m_s)}+\left[\frac{1}{N}\sum_{s=1}^{N}\left\{\sum_{i=1}^{m}\boldsymbol{D}_i^{\mathrm{T}}\boldsymbol{\Omega}_i(\mu_i(\theta^{(m_s)},\boldsymbol{U}_i^{(s)}))\boldsymbol{D}_i\right\}\right]^{-1}$$
$$\cdot\left[\frac{1}{N}\sum_{s=1}^{N}\left\{\sum_{i=1}^{m}\boldsymbol{D}_i^{\mathrm{T}}\boldsymbol{\Delta}_i(\theta^{(m_s)},U^{(s)})\boldsymbol{A}_i^{-1/2}(\mu(\theta^{(m_s)},U^{(s)}))\boldsymbol{h}_i(\mu_i(\theta^{(m_s)},U^{(s)}))\right\}\right];$$

(ii) 通过最大化 $\frac{1}{N}\sum\limits_{s=1}^{N}\ln f_u(U^{(s)}|\Sigma)$ 来计算 $\Sigma^{(m_s+1)}$;

(iii) 令 $m_s=m_s+1$;

(3) 重复第 (2) 步直至估计收敛. $\theta^{(m_s+1)}$ 和 $\Sigma^{(m_s+1)}$ 就是 θ_0 和 Σ 稳健的 MCMC 估计, 记为 $\hat{\theta}_{RM}$ 和 $\hat{\Sigma}_{RM}$, 其中, N 表示 MC 的链长, N 越大, 估计的精度越高. 一般地, 在模拟研究中令 $N=500$, 就能达到比较好的效果. 如果想要更高的精度, 要求 $N=2000$ 或更大.

当初值在其真实值附近时, 该算法具有较高的收敛速度. 但是当初值任意选取时, 则该算法的收敛性不能保证. 在实际中, 若发生不收敛的情况, 可以尝试选择不同的初值. 在文献 (Qin and Zhu, 2007) 中进行的大量模拟发现, 当采用步骤 (1) 中的初值时, 未发生不收敛的情况.

此方法的优点是: 如果仅仅对均值感兴趣, 则只需要假设响应变量在随机效应已知的条件分布. 通过估计方程 (4.3.4) 能够求得稳健估计, 并且估计是最优的. 但是, 此方法需要大量的计算. 这个方法仅仅是对均值部分进行稳健统计推断, 方差部分由于使用的是最大似然估计, 所以没有稳健性.

下面研究估计的渐近性质.

2. 渐近性质

为了研究上述估计的大样本性质, 类似于 He 等 (2005) 和 Sinha(2004), 除了上几节的一些正则条件外, 还需要如下条件:

条件 (A.13) $\infty > \sup_{i,j} v(\mu_{ij}(\theta, U_i)) > \inf_{i,j} v(\mu_{ij}(\theta, U_i)) > 0$ 以概率 1 成立, $g^{-1}(\cdot)$ 存在有界的三阶导数, 并且 $v(\cdot)$ 存在有界的两阶导数.

条件 (A.14) 对于充分大的 n, $k_n(\boldsymbol{M}^{\mathrm{T}}\bar{\boldsymbol{\Omega}}_0\boldsymbol{M})$ 非奇异, $\boldsymbol{M}^{\mathrm{T}}\bar{\boldsymbol{\Omega}}_0\boldsymbol{M}(k_n/n)$ 的特征根有界且不为零, 其中, $\bar{\boldsymbol{\Omega}}_0 = \mathrm{diag}\{\bar{\Omega}_{0,i}\}$, $\bar{\Omega}_{0,i} = -E^{(0)}[\Omega_i(\mu_{0,i})]$.

条件 (A.15) 条件 (A.11) 成立, 并且有

$$\frac{1}{n}\bar{\boldsymbol{K}}_n^* \xrightarrow{p} \bar{\boldsymbol{K}}^*, \quad \frac{1}{n}\bar{\boldsymbol{S}}_n^* \xrightarrow{p} \bar{\boldsymbol{S}}^*, \tag{4.3.8}$$

其中, $\bar{\boldsymbol{K}}^*$ 和 $\bar{\boldsymbol{S}}^*$ 是正定矩阵, $\bar{\boldsymbol{S}}_n^* = \sum_{i=1}^m \bar{\boldsymbol{X}}_i^{*\mathrm{T}} E^{(0)}\{(E_{u|y}^{(0)}\boldsymbol{\Delta}_{0,i}\boldsymbol{A}_{0,i}^{-1/2}\boldsymbol{h}_{0,i})(E_{u|y}^{(0)}\boldsymbol{\Delta}_{0,i}\boldsymbol{A}_{0,i}^{-1/2}\boldsymbol{h}_{0,i})^{\mathrm{T}}\}\bar{\boldsymbol{X}}_i^*$, $\bar{\boldsymbol{K}}_n^* = \sum_{i=1}^m \bar{\boldsymbol{X}}_i^{*\mathrm{T}}\bar{\boldsymbol{\Omega}}_{0,i}\bar{\boldsymbol{X}}_i^*$, $\bar{\boldsymbol{X}}^* = (\boldsymbol{I}-\boldsymbol{P}^*)\boldsymbol{X}$, $\boldsymbol{P}^* = \boldsymbol{M}(\boldsymbol{M}^{\mathrm{T}}\bar{\boldsymbol{\Omega}}_0\boldsymbol{M})^{-1}\boldsymbol{M}^{\mathrm{T}}\bar{\boldsymbol{\Omega}}_0$.

在上述的条件下, 得到了稳健估计 $\hat{\beta}$ 和 $\hat{f}$ 的渐近性质, 表示为如下的定理:

定理 4.3.1 假定条件 (A.1) ~ 条件 (A.2), 条件 (A.6)(1) 和条件 (A.13) ~ 条件 (A.15) 成立. 如果节点数 $k_n \approx n^{1/(2r+1)}$, 则

$$\frac{1}{m}\sum_{i=1}^{n}\sum_{j=1}^{n_i}(\hat{f}_{RM}(t_{ij}) - f_0(t_{ij}))^2 = O_p(n^{-2r/(2r+1)}), \tag{4.3.9}$$

并且

$$\sqrt{n}(\hat{\boldsymbol{\beta}}_{RM} - \boldsymbol{\beta}_0) \xrightarrow{\mathcal{L}} N(0, \bar{\boldsymbol{V}}_{\boldsymbol{\beta}}^*), \tag{4.3.10}$$

其中, $\bar{\boldsymbol{V}}_{\boldsymbol{\beta}}^* = (\bar{\boldsymbol{K}}^*)^{-1}\bar{\boldsymbol{S}}^*(\bar{\boldsymbol{K}}^*)^{-1}$, 矩阵 $\bar{\boldsymbol{K}}^*$ 和 $\bar{\boldsymbol{S}}^*$ 的定义见式 (4.3.8), $\xrightarrow{\mathcal{L}}$ 表示依分布收敛.

关于定理 4.3.1 的详细证明可以参考文献 (Qin and Zhu, 2007). 类似于定理 4.2.2, 能够获得渐近协方差阵 $\bar{\boldsymbol{V}}_{\boldsymbol{\beta}}^*$ 的相合估计, 具体可以参见文献 (Qin and Zhu, 2007, 定理 2).

定理 4.3.1 的结论同定理 4.2.1 和定理 4.2.3 非常类似, 都获得了参数和非参数成分估计的最优收敛速度. 但是, 三个定理所讨论的模型和对统计问题的出发点不一样. 定理 4.2.1 和定理 4.2.3 主要研究了连续型和离散型纵向数据边际模型的稳健估计, 参数 $\boldsymbol{\beta}$ 和非参数 $f(\cdot)$ 具有总体效应的解释. 同时两者也有区别, 前者没有考虑个体内部的协方差阵, 计算简单; 后者的估计方法更加有效. 定理 4.3.1 主要研究了混合模型的参数和非参数的估计性质, 参数和非参数有个体效应的解释.

3. 实例分析

GUIDE 数据分析 (续). 为了进一步说明混合模型的稳健方法的可行性, 应用广义部分线性混合效应模型去拟合 GUIDE 数据, 并采用稳健方法进一步进行分析, 希望能够有进一步的发现.

对该数据集合建立下面的部分线性混合效应模型:

$$\text{logit}(\mu_{ij}) = \boldsymbol{x}_{ij}^{\text{T}}\boldsymbol{\beta} + f_0(\text{AGE}_{ij}) + u_i,$$

其中, $u_i \overset{\text{iid}}{\sim} N(0,\sigma^2)$, 其他符号的含义同 1.2.2 小节相同.

该模型与 Sinha(2004) 建立的模型的差异是假定了 AGE 与响应变量的均值之间的非线性关系, 与上一节模型的差异在于加入了随机效应考察医疗中心内部观察值的相关性. 节点和样条的选取同上一节一致. 由于在这个例子中, 随机效应是一维的, 先用数值积分方法计算条件数学期望并获得估计 (robust), 然后利用 MCMC 方法也计算了估计 (RMCFS). 表 4.4 给出了参数估计的结果, 并列上一节的结果 (用 H, F&Z 表示) 和 Sinha (2004) 估计的结果作为比较; 非参数的估计同上一节类似, 没有给出.

表 4.4　GUIDE 数据的回归参数估计(续)

	Robust	RMCFS	Nonrobust	H,F&Z	Sinha
截距	–	–	–	–	−3.593(0.952)
GENDER	−1.594(0.603)	−1.590(0.608)	−1.159(0.658)	−1.57(0.61)	−1.298(0.632)
AGE(10 年)	–	–	–	–	−1.072(0.623)
LAYACC	0.668(0.149)	0.668(0.150)	0.615(0.136)	0.59(0.14)	0.506(0.116)
SEVERE	0.826(0.464)	0.820(0.467)	1.094(0.451)	0.67(0.40)	0.827(0.373)
TOILET	0.132(0.099)	0.132(0.100)	0.082(0.089)	0.27(0.10)	0.240(0.110)
方差	1.984(1.353)	1.957(1.309)	1.702(1.231)	–	1.861(1.414)

由表 4.4 可以发现稳健估计与非稳健估计在数值上存在一定的差异, 似乎可以推测数据中存在异常点或强影响点. 另外, 在 0.05 的显著水平上, 由稳健方法得到的 GENDER 和 DAYACC 的效应是显著的, 与边际模型的分析的结果一致. 而非稳健方法得到的 DAYACC 和 SEVERE 的效应是显著的. 采用稳健方法得到的检验 $H_0:\sigma^2=0$ vs $H_1:\sigma^2>0$ 的 p 值为 0.0712, 处于显著的临界状态, 各个医疗中心之间存在差异的证据得到了发现, 但是还不够充分. 而非稳健方法的 p 值为 0.123, 不认为医疗中心之间有差异. 这些说明了稳健方法的必要性.

我们也计算了随机的 RMCFS 估计. 正如 McCulloch (1997) 指出的, 为了使 MCMC 估计达到小数点后 3~4 位的精度, Monte Carlo 样本量 N 需要非常大. 因此, 在本节分析的例子中, 为了更高的精度, Monte Carlo 样本量 N 取为 2000, 并且迭代步数取为 200. 结果列在表 4.4 中. 可以发现, 随机的 RMCFS 估计与精确 (利用数值积分计算) 的估计非常接近. 关于个体内部的相关性, 我们又一次没有获得显著性的结果. 这主要是方差成分的估计没有利用稳健方法. 下面一节将在利用均值和方差部分的同时, 用稳健估计方法再一次分析这组数据.

4.3.2 广义部分线性混合效应模型的稳健化似然推断

4.3.1 小节仅讨论了模型均值部分的稳健统计推断问题. 若在研究的实际问题中, 主要感兴趣的是均值部分且相关程度不高, 这个方法是相当有效的. 但是, 若同时对均值部分和方差部分都感兴趣的话, 则必须寻找另外的方法. 在这一节, 基于 "稳健化的似然函数", 同时构造了均值分量和方差分量的稳健估计.

1. 稳健化的惩罚对数似然函数

假定数据有 m 个个体, 每个个体有 n_i 次观察, 响应变量 y_{ij} 在随机效应 U_i 给定的条件下服从式 (4.3.1) 和式 (4.3.2) 的指数族分布, U_i 为随机效应且 iid 服从于正态分布 $N(0, \Sigma(\gamma))$, 其余的符号与上一节的含义相同. 为方便起见, 仅考虑 $\phi = 1$.

在这一节中, 利用 P 样条逼近未知的函数 $f(\cdot)$. P 样条是光滑样条的推广, 样条基和惩罚项是 P 样条的主要构成. P 样条可以采用任意的样条基 (如 B 样条基和截断幂函数基等) 和惩罚项, 因此, 具有很大的灵活性. 由于 P 样条采用固定的节点数, 因此, 计算快速方便. 同时, 在理论证明上, 由于节点数固定, 因此, 可以在参数模型的框架下研究有关参数的渐近性质, 而回归样条的节点数选取随着样本量的增加而趋于无穷, 有关渐近性质的讨论要复杂得多.

对于未知非参数函数 f, 采用以 B 样条基函数为基的 P 样条逼近,

$$f(t) \approx \boldsymbol{\pi}^{\mathrm{T}}(t)\boldsymbol{\alpha},$$

其中, $\boldsymbol{\pi}(t) = (B_1(t), \cdots, B_N(t))^{\mathrm{T}}$ 为 B 样条基函数生成的向量, $\boldsymbol{\alpha}$ 是回归系数. 对于连续、单调或单峰的函数, 一般取 $5 \sim 10$ 个节点, 以样本的等分位点作为节点. 采用 B 样条基函数为基主要是为了使后面估计的计算更加稳定. 于是 $\eta_{ij} = g(\mu_{ij}) \approx \boldsymbol{x}_{ij}^{\mathrm{T}}\boldsymbol{\beta} + \boldsymbol{\pi}(t_{ij})^{\mathrm{T}}\boldsymbol{\alpha} + \boldsymbol{z}_{ij}^{\mathrm{T}}\boldsymbol{b}_i$. 记 $\boldsymbol{\theta} = (\boldsymbol{\beta}^{\mathrm{T}}, \boldsymbol{\alpha}^{\mathrm{T}}, \boldsymbol{\gamma}^{\mathrm{T}})^{\mathrm{T}}$. 当然, 估计非参数函数 $f(t)$ 还有很多其他的非参数方法, 如回归样条方法和核方法, 它们分别需要选择节点数和窗宽. 而 P 样条方法主要考虑惩罚项中光滑参数的选择, 以达到对非参数函数比较好的估计. 带有惩罚项是 P 样条方法的重要特点, P 样条中的惩罚项将在后面引入.

假定 $f(t)$ 已知, 类似于模型 (4.3.1) 和模型 (4.3.2) 是一个参数模型, 此时第 i 个个体对数似然函数为

$$L_i(\boldsymbol{\theta}) = \sum_{j=1}^{n_i} \log \int \exp\{y_{ij}\theta_{ij} - c(\theta_{ij}) + d(y_{ij})\}\, \varPhi(\boldsymbol{U}_i)\mathrm{d}\boldsymbol{U}_i, \tag{4.3.11}$$

其中, Φ 表示 $\boldsymbol{U}_i$ 的密度函数, 类似于 Mills 等 (2002), 对式 (4.3.11), 分别从两个方面考虑减少响应变量和协变量中可能存在的异常点对估计的影响. 首先, 对响应变量中的异常点进行稳健, 假设 y_{ij} 是异常点, 考虑对其进行修正, 即用 $y_{ij}-\vartheta_{ij}$ 来代替 y_{ij}, 从而达到减少异常点 y_{ij} 影响的目的. 在 y_{ij} 太大时, 通过 ϑ_{ij} 适当减少 y_{ij}; 反过来, 当 y_{ij} 太小时, 通过 ϑ_{ij} 适当增加 y_{ij}; 其次, 对协变量中异常点的稳健, 通过对似然函数加权, 减少协变量中异常点所对应的观察值对似然函数的贡献. 基于上述两个方面对似然函数进行修正, 可以定义广义模型下的稳健化的对数似然函数为

$$L_i^R(\boldsymbol{\theta})=\log\int\prod_{j=1}^{n_i}[\exp\{(y_{ij}-\vartheta_{ij})\theta_{ij}-c(\theta_{ij})+d(y_{ij}-\vartheta_{ij})\}]^{w_{ij}}\Phi(\boldsymbol{U}_i)\mathrm{d}\boldsymbol{U}_i, \quad (4.3.12)$$

其中, ϑ_{ij} 选为 $(|r_{ij}|-c)\mathrm{sign}(r_{ij})I_{(|r_{ij}|>c)}$, $c\in[1,2]$ 为常数, 作用类似于前面 Huber 函数中的阈值, $I_{(|r_{ij}|>c)}$ 是示性函数, $r_{ij}=\dfrac{y_{ij}-\mu_{ij}}{(v_{ij})^{1/2}}$, $\mu_{ij}=g^{-1}(\boldsymbol{x}_{ij}^{\mathrm{T}}\boldsymbol{\beta}+f(t_{ij})+\boldsymbol{z}_{ij}^{\mathrm{T}}\boldsymbol{U}_i)$. 在具体计算时, 随机效应 U_i 可以通过文献 (Yau and Kuk, 2002) 中线性混合效应模型下随机效应的预测方法或者 MCMC 的方法进行预测. 权函数 w_{ij} 取与 1.3.1 小节相同的权函数. 注意到式 (4.3.12) 并不是一个似然函数, 只是似然函数的稳健版本. Mills 等 (2002) 只给出了边际分布指定的广义线性混合效应模型中两点分布情形下稳健化的似然函数的构造, 并且采用的调整响应变量的权函数在区间 $[0,1)$ 取值, 只适用于两点分布. 而式 (4.3.12) 可以应用于任意广义混合效应模型, 采用的权函数 ϑ_{ij} 和 w_{ij} 与 Mills 等 (2002) 均不相同.

像通常的稳健程序一样, 希望稳健估计是相合估计, 因而对式 (4.3.12) 进行纠偏. 假定纠偏函数 $a_n(\theta)$ 满足 $\dfrac{\partial}{\partial\boldsymbol{\theta}}a_n(\boldsymbol{\theta})=\sum\limits_{i=1}^m E\dfrac{\partial}{\partial\boldsymbol{\theta}}L_i^R(\boldsymbol{\theta})$, 可以得到如下经过纠偏的稳健对数似然函数:

$$CL^R(\boldsymbol{\theta})=\sum_{i=1}^m L_i^R(\boldsymbol{\theta})-a_n(\boldsymbol{\theta}), \quad (4.3.13)$$

其中, $a_n(\boldsymbol{\theta})=\sum\limits_{i=1}^m a_i(\boldsymbol{\theta})$.

由于模型中含有非参数函数 $f(t)$, 采用 P 样条来逼近 $f(t)$, 因此, 结合上面参数模型下稳健化的似然函数, 在部分线性混合效应模型下, 考虑如下的稳健化的惩罚对数似然函数:

$$PL^R(\boldsymbol{\theta})=\sum_{i=1}^m CL_i^R(\boldsymbol{\theta})-\frac{1}{2}n\lambda\boldsymbol{\alpha}^{\mathrm{T}}\boldsymbol{K}\boldsymbol{\alpha}, \quad (4.3.14)$$

其中, $\boldsymbol{K}$ 为对角矩阵, 由文献 (Eiler and Marx, 1996), 在采用 B 样条基时, $\boldsymbol{K}$ 为带形矩阵, 具体表达式参见文献 (Eiler and Marx, 1996). 最大化式 (4.3.14) 得到的 $\boldsymbol{\theta}$ 估计就是所讨论的稳健最似然估计, 记为 $\hat{\theta}_{\mathrm{RMLE}}$, 即 $\hat{\beta}_{\mathrm{RMLE}}$, $\hat{f}_{\mathrm{RMLE}}(t)=\boldsymbol{\pi}^{\mathrm{T}}(t)\hat{\boldsymbol{\alpha}}_{\mathrm{RMLE}}$, $\hat{\gamma}_{\mathrm{RMLE}}$.

光滑参数 λ 的选择对获得一个好的非参数函数估计相当重要. 在文献中有大量选取光滑参数的方法, 但是没有一种是能够阻止异常点影响的方法. 在文献 (Qin and Zhu, 2009a) 中首次提出了稳健的 GCV 方法. 在 λ 的取值范围的格子点上, 最小化稳健化的 GCV 得分函数, 选取光滑参数 λ,

$$\mathrm{GCV}_R(\lambda)=\frac{\dfrac{1}{n}\sum\limits_{i=1}^{m}\sum\limits_{j=1}^{n_i}\{w_{ij}(y_{ij}-\vartheta_{ij}-\hat{\mu}_{ij})\}^2}{\left[1-\dfrac{1}{n}\mathrm{tr}(\boldsymbol{H}(\lambda))\right]^2}, \tag{4.3.15}$$

其中, $\hat{\mu}_{ij}=g^{-1}(\hat{\eta}_{ij})=g^{-1}(\boldsymbol{D}_{ij}^{\mathrm{T}}\hat{\boldsymbol{\theta}}_1+\boldsymbol{z}_{ij}^{\mathrm{T}}\hat{\boldsymbol{U}}_i)$, $\hat{\boldsymbol{U}}_i$ 是随机效应 $\boldsymbol{U}_i$ 的某个估计, 如 Yau 和 Kuk (2002) 的预测或者通过 MCMC 方法获得的预测估计. $\boldsymbol{H}(\lambda)=\boldsymbol{G}+(\boldsymbol{I}-\boldsymbol{G})\bar{\boldsymbol{A}}^{1/2}\boldsymbol{W}\boldsymbol{X}\{\boldsymbol{W}\boldsymbol{X}^{\mathrm{T}}\bar{\boldsymbol{A}}^{1/2}(\boldsymbol{I}-\boldsymbol{G})\bar{\boldsymbol{A}}^{1/2}\boldsymbol{W}\boldsymbol{X}\}^{-1}(\boldsymbol{W}\boldsymbol{X})^{\mathrm{T}}\bar{\boldsymbol{A}}^{1/2}(\boldsymbol{I}-\boldsymbol{G})$, $\boldsymbol{G}=\bar{\boldsymbol{A}}^{1/2}\boldsymbol{M}(\boldsymbol{M}^{\mathrm{T}}\bar{\boldsymbol{A}}\boldsymbol{M}+n\lambda\boldsymbol{K})^{-1}\boldsymbol{M}^{\mathrm{T}}\bar{\boldsymbol{A}}^{1/2}$, $\bar{\boldsymbol{A}}=\boldsymbol{\Delta}^{\mathrm{T}}\bar{\boldsymbol{V}}^{-1}\boldsymbol{\Delta}$, $\boldsymbol{\Delta}=\mathrm{diag}\{\boldsymbol{\Delta}_1,\cdots,\boldsymbol{\Delta}_m\}$, $\boldsymbol{\Delta}_i=\mathrm{diag}\{\dot{\mu}_{i1},\cdots,\dot{\mu}_{in_i}\}$, $\dot{\mu}(\cdot)$ 表示 $\mu(\cdot)$ 的一阶导数并在 $\boldsymbol{D}_{ij}^{\mathrm{T}}\boldsymbol{\theta}+\boldsymbol{z}_{ij}^{\mathrm{T}}\boldsymbol{U}_i$ 处计值, $\bar{\boldsymbol{V}}=\mathrm{diag}\{\bar{\boldsymbol{V}}_1,\cdots,\bar{\boldsymbol{V}}_m\}$, $\bar{\boldsymbol{V}}_i=\boldsymbol{V}_i\{\mu_i(\boldsymbol{\theta},\boldsymbol{U}_i)\}=\mathrm{diag}\{v(\mu_{i1}),\cdots,v(\mu_{in_i})\}$, $\boldsymbol{X}_i=(x_{i1},\cdots,x_{in_i})^{\mathrm{T}}$, $\boldsymbol{X}=(\boldsymbol{X}_1^{\mathrm{T}},\cdots,\boldsymbol{X}_m^{\mathrm{T}})^{\mathrm{T}}$. 类似地, 用 ϑ_{ij} 和 w_{ij} 阻止在协变量和应变量异常的影响. 由于稳健化的 GCV 函数阻止了异常点的影响, 因而用稳健化的 GCV 函数获得的光滑参数估计能够减少异常点的影响, 进而能够获得非参数函数一个好的估计. 这在后面的模拟计算和实际数据例子分析中得到了证实. 当 $\vartheta_{ij}=0$ 和 $w_{ij}=1$, $\mathrm{GCV}_R(\lambda)$ 就是通常意义上的 GCV 得分函数.

在后面将看到, 基于稳健化的惩罚似然函数 (4.3.14), 不仅得到了类似于上一节中关于均值分量的带有 "稳健化的条件期望" 形式的稳健估计方程, 同时还得到了关于方差分量的带有 "稳健化的条件期望" 形式的估计方程. 估计方程带有 "稳健化的条件期望" 是与上一节主要的不同之处, 也是对上一节的稳健方法, 特别是对方差分量稳健估计的重要改进.

2. 稳健估计的求解

为了给出求解估计的迭代公式, 首先引入几个记号, 记 $\boldsymbol{\theta}=(\boldsymbol{\theta}_1^{\mathrm{T}},\boldsymbol{\theta}_2^{\mathrm{T}})$, 其中, $\boldsymbol{\theta}_1=(\boldsymbol{\beta}^{\mathrm{T}},\boldsymbol{\alpha}^{\mathrm{T}})^{\mathrm{T}},\boldsymbol{\theta}_2=\boldsymbol{\gamma}$. 将式 (4.3.14) 分别对 $\boldsymbol{\theta}_1$ 和 $\boldsymbol{\theta}_2$ 求偏导可以得到

$$\begin{aligned}
\boldsymbol{G}_{n,\boldsymbol{\theta}_1}(\boldsymbol{\theta};\boldsymbol{\lambda})&=\sum_{i=1}^{m}\boldsymbol{G}_{\boldsymbol{\theta}_1,i}(\boldsymbol{\theta};\boldsymbol{\lambda})\\
&=\sum_{i=1}^{m}\boldsymbol{G}_{\boldsymbol{\theta}_1,i}(\boldsymbol{\theta})-\begin{pmatrix}\boldsymbol{0}_{p\times 1}\\ n\lambda\boldsymbol{K}\boldsymbol{\alpha}\end{pmatrix}\\
&=\sum_{i=1}^{m}[E^*_{U_i|y_i}\{\boldsymbol{D}_i^{\mathrm{T}}\boldsymbol{W}_i\boldsymbol{\Delta}_i\bar{\boldsymbol{V}}_i^{-1}(Y_i-\vartheta_i-\mu_i)\}-\dot{a}_{i,\theta_1}]\\
&\quad-\begin{pmatrix}\boldsymbol{0}_{p\times 1}\\ n\lambda\boldsymbol{K}\boldsymbol{\alpha}\end{pmatrix},
\end{aligned}$$

$$\boldsymbol{G}_{n,\theta_2}(\boldsymbol{\theta}) = (G_{n,\theta_{2,1}}(\boldsymbol{\theta}), \cdots, G_{n,\theta_{2,k}}(\boldsymbol{\theta}))^{\mathrm{T}},$$

其中,

$$\begin{aligned} G_{n,\theta_{2,s}}(\boldsymbol{\theta}) &= \sum_{i=1}^{m} G_{\theta_{2,s},i}(\boldsymbol{\theta}) \\ &= \sum_{i=1}^{m} \left[E^*_{b_i|y_i} \left\{ \mathrm{tr}\left(\boldsymbol{\Sigma}^{-1} \frac{\partial \boldsymbol{\Sigma}}{\partial \gamma_s} \right) + \boldsymbol{U}_i^{\mathrm{T}} \frac{\partial \boldsymbol{\Sigma}^{-1}}{\partial \gamma_s} \boldsymbol{U}_i \right\} - \dot{a}_{i,s,\theta_2} \right], \quad s = 1, \cdots, k, \end{aligned}$$

$E^*_{U_i|y_i} g(\boldsymbol{U}_i)$ 表示 $\int g(\boldsymbol{U}_i) f^*_{\boldsymbol{U}_i|y_i} \mathrm{d}\boldsymbol{U}_i$, $f^*_{\boldsymbol{U}_i|y_i} = f^*_{y_i|\boldsymbol{U}_i} f_{\boldsymbol{U}_i} / f^*_{y_i}$, 其中,

$$f^*_{y_i|\boldsymbol{U}_i} = \prod_{j=1}^{n_i} [\exp\{(y_{ij} - \vartheta_{ij})\theta_{ij} - c(\theta_{ij}) + d(y_{ij} - \vartheta_{ij})\}]^{w_{ij}},$$

$$f^*_{y_i} = \int \prod_{j=1}^{n_i} [\exp\{(y_{ij} - \vartheta_{ij})\theta_{ij} - c(\theta_{ij}) + d(y_{ij} - \vartheta_{ij})\}]^{w_{ij}} \varPhi(\boldsymbol{U}_i) \mathrm{d}\boldsymbol{U}_i, \tag{4.3.16}$$

$f^*_{y_i|\boldsymbol{U}_i}$, $f^*_{y_i}$ 分别表示条件分布和边际分布的密度函数的稳健版本. 称 $E^*_{\boldsymbol{U}_i|y_i} g(\boldsymbol{U}_i)$ 为 $g(\boldsymbol{U}_i)$ “稳健化的条件期望”, $f^*_{\boldsymbol{U}_i|y_i}$ 为 y_i 给定下随机效应 $\boldsymbol{U}_i$ “稳健化的条件密度函数”. 虽然 $f^*_{\boldsymbol{U}_i|y_i}$ 本身并不是一个真正意义上的密度函数, 但是不影响进行稳健的统计推断. 记 $\boldsymbol{G}_n(\boldsymbol{\theta}; \boldsymbol{\lambda}) = (\boldsymbol{G}_{n,\boldsymbol{\theta}_1}(\boldsymbol{\theta}; \boldsymbol{\lambda})^{\mathrm{T}}, \boldsymbol{G}_{n,\boldsymbol{\theta}_2}(\boldsymbol{\theta})^{\mathrm{T}})^{\mathrm{T}}$, $\boldsymbol{B}_i = \boldsymbol{D}_i^{\mathrm{T}} \boldsymbol{W}_i \boldsymbol{\Delta}_i \boldsymbol{V}_i^{-1} (Y_i - \vartheta_i - \mu_i)$,

$$\boldsymbol{C}_i(\boldsymbol{\theta}, \boldsymbol{U}_i) = \begin{pmatrix} \mathrm{tr}\left(\boldsymbol{\Sigma}^{-1} \dfrac{\partial \boldsymbol{\Sigma}}{\partial \gamma_1} \right) + \boldsymbol{U}_i^{\mathrm{T}} \dfrac{\partial \boldsymbol{\Sigma}^{-1}}{\partial \gamma_1} \boldsymbol{U}_i \\ \vdots \\ \mathrm{tr}\left(\boldsymbol{\Sigma}^{-1} \dfrac{\partial \boldsymbol{\Sigma}}{\partial \gamma_s} \right) + \boldsymbol{U}_i^{\mathrm{T}} \dfrac{\partial \boldsymbol{\Sigma}^{-1}}{\partial \gamma_s} \boldsymbol{U}_i \end{pmatrix}.$$

进一步, 对 $\boldsymbol{G}_n(\boldsymbol{\theta}; \boldsymbol{\lambda})$ 求导有

$$\frac{\partial}{\partial \boldsymbol{\theta}} \boldsymbol{G}_n(\boldsymbol{\theta}; \boldsymbol{\lambda}) = \sum_{i=1}^{m} \frac{\partial}{\partial \boldsymbol{\theta}} \boldsymbol{G}_i(\boldsymbol{\theta}; \boldsymbol{\lambda}) = \sum_{i=1}^{m} \begin{pmatrix} \dfrac{\partial}{\partial \boldsymbol{\theta}_1} \boldsymbol{G}_{\boldsymbol{\theta}_1,i}(\boldsymbol{\theta}; \lambda) & \dfrac{\partial}{\partial \boldsymbol{\theta}_2} \boldsymbol{G}_{\boldsymbol{\theta}_1,i}(\boldsymbol{\theta}; \lambda) \\ \dfrac{\partial}{\partial \boldsymbol{\theta}_1} \boldsymbol{G}_0\boldsymbol{\theta}_2, i(\boldsymbol{\theta}) & \dfrac{\partial}{\partial \boldsymbol{\theta}_2} \boldsymbol{G}_{\boldsymbol{\theta}_2,i}(\boldsymbol{\theta}) \end{pmatrix},$$

$$\begin{aligned} \frac{\partial}{\partial \boldsymbol{\theta}_1} \boldsymbol{G}_{\boldsymbol{\theta}_1,i}(\boldsymbol{\theta}; \lambda) = &-E^*_{\boldsymbol{U}_i|y_i} [\boldsymbol{D}_i^{\mathrm{T}} \boldsymbol{W}_i \boldsymbol{\Delta}_i \bar{\boldsymbol{V}}_i^{-1} \boldsymbol{\Delta}_i \boldsymbol{D}_i] - \lambda \boldsymbol{K}^* \\ &+ E^*_{\boldsymbol{U}_i|y_i} [(\boldsymbol{B}_i - \lambda \boldsymbol{K}^*) \boldsymbol{B}_i^{\mathrm{T}}] \\ &- [E^*_{\boldsymbol{U}_i|y_i} (\boldsymbol{B}_i - \lambda \boldsymbol{K}^*)] [E^*_{\boldsymbol{U}_i|y_i} (\boldsymbol{B}_i)]^{\mathrm{T}} - \ddot{\boldsymbol{a}}_{i,\boldsymbol{\theta}_1}, \end{aligned}$$

$$\frac{\partial}{\partial \boldsymbol{\theta}_2} \boldsymbol{G}_{\boldsymbol{\theta}_1,i}(\boldsymbol{\theta}; \boldsymbol{\lambda}) = E^*_{\boldsymbol{U}_i|y_i} [\boldsymbol{B}_i \boldsymbol{C}_i] - \ddot{\boldsymbol{a}}_{i,\boldsymbol{\theta}_1,\boldsymbol{\theta}_2},$$

$$\frac{\partial}{\partial \boldsymbol{\theta}_2}\boldsymbol{G}_{\boldsymbol{\theta}_2,i}(\theta)=E^*_{U_i|y_i}\left[\frac{\partial}{\partial \boldsymbol{\theta}_2}\boldsymbol{C}_i\right]-\frac{1}{2}E^*_{\boldsymbol{U}_i|y_i}[\boldsymbol{C}_i\boldsymbol{C}_i^{\mathrm{T}}]+\frac{1}{2}E^*_{\boldsymbol{U}_i|y_i}[\boldsymbol{C}_i]E^*_{\boldsymbol{U}_i|y_i}[\boldsymbol{C}_i^{\mathrm{T}}],\quad(4.3.17)$$

其中, $\boldsymbol{K}^*=\begin{pmatrix}\boldsymbol{0}_{p\times p} & 0\\ 0 & \boldsymbol{K}\end{pmatrix}$.

给定初值 $\boldsymbol{\theta}^{(0)}$, 对固定的 λ, 采用 Newton-Raphson 迭代算法计算所提出的稳健估计, 迭代公式如下:

$$\boldsymbol{\theta}^{(i+1)}=\boldsymbol{\theta}^{(i)}-\left[\frac{\partial}{\partial \boldsymbol{\theta}}\boldsymbol{G}_n(\boldsymbol{\theta};\lambda)\right]^{-1}\boldsymbol{G}_n(\boldsymbol{\theta};\lambda)|_{\boldsymbol{\theta}=\boldsymbol{\theta}^{(i)}}.\quad(4.3.18)$$

为计算迭代公式 (4.3.18) 中的 "稳健化的条件期望", 需要获得随机效应 $\boldsymbol{U}_i$ 在 y_i 下的 "稳健化的条件分布", 即 $\boldsymbol{U}_i|y_i$ 的 "稳健化分布". 而 $\boldsymbol{U}_i|y_i$ 的稳健化分布一般难以计算, 因为它的计算需要先有 y_i 稳健化的边际分布, 而 y_i 稳健化的边际分布是通过将 $(y_i,\boldsymbol{U}_i)$ 稳健化的联合分布中的随机效应 $\boldsymbol{U}_i$ 积分积去求得的, 如果 $\boldsymbol{U}_i$ 是高维随机变量, 将涉及一个高维积分问题, 这通常难以处理.

Sinha(2004) 采用 Metropolis 算法从 $U|Y$ 中产生随机观察值, 然后利用 Monte Carlo 方法近似条件期望. Metropolis 算法不需要 Y 的边际分布, 从而可以避免高维积分问题. 而这里提出 "稳健的 Metropolis 算法", 通过上面给出的稳健化的似然函数计算 Metropolis 算法中的接受概率函数, 从而得到 "稳健的接受概率函数". 由于采用稳健化的似然函数, 因此, 限制了数据中的异常点和强影响点对该接受概率函数的影响. 这个抽样方法明显不同于 1.3.1 小节的方法. 在这里, 对后验分布进行了稳健化, 得到了稳健的后验分布 $f^*_{u|y}$. 通过模拟和实际例子分析表明, 这种稳健方法同时对均值和方差成分都起到了稳健化作用.

在 Newton-Raphson 迭代过程中加入 Metropolis 算法来计算条件期望的 Monte-Carlo 估计. 具体算法可描述如下:

(1) $m=0$, 选择 $\boldsymbol{\theta}^{(0)}$, 初值的选取可以采用一般的 MCNR 估计;

(2) 利用 Metropolis 算法, 从稳健化的分布 $f^*_{u|y}(U|Y,\boldsymbol{\theta}^{(m)})$ 中抽取观察值 $U^{(1)},\cdots,U^{(N)}$, 抽取方法与 1.3.1 小节相似, 不同之处是用 $f^*_{u|y}(U|Y,\boldsymbol{\theta}^{(m)})$ 代替 $f_{u|y}(U|Y,\boldsymbol{\theta}^{(m)})$. 进一步计算 $r_{ij}^{(m+1)}=\dfrac{y_{ij}-\hat{\mu}_{ij}}{(\hat{v}_{ij})^{1/2}}$, $\hat{\mu}_{ij}=g^{-1}(\boldsymbol{x}_{ij}^{\mathrm{T}}\hat{\boldsymbol{\beta}}+\hat{f}(t_{ij})+\boldsymbol{z}_{ij}^{\mathrm{T}}\hat{\boldsymbol{U}}_i)$, 其中, $\hat{\boldsymbol{U}}_i=1\Big/N\sum\limits_{k=1}^{N}\boldsymbol{U}_i^{(k)}$. 于是权函数为 $\vartheta_{ij}^{(m+1)}=(|r_{ij}^{(m+1)}|-c)\mathrm{sign}(r_{ij}^{(m+1)})I_{(|r_{ij}^{(m+1)}|>c)}$, 同时使用这些观察值去计算条件期望的 Monte Carlo 估计, 步骤如下:

(3) 通过下面的表达式计算 $\boldsymbol{\theta}^{(m+1)}$:

$$\boldsymbol{\theta}^{(m+1)}=\boldsymbol{\theta}^{(m)}-\frac{1}{N}\left[\sum_{i=1}^{N}\frac{\partial}{\partial \boldsymbol{\theta}}\boldsymbol{G}_n(\boldsymbol{\theta}^{(m)},\boldsymbol{U}^{(i)};\vartheta)\right]^{-1}\frac{1}{N}\sum_{i=1}^{N}\boldsymbol{G}_n(\boldsymbol{\theta}^{(m)},\boldsymbol{U}^{(i)};\vartheta);$$

(4) 重复步骤 (2), (3), 直到估计收敛. 把 $\hat{\boldsymbol{\theta}} = \boldsymbol{\theta}^{(m+1)}$ 作为 $\boldsymbol{\theta}$ 的稳健 MCNR 估计.

由此同时得到了稳健估计 $\hat{\boldsymbol{\beta}}_{\mathrm{RMLE}}$, $\hat{f}_{\mathrm{RMLE}}(t) = \boldsymbol{\pi}^{\mathrm{T}}(t)\hat{\boldsymbol{\alpha}}_{\mathrm{RMLE}}$ 和方差分量的稳健估计 $\hat{\gamma}_{\mathrm{RMLE}}$, 而 Sinha (2004) 仅得到了广义线性混合效应模型下回归参数的稳健估计. 虽然 Sinha (2004) 也给出了方差分量的 "稳健估计", 但是实际稳健效果并不好. 主要原因是估计方差分量时, 也需要求解一个带有条件期望的估计方程, 虽然对均值分量采用了稳健估计, 但是由于数学期望中含有响应变量和协变量, 其中的异常点仍然会对该条件期望会产生影响, 从而造成相应的方差分量的 "稳健估计" 效果不好. 具体来说就是条件期望中的密度函数没有被稳健化.

3. 稳健估计的渐近性质

为了给出上述估计的渐近性质, 首先给出几个记号. 记 $\boldsymbol{G}_n(\boldsymbol{\theta}) = (\boldsymbol{G}_{n,\boldsymbol{\theta}_1}(\boldsymbol{\theta})^{\mathrm{T}}, \boldsymbol{G}_{n,\boldsymbol{\theta}_2}(\boldsymbol{\theta})^{\mathrm{T}})^{\mathrm{T}}$, $\boldsymbol{G}_{n,\boldsymbol{\theta}_1}(\boldsymbol{\theta}) = \sum_{i=1}^{m} \boldsymbol{G}_{\boldsymbol{\theta}_1,i}(\boldsymbol{\theta})$. $\boldsymbol{G}_n(\boldsymbol{\theta})$ 与 $\boldsymbol{G}_n(\boldsymbol{\theta};\lambda)$ 类似, 但是不包含 $n\lambda\boldsymbol{\alpha}^{\mathrm{T}}\boldsymbol{K}\boldsymbol{\alpha}$ 这一项. 进一步假定如下:

(C.1) 参数空间 Θ 为紧集, 对任意的 $\boldsymbol{\theta} \in \Theta$, $\frac{1}{n}G_n(\theta)$ 以概率 1 一致收敛到函数 $G(\boldsymbol{\theta})$, 并且 $G(\boldsymbol{\theta})$ 有唯一零点 $\boldsymbol{\theta}_0 \in \Theta$.

(C.2) $\sup\limits_{i\geqslant 1} E\left|\int f^*_{\boldsymbol{U}_i|y_i}\mathrm{d}\boldsymbol{U}_i\right|^{(2+\delta)} < \infty$, 并且存在 $\delta > 0$, 使得 $\sup\limits_{i\geqslant 1} E|E_{\boldsymbol{U}_i^*|y_i^*}\|\boldsymbol{U}_i\|^2|^{(2+\delta)} < \infty$.

(C.3) $\inf\limits_{i,j} v(\mu_{ij}(\boldsymbol{x}_{ij}^{\mathrm{T}}\boldsymbol{\beta} + f(t_{ij}) + \boldsymbol{z}_{ij}^{\mathrm{T}}\boldsymbol{U}_i)) > 0$ 以概率 1 成立, 并且 $g^{-1}(\cdot)$ 存在有界二阶连续的导数.

(C.4) (1) 存在 $\boldsymbol{\theta}_0$ 的一个邻域 $C(\boldsymbol{\theta}_0)$, $G_n(\boldsymbol{\theta})$ 以概率 1 有连续的导函数, 并且对任意的 $\boldsymbol{\theta} \in C(\boldsymbol{\theta}_0)$, $\frac{1}{n}\dot{\boldsymbol{G}}_n(\boldsymbol{\theta})$ 以概率 1 一致收敛到非随机矩阵 $\dot{\boldsymbol{G}}(\boldsymbol{\theta})$ 且 $\dot{\boldsymbol{G}}(\boldsymbol{\theta}_0)$ 非奇异, 记 $\boldsymbol{\Omega} = \dot{\boldsymbol{G}}(\boldsymbol{\theta}_0)$, 其中,

$$\frac{1}{n}\dot{\boldsymbol{G}}_n(\boldsymbol{\theta}_0) = \frac{1}{n}\sum_{i=1}^{m}\begin{pmatrix} \dfrac{\partial}{\partial\boldsymbol{\theta}_1}\boldsymbol{G}_{\boldsymbol{\theta}_1,i}(\boldsymbol{\theta}) & \dfrac{\partial}{\partial\boldsymbol{\theta}_2}\boldsymbol{G}_{\boldsymbol{\theta}_1,i}(\boldsymbol{\theta}) \\ \dfrac{\partial}{\partial\boldsymbol{\theta}_1}\boldsymbol{G}_{\boldsymbol{\theta}_2,i}(\boldsymbol{\theta}) & \dfrac{\partial}{\partial\boldsymbol{\theta}_2}\boldsymbol{G}_{\boldsymbol{\theta}_2,i}(\boldsymbol{\theta}) \end{pmatrix}\Bigg|_{\boldsymbol{\theta}=\boldsymbol{\theta}_0}.$$

(2) $\frac{1}{n}\sum\limits_{i=1}^{m}\begin{pmatrix} \boldsymbol{G}_{\boldsymbol{\theta}_1,i}(\boldsymbol{\theta})\boldsymbol{G}_{\boldsymbol{\theta}_1,i}(\boldsymbol{\theta})^{\mathrm{T}} & \boldsymbol{G}_{\boldsymbol{\theta}_1,i}(\boldsymbol{\theta})\boldsymbol{G}_{\boldsymbol{\theta}_2,i}(\boldsymbol{\theta})^{\mathrm{T}} \\ \boldsymbol{G}_{\boldsymbol{\theta}_2,i}(\boldsymbol{\theta})\boldsymbol{G}_{\boldsymbol{\theta}_1,i}(\boldsymbol{\theta})^{\mathrm{T}} & \boldsymbol{G}_{\boldsymbol{\theta}_2,i}(\boldsymbol{\theta})\boldsymbol{G}_{\boldsymbol{\theta}_2,i}(\boldsymbol{\theta})^{\mathrm{T}} \end{pmatrix}\Bigg|_{\boldsymbol{\theta}=\boldsymbol{\theta}_0}$ 以概率 1 收敛到 S^*.

条件 (C.1) 和条件 (C.4) 主要用于证明估计的相合性; 结合条件 (C.1) 和条件 (C.4), 条件 (C.2) 和条件 (C.3) 用于均值分量和方差分量稳健估计渐近正态性的证明. 特别地, Yuan 和 Jennrich(1998) 曾给出类似于条件 (C.1) 和条件 (C.4) 的条件.

由上述条件, 可以得到下面的定理:

定理 4.3.2 当 $\lambda = o(1)$, 假定条件 (C.1) ~ 条件 (C.4) 成立时, $\hat{\boldsymbol{\theta}}_{\mathrm{RMLE}}$ 以概率 1 收敛到 $\boldsymbol{\theta}_0$.

定理 4.3.3 当 $\lambda = o(1/\sqrt{n})$, 条件 (C.1) ~ 条件 (C.4) 成立时有

$$\sqrt{n}(\hat{\boldsymbol{\theta}}_{\mathrm{RMLE}} - \boldsymbol{\theta}_0) \to N(0, \boldsymbol{\Omega}^{-1}\boldsymbol{S}^*\boldsymbol{\Omega}^{-1}), \tag{4.3.19}$$

其中, $\boldsymbol{\Omega}$ 和 $\boldsymbol{S}^*$ 定义在条件 (C.4) 中.

上述两个定理的条件和证明方法非常类似于文献 (Yu and Ruppert, 2002; Yuan and Jennrich, 1998), 但是我们的模型要复杂.

由定理 4.3.2 得到了均值分量和方差分量稳健估计相合性的证明, 而由定理 4.3.3 获得了估计的渐近分布, 可以用来对均值分量和方差分量作统计推断, 如构造置信区间和进行假设检验等. 关于上述两个定理证明可参见文献 (Qin and Zhu, 2009a).

4. 经验研究

为了研究稳健似然方法的有限样本性质, 利用计算机模拟方法和一个实际例子来论证方法的有效性和可操作性. 首先, 进行模拟研究.

1) 模拟研究

考虑如下 Poisson 部分线性混合模型:

$$\begin{aligned} y_{ij}|b_i &\sim \text{independent} \quad \text{Poisson}(\mu_{ij}), \quad i = 1, \cdots, m, \ j = 1, \cdots, n_i, \\ \eta_{ij} &= \log(\mu_{ij}) = \beta x_{ij} + \sin(\pi t_{ij}) + b_i, \quad b_i \sim N(0, \sigma^2), \end{aligned} \tag{4.3.20}$$

其中, $m = 100$, $n_i = 4$, $\beta = 1$, $\sigma^2 = 0.25$, x_{ij} 独立地从 $U(-1,1)$ 抽取, t_{ij} 从 $U(0,1)$ 抽取, 并且与 x_{ij} 独立.

在模拟中, 选取在权函数 w_{ij} 中的 δ 为 1, 在 ϑ_{ij} 中的常数 c 为 2, 总共有 500 个数据集从模型 (3.20) 中产生. 利用样本分位数的 10 个固定节点的 4 阶 B 样条函数作为基, 按照 RGCV 准则在 $[-6,4]$ 中, 在 $\mathrm{lq}(\lambda)$ 的 20 个格子点上选取 λ 的值. 假如对模型没有其他信息, 按照文献 (Yu and Ruppert, 2002), 可以在更加广泛的范围 $[10^{-6}, 10^7]$ 上选取 λ 的值.

为了考查稳健估计的有效性, 也对数据进行扰动. 研究以下 5 种异常点的情况:

P1. 随机抽取 8 个 x_{ij} 用 $x_{ij} - 2$ 代替;

P2. 随机抽取 16 个 x_{ij} 用 $x_{ij} - 2$ 代替;

P3. 随机抽取 8 个 y_{ij} 用 $y_{ij} + 10$ 代替;

P4. 随机抽取 16 个 y_{ij} 用 $y_{ij} + 10$ 代替;

P5. 随机抽取 8 个 x_{ij} 用 $x_{ij}-2$ 代替; 再抽取另外 8 个 y_{ij} 用 $y_{ij}+10$ 代替.

在模拟中, 计算了稳健估计 $\hat{\beta}_{\mathrm{RMLE}}$ 和 $\hat{\gamma}_{\mathrm{RMLE}}$ 的偏差、均方误差以及 $\hat{f}_{\mathrm{RMLE}}$ 的积分均方误差 (IMSE), 并且同非稳健估计的进行比较, 把结果列在表 4.5 和表 4.6 中. 表 4.5 给出了数据中存在扰动和没有扰动的情况下, 计算得到的关于稳健估计和非稳健估计, 以及利用 Qin 和 Zhu (2007) 的方法得到的结果. 从表 4.5 中可以发现当没有异常点时, 稳健估计得到的偏差比非稳健估计得到的要大一些. 这时, 事实上, 当没有异常点时, 利用了稳健方法, 由此产生的一个小的赔偿, 所以一个好的统稳健计和推断方法在使用之前, 一些对异常点的诊断是非常推荐的, 而当数据中存在异常点时, 非稳健估计的偏差就显著地变大.

表 4.5　模型 (3.20) 的 500 次模拟结果

				$\hat{\beta}$			$\hat{\sigma}^2$		
			IMSE	BIAS1	MCSE1	MSE1	BIAS2	MCSE2	MSE2
NP	New	NR	0.0166	0.0019	0.0691	0.0048	−0.0045	0.0533	0.0029
		R	0.0174	0.0144	0.0706	0.0052	−0.0062	0.0545	0.0030
	Q&Z	NR	0.0137	0.0025	0.0690	0.0048	−0.0025	0.0537	0.0029
		R	0.0139	0.0025	0.0690	0.0048	−0.0031	0.0537	0.0029
P1	New	NR	0.0192	−0.1439	0.0784	0.0269	0.0053	0.0577	0.0034
		R	0.0169	−0.0438	0.0727	0.0072	−0.0059	0.0570	0.0033
	Q&Z	NR	0.0166	−0.1425	0.0784	0.0264	0.0072	0.0583	0.0034
		R	0.0146	−0.0624	0.0719	0.0091	0.0160	0.0631	0.0042
P2	New	NR	0.0255	−0.2461	0.0763	0.0664	0.0119	0.0558	0.0033
		R	0.0200	−0.0957	0.0739	0.0146	−0.0047	0.0549	0.0030
	Q&Z	NR	0.0227	−0.2445	0.0763	0.0656	0.0135	0.0559	0.0033
		R	0.0158	−0.1185	0.0739	0.0195	0.0313	0.0632	0.0050
P3	New	NR	0.0311	−0.0736	0.0840	0.0125	0.0308	0.0559	0.0041
		R	0.0187	0.0032	0.0742	0.0055	0.0004	0.0571	0.0033
	Q&Z	NR	0.0265	−0.0733	0.0845	0.0125	0.0325	0.0563	0.0042
		R	0.0239	−0.0152	0.0773	0.0062	0.0770	0.0686	0.0106
P4	New	NR	0.0585	−0.1454	0.0958	0.0303	0.0581	0.0554	0.0064
		R	0.0249	−0.0066	0.0778	0.0061	0.0092	0.0561	0.0032
	Q&Z	NR	0.0520	−0.1454	0.0958	0.0303	0.0590	0.0556	0.0066
		R	0.1623	−0.0317	0.0881	0.0088	0.3334	0.3419	0.2280
P5	New	NR	0.0418	−0.2026	0.0919	0.0495	0.0386	0.0549	0.0045
		R	0.0214	−0.0515	0.0781	0.0087	0.0018	0.0555	0.0031
	Q&Z	NR	0.0370	−0.2019	0.0914	0.0491	0.0399	0.0554	0.0047
		R	0.0328	−0.0750	0.0822	0.0124	0.1152	0.0906	0.0215

注: R 为稳健方法, NR 为非稳健方法, NP 为未扰动, P 为有扰动.

可是主要兴趣是当出现异常点时我们的稳健方法的表现. 表 4.5 也显示当没有

异常点时, 稳健估计没有产生严重的偏差和很大的 MSE. 与之对应, 出现异常点时对非稳健估计产生的严重的偏差和大的 MSE. 更进一步, 前两种协变量的异常点主要影响回归均值部分, 而对方差部分 σ^2 几乎没有影响, 后两种关于应变量的异常点对均值和方差的估计都有影响. 从偏差和均方误差 MSE 来看, 均值和方差的稳健估计都有很好的表现. 类似的发现也能从最后一种协变量和应变量同时有异常点的情况得到. 模拟结果显示我们的稳健方法有非常好的表现. 特别地, 由于方差成分由稳健的估计方程求得, 方差成分的稳健估计显示了比较好的稳健性.

此外, 我们也同 1.3.1 小节的方法进行了比较, 把 1.3.1 小节的估计记为 QZ. 在计算 QZ 估计时, 我们使用样本的分位数为节点, 节点数为 3 的 4 阶 B 样条. 当没有异常点时, 新的估计与 QZ 估计相比有大的偏差, 这是由于为了计算分别, 在计算时忽略了纠偏项. 可是当有异常点时, 新估计有比较好的表现. 回归参数 β 和非参数函数 $f(\cdot)$ 的估计与 QZ 估计相比有小的偏差和 MSE. 更进一步分析, 由于 QZ 的方差估计是最大似然估计, 没有稳健性, 对异常点是敏感的. 特别是在有第 4 种异常点的情况下, 新估计明显优于 QZ 估计. 由于在文献 (Sinha, 2004) 和 1.3.1 小节的稳健估计方程中, 条件数学期望是被异常点严重影响的, 这导致了这些估计有很差的表现. 相应地, 新的估计方法的稳健估计方程 (3.18) 引入了稳健的条件数学期望, 由此得到了比较好的表现.

更进一步会发现, 当应变量有异常点时, 回归系数 β 的新的稳健估计与 QZ 估计相比有小的标准差, 即有高的效率, 这个现象在第 4 种异常点时特别明显. 注意到在这些状况中, 方差 σ^2 的新的稳健估计与 QZ 估计相比有小的标准差和小的 MSE. 这说明一个好的方差成分的估计能够提高均值部分估计的效率.

表 4.6 比较了分别用稳健的 GCV 和非稳健的 GCV 选取光滑参数 λ 后, 非参数函数 $f(\cdot)$ 估计的 IMSE. 结果表明当协变量有异常点时, 用稳健的 GCV 获得的估计的 IMSE 略微大于非稳健的 GCV, 这是因为这种异常点主要影响参数 β 部分的估计. 可是当应变量有异常点时, 用稳健的 GCV 获得的估计的 IMSE 略微小于非稳健的 GCV.

表 4.6 不同 GCV 选取光滑参数后非参数估计的 IMSE 比较

	RGCV	GCV	$(\text{IMSE}-\text{IMSE}_r)/\text{IMSE}_r$
NP	0.0174	0.0168	−0.0345
P1	0.0169	0.0162	−0.0414
P2	0.0200	0.0186	−0.0700
P3	0.0187	0.0212	0.1337
P4	0.0249	0.0274	0.1004
P5	0.0214	0.0222	0.0374

注: NR 为非稳健方法, R 为稳健方法.

2) 实例分析

为了研究新提出的稳健估计的有效性, 利用广义部分线性混合模型, 并结合稳健化似然方法进一步分析 GUIDE 数据.

对该数据集合建立与 1.3.1 小节相同的部分线性混合效应模型 $\text{logit}(\mu_{ij}) = \boldsymbol{X}_{ij}^{\mathrm{T}}\boldsymbol{\beta} + f_0(\text{AGE}) + U_i$, 其中, U_i 服从正态分布 $N(0,\sigma^2)$, 但是利用本节的方法分析. 在分析中, 采用 3 阶 P 样条. 由于变量年龄中可区分的数值很少, 采用 5 个固定节点会导致估计的结果波动比较大, 为了计算的稳定性, 选取两个固定节点来估计响应变量与年龄之间的非线性关系, 光滑参数 λ 通过稳健的 GCV 选为 10^{-6}.

为便于比较, 把分析结果以及 Qin 和 Zhu (2007), He 等 (2005), Sinha (2004) 的结果同时列在表 4.7 中. 在表 4.7 中可以发现用新的稳健方法分析, 在显著性水平为 0.05 下, 变量 GENDER, DAYACC 和 SEVERE 的影响是显著的, 但是用非稳健方法分析, 仅有变量 DAYACC 和 SEVERE 是显著的. 利用新的稳健方法分析: 关于假设检验 $H_0:\sigma^2=0$ vs $H_1:\sigma^2>0$ 表明方差成分 σ^2 在水平 0.030 是显著的, 这个也表明在相同的医疗研究小组内部的病人是相关的, 并且不同的医疗小组有显著的差异. 检验的 p 值比用非稳健方法得到的 0.123 要小很多. 分别用 Qin 和 Zhu (2007) 以及 Sinha (2004) 的方法, 相同检验的 p 值分别是 0.071 和 0.094, 这些值虽然比 0.05 大, 但是比用非稳健方得到的要小. 更进一步, 新的方差估计同 Qin 和 Zhu (2007) 以及 Sinha (2004) 的估计有比较大的数值差. Preisser 和 Qaqish (1999) 指出第 8, 42, 88 和 19 数据点可能是异常点. 这些异常点可以影响在稳健估计方程中的数学期望, 进而影响它们的估计. 由于新的稳健估计方程的数学期望成功地限制了异常点的影响, 因此, 产生了合理的估计.

表 4.7　GUIDE 数据的回归参数估计(续)

	Robust	Nonrobust	Q&Z	H,F&Z	Sinha
截距	–	–	–	–	3.593(0.952)
GENDER	−2.698(0.663)	−1.154(0.656)	−1.594(0.603)	−1.57(0.61)	−1.298(0.632)
AGE(10 年)	–	–	–	–	−1.072(0.623)
DAYACC	1.011(0.169)	0.613(0.136)	0.668(0.149)	0.59(0.14)	0.506(0.116)
SEVERE	1.180(0.575)	1.091(0.450)	0.826(0.464)	0.67(0.40)	0.827(0.373)
TOILET	0.175(0.166)	0.082(0.089)	0.132(0.100)	0.27(0.10)	0.240(0.110)
方差	4.331(2.305)	1.676(1.442)	1.984(1.353)	–	1.861(1.414)

注: 括号中的数值为估计的标准差.

这个数据集已经被 Sinha (2004), Qu 和 Song(2004), He 等 (2005) 以及 Qin 和 Zhu (2007) 多次分析过. Sinha (2004) 指出第 7, 10, 27, 56, 59, 97 和 131 点可能是强影响点. 为了得到充分的信息, 我们利用 $Z=$ (DAYACC, TOILET) 计算了权函数 w_{ij}, 数据点 7, 10, 59 和 97 具有非常小的权 (权小于 0.5), 这些结论同 Sinha (2004) 的结论基本一致, 而且通过计算 ϑ_{ij}, 发现数据点 8, 14 和 89 对响应变量有

较大的修正, 第 8 个数据点是一个可能的异常点. 这些结论也同文献 (Preisser and Qaqish, 1999) 中类似.

4.3.3 一些相关的问题

随机效应模型是一类使用非常广泛的纵向数据模型, 在前面主要研究了模型的两种稳健统计推断方法. 由于稳健统计推断方法一方面限制了异常点的影响, 同时也能限制正常观察值的作用, 因而当数据集没有异常点时, 稳健统计推断可能会带来效率损失. 所以在使用稳健统计推断之前, 必须仔细研究数据和模型是否吻合得好, 数据集合中是否有异常点和强影响点, 这些是统计诊断和影响分析的主要研究内容.

关于半参数混合效应模型的统计诊断方法, 在 2002 年, 我们首次在文献 (Fung, et al., 2002) 中研究了部分线性混合效应模型的统计诊断问题, 得到了计算参数和非参数成分的诊断统计量, 并研究了异常点的检验方法, 得到了检验统计量. Zhu 等 (2003) 研究了部分线性混合模型的局部影响分析, 得到了局部影响的影响矩阵和一些其他诊断统计量. 张浩和朱仲义 (2007) 研究了广义部分线性混合模型的影响分析问题, 利用 MCMC 方法研究了诊断统计量的计算和用实际数据进行评价方法的优劣性. Zhu 和 Fung(2004) 研究了部分线性混合效应模型的方差成分检验问题, 得到了 Score 检验统计量, 并研究了检验统计量的大样本性质. 曾林蕊和朱仲义 (2008) 研究了广义部分线性混合模型的方差成分的检验问题.

4.4 转移模型

上面已经介绍了纵向数据的边际模型和混合效应模型. 这两类模型主要刻画了观察数据内部的个体效应和总体效应, 还有第三种对纵向数据建模的方法. 由于当前的观察因变量可能同前面已经观察到的因变量有关系, 从而产生了所谓的转移模型或者马尔可夫模型. 由于纵向数据连续观察的特点, 转移模型正在被许多理论和应用工作者重视.

为给出模型, 首先令 $H_{ij} = (y_{i1}, \cdots, y_{ij-1})$ 表示第 j 次观察前的观察历史, $f_r(H_{ij})$ 是过去观察变量的函数 (经常是线性函数). 给定过去的观察 H_{ij}, 观察 y_{ij} 的条件分布具有式 (4.3.1) 的指数族密度, 并且条件期望和条件方差为

$$\mu_{ij}^c = E(y_{ij}|H_{ij}) = \dot{b}(\theta_{ij}) \quad 和 \quad v_{ij}^c = \mathrm{Var}(y_{ij}|H_{ij}) = \ddot{b}(\theta_{ij})\phi. \tag{4.4.1}$$

转移模型的均值和方差同协变量 x_{ij} 和 H_{ij} 之间的关系为

$$g(\mu_{ij}^c) = \boldsymbol{x}_{ij}^{\mathrm{T}}\boldsymbol{\beta} + \sum_{r=1}^{s} f_r(H_{ij}, \alpha) \quad 和 \quad v_{ij}^c = v(\mu_{ij}^c)\phi, \tag{4.4.2}$$

其中, $g(\cdot)$ 和 $v(\cdot)$ 是已知的联系函数和由密度函数 (4.3.1) 决定的方差函数.

转移模型把条件数学期望表达成协变量和过去的响应变量的函数, 把过去的响应变量简单地当成协变量. 函数 $f_r(\cdot,\cdot)$ 是已知的, 假定过去的观察通过 s 项和来影响目前的观察. 下面介绍几个常见的例子.

线性联系函数模型, 即自回归模型

$$y_{ij} = \boldsymbol{x}_{ij}^{\mathrm{T}}\boldsymbol{\beta} + \sum_{r=1}^{s} \alpha_r(y_{ij-r} - \boldsymbol{x}_{ij-r}^{\mathrm{T}}\boldsymbol{\beta}) + \epsilon_{ij}, \tag{4.4.3}$$

其中, ϵ_{ij} 是具有 0 均值的独立正态分布. 这是一个具有 $g(\mu_{ij}^c) = \mu_{ij}^c$, $v(\mu_{ij}^c) = 1$ 及 $f_r = \alpha_r(y_{ij-r} - \boldsymbol{x}_{ij-r}^{\mathrm{T}}\boldsymbol{\beta})$ 的转移模型. 当前观察 y_{ij} 是 x_{ij} 和 $y_{ij-r} - \boldsymbol{x}_{ij-r}^{\mathrm{T}}\boldsymbol{\beta}$ 的线性函数. 在经济学中, 这个模型也称为动态 Panel 模型.

Logit 联系函数模型, 对二元响应变量建立如下模型:

$$\operatorname{logit}(\mu_{ij}^c) = \boldsymbol{x}_{ij}^{\mathrm{T}}\boldsymbol{\beta} + \sum_{r=1}^{s} \alpha_r y_{ij-r}.$$

参数 $\boldsymbol{\beta}$ 和 α_r 有回归参数和自回归参数的解释.

上述模型的一个吸引人的地方是能够获得观察向量的联合分布. 分布密度可以表示为条件密度的连续乘积

$$f(y_{i1},\cdots,y_{in_i};\boldsymbol{\beta},\alpha) = \prod_{j=1}^{n_i} f(y_{ij}|y_{i1},\cdots,y_{ij-1};\boldsymbol{\beta},\alpha). \tag{4.4.4}$$

对参数可以利用最大似然估计的方法求解. 具体可以参考文献 (Diggle, et al., 2002), 第 10 章.

在时间系列领域内, 尽管转移模型已经有很长的使用历史, 但是应用到纵向数据分析中几乎才开始. 由于转移模型有许多特别的结构, 这些结构限制了这些模型在纵向数据分析中的应用. 一般地, 转移模型要求每个个体在等时间间隔观察, 并且要有相同的观察次数. 在纵向数据分析中往往数据具有缺失, 观察点在不同的时间点, 这样就不能满足转移模型所需要的条件. 这就限制了这类模型的应用. 最新的应用有文献 (Zeng and Cook, 2007), 研究了基于转移模型的多维二元纵向数据分析.

4.5 进一步展望

在这一节中, 展望纵向数据分析在以下三个方面的发展: ① 均值与协方差联合模型的研究; ② 不完全纵向数据的分析; ③ 纵向数据模型的模型选择问题的研究.

1. 均值与协方差联合模型的研究

在许多统计推断问题中，均值永远是主题，是主要感兴趣的部分. 但是，一方面为了提高均值推断的效率，需要数据或模型的方差的正确估计；另一方面，方差部分也是主要感兴趣的，如在经济、金融、生物领域中，方差是描述随机波动和风险的度量，这些量是这些领域主要感兴趣的.

近几年来，关于均值与协方差联合模型，越来越多的统计学者和其他应用工作研究者对这些模型感兴趣. 文献 (Fan, et al., 2007) 对均值部分建立了部分变系数模型，对方差是一个半参数模型的联合模型进行了较为全面的研究. 该论文利用 Profile 核估计研究了参数估计的性质，分别利用最大拟似然和最小方差估计研究了协方差参数的一些性质，基于残差利用核估计研究了方差函数的估计的性质. 如果能够正确建立方差模型，均值部分能够提高效率. Sun 等 (2007) 对纵向数据均值部分建立了变系数模型，随机效应的协方差阵是无结构模型的联合模型进行了研究. 他们首先利用局部线性拟合系数函数，然后利用投影变换求出协方差阵的估计，最后研究了估计的性质，得到了估计的渐近正态性. 还有许多相关的文献就不一一介绍了.

均值与协方差联合模型的统计推断最大的困难是如何利用有限的样本信息，同时对均值与协方差进行推断；如何建立简洁有效的协方差模型，因为协方差阵是一个正定矩阵，这对解决建立模型和估计增加了困难. 目前有许多统计、金融和经济研究工作者在研究此类问题，这是纵向数据分析领域中一个相当活跃的分支.

2. 不完全纵向数据的分析

由于纵向数据是不同个体在不同时间点上收集的，在个体和时间两个方向都有可能缺失观察，所以这种类型的数据比截面数据更加容易缺失. 在数据集中缺失数据，一方面损失信息，因而降低推断的精度；另一方面也是最重要的，缺失数据可能产生有偏推断，由此产生错误的推断. 当纵向数据不完全时，更加要仔细地研究这类数据的统计推断.

一般地，处理不完全纵向数据有三种方法：① 补缺 (imputation) 方法；② 基于似然的方法；③ 加权方法. 有关这方面的研究已经有大量的文献，可参见最新的专著 (Daniels and Hogan, 2008)；Sun, Sun 和 Lin(2007). 但是这些还远远没有达到想象的那样完美. 主要的困难来自于个体内部的相关. 如何有效地建立内部相关结构和缺失机制，并把它们结合在一起是目前分析不完全纵向数据面临的最大的挑战.

3. 纵向数据模型的变量选择

由于个体内部相关和分类数据缺乏似然函数，纵向数据模型的有效变量选择是一个非常挑战的问题. 如果能够获得模型的似然函数，则可以利用古典 AIC 和 BIC

准则进行模型选择, 还可以利用现代的模型选择方法, 如 Lasso 和 SCAD 等, 但是不能获得模型的似然函数, 模型选择的方法就很少.

最近, Fan 和 Li(2004) 对纵向数据的部分线性模型利用 Profile 似然和 SCAD 方法研究了模型选择问题, 得到了相合估计和模型选择的 Oracle 性质. Wang 和 Qu (2009) 利用二次推断函数方法结合 BIC 准则对纵向分类数据模型建立了模型选择准则, 并证明了选择准则是相合的.

有关纵向数据模型的模型选择的研究才刚刚开始, 面临的主要任务是: ① 如何结合个体内部的相关性和现代选择准则 (Lasso 和 SCAD), 提出行之有效的变量选择准则; ② 对纵向数据的一些复杂模型, 如非参数、半参数、随机效应等模型, 如何建立变量选择准则.

参 考 文 献

曾林蕊, 朱仲义. 2008. 连续型半参数广义线性纵向数据模型的方差成分检验. 数学物理学报, 28A(4): 585～594

张浩, 朱仲义. 2007. 半参数广义线性混合效应模型的影响分析. 应用数学学报, 30(4): 743～756

Bai Y, Fung W K, Zhu Z Y. 2009a. Penalized quadratic inference functions for single-index models for longitudinal data. Journal of Multivariate Analysis, 100: 152～161

Bai Y, Fung W K, Zhu Z Y. 2009b. Empirical likelihood inference for longitudinal generalized linear models. Statistics Sinica

Bai Y, Zhu Z Y, Fung W K. 2008. Partial linear models for longitudinal data based on quadratic inference functions. Scandinavian Journal of Statistics, 35(1): 104～118

Boente G, He X, Zhou J. 2006. Robust estimates in generalized partially linear models. The Annals of Statistics, 34: 2856～2878

Cantoni E, Ronchetti E. 2001. Robust inference for generalized linear models. J Am Statist Assoc, 96: 1022～1030

Daniels M J, Hogan J W. 2008. Missing Data in Longitudinal Studies. Lonon: Chapman and Hall

Diggle P J, Heagerty P, Liang K Y, et al. 2002. Analysis of Longitudinal Data. Second Edition. New York: Oxford University Press

Eiler P H C, Marx B. 1996. Flexible smoothing with B-splines and penalties (with discussion). Statist. Sci., 11: 89～121

Fan J, Huang T, Li R. 2007. Analysis of longitudinal data with semiparmetric estimation of covariance function. J. Amer. Statist. Assoc., 102: 632～641

Fan J, Li R. 2004. New estimation and model selection procedures for semiparametric modeling in longitudinal analysis. J. Amer. Statist. Assoc., 98: 710～723

Fitzmaurice G M, Davidian M, Verbeke G, et al. 2008, Longitudinal Data Analysis. New York: Taylor & Francis Group

Fitzmaurice G M, Laird N H, Ware J H. 2004. Applied Longitudinal Analysis. New Jersey: John Wiley and Sons

Frees E W. 2004. Longitudinal and Panel Data: Analysis and Applications in the Social Sciences. New York: Cambridge University Press

Fung W K, Zhu Z Y, Wei B C, et al. 2002. Influence diagnostics and outlier tests for semiparametric mixed models. J. R. Statist. Soc., B 64: 565~579

Härdle W, Liang H, Gao J. 2002, Partially Linear Models. New York: Springer-Verlag

He X, Fung W K, Zhu Z Y. 2005. Robust estimation in generalized partial linear models for clustered data. J. Am. Statist. Assoc., 100: 1176 ~1184

He X, Zhu Z Y, Fung W K. 2002. Estimation in a semiparametric model for longitudinal data with unspecified dependence structure. Biometrika, 89: 579~590

Liang K Y, Zeger S L. 1986. Longitudinal data analysis using generalized linear models. Biometrika, 73: 13~22

Lin X, Carroll R J. 2001. Semiparametric regression for clustered data using generalized estimating equations. J. Am. Statist. Assoc., 96: 1045~1056

McCulloch C E. 1997. Maximum likelihood algorithms for generalized linear mixed models. J. Am. Statist. Assoc., 92: 162~170

Mills J E, Field C A, Dupuis D J. 2002. Marginally specified generalized linear mixed models: a robust approach. Biometrics, 58: 727~734

Preisser J S, Qaqish B F. 1999. Robust regression for clustered data with application to binary responses. Biometrics, 55: 574~579

Qin G Y, Zhu Z Y. 2007. Robust estimation in generalized semiparametric mixed model for longitudianl data. J. Multivariate Anal., 98: 1658~1683

Qin G Y, Zhu Z Y. 2008. Robust Estimation in Partial linear mixed model. Acta Math. Scientia, 28B(2): 333~347

Qin G Y, Zhu Z Y. 2009a. Robustified Maximum Likelihood Estimation in Generalized Partial Linear Mixed Model for Longitudinal Data. Biometrics, in Press

Qin G Y, Zhu Z Y. 2009b. Local Asymptotics of Regression Splines for Semiparametric Models with Longitudinal Data. Science in China, in Press

Qin G Y, Zhu Z Y, Fung W K. 2008. Robust Estimating equations and bias correction for correlation parameters for longitudinal data. Computational Statistics and Data Analysis, 52(10): 4745~4753

Qin G Y, Zhu Z Y, Fung W K. 2009. Robust estimation of covariance parameters in partial linear model for longitudinal data. Journal of Statistical Planning and Inference, 137: 558~570

Qu A, Song P X K. 2004. Assessing robustness of generalised estimating equations and quadratic inference functions. Biometrika, 91: 447~459

Sinha S K. 2004. Robust analysis of generalized linear mixed models. J. Am. Statist.

Assoc., 99: 451~460

Sun J, Sun L, Liu D. 2007. Regression analysis of longitudinal data in the presence of informative observation and censoring times. J. Am. Statist. Assoc., 102: 1397~1450

Sun Y, Zhang W, Tong H. 2007. Estimation of the covariance matrix of random effects in longitudinal studies. The Annals of Statistics, 35: 2795~2814

Stone C. 1985. Additive regression and other nonparametric models. The Annals of Statistics, 13: 689~705

Wahba G. 1984 in Statistics, an Appraisal, Proceedings of the lowa State University Statistical Laboratory 50th Anniversary Conference H. A. David and H. T. David, eds. The lowa State University Press, 205~235

Wang H, Zhu Z Y. 2009a. Quantile Regression with Partially Linear Varying Coefficients for Longitudinal Data. The Annals of Statistics

Wang H, Zhu Z Y. 2009b. Smoothing Empirical Likelihood for Quantile Regression of Longitudinal Data. Statistics Sinica

Wang L, Qu A. 2009. Consistent model selection and data-driven smooth tests for longitudinal data in the estimating equations approach. J. R. Statist. Soc. B, 71(1): 177~190

Wu H L, Zhang J T. 2006. Nonparametric Regression Methods for Longitudinal Data Analysis. New Jersey: John Wiley and Sons

Xue L, Zhu L. 2007a. Empirical likelihood semiparametric regression analysis for longitudinal data. Biometrika, 94: 921~937

Xue L, Zhu L. 2007b. Empirical likelihood for a varying coefficent model with longitudinal data. J. Am. Statist. Assoc., 102: 1042~1054

Yau K K W, Kuk A Y C. 2002. Robust estimation in generalized linear mixed models. J. R. Statist. Soc., B 64: 101~117

Yu Y, Ruppert D. 2002. Penalized spline estimation for partially linear single index models. J. Am. Statist. Assoc., 97: 1042~1054

Yuan K H, Jennrich R I. 1998. Asymptotics of estimating equations under natural conditions. J. Multivariate Anal., 65: 245~260

Zeng L, Cook R J. 2007. Transition models for multivariate longitudinal binary data. J. Am. Statist. Assoc., 102: 211~223

Zerger S L, Diggle P J. 1994. Semiparametric models for longitudinal data with application to CD4 cell numbers in HIV seroconverters. Biometrics, 50: 689~699

Zhang D W, Lin X H, Raz J, et al. 1998. Semiparametric stochastic mixed models for longitudinal data. J. Am. Statist. Assoc., 93: 710~719

Zhang T, Zhu Z Y. 2009. Efficient Inference Based on Block Empirical Likelihood for Longitudinal Partially Linear Regression Models.

Zhou J H, Zhu Z Y, Fung W K. 2008. Robust testing with generalized partial linear models for longitudinal data. Journal of Statistical Planning and Inference. 138: 1871 ~1883

Zhu Z Y, Fung W K. 2004. Variance Component Testing in Semiparametric Mixed Models. Journal of Multivariate Analysis. 91: 107~118

Zhu Z Y, He X, Fung W K. 2003. Local influence of Semiparametric model. Scandinavian Journal of Statistics, 30(4): 767~780

Zhu Z Y, He X, Fung W K. 2008. On local asymptotics of marginal regression splines with longitudinal data. Biometika, 95(4): 907~917

第 5 章　测量误差模型及其统计推断方法

5.1　测量误差模型简介

在统计学中，人们会利用各种不同的方式来收集数据，然后对所收集的数据进行分析. 但在收集数据的过程中经常会有所谓测量误差 (measurement error) 产生，如当调查工资收入时，由于种种原因，人们往往不愿意把真实的工资告诉你，这时候所得到的数据就带有测量误差. 测量误差可在包括经济学、流行病学、工程学等在内的几乎所有应用领域中出现，而这些误差在进行数据分析时常被忽略，其可能的原因是这些误差均非已知，而无从列入. 但如果误差 "太大"，则所得结果的分析与推断将会受到很大影响. 从广义来看，测量误差存在于各个领域，但往往为人们所忽略. 本文介绍的是比较狭义的测量误差模型(measurement error model 或 errors-in-variables model, EV 模型). 最简单的测量误差模型是 $X = x + \epsilon$, 其中, x 是所研究的变量，但不能观测到，所观测到的是它的替代品或替代变量 X, ϵ 是其测量误差. 在统计理论与实际应用中，回归模型 (regression model) 扮演着极其重要的角色，但普通回归模型中的自变量 (independent variable)，无论是固定的 (fixed) 或是随机的 (stochastic)，均认为是可以直接观测的量，用符号表示即为因变量 (dependent variable)y, 自变量 x 均可获得直接的观测值. 回归模型即是假设 y 和 x 之间有某种回归关系，其中，最简单的例子就是线性关系，即是线性模型. 而在 EV 回归模型中，一般自变量 x 和因变量 y 是不能直接观测到的，而只能观测到替代变量 Y 和 X, 但 Y 和 X 之间的关系并不清楚，因 (X,Y) 是 (x,y) 的替代变量，也即 (x,y) 才是真实的，但观测不到，只能观测到替代变量 (X,Y). 这也就说明在测量 (x,y) 时是存在误差的，最简单的情形是 $X = x + \epsilon, Y = y + e$, 加上原来的回归关系所构成的模型即为测量误差的模型.

最原始的线性测量误差模型在 19 世纪 70 年代即已出现，但并未受到特别的重视，其后百余年，回归模型无论在理论上还是在应用上均有长足的进步，而且成为统计分析中极为重要的工作. 反观测量误差模型却进展缓慢，真正的原因很难理清，但模型的复杂度可能是其主要原因. 直观来说，能收集到的数据是以 (X,Y) 的形式出现的，但 Y 和 X 之间的关系却不明确，只知道 y 和 x 之间的关系. 在此情形下，任何统计推论或多或少都会碰到困难. 从技术性上来说，对模型的参数估计 (点

本章作者：崔恒建，北京师范大学教授.

估计和区间估计) 均有一定的困难和障碍, 这也是测量误差模型在一般应用上不受重视的原因, 对一般统计软件, 也没有此类的设计. 到了 20 世纪 80 年代, 测量误差模型才开始受到重视, 其原因是在许多数据用普通回归模型处理时, 结果不十分理想, 究其原因是自变量中的误差太大, 无法以传统的回归模型来分析.

过去 20 多年来, 有关测量误差模型的研究如雨后春笋般兴起, 这也是因为在许多科中, 如化学、工程、医学等系, 均需用测量误差模型来处理问题, 从而加速了此问题的研究. 模型的复杂程度和研究的难度也大为提高, 不过也正因为如此, 测量误差模型的研究也变为极具挑战性的问题.

总而言之, 测量误差模型的出现和对其研究的深入是很自然的事, 但使用测量误差模型的用意并非在取代传统的回归模型, 其真正作用是在使用一般回归模型时, 若所得结果似乎有问题, 或者在收集数据时发现测量误差太大而无法忽视, 这时测量误差模型则是一个重要的备选模型. 虽然自 20 世纪 80 年代后期, 非线性测量误差模型被广泛地研究, 但在线性模型中许多重要的问题, 如 diagnostics, variable selection 等也均缺少研究. 这是因为此类问题难度相当高, 到目前仍未有理想的结果. 这些问题与非线性误差模型均是未来重要的研究方向, 可参见文献 (Stefanski, 2000) 的评述. 有关测量误差模型的参考书有 (Schneeweiss and Mittage, 1986; Fuller, 1987; Carroll, et al., 1995; Cheng and van Ness, 1999), 其中, 入门书籍以 (Fuller, 1987; Cheng and van Ness, 1999) 为主. 至于文献 (Schneeweiss and Mittage, 1986) 是德文, 英文新版尚未出书, 文献 (Carroll, et al., 1995) 主要以非线性模型为主, 对初学者较不宜, 但对非线性误差模型有兴趣者应是最佳选择.

本文在介绍测量误差模型的基础上, 进一步介绍了几类重要测量误差模型的估计方法和模型检验方法, 具体介绍了简单测量误差模型中的平均变换估计、线性测量误差模型的稳健估计方法、部分线性测量误差模型的估计方法、变系数和随机效应测量误差模型的估计方法、有辅助变量的测量误差模型的去噪 (denoised) 估计方法、测量误差模型的置信区间的构造方法以及测量误差模型的模型检验方法等.

5.2 简单测量误差模型中的平均变换及估计方法

5.2.1 简单测量误差模型

称如下形式的测量误差模型:

$$Y = X + v \tag{5.2.1}$$

为简单测量误差模型, 其中, X 与 v 独立, X 的密度 $f(x)$ 未知, v 是均值为 0, 分布已知的测量误差. 模型 (5.2.1) 中所描述的测量有不可忽略误差的现象广泛存在于纤维荧光测定 (microf luorimetry)、电泳疗法 (electrophoresis)、生物统计学、林学、抽样调查和其他领域中. 这一领域更多的工作可以参见文献 (Fuller, 1987; Stefanski, 1989; Carrol, et al., 1995; Ioannides and Alevizos, 1997; Cui, 1997a, 1997b; Zhang and Chen, 2000; Zhu and Cui, 2003) 及其参考文献中找到. Stefanski 和 Carroll(1991) 报告了一个放射暴露量的健康效应的例子, 测量得到的放射暴露量包含大量的测量误差, 他们建立了 deconvolution 核密度估计的渐近理论. 关于 deconvolution 更多的实用方面可参见文献 (Fan, 1991a). 更多关于 deconvolution 核技术可以在文献 (Fan, 1991b; Fan and Truong, 1993; Fan, 1995; Ioannides and Alevizos, 1997) 等中找到.

5.2.2 变量的平均变换与分解卷积方法

在实际应用中, 估计真实变量变换的均值十分必要, 而实际真实变量的观测往往含有测量误差. 例如, 在抽样调查中, 希望估计一批产品中 n 个球的平均体积, 但直径 X 的测量带有测量误差 v. 观测到 $Y_i = X_i + v_i$ $(1 \leqslant i \leqslant n)$, 并且平均体积 $\pi E(X^3)/6$ 需要根据样本 $\{Y_1, \cdots, Y_n\}$ 进行估计. 另外一个例子是有一个有限总体 $\mathcal{P} = \{Z_i = X_i\beta + \sigma(X_i)\delta_i, Y_i = X_i + v_i | i = 1, \cdots, N\}$, 它是超总体 $Z = X\beta + \sigma(X)\delta, Y = X + v$ 的实现. 为了估计总体方差 $V = \sum\limits_{j=1}^{N}(Z_j - \bar{Z})^2/(N-1)$, 准确估计 $E\sigma^2(X)$ 可能是有用的, 对此的详细讨论可以参见文献 (Qin and Feng, 2003). 在实际抽样中, 样本量一般很大, 如果误差分布的知识获得得足够, X 的分解卷积 (deconvolution) 非参数密度估计应该是可行的. 一般来说, X 的关于光滑可积函数 $h(\cdot)$ 的平均变换定义为

$$\theta = E(h(X)) = \int h(x)f(x)\mathrm{d}x,$$

其中, $f(\cdot)$ 是 X 的密度.

Qin 和 Feng(2003) 根据来自模型 (1) 的 $\{Y_1, \cdots, Y_n\}$ 构造了 θ 的分解卷积核估计 $\hat{\theta}_{nd}$,

$$\hat{\theta}_{nd} = \int h(x)\hat{f}(x)\mathrm{d}x = \frac{1}{na_n}\sum_{j=1}^{n}\int K_n\Big(\frac{x - Y_j}{a_n}\Big)h(x)\mathrm{d}x,$$

其中, $\hat{f}_n(x) = (na_n)^{-1}\sum\limits_{j=1}^{n} K_n(x - Y_j/a_n)$ 是密度 f 的分解卷积核估计,

$$K_n(x) = \frac{1}{2\pi}\int \frac{\phi_K(t)}{\phi_v(t/a_n)}\exp\{-\mathrm{i}tx\}\mathrm{d}t$$

是核函数 $K(\cdot)$ 的 Fourier 变换 $\phi_K(t)$ 的分解卷积核, a_n 是窗宽序列, $\mathrm{i} = \sqrt{-1}$ 且 $\phi_v(t)$ 是 v 的特征函数.

由于分解卷积核密度估计的极限行为极其依赖 ϕ_v 的尾部, 在普通光滑 (ordinary smooth) 的情形下 (定义参见文献 (Stefanski and Carroll, 1990)), Fan (1991a, 1991b) 等证明了 $f_n^{(l)}(x)-f^{(l)}(x)$ 具有最优平均收敛速度 $O\big(n^{-(m+\alpha-l)/[2(m+\alpha+\beta)+1]}\big)$ (关于 f 一致, 其中, β 为 ϕ_v 的普通光滑指数, m,α 为 f 可导类指数) 以及标准化 $f_n(x)$ 后具有渐近正态性.

Cui(2005) 在普通光滑 (ordinary smooth) 的情形下获得了 $E(\hat{\theta}_{nd})-\theta$ 和 $\hat{\theta}_{nd}-\theta$ 的表示定理, 从而证明了 $\hat{\theta}_{nd}$ 的渐近正态性. 注意到当 $h(x)$ 为多项式时, 分解卷积核密度估计与矩估计有所不同. 例如, 当 $h(x)=x^2$ 时, v 服从双指数分布,$\mathrm{Var}(v)=\sigma_0^2$, $K(x)=\exp(-x^2/2)/\sqrt{2\pi}$, 可以得到矩估计 $\hat{\theta}_{nm}=(1/n)\sum\limits_{j=1}^{n}Y_j^2-\sigma_0^2$, 并且 $\hat{\theta}_{nd}=(1/n)\sum\limits_{j=1}^{n}Y_j^2-\sigma_0^2+a_n^2=\hat{\theta}_{nm}+a_n^2$ (Cui, 2005).

5.2.3 SIMEX 与 EXPEX 方法

众所周知, 正态分布是 super smooth 分布的重要代表, 研究一般 super smooth 情况下测量误差模型的工作较为困难. Fan (1991a, 1991b) 等获得了 $f_n^{(l)}(x)-f^{(l)}(x)$ 具有最优平均收敛速度 $O\big((\log n)^{-(m+\alpha-l)/\beta}\big)$ (关于 f 一致, 其中, β 为 ϕ_v 的超光滑指数, m,α 为 f 可导类指数) 以及标准化 $f_n(x)$ 后具有渐近正态性, 表明在测量误差模型中 super smooth 情况下, 用分解卷积方法进行与 X 的密度有关的非参数估计的收敛速度极慢, 并且不可能改进. Cook 和 Stefanski(1994), Stefanski 和 Cook(1995), Stefanski 和 Bay(1996), Staudenmayer 和 Ruppert(2004)) 等给出了 SIMEX(simlation-extrapolation) 方法, 即当测量误差分布已知正态时, 用原数据加上模拟误差数据 (方差 $\delta>0$ 可变化) 产生新数据, 并在新数据下进行估计. 随着 $\delta>0$ 的变化, 可找出所作估计的变化规律, 进而拟合出变化曲线, 再外推插值至 $\delta=-1$ 时估计的值, 即得所求的估计. 这一方法对误差分布已知正态 (super smooth) 且方差较小时, 其估计比较有效.

Cui(2005) 在 super smooth 的情况下, 研究了简单测量误差模型的 X 的平均变换估计, 提出了 EXPEX(expectation-extrapolation) 方法, 这是相对于 SIMEX 所提出的一种估计方法, 它能有效地避免由误差超光滑所带来的困难, 本质地提高估计的收敛速度.

令 $Z\sim N(0,\sigma_0^2)$, $h^*(y)=\mathrm{Re}\{E_Z[h(y+\mathrm{i}Z)]\}=\lim\limits_{\lambda\to-1}\mathrm{Re}\{E_Z[h(y+\sqrt{\lambda}Z)]\}$, 其中, $\mathrm{i}=\sqrt{-1}$, Re 表示复数的实部. 称 $h^*(y)$ 为 $h(y)$ 的 EXPEX 函数, θ 的 EXPEX 估计构造如下:

$$\hat{\theta}_{ne}=\frac{1}{n}\sum_{j=1}^{n}h^*(Y_j).$$

在一定的条件下, Cui(2005) 建立了 $\hat{\theta}_{ne}$ 的 $\sqrt{n}$ 渐近正态性.

5.3 线性测量误差模型与稳健估计方法

5.3.1 线性测量误差模型

称如下形式的测量误差模型:

$$\begin{cases} Y = \boldsymbol{x}^{\mathrm{T}}\boldsymbol{\beta}_0 + \epsilon, \\ \boldsymbol{X} = \boldsymbol{x} + \boldsymbol{u} \end{cases} \tag{5.3.1}$$

为线性测量误差模型, 其中, $\boldsymbol{X}$ 为取值于 $\mathbb{R}^p$ 上的可观测随机向量, $\boldsymbol{x}$ 为 p 维不可观测随机向量, $\boldsymbol{\beta}_0$ 为 $p\times 1$ 未知参数向量, $(\epsilon, \boldsymbol{u}^{\mathrm{T}})^{\mathrm{T}}$ 为 $p+1$ 维球对称向量, 即 $(\epsilon, \boldsymbol{u}^{\mathrm{T}})^{\mathrm{T}} \overset{d}{=} \boldsymbol{R}\boldsymbol{U}_{p+1}$ (其中, $\boldsymbol{R}$ 为非负随机向量, $\boldsymbol{U}_{p+1}$ 为 $\Omega_p = \{\boldsymbol{a}|\boldsymbol{a}\in\mathbb{R}^{p+1}, ||\boldsymbol{a}||=1\}$ 上的均匀随机向量, 并且 $\boldsymbol{R}$ 与 $\boldsymbol{U}_{p+1}$ 独立), $\sigma^2 = E\boldsymbol{R}^2/(p+1) > 0$ 未知, $(\epsilon, \boldsymbol{u}^{\mathrm{T}})^{\mathrm{T}}$ 与 $\boldsymbol{x}$ 独立 (球型误差分布的要求是为了满足模型可识别的条件). 模型 (5.3.1) 为线性测量误差模型, 有着广泛的应用背景, 如在经济、林业、建筑、生物、遥感等领域. 对模型 (5.3.1) 的研究主要是利用极大似然法、广义最小二乘法分别给出 $\boldsymbol{\beta}_0, \sigma^2$ 的估计 $\hat{\boldsymbol{\beta}}_n$ 和 $\hat{\sigma}_n^2$, 并获得它们的相合性与渐近正态性, 这一方面的重要工作可参见文献 (Anderson, 1984; Glesser, 1990). 但随着稳健统计方法的发展, 人们已不满足于广义最小二乘估计. 1989 年, Zamar 给出了测量误差模型中 $\boldsymbol{\beta}_0$ 的估计 $\hat{\boldsymbol{\beta}}_n$, 并在一些不易验证的条件下仅获得了 $\hat{\boldsymbol{\beta}}_n$ 的强相合性. 在正态误差假设下, Cheng 和 van Ness(1992) 应用正交回归和极大似然法研究了结构线性测量误差模型的稳健估计问题.

5.3.2 参数的正交回归与 M 估计方法

假设 $\{\boldsymbol{X}_i = (X_{i1}, X_{i2}, \cdots, X_{ip})^{\mathrm{T}}, Y_i | 1\leqslant i\leqslant n\}$ 为来自模型 (5.3.1) 的一组独立同分布随机样本, 即

$$\begin{cases} Y_i = \boldsymbol{x}_i^{\mathrm{T}}\boldsymbol{\beta}_0 + \epsilon_i, \\ \boldsymbol{X}_i = \boldsymbol{x}_i + \boldsymbol{u}_i, \end{cases} \qquad i = 1, 2, \cdots, n,$$

其中, $(\epsilon_i, \boldsymbol{u}_i^{\mathrm{T}})^{\mathrm{T}} (1\leqslant i\leqslant n)$ 为 iid. 球对称随机误差向量有 $E(\epsilon_1, \boldsymbol{u}_1^{\mathrm{T}})^{\mathrm{T}} = 0$, $\mathrm{Cov}(\epsilon_1, \boldsymbol{u}_1^{\mathrm{T}})^{\mathrm{T}} = \sigma^2 \boldsymbol{I}_{p+1}$. 为了获得 $\boldsymbol{\beta}_0$ 的 M 估计, 选取一适当的 $\rho(\cdot)$ 函数, 则 $\boldsymbol{\beta}_0$ 的正交回归 M 估计定义为下述极值问题的解:

$$\frac{1}{n}\sum_{i=1}^{n}\rho\left(\frac{Y_i - \boldsymbol{X}_i^{\mathrm{T}}\hat{\boldsymbol{\beta}}_n}{\sqrt{1+\|\hat{\boldsymbol{\beta}}_n\|^2}}\right) = \min\left\{\frac{1}{n}\sum_{i=1}^{n}\rho\left(\frac{Y_i - \boldsymbol{X}_i^{\mathrm{T}}\boldsymbol{\beta}}{\sqrt{1+\|\boldsymbol{\beta}\|^2}}\right)\middle|\boldsymbol{\beta}\in\mathbb{R}^p\right\},$$

称 $\hat{\boldsymbol{\beta}}_n$ 为 $\boldsymbol{\beta}_0$ 的 M 估计, 并由此定义 σ^2 的估计 $\hat{\sigma}_n^2$ 如下:

$$\hat{\sigma}_n^2 = \frac{1}{n}\sum_{i=1}^{n}\frac{(Y_i - \boldsymbol{X}_i^{\mathrm{T}}\hat{\boldsymbol{\beta}}_n)^2}{1+\|\hat{\boldsymbol{\beta}}_n\|^2}.$$

Cui(1997a) 研究了测量误差模型中 $\boldsymbol{\beta}_0$ 的 M 估计问题, 在很一般的 $\rho(\cdot)$ 函数下, 获得了 $\boldsymbol{\beta}_0$ 的估计 $\hat{\boldsymbol{\beta}}_n$, 在一些基本的假设下, 得到了 $\hat{\boldsymbol{\beta}}_n$ 的强相合性与渐近正态性, 并同时得到了 σ^2 的估计 $\hat{\sigma}_n^2$ 及其渐近性质. 需要指出的是 Cui(1997b) 在球对称误差向量假设下, 研究了线性测量误差模型中广义最小一乘估计的渐近性质, 并说明了对不可观测的点列或随机向量所施加的条件及对误差向量所施加的矩条件本质上是不可改进的.

5.3.3 参数的正交回归 t 型估计方法与 EM 算法

Cui(2006) 提出了线性测量误差模型中回归系数的 t 型回归估计 (方法)

$$(\hat{\beta}_n, \hat{\sigma}_n) =: \arg\min_{\boldsymbol{\beta}\in\mathbb{R}^p,\sigma>0}\left\{\frac{1}{n}\sum_{i=1}^{n}\rho\left(\frac{Y_i - \boldsymbol{X}_i^{\mathrm{T}}\boldsymbol{\beta}}{\sigma\sqrt{1+\|\boldsymbol{\beta}\|^2}}\right)+\log(\sigma)\right\}$$

及其相应的 EM 算法, 其中, ρ 函数可取为 $\rho(x) = \dfrac{\nu+1}{2}\log(1+x^2/\nu)$. Hu 和 Cui(2008) 研究了这一 t 型回归估计的稳健性质和渐近性质, 建立了线性测量误差模型 t 型回归估计的强相合性与渐近正态性, 同时给出了估计的影响函数等.

5.4 部分线性测量误差模型及其参数估计方法

5.4.1 协变量有测量误差的部分线性测量误差模型及其参数估计方法

1. 协变量有测量误差的部分线性测量误差模型

如下形式的测量误差模型:

$$\begin{cases} Y = \boldsymbol{x}^{\mathrm{T}}\boldsymbol{\beta} + g(T) + \epsilon, \\ \boldsymbol{X} = \boldsymbol{x} + \boldsymbol{u}, \end{cases} \tag{5.4.1}$$

称之为协变量有测量误差的部分线性测量误差模型, 其中, $(\boldsymbol{X}, T)$ 为取值于 $\mathbb{R}^p\times\mathbb{R}^1$ 上的可观测随机向量, T 的支撑集为有界闭集, 不妨设为 $[0,1]$, $\boldsymbol{x}$ 为 p 维不可观测随机向量, $\boldsymbol{\beta}$ 为 p 维未知向量, g 是定义于 $[0,1]$ 的未知函数. $(\epsilon, \boldsymbol{u}^{\mathrm{T}})^{\mathrm{T}}$ 为 $p+1$ 维随机误差向量且有 $E(\epsilon, \boldsymbol{u}^{\mathrm{T}})^{\mathrm{T}} = 0$, $\mathrm{Cov}(\epsilon, \boldsymbol{u}^{\mathrm{T}})^{\mathrm{T}} = \sigma^2\boldsymbol{I}_{p+1}$, $\sigma^2 > 0$ 未知且 $(\epsilon, \boldsymbol{u}^{\mathrm{T}})^{\mathrm{T}}$ 与 $(\boldsymbol{X}, T)$ 独立. 模型 (5.4.1) 属于一类半参数测量误差模型, 它表明变量 Y 关于 $(\boldsymbol{x}, T)$ 的回归函数 $E(Y|(\boldsymbol{x}, T))$ 呈部分线性形式, 并且变量 $\boldsymbol{x}$ 不能直接观测到, 所能观测到的是受了误差变量 $\boldsymbol{u}$ 干扰的变量 $\boldsymbol{X}$. 这类模型有着广泛的应用背景, 如在经济、林业、建筑、生物、遥感等领域. 目前, 单纯的半参数回归模型和单纯的

测量误差模型都有着广泛而深入的研究. 就单纯的半参数回归模型来说, 其研究的重点是设法构造 $\boldsymbol{\beta}$ 和 g 的估计量, 使它们分别达到各自最优的收敛速度 $n^{-1/2}$ 和 $n^{-r/(2r+1)}$ (r 表示 g 的光滑度). 很多研究者, 如 Engle 等 (1984), Wahba(1984), Heckman(1986), Chen(1988), Robinson(1988), Eubank 和 Speckman(1990), Hong 和 Cheng(1994), Donald 和 Newey(1994). 就单纯的测量误差模型来说, 主要是利用极大似然法、广义最小二乘法分别给出 $\boldsymbol{\beta},\sigma^2$ 的估计 $\hat{\boldsymbol{\beta}}_n,\hat{\sigma}_n^2$, 得到它们的相合性与渐近正态性, 详见文献 (Anderson, 1984; Glesser, 1990; Fuller, 1987; Amemiya and Fuller, 1984).

2. 参数与非参数函数估计方法

假定 $\{\boldsymbol{X}_i=(X_{i1},X_{i2},\cdots,X_{ip})^{\mathrm{T}},T_i,Y_i,1\leqslant i\leqslant n\}$ 为来自模型 (5.4.1) 的一组独立同分布随机样本, 即

$$\begin{cases} Y_i=\boldsymbol{x}_i^{\mathrm{T}}\boldsymbol{\beta}+g(T_i)+\epsilon_i, \\ \boldsymbol{X}_i=\boldsymbol{x}_i+\boldsymbol{u}_i, \end{cases} \qquad i=1,2,\cdots,n,$$

其中, $(\epsilon_i,\boldsymbol{u}_i^{\mathrm{T}})^{\mathrm{T}}(1\leqslant i\leqslant n)$ 为 iid. 球对称随机误差向量有 $E(\epsilon_1,\boldsymbol{u}_1^{\mathrm{T}})^{\mathrm{T}}=0,\mathrm{Cov}(\epsilon_1,\boldsymbol{u}_1^{\mathrm{T}})^{\mathrm{T}}=\sigma^2\boldsymbol{I}_{p+1}$, 并且 $(\epsilon_i,\boldsymbol{u}_i^{\mathrm{T}})^{\mathrm{T}}$ 与 $(\boldsymbol{X}_i,T_i)$ 独立. 为了构造 $\boldsymbol{\beta},g$ 和 σ^2 的估计, 取 $\{w_{ni}(t)=w_{ni}(t,T_1,\cdots,T_n),1\leqslant i\leqslant n\}$ 是一列定义在 $[0,1]$ 上的非负函数, 满足 $\sum\limits_{i=1}^n w_{ni}(t)=1(\forall t\in[0,1])$, 并记 $\hat{g}_{1n}(t)=\sum\limits_{i=1}^n w_{ni}(t)Y_i$, $\hat{\boldsymbol{g}}_{2n}(t)=\sum\limits_{i=1}^n w_{ni}(t)\boldsymbol{X}_i$, $\tilde{Y}_i=Y_i-\hat{g}_{1n}(T_i),\tilde{\boldsymbol{X}}_i=\boldsymbol{X}_i-\hat{\boldsymbol{g}}_{2n}(T_i)$, $\tilde{\boldsymbol{Y}}=(\tilde{Y}_1,\cdots,\tilde{Y}_n)^{\mathrm{T}},\tilde{\boldsymbol{X}}=(\tilde{X}_1,\cdots,\tilde{X}_n)^{\mathrm{T}}$, Cui 和 Li (1998) 定义了下述极值问题的解为 $\hat{\boldsymbol{\beta}}_n$ 的估计量:

$$\frac{1}{n}\sum_{i=1}^n\rho\left(\frac{\tilde{Y}_i-\tilde{\boldsymbol{X}}_i^{\mathrm{T}}\hat{\boldsymbol{\beta}}_n}{\sqrt{1+\|\hat{\boldsymbol{\beta}}_n\|^2}}\right)=\min\left\{\frac{1}{n}\sum_{i=1}^n\rho\left(\frac{\tilde{Y}_i-\tilde{\boldsymbol{X}}_i^{\mathrm{T}}\boldsymbol{\beta}}{\sqrt{1+\|\boldsymbol{\beta}\|^2}}\right)\middle|\boldsymbol{\beta}\in\mathbb{R}^p\right\},$$

称此 $\hat{\boldsymbol{\beta}}_n$ 为 $\boldsymbol{\beta}$ 的广义最小二乘估计. 由此可定义 g 和 σ^2 的估计 $\hat{g}_n^*$, $\hat{\sigma}_n^2$ 如下:

$$\hat{g}_n^*(t)=\hat{g}_{1n}(t)-\hat{\boldsymbol{g}}_{2n}(t)^{\mathrm{T}}\hat{\boldsymbol{\beta}}_n,\quad \hat{\sigma}_n^2=\frac{1}{n}\sum_{i=1}^n\frac{(\tilde{Y}_i-\tilde{\boldsymbol{X}}_i^{\mathrm{T}}\hat{\boldsymbol{\beta}}_n)^2}{1+\|\hat{\boldsymbol{\beta}}_n\|^2}.$$

Cui 和 Li(1998) 在一些基本假设条件下, 获得了 $\hat{\boldsymbol{\beta}}_n$ 和 $\hat{\sigma}_n^2$ 的相合性与渐近正态性, 并得到了 $\hat{g}_n^*$ 的最优收敛速度等.

5.4.2 全部变量有测量误差的部分线性测量误差模型的参数估计

在过去的 20 年中, 带有变量误差的回归分析已经有了快速发展, 大多数的工作都围绕着参数方法. 在这种方法中, 假设回归函数的形式对未知参数来说是已知的,

如文献 (Amemiya and Fuller, 1984; Anderson, 1984; Fuller, 1987; Carroll and Hall, 1988; Stefanski and Carroll, 1991; Iturria, Carroll and Firth, 1999). Fuller (1987), Carroll 等 (1995) 以及其他学者都对此进行了研究, 获得了丰富的研究成果. 对带有变量误差的非参数模型, Fan(1991a), Fan 和 Truong(1993), Fan(1995) 等用分解卷积 (deconvolution) 方法, 研究了非参回归函数的估计, 并且获得了局部和全局的收敛速度. Carroll 等 (1999) 利用模拟样条插值方法, 获得了正态测量误差分布时估计的渐近理论.

由于在非参模型中的 "维数祸根" 问题, 目前已经引入许多的半参数模型. 在这些模型中, 部分线性模型得到人们的广泛关注 (如文献 (Engle, et al., 1984; Speckman,1988). 如果在部分线性模型中假设只在线性部分的变量有误差时, Cui 和 Li(1998), Liang 等 (1999) 以及 He 和 Liang(2000) 研究了参数估计的渐近正态性以及模型中非参函数的收敛速度, Liang(2000) 研究了当只在非参部分的变量有误差时参数估计量的渐近行为.

1. 全部变量有测量误差的部分线性测量误差模型

令 $(T^0, \boldsymbol{X}^0, Y)$ 表示一组随机变量 (或向量), 并假设在给定 $(T^0, \boldsymbol{X}^0)$ 时, Y 的条件期望 $E(Y|T^0, \boldsymbol{X}_0) = \boldsymbol{X}^{0\mathrm{T}}\boldsymbol{\theta} + g(T^0)$, 其中, $\boldsymbol{X}^0, T^0$ 分别是 p 维和 1 维的, $\boldsymbol{\theta}$ 是 $p\times 1$ 的回归参数向量, $g(\cdot)$ 是未知函数, $\boldsymbol{\theta}$ 和 g 的估计自然依赖于观测数据. 但是由于测量机制或环境的特征, 变量 $\boldsymbol{X}^0, T^0$ 不能直接观测, 取而代之的是带有测量误差的观测 (Fuller, 1987, 第 2 页), 即 $\boldsymbol{X}^0, T^0$ 通过 $\boldsymbol{X} = \boldsymbol{X}^0 + \boldsymbol{u}, T = T^0 + v$ 来观测, 其中, $\boldsymbol{u}, v$ 是误差扰动. 因此, 如下的半参数测量误差模型:

$$\begin{cases} Y = \boldsymbol{X}^{0\mathrm{T}}\boldsymbol{\theta} + g(T^0) + e, \\ \boldsymbol{X} = \boldsymbol{X}^0 + \boldsymbol{u}, \\ T = T^0 + v, \end{cases} \tag{5.4.2}$$

称之为全部变量有测量误差的部分线性测量误差模型, 其中, $\boldsymbol{X}, \boldsymbol{X}^0$ 是 $\mathbb{R}^p$ 中 $p\times 1$ 的随机向量, Y, T, T^0 是随机的实值变量, e, v 是不可观测的误差变量, $\boldsymbol{u}$ 是 $p\times 1$ 的不可观测的误差向量, $\boldsymbol{u}, v$ 和 $(\boldsymbol{X}^{0\mathrm{T}}, T^0, e)^{\mathrm{T}}$ 是相互独立的, T^0 有未知密度 $f^0(t)$, 并且 $0 < \inf\limits_{a\leqslant t\leqslant b} f^0(t) \leqslant \sup\limits_{a\leqslant t\leqslant b} f^0(t) < \infty$, 其中, a, b 是常数, v 有已知特征函数是 $\phi_v(t)$. 假设

$$E(\boldsymbol{u}) = 0, \quad \mathrm{Cov}(\boldsymbol{u}) = \boldsymbol{\Sigma}_u,$$

$$E(v) = E(e|\boldsymbol{X}^0, T^0) = 0, \quad \mathrm{Var}(e, \boldsymbol{X}^0, T^0) = \sigma_e^2,$$

其中, σ_e^2 未知. 考虑到模型可识别, 因而假设 $\boldsymbol{\Sigma}_u \geqslant 0$ 是已知的.

由于在模型 (5.4.2) 中测量误差在线性和非参数两部分, 这要比 Cui 和 Li(1998), Liang 等 (1999), He 和 Liang(2000) 以及 Liang(2000) 所作的研究更为困难, 因为他们所作的研究中要么是线性部分, 要么是非参部分包含测量误差. Zhu 和 Cui(2003) 研究了模型 (5.4.2) 中参数和非参数函数的估计问题, 这里有两个难点需要克服. 首先, 需要处理测量误差对 T 的支撑的边界的影响, 换句话说, 需要处理由构建非参数估计时误差引起的边界问题; 其次, 不能将带估计或 $\boldsymbol{\theta}$ 的线性部分移到回归方程 (5.4.2) 的左边, 如同线性部分不带误差的情形下所用的技术 (Liang, 2000), 同样, 对于估计 g 也一样. 更重要的是非参数函数 g 以及测量误差分布的光滑性不仅严重影响了非参函数估计的渐近行为, 也影响了参数估计的渐近行为.

2. 参数与非参数函数估计方法

参数和非参数函数估计的构造方法. 令

$$
\begin{aligned}
U(\boldsymbol{X},T^0)&=\boldsymbol{X}-E(\boldsymbol{X}|T^0)=\boldsymbol{X}^0-E(\boldsymbol{X}^0|T^0)+\boldsymbol{u},\\
U(Y,T^0)&=Y-E(Y|T^0)=[\boldsymbol{X}^0-E(\boldsymbol{X}^0|T^0)]^{\mathrm{T}}+e,
\end{aligned}
$$

$\omega(t)\geqslant 0$ 是一个权重函数, 有支撑 $[a,b]$. 注意到在这个集合中, 变量 T^0 的密度函数 $f^0(\cdot)$ 是有界的且远离 0 和无穷. 当考虑在 $[a,b]$ 上的一致收敛性时, 它起到了一个至关重要的作用, 而且避免了核估计的边界问题, 这是由于当用核方法时, 必须去处理分母中 f^0 的估计. 记

$$
\begin{aligned}
\boldsymbol{S}_1&=E[\boldsymbol{U}(\boldsymbol{X},T^0)\boldsymbol{U}(\boldsymbol{X},T^0)^{\mathrm{T}}\omega(T^0)]\\
&=E\{[\boldsymbol{X}^0-E(\boldsymbol{X}^0|T^0)][\boldsymbol{X}^0-E(\boldsymbol{X}^0|T^0)]^{\mathrm{T}}\omega(T^0)\}+E\omega(T^0)\boldsymbol{\Sigma}_u\\
&\triangleq\boldsymbol{S}+\boldsymbol{S}_3\boldsymbol{\Omega}_u,\\
\boldsymbol{S}_2&=E[\boldsymbol{U}(\boldsymbol{X},T^0)\boldsymbol{U}(Y,T^0)\omega(T^0)]=\boldsymbol{S}\boldsymbol{\theta},\\
S_4&=E[(e-\boldsymbol{u}^{\mathrm{T}}\boldsymbol{\theta})^2\omega(T^0)],
\end{aligned}
\tag{5.4.3}
$$

其中, $\boldsymbol{S}=E\{[\boldsymbol{X}^0-E(\boldsymbol{X}^0|T^0)][\boldsymbol{X}^0-E(\boldsymbol{X}^0|T^0)]^{\mathrm{T}}\omega(T^0)\}$, $S_3=E\omega(T^0)$. 令 $f(y,x,t)$ 是 $(Y,\boldsymbol{X},T^0)$ 的密度, 并且

$$
\boldsymbol{g}_1(t)=E(\boldsymbol{X}|T^0=t)\triangleq(g_{11}(t),\cdots,g_{1p}(t))^{\mathrm{T}},\quad g_2(t)=E(Y|T^0=t).\tag{5.4.4}
$$

如果 $\boldsymbol{S}$ 是一个正定矩阵 (记为 $\boldsymbol{S}>0$), 可由式 (5.4.3) 和式 (5.4.4) 得到 $\boldsymbol{\theta},g(t),\sigma_e^2$ 的总体形式 (population formula) 为

$$
\boldsymbol{\theta}=(\boldsymbol{S}_1-S_3\boldsymbol{\Sigma}_u)^{-1}\boldsymbol{S}_2,\quad g(t)=g_2(t)-\boldsymbol{g}_1(t)^{\mathrm{T}}\boldsymbol{\theta},\quad \sigma_e^2=S_4/S_3-\boldsymbol{\theta}^{\mathrm{T}}\boldsymbol{\Sigma}_u\boldsymbol{\theta},
$$

从而, $\boldsymbol{\theta},g,\sigma_e^2$ 的估计现在就简化为 $\boldsymbol{S}_1,\boldsymbol{S}_2,S_3,S_4$ 以及 $\boldsymbol{g}_1,g_2$ 的估计.

假设 $\{\boldsymbol{X}_j=(X_{j1},\cdots,X_{jp})^{\mathrm{T}},T_j,Y_j,1\leqslant j\leqslant n\}$ 是来自以下模型的样本量为 n 的样本：

$$\begin{cases} Y_j = \boldsymbol{X}_j^{0\mathrm{T}}\boldsymbol{\theta}+g(T_j^0)+e_j, & \\ \boldsymbol{X}_j=\boldsymbol{X}_j^0+\boldsymbol{u}_j, & 1\leqslant j\leqslant n, \\ T_j = T_j^0+v_j, & \end{cases}$$

则 $\boldsymbol{\theta},\sigma_e^2,g$ 的估计由下列步骤得到：

第 1 步　给出 $f^0(t)$ 的分解卷积核估计. $\hat{f}^0(t)=\dfrac{1}{nh}\sum\limits_{j=1}^n K_n\left(\dfrac{t-T_j}{h}\right)$, 其中, $h=h_n$ 是窗宽.

第 2 步　分别定义 $(Y,\boldsymbol{X},T^0)$ 的联合密度函数 $f(y,\boldsymbol{x},t)$, $\boldsymbol{g}_1(t),g_2(t)$ 的估计如下：

$$\hat{f}_n(y,\boldsymbol{x},t)=\frac{1}{nh^{p+2}}\sum_{j=1}^n\prod_{k=1}^p K\left(\frac{x_k-X_{jk}}{h}\right)K\left(\frac{y-Y_j}{h}\right)K_n\left(\frac{t-T_j}{h}\right),$$

$$\hat{g}_{1n}(t)=\frac{\sum\limits_{j=1}^n K_n((t-T_j)/h)X_j}{\sum\limits_{j=1}^n K_n((t-T_j)/h)},\quad \hat{g}_{2n}(t)=\frac{\sum\limits_{j=1}^n K_n((t-T_j)/h)Y_j}{\sum\limits_{j=1}^n K_n((t-T_j)/h)},$$

其中, $(y,\boldsymbol{x},t)\in\mathbb{R}^1\times\mathbb{R}^p\times\mathbb{R}^1$. 类似于文献 (Stefanski and Carroll, 1990; Fan and Truong, 1993), 可以证明在某些正则条件下和对较广的一类误差分布, $\hat{f}_n(y,\boldsymbol{x},t)$, $\hat{\boldsymbol{g}}_{1n}(t),\hat{g}_{2n}(t)$ 是 $f(y,\boldsymbol{x},t),\boldsymbol{g}_1(t),g_2(t)$ 的相合估计.

第 3 步　根据式 (5.4.3), 构造 $S_q(q=1,2,3),\boldsymbol{\theta},g(\cdot)$ 的估计如下：

$$\begin{cases} \hat{\boldsymbol{S}}_{1n}=\displaystyle\int_{\mathbb{R}^p}\int_{\mathbb{R}^1}\int_{\mathbb{R}^1}(\boldsymbol{x}-\hat{\boldsymbol{g}}_{1n}(t))(\boldsymbol{x}-\hat{\boldsymbol{g}}_{1n}(t))^{\mathrm{T}}\omega(t)\hat{f}_n\mathrm{d}\boldsymbol{x}\mathrm{d}y\mathrm{d}t, \\ \hat{\boldsymbol{S}}_{2n}=\displaystyle\int_{\mathbb{R}^p}\int_{\mathbb{R}^1}\int_{\mathbb{R}^1}(\boldsymbol{x}-\hat{\boldsymbol{g}}_{1n}(t))(\boldsymbol{y}-\hat{\boldsymbol{g}}_{2n}(t))^{\mathrm{T}}\omega(t)\hat{f}_n\mathrm{d}\boldsymbol{x}\mathrm{d}y\mathrm{d}t, \\ \hat{S}_{3n}=\displaystyle\int_{\mathbb{R}^1}\omega(t)\hat{f}_n^0(t)\mathrm{d}t, \end{cases}$$

$$\hat{\boldsymbol{\theta}}_n=(\hat{\boldsymbol{S}}_{1n}-\hat{S}_{3n}\boldsymbol{\Omega}_u)^{-1}\hat{\boldsymbol{S}}_{2n},\quad \hat{g}_n(t)=\hat{g}_{2n}(t)-\hat{\boldsymbol{g}}_{1n}(t)^{\mathrm{T}}\hat{\boldsymbol{\theta}}_n.$$

第 4 步　构造 S_4,σ_e^2 的估计如下：

$$\hat{S}_{4n}=\int_{\mathbb{R}^1}\int_{\mathbb{R}^p}\int_{\mathbb{R}^1}(y-\boldsymbol{x}^{\mathrm{T}}\hat{\boldsymbol{\theta}}_n-\hat{g}_n(t))^2\omega(t)\hat{f}_n(y,x,t)\mathrm{d}y\mathrm{d}\boldsymbol{x}\mathrm{d}t,$$

$$\hat{\sigma}_n^2=\hat{S}_{4n}/\hat{S}_{3n}-\hat{\boldsymbol{\theta}}_n^{\mathrm{T}}\boldsymbol{\Omega}_u\hat{\boldsymbol{\theta}}_n.$$

Zhu 和 Cui(2003) 考虑了所有变量均有测量误差的部分线性回归模型, 用上述矩方法和分解卷积的方法, 构造了一种新的参数估计以及对模型中非参数函数的核估计, 并获得了所有估计的强收敛性、最优的弱收敛速率以及渐近正态性等.

5.4.3　有重复观测的部分线性测量误差模型及其参数估计方法

对如下的部分线性测量误差模型:

$$\begin{cases} Y = \boldsymbol{x}^{\mathrm{T}}\boldsymbol{\beta} + g(t) + \varepsilon, \\ \boldsymbol{X} = \boldsymbol{x} + \boldsymbol{u}, \end{cases} \tag{5.4.5}$$

其中, $\boldsymbol{\beta}$ 是一个 $p \times 1$ 的未知的回归参数, $g(t)$ 是 t 的光滑函数, t 在一个闭区间上取值. 不失一般性, t 可以取值于 $[0,1]$, 正如 Fuller(1987) 所指出的 $\boldsymbol{x} \in \mathbb{R}^p$ 是一个隐变量. 假设 $(\boldsymbol{u}^{\mathrm{T}}, \varepsilon)^{\mathrm{T}}$ 有零均值以及正定协方差阵 (未知).

对于模型 (5.4.5) 中 $g(t) = 0$ 的情形也有许多学者讨论过, 对没有重复观测的情形, Kendall 和 Stuart(1979), Anderson(1984) 和 Fuller(1987) 给出了关于测量误差方差以及回归系数的估计的讨论. Carroll 等 (1995) 介绍了更多非线性测量误差模型的参数估计. 一般来说, 由于模型识别的需要, 测量误差的协方差阵通常假定是已知的 (或测量误差对回归方程误差的方差比是已知的), 更详细的说明参见文献 (Fuller, 1987; Carroll, et al., 1995; Cui and Chen, 2003; Zhu and Cui, 2003). 但是这个假设看上去是不实际的, 而在许多应用中, 在某个或某些实验点上数据能够重复观测, 使得协方差阵方差变得可以估计, 这时利用测量误差协方差阵的估计量, 就能够建回归系数的相合估计, 即这时测量误差协方差阵已知的假设条件可以去掉. Zhang 和 Chen (2000) 获得了这个情形的有用结果.

事实上, 将另外的协变量 t 引入经典的线性测量误差模型是必要的 (它一般是 t 的非线性函数), 使得包含非线性部分 $g(t)$ 的模型 (5.4.5) 在过去的 20 年中得到很大的重视. 一些学者讨论了无重复观测情形下, 模型 (5.4.5) 的估计和统计推断问题. Wolter 和 Fuller(1982) 考虑了非线性测量误差模型, 他们构造了参数估计, 并且在已知测量误差协方差阵的条件下得到了估计的一些渐近性质. Cui 和 Li(1998) 考虑了部分线性测量误差模型中参数和非参数估计问题. Cui 等 (1998) 讨论了半参数非线性测量误差模型, 在测量误差分布是椭球对称且协方差阵已知的条件下构造了估计, 并得到估计的渐近性质. Liang 等 (1999) 对部分线性测量误差模型, 在测量误差协方差阵已知, 并且隐设计变量是随机的假设下, 构造了相应的估计, 并得到了其渐近性质. 尽管他们提到了使用重复观测来估计误差协方差阵, 但是他们仅对独立 (设计) 变量, 并不是对因变量. Liang(2000), Zhu 和 Cui(2003) 考虑了测量误差在非参数部分的情形. Wang 和 Zhu(2001), Wang(1999) 分别构造了删失数据和核实数据的参数和非参数函数估计, 并且得到了它们的渐近性质. Cui 和 Li(1998)

对于测量误差与回归方程误差的方差比已知的情形, 利用正交 LSE 方法得到了参数估计和非参数函数估计, 同时给出了所得估计的渐近性质.

1. 有重复观测的部分线性测量误差模型

令 $\{(Y_{ij}, \boldsymbol{X}_{ij}, t_i)|1 \leqslant j \leqslant n_i, 1 \leqslant i \leqslant n\}$ 服从模型 (5.4.5), 即

$$\begin{cases} Y_{ij} = \boldsymbol{x}_i^{\mathrm{T}}\boldsymbol{\beta} + g(t_i) + \varepsilon_{ij}, \\ \boldsymbol{X}_{ij} = \boldsymbol{x}_i + \boldsymbol{u}_{ij}, \end{cases} \quad 1 \leqslant j \leqslant n_i, 1 \leqslant i \leqslant n, \tag{5.4.6}$$

称式 (5.4.6) 为有重复观测的部分线性测量误差模型, 其中, $\boldsymbol{x}_i$ 表示隐变量, 并具有结构 $\boldsymbol{x}_i = \boldsymbol{h}(t_i) + \boldsymbol{v}_i, \boldsymbol{h}(\cdot)$(未知), t_i 表示已知的确定的设计点, $\boldsymbol{X}_{ij}, Y_{ij}$ 是可观测的, $\boldsymbol{e}_{ij} =: (\boldsymbol{u}_{ij}^{\mathrm{T}}, \varepsilon_{ij})^{\mathrm{T}}$, 并且 $\{\boldsymbol{v}_i\}$ 是独立同分布的. 进一步假设 $\boldsymbol{u}_{ij}, \varepsilon_{ij}, \boldsymbol{v}_i$ 是独立的 $(1 \leqslant j \leqslant n_i)$, $E\boldsymbol{e}_{11} = 0, E\boldsymbol{v}_1 = 0$, $E(\boldsymbol{u}_{11}\boldsymbol{u}_{11}^{\mathrm{T}}) = \boldsymbol{\Sigma}_u, E(\boldsymbol{v}_1\boldsymbol{v}_1^{\mathrm{T}}) = \boldsymbol{\Sigma}_u > 0$, 其中, $E\varepsilon_{11}^2 = \sigma_\varepsilon^2, \boldsymbol{\Sigma} = E(\boldsymbol{e}_{11}\boldsymbol{e}_{11}^{\mathrm{T}})$ 是未知的. 这里所考虑的模型与 Liang 等 (1999) 所考虑的有很大的不同, 因为其非线性部分的独立变量以及因变量均具有一定的设计结构, 而且重复观测不仅对独立变量, 也对因变量, 其估计方法和证明技术也有很大的不同.

2. 参数及其非参数函数的估计方法

为讨论方便起见, 引入如下记号: 对任意的双指标数列 $\{b_{ij}|1 \leqslant j \leqslant n_i, 1 \leqslant i \leqslant n\}$ 以及单指标数列 $\{b_i|1 \leqslant i \leqslant n\}$, 记

$$b_{i\cdot} = \frac{1}{n_i}\sum_{j=1}^{n_i} b_{ij}, \quad b_{\cdot} = \frac{1}{N}\sum_{i=1}^{n}\sum_{j=1}^{n_i} b_{ij}, \quad \bar{b}_{ij} = b_{ij} - \sum_{k=1}^{n}\omega_{nk}(t_i)b_{k\cdot}, \tag{5.4.7}$$

并且

$$b_{\cdot} = \frac{1}{N}\sum_{i=1}^{n} n_i b_i, \quad \bar{b}_i = b_i - \sum_{k=1}^{n}\omega_{nk}(t_i)b_k,$$

其中, $n_i \geqslant 1, N = \sum\limits_{i=1}^{n} n_i$.

首先构造一个非线性函数 $g(t)$ 的伪估计, 然后将部分线性模型 (5.4.6) 变成一个近似的一般线性测量误差模型. 取权函数 $\omega_{ni}(t)$ 如 4.2 节所示,

$$g^*(t) = \sum_{k=1}^{n}\omega_{nk}(t)(Y_{k\cdot} - \boldsymbol{x}_k^{\mathrm{T}}\boldsymbol{\beta}) \tag{5.4.8}$$

作为 $g(t)$ 的伪估计, 将式 (5.4.8) 中的 $g^*(t)$ 代入式 (5.4.6) 得到 $Y_{ij} = \boldsymbol{x}_i^{\mathrm{T}}\boldsymbol{\beta} + \sum\limits_{k=1}^{n}\omega_{nk}(t_i)(Y_{k\cdot} - \boldsymbol{x}_k^{\mathrm{T}}\boldsymbol{\beta}) + g(t_i) - g_{t_i}^* + \varepsilon$, 即有

$$Y_{ij} - \sum_{k=1}^{n}\omega_{nk}(t_i)Y_{k\cdot} = \left[\boldsymbol{x}_i - \sum_{k=1}^{n}\omega_{nk}(t_i)\boldsymbol{x}_k\right]^{\mathrm{T}}\boldsymbol{\beta} + g(t_i) + g^*(t_i) + \varepsilon_{ij}. \tag{5.4.9}$$

因为 $g(\cdot)$ 是光滑的, $\tilde{g}(t_i) = g(t_i) - \sum_{k=1}^{n} \omega_{nk}(t_i) g(t_k) \approx 0$, 并且 $g(t_k) = Y_{k\cdot} - \boldsymbol{x}_k^{\mathrm{T}}\boldsymbol{\beta} - \varepsilon_{k\cdot}$, 则如下的模型可以由式 (5.4.9) 直接得到:

$$\tilde{Y}_{ij} = \tilde{\boldsymbol{x}}_i^{\mathrm{T}}\boldsymbol{\beta} + \tilde{\varepsilon}_{ij}^*, \quad \tilde{\boldsymbol{X}}_{ij} = \tilde{\boldsymbol{x}}_i + \tilde{\boldsymbol{u}}_{ij}, \tag{5.4.10}$$

其中, $\varepsilon_{ij}^* = \tilde{g}(t_i) + \tilde{\varepsilon}_{ij}$. 显然, 式 (5.4.10) 是一个典型的线性测量误差模型. 注意到测量误差 $\tilde{\boldsymbol{u}}_{ij}$ 以及模型误差 ε_{ij}^* 不再是独立的. 令 $\boldsymbol{Z}_{ij} = (\boldsymbol{X}_{ij}^{\mathrm{T}}, Y_{ij})^{\mathrm{T}}$, 并且

$$\boldsymbol{\Sigma}_n = \frac{1}{N-n}\sum_{i=1}^{n}\sum_{j=1}^{n_i}(\tilde{\boldsymbol{Z}}_{ij} - \tilde{\boldsymbol{Z}}_{i\cdot})(\tilde{\boldsymbol{Z}}_{ij} - \tilde{\boldsymbol{Z}}_{i\cdot})^{\mathrm{T}} =: \begin{pmatrix} \boldsymbol{\Sigma}_{1n} & \boldsymbol{\Sigma}_{2n} \\ \boldsymbol{\Sigma}_{2n}^{\mathrm{T}} & \boldsymbol{\Sigma}_{3n} \end{pmatrix},$$

$$\boldsymbol{\Gamma}_n = \frac{1}{N}\sum_{i=1}^{n}\sum_{j=1}^{n_i}(\tilde{\boldsymbol{Z}}_{ij} - \tilde{\boldsymbol{Z}}_{\cdot\cdot})(\tilde{\boldsymbol{Z}}_{ij} - \tilde{\boldsymbol{Z}}_{\cdot\cdot})^{\mathrm{T}} =: \begin{pmatrix} \boldsymbol{\Gamma}_{1n} & \boldsymbol{\Gamma}_{2n} \\ \boldsymbol{\Gamma}_{2n}^{\mathrm{T}} & \boldsymbol{\Gamma}_{3n} \end{pmatrix}.$$

当样本可以在模型的每个设计点上重复抽取时, 则对已知误差协方差阵的假设可以去掉. Cui(2004) 构造了回归参数、模型的误差方差、非参数函数的估计量, 并在某些正则条件下, 证明了上述所有的估计量是强相合的, 同时获得了回归参数的估计量的渐近正态性.

5.5 变系数和随机效应测量误差模型及其参数估计

5.5.1 变系数测量误差模型

线性统计模型在统计学理论中扮演着十分重要的角色, 在一般线性模型中, 只认为因变量的测量或模型是有误差的, 没有考虑到自变量的测量误差, 这就导致了在一些实际问题中简单线性统计模型的不足, 使得分析所得结论与实际相距甚远. 为了克服此类问题, 人们引入了线性测量误差模型, 对这种模型的研究已经有了很长的历史. 近半个世纪以来, 由于其形式简洁又有较强的适用性, 它在许多应用领域发挥着重要作用, 对它的研究也在进一步深入, 而在许多实际问题中, 上述变量之间的线性关系并不总是保持不变的, 在多数情况下, 其线性系数 $\boldsymbol{\beta}$ 将随另外一个协变量 (如时间、温度等) 而变化, 如某年龄段上人的身高和体重之间的关系, 林业中的树木平均胸围与树高的关系, 车辆在一段路面上行驶速度与耗油量之间的关系, 股票市场中小盘指数与大盘指数的关系, 在某时刻 t 通常都是线性的, 但这种线性系数随时间的变化而有所变化; 或不能得到关于一个模型在所有时间段上的样本, 而只能用在一些时间点上能观测到的数据来估计这一时期中变化的线性模型系数在任一时刻的值. 这就是所要讨论的变系数结构关系测量误差模型, 其形式如下:

$$\begin{cases} Y(t) = \beta_0(t) + \boldsymbol{x}^{\mathrm{T}}\boldsymbol{\beta}_1(t) + e, \\ \boldsymbol{X} = \boldsymbol{x} + \boldsymbol{u}, \end{cases} \tag{5.5.1}$$

其中, $\boldsymbol{X}$ 和 $\boldsymbol{x}$ 都是 $\mathbb{R}^p$ 中的随机向量, Y 是一维实随机变量, t 是一实变量 (可以是时间温度等). 假定 t 在一个闭区间上变化, 不失一般性, 认为 $t \in [0,1]$. e 是不可观测的随机误差, $\boldsymbol{u}$ 是不可观测的 $p\times 1$ 维随机误差向量, 满足

$$E[(e,\boldsymbol{u}^{\mathrm{T}})^{\mathrm{T}}]=0,\quad \mathrm{Cov}(\boldsymbol{u})=\boldsymbol{\Sigma}_0,\quad E(e^2)=\sigma^2,$$

其中, $\boldsymbol{\Sigma}_0>0$ 是一个已知矩阵, $\sigma^2>0$ 为未知参数, $\beta_0(t),\boldsymbol{\beta}_1(t)$ 是关于 t 的有界连续函数, 称之为变系数. 关于变系数线性测量误差模型 (5.5.1) 的更多描述或例子可参见文献 (欧阳光, 2005; 崔恒建和王强, 2005) 等.

5.5.2 方差比已知情况下变系数函数的估计方法

设 $t_1,t_2,\cdots,t_n$ 是 $(0,1)$ 中的 n 个设计点, 在每个点 t_i 处作观测, 获得样本观测值 $(\boldsymbol{X}_i^{\mathrm{T}},Y_i)(i=1,2,\cdots,n)$. 设 $\boldsymbol{X}_i$ 的真实值为 $\boldsymbol{x}_i$, Y_i 的真实值 y_i, 并且满足

$$(\boldsymbol{X}_i^{\mathrm{T}},Y_i)=(\boldsymbol{x}_i^{\mathrm{T}},y_i)+(\boldsymbol{u}_i^{\mathrm{T}},e_i),\quad i=1,2,\cdots,n,$$

其中, $\boldsymbol{u}_i,e_i$ 是观测误差, $\boldsymbol{x}_i$ 是随机向量, y_i 是随机变量, 并且满足 $y_i=\beta_0(t_i)+\boldsymbol{x}_i^{\mathrm{T}}\boldsymbol{\beta}_1(t_i)$, 则模型为

$$\begin{cases} y_i=\beta_0(t_i)+\boldsymbol{x}_i^{\mathrm{T}}\boldsymbol{\beta}_1(t_i)\,,\\ \boldsymbol{X}(t_i)=\boldsymbol{x}(t_i)+\boldsymbol{u}_i\,,\\ Y(t_i)=y(t_i)+e_i\,,\end{cases}$$

其中, $(\boldsymbol{x}_i^{\mathrm{T}},\boldsymbol{u}_i^{\mathrm{T}},e_i)(1\leqslant i\leqslant n)$ 独立, $\boldsymbol{x}_i(1\leqslant i\leqslant n)$ 独立有相同的期望和协方差阵且与 $\{(\boldsymbol{u}_i^{\mathrm{T}},e_i),1\leqslant i\leqslant n\}$ 独立. 记

$$\boldsymbol{\mu}=E(\boldsymbol{x}_i),\quad \boldsymbol{\Sigma}=\mathrm{Var}(\boldsymbol{x}_i),\quad 1\leqslant i\leqslant n,$$
$$E[(e_i,\boldsymbol{u}_i^{\mathrm{T}})^{\mathrm{T}}]=0,\quad \mathrm{Cov}[(e_i,\boldsymbol{u}_i^{\mathrm{T}})^{\mathrm{T}}]=\sigma^2\boldsymbol{I}_{p+1}\,,\sigma^2>0\,,i=1,2,\cdots,n.$$

首先估计给定的任一 $t_0\in(0,1)$, 采用加权正交回归方法来构造此点处 $\beta_0,\boldsymbol{\beta}_1$ 的估计. 给定如下的权函数 $\omega_{ni}(t_0)(i=1,2,\cdots,n)$ 满足

(1) $\omega_{ni}(t_0)>0$;

(2) $\sum\limits_{i=1}^{n}\omega_{ni}(t_0)=1$,

可选定适当的有界概率密度函数 $K(y)$(称之为核函数), 再选择窗宽 h_n. 由事先选定的设计点 $0\leqslant t_1\leqslant t_2\leqslant\cdots\leqslant t_n\leqslant 1$ 及 $t_0\in(0,1)$ 构造权函数

$$\omega_{ni}(t_0)=\int_{A_i}\omega_n(s,t_0)\mathrm{d}s,$$

其中,

$$A_1=\left[0,\frac{t_1+t_2}{2}\right),\quad A_i=\left[\frac{t_{i-1}+t_i}{2},\frac{t_i+t_{i+1}}{2}\right),\quad i=2,\cdots,n-1,$$

$$A_n=\left[\frac{t_{n-1}+t_n}{2},1\right],$$

$$\omega_n(s,t)=\frac{1}{h_n}\left[K\left(\frac{s-t}{h_n}\right)+K\left(\frac{s+t}{h_n}\right)I\{0\leqslant s,t\leqslant h_n\}\right.$$
$$\left.+K\left(\frac{2-s-t}{h_n}\right)I\{1-h_n\leqslant s,t\leqslant 1\}\right].$$

在选择窗宽 $h_n>0$ 时, 应注意 $h_n>0$ 且随 n 的增大而减小, 即有 $h_n\in\left(0,\frac{1}{2}\right)$; 当 $n\to\infty$ 时, $h_n\to 0$. 假设在固定 t_0 点处真实的参数和线性关系为 $y=\beta_0(t_0)+\boldsymbol{x}^{\mathrm{T}}\boldsymbol{\beta}_1(t_0)$, 不妨把 $\beta_0(t_0),\boldsymbol{\beta}_1(t_0)$ 简记为 $\beta_0,\boldsymbol{\beta}_1$, 则此超平面为 $y=\beta_0+\boldsymbol{x}^{\mathrm{T}}\boldsymbol{\beta}_1$, 并采用加权正交回归方法, 即使得各观测点到此回归平面的距离的加权平均和达到最小点的 $\hat\beta_{n0}\,,\hat{\boldsymbol{\beta}}_{n1}$ 作为 $\beta_0\,,\boldsymbol{\beta}_1$ 的估计. 为叙述方便起见, 引入如下记号:

$$\widetilde{\boldsymbol{X}}_i=\boldsymbol{X}_i-\sum_{i=1}^n\omega_{ni}(t_0)\boldsymbol{X}_i,\quad \widetilde{Y}_i=Y_i-\sum_{i=1}^n\omega_{ni}(t_0)Y_i,$$

$$\boldsymbol{A}_n=\begin{pmatrix}\sum\limits_{i=1}^n\omega_{ni}(t_0)\widetilde{Y}_i\widetilde{Y}_i & \sum\limits_{i=1}^n\omega_{ni}(t_0)\widetilde{Y}_i\widetilde{\boldsymbol{X}}_i^{\mathrm{T}}\\ \sum\limits_{i=1}^n\omega_{ni}(t_0)\widetilde{\boldsymbol{X}}_i\widetilde{Y}_i & \sum\limits_{i=1}^n\omega_{ni}(t_0)\widetilde{\boldsymbol{X}}_i\widetilde{\boldsymbol{X}}_i^{\mathrm{T}}\end{pmatrix},$$

则点 $(\boldsymbol{X}_i\,,Y_i)$ 到超平面 $y=\beta_0+\boldsymbol{x}^{\mathrm{T}}\boldsymbol{\beta}_1$ 的距离的平方为 $d_i^2(t_0)=\dfrac{(Y_i-\beta_0-\boldsymbol{x}_i^{\mathrm{T}}\beta_1)^2}{1+\parallel\beta_1\parallel^2}$. 记 $d_i^2(t_0)$ 的加权平均为

$$Q(\beta_0,\boldsymbol{\beta}_1)=\sum_{i=1}^n\omega_{ni}(t_0)d_i^2(t_0)=\sum_{i=1}^n\omega_{ni}(t_0)\frac{(Y_i-\beta_0-\boldsymbol{X}_i^{\mathrm{T}}\boldsymbol{\beta}_1)^2}{1+\parallel\boldsymbol{\beta}_1\parallel^2},$$

则 $\beta_0,\boldsymbol{\beta}_1$ 的估计定义为

$$(\hat\beta_{n0}\,,\hat{\boldsymbol{\beta}}_{n1})=\arg\min_{b_0,\,b_1}Q(b_0\,,\boldsymbol{b}_1).$$

令 $\dfrac{\partial Q}{\partial b_0}=0$ 得 $b_0=\sum\limits_{i=1}^n\omega_{ni}(t_0)Y_i-\sum\limits_{i=1}^n\omega_{ni}(t_0)\boldsymbol{X}_i^{\mathrm{T}}\boldsymbol{b}_1$, 将其代入 Q 得

$$\begin{aligned}Q(\boldsymbol{b}_1)&=\sum_{i=1}^n\omega_{ni}(t_0)\frac{(\widetilde{Y}_i-\widetilde{\boldsymbol{X}}_i^{\mathrm{T}}\boldsymbol{b}_1)^2}{1+\parallel\boldsymbol{b}_1\parallel^2}\\&=\frac{(1,-\boldsymbol{b}_1^{\mathrm{T}})}{1+\parallel\boldsymbol{b}_1\parallel^2}\begin{pmatrix}\sum\limits_{i=1}^n\omega_{ni}(t_0)\widetilde{Y}_i\widetilde{Y}_i & \sum\limits_{i=1}^n\omega_{ni}(t_0)\widetilde{Y}_i\widetilde{\boldsymbol{X}}_i^{\mathrm{T}}\\ \sum\limits_{i=1}^n\omega_{ni}(t_0)\widetilde{\boldsymbol{X}}_i\widetilde{Y}_i & \sum\limits_{i=1}^n\omega_{ni}(t_0)\widetilde{\boldsymbol{X}}_i\widetilde{\boldsymbol{X}}_i^{\mathrm{T}}\end{pmatrix}\begin{pmatrix}1\\-\boldsymbol{b}_1\end{pmatrix}\end{aligned}$$

$$= \frac{(1, -\boldsymbol{b}_1^{\mathrm{T}})\boldsymbol{A}_n \begin{pmatrix} 1 \\ -\boldsymbol{b}_1 \end{pmatrix}}{1+ \| \boldsymbol{b}_1 \|^2},$$

则 $\hat{\boldsymbol{\beta}}_{n1} = \arg\min Q(\boldsymbol{b}_1)$, 这等价于 $\left.\dfrac{\mathrm{d}Q(\boldsymbol{b}_1)}{\mathrm{d}\boldsymbol{b}_1}\right|_{\hat{\boldsymbol{\beta}}_{n1}} = 0$, 即

$$(1+ \| \hat{\boldsymbol{\beta}}_{n1} \|^2) \left(\sum_{i=1}^n \omega_{ni}(t_0)\widetilde{\boldsymbol{X}}_i\widetilde{Y}_i - \sum_{i=1}^n \omega_{ni}(t_0)\widetilde{\boldsymbol{X}}_i\widetilde{\boldsymbol{X}}_i^{\mathrm{T}}\hat{\boldsymbol{\beta}}_{n1} \right)$$
$$+ \left[(1, -\hat{\boldsymbol{\beta}}_{n1}^{\mathrm{T}}) \begin{pmatrix} \sum_{i=1}^n \omega_{ni}(t_0)\widetilde{Y}_i\widetilde{Y}_i & \sum_{i=1}^n \omega_{ni}(t_0)\widetilde{Y}_i\widetilde{\boldsymbol{X}}_i^{\mathrm{T}} \\ \sum_{i=1}^n \omega_{ni}(t_0)\widetilde{\boldsymbol{X}}_i\widetilde{Y}_i & \sum_{i=1}^n \omega_{ni}(t_0)\widetilde{\boldsymbol{X}}_i\widetilde{\boldsymbol{X}}_i^{\mathrm{T}} \end{pmatrix} \begin{pmatrix} 1 \\ -\hat{\boldsymbol{\beta}}_{n1} \end{pmatrix} \right] \hat{\boldsymbol{\beta}}_{n1} = 0.$$

注　当 $p = 1$ 时, $\hat{\boldsymbol{\beta}}_{n1}$ 有显示表达, 但当 $p \geqslant 2$ 时, $\hat{\boldsymbol{\beta}}_{n1}$ 无显示表达式. 定义 β_0, σ^2 的估计为

$$\hat{\beta}_{n0} = \sum_{i=1}^n \omega_{ni}(t_0)Y_i - \sum_{i=1}^n \omega_{ni}(t_0)\boldsymbol{X}_i^{\mathrm{T}}\hat{\boldsymbol{\beta}}_{n1}, \quad \hat{\sigma}_n^2 = \sum_{i=1}^n \omega_{ni}(t_0)\frac{(Y_i - \hat{\beta}_{n0} - \boldsymbol{X}_i^{\mathrm{T}}\hat{\boldsymbol{\beta}}_{n1})^2}{1+ \| \hat{\boldsymbol{\beta}}_{n1} \|^2}.$$

至此就得到了 $\beta_0, \boldsymbol{\beta}_1, \sigma^2$ 的估计 $\hat{\beta}_{n0}, \hat{\boldsymbol{\beta}}_{n1}, \hat{\sigma}_n^2$.

欧阳光 (2005), 崔恒建和王强 (2005) 分别对 x 为 1 维和 p 维的情况进行了讨论, 并在方差比 (或可靠性比) 已知的可识别条件下, 获得了参数 $\beta_0(t_0), \boldsymbol{\beta}_1(t_0)$ 正交加权最小二乘估计, 并在 iid 的情形下仅证明了估计的相合性. Cui 和 Guo (2006) 在比较弱的条件下获得了这种估计具有渐近正态性.

5.5.3　测量误差 $\boldsymbol{u}$ 方差已知情况下变系数函数的估计方法

设 $t_1, t_2, \cdots, t_n$ 是 $(0,1)$ 中的 n 个设计点, 在每个点 t_i 处作观测, 获得样本观测值 $(\boldsymbol{X}_i^{\mathrm{T}}, Y_i)^{\mathrm{T}}(i = 1, 2, \cdots, n)$. 设 $\boldsymbol{X}_i$ 的真实值为 $\boldsymbol{x}_i$, Y_i 的真实值为 y_i, 并且满足如下模型:

$$\begin{cases} Y_i = \beta_0(t_i) + \boldsymbol{x}_i^{\mathrm{T}}\boldsymbol{\beta}_1(t_i) + e_i, \\ \boldsymbol{X}_i = \boldsymbol{x}_i + \boldsymbol{u}_i, \end{cases}$$

其中, $(\boldsymbol{x}_i', \boldsymbol{u}_i', e_i)(1 \leqslant i \leqslant n)$ 独立, $\boldsymbol{x}_i(1 \leqslant i \leqslant n)$ 独立有相同的期望和协方差阵且与 $\{(\boldsymbol{u}_i^{\mathrm{T}}, e_i)|1 \leqslant i \leqslant n\}$ 独立, $E[(\boldsymbol{u}_i^{\mathrm{T}}, e_i)^{\mathrm{T}}] = 0$, $\mathrm{Cov}(\boldsymbol{u}_i) = \boldsymbol{\Sigma}_0$ $(1 \leqslant i \leqslant n)$. 目的是估计给定的任一 $t_0 \in (0,1)$, 求此点处 $\beta_0 =: \beta_0(t_0), \boldsymbol{\beta}_1 =: \boldsymbol{\beta}_1(t_0)$ 的估计, 同样采用调整的最小二乘估计方法, 并给定 5.2 节中的权函数 $\omega_{ni}(t_0)(i = 1, 2, \cdots, n)$(有关 $\omega_{ni}(t_0)$ 的选取及其性质可详见文献 (Cui, et al., 2002).

假设在 t_0 点处真实的线性关系 (回归超平面) 为 $y=\beta_0+\boldsymbol{x}^{\mathrm{T}}\boldsymbol{\beta}_1$, 点 $(\boldsymbol{X}_i^{\mathrm{T}},Y_i)$ 到超平面 $y=\beta_0+\boldsymbol{x}^{\mathrm{T}}\boldsymbol{\beta}_1$ 的调整平方距离定义为

$$d_i(t_0)=(Y_i-\beta_0-\boldsymbol{X}_i^{\mathrm{T}}\boldsymbol{\beta}_1)^2-\boldsymbol{\beta}_1^{\mathrm{T}}\boldsymbol{\Sigma}_0\boldsymbol{\beta}_1.$$

关于 $d_i(t_0)$ 的加权平均为

$$Q(\beta_0,\boldsymbol{\beta}_1)=\sum_{i=1}^n\omega_{ni}(t_0)d_i(t_0)=\sum_{i=1}^n\omega_{ni}(t_0)[(Y_i-\beta_0-\boldsymbol{X}_i^{\mathrm{T}}\boldsymbol{\beta}_1)^2-\boldsymbol{\beta}_1^{\mathrm{T}}\boldsymbol{\Sigma}_0\boldsymbol{\beta}_1].$$

所谓参数调整的加权最小二乘估计方法, 就是使得各观测点到此回归超平面的加权调整平方距离和达到最小点的 $\hat{\beta}_{n0},\hat{\boldsymbol{\beta}}_{n1}$ 作为 $\beta_0,\boldsymbol{\beta}_1$ 的估计, 即

$$(\hat{\beta}_{n0},\hat{\boldsymbol{\beta}}_{n1})=\underset{b_0,\boldsymbol{b}_1}{\operatorname{argmin}}\,Q(b_0,\boldsymbol{b}_1).$$

令 $\dfrac{\partial Q(b_0,\boldsymbol{b}_1)}{\partial b_0}=0,\dfrac{\partial Q(b_0,\boldsymbol{b}_1)}{\partial \boldsymbol{b}_1}=0$, 则得 $\beta_0,\boldsymbol{\beta}_1$ 的估计分别为

$$\hat{\boldsymbol{\beta}}_{n1}=\left[\sum_{i=1}^n\omega_{ni}(t_0)\widetilde{\boldsymbol{X}}_i\widetilde{\boldsymbol{X}}_i^{\mathrm{T}}-\boldsymbol{\Sigma}_0\right]^+\sum_{i=1}^n\omega_{ni}(t_0)\widetilde{\boldsymbol{X}}_i\widetilde{Y}_i,$$
$$\hat{\beta}_{n0}=\sum_{i=1}^n\omega_{ni}(t_0)Y_i-\sum_{i=1}^n\omega_{ni}(t_0)\boldsymbol{X}_i^{\mathrm{T}}\hat{\boldsymbol{\beta}}_{n1},$$

其中, $\widetilde{\boldsymbol{X}}_i=\boldsymbol{X}_i-\sum\limits_{i=1}^n\omega_{ni}(t_0)\boldsymbol{X}_i,\widetilde{Y}_i=Y_i-\sum\limits_{i=1}^n\omega_{ni}(t_0)Y_i$, “+” 代表矩阵广义加号逆. σ^2 的估计取为

$$\hat{\sigma}_n^2=Q(\hat{\beta}_{n0},\hat{\boldsymbol{\beta}}_{n1})=\sum_{i=1}^n\omega_{ni}(t_0)[(Y_i-\hat{\beta}_{n0}-\boldsymbol{X}_i^{\mathrm{T}}\hat{\boldsymbol{\beta}}_{n1})^2-\hat{\boldsymbol{\beta}}_{n1}^{\mathrm{T}}\boldsymbol{\Sigma}_0\hat{\boldsymbol{\beta}}_{n1}].$$

至此就得到了 $\beta_0,\boldsymbol{\beta}_1,\sigma^2$ 的估计 $\hat{\beta}_{n0},\hat{\boldsymbol{\beta}}_{n1},\hat{\sigma}_n^2$.

崔恒建 (2007) 在测量误差 $\boldsymbol{u}$ 方差已知这一可识别条件下 (注意它与可靠性比已知的可识别条件有本质的区别, 通常 $\boldsymbol{u}$ 的方差可通过经验或历史数据在确定), 对一般的 p, 采用调整的加权最小二乘估计方法来估计变系数在任一固定点 $t_0\in[0,1]$ 的值 $\beta_0(t_0),\boldsymbol{\beta}_1(t_0)$, 并给出了 σ^2 的估计, 证明了各估计量在较弱的条件下不仅具有强相合性, 而且具有渐近正态性.

5.5.4 随机效应测量误差模型

在生物医学、社会学、经济学的纵向数据分析中, 混合效应模型近年来受到了更多的重视. 在这一领域, 文献 (Diggle, et al., 2002) 是一本相当全面的著作, 当然还有一些有关混合效应模型估计的论文, 如文献 (Davidian and Giltinan, 1993, 1995;

Demidenko and Stukel, 2002; Vonesh, et al., 2002). Zhong 等 (2002) 研究了当固定效应有度量误差时的估计问题. 在正态性假定下, 他们利用纠正得分法得到了回归参数的估计量, 并且证明了渐近正态性. 然而在随机效应下也有误差, 同时协差阵不服从渐近正态性, 估计的相合性是否仍然成立也不清楚. Cui, Ng 和 Zhu(2004) 在固定效应与随机效应的度量误差下考虑一个更复杂的模型. 考察如下模型:

$$\begin{cases} Y = \boldsymbol{x}^{\mathrm{T}}\boldsymbol{\beta}_0 + \boldsymbol{z}^{\mathrm{T}}\boldsymbol{\gamma} + e, \\ \boldsymbol{X} = \boldsymbol{x} + \boldsymbol{u}, \\ \boldsymbol{Z} = \boldsymbol{z} + \boldsymbol{v}. \end{cases} \tag{5.5.2}$$

称之为随机效应测量误差模型, 其中, $\boldsymbol{\beta}_0$ 与 $\boldsymbol{\gamma}$ 分别为 p 维固定效应与 q 维效应, 另外 $E\boldsymbol{\gamma} = \boldsymbol{\mu}_\gamma$ 与 $\mathrm{Cov}(\gamma) = D > 0$ 都为未知量. 在这个模型中, $\boldsymbol{X}, Y, \boldsymbol{Z}$ 为仅有的要观察的随机变量, 度量误差为 $\boldsymbol{u}, \boldsymbol{v}$, 并且 $E\boldsymbol{u} = 0, E\boldsymbol{v} = 0$, 它们的协差阵已知且分别为 $\boldsymbol{\Sigma_u} > 0, \boldsymbol{\Sigma_v} > 0$, e 为模型误差且 $E(e) = 0, \mathrm{Var}(e) = \sigma^2$(未知), 同时 $\boldsymbol{x}, \boldsymbol{z}, \boldsymbol{\gamma}, \boldsymbol{u}, \boldsymbol{v}, e$ 独立. 由于 $\boldsymbol{\mu}_\gamma$ 未知, 可把它也看成一个参数, 从而模型可化为

$$\begin{cases} Y = (\boldsymbol{x}^{\mathrm{T}}, \boldsymbol{z}^{\mathrm{T}})\boldsymbol{\beta} + \boldsymbol{z}^{\mathrm{T}}(\gamma - \boldsymbol{\mu}_\gamma) + e, \\ \boldsymbol{X} = \boldsymbol{x} + \boldsymbol{u}, \\ \boldsymbol{Z} = \boldsymbol{z} + \boldsymbol{v}, \end{cases}$$

其中, $\boldsymbol{\beta} = (\boldsymbol{\beta}_0^{\mathrm{T}}, \boldsymbol{\mu}_\gamma^{\mathrm{T}})^{\mathrm{T}}$.

5.5.5 随机效应测量误差模型中参数的估计方法

在模型 (5.5.2) 下, 抽得独立同分布数据集 $Y_i, \boldsymbol{X}_i, \boldsymbol{Z}_i$ 有

$$\begin{cases} Y_i = (\boldsymbol{x}_i^{\mathrm{T}}, \boldsymbol{z}_i^{\mathrm{T}})\boldsymbol{\beta} + \boldsymbol{z}_i^{\mathrm{T}}(\gamma_i - \boldsymbol{\mu}_\gamma) + e_i, \\ \boldsymbol{X}_i = \boldsymbol{x}_i + \boldsymbol{u}_i, \\ \boldsymbol{Z}_i = \boldsymbol{z}_i + \boldsymbol{v}_i. \end{cases}$$

首先, 基于矩阵变换及求期望得到 $\boldsymbol{\beta}, \sigma^2, D$ 的矩估计. 由模型 (5.5.2) 得到 $(\boldsymbol{x}^{\mathrm{T}}, \boldsymbol{z}^{\mathrm{T}})Y = (\boldsymbol{x}^{\mathrm{T}}, \boldsymbol{z}^{\mathrm{T}})^{\mathrm{T}}(\boldsymbol{x}^{\mathrm{T}}, \boldsymbol{z}^{\mathrm{T}})\boldsymbol{\beta} + (\boldsymbol{x}^{\mathrm{T}}, \boldsymbol{z}^{\mathrm{T}})^{\mathrm{T}}\boldsymbol{z}^{\mathrm{T}}(\gamma - \boldsymbol{\mu}_\gamma) + (\boldsymbol{x}^{\mathrm{T}}, \boldsymbol{z}^{\mathrm{T}})^{\mathrm{T}}e$, 取期望 $E[(\boldsymbol{x}^{\mathrm{T}}, \boldsymbol{z}^{\mathrm{T}})Y] = E[(\boldsymbol{x}^{\mathrm{T}}, \boldsymbol{z}^{\mathrm{T}})^{\mathrm{T}}(\boldsymbol{x}^{\mathrm{T}}, \boldsymbol{z}^{\mathrm{T}})]\boldsymbol{\beta}$, 由于 $E[(\boldsymbol{u}^{\mathrm{T}}, \boldsymbol{v}^{\mathrm{T}})^{\mathrm{T}}Y] = 0, E[(\boldsymbol{x}^{\mathrm{T}}, \boldsymbol{z}^{\mathrm{T}})^{\mathrm{T}}(\boldsymbol{x}^{\mathrm{T}}, \boldsymbol{z}^{\mathrm{T}})] = E[(\boldsymbol{X}^{\mathrm{T}}, \boldsymbol{Z}^{\mathrm{T}})^{\mathrm{T}}(\boldsymbol{X}^{\mathrm{T}}, \boldsymbol{Z}^{\mathrm{T}})] - \mathrm{diag}(\boldsymbol{\Sigma_u}, \boldsymbol{\Sigma_v})$. 关于 $\boldsymbol{\beta}$ 的估计方程如下:

$$E[(\boldsymbol{X}^{\mathrm{T}}, \boldsymbol{Z}^{\mathrm{T}})^{\mathrm{T}}(\boldsymbol{X}^{\mathrm{T}}, \boldsymbol{Z}^{\mathrm{T}})] - \mathrm{diag}(\boldsymbol{\Sigma}_u, \boldsymbol{\Sigma}_v)\boldsymbol{\beta} = E[(\boldsymbol{x}^{\mathrm{T}}, \boldsymbol{z}^{\mathrm{T}})Y],$$

因而 $\boldsymbol{\beta}$ 的矩估计为

$$\hat{\boldsymbol{\beta}} = \left\{\frac{1}{n}\sum_{i=1}^{n}[(\boldsymbol{x}_i^{\mathrm{T}}, \boldsymbol{z}_i^{\mathrm{T}})^{\mathrm{T}}(\boldsymbol{x}_i^{\mathrm{T}}, \boldsymbol{z}_i^{\mathrm{T}})] - \mathrm{diag}(\boldsymbol{\Sigma_u}, \boldsymbol{\Sigma_v})\right\}^{-1}\frac{1}{n}\sum_{i=1}^{n}(\boldsymbol{x}_i^{\mathrm{T}}, \boldsymbol{z}_i^{\mathrm{T}})^{\mathrm{T}}Y_i.$$

上述估计量也是线性误差模型中的一般估计量, 参见文献 (Fuller, 1987). 对于 σ^2, 注意到 $E[Y-(\boldsymbol{X}^{\mathrm{T}},\boldsymbol{Z}^{\mathrm{T}})\boldsymbol{\beta}]^2=E[\boldsymbol{z}^{\mathrm{T}}(\boldsymbol{\gamma}-\boldsymbol{\mu}_{\gamma})(\boldsymbol{\gamma}-\boldsymbol{\mu}_{\gamma})^{\mathrm{T}}\boldsymbol{z}+e-(\boldsymbol{u}^{\mathrm{T}},\boldsymbol{v}^{\mathrm{T}})\boldsymbol{\beta}]^2=\mathrm{tr}(\boldsymbol{D}E(\boldsymbol{z}\boldsymbol{z}^{\mathrm{T}}))+\sigma^2+\boldsymbol{\beta}^{\mathrm{T}}\mathrm{diag}(\boldsymbol{\Sigma}_u,\boldsymbol{\Sigma}_v)\boldsymbol{\beta}$, 从而 $\sigma^2=E[Y-(\boldsymbol{X}^{\mathrm{T}},\boldsymbol{Z}^{\mathrm{T}})\boldsymbol{\beta}]^2-\boldsymbol{\beta}^{\mathrm{T}}\mathrm{diag}(\boldsymbol{\Sigma}_{\boldsymbol{u}},\boldsymbol{\Sigma}_{\boldsymbol{v}})\boldsymbol{\beta}-\mathrm{tr}[\boldsymbol{D}(E\boldsymbol{Z}\boldsymbol{Z}^{\mathrm{T}}-\boldsymbol{\Sigma}_{\boldsymbol{v}})]$. σ^2 的估计量取为

$$\hat{\sigma}^2=\frac{1}{n}\sum_{i=1}^{n}[Y_i-(\boldsymbol{X}_i^{\mathrm{T}},\boldsymbol{Z}_i^{\mathrm{T}})\hat{\boldsymbol{\beta}}]^2-\hat{\boldsymbol{\beta}}^{\mathrm{T}}\mathrm{diag}(\boldsymbol{\Sigma}_{\boldsymbol{u}},\boldsymbol{\Sigma}_{\boldsymbol{v}})\hat{\boldsymbol{\beta}}-\frac{1}{n}\sum_{i=1}^{n}\boldsymbol{Z}_i^{\mathrm{T}}\hat{\boldsymbol{D}}\boldsymbol{Z}_i+\mathrm{tr}(\hat{\boldsymbol{D}}\boldsymbol{\Sigma}_{\boldsymbol{v}}).$$

下面给出 $\boldsymbol{D}$ 的估计. 注意到 $\boldsymbol{D}=\boldsymbol{\Sigma}_{\boldsymbol{z}}^{-1/2}\boldsymbol{B}\boldsymbol{\Sigma}_{\boldsymbol{z}}^{-1/2}$. 令 $\hat{\boldsymbol{\Sigma}}_{\boldsymbol{z}}=\dfrac{1}{n-1}\sum\limits_{i=1}^{n}(\boldsymbol{Z}_i-\bar{\boldsymbol{Z}})(\boldsymbol{Z}_i-\bar{\boldsymbol{Z}})^{\mathrm{T}}-\boldsymbol{\Sigma}_{\boldsymbol{v}}$ 作为 $\boldsymbol{\Sigma}_{\boldsymbol{z}}$ 的估计量, 其中, $\bar{\boldsymbol{Z}}=\dfrac{1}{n}\sum\limits_{i=1}^{n}\boldsymbol{Z}_i$. 令

$$\hat{a}=\frac{1}{nq}\sum_{i=1}^{n}\sum_{j=1}^{q}\hat{a}_{ij},\quad \hat{b}=\frac{1}{nq(q-1)}\sum_{i=1}^{n}\sum_{j\neq k}^{q}\hat{b}_{ijk},\quad q>1,$$

其中, $\hat{a}_{ij}=[\boldsymbol{l}_j^{\mathrm{T}}\hat{\boldsymbol{\Sigma}}_{\boldsymbol{z}}^{-1/2}(\boldsymbol{Z}_i-\bar{\boldsymbol{Z}})]^4-6\boldsymbol{l}_j^{\mathrm{T}}\hat{\boldsymbol{\Sigma}}_{\boldsymbol{z}}^{-1/2}\boldsymbol{\Sigma}_{\boldsymbol{v}}\hat{\boldsymbol{\Sigma}}_{\boldsymbol{z}}^{-1/2}\boldsymbol{l}_j-E_{\boldsymbol{v}}[\boldsymbol{l}_j^{\mathrm{T}}\hat{\boldsymbol{\Sigma}}_{\boldsymbol{z}}^{-1/2}\boldsymbol{v}]^4$, $\hat{b}_{ijk}=(\boldsymbol{l}_j^{\mathrm{T}}\hat{\boldsymbol{\Sigma}}_{\boldsymbol{z}}^{-1/2}(\boldsymbol{Z}_i-\bar{\boldsymbol{Z}}))^2(\boldsymbol{l}_k^{\mathrm{T}}\hat{\boldsymbol{\Sigma}}_{\boldsymbol{z}}^{-1/2}(\boldsymbol{Z}_j-\bar{\boldsymbol{Z}}))^2-\boldsymbol{l}_j^{\mathrm{T}}\hat{\boldsymbol{\Sigma}}_{\boldsymbol{z}}^{-1/2}\boldsymbol{\Sigma}_{\boldsymbol{v}}\hat{\boldsymbol{\Sigma}}_{\boldsymbol{z}}^{-1/2}\boldsymbol{l}_j-\boldsymbol{l}_k^{\mathrm{T}}\hat{\boldsymbol{\Sigma}}_{\boldsymbol{z}}^{-1/2}\boldsymbol{\Sigma}_{\boldsymbol{v}}\hat{\boldsymbol{\Sigma}}_{\boldsymbol{z}}^{-1/2}\boldsymbol{l}_k-E_{\boldsymbol{v}}[(\boldsymbol{l}_j^{\mathrm{T}}\hat{\boldsymbol{\Sigma}}_{\boldsymbol{z}}^{-1/2}\boldsymbol{v})^2(\boldsymbol{l}_k^{\mathrm{T}}\hat{\boldsymbol{\Sigma}}_{\boldsymbol{z}}^{-1/2}\boldsymbol{v})^2]$, $\boldsymbol{l}_j\in\mathbb{R}^q$ 表示第 j 个元素为 1, 其余元素全为 0 的单位向量, $1\leqslant j\leqslant q$ 以及

$$\begin{aligned}\hat{\boldsymbol{A}}=&\frac{1}{n-(p+q+1)}\sum_{i=1}^{n}\{[(Y_i-\boldsymbol{X}_i^{\mathrm{T}}\hat{\boldsymbol{\beta}})^2-\frac{1}{n}\sum_{i=1}^{n}(Y_i-\boldsymbol{X}_i^{\mathrm{T}}\hat{\boldsymbol{\beta}})^2]\\&\cdot[\hat{\boldsymbol{\Sigma}}_{\boldsymbol{z}}^{-1/2}(\boldsymbol{Z}_i-\bar{\boldsymbol{Z}})(\boldsymbol{Z}_i-\bar{\boldsymbol{Z}})^{\mathrm{T}}\hat{\boldsymbol{\Sigma}}_{\boldsymbol{z}}^{-1/2}]\}-\hat{\boldsymbol{\Sigma}}_{\boldsymbol{z}}^{-1/2}\mathrm{Cov}_{\boldsymbol{v}}[\hat{\boldsymbol{\mu}}_{\gamma}^{\mathrm{T}}\boldsymbol{v}\boldsymbol{v}^{\mathrm{T}}\hat{\boldsymbol{\mu}}_{\gamma},\boldsymbol{v}\boldsymbol{v}^{\mathrm{T}}]\hat{\Sigma}_{\boldsymbol{z}}^{-1/2},\end{aligned}$$

则当 $q>1$ 时,

$$\hat{\boldsymbol{D}}=\hat{\boldsymbol{\Sigma}}_{\boldsymbol{z}}^{-1/2}\left[\frac{1}{2\hat{b}}\hat{\boldsymbol{A}}+\frac{3\hat{b}-\hat{a}}{2(\hat{a}-\hat{b})}\mathrm{diag}(\hat{\boldsymbol{A}})-\frac{(\hat{b}-1)\mathrm{tr}(\hat{\boldsymbol{A}})}{(\hat{a}-\hat{b})(\hat{a}-\hat{b}+(\hat{b}-1)q)}\boldsymbol{I}_q\right]\hat{\boldsymbol{\Sigma}}_{\boldsymbol{z}}^{-1/2}.$$

当 $q=1$ 时, 可简化为 $\hat{\boldsymbol{D}}=\hat{\boldsymbol{A}}/(\hat{a}-1)$.

注 1　如果 $\boldsymbol{z}\sim N(\mu_{\boldsymbol{z}},\boldsymbol{\Sigma}_{\boldsymbol{z}})$, 那么 $\hat{\boldsymbol{z}}\sim N(0,\boldsymbol{I}_q)$, $a=3$, $b=1$, $\boldsymbol{D}=\dfrac{1}{2}\boldsymbol{\Sigma}_{\boldsymbol{z}}^{-1/2}\boldsymbol{A}\boldsymbol{\Sigma}_{\boldsymbol{z}}^{-1/2}$.

注 2　$\hat{\boldsymbol{D}}$ 和 $\hat{\sigma}^2$ 可能不是正定的, 如果这样的话, 只考虑其正定的部分. 注意并没有对 $\boldsymbol{D},\gamma$ 的结构作任何假定, 所以这里的估计问题是一个无结构问题. 矩方法提供了一个简单、便捷的估计, 证明了估计量在较宽松的条件下具有渐近正态性. 另一方面, 如果 $\boldsymbol{D}$ 是有结构的, 即有关于 $\boldsymbol{D}$ 的先验信息, 那么就应该使用这些先验信息来获得关于 $\boldsymbol{D}$ 的估计量.

Cui, Ng 和 Zhu(2004) 考虑线性混合效应模型 (这个模型有固定或随机效应下的度量误差), 然后得到了一些有用参数估计量的矩, 同时在一定的条件下, 得到了估计量的强相合性及渐近正态性, 而且获得了渐近协差阵的强相合估计量.

5.6 有辅助变量的测量误差模型及其去噪估计方法

5.6.1 有辅助变量的测量误差模型

实际中, 经常会出现具有测量误差的回归模型, 这也经常出现在统计文献中. 由于在测量误差存在的情况下, 最小二乘估计 (LS) 不是相合的, 因此, 提出了一些其他的修正方法. 例如, 引出修正最小二乘 (ALS) 的矩方法可以用来纠偏, 另外一种似然方法会得到具有正交距离的最小二乘 (OLS), 还有模拟外推方法 (SIMEX), 在线性模型中, 它与修正最小二乘等价, 但它也适用于非线性测量误差模型, 详细可以参见文献 (Fuller, 1987; Carroll, et al., 1995; Cook and Stefanski, 1994). 考虑测量误差和辅助变量 (如时间) 一起被观测的线性测量误差模型. 令 $(\boldsymbol{\xi},\eta)\in\mathbb{R}^p\times\mathbb{R}^1$ 为所感兴趣的满足下面线性关系的变量:

$$\eta=\boldsymbol{\xi}^{\mathrm{T}}\boldsymbol{\beta}_0+\boldsymbol{z}^{\mathrm{T}}\boldsymbol{\alpha}_0, \tag{5.6.1}$$

其中, $\boldsymbol{z}\in\mathbb{R}^q$ 为协变量. 依时间收集 $(\boldsymbol{\xi},\eta)$ 的测量值而得到数据集 $\{(\boldsymbol{x}_i,y_i,\boldsymbol{z}_i),1\leqslant i\leqslant n\}$, 其中, $\boldsymbol{x}_i=\boldsymbol{\xi}(t_i)+\boldsymbol{u}_i,y_i=\eta(t_i)+v_i$, t_i 是第 i 次测量的时间, $\boldsymbol{u}_i$ 和 v_i 是测量误差, 称模型 (5.6.1) 为具有辅助变量的线性测量误差模型. 假定 $\boldsymbol{z}_i$ 的观测没有误差, 所要考虑的是未知参数 $(\boldsymbol{\beta}_0,\boldsymbol{\alpha}_0)$ 的估计问题.

模型的一个重要组成部分就是 $\boldsymbol{\xi}$ 和 η 都是与时间相关的. 对于给定的时间 t, 它们可视为某些变量的 (未知) 总体均值. Cai 等 (2000) 在估计 awareness 和某些产品的电视广告的受欢迎程度之间的关系时给出了使用这一模型的例子.

5.6.2 参数的去噪估计方法

为统一起见, 改写式 (5.6.1) 为

$$y_i=\boldsymbol{\xi}_i^{\mathrm{T}}\boldsymbol{\beta}_0+\boldsymbol{z}_i^{\mathrm{T}}\boldsymbol{\alpha}_0+v_i, \tag{5.6.2}$$

其中, $\boldsymbol{\xi}_i=\boldsymbol{\xi}(t_i)$, 它受测量误差的影响, 并且 v_i 和 $\boldsymbol{u}_i$ 是相互独立的误差变量. 式 (5.6.2) 的普通 LS 是有偏的且不是相合的. Cai 等 (2000) 利用小波的方法过滤掉观测变量中的噪音. 令 $\widetilde{\boldsymbol{x}}$ 和 $\widetilde{y}$ 分别表示变量 $\boldsymbol{x}$ 和 y 去噪后的变量, 在对 $\boldsymbol{\xi}(t)$ 和 $\eta(t)$ 施加一些光滑条件下, 将最小二乘法用于去噪后的变量, 可以得到 $\boldsymbol{\beta}_0$ 的相合估计 (DLS 估计).

Cui 等 (2002) 考虑了类似的 DLS 估计, 对 $\boldsymbol{x}$ 变量去噪而不对 y 变量去噪. 这使得模型 (5.6.2) 更接近于传统的 EV 回归模型的结构. 更重要的是, 对 y_i 的去噪并不能提高估计的表现. 其次, 利用 (卷积) 核型光滑化替代小波去噪. 核型光滑化在统计界更为人所熟知且易于分析, 而且在合适的条件下, 有关 DLS 估计的渐近

正态性的结果对于像 Antoniadis 等 (1994, 第 1340 页) 使用的小波去噪这样的情形依然成立.

为了详细说明式 (5.6.1) 和式 (5.6.2), 进一步假定 $\boldsymbol{u}_i \in \mathbb{R}^p$, $v_i \in \mathbb{R}$ 具有均值 0, 方差分别为 $\boldsymbol{\Sigma}_{\boldsymbol{u}}$ 和 $\sigma_{\boldsymbol{v}}^2$ 的两个独立随机样本. 不失一般性, 假定观测值取在 $0 = t_0 \leqslant t_1 \leqslant t_2 \leqslant \cdots \leqslant t_n \leqslant 1$, 其中, t_i 可以是时间, 也可以是关于 $\boldsymbol{\xi}$ 和 η 的任意其他输入参数. 注意到还可以在该构造中利用 t 的任意单调光滑变换. 下面具体说明关于 $\boldsymbol{x}_i$ 的核型光滑过程. 令 $K(\cdot) \geqslant 0$ 是对称的 Lipschitz 核, 支集在 $[-1,1]$ 上, 并有 $\int_{-1}^{1} K(x)\mathrm{d}x = 1$. 令 $w_n(s,t)(0 \leqslant s,t \leqslant 1)$ 是仅依赖于 $\{t_1,\cdots,t_n\}$ 的权函数, 并且满足 $\int_0^1 w_n(s,t)\mathrm{d}t = 1$ 对任意 $0 \leqslant s \leqslant 1$ 成立. 具体可取

$$w_n(s,t) = \frac{1}{h}\left[K\left(\frac{s-t}{h}\right) + K\left(\frac{s+t}{h}\right) I_{\{0\leqslant s,t\leqslant h\}} + K\left(\frac{2-s-t}{h}\right) I_{\{1-h\leqslant s,t\leqslant 1\}}\right],$$

其中, 对某个光滑参数 $h = h_n$ 满足 $h \in (0,1/2)$, 并且当 $n \to \infty$ 时, $h \to 0, nh/\log n \to \infty$, 那么可以给出去噪后的变量 $\widetilde{\boldsymbol{x}}$,

$$\widetilde{\boldsymbol{x}}_i = \sum_{j=1}^{n} \boldsymbol{x}_j \int_{A_j} w_n(s,t_i)\mathrm{d}s,$$

其中, $A_1 = [0,(t_1+t_2)/2)$,$A_j = [(t_{j-1}+t_j)/2,(t_j+t_{j+1})/2)(2 \leqslant j \leqslant n-1)$,$A_n = [(t_{n-1}+t_n)/2,1]$. 相对于 Gasser 和 Müller(1979) 使用的光滑方法, 在 (s,t) 接近边缘 (0 或 1) 处所加的项是为了在边界处进行核光滑的纠偏. 为方便起见, 记 $\boldsymbol{X} = (\boldsymbol{x}_1,\cdots,\boldsymbol{x}_n)^{\mathrm{T}} \in \mathbb{R}^{n\times p}$, $\widetilde{\boldsymbol{X}} = (\widetilde{\boldsymbol{x}}_1,\cdots,\widetilde{\boldsymbol{x}}_n)^{\mathrm{T}} \in \mathbb{R}^{n\times p}$, $\boldsymbol{Z} = (\boldsymbol{z}_1,\cdots,\boldsymbol{z}_n)^{\mathrm{T}} \in \mathbb{R}^{n\times p}$, $\boldsymbol{Y} = (y_1,\cdots,y_n)^{\mathrm{T}} \in \mathbb{R}^n$, $\boldsymbol{\Xi} = (\boldsymbol{\xi}_1,\cdots,\boldsymbol{\xi}_n)^{\mathrm{T}} \in \mathbb{R}^{n\times p}$, $\boldsymbol{U} = (\boldsymbol{u}_1,\cdots,\boldsymbol{u}_n)^{\mathrm{T}} \in \mathbb{R}^{n\times p}$, $\boldsymbol{V} = (v_1,\cdots,v_n)^{\mathrm{T}} \in \mathbb{R}^n$, 同时令

$$\boldsymbol{\Omega}_n = \frac{1}{n}\begin{pmatrix} \boldsymbol{\Xi}^{\mathrm{T}}\boldsymbol{\Xi} & \boldsymbol{\Xi}^{\mathrm{T}}\boldsymbol{Z} \\ \boldsymbol{Z}^{\mathrm{T}}\boldsymbol{\Xi} & \boldsymbol{Z}^{\mathrm{T}}\boldsymbol{Z} \end{pmatrix}, \quad \widetilde{\boldsymbol{\Omega}}_n = \frac{1}{n}\begin{pmatrix} \widetilde{\boldsymbol{X}}^{\mathrm{T}}\widetilde{\boldsymbol{X}} & \widetilde{\boldsymbol{X}}^{\mathrm{T}}\boldsymbol{Z} \\ \boldsymbol{Z}^{\mathrm{T}}\widetilde{\boldsymbol{X}} & \boldsymbol{Z}^{\mathrm{T}}\boldsymbol{Z} \end{pmatrix}.$$

由文献 (Cui, et al., 2002) 可知当 $n \to \infty$ 时, 依概率成立 $\sup_i |\widetilde{\boldsymbol{x}}_i - \boldsymbol{\xi}(t_i)| \to 0$ 和 $\boldsymbol{\Omega}_n - \widetilde{\boldsymbol{\Omega}}_n \to 0$. DLS 方法通过在 $(\widetilde{\boldsymbol{x}}_i, \boldsymbol{z}_i)$ 上对 y_i 作回归得到

$$\begin{pmatrix} \widehat{\boldsymbol{\beta}} \\ \widehat{\boldsymbol{\alpha}} \end{pmatrix} = (n\widetilde{\boldsymbol{\Omega}}_n)^{-1} \begin{pmatrix} \widetilde{\boldsymbol{X}}^{\mathrm{T}} \\ \boldsymbol{Z}^{\mathrm{T}} \end{pmatrix} \boldsymbol{Y}.$$

Cui 等 (2002) 着重讨论这种去噪估计的渐近分布, 证明了其渐近分布为正态分布, 并说明了与不使用任何辅助信息使用相比去噪会提高有效性, 同时将这些结果推广到误差相依和比最小二乘更具稳健性的一类广义 M 估计的情形.

5.7 测量误差模型中参数置信区域的经验似然构造方法

5.7.1 线性测量误差模型中参数置信区域的经验似然方法

对于线性测量误差模型 $Y_i = \boldsymbol{x}_i^{\mathrm{T}}\boldsymbol{\beta}_0 + v_i$, $\boldsymbol{X}_i = \boldsymbol{x}_i + \boldsymbol{u}_i$, 其中, v_i 是 iid 的具有均值 0 且连续可导的分布函数的误差, $\boldsymbol{X}_i$ 是 p 维可观测随机向量, $\boldsymbol{x}_i$ 为 p 维不可观测随机向量, $\boldsymbol{\beta}_0$ 为 $p \times 1$ 未知参数向量, $\boldsymbol{\mu}_i$ 是 p 维 iid 的不可观测随机误差. $\boldsymbol{x}$ 与 $(v, \boldsymbol{u}^{\mathrm{T}})^{\mathrm{T}}$ 独立. 令 $\boldsymbol{\Sigma}_{\boldsymbol{x}} = \mathrm{Cov}(\boldsymbol{x})$, $\boldsymbol{\Sigma}_{\boldsymbol{u}} = \mathrm{Cov}(\boldsymbol{u})$. 为了模型的可识别性, 假设 $\boldsymbol{\Sigma}_{\boldsymbol{x}}$ 正定且 $\boldsymbol{\Sigma}_1 = \boldsymbol{\Sigma}_{\boldsymbol{u}}/\mathrm{Var}(v)$ 为一个已知的 $p \times p$ 的正定矩阵. 不失一般性 (否则, 用 $\boldsymbol{\Sigma}_1^{-1/2}\boldsymbol{X}$ 代替 $\boldsymbol{X}$), 假设

$$E[(v, \boldsymbol{u}^{\mathrm{T}})^{\mathrm{T}}] = 0, \quad \mathrm{Cov}[(v, \boldsymbol{u}^{\mathrm{T}})^{\mathrm{T}}] = \sigma^2 \boldsymbol{I}_{p+1},$$

这意味着 v 和 $\boldsymbol{u}$ 有相同的离差参数 $\sigma^2 > 0$.

EV 回归模型中一个重要的问题是当 v 和 $\boldsymbol{u}$ 的分布未知时, 如何构造 $\boldsymbol{\beta}_0$ 的置信区域. 在非参数的假设下, 标准的方法就是基于参数 $\boldsymbol{\beta}_0$ 的估计的渐近正态性, 通过估计其渐近协方差阵来构造置信区域. 在没有测量误差的情况下, 线性模型的协方差阵是很容易估计的. 但是在 EV 线性模型中, 由于观测到的协变量 $\boldsymbol{X}$ 存在误差 $\boldsymbol{u}$, 从而导致协方差阵的形式很复杂. 直接估计可能会导致很大的误差, 并导致置信区域有更大的覆盖错误率, 而且并不能保证在有限样本的情况下, 估计的协方差阵是正定的, 当然可以通过 bootstrap 来构造 $\boldsymbol{\beta}_0$ 的置信区域, 但是正如所有的多维 bootstrap 置信区域一样, 必须先主观地给出区域的形状和方向.

经验似然是由 Owen(1988,1990) 提出的一种区别于 bootstrap 的构造非参数置信域的方法, 它不需要像 bootstrap 那样以相同的概率权重重抽样, 而是通过在一系列反应所感兴趣的量的特征的约束条件下给出多项式似然. 经验似然的一个重要特性就是它是根据数据自动决定置信区域的形状和方向, 而且通过它内在的最优化, 而不用估计协方差阵就可以实现标准化. 另外, 已经证明在很多情况下, 经验似然置信区域是存在 Bartlett 修正的, 也就是说, 一个简单的均值调整就可以将覆盖错误率减小一个量级. 经验似然也被用于由估计方程定义的参数 (Qin and Lawless, 1994). Owen(1991) 给出了不存在测量误差的情况下, 普通线性模型参数 $\boldsymbol{\beta}_0$ 的经验似然置信区域, 并导出了非参数形式的 Wilks 定理. Chen(1993, 1994) 给出了覆盖精确度和置信区域的 Bartlett 修正.

Gao 和 Cui(2001) 利用经验似然方法构造了参数的经验似然比置信区域, 在一定条件下, 证明了 EV 线性模型的非参数 Wilks 定理. Cui 和 Chen(2003) 还进一步给出了覆盖精确度和置信区域的 Bartlett 修正. 对于线性测量误差模型, $\boldsymbol{\beta}_0$ 的估计是通过解一个得分方程得到, 这个得分方程是所有数据点到超平面 $\mathbb{R}^{p+1}$ 的平方

正交距离的和. 这个得分方程有多于两个的解, 并且只有一个是真正的解, 所以经验似然必须有一定的限制来去掉多余的解. 将参数空间限制在一个区域上, 使得分方程有一个收敛到 $\boldsymbol{\beta}_0$ 的唯一解.

设 $\{(X_1,Y_1),(X_2,Y_2),\cdots,(X_n,Y_n)\}$ 是来自线性测量误差模型的独立同分布的随机变量. 由广义最小二乘方法得到的 $\boldsymbol{\beta}_0$ 的估计为

$$\hat{\boldsymbol{\beta}}_n = \arg\min_{\boldsymbol{\beta}\in\mathbb{R}^p}\sum_{i=1}^n \frac{(Y_i-\boldsymbol{X}_i^{\mathrm{T}}\boldsymbol{\beta})^2}{1+\|\boldsymbol{\beta}\|^2},$$

其中, $(Y_i-\boldsymbol{X}_i^{\mathrm{T}}\boldsymbol{\beta})^2/(1+\|\boldsymbol{\beta}\|^2)$ 为点 (X_i,Y_i) 到平面 $L_{\boldsymbol{\beta}}=\{\boldsymbol{z}|\boldsymbol{z}\in\mathbb{R}^{p+1},(\boldsymbol{\beta}^{\mathrm{T}},-1)\boldsymbol{z}=0\}$, $\|\cdot\|$ 表示欧氏模. 上式说明 $\hat{\boldsymbol{\beta}}_n$ 是下面这个得分方程的根:

$$\frac{1}{n}\sum_{i=1}^n \boldsymbol{Z}_i(\boldsymbol{\beta})=0,$$

其中, $\boldsymbol{Z}_i(\boldsymbol{\beta})=\boldsymbol{X}_i(Y_i-\boldsymbol{X}_i^{\mathrm{T}}\boldsymbol{\beta})+\dfrac{(Y_i-\boldsymbol{X}_i^{\mathrm{T}}\boldsymbol{\beta})^2}{1+\|\boldsymbol{\beta}\|^2}\boldsymbol{\beta}$且 $E[\boldsymbol{Z}_i(\boldsymbol{\beta}_0)]=0$. 令 $p_1,\cdots,p_n$ 为求和为 1 的一列非负数, 则在 $\boldsymbol{\beta}$ 处的 -2 倍对数经验似然比为

$$\ell(\boldsymbol{\beta})=-2\min_{\sum p_i\boldsymbol{Z}_i(\boldsymbol{\beta})=0}\sum_{i=1}^n\log(np_i).$$

引入 Lagrange 乘子 $\boldsymbol{\lambda}\in\mathbb{R}^p$, 则有

$$\ell(\boldsymbol{\beta})=2\sum_{i=1}^n\log\{1+\boldsymbol{\lambda}^{\mathrm{T}}\boldsymbol{Z}_i(\boldsymbol{\beta})\},$$

其中, $\boldsymbol{\lambda}$ 满足 $\sum\limits_{i=1}^n\dfrac{\boldsymbol{Z}_i(\boldsymbol{\beta})}{1+\boldsymbol{\lambda}^{\mathrm{T}}\boldsymbol{Z}_i(\boldsymbol{\beta})}=0$, 则在条件 $E[|v|^4+\|\boldsymbol{u}\|^4]<+\infty$ 下, 当 $n\to\infty$ 时有 $\ell(\boldsymbol{\beta}_0)\xrightarrow{d}\chi_p^2$, 即非参数形式的 Wilks 定理成立. 在标准的情况下, 置信水平为 α 的经验似然置信区域为

$$CR_{\alpha,0}=\{\boldsymbol{\beta}_0|\ell(\boldsymbol{\beta}_0)<c_\alpha\},\tag{5.7.1}$$

c_α 满足 $P(\chi_p^2<c_\alpha)=\alpha$. 但是, 对于测量误差模型这个置信区域是不合适的. 因为 $E[\boldsymbol{Z}_i(\boldsymbol{\beta})]=0$ 当 $\boldsymbol{\beta}_0\neq 0$ 时至少有两个解, 故这个经验似然表面是一个多面模型, 而式 (5.7.1) 给出的置信区域是不连通且不相合的. 为了克服这个问题, 把 $\boldsymbol{\beta}$ 限制在一个子参数空间

$$\Omega=\left\{\boldsymbol{\beta}\middle|E\left[\frac{(Y-\boldsymbol{X}^{\mathrm{T}}\boldsymbol{\beta})^2}{1+\|\boldsymbol{\beta}\|^2}\right]<t_1(E[\boldsymbol{X}\boldsymbol{X}^{\mathrm{T}}])\right\},$$

其中, $t_1(\boldsymbol{B})$ 表示矩阵 $\boldsymbol{B}$ 的最小特征根. 可以证明 $E[\boldsymbol{Z}_i(\boldsymbol{\beta})]=0$ 且 $\boldsymbol{\beta}\in\Omega$ 与 $\boldsymbol{\beta}=\boldsymbol{\beta}_0$ 等价. 定义

$$\Omega_n=\left\{\boldsymbol{\beta}\Big|\frac{1}{n}\sum_{i=1}^n\frac{(Y-\boldsymbol{X}^{\mathrm{T}}\boldsymbol{\beta})^2}{1+\|\boldsymbol{\beta}\|^2}<t_1\Big[\frac{1}{n}\sum_{i=1}^n\boldsymbol{X}_i\boldsymbol{X}_i^{\mathrm{T}}\Big]\right\}$$

为 Ω 的估计. 可以证明 Ω_n 是开凸区域, 并且当 $n\to\infty$ 时,$P(\boldsymbol{\beta}_0\in\Omega_n)\to 1$. 因此, $\boldsymbol{\beta}_0$ 的合适的置信区域为

$$CR_{\alpha,el}=\{\boldsymbol{\beta}|\boldsymbol{\beta}\in\Omega_n,\ell(\boldsymbol{\beta})<c_\alpha\}.$$

这个经验似然置信区域是 "渐近凸的", 而且在一定的条件下有

$$P(\boldsymbol{\beta}_0\in CR_{\alpha,el})=\alpha-ac_\alpha\psi_p(c_\alpha)n^{-1}+O(n^{-3/2}),$$

其中, $\psi_p(\cdot)$ 为 χ_p^2 分布的密度函数, $a=p^{-1}\left[\frac{1}{2}E(\boldsymbol{W}_1^{\mathrm{T}}\boldsymbol{W}_1)^2-\frac{1}{3}E(\boldsymbol{W}_1^{\mathrm{T}}\boldsymbol{W}_2)^3\right]$, $\lim\limits_{n\to\infty}P(\tilde{\boldsymbol{\beta}}\in CR_{\alpha,el})=0$ 对于任意固定的 $\tilde{\boldsymbol{\beta}}\neq\boldsymbol{\beta}_0$, $\lim\limits_{n\to\infty}P(\tilde{\boldsymbol{\beta}}_n\in CR_{\alpha,el})=P(\chi_p^2(\|\gamma\|^2)<c_\alpha)$, 其中, $\tilde{\boldsymbol{\beta}}_n=\boldsymbol{\beta}_0+\frac{1}{\sqrt{n}}\boldsymbol{\Sigma}_{\boldsymbol{x}}^{-1}\boldsymbol{\Sigma}_0^{1/2}\boldsymbol{\gamma}$, $\chi_p^2(\|\boldsymbol{\gamma}\|^2)$ 表示自由度为 p 的非中心 χ^2 分布. 不仅如此, $CR_{\alpha,el}$ 还是可以 Bartlett 修正的, 即在一定的条件下有

$$P(\ell(\boldsymbol{\beta}_0)<c_\alpha(1+\varsigma n^{-1}))=\alpha+O(n^{-2}),$$

其中, $P(\chi_p^2<c_\alpha)=\alpha$, ς 为 a 或 a 的 $n^{1/2}$ 相合估计. 在实际应用中, 可以给出 a 的 $n^{1/2}$ 相合估计. 令 $\hat{\boldsymbol{\beta}}_n$ 为 $\boldsymbol{\beta}_0$ 的 $n^{1/2}$ 相合估计, 令 $\hat{\boldsymbol{Z}}_i=\boldsymbol{Z}_i(\hat{\boldsymbol{\beta}}_n)$, $\hat{\boldsymbol{\Sigma}}_0=\frac{1}{n}\sum\limits_{i=1}^n\hat{\boldsymbol{Z}}_i\hat{\boldsymbol{Z}}_i^{\mathrm{T}}$ 为 $\boldsymbol{\Sigma}_0$ 的估计, 则 a 的估计为 $\hat{a}_n=p^{-1}\Big(\frac{1}{2}n^{-1}\sum\limits_{i=1}^n[\hat{\boldsymbol{Z}}_i^{\mathrm{T}}\hat{\boldsymbol{\Sigma}}_0^{-1}\hat{\boldsymbol{Z}}_i]^2-\frac{1}{3}([n(n-1)]^{-1}\sum\limits_{i\neq j}^n[\hat{\boldsymbol{Z}}_i^{\mathrm{T}}\hat{\boldsymbol{\Sigma}}_0^{-1}\hat{\boldsymbol{Z}}_j]^3\Big)$, 则 β_0 的 Bartlett 修正置信区域为

$$CR_{\alpha,bcel}=\{\boldsymbol{\beta}|\boldsymbol{\beta}\in\Omega_n,\ell(\boldsymbol{\beta})<c_\alpha(1+\hat{a}n^{-1})\}.$$

5.7.2 部分线性测量误差模型中参数置信区域的经验似然方法

对部分线性测量误差模型

$$Y=\boldsymbol{x}^{\mathrm{T}}\boldsymbol{\beta}_0+g(t)+v,\quad \boldsymbol{X}=\boldsymbol{x}+\boldsymbol{u},$$

其中, 不失一般性, 假设 $t\in[0,1]$, g 为 t 的未知的光滑函数. Qin 和 Feng(2003), Shi 和 Lau (2000) 分别构造了部分线性模型 $Y=\boldsymbol{x}^{\mathrm{T}}\boldsymbol{\beta}+g(t)+v$ 中参数 $\boldsymbol{\beta}_0$ 的经验似然置信区域, 并证明了置信区域的相合性. Cui 和 Kong(2006) 把经验似然比方法应用到部分线性测量误差模型中, 给出了参数 $\boldsymbol{\beta}_0$ 的 -2 倍对数似然比的非参数 Wilks 定理. 带约束的经验似然比置信区域的构造方法如下:

设 $\{\boldsymbol{X}_i = (X_{i1}, X_{i2}, \cdots, X_{ip}), t_i, Y_i, i = 1, \cdots, n\}$ 是来自部分线性测量误差模型的容量为 n 的样本. 当 $g(t)$ 未知的时候, 定义一系列概率权函数 $w_{ni}(t)$, 它满足 $\sum\limits_{j=1}^{n} w_{nj}(t_i) = 1 (1 \leqslant i \leqslant n)$. 例如, 可以将其取为核权函数 $w_{ni}(t) = \dfrac{K((t-t_i)/a_n)}{\sum\limits_{j=1}^{n} K((t-t_j)/a_n)}$, 其中, $K(\cdot)$ 为概率密度函数, 则 g 的 "名义" 估计可定义为 $\hat{g}_n(t) = \sum\limits_{i=1}^{n} w_{ni}(t)(Y_i - \boldsymbol{x}_i^{\mathrm{T}}\boldsymbol{\beta}_0)$, 则在模型中将 $g(t)$ 替换成 $\hat{g}_n(t)$ 得到如下模型:

$$\tilde{Y}_i = \tilde{\boldsymbol{x}}_i^{\mathrm{T}}\boldsymbol{\beta}_0 + \tilde{v}_i^*, \quad \tilde{\boldsymbol{X}}_i = \tilde{\boldsymbol{x}}_i + \tilde{\boldsymbol{u}}_i,$$

其中, $\tilde{Y}_i = Y_i - \sum\limits_{j=1}^{n} w_{nj}(t_i) Y_j, \tilde{\boldsymbol{X}}_i = \boldsymbol{X}_i - \sum\limits_{j=1}^{n} w_{nj}(t_i)\boldsymbol{X}_j, \tilde{\boldsymbol{x}}_i = \boldsymbol{x}_i - \sum\limits_{j=1}^{n} w_{nj}(t_i)\boldsymbol{x}_j, \tilde{\boldsymbol{u}}_i = \boldsymbol{u}_i - \sum\limits_{j=1}^{n} w_{nj}(t_i)\boldsymbol{u}_j, \tilde{v}_i^* = \tilde{g}(t_i) + \tilde{v}_i$, 其中 $\tilde{v}_i = v_i - \sum\limits_{j=1}^{n} w_{nj}(t_i) v_j, \tilde{g}(t_i) = g(t_i) - \sum\limits_{j=1}^{n} w_{nj}(t_i) g(t_j)$.

令

$$d^2(\boldsymbol{\beta}) = \frac{1}{n}\sum_{i=1}^{n} \frac{(\tilde{Y}_i - \tilde{\boldsymbol{X}}_i^{\mathrm{T}}\boldsymbol{\beta})^2}{1 + \|\boldsymbol{\beta}\|^2}, \quad \tilde{\boldsymbol{Z}}_{ni}(\boldsymbol{\beta}) = \tilde{\boldsymbol{X}}_i(\tilde{Y}_i - \tilde{\boldsymbol{X}}_i^{\mathrm{T}}\boldsymbol{\beta}) + \frac{(\tilde{Y}_i - \tilde{\boldsymbol{X}}_i^{\mathrm{T}}\boldsymbol{\beta})^2\boldsymbol{\beta}}{1 + \|\boldsymbol{\beta}\|^2}.$$

根据文献 (Cui and Li, 1998; Liang, et al., 1999; He and Liang, 2000), 定义 $\boldsymbol{\beta}_0$ 的广义最小二乘估计如下:

$$\hat{\boldsymbol{\beta}}_n = \arg\min_{\boldsymbol{\beta}\in\mathbb{R}^p} d^2(\boldsymbol{\beta}) = \arg\min_{\boldsymbol{\beta}\in\mathbb{R}^p} \frac{1}{n}\sum_{i=1}^{n} \frac{(\tilde{Y}_i - \tilde{\boldsymbol{X}}_i^{\mathrm{T}}\boldsymbol{\beta})^2}{1 + \|\boldsymbol{\beta}\|^2}.$$

由 $\partial d^2(\boldsymbol{\beta})/\partial\boldsymbol{\beta}|_{\boldsymbol{\beta}=\boldsymbol{\beta}_0} = 0$ 得

$$\sum_{i=1}^{n}\left[\tilde{\boldsymbol{X}}_i(\tilde{Y}_i - \tilde{\boldsymbol{X}}_i^{\mathrm{T}}\hat{\boldsymbol{\beta}}_n) + \frac{(\tilde{Y}_i - \tilde{\boldsymbol{X}}_i^{\mathrm{T}}\hat{\boldsymbol{\beta}}_n)^2\hat{\boldsymbol{\beta}}_n}{1 + \|\hat{\boldsymbol{\beta}}_n\|^2}\right] = 0.$$

这说明 $\hat{\boldsymbol{\beta}}_n$ 满足 $\sum\limits_{i=1}^{n} \tilde{\boldsymbol{Z}}_{ni}(\hat{\boldsymbol{\beta}}_n) = 0$, 则由估计方程 $\sum\limits_{i=1}^{n} \tilde{\boldsymbol{Z}}_{ni}(\boldsymbol{\beta}) = 0$ 得到的 $\boldsymbol{\beta}$ 的经验似然比置信区域为

$$R(\boldsymbol{\beta}) = \sup\left\{\prod_{i=1}^{n} np_i \middle| \sum_{i=1}^{n} p_i\tilde{\boldsymbol{Z}}_{ni}(\boldsymbol{\beta}) = 0, p_i \geqslant 0, \sum_{i=1}^{n} p_i = 1\right\}. \tag{5.7.2}$$

由于 $\lim\limits_{n\to\infty} E\boldsymbol{Z}_{ni}(\boldsymbol{\beta}) = 0$ 的解并不唯一, $\boldsymbol{\beta}_0$ 的普通的经验似然置信域 $\{\boldsymbol{\beta}|R(\boldsymbol{\beta}) \geqslant r\}$ 不相合. 为此, 提出一个 $\boldsymbol{\beta}_0$ 的水平为 α 的带约束的经验似然置信域

$$CR_\alpha = \{\boldsymbol{\beta}|R(\boldsymbol{\beta}) \geqslant r, d^2(\boldsymbol{\beta}) \leqslant \lambda_s(\hat{\boldsymbol{\Sigma}})\},$$

其中, $\lambda_s(\hat{\boldsymbol{\Sigma}})$ 是 $\hat{\boldsymbol{\Sigma}} = \frac{1}{n}\tilde{\boldsymbol{X}}_i\tilde{\boldsymbol{X}}_i^{\mathrm{T}}$ 的最小特征根, $0 \leqslant r \leqslant 1$ 依赖于 α. 在适当的条件下有 $l(\boldsymbol{\beta}_0) \to \chi_p^2$ (依分布收敛), 而且有 $l(\boldsymbol{\beta}^*) \to \chi_p^2(\|\boldsymbol{\gamma}\|^2)(n \to \infty)$, 对 $\boldsymbol{\beta}^* = \boldsymbol{\beta}_0 - n^{-1/2}\boldsymbol{\Sigma}_v^{-1}\boldsymbol{\Omega}^{1/2}\boldsymbol{\gamma}$, $\boldsymbol{\gamma} \in \mathbb{R}^p$ 为一个常向量, $\boldsymbol{\Sigma}_v$, $\boldsymbol{\Omega}$ 为某两个协方差阵.

5.8 测量误差模型的模型检验方法

5.8.1 偏度和峰度正态性检验

长期以来, 利用变量的可观测数据对此变量进行正态性检验是统计判决中重要而有意义的课题, 文献中给出了许多检验方法和检验统计量. 例如, 众所周知的有 Kolmogorov-Smirnov 检验、χ^2 检验、Shapiro-Wilk 检验、 Anderson-Darling 检验等. 而偏度和峰度正态性检验统计量以其原理清晰、计算简单经常被首选用来作为正态性检验统计量, 这方面的内容可参见文献 (Mardia, 1970; Malkovich and Afifi, 1973; Machado, 1983; Baringhaus and Henze, 1991; Romeu and Ozturk, 1993; Zhu, et al., 1997). Cui 和 Cheng(1996) 利用投影寻踪方法给出了基于投影型偏度和峰度的多元正态性检验统计量及其 P 值的计算方法. 但在许多实际问题中, 往往所关心变量 X 的数据不能被直接观测到, 所能观测到的是 X 被误差或污染的变量 Y 的数据, 变量 X 即所谓带有误差变量, 它们服从带有变量误差模型. 自然, 如何进行变量 X 的正态性检验是人们所关心和感兴趣的问题, 这时通常的偏度和峰度正态性检验统计量在此情形下已不再适用.

考虑如下带有变量误差模型:

$$Y = X + \varepsilon, \tag{5.8.1}$$

其中, Y 是可观测变量, X 是不可观测变量, ε 是随机误差且 X, ε 独立. 作如下假定: $E\varepsilon = 0, E\varepsilon^i = u_i(2 \leqslant i \leqslant 8)$(已知), 则由式 (5.8.1), 通过简单计算不难得到 X 的偏度和峰度, 可表示为

$$b = \frac{E\big(X - EX\big)^3}{\big[\mathrm{Var}(X)\big]^{3/2}} = \frac{E\big(Y - EY\big)^3 - u_3}{\big[\mathrm{Var}(Y) - u_2\big]^{3/2}},$$

$$k = \frac{E\big(X - EX\big)^4}{\Big[\mathrm{Var}(X)\Big]^2} - 3 = \frac{E\Big(Y - EY\Big)^4 - 6u_2E\big(Y - EY\big)^2 + 6u_2^2 - u_4}{\big[\mathrm{Var}(Y) - u_2\big]^2} - 3. \tag{5.8.2}$$

如果 $X \sim N(\mu, \sigma^2)$, 则 $b = k = 0$, 这一性质可以用来对变量 X 进行正态性检验.

考虑变量 X 的正态性检验问题: $H_0 : X$ 服从正态分布; $H_1 : X$ 不服从正态分布. 设 $Y_1, Y_2, \cdots, Y_n$ 是来自模型 (5.8.1) 的一组样本, 则由式 (5.8.2), 给出变量 X

的偏度和峰度正态性检验统计量的定义如下:

$$\hat{b}=\frac{\frac{1}{n}\sum_{i=1}^{n}\left(Y_i-\bar{Y}\right)^3-u_3}{\left[\frac{1}{n}\sum_{i=1}^{n}\left(Y_i-\bar{Y}\right)^2-u_2\right]^{3/2}},$$

$$\hat{k}=\frac{\frac{1}{n}\sum_{i=1}^{n}\left(Y_i-\bar{Y}\right)^4-6u_2\frac{1}{n}\sum_{i=1}^{n}\left(Y_i-\bar{Y}\right)^2+6u_2^2-u_4}{\left[\frac{1}{n}\sum_{i=1}^{n}(Y_i-\bar{Y})^2-u_2\right]}-3, \tag{5.8.3}$$

其中, $\bar{Y}=(1/n)\sum_{i=1}^{n}Y_i$. 变量 X 的标准化偏度和峰度检验统计量分别定义为 $\hat{b}^*=\hat{b}/\hat{v}_1$, $\hat{k}^*=\hat{k}/\hat{v}_2$, 其中, $\hat{b},\hat{k}$ 由式 (5.8.3) 决定,

$$\hat{v}_1^2=6+\frac{18u_2}{\hat{\sigma}^2}+\frac{9(u_4-u_2^2)}{\hat{\sigma}^4}+\frac{u_6-6u_2u_4}{\hat{\sigma}^6}+9u_2^3-u_3^2\geqslant 6,$$

$$\hat{v}_2^2=24+\frac{96u_2}{\hat{\sigma}^2}+\frac{72(u_4-u_2^2)}{\hat{\sigma}^4}+\frac{16\left(u_6-6u_2u_4+9u_2^4-u_3^2\right)}{\hat{\sigma}^6}$$
$$+\frac{u_8-12u_2u_4+48u_2^2u_4-u_4^3-36v_2v_4-8u_3\mu_5-64u_2U_3^2}{\hat{\sigma}^8}\geqslant 24.$$

$$\hat{\sigma}^2=\frac{1}{n}\sum_{i=1}^{n}\left(Y_i-\bar{Y}\right)^2-u_2,$$

Cui 和 Chen(2000) 提出了新的 X 偏度和峰度正态性检验统计量 $\hat{k},\hat{b},\hat{k}^*,\hat{b}^*$, 证明了在零假设成立时, 这些偏度和峰度检验统计量具有渐近正态的优良性质, 模拟计算表明所提出的检验统计量具有良好的功效.

5.8.2　广义线性测量误差模型

广义线性测量误差模型如下:

$$\begin{cases}Y=\alpha+\boldsymbol{h}(\boldsymbol{x})^{\mathrm{T}}\boldsymbol{\beta}+e,\\ \boldsymbol{X}=\boldsymbol{x}+\boldsymbol{u},\end{cases}$$

其中, $E(\boldsymbol{u})=0,\boldsymbol{x},\boldsymbol{u}$ 是独立的, $E(e|\boldsymbol{x},\boldsymbol{u})=0,E(e^2|\boldsymbol{x},\boldsymbol{u})=\sigma_e^2$. 在模型中, $\boldsymbol{X},Y$ 是可观测的, $\boldsymbol{x},\boldsymbol{u}$ 是 $m\times 1$ 随机向量且 $m\geqslant 1$, $\alpha,\boldsymbol{\beta}$ 分别是 1 维和 p 维未知参数, $\boldsymbol{h}(\cdot)$ 是一个已知的 p 维向量函数 $(p\geqslant m)$. 它包括诸如线性测量误差模型 (如果 $\boldsymbol{h}(\boldsymbol{x})=\boldsymbol{x}$) 和多项式测量误差模型(如果 $\boldsymbol{h}(\boldsymbol{x})=(\boldsymbol{x},\boldsymbol{x}^2,\cdots,\boldsymbol{x}^k)^{\mathrm{T}}$) 等. 在过去的 20 年中, 测量误差模型的检验问题在文献中受到很大的关注, 读者可以参见文献 (Anderson, 1984; Fuller, 1987; Stefanski and Carroll, 1991; Carroll, et al., 1995; Cheng and van Ness, 1999) 及其参考文献.

5.8.3 广义线性测量误差模型的模型检验方法

考虑原假设

$$H_0:\ E[(Y-\alpha-\boldsymbol{h}(\boldsymbol{x})^{\mathrm{T}}\boldsymbol{\beta})|\boldsymbol{x}]=0\quad \text{a.s.}\quad 对于固定的\ \alpha,\boldsymbol{\beta}$$

和备择假设:

$$H_1:\ E[(Y-\alpha-\boldsymbol{h}(\boldsymbol{x})^{\mathrm{T}}\boldsymbol{\beta})|\boldsymbol{x}]\neq 0\quad \text{a.s.}\quad 对于所有的\ \alpha,\boldsymbol{\beta}.$$

有趣的是, 即使 $\boldsymbol{x}$ 是可观测的, 即普通的回归模型, 上面的检验问题也是在 20 世纪 80 年代之后才受到关注. 在文献中提出了很多方法, 如文献 (Eubank and Spiegelman, 1990; Hall and Hart, 1990; Eubank and Hart, 1993; Härdle, et al., 1998; Stute, et al., 1998; Stute and Zhu, 2002; Zhu, 2003; Zhu and Ng, 2003) 等. (Hart, 1997) 是这一领域很好的参考书, 尤其是对于一维协变量的情况.

有关测量误差模型研究的大部分工作是估计而不是检验. 对于 $\boldsymbol{h}(\boldsymbol{x})=\boldsymbol{x}$ 的线性测量误差模型, Fuller (1987, 第 25, 26 页) 最先提出一个以残差图形式的非正式检验. Carroll 和 Spiegelman(1992) 考虑了非线性和异方差的图形和数字形式的诊断. Carroll 等 (1995) 得到传统方法的检验来检验线性模型中的参数是否是零. 因为测量误差的存在, 残差与观测自变量 $\boldsymbol{X}=\boldsymbol{x}+\boldsymbol{u}$ 是高度相关的, 并且对给定观测 $\boldsymbol{X}$ 的残差的条件期望不是中心的, 即在 H_0 之下, $E[(Y-\alpha-\boldsymbol{h}(\boldsymbol{X})^{\mathrm{T}}\boldsymbol{\beta})|\boldsymbol{X}]\neq 0$. Fuller (1987, 第 23 页) 考虑了一个修正, 但是由修正得到的残差仍然不是中心的, 所以文献中很少讨论拟合优度检验.

Zhu 等 (2004) 研究了 $\boldsymbol{h}(\boldsymbol{x})=\boldsymbol{x}$ 的情况, 并且得出了在上面提到的给定 $\boldsymbol{X}$ 的残差的条件期望关于 $\boldsymbol{X}$ 是线性的充要条件. 基于此可以构造拟合优度检验, 但是变量的正态性假设是有限制的. Cheng 和 Kukush(2004), Zhu 等 (2004) 独立地推广了 Zhu 和 Cui(2004) 的方法到多项式测量误差模型, 并且去掉了正态性的限制. 下面介绍如何构造检验和纠偏.

假设 $\boldsymbol{x},\mu$ 分别有密度函数 $f(\boldsymbol{x},\boldsymbol{\theta}_1)$ 和 $g(\boldsymbol{u},\boldsymbol{\theta}_2)$, 其中, $f(\cdot,\boldsymbol{\theta}_1)$ 和 $g(\cdot,\boldsymbol{\theta}_2)$ 分别是两个给定的函数, $\boldsymbol{\theta}_1,\boldsymbol{\theta}_2$ 分别是 q_1 维和 q_2 维的未知参数. 记 $\boldsymbol{\theta}(\boldsymbol{\theta}_1,\boldsymbol{\theta}_2)$, $q=q_1+q_2$, 则 $\boldsymbol{X}$ 有密度 $F(\cdot,\boldsymbol{\theta})=\int f(\boldsymbol{x},\boldsymbol{\theta}_1)g(\cdot-\boldsymbol{x},\boldsymbol{\theta}_2)\mathrm{d}\boldsymbol{x}$. 令

$$\boldsymbol{H}(\boldsymbol{X},\boldsymbol{\theta})=:E_\theta[\boldsymbol{h}(\boldsymbol{x})|\boldsymbol{X}]=\frac{\boldsymbol{h}(\boldsymbol{x})f(\boldsymbol{x},\boldsymbol{\theta}_1)g(\boldsymbol{X}-\boldsymbol{x},\boldsymbol{\theta}_2)\mathrm{d}\boldsymbol{x}}{F(\boldsymbol{X},\boldsymbol{\theta})},$$

从而在 H_0 下,

$$E[(Y-\alpha-\boldsymbol{H}(\boldsymbol{X},\boldsymbol{\theta})^{\mathrm{T}}\beta)|\boldsymbol{X}]=0\quad \text{a.s.}$$

修正后的残差 $\varepsilon=(Y-\alpha-\boldsymbol{H}(\boldsymbol{X},\boldsymbol{\theta})^{\mathrm{T}}\boldsymbol{\beta})$ 可以用来构造一个检验统计量.

注 一些常用模型的 H 函数如下:

(1) **线性测量误差模型**. 如果 $\boldsymbol{h}(\boldsymbol{x}) = \boldsymbol{x}, \boldsymbol{x} \sim N(0, \boldsymbol{\Sigma}_{\boldsymbol{x}})$, $\boldsymbol{u} \sim N(0, \boldsymbol{\Sigma}_{\boldsymbol{u}})$, 则 $\boldsymbol{H}(\boldsymbol{X}, \boldsymbol{\theta}) = \boldsymbol{A}(\boldsymbol{\theta})\boldsymbol{X}$, 其中, $\boldsymbol{A}(\boldsymbol{\theta}) = \boldsymbol{\Sigma}_{\boldsymbol{x}}(\boldsymbol{\Sigma}_{\boldsymbol{x}} + \boldsymbol{\Sigma}_{\boldsymbol{u}})^{-1}$. 这一模型在文献 (Carroll, et al., 1995) 中考虑了. Zhu 等 (2004) 证明了 $\boldsymbol{h}$ 和 $\boldsymbol{H}$ 的这一关系是 $\boldsymbol{x}, \boldsymbol{u}$ 的正态性的充要条件.

(2) **多项式测量误差模型**. 如果 $\boldsymbol{h}(\boldsymbol{x}) = (\boldsymbol{x}, \boldsymbol{x}^2, \cdots, \boldsymbol{x}^k)^{\mathrm{T}}, \boldsymbol{x} \sim N(0, \sigma_{\boldsymbol{x}}^2)$, $\boldsymbol{u} \sim N(0, \sigma_{\boldsymbol{u}}^2)$, 则 $\boldsymbol{H}(\boldsymbol{X}, \boldsymbol{\theta}) = (f_1(\boldsymbol{X}), \cdots, f_k(\boldsymbol{X}))^{\mathrm{T}}$, 其中, $f_j(\boldsymbol{X}) = \sum\limits_{i=1}^{j} c_{ij}\boldsymbol{X}^i$, c_{ij} 只与 $\sigma_{\boldsymbol{x}}^2$, $\sigma_{\boldsymbol{u}}^2$ 有关, $1 \leqslant j \leqslant k$. 具体细节参见文献 (Cheng and Schneeweiss, 1998; Cheng and van Ness, 1999).

α 和 $\boldsymbol{\beta}$ 的估计在很多文献中讨论过, Fuller(1987) 对于线性模型, Cheng 和 Schneeweiss (1998), Cheng 和 van Ness(1999) 对于线性和多项式模型, Carroll 等 (1995) 对于更一般的非线性模型均讨论过这样的问题. 为简便起见, 采用最小二乘估计量. 假设 $\hat{\boldsymbol{\theta}}$ 是 $\boldsymbol{\theta}$ 的基于样本 $\{\boldsymbol{X}_1, \cdots, \boldsymbol{X}_n\}$ 的 $\sqrt{n}$ 相合估计量. α 和 $\boldsymbol{\beta}$ 的最小二乘估计量定义如下:

$$\hat{\boldsymbol{\beta}} = [\boldsymbol{S}_{HH}(\hat{\boldsymbol{\theta}})]^{-1}\boldsymbol{S}_{HY}(\hat{\boldsymbol{\theta}}), \quad \hat{\alpha} = \bar{Y} - \bar{\boldsymbol{H}}(\hat{\boldsymbol{\theta}})^{\mathrm{T}}\hat{\boldsymbol{\beta}},$$

其中, $\boldsymbol{S}_{HH}(\hat{\boldsymbol{\theta}}) = \dfrac{1}{n}\sum\limits_{i=1}^{n}[\boldsymbol{H}(\boldsymbol{X}_i, \hat{\boldsymbol{\theta}}) - \bar{\boldsymbol{H}}(\hat{\boldsymbol{\theta}})][\boldsymbol{H}(\boldsymbol{X}_i, \hat{\boldsymbol{\theta}}) - \bar{\boldsymbol{H}}(\hat{\boldsymbol{\theta}})]^{\mathrm{T}}$, $\boldsymbol{S}_{HY}(\hat{\boldsymbol{\theta}}) = \dfrac{1}{n}\sum\limits_{i=1}^{n}[\boldsymbol{H}(\boldsymbol{X}_i, \hat{\boldsymbol{\theta}}) - \bar{\boldsymbol{H}}(\hat{\boldsymbol{\theta}})](Y_i - \bar{Y})$, $\bar{\boldsymbol{H}}(\hat{\boldsymbol{\theta}}) = \dfrac{1}{n}\sum\limits_{i=1}^{n}\boldsymbol{H}(\boldsymbol{X}_i, \hat{\boldsymbol{\theta}})$, $\bar{Y} = \dfrac{1}{n}\sum\limits_{i=1}^{n}Y_i$. 在一定条件下, 如果 $\hat{\boldsymbol{\theta}}$ 是 $\sqrt{n}$ 相合的, 则有

$$\begin{aligned}\hat{\boldsymbol{\beta}} - \boldsymbol{\beta} =& \frac{1}{n}\sum_{i=1}^{n}(\mathrm{Cov}(\boldsymbol{H}(\boldsymbol{X}, \boldsymbol{\theta})))^{-1}([e_i + (\boldsymbol{h}(\boldsymbol{x}_i) - \boldsymbol{H}(\boldsymbol{X}_i, \boldsymbol{\theta}))^{\mathrm{T}}\boldsymbol{\beta}][\boldsymbol{H}(\boldsymbol{X}_i, \boldsymbol{\theta}) - E\boldsymbol{h}(\boldsymbol{x})] \\ &- [\boldsymbol{H}(\boldsymbol{X}_i, \boldsymbol{\theta}) - E\boldsymbol{h}(\boldsymbol{x})](\hat{\boldsymbol{\theta}} - \boldsymbol{\theta})^{\mathrm{T}}\boldsymbol{H}'(\boldsymbol{X}_i, \boldsymbol{\theta})\boldsymbol{\beta}) + o_p(1/\sqrt{n}) = O_p(1/\sqrt{n}).\end{aligned}$$

采用得分型检验 (Cook and Weisberg, 1982; Behnen and Neuhaus, 1989; Stute and Zhu, 2005), 每个残差给予一个权重, 权重可以是协变量的函数. 为了构造得分型检验, 在 H_0 之下, 对于任何权函数 $w(\cdot, \theta, \boldsymbol{\beta})$,

$$E([Y - \alpha - \boldsymbol{H}(\boldsymbol{X}, \boldsymbol{\theta})^{\mathrm{T}}\boldsymbol{\beta}]w(\boldsymbol{X}, \boldsymbol{\theta}, \boldsymbol{\beta})) = 0.$$

给定左边是有限的. 假设 $\{(\boldsymbol{X}_1, Y_1), \cdots, (\boldsymbol{X}_n, Y_n)\}$ 是一个容量为 n 的样本, 其中, $\boldsymbol{X}_i = \boldsymbol{x}_i + \boldsymbol{u}_i$. 检验统计量定义如下:

$$T_{n0} = \frac{1}{n}\sum_{j=1}^{n}[Y_j - \hat{\alpha} - \boldsymbol{H}(\boldsymbol{X}_j, \hat{\boldsymbol{\theta}})^{\mathrm{T}}\hat{\boldsymbol{\beta}}]w(\boldsymbol{X}_j, \hat{\boldsymbol{\theta}}, \hat{\boldsymbol{\beta}}) =: \frac{1}{n}\sum_{j=1}^{n}\hat{\epsilon}_j w(\boldsymbol{X}_j, \hat{\boldsymbol{\theta}}, \hat{\boldsymbol{\beta}}),$$

其中, $\hat{\alpha}, \hat{\boldsymbol{\beta}}$ 分别是 $\alpha, \boldsymbol{\beta}$ 的估计, $\hat{\epsilon}_j = Y_j - \hat{\alpha} - \hat{\boldsymbol{\beta}}^{\mathrm{T}}\boldsymbol{H}(\boldsymbol{X}_j, \hat{\boldsymbol{\theta}})$ 是观测的残差. 令

$\eta(\boldsymbol{X},\boldsymbol{\theta},\boldsymbol{\beta}) = w(\boldsymbol{X},\boldsymbol{\theta},\boldsymbol{\beta}) - E(w(\boldsymbol{X},\boldsymbol{\theta},\boldsymbol{\beta}))$. 在 H_0 和一定的条件下有

$$T_{n0} = \frac{1}{n}\sum_{j=1}^{n}\{Y_j - \boldsymbol{H}(\boldsymbol{X}_j,\boldsymbol{\theta})^{\mathrm{T}}\boldsymbol{\beta}\}\eta(\boldsymbol{X}_j,\boldsymbol{\theta},\boldsymbol{\beta}) + o_p(1/\sqrt{n})$$

以及 $\sqrt{n}T_{n0} \xrightarrow{d} N(0,A^2)$, 其中, $A^2 = E\{[\sigma_e^2 + \boldsymbol{\beta}^{\mathrm{T}}\mathrm{Cov}(\boldsymbol{h}(\boldsymbol{x}))|\boldsymbol{X}\boldsymbol{\beta}]\eta^2(\boldsymbol{X},\boldsymbol{\theta},\boldsymbol{\beta})\}$.

因为 T_{n0} 不是刻度不变的, 定义二次型形式的标准化检验统计量

$$T_n^2 =: \left(\frac{\sqrt{n}T_{n0}}{A_n}\right)^2 = \frac{n}{A_n^2}\left[\frac{1}{n}\sum_{j=1}^{n}(Y_j - \hat{\alpha} - \boldsymbol{H}(\boldsymbol{X}_j,\hat{\boldsymbol{\theta}})^{\mathrm{T}}\hat{\boldsymbol{\beta}})w(\boldsymbol{X}_j,\hat{\boldsymbol{\theta}},\hat{\boldsymbol{\beta}})\right]^2,$$

其中, A_n^2 是一个标准化的常数, 通常是 $\sqrt{n}T_{n0}$ 的渐近方差 A^2 的相合估计, 如 $A_n^2 = (1/n)\sum\limits_{j=1}^{n}\eta_j^2\hat{\epsilon}_j^2$. T_n^2 就是一个得分检验, Zhu 和 Cui(2003) 证明了在零假设下 $T_n^2 \xrightarrow{d} \chi_1^2$, 同时还研究了检验统计量中得分的选择和功效的性质, 这一方法可以很容易地推广到处理一般的参数模型.

5.9 结 束 语

近半个世纪以来, 人们对测量误差模型的研究倾注了大量的心血, 取得了令人瞩目的研究成果, 也孕育了不少新的统计思想. 但随着时代的发展, 新的数据类型以及误差类型的不断增加, 如数据类型: 纵向数据、面板数据、删失 (丢失、截尾等) 数据、高维数据、污染数据、核实数据等; 误差类型: 加性误差、乘积误差、舍入误差、Berkson 误差等, 对它们的研究将会不断深入, 大有愈演愈烈之势, 这可以从最近的几个统计顶级杂志上看到. 在测量误差模型的研究中还有许多挑战性的问题有待我们去解决, 特别是有许多统计方法需要我们去探索和发现, 如非线性复杂数据测量误差模型中的各种统计推断问题、稳健统计方法等. 本文中只介绍了很少一部分处理此类问题已有的典型思想方法以及相关基础知识, 有关这一方面的研究, 读者可跟踪或参考有关文献 (本文已列出一部分)、书籍和专业杂志.

参 考 文 献

崔恒建, 王强. 2005. 变系数结构关系测量误差模型的参数估计. 北京师范大学学报 (自然科学版), 28(1): 73~85

欧阳光. 2005. 变系数线性结构关系测量误差模型的参数估计. 应用数学学报, 28(1): 73~85

Amemiya Y, Fuller W A. 1984. Estimation for the multivariate errors~in~variables model with estimated error covariance matrix. Ann. Statist., 12: 497~509

Anderson T W. 1984. Estimating linear statistical relationships. Ann. Statist., 12: 1~45

Antoniadis A, Gregoire G, McKeage I W. 1994. Wavelet methods for curve estimation. Journal of the American Statistical Association, 89: 1340~1353

Baringhaus L, Henze H. 1991. Limit distribution for measure of multivariate skewness and kurtosis based on projections. J Multivar Anal, 38: 51∼69

Behnen K, Neuhaus G. 1989. Rank Tests with Estimated Scores and Their Application. B G Neubner Stuttgart, Germany

Brokwell P J, Richard A D. 1991. Times Series, Theory and Methods. New York: Springer-Verlag

Cai Z, Naik P A, Tsai C L. 2000. De-noised least squares estimators: an application to estimating advertising effectiveness.Statistic Sinica, 10: 1231∼1243

Carroll R J and Hall P. 1988. Optimal rates of convergence for deconvolving a density. Journal of the American Statistical Association, 83, 1184∼1186

Carroll R J, Maca J D, Ruppert D. 1999. Nonparametric regression in the presence of measurement error. Biometrika, 86: 541∼554

Carroll R J, Ruppert D, Stefanski L A. 1995. Measurement error in nonlinear models. London: Chapman and Hall

Carroll R J, Spiegelman C H. 1992. Diagnostics for nonlinearity and heteroscedasticity in errors-in-variables regression. Technometrics, 34: 186∼196

Carroll R J and Hall P. 2004. Low-order approximations in deconvolution and regression with errors in variables. Journal of the Royal Statistical Society, Series B, 66, 31∼46

Chen H. 1988. Convergence rates for parametric components in a partly linear model. Ann. Statist, 16: 136∼146

Chen S X. 1993. On the accuracy of empirical likelihood confidence regions for linear regression model. Ann. Inst. Statist. Math, 45: 627∼637

Chen S X. 1994. Empirical likelihood confidence intervals for linear regression coefficients. J. Multivar. Anal, 49: 24∼40

Cheng C L, Kukush A. 2004. A goodness-of-fit test for a polynomial errors-in-variables model. Ukrainian Math. J, 56: 527∼543

Cheng C L, Schneeweiss H. 1998. Polynomial regression with errors in the variables. J.R. Statist. Soc., B 60: 189∼199

Cheng C L, van Ness J W. 1992. Generalized M-estimators for errors-in-variables Regression. Ann.Statist, 20: 385∼397

Cheng C L, van Ness J W. 1999. Statistical regression with measurement error. London: Arnold

Cheng P E. 1985. Strong consistency of nearest neighbor regression function estimators. J. Multivariate Anal, 15: 63∼72

Cook J R, Stefanski L A. 1994. Simulation-extrapolation estimation in parametric measurement error models. Journal of the American Statistical Association, 89. 1314∼1328

Cook R D, Weisberg S. 1982. Residual and in Uence in Regression. New York: Chapman and Hall

Cui H J. 1995. The theory of estimation in semiparametric EV model. Chinese Science

Bulletin, 40: 1444～1447

Cui H J. 1997a. Asymptotic normality of M-estimates in the EV model. J. Sys. Sci. and Math. Scis., 3: 225～236

Cui H J. 1997b. Asymptotic properties of generalized MAD estimators in EV model. Science in China Series A, 2: 119～131

Cui H J. 2004. Estimation in partial linear EV models with replicated observations. Science in China (Ser. A, English Version), 47(1), 144～159

Cui H J. 2005. Asymptotics of mean transformation estimators with errors in variables model. Journal of Sys. Sci. & Comp., 18(4), 446～455

Cui H J. 2006. T-type estimators and EM algorithm in linear model and linear errors-in-variables model. Chinese Journal of Applied Probability and Statistics 22(3), 321～328

Cui H J. 2007. Adjust weighted LS estimation for the parameter in the varying coefficients linear EV model. J. Sys. Sci. & Math. Scis. 27(1), 82～92

Cui H J, Chen G L. 2000. Skewness and kurtosis statistics for testing normality in EV model. J of Beijing Normal University Natural Science, 1: 9～13

Cui H J, Chen S X. 2003. Empirical likelihood confidence region for parameter in the errors-in-variables models. J. Multivariate Anal, 84: 101～115

Cui H J, Cheng P. 1996. The P-values for testing multinormality based on the PP skewness and kurtosis. Progress in Natural Science, 6: 277～283

Cui H J, Guo Y M. 2006. Adjust weighted LS estimation and its asymptotics in the varying coefficients linear EV model II . Manuscript.

Cui H J, He X M, Zhu L X. 2002. On regression estimators with de-noised variables. Statistica Sinica, 4: 1191～1205

Cui H J, Li Y, Qin H Z. 1998. The estimation theory for nonlinear semiparametric EV regression model. Chinese Science Bulletin, 43: 2493～2497

Cui H J, Li R C. 1998. On parameter estimation for semi-linear errors-in-variables models. J. Multivariate Anal, 64: 1～24

Cui H J, Kai W Ng and Zhu Lixing. 2004. Estimation in mixed effects model with errors in variables. J.Multivariate Anal. 91(1), 53～73

Cui H J and Kong Efang. 2006. Empirical likelihood confidence regions for semi-parametric errors-in-variables models, Scandinavian Journal of Statistics, 33, 153～168

Davidian M, Giltinan D M. 1993. Some general estimation methods for nonlinear mixed-effects models. J Biopharmaceut Statist, 3: 23～55

Davidian M, Giltinan D M. 1995. Nonlinear Models for Repeated Measurements Data. London: Chapman and Hall

Demidenko E, Stukel T A. 2002. Efficient estimation of general linear mixed effects models. J. Statist. Plann. Inference, 104: 197～219

Diggle P J, Heagerty P J, Liang K Y, et al. 2002. Analysis of Longitudinal Data. Oxford University Press, Oxford, England

Donald S G, Newey W K. 1994. Series estimation of semilinear models. J. Multivariate Anal, 50: 30~40

Donoho D L, Johnstone I M. 1994. Ideal spatial adaptation by wavelet shrinkage. Biometrika, 81: 425~455

Engle R F, Granger C W J, Rice J, et al. 1984. Semiparametric estimates of the relation between weather and electricity sales. J. Amer. Statist. Assoc, 81: 310~320

Eubank R L, Hart J D. 1993. Commonalty of cusum, von Neumann and smoothing based goodness-of-fit tests. Biometrika, 80: 89~98

Eubank R L, Speckman P. 1990. Curve fitting by polynomial trigonometric regression. Biometrika, 77: 1~9

Eubank R L, Spiegelman C H. 1990. Testing the goodness of fit of a linear model via nonparametric regression techniques. J. Amer. Statist. Assoc, 85: 387~392

Fan J Q. 1991a. On the optimal rates of convergence for nonparametric deconvolution problems. Ann. Statist, 19: 1257~1272

Fan J Q. 1991b. Asymptotic normality for deconvolution kernel density estimators. Sankhya Ser. A, 53: 97~110

Fan J Q, Truong Y K. 1993. Nonparametric regression with errors in variables. Ann. Statist, 21: 1900~1925

Fan J Q, Zhang W Y. 1999. Statistical estimation in varying coefficient models. Ann.Statist, 27: 1491~1518

Fan Y Q. 1995. Average derivative estimation with errors-in-variables. J. Nonparametr. Statist, 4: 395~407

Fuller W A. 1987. Measurement Error Model. New York: John Wiley

Gao J T, Hong S Y, Liang H. 1995. Convergence rates of a class of estimators in partly linear models. Acta Matematica Sinica, 38: 658~669

Gao X H, Cui H J. 2001. Empirical likelihood ratio confidence regions in EV model. Journal of Beijing Normal University Natural Science, (37)5: 586~591

Gasser T, Müller H G. 1979. Kernel estimation of regression function. *In*: Smoothing Techniques for Curve Estimation. Gasser and Rosenblatt Springer-Verlag, Heidelberg

Glesser L J. 1990. Improvements of the naive approach to estimation in nonlinear errors-in-variables regression models. Contemp. Math, 112: 99~114

Hall P, Hart J D. 1990. Bootstrap test for difference between means in nonparametric regression. J. Amer. Statist. Assoc, 85: 1039~1049

Härdle W, Mammen E. 1993. Comparing non-parametric versus parametric regression fits. Ann. Statist, 21: 1926~1947

Härdle W, Mammen E, Müller M. 1998. Testing parametric versus semiparametric modeling in generalized linear models. J. Amer. Statist. Assoc, 93: 1461~1474

Hart J D. 1997. Nonparametric Smoothing and Lack-of-Fit Tests. New York: Springer Series in Statistics

He X, Liang H. 2000. Quantile regression estimates for a class of linear and partially linear errors-invariables models. Statist. Sinica, 10: 129~140

He X, Ng P. 1999. Quantile splines with several covariates. J. Statist. Plann. Inference, 75: 343~352

He X, Shao Q M. 1996. A general Bahadur representation of M-estimators and its application to linear regression with non-stochastic designs. Annals of Statistic, 24: 2608~2630

Heckman N E. 1986. Spline smoothing in a partly linear model. J. Roy. Statist. Soc. Ser. B 48: 244~248

Hong S Y. 1991. The theory of estimation for a kind of partial linear regression model. Chinese Sci. Ser. A: 1258~1272

Hong S Y, Cheng P. 1994. The convergence rate of estimation for parameter in a semiparametric model. Chinese J. Appl. Probab. Statist, 1: 62~71

Hu T, Cui H J. 2008. T-type estimators for a class of linear errors-in-variables models. manuscript.

Huber P. 1981. Robust Statistics. New York: Wiley

Ioannides D A, Alevizos P D. 1997. Nonparametric regression with errors in variables and applications. Statist. Probab. Lett, 32: 35~43

Iturria S, Carroll R J and Firth D. 1999. Multiplicative measurement error estimation: estimating equations. Journal of the Royal Statistical Society, Series B, 61, 547~562

Kendall M, Stuart A. 1979. The Advanced Theory of Statistics. Vol 2. New York: Charles Griffin

Liang H. 2000. Asymptotic normality of parametric part in partially linear model with measurement error in the non-parametric part. J. Statist. Plann. Inference, 86: 51~62

Liang H, Härdle W, Carroll R J. 1999. Estimation in a semiparametric partially linear errors-in variables model. Ann. Statist., 27: 1519~1535

Machado S G. 1983. Two statistics for testing multivariate normality. Biometrika, 70: 713~718

Madansky A. 1959. The fitting of straight lines when both variables are subject to error. Journal of the Royal Statistical Society, B 54: 173~205

Malkovich J F, Afifi A A. 1973. On test for multivariate normality. JASA, 68: 176~179

Mardia K V. 1970. Measure of multivariate skewness and kurtosis with applications. Biometrika, 51: 519~530

Owen A B. 1988. Empirical likelihood ratio confidence intervals for a single functional. Biometrika, 75: 237~249

Owen A B. 1990. Empirical likelihood ratio confidence regions. Ann Statist, 18: 90~120

Owen A B. 1991. Empirical likelihood for linear models. Ann Statist, 18: 121~140

Petrov V V. 1975. Sums of Independent Random Variables: New York: Springer-Verlag

Qin H and S Feng S. 2003. Deconvolution kernel estimator for mean transformation with ordinary smooth error, *Statist.* and Proba. *Lett.*, 61: 337~346

Qin J and Lawless J. 1994. Empirical likelihood and general estimation equations, Ann. Statist. 22, 300~325

Qin J and Lawless J. 1994. Empirical likelihood and general estimation equations. Ann. Statist. 22, 300~325

Qin Y S. 1999. Empirical likelihood ratio confidence regions in a partly linear model. Chinese J. Appl.Probab. Statist. 15, 363~369

Robinson P. 1988. Root-N-consistent semi parametric regression. Econometrica, 56: 931~954

Romeu J L, Ozturk A. 1993. A comparative study of good-of-fit tests for multivariate normality. J Multivar Anal, 46: 309~334

Schneeweiss H, Mittage H J. 1986. Lineare Modelle mit feherbehafteten Daten. Heidelberg: Physica-Verlag

Sepanski J H, Lee L F. 1995. Semiparametric estimation of nonlinear error-in-variables models with validation study. J. Nonparametr. Statist, 4: 365~394

Shi J, Lau T S. 2000. Empirical likelihood for partially linear models. J. Multivariate Anal, 72: 132~148

Speckman P. 1988. Kernel smoothing in partial linear models. J. Roy. Statist. Soc. Ser., B 50: 413~436

Staudenmayer J and Ruppert D. 2004. Local Polynomial Regression and SIMEX. Journal of the Royal Statistical Society, Series B, 66, 17~30

Stefanski L A. 2000. Measurement error models. J Amer. Statist. Assoc, 95: 1353~1358

Stefanski L A, Bay J M. 1996. Simulation extrapolation deconvolution of finite population cumulative distribution function estimators. Biometrika 83: 407~417

Stefanski L A, Carroll R J. 1990. Deconvoluting kernel density estimators. Statistics, 21: 169~184

Stefanski L A, Carroll R J. 1991. Deconvolution-based score tests in measurement error models. Ann. Statist, 19: 249~259

Stout W F. 1974. Almost Sure Convergence. New York: Academic Press

Strasser H. 1985. Mathematical Theory of Statistics. Berlin: De Gruyter

Stute W. 1997. Nonparametric model checks for regression. Ann. Statist, 25: 613~641

Stute W, Gonzalez M G, Quindimil M P. 1998. Bootstrap approximations in model checks for regression. J. Amer. Statist. Asso, 93: 141~149

Stute W, Thies S, Zhu L X. 1998. Model checks for regression: an innovation process approach. Ann. Statist, 26: 1916~1934

Stute W, Zhu L X. 2002. Model checks for generalized linear models. Scan. J. Statist. 29: 535~546

Stute W, Zhu L X. 2005. Nonparametric checks for single-index models. Ann. Statist. 33: 1048~1085

van Huffel S, Vandewalle J. 1991. The Total Least Squares Problem: Computational Aspects

and Analysis. Philadelphia: SIAM
Vonesh E, Wang H, Nie L, Majumdar D. 2002. Conditional second-order generalized estimation equations for generalized linear and nonlinear mixed-effects models, J. Amer. Statist. Assoc. 97, 271~291
Wahba G. 1984 In Statistics, an Appraisal, Proceedings of the Iowa State University Statistical Laboratory 50th Anniversary Conference H. A. David and H. T. David, eds. The Iowa State University Press, 205~235
Wang Q H. 1999. Estimation of partial linear errors-in-variables models with validation data. J Multivariate Anal, 69: 30~64
Wang Q H, Zhu L X. 2001. Estimation in partly linear errors-in-variable models with censored data. Commun Statist. Theory Meth, 30: 41~54
West M, Harrison J. 1997. Bayesian Forecasting and Dynamic Models, Springer Series in Statistics. New York: Springer-Verlag
Wolter K M, Fuller W. 1982. Estimation of nonlinear errors-in-variables models. Ann. Statist, 10: 539~548
Zamar R H. 1989. Robust estimation in the errors-in-variables model. Biometrika, 76, 149~160
Zhang S G, Chen X R. 2000. The consistency of the adjusted MLE in EV model with replicated observations. Science in China Ser. A 30: 522~528
Zhang S G, Chen X R. 2001. The estimators in polynomial EV model. Science in China Ser. A 31: 891~898
Zhong X, Fung W, Wei B. 2002. Estimation in linear models with random effects and errors-invariables, Ann. Inst. Math. Statist. 54, 595~606
Zhu L X and Cui H J. 2003. A semiparametric regression model with errors in variables. Scan. J. Statist, 30: 429~442
Zhu L X. 2003. Model checking of dimension-reduction type for regression. Statist. Sinica, 13: 283~296
Zhu L X and Cui H J. 2004. Some properties of a lack-of-fit for a linear errors in variables model. Acta Mathematica Applicatae Sinica, 20(4), 533~540
Zhu L X and Cui H J. 2005. Testing the adequacy for a general linear errors-in-variables model, Statistica Sinica, 15(4), 1049~1068
Zhu L X, Cui H J, Ng K W. 2004. Testing Lack-of-test for linear errors-in-variables model. Acta Math. Appl. Sinica, 20: 533~540
Zhu L X, Ng K W. 2003. Checking the adequacy of a partial linear model. Statist. Sinica, 13: 763~781
Zhu L X, Song W X, Cui H J. 2004. Testing Lack-of-fit for a polynomial errors-invariables model. Acta Math.Appl. Sinica, 19: 353~362
Zhu L X, Wong H L, Fang K T. 1997. Testing Multivariate normality based on sample entropy and projection pursuit. Journal of Statistical Planing and Inference, 45: 373~385

第 6 章 缺失数据回归分析

6.1 引 言

经典的统计方法与理论大都建立在完全数据分析的基础上, 然而在实践中, 常常因为各种原因使得一些数据不能获得, 如一些被抽样的个体不愿提供所需要的信息、一些不可控的因素产生信息损失及一些调研者本身的原因不能收集正确的信息等都可能导致数据缺失. 实际上, 数据缺失普遍发生在很多实际问题中, 如在民意调查、市场调研、邮寄问卷调查、社会经济研究、医学研究、观察研究及其他科学实验实验中常常产生缺失数据. 在这种情况下, 标准的统计方法不能直接应用到这些不完全数据的统计分析, 一个简单直接的方法是排除那些有缺失数据的个体, 而只对有完全观察的个体进行分析, 这是所谓的完全情形 (CC) 分析. 然而, 这一方法在大部分情况下分析结果都有严重偏差, 并且由于一些有缺失数据个体被删除以至产生不必要的信息损失, 常常导致无效推断. 实际上, 缺失数据统计分析方法的有效性很大程度上依赖于数据缺失是否依赖于数据集中的变量及与哪些变量有关, 即是否依赖于缺失数据机制.

设 $\boldsymbol{Z}$ 是一个完全观察向量, 当数据缺失时, 设 $\boldsymbol{Z}_{\rm obs}$ 是 $\boldsymbol{Z}$ 中总能被观察到的分量组成的向量, 而记 $\boldsymbol{Z}_{\rm min}$ 是 $\boldsymbol{Z}$ 中可能缺失的分量组成的向量, δ 是示性函数, 若 $\boldsymbol{Z}$ 被完全观察, 其取值为 1; 否则, 取值为零. 下面介绍三种主要的缺失数据机制.

(1) 完全随机缺失 (MCAR) 机制. 如果数据缺失不依赖于任何其他变量, 即 $P(\delta=1|\boldsymbol{Z})=P(\delta=1)$, 则称数据缺失是 MCAR.

(2) 随机缺失 (MAR) 机制. 如果数据缺失仅依赖于被观察的变量 $\boldsymbol{Z}_{\rm obs}$, 但不依赖于可能缺失的变量 $\boldsymbol{Z}_{\rm min}$, 即 $P(\delta=1|\boldsymbol{Z})=P(\delta=1|\boldsymbol{Z}_{\rm obs})$, 则称数据缺失是 MAR.

(3) 不可忽略缺失机制. 如果数据缺失依赖 $\boldsymbol{Z}$ 的缺失部分, 这样的缺失机制称为不可忽略或非随机缺失.

MCAR 意味着观察数据是所有数据的随机抽样, 在 MCAR 假设下, 上面所述的 CC 方法可能损失效率, 但并不引起偏差. MAR 是比 MCAR 更加现实的假设, MCAR 是 MAR 的特殊情形, CC 分析在 MAR 假设下通常既产生无效推断, 又可能产生偏差. 容易看到非随机缺失机制是比上面两种缺失机制更强的假设, 一

本章作者：王启华, 中国科学院数学与系统科学研究院研究员, 云南大学长江学者特聘教授.

般地, 在 MAR 下有效的方法在非随机缺失下并不有效. 关于缺失机制, Little 和 Rubin(2002) 给出了很好的例子予以解释并予以讨论.

至今, 大部分研究都是集中在 MAR 假设下进行的, 原因是这一假设既能在很多实际问题中得到合理解释, 又能为统计分析的方法与理论研究提供方便. 尽管非随机缺失机制假设比 MAR 更一般, 但在这一假设下的统计分析方法与理论研究相当困难, 目前这方面研究成果很少.

由于篇幅所限, 本章不可能对缺失数据分析介绍面面俱到, 仅就统计研究中最重要的研究领域之一 —— 回归分析来介绍缺失数据统计分析的方法与相关理论.

6.2 缺失数据分析常用的方法

设 $\boldsymbol{X}$ 是 p 维协变量向量, Y 是反映变量, 实践中 Y 或 $\boldsymbol{X}$ 的某分量缺失, 如引言中所阐述的原因, 简单的 CC 分析方法通常不被推荐应用到这种缺失数据分析, 因此, 人们致力于寻求缺失数据统计分析方法使不完全情形的信息得到使用, 从而获得更加有效的推断. 这里主要介绍似然方法、插补方法、逆概率加权方法, 其他的方法, 如平均记分法 (Reilly and Pepe, 1995) 及全 Bayesian 模型方法 (Rubin, 1987, 第 3 章; Ibrahim, et al., 2005) 等就不在这里一一介绍.

6.2.1 似然方法

假设给定协变量 $\boldsymbol{X}$ 下, Y 的条件概率密度或 $(\boldsymbol{X}, Y)$ 的联合概率密度有参数形式, 在 Y 缺失的情况下, 无需对缺失机制作任何假设, 即可用 CC 分析作似然推断, 并定义相合的极大似然估计. 其渐近方差估计可用对数似然二阶微分获得. 更进一步, Qin (2000) 通过联合经验似然与参数似然, 基于所有观察数据发展了半参数似然方法, 这一方法利用辅助信息改进推断. 也应该指出这种方法对模型假设是敏感的, 即若模型假设错误, 将定义有严重偏差的估计. 而当协变量缺失时, 一些获得极大似然估计的常用方法和技术是似然因子分解方法 (Little and Rubin, 2002; Schafer, 1997; Ibrahim, et al., 2005)、Newton-Rapson 或拟 Newdon-Rapson 算法及 Dempster 等 (1977) 所建议的 EM 算法等. 关于协变量缺失时似然分析方面的文章有 (Little, 1992; Little and Schluchter, 1985; Vach, 1994; Lipsitz and Ibrahim, 1996; Lipsitz, et al., 1999; Ibrahim, et al., 2005) 及其参考文献. 伪似然、拟似然及半经验伪似然方法在文献 (Pepe and Fleming, 1991; Reilly and Pepe, 1995; Lawless et al., 1999; Chatterjee, et al., 2003; Wang, 2009) 中有研究.

6.2.2 插补方法

插补方法就是使用某种规则或方法对缺失项填充数值, 使有缺失的数据集变成完整的数据集. 插补有单一插补与多重插补. 插补是一个常用、简单、方便的方法. 一般地, 插补有均值插补、回归插补、随机回归插补、热平台插补、冷平台插补、替代插补等方法. 关于这些插补方法的详细介绍可参见文献 (Little and Rubin, 2002), 这里仅简介如下:

(1) 均值插补就是以响应单元均值填补缺失值;

(2) 回归插补就是用单元缺失项对观测项的回归值 (预报) 填补相应的缺失值;

(3) 随机回归插补就是用回归插补值再加上一个随机项填补相应的缺失值;

(4) 热平台插补是由"类似"响应单元中抽取的值填补相应缺失值;

(5) 冷平台插补是用其他来源中所获得的数据代替某一项目中的缺失数据;

(6) 替代插补就是用总体中未选到的备择单元代替不响应单元, 如一个户主无法取得联系, 那么用同一住宅区内一个先前没有选中的户主代替.

均值插补是回归插补 (或条件均值插补) 的特殊情形, 回归插补在文献中广泛使用, 它分为线性回归插补 (Yates, 1933; Healy and Westmacott, 1956; Little, 1992; Wang and Rao, 2002a)、非参数核回归插补 (Cheng, 1994; Wang and Rao, 2002b)、非参数近邻回归插补 (Chen and Shao, 2000)、半参数部分线性回归插补 (Wang, et al., 2004) 及比率插补 (Rao and Shao, 1992). 关于热平台插补、冷平台插补及替代插补, 除在实践中较普遍地使用, 其理论性质方面的文献并不多, 关于热平台插补方法的更现代讨论可参见文献 (Marker, et al., 2002).

一般地, 当使用均值插补与回归插补等插补方法时, 人们常常使用单一插补. 然而, 当插补值是从缺失数据相关的分布总体 (如预测分布的估计总体) 中抽样时, 为消除抽样随机性影响, 人们一般使用多重插补. 多重插补首先是由 Rubin (1978) 建议的, 这种方法是对缺失样本中每一个缺失值产生多个, 如 m 个插补值后, 获得 m 组完全数据集, m 个完全数据的推断组合在一起, 通过平均可获得合适的推断, 这一方法能反映出由缺失引起的不确定性. 多重插补既拥有单一插补的优点, 又纠正了缺点. 文献在不同的模型下提出了不同的多重插补方法, 这些方法有参数插补 (Ruud, 1991; Wang, et al., 1998; Wang and Dai, 2008)、非参数与半参数插补 (Reilly, 1993; Wang, Linton and Härdle, 2004) 及随机化插补 (Rubin, 1987, 第 4 章; Fay, 1996). 关于多重插补与似然方法之间的联系, Ibrahim 等 (2005) 作了深入的讨论.

6.2.3　逆概率加权方法

CC 方法通常定义不相合的估计或给出有严重偏差的统计分析结果, 然而对 CC 情形下估计方程的贡献项进行加权, 并当权取为选择概率 (selection probability) 的逆时, 定义的估计在通常情况 (如 MAR 假设) 是相合估计. 这一加权的思想来自 Horvitz 和 Thompson (1952), 因而这一方法通常称为 Horvitz-Thompson (HT) 逆概率加权法. HT 逆概率加权法有一个奇怪、违反直观的重要性质, 那就是在参数估计问题中, 当使用适当被估计的权函数时, 定义的 HT 逆概率加权估计比权已知时定义的估计更有效. 这个性质表明即使选择概率已知, 也不要使用已知的权函数, 而应该使用权函数估计定义加权估计, 这的确让人感到奇异. 关于这一现象的一个启发性的讨论可参见文献 (Robins, et al., 1994). 人们可能期望这一现象也发生在非参数回归估计中, 然而事实并非如此, 正如 Wang 等 (1998) 所证明的, 无论使用被估计的权还是已知的权, 对逆概率加权估计的渐近方差都没有影响, 也就是两种情况下的估计渐近效率是相同的.

然而, HT 逆概率加权方法只有当权函数假设正确或估计渐近正确时才能定义相合估计, 这意味着这一方法存在两个方面的问题: 如果对选择概率假设参数模型, 并用参数方法估计权函数, 则这一方法对权函数假设是敏感的; 如果用非参数方法估计选择概率函数, 则可能发生"维数祸根"问题. 后来 Robins 等 (1994) 以及其他学者发展的扩张逆概率加权具有"双稳健"性, 关于"双稳健"性的解释可参见文献 (Scharfstein, et al., 1999; Wang, et al., 2004) 等.

前面谈到插补方法与似然方法的联系, 而关于逆概率加权与似然方法之间的联系, Lipsitz 等 (1999) 给出了讨论.

6.3 线性回归模型统计分析

众所周知, 当数据完全观察时, 线性模型回归系数可用最小二乘法估计, 然而当一些数据缺失时, 最小二乘法不能直接应用, 在这种情况下, 如何估计未知回归参数是本节所要介绍的内容. 关于协变量缺失线性模型的研究, Little (1992) 给出了系统的回顾, 而关于反映变量缺失线性回归分析的经典内容可参见文献 (Little and Rubin, 2002). 下面两个分节分别介绍协变量缺失时最小二乘插补方法与似然因子分解方法, 最后一个分节介绍反映变量缺失时经验似然方法.

6.3.1 插补最小二乘分析

考虑下面的线性回归模型:

$$\boldsymbol{Y} = \beta_0 + X_1\beta_1 + \cdots + X_p\beta_p + \epsilon, \tag{6.3.1}$$

其中, $\boldsymbol{Y}$ 是反映向量, $(X_1, \cdots, X_p)$ 是协变量向量, ϵ 是随机误差. 假设 $\text{Var}(\boldsymbol{Y}|X_1, \cdots, X_p) = \sigma^2$, 并记 $\boldsymbol{\beta} = (\beta_1, \cdots, \beta_p)^{\text{T}}$. 当协变量缺失时, 一个简单的方法是用无条件样本均值插补缺失的协变量 $\boldsymbol{X}'s$, 然而该方法定义不相合估计且基于这一方法的推断因偏差和精度问题而被歪曲, 因此, 这一方法通常不被推荐. 然而一个显然改进的方法是用缺失变量关于观察协变量的回归的估计值进行插补, 而该回归估计可使用 CC 方法获得, 使用这一方法较早的论文可参见文献 (Dagenais,

1973). 现假设观察到 $X_{i1}(i=1,2,\cdots,m)$ 且 $X_{i1}(i=m+1,m+2,\cdots,n)$ 缺失. 既然 $E[Y_i|X_{i1},\cdots,X_{ip}]=\beta_0+\sum_{j=1}^{p}\beta_jX_{ij}$, 则

$$E[Y_i|X_{i2},\cdots,X_{ip}]=\beta_0+\beta_1X_{i1}^*+\sum_{j=2}^{p}\beta_jX_{ij},$$

其中, $X_{i1}^*=E[X_{i1}|X_{i2},\cdots,X_{ip}]$. 因此, 如果使用 X_{i1}^* 代替缺失的 X_{i1}, 则所得到的最小二乘估计在 MCAR 缺失机制下是相合估计.

很显然, 插补值 X_{i1}^* 依赖未知回归参数, 实践中, 该回归参数需要估计, 一种方法是使用 CC 方法估计这些参数, 尽管这些回归参数估计的误差使最终估计方差增大, 但并不影响估计的相合性.

6.3.2 似然因子分解分析

对模型 (6.3.1), 当协变量缺失时, Anderson 引进似然因子分解的重要思想方法获得极大似然解. Gourieroux 和 Monfort (1981) 在 X 缺失的回归问题中应用 Anderson 的方法. 现假设 X_1 可能缺失, 缺失机制是 MCAR, 在给定其他协变量下 X_1 与 Y 的条件分布可分解为

$$P(X_1,Y|X_2,\cdots,X_p;\theta)=P(X_1|X_2,\cdots,X_p,Y;\psi_1)P(Y|X_2,\cdots,X_p;\psi_2).$$

ψ_1 与 ψ_2 相应的似然可分解为

$$L(\psi_1,\psi_2)=L_1(\psi_1)L_2(\psi_2), \tag{6.3.2}$$

其中, L_1 是给定 $X_2,\cdots,X_p$ 及 Y 下, X_1 的正态密度关于 m 个 $(Y,X_1,\cdots,X_p)$ 的完全观察的乘积, L_2 是给定 $X_2,\cdots,X_p$ 下, Y 的正态密度关于所有 n 个 $(Y,X_2,\cdots,X_p)$ 观察的乘积. ψ_1 与 ψ_2 是不同的参数, 它们的极大似然估计可分别极大化 L_1 与 L_2 而获得. 而有趣的回归参数极大似然估计可通过表示这些回归参数为 ψ_1 与 ψ_2 的函数, 然后用 ψ_1 与 ψ_2 的估计代替函数中 ψ_1 与 ψ_2 而获得.

6.3.3 经验似然分析

考虑线性回归模型

$$Y_i=\boldsymbol{X}_i^{\mathrm{T}}\boldsymbol{\beta}+\nu_0(X_i)\epsilon_i,\quad i=1,2,\cdots,n, \tag{6.3.3}$$

其中, $\boldsymbol{\beta}$ 是 $p\times 1$ 回归参数向量, $\nu_0(\cdot)$ 是严格正的已知函数, $\epsilon_i's$ 是均值为 0, 方差为 σ^2 且独立于 $\boldsymbol{X}_i's$ 的随机误差. 本节集中在反映变量缺失而协变量完全观察这一情形. 当反映变量缺失时, 从模型 (6.3.3) 获得下面的不完全观察:

$$(\boldsymbol{X}_i,Y_i,\delta_i),\quad i=1,2,\cdots,n,$$

其中, 所有 $\boldsymbol{X}_i$ 被完全观察, $\delta_i=0$ 表示 Y_i 缺失, $\delta_i=1$ 表示 Y_i 被观察. 当 $\nu_0(\cdot)=1$, Yates (1933) 建议用 $\hat{Y}_i=\boldsymbol{X}_i\hat{\boldsymbol{\beta}}_*$ 插补缺失的 Y_i 后, 再用最小二乘估计回归系数, 其中, $\hat{\boldsymbol{\beta}}_*$ 是 CC 最小二乘估计, 关于这一方法的详细介绍可参见文献 (Little and Rubin, 2002). 下面介绍一种现代统计分析方法 —— 经验似然方法. 经验似然方法是 Owen (1988) 在完全样本下提出的一种非参数统计推断方法, Wang 和 Rao (2002a) 将这一方法应用到反映变量缺失时反映均值的推断.

首先使用预报值对缺失反映进行插补. 为此, 首先用完全观察数据对 $(\boldsymbol{X}_i, Y_i)$, 即 CC 方法定义加权最小二乘估计, 即定义

$$\widetilde{\boldsymbol{\beta}}_n=\left(\sum_{i=1}^{n}\frac{\delta_i\boldsymbol{X}_i\boldsymbol{X}_i^{\mathrm{T}}}{\nu_0^2(\boldsymbol{X}_i)}\right)^{-1}\sum_{i=1}^{n}\frac{\delta_i\boldsymbol{X}_i\boldsymbol{Y}_i}{\nu_0^2(\boldsymbol{X}_i)}.$$

注意到 $E(\boldsymbol{X}_i^{\mathrm{T}}\widetilde{\boldsymbol{\beta}}_n)=EY_i$. 因此, 能使用预报 $\boldsymbol{X}_i^{\mathrm{T}}\widetilde{\boldsymbol{\beta}}_n$ 插补缺失的 Y_i, 并记 $Z_{in}=\delta_iY_i+(1-\delta_i)\boldsymbol{X}_i^{\mathrm{T}}\widetilde{\boldsymbol{\beta}}_n(i=1,2,\cdots,n)$. 对反映变量 Y 均值推断感兴趣, 若 θ_0 是其真值, 则有 $EZ_{in}=EY_i=\theta_0$. 设 F_p 是在 Z_{in} 点有概率质量为 p_i 的分布函数, $i=1,2,\cdots,n$, 则有 $\theta(F_p)=\sum\limits_{i=1}^{n}p_iZ_{in}$, 于是可以定义在 $\theta=\theta_0$ 点赋值的经验对数似然比

$$\hat{l}_n(\theta_0)=-2\max_{\theta(F_p)=\theta_0,\sum\limits_{i=1}^{n}p_i=1}\sum_{i=1}^{n}\log(np_i).$$

使用 Lagrange 乘子法可得

$$\hat{l}_n(\theta_0)=2\sum_{i=1}^{n}\log\{1+\lambda_n(Z_{in}-\theta_0)\},$$

其中, $\lambda_n=\lambda_n(\theta_0)$ 是下面方程的解:

$$\sum_{i=1}^{n}\frac{Z_{in}-\theta_0}{1+\lambda_n(Z_{in}-\theta_0)}=0.$$

注意到 $n^{-1}\sum\limits_{i=1}^{n}(Z_{in}-\theta_0)^2$并不依概率收敛到 $n^{-1/2}\sum\limits_{i=1}^{n}(Z_{in}-\theta_0)$ 的渐近方差. 因此, $\hat{l}_n(\theta_0)$ 并不渐近到标准卡方分布. 下面调整该对数似然函数使调整后的对数似然是标准的卡方分布. 为此, 设 $\hat{V}_n(\theta)=n^{-1}\sum\limits_{i=1}^{n}(Z_{in}-\theta)^2$, 并定义

$$\widetilde{V}_n(\theta)=S_{1n}+\boldsymbol{S}_{2n}^{\mathrm{T}}\boldsymbol{S}_{3n}^{-1}\boldsymbol{S}_{2n}\boldsymbol{\Sigma}_{nn}^2+\widetilde{\boldsymbol{\beta}}_n^{\mathrm{T}}\boldsymbol{S}_{4n}\widetilde{\boldsymbol{\beta}}_n-2\boldsymbol{S}_{5n}^{\mathrm{T}}\widetilde{\boldsymbol{\beta}}_n\theta+\theta^2+2\boldsymbol{S}_{2n}^{\mathrm{T}}\boldsymbol{S}_{3n}^{-1}\boldsymbol{S}_{6n}\Sigma_{nn}^2,$$

其中, $S_{1n}=n^{-1}\sum_{i=1}^{n}\delta_i(Y_i-\boldsymbol{X}_i^{\rm T}\widetilde{\boldsymbol{\beta}}_n)^2, \boldsymbol{S}_{2n}=n^{-1}\sum_{i=1}^{n}(1-\delta_i)\boldsymbol{X}_i, \boldsymbol{S}_{3n}=n^{-1}\sum_{i=1}^{n}\delta_i\boldsymbol{X}_i\boldsymbol{X}_i^{\rm T}/\nu_0^2(\boldsymbol{X}_i), \boldsymbol{S}_{4n}=n^{-1}\sum_{i=1}^{n}\boldsymbol{X}_i\boldsymbol{X}_i^{\rm T}$, $\boldsymbol{S}_{5n}=n^{-1}\sum_{i=1}^{n}\boldsymbol{X}_i$, $\boldsymbol{S}_{6n}=n^{-1}\sum_{i=1}^{n}\delta_i\boldsymbol{X}_i$ 及 $\Sigma_{nn}^2=n^{-1}\sum_{i=1}^{n}\nu_0^{-2}(\boldsymbol{X}_i)(Y_i-\boldsymbol{X}_i^{\rm T}\widetilde{\boldsymbol{\beta}}_n)^2$. 进一步, 设 $r_n(\theta)=\widetilde{V}_n(\theta)/\hat{V}_n(\theta)$ 且

$$\hat{l}_{ad}(\theta)=r_n(\theta)\hat{l}_n(\theta).$$

关于 $\hat{l}_{ad}(\theta)$, 有下面的定理:

定理 6.3.1 假设 $E\|\boldsymbol{X}\|^2<\infty$ 且 $E\epsilon^2<\infty$. 若 θ_0 是 θ 的真值, 则 $\hat{l}_{ad}(\theta_0)$ 渐近 χ_1^2 分布, 即

$$P(\hat{l}_{ad}(\theta_0)\leqslant c_\alpha)=1-\alpha+o(1),$$

其中, c_α 满足 $P(\chi_1^2\leqslant c_\alpha)=1-\alpha$.

由定理 6.3.1, 渐近 $1-\alpha$ 置信水平的置信区间可定义为 $I_\alpha=\{\theta|\hat{l}_{ad}\leqslant c_\alpha\}$.

此外, Wang 和 Rao (2002a) 在辅助信息可获得的情况下定义了 θ 的改进估计, 并发展了调整经验似然推断方法.

6.3.4 有替代变量时缺失数据统计分析

在很多实际问题中, 一些变量测量是昂贵、耗时和困难的, 于是仅对所研究个体中部分个体测量其观察值, 而将其他个体的观察看成缺失. 但为了研究需要, 人们常常用简单且花费少的方法对每个个体测量其替代值, 其中, 部分个体观察值与其替代值就构成核实数据, 这方面例子可参见文献 (Pepe, 1992) 关于吸烟调查的例子, 一些其他例子可参见文献 (Pepe and Fleming, 1991; Wittes, et al., 1989). 很显然, 使用核实数据可捕捉个体观察值与替代观察值的关系, 这意味着人们可利用核实数据帮助基于替代变量发展缺失数据统计分析方法. 实际上, 这方面有很多研究工作, 参见文献 (Stefanski and Carroll, 1985; Carroll and Wand, 1991; Wang, 1999; Wang and Rao, 2002c) 以及其中的文献.

6.4 非参数与参数回归模型

6.4.1 非参数拟似然估计

Wang 等 (1998) 基于逆概率加权方法定义了非参数回归函数的逆概率加权拟似然方程估计, 并建立了估计的分布理论. 下面介绍他们的结果.

设 $(Y_1, X_1), \cdots, (Y_n, X_n)$ 是独立随机变量序列, 其中, Y_i 是一元反映变量, X_i 是一元协变量, 在经典的广义线性模型中, 给定 X 下 Y 的条件密度属于典则指数族 $f_{Y|X}(y|x) = \mathcal{L}(y)\exp[y\theta(x) - \mathcal{B}\{\theta(x)\}]$, 其中, $\mathcal{B}$ 与 $\mathcal{L}$ 是已知函数, θ 称为典则或自然参数. 未知函数 $\mu(x) = E[Y|X = x]$ 通过连接函数 g 满足 $g(\mu(x)) = \eta(x)$. 在参数广义线性模型中, $\eta(x) = c_0 + c_1 x$, 其中, c_0 与 c_1 是未知参数. 连接函数 g 假设是已知. 例如, 在 logistic 回归中, $g(u) = \log\{u/(1-u)\}$, 对线性回归 $g(u) = u$, 而对非参数情形, 对 $g(\cdot)$ 没有模型假设.

对某已知函数 $V(\cdot)$, 若条件方差假设服从模型 $\mathrm{Var}(Y|X = x) = V\{\mu(x)\}$, 则相应的拟似然函数 $Q(w, y)$ 满足 $(\partial/\partial w)Q(w, y) = (y - w)/V(w)$. 下面主要考虑协变量缺失时, $\mu(x)$, 或等价地, $\eta(x)$ 的估计问题. 对于协变量缺失情形, 引进示性变量 δ, 若 X_i 被观察, 则令 $\delta_i = 1$; 否则, 令 $\delta_i = 0$. 更进一步, 假设缺失机制是 MAR, 即 $\pi_i = P(\delta_i = 1|Y_i, X_i) = P(\delta_i = 1|Y_i) = \pi(Y_i)$. Wang 等 (1998) 使用 Horvitz-Thompson 逆概率加权方法极大化下面的加权拟似然函数:

$$\sum_{i=1}^{n} Q[g^{-1}\{\beta_0 + \beta_1(X_i - x)\}, Y_i]\frac{\delta_i}{\pi(Y_i)}K_h(X_i - x), \tag{6.4.1}$$

定义 β 的估计 $\hat{\beta} = (\hat{\beta}_0, \hat{\beta}_1)$, 其中, $K_h = K(\cdot/h)$. 于是使用 $\hat{\mu}(x, \pi) = g^{-1}\{\hat{\eta}(x, \pi)\} = g^{-1}(\hat{\beta}_0)$ 估计 $\mu(x) = g^{-1}\{\eta(x)\}$, 然而在实践中, 只有在两阶段设计中, π 才有可能是已知的, 而在一般缺失数据问题中, π 通常是未知的. 在这种情况下, 上面定义的估计依赖于未知的 π, 于是 Wang 等 (1998) 利用局部线性光滑技术估计选择概率 π. 对固定点 y, 可以使用 $\hat{\pi}(y) = g^{*-1}(\hat{\alpha}_0)$ 估计 $\pi(y)$, 其中, $\hat{\alpha} = (\hat{\alpha}_0, \hat{\alpha}_1)$ 是 $\sum\limits_{i=1}^{n}[g^{*-1}\{\alpha_0 + \alpha_1(Y_i - y), \delta_i\}]K_\lambda(Y_i - y)$ 的极大值解, λ 是光滑参数. 设 $\hat{\beta}(\hat{\pi})$ 是使得下面逆概率似然方程:

$$\sum_{i=1}^{n} Q[g^{-1}\{\beta_0 + \beta_1(X_i - x)\}, Y_i]\frac{\delta_i}{\hat{\pi}(Y_i)}K_h(X_i - x) \tag{6.4.2}$$

达到极大值的解, 于是定义 $\mu(x)$ 的估计为 $\hat{\mu}(x, \hat{\pi}) = g^{-1}\{\hat{\eta}(x, \hat{\pi})\}$, 其中, $\hat{\eta}(x, \hat{\pi}) = \hat{\beta}_0(\hat{\pi})$.

Wang 等 (1998) 分别证明了 π 已知与未知两种情况下, $\mu(x)$ 的估计 $\hat{\mu}(x, \pi)$ 与 $\hat{\mu}(x, \hat{\pi})$ 的渐近正态性, 结果表明两个估计有相同渐近方差, 但有不同的渐近偏差项. 这一结果与参数和半参数模型下情况不同, 在参数问题中, HT 逆概率加权有一个奇怪且重要的性质, 那就是使用选择概率估计的逆 $1/\hat{\pi}$ 作为权定义的估计, 与选择概率 π 已知, 并使用已知的选择概率的逆 $1/\pi$ 为权定义的估计相比有更小的渐近方差. 关于这一现象启发式讨论可在文献 (Robins, et al., 1994, 6.1 节) 中找到. 而对这里的非参数情形, 无论选择概率估计与否, 所得逆概率加权估计渐近方差都是相同的.

6.4.2　反映均值非参数估计

假设反映变量缺失, 获得下面的不完全数据:

$$(X_i, Y_i, \delta_i), \quad i = 1, 2, \cdots, n,$$

其中, 所有 X_i 被完全观察, $\delta_i = 0$ 表示 Y_i 缺失, $\delta_i = 1$ 表示 Y_i 被观察. 缺失机制是 MAR, 即 $P(\delta = 1|Y, X) = P(\delta = 1|X)$, 下面记 $\pi(x) = P(\delta = 1|X = x)$, 本节对 Y 的均值 $\theta = EY$ 的估计感兴趣.

设 $m(x) = E[Y|X = x]$, 注意到 $\theta = Em(X)$, 这启发我们用 Nadaraya-Watson 核方法估计 θ. 设 K 是对称的概率密度核函数, $b = b(n)$ 是趋于零的窗宽序列, 一个自然的方法是使用插补方法定义 θ 的估计

$$\hat{\theta} = n^{-1} \sum_{i=1}^{n} [\delta_i Y_i + (1 - \delta_i)\hat{m}(X_i)], \tag{6.4.3}$$

即使用 $\hat{m}(X_i)$ 插补每一个缺失的 Y_i(Cheng, 1994), 其中,

$$\hat{m}(x) = \sum_{i=1}^{n} K_b(X_i, x)\delta_i Y_i \Big/ \sum_{i=1}^{n} K_b(X_i, x)\delta_i.$$

而 Cheng (1994) 提出的另一个估计是回归估计的样本平均, 即

$$\widetilde{\theta} = n^{-1} \sum_{i=1}^{n} \hat{m}(X_i).$$

很显然, 当 $m(x)$ 是一个参数模型 $m(x) = m(x, \phi)$, 只要使用 ϕ 的一个合适的估计 $\hat{\phi}$, $\hat{m}(x)$ 用 $m(x, \hat{\phi})$ 代替, $\widetilde{\theta}$ 比 $\hat{\theta}(x)$ 渐近更加有效, 这一结论实际上可从文献 (Matloff, 1981) 得到. Matloff (1981)证明使用 ϕ 的加权最小二乘估计, 在 Y 完全观察的情况下, $\widetilde{\theta}_n$ 甚至有比 $n^{-1}\sum\limits_{i=1}^{n} Y_i$ 更小的渐近方差. 然而当 $m(x)$ 是完全未知时, 用非参数方法估计 $m(x)$ 结果完全不同, Cheng(1994) 证明当 $\hat{m}(x)$ 取上面所述的 Nadaraya-Watson 非参数估计时, $\hat{\theta}$ 与 $\widetilde{\theta}$ 都是渐近正态, 并有相同的渐近方差为 $\widehat{\boldsymbol{\Sigma}}_n^2 = E(\boldsymbol{\Sigma}^2(X)/\pi(X)) + \mathrm{Var}(m(X))$, 其中, $\boldsymbol{\Sigma}^2(X) = \mathrm{Var}(Y|X)$.

然而当有辅助信息, 如当有 $E\boldsymbol{A}(X) = 0$ 这种辅助信息时, Wang 和 Rao (2002b) 利用这一辅助信息定义了 θ 的渐近更加有效的估计, 其中, $\boldsymbol{A}(\cdot) = (A_1(\cdot), \cdots, A_r(\cdot))$ $(r \geqslant 1)$ 是一已知的向量函数. 现介绍这一估计如下:

为了使用辅助信息, 首先在约束条件 $\sum_{i=1}^{n} p_i = 1$ 与 $\sum_{i=1}^{n} p_i \boldsymbol{A}(X_i) = 0$ 下极大化

$$\prod_{i=1}^{n} p_i.$$

如果原点在 $A(X_1), \cdots, A(X_n)$ 的凸包, 则由 Lagrange 乘子法可得

$$p_i = \frac{1}{n} \frac{1}{1 + \boldsymbol{\zeta}^{\mathrm{T}} \boldsymbol{A}(X_i)},$$

其中, $\boldsymbol{\zeta}_n$ 是下面方程的解:

$$\frac{1}{n} \sum_{i=1}^{n} \frac{\boldsymbol{A}(X_i)}{1 + \boldsymbol{\zeta}_n^{\mathrm{T}} \boldsymbol{A}(X_i)} = 0,$$

则 θ 的经验似然估计可定义为

$$\hat{\theta}_{n,AU} = \frac{1}{n} \sum_{i=1}^{n} \frac{\delta_i Y_i + (1 - \delta_i) \hat{m}(X_i)}{1 + \boldsymbol{\zeta}^{\mathrm{T}} \boldsymbol{A}(X_i)}.$$

Wang 和 Rao (2002b) 在一定条件下证明了 $\hat{\theta}_{n,AU}$ 渐近正态, 其渐近方差是 $\boldsymbol{\Sigma} - \boldsymbol{\Sigma}'$, 其中, $\boldsymbol{\Sigma}' = E[(m(X) - \theta)\boldsymbol{A}(X)]^{\mathrm{T}} (E\boldsymbol{A}(X)\boldsymbol{A}^{\mathrm{T}}(X))^{-1} E[(m(X) - \theta)\boldsymbol{A}(X)]$, $\boldsymbol{\Sigma}$ 是上面所定义的 $\widetilde{\theta}$ 的渐近方差. 由此可看到利用经验似然利用辅助信息增加估计的渐近效率.

6.4.3 反映均值双稳健插补估计

6.4.2 小节定义了反映均值的非参数估计, 一个显然的问题是如果 X 的维数太高, 将有"维数祸根"问题, 若对 $m(\cdot)$ 假设参数回归模型, 则不仅避免"维数祸根"问题, 而且能提高估计的效率, 然而不幸的是这样的参数估计方法严重依赖模型假设, 若模型假设有偏差将定义不相合估计. 为此, 最近 Qin 等 (2008) 定义了均值的双稳健估计, 下面介绍这一估计.

既然前面的非参数估计 $\hat{m}(X_i)$ 插补缺失的 Y_i 有"维数祸根"问题, 人们可能想到用 $E[Y|\delta = 0]$ 的估计 $\hat{\mu}_{\delta=0}$ 插补缺失的 Y_i. 这一方法尽管无需对 $m(\cdot)$ 作模型假设, 也没有"维数祸根", 但另一缺点是不同的缺失反映插补同一值, 这显然影响估计的效率, 下面的方法对此作出改进. 注意到

$$E[Y|\delta = 0] = \frac{\iint y P(\delta = 0|X) \mathrm{d}F(y, X)}{\iint P(\delta = 0|X) \mathrm{d}F(y, X)} = \frac{\iint y P(\delta = 0|X) \mathrm{d}F(y, X)}{1 - \theta},$$

其中, $F(Y,X)$ 是 (Y,X) 的联合分布, $\theta=P(\delta=1)$. 由上述表达式知 $E[Y|\delta=0]$ 可由下式估计：

$$\hat{\mu}_{\delta=0}=\frac{\iint y\hat{P}(\delta=0|X)\mathrm{d}\hat{F}(y,X)}{1-\hat{\theta}}=\sum_{i=1}^{n}\delta_i\hat{q}_iY_i,$$

其中, $\hat{P}(\delta=0|X),\hat{F},\hat{\theta}$ 与 $\hat{q}_i$ 是相应的估计, 将在后面给出.

为了定义双稳健插补估计, 使用

$$\hat{Y}_i=\mu(X_i,\hat{\beta})+\sum_{i=1}^{n}\delta_i\hat{q}_i[Y_i-\mu(X_i,\hat{\beta}]$$

插补缺失的 Y_i, 则 μ 的估计可定义为

$$\begin{aligned}\hat{\mu}_{ER}=&\frac{1}{n}\sum_{i=1}^{n}[\delta_iY_i+(1-\delta_i)\mu(X_i,\hat{\beta})]\\&+\left(1-\frac{\sum\limits_{i=1}^{n}\delta_i}{n}\right)\sum_{i=1}^{n}\delta_i\hat{q}_i[Y_i-\mu(X_i,\hat{\beta})]\end{aligned}\qquad(6.4.4)$$

$$\begin{aligned}=&\frac{1}{n}\sum_{i=1}^{n}[\delta_iY_i+(1-\delta_i)\hat{\mu}_{\delta=0}]+\frac{1}{n}\sum_{i=1}^{n}(1-\delta_i)\mu(X_i,\hat{\beta})\\&-\left(1-\frac{\sum\limits_{i=1}^{n}\delta_i}{n}\right)\sum_{i=1}^{n}\delta_i\hat{q}_i\mu(X_i,\hat{\beta}),\end{aligned}\qquad(6.4.5)$$

这一估计是双稳健的. 为了看到这一点, 分析如下：如果 $m(X)=\mu(X,\beta)$ 假设正确, 则 $Y_i-\mu(X_i,\hat{\beta})$ 是残差, 式 (6.4.4) 右边第二项依概率趋于零, 因此, 不管 $\hat{P}(\delta=0|X)$ 是否正确, $\hat{\mu}_{ER}$ 均依概率收敛到 μ. 如果 $P(\delta=0|X)$ 模型假设正确, 使得 $\hat{P}(\delta=0|X),\hat{F}$ 及 $\hat{\theta}$ 是相合估计, 则由式 (6.4.5) 可以看到无论 $\mu(X,\beta)$ 是否正确, $\hat{\mu}_{ER}$ 均是 μ 的相合估计, 这是因为只要 $\hat{\beta}$ 收敛到 β_0, 式 (6.4.5) 最后两项的和收敛到 $E[(1-\delta)\mu(X,\beta_0)]-(1-\theta)E[\mu(X,\beta_0)|\delta=0]=0$. 下面给出上面估计中所用到的 $\hat{P}(\delta=0|X),\hat{F},\hat{\theta}$ 与 $\hat{q}_i$.

假设工作选择概率模型 $w(X,\boldsymbol{\alpha})$ 及工作回归模型 $\mu(X,\boldsymbol{\beta})$, 其中, $w(\cdot,\cdot)$ 与 $\mu(\cdot,\cdot)$ 是已知函数, $\boldsymbol{\alpha}$ 与 $\boldsymbol{\beta}$ 是未知参数向量. 考虑一个基于观察数据

$$\delta_1,\cdots,\delta_n\quad 与\quad (Y_i,X_i,\delta_i=1),i=1,2,\cdots,n$$

的似然函数. 很显然, 当 $\delta_i = 1$ 时, 似然是 $w(X_i, \boldsymbol{\alpha})p_i$, 其中, $p_i = dF(Y_i, X_i)$. 而当 $\delta_i = 0$ 时, 似然是 $P(\delta_i = 0) = 1 - \theta$. 于是观察数据的似然函数为

$$L = \prod_{i=1}^{n}[w(X_i, \boldsymbol{\alpha})p_i]^{\delta_i}(1-\theta)^{1-\delta_i},$$

关于 $p_1, \cdots, p_n$, 在下面的约束下:

$$\begin{aligned} \sum_{i=1}^{n}\delta_i p_i = 1, \quad p_i \geqslant 0, \\ \sum_{i=1}^{n}\delta_i p_i[w(X_i, \alpha) - \theta] = 0, \\ \sum_{i=1}^{n}\delta_i p_i \eta_i(\boldsymbol{\alpha}, \boldsymbol{\beta}) = \bar{\eta}(\boldsymbol{\alpha}, \boldsymbol{\beta}), \end{aligned} \tag{6.4.6}$$

极大化上述似然 L 可求得 p_i. 然而上面似然包含未知讨厌参数 $\boldsymbol{\alpha}$ 与 $\boldsymbol{\beta}$ 需要估计, 实际上, $\boldsymbol{\alpha}$ 的估计能通过极大化下面的对数似然:

$$\sum_{i=1}^{n}[\delta_i \log w(X_i, \boldsymbol{\alpha}) + (1-\delta_i)\log\{1 - w(X_i, \boldsymbol{\alpha})\}]$$

而获得. 注意到在 MAR 假设下有 $E[Y|X, \delta = 1] = E[Y|X]$. 因此, $\boldsymbol{\beta}$ 能使用 CC 参数回归方法获得估计, 定义这一估计为 $\hat{\boldsymbol{\beta}}$, 在式 (6.4.6) 所定义的似然中用 $\hat{\boldsymbol{\alpha}}, \hat{\boldsymbol{\beta}}$ 取代 $\boldsymbol{\alpha}$ 与 $\boldsymbol{\beta}$, 然后使用 Lagrange 乘子法可得

$$p_i = \frac{\delta_i}{\left(\sum\limits_{i=1}^{n}\delta_i\right)[1 + \lambda_1(\hat{w}_i - \theta) + \lambda_2\widetilde{\eta}_i]}, \quad i = 1, 2, \cdots, n,$$

其中, $\hat{w}_i = w(X_i, \hat{\boldsymbol{\alpha}}), \widetilde{\eta}_i = \eta_i(\hat{\boldsymbol{\alpha}}, \hat{\boldsymbol{\beta}}) - n^{-1}\sum\limits_{i=1}^{n}\eta_i(\hat{\boldsymbol{\alpha}}, \hat{\boldsymbol{\beta}})$, λ_1 与 λ_2 是 Lagrange 乘子. 于是获得 θ 的截面对数似然为

$$l(\theta) = -\sum_{i=1}^{n}\delta_i \log[1 + \lambda_1(\hat{w}_i - \theta) + \lambda_2\widetilde{\eta}_i] + \left(n - \sum_{i=1}^{n}\delta_i\right)\log(1-\theta).$$

解方程 $\partial l(\theta)/\partial\theta = 0$ 可得

$$\lambda_1 = \frac{n - \sum\limits_{i=1}^{n}\delta_i}{\sum\limits_{i=1}^{n}\delta_i(1-\theta)}$$

且 λ_2 与 θ 满足

$$\sum_{i=1}^{n} \frac{\delta_i \widetilde{\eta}_i}{1+\dfrac{n-\sum\limits_{i=1}^{n}\delta_i}{\sum\limits_{i=1}^{n}\delta_i(1-\theta)}(\hat{w}_i-\theta)+\lambda_2\widetilde{\eta}_i}=0$$

与

$$\sum_{i=1}^{n} \frac{\delta_i(\hat{w}_i-\theta)}{1+\dfrac{n-\sum\limits_{i=1}^{n}\delta_i}{\sum\limits_{i=1}^{n}\delta_i(1-\theta)}(\hat{w}_i-\theta)+\lambda_2\widetilde{\eta}_i}=0.$$

基于数据 (Y_i, X_i, δ_i), F 可由权为 $\hat{p}_i$ 的加权经验分布估计, 其中, $\hat{p}_i$ 是用 $\hat{\theta}, \hat{\lambda}_1$ 与 $\hat{\lambda}_2$ 代替 p_i 中的 θ, λ_1 与 λ_2 得到的, 则 $\hat{q}_i$ 可由下式给出:

$$\hat{q}_i = \frac{(1-\hat{w}_i)\hat{p}_i}{1-\hat{\theta}}.$$

Qin 等 (2008) 在一定条件下证明了这一估计是渐近正态的, 并证明了当 $w(x,\boldsymbol{\alpha})$ 与 $\mu(x,\boldsymbol{\beta})$ 都正确假设时, $\hat{\mu}_{ER}$ 与 Robins-Rotnizky-Zhao 的扩展的逆概率加权估计 $\hat{\mu}_{\mathrm{RRZ}} = [\delta_i Y_i + (\hat{w}_i - \delta_i)\hat{\mu}_i]/\hat{w}_i$ 渐近等价, 即 $\sqrt{n}(\hat{\mu}_{ER} - \hat{\mu}_{\mathrm{RRZ}}) = o_p(1)$, 其中, w_i 是 $P(\delta_i = 1|X_i)$ 的一个估计, $\hat{\mu}_i$ 是 $E[Y_i|X_i]$ 的一个估计.

6.5　部分线性模型统计分析

考虑部分线性模型

$$Y_i = \boldsymbol{X}_i^{\mathrm{T}}\boldsymbol{\beta} + g(T_i) + \epsilon_i,$$

其中, Y_i 是独立同分布反映变量, $\boldsymbol{X}_i$ 是独立同分布 d 维协变量向量及 T_i 是独立同分布一元随机变量, $g(\cdot)$ 是未知函数, 模型误差 ϵ_i 独立同分布且在给定协变量下条件均值为零.

6.5.1　协变量缺失下模型参数与非参数部分估计

Liang 等 (2004) 在 $\boldsymbol{X}$ 可能缺失的情况下定义了 $\boldsymbol{\beta}$ 的估计, 并在 MAR 假设下讨论了估计的渐近有效性问题. Wang (2009) 也考虑了 $\boldsymbol{\beta}$ 的估计问题, 定义了一个与 Liang 等 (2004) 具有相同渐近方差的估计, 并定义了一个可能更加有效的估计. 下面介绍 Wang (2009) 的估计. 设 $\boldsymbol{U}_i = \delta_i \boldsymbol{X}_i/\pi(Y_i, T_i)$, $\boldsymbol{g}_1(t) = E[\boldsymbol{X}|T=t]$ 及 $g_2(t) = E[Y|T=t]$, 其中, $\Delta(y,t) = P(\delta=1|Y=y, T=t)$. 很显然, $\boldsymbol{g}_1(t) =$

$E[\boldsymbol{U}|T=t]$. Wang (2009) 首先通过模型校准定义了下面的估计:

$$\widetilde{\boldsymbol{\beta}}_{MC} = \boldsymbol{B}_n^{-1}\boldsymbol{A}_n,$$

其中,

$$\boldsymbol{B}_n = \frac{1}{n}\sum_{i=1}^{n}[(\boldsymbol{U}_i - \boldsymbol{g}_1(T_i))(\boldsymbol{U}_i - \boldsymbol{g}_1(T_i))^{\mathrm{T}}]$$

及

$$\boldsymbol{A}_n = \frac{1}{n}\sum_{i=1}^{n}(\boldsymbol{U}_i - \boldsymbol{g}_1(T_i))(Y_i - g_2(T_i)).$$

实际中, $\Delta(\cdot), g_1(\cdot)$ 与 $g_2(\cdot)$ 未知, 自然地, 人们可以用它们的估计取代 $\widetilde{\boldsymbol{\beta}}_{MC}$ 中相应的未知量, 而定义 $\boldsymbol{\beta}$ 的估计 $\hat{\boldsymbol{\beta}}_{MC}$. 设 $K(\cdot)$ 是二元核函数, h_n 是趋于零的窗宽序列. 为简单起见, 设 $Z_i = (Y_i, T_i)(i = 1, 2, \cdots, n)$, 则 $\Delta(z)$ 能由 $\Delta_n(z) = \sum_{i=1}^{n}\delta_i K((z - Z_i)/h_n)\Big/\sum_{i=1}^{n}K((z-Z_i)/h_n)$ 估计. 设 $\omega(\cdot)$ 是核函数, b_n 是趋于零的窗宽序列, 定义 $W_{nj}(t) = \omega((t-T_j)/h_n)\Big/\sum_{j=1}^{n}\omega((t-T_j)/b_n)$, 则 $\hat{\boldsymbol{g}}_{1,n}(t) = \sum_{j=1}^{n}W_{nj}(t)\delta_j\boldsymbol{X}_j/\Delta_n(Z_j)$ 与 $\hat{g}_{2,n}(t) = \sum_{j=1}^{n}W_{nj}(t)Y_j$ 是 $\boldsymbol{g}_1(t)$ 与 $g_2(t)$ 的相合估计. 设 $\boldsymbol{U}_{in} = \delta_i\boldsymbol{X}_i/\Delta_n(\boldsymbol{X}_i)(i = 1, 2, \cdots, n)$, 于是用 $\hat{\Delta}(\cdot), \hat{\boldsymbol{g}}_1(t)$ 与 $\hat{g}_2(t)$ 取代 $\widetilde{\boldsymbol{\beta}}_{MC}$ 中的 $\Delta(\cdot), \boldsymbol{g}_1(t)$ 与 $g_2(t)$ 即可得到 $\boldsymbol{\beta}$ 的估计 $\hat{\boldsymbol{\beta}}_{MC}$, 并因此可定义 $g(\cdot)$ 的估计是

$$\hat{g}_{MC}(t) = \hat{g}_{2,n}(t) - \hat{\boldsymbol{g}}_{1,n}^{\mathrm{T}}(t)\hat{\boldsymbol{\beta}}_{MC}.$$

虽然 Wang (2009) 证明 $\hat{\boldsymbol{\beta}}_{MC}$ 渐近正态, 但渐近均值为

$$\boldsymbol{\mu}_{MC} = -\boldsymbol{\Sigma}^{-1}E[(1-\Delta(X))\boldsymbol{X}\boldsymbol{X}^{\mathrm{T}}/\Delta(\boldsymbol{X})]\boldsymbol{\beta},$$

其中, $\boldsymbol{\Sigma} = E[(\boldsymbol{X} - E[\boldsymbol{X}|T])(\boldsymbol{X} - E[\boldsymbol{X}|T])^{\mathrm{T}}]$, 该均值一般为非零的值. 若 $\hat{\boldsymbol{\beta}}^*$ 是 $\boldsymbol{\beta}$ 的相合估计, Wang (2009) 定义了下面的纠偏估计:

$$\hat{\boldsymbol{\beta}}_{MC}^* = \hat{\boldsymbol{\beta}}_{MC} - \frac{1}{\sqrt{n}}\hat{\boldsymbol{\mu}}_{MC},$$

其中,

$$\hat{\boldsymbol{\mu}}_{MC} = -\frac{\hat{\boldsymbol{\Sigma}}_{MC}^{-1}}{n}\sum_{i=1}^{n}\frac{1-\Delta_n(Z_i)}{\Delta_n(Z_i)}\boldsymbol{X}_i\boldsymbol{X}_i^{\mathrm{T}}\hat{\boldsymbol{\beta}}^*$$

及

$$\hat{\boldsymbol{\Sigma}}_{MC}=\frac{1}{n}\sum_{i=1}^{n}(\boldsymbol{U}_{in}-\hat{\boldsymbol{g}}_{1,n}(T_i))(\boldsymbol{U}_{in}-\hat{\boldsymbol{g}}_{1,n}(T_i))^{\mathrm{T}}.$$

若 $\hat{\boldsymbol{\beta}}^*$ 是 $\boldsymbol{\beta}$ 的 $n^{\frac{1}{2}}$ 相合估计, Wang (2009) 证明了 $\hat{\boldsymbol{\beta}}^*_{MC}$ 是渐近均值为零的正态分布, 并证明了 $\hat{g}^*_{MC}(t)$ 达到最优收敛速度 $n^{-1/3}$, 其中, $\hat{g}^*_{MC}(\cdot)$ 是用 $\hat{\boldsymbol{\beta}}^*_{MC}$ 代替 $\hat{g}_{MC}(\cdot)$ 中的 $\hat{\boldsymbol{\beta}}$ 而获得. 然而这一估计依赖一个 $n^{1/2}$ 相合估计 $\hat{\boldsymbol{\beta}}^*$, 因而这一估计的意义在于是否存在这样的估计 $\hat{\boldsymbol{\beta}}^*$, 于是 Wang (2009) 更进一步地定义了下面的加权估计, 肯定地回答了这一问题. 下面陈述这一方法.

在 MAR 假设下有

$$\boldsymbol{\beta}=E^{-1}[(\boldsymbol{X}-E[\boldsymbol{X}|T])(\boldsymbol{X}-E[\boldsymbol{X}|T])^{\mathrm{T}}]E[(\boldsymbol{X}-E[\boldsymbol{X}|T])(Y-E[Y|T])],$$

$$E[(\boldsymbol{X}-E[\boldsymbol{X}|T])(\boldsymbol{X}-E[\boldsymbol{X}|T])^{\mathrm{T}}]=E\left[\frac{\delta}{\Delta(Z)}(\boldsymbol{X}-E[\boldsymbol{X}|T])(\boldsymbol{X}-E[\boldsymbol{X}|T])^{\mathrm{T}}\right],$$

$$E[(\boldsymbol{X}-E[\boldsymbol{X}|T])(Y-E[Y|T])]=E\left[\frac{\delta}{\Delta(Z)}(\boldsymbol{X}-E[\boldsymbol{X}|T])(Y-E[Y|T])\right]$$

与

$$E[\boldsymbol{X}|T]=E\left[\frac{\delta\boldsymbol{X}}{\Delta(Z)}\bigg|T\right].$$

联合“塞入”方法与样本矩方法, $\boldsymbol{\beta}$ 可由下式估计:

$$\hat{\boldsymbol{\beta}}_W=\widetilde{\boldsymbol{B}}_n^{-1}\widetilde{\boldsymbol{A}}_n,\tag{6.5.1}$$

其中,

$$\widetilde{\boldsymbol{A}}_n=\frac{1}{n}\sum_{i=1}^{n}\frac{\delta_i(\boldsymbol{X}_i-\hat{\boldsymbol{g}}_{1,n}(T_i))(Y_i-\hat{g}_{2,n}(T_i))}{\Delta_n(Z_i)}$$

及

$$\widetilde{\boldsymbol{B}}_n=\frac{1}{n}\sum_{i=1}^{n}\frac{\delta_i(\boldsymbol{X}_i-\hat{\boldsymbol{g}}_{1,n}(T_i))(\boldsymbol{X}_i-\hat{\boldsymbol{g}}_{1,n}(T_i))^{\mathrm{T}}}{\Delta_n(Z_i)}.$$

$g(\cdot)$ 则可由下式估计:

$$\hat{g}_W(t)=\hat{g}_{2,n}(t)-\hat{\boldsymbol{g}}_{1,n}(t)^{\mathrm{T}}\hat{\boldsymbol{\beta}}_W,$$

设 $\boldsymbol{M}(z)=E[(\boldsymbol{X}-E[\boldsymbol{X}|T])(Y-\boldsymbol{X}^{\mathrm{T}}\boldsymbol{\beta}-g(T))|Z=z]$. Wang (2009) 证明了 $\hat{\boldsymbol{\beta}}_W$ 是渐近均值为零方差为 $\boldsymbol{V}_W=\boldsymbol{\Sigma}^{-1}\boldsymbol{\Omega}_W\boldsymbol{\Sigma}^{-1}$ 的渐近正态分布, 其中,

$$\boldsymbol{\Omega}_W=E\left[\frac{(\boldsymbol{X}-E[\boldsymbol{X}|T])(\boldsymbol{X}-E[\boldsymbol{X}|T])^{\mathrm{T}}(Y-\boldsymbol{X}^{\mathrm{T}}\boldsymbol{\beta}-g(T))^2}{\Delta(Z)}\right]$$
$$-E\left[\frac{\boldsymbol{M}(z)\boldsymbol{M}^{\mathrm{T}}(Z)(1-\Delta(Z))}{\Delta(Z)}\right].$$

注意到 $\hat{\boldsymbol{\beta}}_W$ 与 Liang 等 (2004) 中 (5) 所定义的估计 $\hat{\boldsymbol{\beta}}_{\text{all}}$ 有同样渐近方差, 但 $\hat{\boldsymbol{\beta}}_{\text{all}}$ 计算复杂.

用 $\hat{\boldsymbol{\beta}}_W$ 代替 $\hat{\boldsymbol{\beta}}^*_{MC}$ 中的 $\hat{\boldsymbol{\beta}}^*$, 设所得到的估计是 $\hat{\boldsymbol{\beta}}_{MW}$. 既然 $\hat{\boldsymbol{\beta}}_W$ 是 $\boldsymbol{\beta}$ 的 $n^{\frac{1}{2}}$ 相合估计, 根据文献 (Wang, 2009) 中的定理 2, $\hat{\boldsymbol{\beta}}_{MW}$ 是渐近均值为零、方差为 V_{MC} 的渐近正态分布, 其中, V_{MC} 在文献 (Wang, 2009) 中定义, 由于定义牵涉很多记号, 为节省空间, 在此略去.

注意到上面所描述的加权估计方法主要使用完全情形的信息, 并仅通过 $\Delta_n(\cdot)$ 使用来自 $\{(Y_i,T_i):\delta_i=0\}$ 中的信息. 既然 $\hat{\boldsymbol{\beta}}_{MC}$, 因此, $\hat{\boldsymbol{\beta}}_{MW}$ 可能使用更多来自 $\{(Y_i,T_i):\delta_i=0\}$ 的更多信息, 一个自然的问题是 $\hat{\boldsymbol{\beta}}_{MW}$ 改进 $\hat{\boldsymbol{\beta}}_W$ 吗? 不幸的是, 似乎很难从渐近方差表示比较它们的渐近效率, 然而 Wang (2009) 的模拟结果表明 $\hat{\boldsymbol{\beta}}_{MW}$ 的确有较小的标准误差.

6.5.2 反映变量缺失下反映均值估计及模型参数与非参数部分估计

在 Wang(2009) 考虑协变量缺失部分线性模型的估计问题后, Wang 等 (2004), Wang 和 Sun (2007) 又分别研究了当反映变量缺失时, 部分线性模型反映均值及模型参数与非参数部分的估计 (注: 文献 (Wang, 2009) 尽管在文献 (Wang, et al., 2004) 后发表, 但它先于后者完成).

如果不特别说明, 本节仍沿用上节的一些记号. 设 $K(\cdot)$ 是核函数, h_n 是趋于 0 的窗宽序列, 定义权

$$W_{nj}(t)=\frac{K((t-T_j)/h_n)}{\sum\limits_{j=1}^{n}\delta_jK((t-T_j)/h_n)}.$$

定义$\widetilde{\boldsymbol{g}}_{1,n}(t)=\sum\limits_{j=1}^{n}\delta_jW_{nj}(t)\boldsymbol{X}_j$ 及 $\widetilde{g}_{2,n}(t)=\sum\limits_{j=1}^{n}\delta_jW_{nj}(t)Y_j$. Wang 等 (2004) 基于观察 $(\boldsymbol{X}_i,T_i,Y_i)(i\in\{i|\delta_i=1\})$ 定义了 $\boldsymbol{\beta}$ 的如下估计:

$$\begin{aligned}\hat{\boldsymbol{\beta}}_n=&\left[\sum_{i=1}^{n}\delta_i\{(\boldsymbol{X}_i-\widetilde{\boldsymbol{g}}_{1,n}(T_i))(\boldsymbol{X}_i-\widetilde{\boldsymbol{g}}_{1,n}(T_i))^{\mathrm{T}}\}\right]^{-1}\\&\times\sum_{i=1}^{n}\delta_i\{(\boldsymbol{X}_i-\widetilde{\boldsymbol{g}}_{1,n}(T_i))(Y_i-\widetilde{g}_{2,n}(T_i))\}.\end{aligned}$$

设

$$\boldsymbol{g}_1(t)=\frac{E[\delta\boldsymbol{X}|T=t]}{E[\delta|T=t]},\quad g_2(t)=\frac{E[\delta Y|T=t]}{E[\delta|T=t]},$$

Wang 等 (2004) 得到

$$g(t)=g_2(t)-\boldsymbol{g}_1(t)^{\mathrm{T}}\boldsymbol{\beta},$$

用 $\widetilde{\boldsymbol{g}}_{1,n}(t)$, $\widetilde{g}_{2,n}(t)$ 及 $\hat{\boldsymbol{\beta}}_n$ 代替上式中的 $\boldsymbol{g}_1(t), g_2(t)$ 及 $\boldsymbol{\beta}$, 则可定义 $g(\cdot)$ 的估计如下：

$$\hat{g}_n(t) = \widetilde{g}_{2,n}(t) - \widetilde{\boldsymbol{g}}_{1,n}^{\mathrm{T}}(t)\hat{\boldsymbol{\beta}}_n.$$

得到 $g(\cdot)$ 与 $\boldsymbol{\beta}$ 的估计后, 可转过来定义反映均值 θ 的估计,

$$\hat{\theta} = \frac{1}{n}\sum_{i=1}^{n}\frac{\delta_i Y_i}{P_n^*(\boldsymbol{X}_i, T_i)} + \frac{1}{n}\sum_{j=1}^{n}\left(1 - \frac{\delta_i}{P_n^*(\boldsymbol{X}_i, T_i)}\right)(\boldsymbol{X}_i^{\mathrm{T}}\hat{\boldsymbol{\beta}}_n + \hat{g}_n(T_i)),$$

其中, $P_n^*(x,t)$ 是一函数序列且依概率极限是 $P^*(x,t)$. Wang 等 (2004) 考虑了下面的一些特殊情形.

首先, 当 $P_n^*(\boldsymbol{x},t) = 1$ 时, 得到 θ 的回归 imputation 估计

$$\hat{\theta}_I = \frac{1}{n}\sum_{i=1}^{n}\{\delta_i Y_i + (1-\delta_i)(\boldsymbol{X}_i^{\mathrm{T}}\hat{\boldsymbol{\beta}}_n + \hat{g}_n(T_i))\}.$$

当 $P_n^*(x,t) = \infty$ 时, 得到下面的边际平均估计：

$$\hat{\theta}_{MA} = \frac{1}{n}\sum_{i=1}^{n}(\boldsymbol{X}_i^{\mathrm{T}}\hat{\boldsymbol{\beta}}_n + \hat{g}_n(T_i)),$$

该估计正是回归函数估计的平均. 定义边际倾向性得分函数 $P_1(t) = P(\delta = 1|T = t)$, 当

$$P_n^*(\boldsymbol{x},t) = \hat{p}_1(t) = \frac{\sum_{j=1}^{n}\delta_j K((t-T_j)/h_n)}{\sum_{i=1}^{n}K((t-T_j)/h_n)},$$

得到下面的边际倾向性得分加权估计：

$$\hat{\theta}_{P_1} = \frac{1}{n}\sum_{i=1}^{n}\left[\frac{\delta_i Y_i}{\hat{P}_1(T_i)} + \left(1 - \frac{\delta_i}{\hat{P}_1(T_i)}\right)(\boldsymbol{X}_i^{\mathrm{T}}\hat{\boldsymbol{\beta}}_n + \hat{g}_n(T_i))\right].$$

然而估计 $\hat{\theta}_{P_1}$ 不同于通常的倾向性得分加权方法, 通常方法使用满倾向性得分函数估计, 这可能产生“维数祸根”问题. 估计类 $\hat{\theta}$ 包含的另一个估计就是这种情况, 当 $P_n^*(x,t) = \hat{P}(x,t)$ 时得到

$$\hat{\theta}_P = \frac{1}{n}\sum_{i=1}^{n}\frac{\delta_i Y_i}{\hat{P}(\boldsymbol{X}_i, T_i)} + \frac{1}{n}\sum_{i=1}^{n}\left(1 - \frac{\delta_i}{\hat{P}(\boldsymbol{X}_i, T_i)}\right)\{\boldsymbol{X}_i^{\mathrm{T}}\hat{\boldsymbol{\beta}}_n + \hat{g}_n(T_i)\},$$

其中, $\hat{P}_n(x,t)$ 是高维倾向性得分核估计, 定义如下：

$$\hat{P}(\boldsymbol{x},t) = \frac{\sum_{j=1}^{n}\delta_j W((\boldsymbol{x}-\boldsymbol{X}_j)/b_n, (t-T_j)/b_n)}{\sum_{j=1}^{n}W((\boldsymbol{x}-\boldsymbol{X}_j)/b_n, (t-T_j)/b_n)},$$

其中, $W(\cdot,\cdot)$ 是核函数, b_n 是窗宽序列. 这个估计依赖高维光滑, “维数祸根”问题可能限制这一方法的使用.

设$P_1(t)=P(\delta=1|T=t), P(\boldsymbol{x},t)=P(\delta=1|\boldsymbol{X}-\boldsymbol{x},T=t), m(\boldsymbol{x},t)=\boldsymbol{x}^{\mathrm{T}}\boldsymbol{\beta}+g(t)$, 且 $\widehat{\boldsymbol{\Sigma}}_n^2(x,t)=E[(Y-\boldsymbol{X}^{\mathrm{T}}\boldsymbol{\beta}-g(T))^2|\boldsymbol{X}=\boldsymbol{x},T=t]$. 定义 $\boldsymbol{u}(\boldsymbol{x},t)=\boldsymbol{x}-\boldsymbol{g}_1(t)$, $\boldsymbol{\Sigma}=E[P(\boldsymbol{X},T)\boldsymbol{u}(\boldsymbol{X},T)\boldsymbol{u}(\boldsymbol{X},T)^{\mathrm{T}}]$.

Wang 等 (2004) 在其附录中所列的条件下, 证明了 $\hat{\theta}$ 是渐近具有均值为 0, 方差为 V 的正态分布的, 其中,

$$V=E[(\pi_0(\boldsymbol{X},T)+\pi_1(\boldsymbol{X},T))^2P(\boldsymbol{X},T)\sigma^2(\boldsymbol{X},T)]+\mathrm{Var}[m(\boldsymbol{X},T)],$$

当 $P_n^*(\boldsymbol{x},t)\in\{1,\infty,\hat{P}_1(t)\}$ 时, $\pi_0(\boldsymbol{x},t)=1/P_1(t)$ 且 $\pi_1(\boldsymbol{x},t)=E[\boldsymbol{u}(\boldsymbol{X},T)^{\mathrm{T}}]\boldsymbol{\Sigma}^{-1}\boldsymbol{u}(\boldsymbol{x},t)$, 而当 $P_n^*(\boldsymbol{x},t)=\hat{P}(\boldsymbol{x},t)$ 时, $\pi_0(\boldsymbol{x},t)=1/P(\boldsymbol{x},t)$ 且 $\pi_1(\boldsymbol{x},t)=0$.

从上面的结果可以看到当 $P_n^*(\boldsymbol{x},t)\in\{1,\infty,\hat{P}_1(t)\}$ 时, 估计 $\hat{\theta}$ 记为 $\hat{\theta}^*$, 它们有共同的渐近方差, 记为 V^*, 而当 $P_n^*(\boldsymbol{x},t)=\hat{P}_n(\boldsymbol{x},t)$ 时, 估计 $\hat{\theta}$ 有不同的渐近方差.

Wang 等 (2004) 进一步比较了 $\hat{\theta}^*$ 与估计类中其他估计及下面的非参数估计类:

$$\widetilde{\theta}=\frac{1}{n}\sum_{i=1}^n\frac{Y_i\delta_i}{P_n^*(\boldsymbol{X}_i,T_i)}+\frac{1}{n}\sum_{i=1}^n\left(1-\frac{\delta_i}{P_n^*(\boldsymbol{X}_i,T_i)}\right)\hat{m}_n(\boldsymbol{X}_i,T_i)$$

的渐近功效, 其中, $\hat{m}_n(\cdot,\cdot)$ 是 $E[Y|\boldsymbol{X},T]$ 的非参数核回归估计. 尽管已知当 $P_n^*(\boldsymbol{x},t)\in\{1,\infty,\hat{P}(\boldsymbol{x},t)\}$, 估计类 $\widehat{\theta}^*$中所对应的三个估计尽管在非参数模型下渐近等价于逆概率加权估计 $\widetilde{\theta}_{\mathrm{HIR}}=n^{-1}\sum\limits_{i=1}^nY_i\delta_i/\hat{P}(\boldsymbol{X}_i,T_i)$, 并且达到半参数渐近有效界, 因而是渐近有效估计, 但在部分线性模型假设下, 这些非参数估计并不是渐近有效的, 原因是在部分线性模型假设下, 半参数有效界减小, 而 Wang 等 (2004) 证明估计类 $\hat{\theta}^*$ 达到这一半参数有效界, 因而是渐近有效估计. 此外, Wang 等 (2004) 还进一步讨论了有关估计的稳健性.

此外, Wang 和 Sun (2007) 研究了反映变量缺失时 $\boldsymbol{\beta}$ 与 $g(\cdot)$ 的估计问题, 定义了插补估计, 逆概率加权估计与半参数回归替代估计, 研究了它们的渐近性质, 由于篇幅所限, 不在此介绍.

6.6 半参数总体模型统计分析

6.6.1 协变量缺失下模型参数估计

考虑半参数总体 $f_\beta(y|X,z)\,\mathrm{d}G(x|z)\,\mathrm{d}H(z)$, 其中, $f_\beta(y|x,z)$ 是给定协变量 (X,Z) 下, Y 的条件密度, G 与 H 分别定义完全未知 (非参数) 的条件和边际协变量分布

函数. 假设完全观察 $(X_1, Y_1, Z_1), \cdots, (X_n, Y_n, Z_n)$ 是从上述半参数总体抽取的样本, 然而在一些实际问题中, X_i 可能缺失, 使得观察到的数据是 $(Y_i, X_i, Z_i, \delta_i)(i = 1, 2, \cdots, n)$, 其中, 全部 (Y_i, Z_i) 被观察, 若 X_i 缺失, $\delta_i = 0$; 否则, $\delta_i = 1$. 假设 MAR 缺失机制, 即假设

$$P(\delta = 1|Y, X, Z) = P(\delta = 1|Y, Z) \equiv \pi(Y, Z).$$

下面仅集中讨论 Z 是离散变量情形, 结果容易推广到 Z 是连续情形. 对固定的 G, 观察数据条件似然为

$$L(\beta, G) = \prod_{i \in V} f_\beta(Y_i|X_i, Z_i) \prod_{j \in \bar{V}} \int f_\beta(Y_j|x, Z_j)\, \mathrm{d}G(x|Z_j),$$

其中, $V = \{i|\delta_i = 1\}$. 假设得分函数和有关积分均存在, 则得分函数是

$$\begin{aligned} S(\beta, G) &= \frac{\partial \log L(\beta; G)}{\partial \beta} \\ &= \sum_{i \in V} S_\beta(Y_i|X_i, Z_i) + \sum_{j \in \bar{V}} \frac{\displaystyle\int S_\beta(Y_j|x, Z_j) f_\beta(Y_j|x, Z_j) \mathrm{d}G(x|Z_j)}{\displaystyle\int f_\beta(Y_j|x, Z_j) \mathrm{d}G(x|Z_j)}. \end{aligned} \tag{6.6.1}$$

在式 (6.6.1) 中, 用 $G(\cdot|z)$ 的估计取代之即得到得分函数的估计. 由 Bayes 定理, 当 $P(\delta = 1|X, Z) > 0$ 时有

$$\mathrm{d}G(x|Z) = \frac{\mathrm{d}P(X \leqslant x|Z, \delta = 1) P(\delta = 1|Z)}{P(\delta = 1|X = x, Z)}. \tag{6.6.2}$$

用式 (6.6.2) 代替式 (6.6.1) 中的 $\mathrm{d}G$ 得到下面的拟得分函数:

$$S_{PS}(\beta; G^*, \pi) = \sum_{i \in V} S_\beta(Y_i|X_i, Z_i) + \sum_{j \in \bar{V}} \frac{\displaystyle\int S_\beta(Y_j|x, Z_j) h_\beta^\pi(Y_j, x, Z_j) \mathrm{d}G^*(x|Z_j)}{\displaystyle\int h_\beta^\pi(Y_j, x, Z_j) \mathrm{d}G^*(x|Z_j)}, \tag{6.6.3}$$

其中, $G^*(\cdot|z) = P(X < \cdot|z, \delta = 1), h_\beta^\pi(y, x, z) = f_\beta(y|x, z)/q_\beta^\pi(x, z), q_\beta^\pi(X, Z) \equiv P(\delta = 1|X, Z) = \int \pi(y, Z) f_\beta(y|X, Z) \mathrm{d}y > 0$. 显然, $G^*(x|z)$ 可直接使用

$$G_n(x|z) = \frac{\sum\limits_{i=1}^n I[X_i \leqslant x, Z_i = z, \delta_i = 1]}{\sum\limits_{i=1}^n I[Z_i = z, \delta_i = 1]}$$

估计, 并且该估计是相合的, 其中, I_A 是某事件 A 的示性函数.

用 G_n 代替式 (6.6.3) 中的 G^* 得到

$$S_{PS}(\beta; G_n, \pi) = \sum_{i\in V} S_\beta(Y_i|X_i, Z_i) + \sum_{j\in\bar{V}}\sum_{i\in V} \frac{S_\beta(Y_j|X_i, Z_j)h_\beta^\pi(Y_j, X_i, Z_j)I[Z_j = Z_i]}{\sum_{l\in V} h_\beta^\pi(Y_j, X_l, Z_j)I[Z_j = Z_l]}. \tag{6.6.4}$$

显然, 若 $\pi = \pi_0$ 已知, 则解方程 $S_{PS}(\beta, G_n, \pi_0) = 0$ 可获得 β 的估计. 实际上, 即使 π 已知, 仍建议用 π 的基于正确模型的估计 $\hat{\pi}$ 代替 $S_{PS}(\beta, G_n, \pi_0)$ 中的 π_0, 然后由 $S_{PS}(\beta, G_n, \hat{\pi}) = 0$ 的解定义 β 的估计, 这样得到的估计可能更有效. 而估计方程可由 Newton-Raphson 算法求解, Chatterjee 等 (2003) 给出了求解的步骤, 并证明了在该文所列的条件下, $S_{PS}(\beta, G_n, \hat{\pi})$ 存在唯一的相合且渐近正态的解序列 $\{\hat{\beta}_n^{PS}\}$.

很显然, 基于式 (6.6.1) 的一个直接估计是使用下面 G 的逆概率加权 Horvitz-Thompson 估计:

$$G_n^{HT}(x) = \frac{\sum\limits_{i\in V} I[X_i \leqslant x, Z_i = z]/\pi_0(Y_i, Z_i)}{\sum\limits_{i\in V} I[Z_i = z]/\pi_0(Y_i, Z_i)}$$

代替其中的 G. 然而如此得到的估计没有上面所定义的估计 $\{\hat{\beta}_n^{PS}\}$ 有效. 原因是 Chatterjee 等 (2003) 使用回归模型 $f_\beta(y|x, z)$ 的信息定义更加有效的权. 在式 (6.6.3) 中, $h_\beta^\pi(Y, X, Z) = f_\beta(Y|X, Z)/q_\beta^\pi(X, Z)$, $1/q_\beta^\pi(X, Z)$ 可以看成估计 $G(X|Z)$ 的新的逆概率权, 并且因为 $q_\beta^\pi(X, Z) = P(\delta = 1|X, Z) = E[\pi(Y, Z)|X, Z]$, 从而有理由认为这一新的权函数可变性较小, 因而比 Horvitz-Thompson 权 $1/\pi(Y, Z)$ 更加有效.

6.6.2 反映变量缺失下模型参数估计

设 $\boldsymbol{X}$ 是 d 维协变量向量, Y 是反映变量, 设完全数据 $(\boldsymbol{X}, Y)$ 服从半参数总体分布 $f(y|x, \theta)\mathrm{d}G(x)$, 其中, $f(y|x, \theta)$ 是包含未知参数的条件概率密度函数, G 是协变量 $\boldsymbol{X}$ 的非参数分布 (完全未知). 假设获得下面的不完全数据随机抽样:

$$(\boldsymbol{X}_i, Y_i, \delta_i), \quad i = 1, 2, \cdots, n,$$

其中, 全部 $\boldsymbol{X}_i$ 被观察, δ_i 是示性函数, $\delta_i = 0$ 表示 Y_i 缺失, $\delta_i = 1$ 表示 Y_i 被观察.

现假设有辅助信息 $E\boldsymbol{\psi}(\boldsymbol{X}, \theta) = 0$, 其中, $\boldsymbol{\psi}(\boldsymbol{X}, \theta)$ 是 $p \times 1$已知的向量值函数. 为了使用这一辅助信息, 在约束条件 $\sum\limits_{i=1}^n p_i = 1$ 及 $\sum\limits_{i=1}^n p_i\boldsymbol{\psi}(\boldsymbol{X}_i, \theta) = 0$ 极大化下面的似然函数:

$$L_0(\theta) = \prod_{i=1}^n \{f(Y_i|\boldsymbol{X}_i, \theta)dG(\boldsymbol{X}_i)\}^{\delta_i}\{dG(\boldsymbol{X}_i)\}^{1-\delta_i} = \prod_{i=1}^n p_i \prod_{i=1}^n f^{\delta_i}(Y_i|\boldsymbol{X}_i, \theta),$$

其中, $p_i = dG(\boldsymbol{X}_i)$.

若零向量在 $\boldsymbol{\psi}(\boldsymbol{X}_1,\theta),\cdots,\boldsymbol{\psi}(\boldsymbol{X}_n,\theta)$ 的凸包中, 则由 Lagrange 方法可得

$$\log L_0(\theta) = -\sum_{i=1}^{n}\log\left\{1+\hat{\boldsymbol{\lambda}}^{\mathrm{T}}\boldsymbol{\psi}(\boldsymbol{X}_i,\theta)\right\}+\sum_{i=1}^{n}\delta_i\log f(Y_i|\boldsymbol{X}_i,\theta), \tag{6.6.5}$$

其中, $\hat{\boldsymbol{\lambda}}$ 是下面方程的解:

$$\sum_{i=1}^{n}\frac{\boldsymbol{\psi}(\boldsymbol{X}_i,\theta)}{1+\hat{\boldsymbol{\lambda}}^{\mathrm{T}}\boldsymbol{\psi}(\boldsymbol{X}_i,\theta)}=0. \tag{6.6.6}$$

设 $\widetilde{\theta}_{n,AU}$ 是满足下面方程的一个估计:

$$\frac{\partial\log L_0(\theta)}{\partial\theta}=0.$$

设 $Y^*_{ij,AU}$ 抽自被估计条件总体 $f(y|\boldsymbol{X}_i,\widetilde{\theta}_{n,AU})(i=1,2,\cdots,n,j=1,2,\cdots,m)$, 然后在约束条件 $\sum_{i=1}^{n}p_i=1$ 与 $\sum_{i=1}^{n}p_i\boldsymbol{\psi}(\boldsymbol{X}_i,\theta)=0$ 下关于 $\boldsymbol{p}=(p_1,\cdots,p_n)$极大化下面基于插补的半经验似然:

$$\begin{aligned}L_{AU}(\theta,p)=&\prod_{i=1}^{n}\{f(Y_i|\boldsymbol{X}_i,\theta)\mathrm{d}G(\boldsymbol{X}_i)\}^{\delta_i}\prod_{j=1}^{m}\{f^{1/m}(Y^*_{ij,AU}|\boldsymbol{X}_i,\theta)\mathrm{d}G(\boldsymbol{X}_i)\}^{1-\delta_i}\\=&\prod_{i=1}^{n}p_i\prod_{i=1}^{n}f^{\delta_i}(Y_i|\boldsymbol{X}_i,\theta)\prod_{j=1}^{m}f^{(1-\delta_i)/m}(Y^*_{ij,AU}|\boldsymbol{X}_i,\theta),\end{aligned}$$

其中, $p_i=\mathrm{d}G(\boldsymbol{X}_i)$.

设 $\hat{L}_{AU}(\theta)$ 是所获得的极大, 类似于式 (6.6.5), 可以获得

$$\begin{aligned}\log\hat{L}_{AU}(\theta)=&-\sum_{i=1}^{n}\log\{1+\hat{\boldsymbol{\lambda}}\boldsymbol{\psi}(\boldsymbol{X}_i,\theta)\}+\sum_{i=1}^{n}\delta_i\log f(Y_i|\boldsymbol{X}_i,\theta)\\&+\sum_{i=1}^{n}\frac{(1-\delta_i)}{m}\sum_{j=1}^{m}\log f(Y^*_{ij,AU}|\boldsymbol{X}_i,\theta),\end{aligned}$$

其中, $\hat{\boldsymbol{\lambda}}$ 满足式 (6.6.6). 解下面的方程:

$$\frac{\partial\hat{L}_{AU}(\theta)}{\partial\theta}=0,$$

其解可作为 θ 的估计, 该估计称为插补半经验似然估计, 并定义为 $\hat{\theta}_{n,AU}$. Wang 和 Dai (2008) 证明了该估计的渐近正态性, 并与没有辅助信息下所定义的似然插补估计进行了比较, 表明辅助信息使用改进推断. 此外, Wang 和 Dai (2008) 还进一步考虑了反映变量均值的估计问题, 由于篇幅所限, 不在此介绍.

6.7 生存分析中的缺失数据问题

生存数据的一个共同特征是观察常常是右删失的. 删失发生常常因个体中途退出试验或试验在所有个体死亡前就已结束, 此外, 当个体死亡有多种死亡原因时, 某个原因死亡的死亡时间可能因为其他原因死亡而被删失. 于是, 当对某个特别原因感兴趣时, 那么因为其他原因死亡就被看成随机删失.

设 T 与 C 是两个随机变量, 它们分别定义因感兴趣原因死亡的死亡时间和右删失时间. 假设 T 独立于 C, 在随机右删失下, 只能观察到 T 与 C 中最小值 $X = T \wedge C$ 及一个示性变量 $\delta = I[T \leqslant C]$. 然而在很多实际问题中, 如在临床研究中, 一些个体死亡原因未知, 也就是个体死亡是因为感兴趣疾病死亡还是其他疾病死亡不清楚, 从而导致 δ 缺失. 这方面的例子可参见文献 (van der Laan, et al., 1998) 及其参考文献.

实际上, 当 δ 缺失时, 已有很多研究工作, 其中, 包括生存函数估计、失效率估计、处理差估计及对数秩检验等方面的工作. 已经知道生存分布函数估计问题是生存分析中最基本的问题, 因此, 这里仅介绍生存函数的估计问题. 显然, 定义生存分布函数估计的一个基本和直接方法是使用 CC 方法定义 Kaplan-Meier 乘积限估计, 然而这一方法在 MAR 缺失机制下定义不相合且无效估计. 在 MCAR 下, 一些作者对 CC 估计提出了很多改进 (Wang and Ng, 2008, 引言). 最近, van der Laan 和 McKeague (1998) 在 MAR 下定义了生存函数的相合估计, 并在比 MAR 稍强的假设下证明了该估计的渐近有效性. 然而, 该估计在实践中并不令人吸引, 因为估计的构造需要特别的分割、一些人为选择的点及对数据进行人为的切片等, 这使得该估计在实践中很难应用. 此外, 该估计小样本有严重偏差. 为此, Wang 和 Ng (2008) 定义了几个渐近有效乘积限估计, 该估计更加充分地使用了所获得数据的信息, 并且没有分割、切片和人为选择点的需要. 下面介绍这些估计.

设 F, G 与 H 分别定义 T, C 与 X 的分布函数, 定义 $H_1(t) = P(X \leqslant t, \delta = 1)$, 则累积风险函数

$$\Lambda(t) = \int_0^t \frac{1}{1-F(x)} \mathrm{d}F(x) = \int_0^t \frac{1}{1-H(x)} \mathrm{d}H_1(x). \tag{6.7.1}$$

由 (Dikta, 1998) 有

$$H_1(t) = P(\delta = 1, X \leqslant t) = \int_0^t m(x) \mathrm{d}H(x),$$

其中, $m(x) = P(\delta = 1|X = x) = E[\delta|X = x]$. 这与式 (6.7.1) 一起得到

$$\Lambda(t) = \int_0^t \frac{m(x)}{1-H(x)} \mathrm{d}H(x).$$

当删失示性缺失时, 所获得的观察数据是 $\{(X_i, \delta_i, \xi_i), i = 1, 2, \cdots, n\}$, 其中, X_i 总是被观察, 若 δ_i 缺失, $\xi_i = 0$; 否则, $\xi_i = 1$. 设 $H_n(t) = n^{-1}\sum_{i=1}^{n} I[X_i \leqslant t]$, $H_n(t-) = \lim_{x \uparrow t} H_n(x)$ 及 $H_{n1}(t) = n^{-1}\sum_{i=1}^{n} I[X_i \leqslant t, \delta_i = 1]$. 若使用观察数据 $\{(X_i, \delta_i, \xi_i), i = 1, 2, \cdots, n\}$ 定义 $m(x)$ 的一个估计 $m_n(x)$, 则 $\Lambda(t)$ 能被估计如下:

$$\Lambda_n(t) = \int_0^t \frac{m_n(x)}{1-H_n(x-)} \mathrm{d}H_n(x) = \sum_{i: X_i \leqslant t} \frac{m_n(X_i)}{n - R_i + 1}, \tag{6.7.2}$$

其中, R_i 定义 X_i 在 X 样本中的秩. 注意到生存函数 $S(t) := 1 - F(t) = \exp\{-\Lambda(t)\}$, 则 $S(t)$ 可由 $\exp\{-\Lambda_n(t)\}$ 估计. 由近似表示 $\exp\{-x\} \approx 1 - x$ 有

$$\exp\{-\Lambda_n(t)\} = \prod_{i: X_i \leqslant t} \left(\exp\left\{-\frac{1}{n - R_i + 1}\right\}\right)^{m_n(X_i)} \approx \prod_{i: X_i \leqslant t} \left(\frac{n - R_i}{n - R_i + 1}\right)^{m_n(X_i)}.$$

这启发我们考虑下面的乘积限估计:

$$S_n(t) = \prod_{i: X_i \leqslant t} \left(\frac{n - R_i}{n - R_i + 1}\right)^{m_n(X_i)}. \tag{6.7.3}$$

这里使用逆概率加权方法估计 $m(\cdot)$. 设

$$\pi_n(x) = \frac{\sum_{i=1}^{n} \xi_i W\left(\frac{x - X_i}{b_n}\right)}{\sum_{i=1}^{n} W\left(\frac{x - X_i}{b_n}\right)},$$

其中, $W(\cdot)$ 是核函数, b_n 是窗宽序列. 定义

$$\widehat{m}_n(x) = \frac{\sum_{i=1}^{n} (\xi_i \delta_i / \pi_n(X_i)) K((x - X_i)/h_n)}{\sum_{i=1}^{n} (\xi_i / \pi_n(X_i)) K((x - X_i)/h_n)},$$

其中, $K(\cdot)$ 是核函数, h_n 是窗宽序列. 于是第一个加权估计 $\widehat{S}_{n,W}(t)$ 可在 $S_n(t)$ 中将 $m_n(\cdot)$ 换为 $\widehat{m}_n(\cdot)$ 得到.

注意到 $\widehat{S}_{n,W}(t)$ 实际上是将 Kaplan-Meier 乘积限估计 (KM 估计) 中的 δ_i 换成 $\widehat{m}_n(X_i)$ 而得到的, $i=1,2,\cdots,n$. 直观上, 这个估计可修改为仅将 KM 估计中缺失的 δ_i 换成 $\widehat{m}_n(X_i)$, 而对没有缺失的 δ_i 不作替换, 这就得到下面的插补估计:

$$\widehat{S}_{n,I}(t)=\prod_{i:X_i\leqslant t}\left(\frac{n-R_i}{n-R_i+1}\right)^{\xi_i\delta_i+(1-\xi_i)\widehat{m}_n(X_i)}. \tag{6.7.4}$$

该插补估计也可由下面的事实得到:

$$E[\xi\delta+(1-\xi)m(X)]=E[\delta].$$

若用

$$\widetilde{m}_n(x)=\frac{\sum\limits_{i=1}^{n}\xi_i\delta_iK((x-X_i)/h_n)}{\sum\limits_{i=1}^{n}\xi_iK((x-X_i)/h_n)}$$

代替 $\widehat{S}_{n,I}(t)$ 中的 $\widehat{m}_n(\cdot)$, 则得到另一个插补估计 $\widetilde{S}_{N,I}(t)$.

设 $\pi(x)=P(\xi=1|X=x)$. 注意到在 MAR 下有

$$E[\xi\delta/\pi(X)+(1-\xi/\pi(X))m(X)]=E[\delta]$$

及 $\pi_n(x)$ 是 $\pi(x)$ 的核回归估计, 于是又可定义下面的逆概率加权估计:

$$\widetilde{S}_{n,W}(t)=\prod_{i:X_i\leqslant t}\left(\frac{n-R_i}{n-R_i+1}\right)^{\frac{\xi_i\delta_i}{\pi n(X_i)}+\left(1-\frac{\xi_i}{\pi_n(X_i)}\right)\widetilde{m}_n(X_i)}. \tag{6.7.5}$$

在所提出的 4 个估计中, 当 δ 被完全观察时, 两个插补估计和一个逆概率加权估计变为乘积限估计, 而 $\widehat{S}_{n,W}(t)$ 变成光滑的 Kaplan-Meier 乘积限估计. Wang 和 Ng (2008) 证明了上面所提出的 4 个估计均是一致强相合的, 渐近有效并弱收敛到高斯过程.

致谢 感谢我的博士生来鹏对本章认真仔细的检查, 并指出一些打印错误和文献疏漏情况. 本项目得到国家杰出青年基金 (10725106)、教育部长江学者云南大学研究基金、国家自然科学基金面上基金 (10671198) 及国家创新群体科学基金资助.

参 考 文 献

Carroll R J, Wand M P. 1991. Semiparametric estimation in logistic measurement error models. J. R. Statist. Soc. B 53: 652~663

Chatterjee N, Chen Y H, Breslow N E. 2003. A pseudoscore estimator for regression problems with two-phase sampling. Journal of the American Statistical Association, 461: 158～169

Chen J H, Shao J. 2000. Nearest neighbor imputation for survey data. Journal of Official Statistics, 16: 113～131

Cheng P E. 1994. Nonparametric estimation of mean functionals with data missing at random. Journal of the American Statistical Association, 89: 81～87

Dagenais M G. 1973. The use of incomplete observations in multiple regression analysis: a generalized least squares approach. Journal of Econometrics, 1: 317～328

Dempster A P, Laird N M, Rubin D B. 1977. Maximum likelihood from incomplete data via the EM algorithm. Journal of the Royal Statistical Society, Ser B 39: 1～38

Dikta D. 1998. On semiparametric random censorship models. Journal of the Statistical Planning and Inference, 66: 253～279

Fay R. 1996. Alternative paradigms for the analysis of imputed survey data. Journal of the American Statistical Association, 91: 490～498

Gourieroux C, Monfort A. 1981. On the problem of missing data in linear models. Review of Economic Studies, 48(4): 579～586

Healy M J R, Westmacott M. 1956. Missing values in experiments analysed on automatic computers. Appl. Statist, 5: 203～206

Horvitz D G, Thompson D J. 1952. A generalization of sampling without replacement from a finite universe. Journal of the American Statistical Association, 47: 663～685

Ibrahim J G, Chen M H, Lipsitz S R, et al. 2005. Missing-data methods for generalized linear models: a comparative review. Journal of the American Statistical Association, 100: 332～346

Lawless J F, Kalbfleisch J D, Wild C J. 1999. Semiparametric methods for response-selective and missing data problems in regression. Journal of the Royal Statistical Soecity. Ser, B 61: 413～438

Liang H, Wang S, Robins J M, et al. 2004. Estimation in partially linear models with missing covariates. Journal of the American Statistical Association, 99: 357～367

Lipsitz S R, Ibrahim J G. 1996. A conditional model for incomplete covariates in parametric regression models. Biometrika, 83: 916～922

Lipsitz S R, Ibrahim J G, Zhao L P. 1999. A new weighted estimating equation for missing covariate data with properties similar to maximum likelihood. Journal of the American Statistical Associatio, 94: 1147～1160

Little R J A. 1992. Regression with missing X's: a review. 87: 1227～1237

Little R J A, Rubin D B. 2002. Statistical Analysis with Missing Data. 2nd ed. New York: Wiley

Little R J A, Schluchter M. 1985. Maximum likelihood estimation for mixed continuous and categorical data with missing values. Biometrika, 72: 497~512

Marker D A, Judkins D R, Winglee M. 2002. Large-scale imputation for complex surveys, Chapter 22, in Survey Nonresponse *In*: Groves R M, Dillman D A, Eltinge J L, et al., New York: Wiley

Matloff N S. 1981. Use of regression functions for improved estimation of means. Biometrika, 68: 685~689

Owen A. 1988. Empirical likelihood ratio confidence intervals for single functional. Biometrika, 75: 237~249

Pepe M S. 1992. Inference using surrogate outcome data and a validation sample. Biometrika, 79: 355~365

Pepe M S, Fleming T R. 1991. A non-parametric method for dealing with mismeasured covariate data. Journal of the American Statistical Association, 86: 108~113

Qin J. 2000. Combining parametric and empirical likelihoods. Biometrika, 87: 484~490

Qin J, Shao J, Zhang B. 2008. Efficient and doubly robust imputation for covariate-dependent missing responses. Journal of the American Statistical Association, 103: 797~809

Rao J N K, Shao J. 1992. Jackknife variance estimation with survey data under hot deck imputation. Biometrika, 79: 811~822

Reilly M. 1993. Data analysis using hot-deck multiple imputation. Statistician, 42: 307~313

Reilly M, Pepe M S. 1995. A mean-score method for missing and auxiliary covariate data in regression models. Biometrika, 82: 299~314

Robins J M, Rotnitzky A, Zhao L P. 1994. Estimation of regression coefficients when some regressors are not always observed. Journal of the American Statistical Association, 89: 846~866

Rubin D B. 1978. Multiple Imputation for nonresponse in surveys- a phenomenological Bayesian approach to nonresponse. In Proc. Survey Res. Meth., Am Statist. Assoc. Washington, D. C.: American Statistical Association

Rubin D B. 1987. Multiple Imputation in Sample Surveys. New York: Wiley

Ruud P A. 1991. Extensions of estimation methods using the EM algorithm. Journal of Econometrica, 49: 305~341

Schafer J L. 1997. Analysis of Incomplete Multivariate Data. London: Chapman & Hall

Scharfstein D O, Rotnizky A, Robins J. 1999. Adjusting for nonignorable drop out in semi-parametric nonresponse models (with discussion). Journal of the American Statistical Association, 94: 1096~1146

Stefanski L A, Carroll R J. 1985. Covariate measurement error in generalized linear models. Biometrika, 72: 583~592

Vach W. 1994. Logistic Regression with Missing Values in the Covariates. New York: Springer-verlag van der Laan, Mark J, Mckeague W. 1998. Efficient estimation from right-censored data when failure indicators are missing at random. The Annals of Statistics, 26: 164~182

Wang C Y, Wang S J, Gutterrez R G, et al. 1998. Local linear regression for generalized linear models with missing data. The Annals of Statistics, 26: 1028~1050

Wang N, Robins, J M. 1998. large-sample theory for parametric multiple imputation procedures. Biometrika, 85: 935~948

Wang Q H. 1999. Estimation of partial linear error-in-variables models with validation data. Journal of Multivariate Analysis, 69: 30~64

Wang Q H. 2009. Statistical estimation in partial linear models with covariate data missing at random. Ann. Inst. Stat. Math, 61: 47~84

Wang Q H, Dai P J. 2008. Semiparametric model-based inference in the presence of missing responses. Biometrika, 95: 721~734

Wang Q H, Ng, K. 2008. Asymptotically efficient product-limit estimators with censoring indicators missing at random. Statistica Sinica, 18: 749~768

Wang Q H, Linton O, Härdle W. 2004. Semiparametric regression analysis with missing response at random. Journal of the American Statistical Association, 99: 334~345

Wang Q H, Rao J N K. 2002a. Empirical likelihood-based inference in linear models with missing data. Scandinavian Journal of Statistics, 29: 563~576

Wang Q H, Rao J N K. 2002b. Empirical likelihood-based inference under imputation for missing response data. The Annals of Statistics, 30: 896~924

Wang Q H, Rao J N K. 2002c. Empirical likelihood-based inference in linear error-in-covariables models with validation data. Biometrika, 89: 345~358

Wang Q H, Sun Z H. 2007. Estimation in partially linear models with missing responses at random. Journal of Multivariate Analysis, 98: 1470~1493

Wittes J, Lakatos E, Probstfield J. 1989. Surrogate endpoints in clinical trials: Cardiovascular diseases. Statistics in Medicine, 8: 415~425

Yates F. 1933. The analysis of replicated experiments when the field results are incomplete. Empire Journal of Experimental Agriculture, 1: 129~142

第 7 章　复发事件数据的统计分析

7.1 引　　言

复发事件数据是指对一些个体进行观察, 某种感兴趣事件重复发生的时间所组成的数据, 这类数据经常出现在生物、医学、社会和经济学等研究领域中. 例如, 病人某种疾病的多次复发时间、AIDS 病和一些传染病的重复感染时间、动物某些肿瘤的重复发生时间、一些国家妇女的各次生育时间、某些机器故障的多次发生时间等.

对这类数据的研究不同于一次观察的横向数据, 因为事件重复发生的时间是有次序的, 并具有相依性, 同时由于删失时间的存在以及删失时间可能与事件发生的时间也具有相依性等, 使得对复发事件数据的分析、建模及统计推断变得十分困难. 但由于复发事件数据结构自身具有重要的特点和广泛的应用, 对它的统计分析已经受到世界各国, 特别是发达国家的重视, 其研究结果不仅具有重要的理论意义, 而且具有广泛的应用前景.

由于复发事件数据可以看成一种特殊的多维生存数据, 经常会用多元生存分析的方法来研究这类数据, 具体可参见文献 (Prentice, et al., 1981; Andersen and Gill, 1982; Wei, et al., 1989) 等. 然而复发事件数据的结构比较特殊, 在使用多元生存分析方法对其进行研究时需要谨慎. 近十几年来生物和医学统计的发展, 对于复发事件数据的研究已经取得了很大的进步, 建立了许多重要的统计模型 (Cai and Schaubel, 2004). 但在这一研究领域中仍然存在一些重要的和比较难的统计问题, 特别是事件发生的时间与删失时间具有相依关系的时候.

设 $N_i(t) = \int_0^t \mathrm{d}N_i(s)$ 为第 i 个个体在 $[0,t]$上所发生的事件次数, $i = 1, \cdots, n$, 其中, $\mathrm{d}N_i(s)$ 表示在区间 $[s, s+\mathrm{d}s)$ 内事件发生的次数. 在大多数实际应用中, 总是在有限的时间内来考察个体, 因此, $N_i(\cdot)$ 不可能完全观察, 记第 i 个个体的删失时间为 C_i, 则第 i 个个体的观察范围为 $[0, C_i]$. 事件发生时间记为 $T_{i1}, \cdots, T_{i,m_i}$. 设 C_i 与 $N_i(t)$ 独立, 若有协变量存在, 则假设放宽为在给定协变量下, 删失时间 C_i 与 $N_i(t)$ 条件独立. 对于第 i 个个体第 k 次事件, 所能观察到的数据是 $X_{ik} = T_{ik} \wedge C_i$ 和 $\varDelta_{ik} = I(T_{ik} \leqslant C_i)$, 其中, $a \wedge b = \min(a,b)$, $I(\cdot)$ 为示性函数, 用来表示事件发生的真实时间是否被观察到. 记事件发生的间隔时间为 $\widetilde{T}_{ij} = T_{ij} - T_{i,j-1}$, 其中, $T_{i0} = 0$.

本章作者：孙六全, 中国科学院数学与系统科学研究院研究员.

设 $\boldsymbol{Z}_i(t)$ 表示依赖时间变化的协变量向量, 并记 $m = \sum_{i=1}^{n} m_i$. 由于 $N_i(t) \geqslant 0$ 且只取整数值, 同时满足对于任意的 $s < t$, $N_i(s) \leqslant N_i(t)$ 以及 (s, t) 中发生的事件数为 $N_i(t) - N_i(s)$, 因此, $\{N_i(t)|t \geqslant 0\}$ 是一个计数过程 (Ross, 1989).

对复发事件数据的分析通常用计数过程或点过程模型 (Andersen, et al., 1993; Cox and Isham, 1980). 在这些模型中, 如果知道事件历史的概率分布, 其参数估计通常使用极大似然或部分似然方法. 但完全刻画 $\{N_i(t)|t \geqslant 0\}$ 的分布通常是比较困难的, 而且其分布及其模型十分复杂. 此外, 一般感兴趣的往往只是事件过程中的一部分, 这就促使我们考虑基于边际均值或比率函数等研究方法. 由于事件的均值函数比强度函数更具有解释意义, 一些作者已经对均值或比率函数进行了统计分析. 下面严格给出强度、均值和比率函数的定义. 尽管它们之间有着很强的内在联系, 但它们之间的区别在统计建模时是很重要的.

记 $\mathcal{N}_i(t) = \{N_i(s)|s \in [0, t)\}$ 为第 i 个个体在时间 t 时的事件历史. 如果 $E(\mathrm{d}N_i(t)|\mathcal{N}_i(t)) = \lambda_i(t|\mathcal{N}_i(t))\mathrm{d}t$, 则 $\lambda_i(t|\mathcal{N}_i(t))$ 定义为计数过程 $N_i(t)$ 的强度过程或强度函数 (简称为强度). $\Lambda_i(t|\mathcal{N}_i(t)) = \int_0^t \lambda_i(s|\mathcal{N}_i(s))\mathrm{d}s$ 为累积强度函数. 易知 $\{N_i(t)|t \geqslant 0\}$ 的概率分布完全由 $\lambda_i(t|\mathcal{N}_i(t))$ 来决定. 例如, 设第 i 个个体的 m_i 个事件发生时间为 $t_{i1}, \cdots, t_{i,m_i}$, 则它们的联合概率密度为

$$\prod_{j=1}^{m_i} \lambda_i(t_{ij}|\mathcal{N}_i(t_{ij})) \exp\Big\{-\int_0^{\tau} \lambda_i(s|\mathcal{N}_i(s))\mathrm{d}s\Big\}, \tag{7.1.1}$$

其中, τ 为一个预先给定的常数且满足 $t_{i,m_i} < \tau$. 表达式 (7.1.1) 是参数的极大似然估计及其相关统计推断的基础. 虽然极大似然估计在理论上是可行的, 但由于 $\lambda_i(t|\mathcal{N}_i(t))$ 的复杂性, 使得其计算有时是比较困难的. 对于一些特殊的事件过程, $\lambda_i(t|\mathcal{N}_i(t))$ 会变得简单些. 例如, 对于 Poisson 过程, $\lambda_i(t|\mathcal{N}_i(t))=\lambda_i(t)$, 而对于更新过程, $\lambda_i(t|\mathcal{N}_i(t)) = \lambda_i(t - T_{i,N_i(t-)})$ (Chiang, 1968). 当只对事件发生次数感兴趣时, 可用 Poisson 过程来建模, 而当关注的是事件发生的间隔时间时, 可用更新过程来建模.

当研究目的是探讨协变量对事件过程的影响时, 一般从边际分布着手, 这样可以避免对个体内部相依结构进行假设. 由于边际均值函数和比率函数容易解释, 同时, 非统计学者也容易明白其含义, 而且它们常常也是研究的直接目的, 所以通常也对边际均值和比率函数进行直接建模. 若 $E\{\mathrm{d}N_i(t)\} = r_i(t)\mathrm{d}t$, 则 $r_i(t)$ 称为 $N_i(t)$ 的比率函数. 记 $\mu_i(t) = E\{N_i(t)\}$, 则 $\mu_i(t)$ 称为 $N_i(t)$ 的均值函数. 虽然对于 Poisson 过程, $r_i(t) = \lambda_i(t)$, 但一般来说, 这两者是不相等的, 而且 $r_i(t)$ 不需要刻画事件过程的全部分布.

一个给定的边际模型和其相关的条件模型之间没有简单的对应关系. 在条件模型中, 协变量效果的直观解释往往在边际模型中是不存在的, 反之亦然. 另外, 基于事件计数、事件发生时间以及事件间隔时间的边际模型也是不同的, 但有如下关系:

$$P(N_i(t) < k) = P(T_{ik} > t) = P\left(\sum_{j=1}^{k} \widetilde{T}_{ij} > t\right).$$

本章主要介绍复发事件数据研究方面的一些非参数和半参数方法以及最近进展, 多数材料直接取自相关文献, 共分 5 节. 7.2 节主要介绍复发事件数据中的各种非参数方法; 7.3 节主要介绍复发事件数据中的各种条件回归模型及其估计方法; 7.4 节主要介绍复发事件数据中的各种边际半参数模型及其估计方法; 7.5 节主要介绍基于事件间隔时间的一些半参数方法; 7.6 节主要介绍最近进展和潜在的研究方向.

7.2 复发事件中的非参数方法

本节主要讨论事件间隔时间的分布函数和生存函数以及事件均值函数的非参数估计. 由于间隔时间存在相依删失, 因此, 其分布函数和生存函数的估计是比较复杂的. 即使事件发生时间是独立删失的 (如跟踪丢失或人为删失), 而第二次和随后事件的间隔时间仍然存在相依删失, 除非假设个体所经历的间隔时间都是独立的, 但在许多研究中这个假设是不现实的. 例如, 等待第一次事件发生的时间越长, 则第二次和随后事件的间隔时间便会越短. 因此, 如果间隔时间之间是相关的, 则第二次和随后事件的间隔时间本质上存在着一个相依删失变量, 从而平常的独立删失假设不再成立. 下面讨论在相依删失机制下的一些非参数估计方法.

7.2.1 联合分布函数的估计

对应于 $\widetilde{T}_{ik}$ 的删失时间记为 $\widetilde{C}_{ik} = C_i - T_{i,k-1}$ $(k = 1, \cdots, K)$ 且 $T_{i0} \equiv 0$. 为了方便起见, 只考虑 $K = 2$ 的情形. 由于右删失的存在, 观察到的数据为 $\{\widetilde{X}_{i1}, \widetilde{X}_{i2}, \Delta_{i1}, \Delta_{i2}\}$ $(i = 1, \cdots, n)$, 其中, $\widetilde{X}_{ik} = \widetilde{T}_{ik} \wedge \widetilde{C}_{ik}$, $\Delta_{ik} = I(\widetilde{T}_{ik} \leqslant \widetilde{C}_{ik}) \equiv I(T_{ik} \leqslant C_i)$. 在下文中, 省略下标 i 的随机变量和函数可以被看成相应于任一个体的.

$(T_{i1}, \widetilde{T}_{i2})$ 的联合生存函数定义为 $S_{12}(t_1, t_2) = P(T_{i1} > t_1, \widetilde{T}_{i2} > t_2)$. 注意到

$$\begin{aligned} S_{12}(t_1, t_2) &= P(\widetilde{T}_2 > t_2 | T_1 > t_1) P(T_1 > t_1) \\ &= \prod_{s \leqslant t_2} \{1 - d\Lambda_2(s | T_1 > t_1)\} S_1(t_1), \end{aligned}$$

其中, $\prod$ 表示乘积限积分, $\Lambda_2(s|T_1>t_1)$ 为 $(\widetilde{T}_2|T_1>t_1)$ 的累积风险函数以及 $S_1(t_1)$ 为 T_1 的生存函数. Campbell 和 Földes(1982) 给出了 $\Lambda_2(s|T_1>t_1)$ 的一个估计如下:

$$d\widetilde{\Lambda}_2(s|T_1>t_1)=\frac{\sum\limits_{i=1}^{n}\Delta_{i2}I(\widetilde{X}_{i1}>t_1,\widetilde{X}_{i2}=s)}{\sum\limits_{i=1}^{n}I(\widetilde{X}_{i1}>t_1,\widetilde{X}_{i2}\geqslant s)},$$

其中, $I(\widetilde{X}_{i1}>t_1,\widetilde{X}_{i2}=s)$ 表示 $\lim\limits_{\delta\to 0}I(\widetilde{X}_{i1}>t_1,s\leqslant\widetilde{X}_{i2}<s+\delta)$. 当对某些 k, $\widetilde{T}_{ik}$ 与 $\widetilde{C}_{ik}$ 不独立时, Wang 和 Wells(1998) 证明了 $S_{12}(t_1,t_2)$ 和 $S_2(t_2)=P(\widetilde{T}_2>t_2)$ 的 Campbell-Földes 估计是不相合的. 同样, 对于其他一些二元生存函数的估计, 在相依删失下也是不相合的, 其中, 包括 Dabrowska(1988), Prentice 和 Cai(1992), Lin 和 Ying (1993), Tsai 等 (1996), Tsai 和 Crowley(1998) 等提出的估计以及 $S_2(t_2)$ 的乘积限估计 (Kaplan and Meier, 1958).

鉴于以上情况, 通过删失函数逆加权, Wang 和 Wells(1998) 提出了一个修正估计, 其条件累积风险增量的估计为

$$d\widehat{\Lambda}_2(s|T_1>t_1)=\frac{\sum\limits_{i=1}^{n}\Delta_{i2}I(\widetilde{X}_{i1}>t_1,\widetilde{X}_{i2}=s)/\widehat{G}_1(\widetilde{X}_{i1}+s)}{\sum\limits_{i=1}^{n}I(\widetilde{X}_{i1}>t_1,\widetilde{X}_{i2}\geqslant s)/\widehat{G}_1(\widetilde{X}_{i1}+s)},$$

其中, $G(t)=P(C>t)$, $\widehat{G}_1(t)$ 是 $G(t)$ 的基于 $\{(\widetilde{X}_{i1},1-\Delta_{i1}),i=1,\cdots,n\}$ 的 Kaplan-Meier 估计, 从而这个修正估计为

$$\widehat{S}_{12}(t_1,t_2)=\prod_{s\leqslant t_2}\{1-d\widehat{\Lambda}_2(s|T_1>t_1)\}\widehat{S}_1(t). \tag{7.2.1}$$

由此可以得到 $\widetilde{T}_2$ 的边际生存函数的估计为 $\widehat{S}_2(t_2)=\widehat{S}_{12}(0,t_2)$.

Wang 和 Wells(1998) 证明了当 $n\to\infty$ 时, $\widehat{S}_{12}(t_1,t_2)$ 依概率收敛于 $S_{12}(t_1,t_2)$, 并且 $n^{1/2}(\widehat{S}_{12}(t_1,t_2)-S_{12}(t_1,t_2))$ 弱收敛到一个零均值的高斯过程. 由于其渐近协方差阵形式非常复杂, 很多学者建议使用生存数据的 Bootstrap 方法 (Efron, 1981) 来给出可信赖的标准差估计.

在相依删失下, Lin 等 (1999) 提出了联合分布函数 $F_{12}(t_1,t_2)=P(T_1\leqslant t_1,\widetilde{T}_2\leqslant t_2)$ 的一个估计, 其中, $t_1+t_2\leqslant\tau_C$ 以及 $\tau_C=\sup\{t|P(C\geqslant t)>0\}$. 他们从 $F_{12}(t_1,t_2)=H(t_1,0)-H(t_1,t_2)$ 的关系入手, 其中, $H(t_1,t_2)=P(T_1\leqslant t_1,\widetilde{T}_2>t_2)$. 如果没有删失, $H(t_1,t_2)$ 的估计为$n^{-1}\sum\limits_{i=1}^{n}I(T_{i1}\leqslant t_1,\widetilde{T}_{i2}>t_2)$. 由于删失的原因, $I(T_{i1}\leqslant t_1,\widetilde{T}_{i2}>t_2)$ 是不能被观测到的. 于是 Lin 等 (1999) 用一个可以观测的且与

它有着相同期望的量来代替它, 即利用 $E[I(\widetilde{X}_{i1}\leqslant t_1,\widetilde{X}_{i2}>t_2)|T_{i1},\widetilde{T}_{i2}]=I(T_{i1}\leqslant t_1,\widetilde{T}_{i2}>t_2)G(T_{i1}+t_2)$ 可得估计

$$\widehat{H}(t_1,t_2)=n^{-1}\sum_{i=1}^{n}\frac{I(\widetilde{X}_{i1}\leqslant t_1,\widetilde{X}_{i2}>t_2)}{\widehat{G}(\widetilde{X}_{i1}+t_2)},\tag{7.2.2}$$

其中, $\widehat{G}(t)$ 是 $G(t)$ 的基于 $\{(X_{i2},1-\varDelta_{i2}),i=1,\cdots,n\}$ 的 Kaplan-Meier 估计. 当 $n\to\infty$ 时, $\widehat{H}(t_1,t_2)$ 关于 (t_1,t_2) 几乎处处一致收敛于 $H(t_1,t_2)$, 并且 $n^{1/2}(\widehat{H}(\cdot,\cdot)-H(\cdot,\cdot))$ 弱收敛于一个零均值的高斯过程, 其协方差函数可用相应的经验量来估计, 从而联合分布函数的估计为 $\widehat{F}(t_1,t_2)=\widehat{H}(t_1,0)-\widehat{H}(t_1,t_2)$, 以及条件生存函数 $F_{2|1}(t_2|t_1)=P(\widetilde{T}_2>t_2|T_1\leqslant t_1)$ 的估计为

$$\widehat{F}_{2|1}(t_2|t_1)=1-\widehat{H}(t_2|t_1)/\widehat{H}(0|t_1).$$

利用 $\widehat{H}(t_2|t_1)$ 的性质可得到 $\widehat{F}_{2|1}(t_2|t_1)$ 的一致强相合性以及 $n^{1/2}\{\widehat{F}_{2|1}(t_2|t_1)-F_{2|1}(t_2|t_1)\}$ 弱收敛到一个零均值的高斯过程.

7.2.2 边际生存函数的估计

Wang 和 Chiang(1999) 用一种不同于以往的方法研究了一个事件间隔时间的边际生存函数的估计问题. 他们把第一次事件的发生时间作为跟踪个体的初始时间, 即个体在它们的第一次事件发生以后就成为研究观察的对象, 复发时间测量从第一次事件发生的时间开始. 沿用本章已定义的一些记号, m_i 表示第 i 个个体被观察到的事件发生的总次数, 包括标志对第 i 个个体跟踪开始的第一次事件, 并定义 $m_i^*=m_i-I(m_i\geqslant 2)$.

假设事件间隔时间的边际生存函数都是一样的, 记为 $S(t)$. 定义删失时间的一个函数 $a_i=a(C_i)>0$ 作为一个权重. 例如, 个体被观察时间越长, 权重可以设定得越大. 又定义

$$H_a(t)=E[a_iI(T_{i1}\geqslant t)I(C_i\geqslant t)],$$

$$F_a(t)=E[a_iI(T_{i1}\leqslant t)I(C_i\geqslant T_{i1})].$$

当 $S(t)$ 绝对连续时, 与之相对应的累积风险函数可表示为

$$\varLambda(t)=\int_0^t\frac{E[a_iI(C_i\geqslant s)]}{E[a_iI(C_i\geqslant s)]}\frac{\mathrm{d}\{1-S(s)\}}{S(s)}=\int_0^t H_a(s)^{-1}\mathrm{d}F_a(s).$$

Wang 和 Chiang(1999) 给出如下相应估计:

$$\widehat{H}_a(t)=n^{-1}\sum_{i=1}^{n}\frac{a_i}{m_i^*}\sum_{j=1}^{m_i^*}I(\widetilde{X}_{ij}\geqslant t),$$

$$\widehat{F}_a(t)=n^{-1}\sum_{i=1}^{n}\frac{a_iI(m_i\geqslant 2)}{m_i^*}\sum_{j=1}^{m_i^*}I(\widetilde{X}_{ij}\leqslant t).$$

可以证明 $\widehat{H}_a(t)$ 和 $\widehat{F}_a(t)$ 分别是 $H_a(t)$ 和 $F_a(t)$ 的无偏估计. 相应地, $\Lambda(t)$ 的估计为

$$\widehat{\Lambda}_a(t)=\int_0^t\widehat{H}_a(s)^{-1}\mathrm{d}\widehat{F}_a(s).$$

由此利用 $S(t)=\exp\{\Lambda(t)\}$ 可得间隔时间的边际生存函数 $S(t)$ 的估计为

$$\widehat{S}_a(t)=\exp\{-\widehat{\Lambda}_a(t)\}.\tag{7.2.3}$$

当 $n\to\infty$ 且 $a_i(i=1,\cdots,n)$ 有界时, Wang 和 Chiang(1999) 证明 $n^{1/2}\{\widehat{S}_a(t)-S(t)\}$ 在 $[0,t^*]$ 上弱收敛于一个零均值的高斯过程, 其中, $t^*=\sup\{t|S(t)G(t)>0\}$.

另外, Pena 等 (2001) 利用矩估计方法, 给出了间隔时间的边际生存函数的 Kaplan-Meier 类估计, 以及间隔时间的累积风险函数的 Nelson-Aalen 估计. 这些估计被证明是一致相合的并弱收敛到一个均值为零的高斯过程. 同时, 他们也说明了这些估计就是非参数极大似然估计.

7.2.3 事件过程均值函数的估计

设 n 个事件过程 $N_i(t)(i=1,\cdots,n)$ 的均值函数都是一样的, 用 $\mu(t)$ 表示. 记第 i 个个体的可观察的删失时间为 c_i, 可观察的事件时间为$t_{i1}<\cdots<t_{im_i}$. 定义 $R(t)=\sum_{i=1}^{n}I(t\leqslant c_i)$, 则 $\mu(t)$ 的 Nelson-Aalen 估计为

$$\hat{\mu}_N(t)=\sum_{i=1}^{n}\sum_{j=1}^{m_i}\frac{I(t_{ij}\leqslant t)}{R(t_{ij})}.\tag{7.2.4}$$

Nelson(1988) 以及 Lawless 和 Nadeau(1995) 证明了 $\hat{\mu}_N(t)$ 是 $\mu(t)$ 的相合估计, 并对于固定的 $0\leqslant t<\tau_C$, $n^{1/2}\{\hat{\mu}_N(t)-\mu(t)\}$ 为渐近正态的.

由于对于比较大的 t, $R(t)$ 会变得比较小, 使得 Nelson-Aalen 估计在边界点附近产生奇异行为. 于是 Maller 等 (2002) 利用 Kaplan-Meier 乘积限估计方法, 提出了一个较稳健的估计. 记 $d_{jn}(t)=\sum_{i=1}^{n}I(t_{ij}\leqslant t\wedge c_i)$ 和 $R_{jn}(t)=\sum_{i=1}^{n}I(t\leqslant t_{ij}\wedge c_i)$, 以及

$$t_{(n)}^{(j)}=\max_{1\leqslant i\leqslant n}\Big(t_{ij}I(j\leqslant t_{i,m_i})+c_iI(j>t_{i,m_i})\Big).$$

对于 $0\leqslant t\leqslant t_{(n)}^{(j)}$, 定义

$$\hat{F}_{jn}(t)=1-\prod_{0\leqslant s\leqslant t}\left(1-\frac{\Delta d_{jn}(s)}{R_{jn}(s)}\right).$$

对于 $t > t_{(n)}^{(j)}$, 定义 $\hat{F}_{jn}(t) = \hat{F}_{jn}\left(t_{(n)}^{(j)}\right)$, 则 $\hat{F}_{jn}(t)$ 为 $F_j(t) = P(T_{ij} \leqslant t)$ 的乘积限估计. 由于

$$\mu(t) = \sum_{j\geqslant 1} jP\left(N_i(t) = j\right) = \sum_{j\geqslant 1} P\left(N_i(t) \geqslant j\right)$$

以及 $P\left(N_i(t) \geqslant j\right) = F_j(t)$. 于是 Maller 等 (2002) 给出 $\mu(t)$ 的估计为

$$\hat{\mu}_K(t) = \sum_{j\geqslant 1} \hat{F}_{jn}(t), \quad t \geqslant 0, \tag{7.2.5}$$

而且他们还讨论了此估计的有限性和一致相合的充要条件, 同时证明了它的渐近正态性, 并获得了渐近方差的相合估计.

7.3 条件回归模型

对于复发事件数据的分析, 常常关心的是协变量对复发事件率的影响, 在文献中已有几种估计方法, 包括条件回归模型和边际回归模型. 这些方法是基于对强度函数和风险率函数进行统计建模分析的. 本节主要介绍一些条件回归模型, 这些模型通常是复发事件数据分析的基础.

7.3.1 Andersen-Gill 比例强度模型

在生存分析中, 研究协变量对生存概率影响, 最常用的回归模型是 Cox 比例风险模型 (Cox, 1972). 在这个模型下, 第 i 个个体在时刻 t 的风险函数假设为

$$\lambda_i(t) = \lambda_0(t)\mathrm{e}^{\boldsymbol{\beta}_0^{\mathrm{T}}\boldsymbol{Z}_i(t)},$$

其中, $\lambda_0(t)$ 为未知的基本风险函数, $\boldsymbol{\beta}_0$ 是 $p\times 1$ 维的未知回归参数向量. 根据部分似然方法 (Cox, 1975) 可以获得未知参数的估计, 其大样本性质可以通过计数过程鞅理论 (Andersen and Gill, 1982) 或经验过程理论 (Tsiatis, 1981) 得到.

Andersen-Gill(AG) 模型 (Andersen and Gill, 1982) 是 Cox 比例风险模型在复发事件中的推广, 即给定协变量的条件下, 第 k 次事件的强度具有下列形式:

$$\lambda_{ik}(t) = \lambda_0(t)\mathrm{e}^{\boldsymbol{\beta}_0^{\mathrm{T}}\boldsymbol{Z}_i(t)}, \quad k = 1, \cdots, K, K < \infty. \tag{7.3.1}$$

在 AG 模型中, 其风险过程定义为 $Y_{ik}(t) = I(X_{i,k-1} < t \leqslant X_{ik})$. 尽管个体可能经历多次事件, 但在任何给定的时间, 假设每个个体不可能同时发生两个或两个以上事件, 也就是说, $\mathrm{d}N_i(t)$ 只取 0 或 1. 参数估计仍然可以由部分似然方法获得. 记 $\boldsymbol{\beta}_0$ 的估计为 $\widehat{\boldsymbol{\beta}}_n^A$, 则 $\widehat{\boldsymbol{\beta}}_n^A$ 可以由估计方程 $\boldsymbol{U}_n^A(\boldsymbol{\beta}) = \boldsymbol{0}$ 重复迭代求解获得, 其中,

$$\boldsymbol{U}_n^A(\boldsymbol{\beta}) = \sum_{i=1}^{n} \int_0^{\tau} \{\boldsymbol{Z}_i(s) - \boldsymbol{E}(s;\boldsymbol{\beta})\}\mathrm{d}N_i(s),$$

其中, $\boldsymbol{E}(s;\boldsymbol{\beta})=\boldsymbol{S}^{(1)}(s;\boldsymbol{\beta})/\boldsymbol{S}^{(0)}(s;\boldsymbol{\beta})$,

$$\boldsymbol{S}^{(r)}(s;\boldsymbol{\beta})=n^{-1}\sum_{i=1}^{n}\sum_{k=1}^{K}Y_{ik}(s)\boldsymbol{Z}_i(s)^{\otimes r}\times \mathrm{e}^{\boldsymbol{\beta}^{\mathrm{T}}\boldsymbol{Z}_i(s)}$$

以及对任一向量 $\boldsymbol{z}$, $\boldsymbol{z}^{\otimes 0}=1$, $\boldsymbol{z}^{\otimes 1}=\boldsymbol{z}$, $\boldsymbol{z}^{\otimes 2}=\boldsymbol{z}\boldsymbol{z}^{\mathrm{T}}$. 累积基本风险函数 $\Lambda_0(t)=\int_0^t\lambda_0(s)\mathrm{d}s$ 的 Breslow-Aalen 估计 (Breslow, 1974) 为

$$\widehat{\Lambda}_0(t;\widehat{\boldsymbol{\beta}}_n^A)=n^{-1}\int_0^t \mathrm{d}N_{\cdot}(s)/S^{(0)}\left(s;\widehat{\boldsymbol{\beta}}_n^A\right),$$

其中, $\mathrm{d}N_{\cdot}(s)=\sum_{i=1}^{n}\mathrm{d}N_i(s)$.

在一定正则条件下, 当 $n\to\infty$ 时, 可以证明 $\widehat{\boldsymbol{\beta}}_n^A$ 存在唯一且为 $\boldsymbol{\beta}_0$ 的强相合估计, 同时 $n^{1/2}(\widehat{\boldsymbol{\beta}}_n^A-\boldsymbol{\beta}_0)$ 渐近服从均值为零且协方差阵为 $\boldsymbol{A}(\boldsymbol{\beta}_0)^{-1}$ 的正态分布, 其中, $\boldsymbol{A}(\boldsymbol{\beta})$ 为 $\boldsymbol{A}_n(\boldsymbol{\beta})=-\partial\boldsymbol{U}_n^A(\boldsymbol{\beta})/\partial\boldsymbol{\beta}^{\mathrm{T}}$ 的极限. 另外, 其协方差阵的一个相合估计为 $\widehat{\boldsymbol{A}}_n(\widehat{\boldsymbol{\beta}}_n^A)$, 其中,

$$\widehat{\boldsymbol{A}}_n(\boldsymbol{\beta})=n^{-1}\sum_{i=1}^{n}\int_0^{\tau}\left\{\frac{S^{(2)}(s;\boldsymbol{\beta})}{S^{(0)}(s;\boldsymbol{\beta})}-\boldsymbol{E}(s,\boldsymbol{\beta})^{\otimes 2}\right\}\mathrm{d}N_i(s).$$

记

$$\widehat{\boldsymbol{B}}_n(\boldsymbol{\beta})=n^{-1}\sum_{i=1}^{n}\left\{\int_0^{\tau}\Big[\boldsymbol{Z}_i(s)-\boldsymbol{E}(s;\boldsymbol{\beta})\Big]\mathrm{d}\widehat{\boldsymbol{M}}_i(s;\boldsymbol{\beta})\right\}^{\otimes 2},$$

其中, $\mathrm{d}\widehat{\boldsymbol{M}}_i(s;\boldsymbol{\beta})=\mathrm{d}N_i(s)-Y_i(s)\mathrm{e}^{\boldsymbol{\beta}^{\mathrm{T}}\boldsymbol{Z}_i(s)}\mathrm{d}\widehat{\Lambda}_0(s;\boldsymbol{\beta})$, 则由 Lin 和 Wei(1989) 可知渐近分布的一个稳健协方差阵为$\boldsymbol{\Sigma}(\boldsymbol{\beta}_0)=\boldsymbol{A}(\boldsymbol{\beta}_0)^{-1}\boldsymbol{B}(\boldsymbol{\beta}_0)\boldsymbol{A}(\boldsymbol{\beta}_0)^{-1}$, 其中, $\boldsymbol{B}(\boldsymbol{\beta})$ 为 $\widehat{\boldsymbol{B}}_n(\boldsymbol{\beta})$ 的极限, 而且其稳健协方差阵的相合估计为 $\widehat{\boldsymbol{A}}_n(\widehat{\boldsymbol{\beta}}_n^A)^{-1}\widehat{\boldsymbol{B}}_n(\widehat{\boldsymbol{\beta}}_n^A)\widehat{\boldsymbol{A}}_n(\widehat{\boldsymbol{\beta}}_n^A)^{-1}$.

在 AG 模型中, 由于 $\lambda_{ik}(t)$ 除了有时可能依赖一些特定的依时间变化的协变量外 (如当前时间之前所发生的事件次数或其相关的函数), 是假设与 $\mathcal{N}_i(t)$ 独立的, 因此, 可以把每个个体的事件过程看成是有着独立增量的计数过程, 即非齐次 Poisson 过程 (Chiang, 1968). AG 模型是容易解释和实施的比较简单的模型之一, 本质上有些类似于通过 Poisson 过程对其进行数值模拟的逐段指数模型. 事实上, 类似于 Laird 和 Olivier(1981) 对删失数据下 Cox 模型的近似, AG 模型也可以由 Poisson 回归软件精确近似.

假设 AG 模型是正确的, 前面提到的相合性和渐近正态性便成立, 此时渐近协方差阵为 $\boldsymbol{A}(\boldsymbol{\beta}_0)^{-1}$, 而不是三明治形式. 但是独立增量的假设过于苛刻, 有时可能

不满足. 当独立增量假设不成立时, 过去的事件很可能与将来事件具有正相关, 因此, $\boldsymbol{A}(\boldsymbol{\beta}_0)^{-1}$ 会过低估计方差, 但此时用稳健方差 $\boldsymbol{A}(\boldsymbol{\beta}_0)^{-1}\boldsymbol{B}(\boldsymbol{\beta}_0)\boldsymbol{A}(\boldsymbol{\beta}_0)^{-1}$ 更适合些. 正如 Lin 和 Wei(1989) 所讨论的那样, 当没有独立增量结构时, 观察到的数据很有可能不满足比例强度假设, 从而也很难给出 $\widehat{\boldsymbol{\beta}}_n^A$ 的极限值的解释. 但不管怎样, 当模型近似正确时, 即使基本的假设不成立, $\widehat{\boldsymbol{\beta}}_n^A$ 也是一个很有用的统计量. 在实际中, 真正的比例强度是很少能观察到的.

7.3.2 Prentice-Williams-Peterson 模型

Prentice 等 (1981) 首次把 Cox 模型推广到复发事件数据的情形. 在这里, 考虑两类实际中常用的 Prentice-Williams-Peterson(PWP) 模型. 具体来说, 对于第 i 个个体, 在 $\mathcal{N}_i(t)$ 条件下, 第 k 次事件发生的强度函数在时刻 t 具有以下形式:

$$\lambda_{ik}(t) = Y_{ik}(t)\lambda_{0k}(t)\mathrm{e}^{\boldsymbol{\beta}_k^{\mathrm{T}}\boldsymbol{Z}_{ik}(t)}, \tag{7.3.2}$$

$$\lambda_{ik}(t) = Y_{ik}(t)\lambda_{0k}(t - T_{i,k-1})\mathrm{e}^{\boldsymbol{\beta}_k^{\mathrm{T}}\boldsymbol{Z}_{ik}(t)}. \tag{7.3.3}$$

以上强度函数分别对应于事件发生时间和间隔时间. 本质上, 这样的方法提供了一个依赖时间的分层比例强度模型, 并且事件发生时间之间的相依性体现在分层是由先前事件发生次数来决定的. 对于事件发生时间模型, 风险集的示性函数与 AG 模型中定义的相同, 即 $Y_{ik}(t) = I(X_{i,k-1} < t \leqslant X_{ik})$. 对间隔时间模型而言, 定义 $Y_{ik}(t) = I(X_{ik} \geqslant X_{i,k-1} + t)$, 并用 $\boldsymbol{Z}_{ik}(X_{i,k-1} + t)$ 代替 $\boldsymbol{Z}_{ik}(t)$. 不像 AG 方法, 对于 PWP 模型, 回归参数和基本强度函数被允许与事件有关. 因此, 在使用 PWP 模型时, 有必要构造合适的 $\boldsymbol{Z}_{ik}(t)$, 使得能准确地刻画 $\mathcal{N}_i(t)$ 对 $\lambda_{ik}(t)$ 的影响. PWP 模型中的参数可以由部分似然方法来估计. 对于模型 (7.3.2), $p_k \times 1$ 维回归参数 $\boldsymbol{\beta}_k$ 的估计可以由估计方程 $\boldsymbol{U}_n^{PT}(\boldsymbol{\beta}_k) = \boldsymbol{0}$ 的解获得, 其中, 对于 $k = 1, \cdots, K$,

$$\boldsymbol{U}_n^{PT}(\boldsymbol{\beta}_k) = \sum_{i=1}^n \int_0^\tau \{\boldsymbol{Z}_{ik}(s) - \boldsymbol{E}_k^{PT}(s; \boldsymbol{\beta}_k)\}\mathrm{d}N_{ik}(s), \tag{7.3.4}$$

$$\boldsymbol{E}_k^{PT}(s; \boldsymbol{\beta}_k) = \boldsymbol{Q}_k^{(1)}(s; \boldsymbol{\beta}_k)/Q_k^{(0)}(s; \boldsymbol{\beta}_k),$$

$$\boldsymbol{Q}_k^{(r)}(s; \boldsymbol{\beta}_k) = n^{-1} \times \sum_{i=1}^n Y_{ik}(s)\boldsymbol{Z}_{ik}(s)^{\otimes r}\mathrm{e}^{\boldsymbol{\beta}_k^{\mathrm{T}}\boldsymbol{Z}_{ik}(s)}$$

以及 $N_{ik}(t) = I(T_{ik} \leqslant t, \varDelta_{ik} = 1)$. 对于 PWP 模型 (7.3.3), 部分似然估计为估计方程 $\boldsymbol{U}_n^{PG}(\boldsymbol{\beta}_k) = \boldsymbol{0}$ 的解, 其中,

$$\boldsymbol{U}_n^{PG}(\boldsymbol{\beta}_k) = \sum_{i=1}^n \int_0^\tau \{\boldsymbol{Z}_{ik}(s + T_{i,k-1}) - \boldsymbol{E}_k^{PG}(s; \boldsymbol{\beta}_k)\}\mathrm{d}\widetilde{N}_{ik}(s), \tag{7.3.5}$$

其中,

$$\boldsymbol{E}_k^{PG}(s;\boldsymbol{\beta}_k)=\boldsymbol{R}_k^{(1)}(s;\boldsymbol{\beta}_k)/R_k^{(0)}(s;\boldsymbol{\beta}_k),$$

$$\boldsymbol{R}_k^{(r)}(s;\boldsymbol{\beta}_k)=n^{-1}\times\sum_{i=1}^{n}Y_{ik}(s)\boldsymbol{Z}_{ik}(s+T_{i,k-1})^{\otimes r}\mathrm{e}^{\boldsymbol{\beta}_k^{\mathrm{T}}\boldsymbol{Z}_{ik}(s+T_{i,k-1})}$$

以及 $\widetilde{N}_{ik}(t)=I(\widetilde{T}_{i,k}\leqslant t,\Delta_{ik}=1)$.

在拟合 PWP 模型 (7.3.2) 和 (7.3.3) 时, 一般选择 K, 使得数据集有充分多的事件被观察到. 模型的条件性质给参数解释带来了困难. 在分析中, 基于限制风险集的主要难点在于“完全随机缺失”的假设不成立了, 因为在对第 $k+1$ 次事件强度函数的分析中, 排除了那些没有经历第 k 次事件的个体. 同时, 基于非限制风险集的分析又因为其延迟效果而受到批评. 由于第 $k+1$ 个风险区间对应的事件发生时间包含了第 $1,\cdots,k$ 个风险区间对应的事件发生时间, 即使每个个体的事件间隔时间是不相关的, 事件发生的时间也会高度相关 (Lipschutz and Snapinn, 1997). 时间尺度和风险集构建方式的选择取决于研究的目的. 在 PWP 模型中, 类似 Andersen 和 Gill(1982) 的方法, 假设关于 $\mathcal{N}_i(t)$ 的信息全部可以用协变量来刻画. 当这个假设不成立时, 可用稳健方差估计来估计方差.

7.3.3　复发时间风险模型

关于第 j 次事件的发生时间所对应的风险函数 $\lambda_{ij}(t)$, Chang 和 Wang(1999) 提出了下列半参数风险模型:

$$\lambda_{ij}(t)=\lambda_{0j}(t-T_{i,j-1})\mathrm{e}^{\boldsymbol{\beta}_0^{\mathrm{T}}\boldsymbol{Z}_{i1}(t)+\boldsymbol{\gamma}_j^{\mathrm{T}}\boldsymbol{Z}_{i2}(t)},\tag{7.3.6}$$

其中, $\lambda_{0j}(\cdot)$ 为特定事件的未知非负函数, $\boldsymbol{\beta}_0$ 是感兴趣的 $p\times 1$ 维“结构”参数, $\boldsymbol{\gamma}_j$ 是 $q\times 1$ 维与 j 有关的参数, 其是否是感兴趣的参数视具体情况而定. 例如, 在精神病的研究中, 性别和婚姻状况对个体的不同阶段可能有相同的影响效果, 但疾病发作的年龄对不同阶段有着不同程度的影响效果.

当 $\boldsymbol{\beta}_0=\mathbf{0}$ 时, 模型 (7.3.6) 即为 Prentice 等 (1981) 所提出的间隔时间模型 (7.3.2). 当主要感兴趣的是不同阶段的协变量影响程度的变化模式时, 可以采用这个模型. 例如, 药物的使用可能有效减小前两次或前三次感染的风险, 但对接下去的阶段可能并没什么影响. 由于基准的群体随着阶段而改变, 使得随阶段变化而持续减小的协变量效果的精确解释变得困难, 即当分析第 $j+1$ 次感染时间时, 被研究的个体必须是那些经历了第 j 次感染的个体, 并把第 j 次感染时间当成起点时间, 从而由于基准队列随阶段变化, 使得很难让 $\boldsymbol{\gamma}_1,\boldsymbol{\gamma}_2,\cdots$ 的趋势一致. 尽管在解释中有如此一些困难, 但作为描述的目的, 仍然将随阶段变化的协变量效果模式作为感兴趣的问题来研究.

式 (7.3.6) 的另外一个特殊情况是当 $\boldsymbol{\gamma}_j = \mathbf{0}\ (j=1,2,\cdots)$ 时, 即

$$\lambda_{ij}(t) = \lambda_{0j}(t - T_{i,j-1})\mathrm{e}^{\boldsymbol{\beta}_0^{\mathrm{T}}\boldsymbol{Z}_{i1}(t)}.$$

这个模型与 Prentice 等 (1981) 的模型 (7.3.3) 类似, 只是其回归参数 $\boldsymbol{\beta}_0$ 是共同的, 不依赖于具体事件. Chang 和 Hsiung(1994) 以及 Chang(1995) 分别独立地研究过此模型. 若所有协变量效果都假设是与事件无关的常数, 或者虽然协变量效果随时间变化, 但感兴趣的是其平均效果时, 就可以使用此模型来分析.

Chang 和 Wang(1999) 提出用剖面似然方法 (profile likelihood) 来估计 $\boldsymbol{\beta}_0$ 和 $\boldsymbol{\gamma}_j(j=1,2,\cdots)$. Chang 和 Wang(1999) 的方法与以前一些学者 (Prentice, et al., 1981) 所提出的方法的主要区别在于分析时使用了所有的数据, 而以前的方法对个体被考虑的复发事件数有所限制. Neyman 和 Scott(1948) 指出当讨厌参数个数随 $n\to\infty$ 而增加时极大似然估计是不相合的, 但利用计数过程 (Andersen, et al., 1993) 和鞅理论 (Fleming and Harrington, 1991), Chang 和 Wang(1999) 证明了在一定正则条件下, 即使随阶段变化的参数不能被相合估计, 回归参数 $\boldsymbol{\beta}_0$ 的估计也是相合和渐近正态的.

7.4 边际半参数模型

在复发事件数据下, 条件回归模型的建模需要考虑整个复发事件过程, 而且数学处理上有时也比较复杂. 由于事件的比率或均值函数比强度函数更具有直观的解释意义, 一些作者已经对比率或均值函数进行了直接建模, 从而产生了一些边际半参数模型.

7.4.1 Wei-Lin-Weissfeld 边际风险模型

当对个体内部相依结构的假设不正确时, AG 模型和 PWP 模型都缺乏稳健性. 由此, Wei 等 (1989) 提出对边际风险进行建模, 而不再对 $\mathcal{N}_i(t)$ 条件下的强度函数建模. 他们利用 Cox 形式的风险函数对第 k 个事件时间的边际分布进行建模, 从而产生了下列 Wei-Lin-Weissfeld(WLW) 边际风险模型, 即第 k 个事件时间的边际风险函数为

$$\lambda_{ik}(t) = \lambda_{0k}(t)\mathrm{e}^{\boldsymbol{\beta}_k^{\mathrm{T}}\boldsymbol{Z}_{ik}(t)}, \quad k=1,\cdots,K.$$

关于第 k 个事件的部分似然函数为

$$\boldsymbol{PL}_k(\boldsymbol{\beta}_k) = \prod_{i=1}^{n}\left\{\frac{\mathrm{e}^{\boldsymbol{\beta}_k^{\mathrm{T}}\boldsymbol{Z}_{ik}(X_{ik})}}{\sum\limits_{j=1}^{n} Y_{jk}(X_{ik})\mathrm{e}^{\boldsymbol{\beta}_k^{\mathrm{T}}\boldsymbol{Z}_{jk}(X_{ik})}}\right\}^{\Delta_{ik}},$$

相对应的得分函数为

$$\boldsymbol{U}_{k:n}(\boldsymbol{\beta}_k)=\frac{\partial}{\partial\boldsymbol{\beta}_k}\log\boldsymbol{PL}_k(\boldsymbol{\beta}_k)=\sum_{i=1}^{n}\int_0^{\tau}\{\boldsymbol{Z}_{ik}(s)-\boldsymbol{E}_k(s;\boldsymbol{\beta}_k)\}\mathrm{d}N_{ik}(s),\qquad(7.4.1)$$

其中, $\varDelta_{ik}=I(T_{ik}\leqslant C_i)$, $N_{ik}(t)=I(X_{ik}\leqslant t,\varDelta_{ik}=1), Y_{ik}(t)=I(X_{ik}\geqslant t)$ 以及

$$\boldsymbol{E}_k(s;\boldsymbol{\beta}_k)=\boldsymbol{S}_k^{(1)}(s;\boldsymbol{\beta}_k)/S_k^{(0)}(s;\boldsymbol{\beta}_k),$$

$$\boldsymbol{S}_k^{(r)}(s;\boldsymbol{\beta}_k)=n^{-1}\sum_{i=1}^{n}Y_{ik}(s)\boldsymbol{Z}_{ik}(s)^{\otimes r}\mathrm{e}^{\boldsymbol{\beta}_k^{\mathrm{T}}\boldsymbol{Z}_{ik}(s)},\quad r=0,1,2.$$

第 k 次事件时间的累积基本风险函数的估计为

$$\widehat{\varLambda}_{0k}(t;\widehat{\boldsymbol{\beta}}_{k:n})=n^{-1}\int_0^{t}\mathrm{d}N_{\cdot k}(s)/S_k^{(0)}\left(s;\widehat{\boldsymbol{\beta}}_{k:n}\right),\qquad(7.4.2)$$

其中, $\mathrm{d}N_{\cdot k}(s)=\sum_{i=1}^{n}\mathrm{d}N_{ik}(s)$. 记 $\boldsymbol{X}_i=(X_{i1},\cdots,X_{ik})^{\mathrm{T}}$, $\boldsymbol{\varDelta}_i=(\varDelta_{i1},\cdots,\varDelta_{ik})^{\mathrm{T}}$, $\boldsymbol{Z}_i(t)=(\boldsymbol{Z}_{i1}(t)^{\mathrm{T}},\cdots,\boldsymbol{Z}_{ik}(t)^{\mathrm{T}})^{\mathrm{T}}$. Wei 等 (1989) 给出的正则条件之一为 $(\boldsymbol{Z}_i(\cdot),\boldsymbol{X}_i,\boldsymbol{\varDelta}_i)$ 是独立同分布的. 当边际模型成立时, 上述得分函数的解 $\widehat{\boldsymbol{\beta}}_{k:n}$ 是 $\boldsymbol{\beta}_k$ 的相合估计. 当 $n\to\infty$ 时, $n^{1/2}(\widehat{\boldsymbol{\beta}}_{k:n}-\boldsymbol{\beta}_0)\xrightarrow{D}\boldsymbol{N}_p(\mathbf{0}_{p\times1},\boldsymbol{A}_k(\boldsymbol{\beta}_k)^{-1}\boldsymbol{B}_k(\boldsymbol{\beta}_k)\boldsymbol{A}_k(\boldsymbol{\beta}_k)^{-1})$, 其中, $\boldsymbol{A}_k(\boldsymbol{\beta}_k)$ 和 $\boldsymbol{B}_k(\boldsymbol{\beta}_k)$ 分别为 $\widehat{\boldsymbol{A}}_{k:n}(\widehat{\boldsymbol{\beta}}_{k:n})$ 和 $\widehat{\boldsymbol{B}}_{k:n}(\widehat{\boldsymbol{\beta}}_{k:n})$ 的极限,

$$\widehat{\boldsymbol{A}}_{k:n}(\boldsymbol{\beta}_k)=n^{-1}\sum_{i=1}^{n}\int_0^{\tau}\left\{\frac{\boldsymbol{S}_k^{(2)}(s;\boldsymbol{\beta}_k)}{S_k^{(0)}(s;\boldsymbol{\beta}_k)}-\left(\frac{\boldsymbol{S}_k^{(1)}(s;\boldsymbol{\beta}_k)}{S_k^{(0)}(s;\boldsymbol{\beta}_k)}\right)^{\otimes2}\right\}\mathrm{d}N_{ik}(s),$$

$$\widehat{\boldsymbol{B}}_{k:n}(\boldsymbol{\beta}_k)=n^{-1}\sum_{i=1}^{n}\left[\int_0^{\tau}\{\boldsymbol{Z}_{ik}(s)-\boldsymbol{E}_k(s;\boldsymbol{\beta}_k)\}\mathrm{d}\widehat{\boldsymbol{M}}_{ik}(s;\boldsymbol{\beta}_k)\right]^{\otimes2},$$

$$\mathrm{d}\widehat{\boldsymbol{M}}_{ik}(s;\boldsymbol{\beta}_k)=\mathrm{d}N_{ik}(s)-Y_{ik}(s)\mathrm{e}^{\boldsymbol{\beta}_k^{\mathrm{T}}\boldsymbol{Z}_{ik}(s)}\mathrm{d}\widehat{\varLambda}_{0k}(s;\boldsymbol{\beta}_k).$$

不管个体内部的相关结构是否存在, 上面关于 $\boldsymbol{\beta}_k$ 的推断总是渐近正确的. 也就是说, 类似于 Liang 和 Zeger(1986) 对于未删失纵向数据的分析方法, 在工作独立假设下 (关于同个体的事件), 边际模型参数估计是合适的, 而且个体内部的相关性由稳健方差估计来调整. 另外, 如果边际模型正确, 并且每个个体发生的事件之间真的不相关时, 则 $\boldsymbol{A}_{k:n}(\widehat{\boldsymbol{\beta}}_{k:n})$ 与 $\boldsymbol{B}_{k:n}(\widehat{\boldsymbol{\beta}}_{k:n})$ 是渐近等价的.

上述公式都是与特定事件回归参数有关, 并允许用后续事件的发生来检测效果趋势. 当 $\boldsymbol{Z}_{ik}(s)=\boldsymbol{Z}_i(s)(k=1,\cdots,K)$ 时, 可以用一个有着共同回归参数的模型来估计协变量的平均效果, 也就是 $\boldsymbol{\beta}_k=\boldsymbol{\beta}_0$ $(k=1,\cdots,K)$. 在实际应用中, 当太少个

体经历事件发生的最大次数时, 使得 $\widehat{\boldsymbol{\beta}}_{k:n}$ 不稳定或者其渐近近似不合理, 因此, 一些特定的分层需要合并在一起.

很多学者使用真实数据或通过模拟来比较 AG 方法、PWP 方法和 WLW 方法 (Lin, 1994; Gao and Zhou, 1997; Clayton, 1994; Therneau and Hamilton, 1997; Wei and Glidden, 1997). 众所周知, 用这些模型去拟合相同的数据集会得到不同的结果. 这是毫不奇怪的, 因为往往不同的模型所要解决的问题是不一样的. WLW 方法及其推广 (Wei, et al., 1990; Lee, et al., 1992; Liang, et al., 1993; Cai and Prentice, 1995, 1997) 是稳健的, 而且有很好的理论. 在对总的平均协变量效果进行推断时, 这些方法被认为是最好的, 其不足之处在于它们对于失效时间的内部关系没有给出任何信息.

在文献上, 对于 WLW 方法在原则上是否适用于复发事件数据存在许多争论. 当 Wei 等 (1989) 提出此方法时, 他们在相同框架下研究了以下两种情形: ① 成组个体 (clustered subjects) 且每个个体经历的事件数小于或等于 1; ② 独立个体且每个个体经历的事件数可能大于 1. 在理论上, WLW 方法用于这两种情形都是有效的. 过去, 对于分析复发事件数据, WLW 方法经常被使用也为很多学者强烈推荐 (Lin, 1994; Therneau and Hamilton, 1997; Wei and Glidden, 1997; Barai and Teoh, 1997; Kelly and Lim, 2000), 但同时 WLW 方法关于回归参数估计的解释也为一些人所质疑和批判. 因为 $\lambda_{ik}(t)$ 是边际风险, 所以个体在经历第 k 次事件之前就可能处于第 $k+1$ 次事件的风险中. 特定事件的风险函数可能是内部相依的, 即如果 $\Lambda_{ik}(t)=\int_0^t \lambda_{ik}(s)\mathrm{d}s$ 的观察值较小, 则 $\Lambda_{ik+1}(t)$ 的观察值也应该小, 这是因为由第 k 次事件必须发生在第 $k+1$ 次事件之前以及生存函数与风险函数的关系可以得到 $\mathrm{e}^{-\Lambda_{ik+1}(t)} \geqslant \mathrm{e}^{-\Lambda_{ik}(t)}$. 一些作者, 如 Kelly 和 Lim(2000), 宣称 WLW 方法在前面所描述的延迟效果下过高地估计了回归系数. Cook 和 Lawless(1997a) 评论在第 k 次事件发生之前就定义个体处于第 $k+1$ 次风险中在逻辑上是不合理的, 这自然引发了 WLW 模型的自相矛盾.

另外, Boher 和 Cook(2006) 给出了 AG 比例强度模型、PWP 模型和 Wei-Lin-Weissfeld 边际风险模型中参数估计的稳健方差估计, 进而讨论了模型参数的稳健检验. Ebrahimi(2006) 针对 WLW 边际风险模型, 提出了事件时间的联合参数模型, 并具体给出了几个参数模型.

7.4.2 Pepe 和 Cai 比率模型

Pepe 和 Cai(1993) 提出了一种介于条件强度和边际风险模型之间的方法. 他们建议对比率函数 $\{r_{i1}(t), r_{i2}(t), \cdots\}$ 进行建模, 其中, $r_{ik}(t)$ 表示在时刻 t 处于风

险中的已经经历了第 $k-1$ 次事件发生的个体第 k 次事件的比率, 即

$$r_{ik}(t)=\lim_{\delta\to 0}\big(P\{t\leqslant T_{ik}<t+\delta|T_{i,k-1}<t,t\leqslant T_{ik}\}/\delta\big).$$

类似于边际方法, 每个个体事件发生时间的内部相关性也没有被体现出来. 如果不考虑事件时间的相关性, 函数 $r_{ik}(t)$ 经常是感兴趣的研究对象. 不同于 WLW 边际风险函数 $\{\lambda_{ik}(t)|k=1,2,\cdots\}$, 比率函数 $\{r_{ik}(t)|k=1,2,\cdots\}$ 是基于已经经历了 $k-1$ 次事件的条件下的, 这对复发事件研究来说是一个更直观的途径. 另外, 不像 $\lambda_{i1}(t),\lambda_{i2}(t),\cdots$ 之间预先具有数值上的关联, $r_{i1}(t),r_{i2}(t),\cdots$ 彼此之间没有内在联系. 因此, 每个条件比率可以被看成是数据集中不同部分的总结. Pepe 和 Cai(1993) 用 Cox 形式对每个条件比率进行建模,

$$r_{ik}(t)=r_{0k}(t)\mathrm{e}^{\boldsymbol{\beta}_k^{\mathrm{T}}\boldsymbol{Z}_i(t)},$$

其中, $\{r_{0k}(t)|k=1,2,\cdots\}$ 是任意非负基本比率函数. 基本比率函数的矩估计为

$$\widehat{r}_{0k}(t;\widehat{\boldsymbol{\beta}}_{k:n})=n^{-1}\mathrm{d}N_{\cdot k}(t)/S_k^{(0)}(t;\widehat{\boldsymbol{\beta}}_{k:n}),$$

其中, $\widehat{\boldsymbol{\beta}}_{k:n}$ 为 $\boldsymbol{\beta}_k$ 的一个估计, $\mathrm{d}N_{\cdot k}(t)=\sum_{i=1}^{n}\mathrm{d}N_{ik}(t)$, $Y_{ik}(t)=I(X_{ik}\geqslant t,X_{i,k-1}<t)$ 以及

$$S_k^{(0)}(t;\widehat{\boldsymbol{\beta}}_{k:n})=n^{-1}\sum_{i=1}^{n}Y_{ik}(t)\mathrm{e}^{\widehat{\boldsymbol{\beta}}_{k:n}^{\mathrm{T}}\boldsymbol{Z}_i(t)}.$$

以上所有表达式都与式 (7.4.2) 中对应量有着相同的形式, 只是 $Y_{ik}(t)$ 有所修改. $\widehat{\boldsymbol{\beta}}_{k:n}$ 可由下列估计函数的解获得:

$$\boldsymbol{U}_n^k(\boldsymbol{\beta}_k)=\sum_{i=1}^{n}\int_0^{\tau}\boldsymbol{Z}_i(s)\{\mathrm{d}N_{ik}(s)-Y_{ik}(s)\widehat{r}_{0k}(t;\boldsymbol{\beta}_k)\mathrm{e}^{\boldsymbol{\beta}_k^{\mathrm{T}}\boldsymbol{Z}_i(s)}\mathrm{d}s\}. \tag{7.4.3}$$

与前面讨论的部分似然估计一样, $\widehat{\boldsymbol{\beta}}_{k:n}$ 是 $\boldsymbol{\beta}_k$ 的相合估计, 并具有渐近正态性.

7.4.3　比例均值或比率模型

对于复发事件数据, 尤其对非统计学家来说, 事件发生的平均值往往是个更好解释的量, 而且也是研究者直接感兴趣的. 基于以上原因, 下面介绍一个比例均值或比率模型.

尽管没有给予其具体的名称, 是 Lawless 和 Nadeau(1995) 最先提出边际均值或比率模型的. 他们最初考虑的是离散时间情形, 但对连续时间情形没有给出大样本结果. 他们考虑的半参数和参数模型分别如下:

$$E[\Delta N_i(t)]=m_0(t)g(t;\boldsymbol{\beta}_0,\boldsymbol{Z}_i(t)),$$

$$E[\Delta N_i(t)] = m_0(t;\boldsymbol{\alpha})g(t;\boldsymbol{\beta}_0,\mathbf{Z}_i(t)),$$

其中, $m_0(t)$ 是未知非负函数, $m_0(t;\boldsymbol{\alpha})$ 是已知函数, $\boldsymbol{\alpha}$ 是未知参数, $g(\cdot)\geqslant 0$ 是预先已知的联系函数.

Lin 等 (2000) 对边际均值或比率模型进行了严密的公式化, 并给出了连续时间情形的推断方法. 他们提出了一个具有 Cox 类联系函数的半参连续时间模型, 并指出当对稳健性和可解释性感兴趣时, 这种模型可以作为强度模型的一个替代. 例如, 前面描述的 AG 模型, $\lambda_i(s)=\lambda_0(s)\mathrm{e}^{\boldsymbol{\beta}_0^{\mathrm{T}}\boldsymbol{Z}_i(s)}$, 主要含有下面两个基本部分:

(1) $E[\mathrm{d}N_i(t)|\mathcal{F}_i(t)] = E[\mathrm{d}N_i(t)|\boldsymbol{Z}_i(t)]$;

(2) $E[\mathrm{d}N_i(t)|\boldsymbol{Z}_i(t)] = \lambda_0(t)\mathrm{e}^{\boldsymbol{\beta}_0^{\mathrm{T}}\boldsymbol{Z}_i(t)}\mathrm{d}t$,

其中, $\mathcal{F}_i(t)=\sigma\{Y_i(s),\boldsymbol{Z}_i(s),N_i(s-)|s\in[0,t]\}$, $\sigma\{\cdot\}$ 表示 σ 代数. 在假设 (1) 下, $\mathcal{F}_i(t)$ 的效果完全为 $\boldsymbol{Z}_i(t)$ 所刻画. 为了避免这个较强的且不能验证的假设, 一般去掉假设 (1), 仅用 (2) 定义模型. 具体地说, Lin 等 (2000) 提出的比例比率模型具有如下形式:

$$E[\mathrm{d}N_i(t)|\boldsymbol{Z}_i(t)] = \mathrm{d}\mu_i(t) = \mathrm{e}^{\boldsymbol{\beta}_0^{\mathrm{T}}\boldsymbol{Z}_i(t)}\mathrm{d}\mu_0(t), \tag{7.4.4}$$

其中, $\mu_0(t)$ 是未知的基本均值函数. 注意尽管 $\mathrm{d}\mu_i(t)$ 始终都是比率函数, 但只有当 $\boldsymbol{Z}_i(\cdot)$ 是外生变量时, $\mu_i(t)=\displaystyle\int_0^t \mathrm{d}\mu_i(s)$ 才表示均值函数. 如果 $\boldsymbol{Z}_i(\cdot)$ 中含有依时间变化的内生协变量, 则 $\mu_i(t)$ 只能被解释为累积比率函数. 若所有协变量都与时间独立, 则对式 (7.4.4) 两边积分就可获得下列比例均值模型:

$$E[N_i(t)|\boldsymbol{Z}_i] = \mathrm{e}^{\boldsymbol{\beta}_0^{\mathrm{T}}\boldsymbol{Z}_i}\mu_0(t). \tag{7.4.5}$$

WLW 边际风险模型 (Wei, et al., 1989) 和边际均值或比率模型 (Lin, et al., 2000) 之间是平行的. 类似于 Liang 和 Zeger(1986) 对纵向数据的分析方法, 在这两种模型下, $\widehat{\boldsymbol{\beta}}_n$ 的估计方程都忽略了个体内部的相关性. 一个比例强度模型是一个比例比率模型, 但反之不然. 例如, 考虑一个典型的脆弱模型

$$\lambda_i(t|\eta_i) = \eta_i\lambda_0(t)\mathrm{e}^{\boldsymbol{\beta}_0^{\mathrm{T}}\boldsymbol{Z}_i(t)},$$

其中, η_i 是不能观察的表示异质性的均值为 1 的随机变量且与 $\boldsymbol{Z}_i$ 独立. 当 η_i 服从除了正稳定分布 (如伽马或逆高斯分布) 之外的任何分布时, 比例比率模型成立, 而比例强度模型不成立.

Lin 等 (2000) 指出 $\boldsymbol{\beta}_0$ 的估计为方程 $\boldsymbol{U}_n(\boldsymbol{\beta};\tau)=\mathbf{0}$ 的解 $\widehat{\boldsymbol{\beta}}_n$, 其中,

$$\boldsymbol{U}_n(\boldsymbol{\beta};t) = \sum_{i=1}^n \int_0^t \{\boldsymbol{Z}_i(s) - \boldsymbol{E}(s;\boldsymbol{\beta})\}\mathrm{d}N_i(s) \tag{7.4.6}$$

以及 $\boldsymbol{E}(s;\boldsymbol{\beta})=\boldsymbol{S}^{(1)}(s;\boldsymbol{\beta})/S^{(0)}(s;\boldsymbol{\beta})$, $Y_i(s)=I(C_i\geqslant s)$ 和

$$\boldsymbol{S}^{(r)}(s;\boldsymbol{\beta})=n^{-1}\sum_{i=1}^{n}Y_i(s)\boldsymbol{Z}_i(s)^{\otimes r}\times \mathrm{e}^{\boldsymbol{\beta}^{\mathrm{T}}\boldsymbol{Z}_i(s)}.$$

基本均值函数 $\mu_0(t)$ 的估计为 Breslow 类估计 $\widehat{\mu}_0(t;\widehat{\boldsymbol{\beta}}_n)$, 其中,

$$\widehat{\mu}_0(t;\boldsymbol{\beta})=n^{-1}\int_0^t \mathrm{d}N.(s)/S^{(0)}(s;\boldsymbol{\beta})$$

以及 $N.(s)=\sum_{i=1}^{n}N_i(s)$.

$\widehat{\boldsymbol{\beta}}_n$ 的渐近分布可以从 $\boldsymbol{U}_n(\boldsymbol{\beta}_0)=\boldsymbol{U}_n(\boldsymbol{\beta}_0;\tau)$ 的渐近分布得到. 经过简单计算可得

$$\boldsymbol{U}_n(\boldsymbol{\beta}_0;t)=\sum_{i=1}^{n}\int_0^t\{\boldsymbol{Z}_i(s)-\boldsymbol{E}(s;\boldsymbol{\beta}_0)\}\mathrm{d}M_i(s;\boldsymbol{\beta}_0),$$

其中, $\mathrm{d}M_i(s;\boldsymbol{\beta})=\mathrm{d}N_i(s)-Y_i(s)\mathrm{e}^{\boldsymbol{\beta}^{\mathrm{T}}\boldsymbol{Z}_i(s)}\mathrm{d}\mu_0(s)$. 当比例强度模型 (AG 模型) 成立时, 易知 $M_i(t;\boldsymbol{\beta}_0)=\int_0^t \mathrm{d}M_i(s;\boldsymbol{\beta}_0)$ 是关于 $\sigma\{N_i(s-),\boldsymbol{Z}_i(s)|s\in[0,t]\}$ 的鞅. 于是 $\boldsymbol{U}_n(\boldsymbol{\beta}_0)$ 的渐近分布可由鞅中心极限定理 (Fleming and Harrington, 1991) 获得. 当比例均值模型成立 (比例强度模型不成立) 时, 多元中心极限定理可用来推导 $\boldsymbol{U}_n(\boldsymbol{\beta}_0)$ 的极限分布. 更一般地, Lin 等 (2000) 证明了 $\{n^{-1/2}\boldsymbol{U}_n(\boldsymbol{\beta}_0;t)|t\in[0,\tau]\}$ 弱收敛到一个零均值的高斯过程, 其在时刻 s 与时刻 t 的协方差函数为 $\boldsymbol{B}(\boldsymbol{\beta}_0;s,t)$, 其中, 对于 $0\leqslant s,t\leqslant\tau$,

$$\boldsymbol{B}(\boldsymbol{\beta};s,t)=E\left[\int_0^s\{\boldsymbol{Z}_1(u)-\boldsymbol{E}(u;\boldsymbol{\beta})\}\mathrm{d}M_1(u;\boldsymbol{\beta})\times\int_0^t\{\boldsymbol{Z}_1(v)-\boldsymbol{E}(v;\boldsymbol{\beta})\}^{\mathrm{T}}\mathrm{d}M_1(v;\boldsymbol{\beta})\right].$$

于是在比例均值模型下, $n^{1/2}(\boldsymbol{\beta}_n-\boldsymbol{\beta}_0)\xrightarrow{D}N_p(\mathbf{0}_{p\times1},\boldsymbol{A}(\boldsymbol{\beta}_0)^{-1}\boldsymbol{B}(\boldsymbol{\beta}_0)\boldsymbol{A}(\boldsymbol{\beta}_0)^{-1})$, 其中, $\boldsymbol{A}(\boldsymbol{\beta}_0)$ 是 $\boldsymbol{A}_n(\boldsymbol{\beta}_0)=-\partial\boldsymbol{U}_n(\boldsymbol{\beta}_0)/\partial\boldsymbol{\beta}^{\mathrm{T}}$ 的极限且 $\boldsymbol{B}(\boldsymbol{\beta})=\boldsymbol{B}(\boldsymbol{\beta};\tau,\tau)$.

注意到关于强度和风险的讨论都需要计数过程满足限制条件 $\mathrm{d}N_i(s)=0$ 或 1. 在生物医学研究中, 一些感兴趣的事件过程可能并不满足这个约束 (如保健费用), 从而风险和强度模型在这种情形下就不起作用了. 但是, 边际均值模型可以适用于增量为任何正常数的过程.

7.4.4 加性比率模型

在实际应用中, 研究的个体往往具有几种协变量的影响, 有些协变量的影响是乘性的, 另外一些协变量的影响是加性的, 或者某些变量的影响既是加性的又是乘性的. 比例比率模型中的协变量的影响是乘性的. 若对应于协变量的影响是加性

的, 就是下面介绍的加性比率模型. 比例比率模型和加性比率模型是复发事件数据研究中的两个基本模型.

Schaubel 等 (2006) 提出的加性比率模型具有如下形式:

$$E[\mathrm{d}N_i(t)|\boldsymbol{Z}_i(t)] = \mathrm{d}\mu_0(t) + \boldsymbol{\theta}_0^{\mathrm{T}}\boldsymbol{Z}_i(t)\mathrm{d}t, \tag{7.4.7}$$

其中, $\boldsymbol{\theta}_0$ 是 $p\times 1$ 维的未知回归系数, $\mathrm{d}\mu_0(t)$ 是未知的基本比率函数. 定义

$$M_i(t;\boldsymbol{\theta}) = N_i(t) - \int_0^t Y_i(s)\{\mathrm{d}\mu_0(s) + \boldsymbol{\theta}^{\mathrm{T}}\boldsymbol{Z}_i(s)\mathrm{d}s\},$$

其中, $Y_i(s) = I(C_i \geqslant s)$. 易知 $M_i(t;\boldsymbol{\theta}_0)$ 是均值为零的随机过程. 因此, 利用估计方程的方法, Schaubel 等 (2006) 建议用下面两个方程的解来估计 $\mu_0(t)$ 和 $\boldsymbol{\theta}_0$:

$$\sum_{i=1}^n \int_0^t Y_i(s)\mathrm{d}M_i(s;\boldsymbol{\theta}) = 0,$$

$$\sum_{i=1}^n \int_0^\tau Y_i(s)\boldsymbol{Z}_i(s)\mathrm{d}M_i(s;\boldsymbol{\theta}) = 0.$$

给定 $\boldsymbol{\theta}$, 解第一个方程得

$$\widehat{\mu}_0(t;\boldsymbol{\theta}) = n^{-1}\int_0^t Y_i(s)\{\mathrm{d}N_i(s) - \boldsymbol{\theta}^{\mathrm{T}}\boldsymbol{Z}_i(s)\mathrm{d}s\}/\hat{\pi}(s),$$

其中, $\hat{\pi}(s) = n^{-1}\sum_{i=1}^n Y_i(s)$. 把 $\widehat{\mu}_0(t;\boldsymbol{\theta})$ 代入第二个方程并解之, 就得到 $\boldsymbol{\theta}_0$ 的估计为

$$\widehat{\boldsymbol{\theta}}_n = \left[\sum_{i=1}^n \int_0^\tau Y_i(s)\{\boldsymbol{Z}_i(s) - \bar{\boldsymbol{Z}}(s)\}^{\otimes 2}\mathrm{d}s\right]^{-1}\left[\sum_{i=1}^n \int_0^\tau \{\boldsymbol{Z}_i(s) - \bar{\boldsymbol{Z}}(s)\}\mathrm{d}N_i(s)\right],$$

其中, $\bar{\boldsymbol{Z}}(s) = n^{-1}\sum_{i=1}^n Y_i(s)\boldsymbol{Z}_i(s)/\hat{\pi}(s)$. 于是基本均值函数 $\mu_0(t)$ 的估计为 $\widehat{\mu}_0(t;\widehat{\boldsymbol{\theta}}_n)$.

在一定正则条件下, 当 $n\to\infty$ 时, Schaubel 等 (2006) 利用经验过程理论和多元中心极限定理证明了 $\widehat{\boldsymbol{\theta}}_n$ 几乎处处收敛到 $\boldsymbol{\theta}_0$, 并且 $n^{1/2}(\widehat{\boldsymbol{\theta}}_n - \boldsymbol{\theta}_0)$ 渐近服从均值为零、协方差阵为 $\boldsymbol{A}^{-1}\boldsymbol{B}\boldsymbol{A}^{-1}$ 的正态分布, 其中,

$$\boldsymbol{A} = E\left[\int_0^\tau Y_i(s)\{\boldsymbol{Z}_i(s) - \bar{\boldsymbol{z}}(s)\}\mathrm{d}s\right],$$

$$\boldsymbol{B} = E\left[\int_0^\tau \{\boldsymbol{Z}_i(s) - \bar{\boldsymbol{z}}(s)\}\mathrm{d}M_i(t;\boldsymbol{\theta}_0)\right]^{\otimes 2},$$

$\bar{\boldsymbol{z}}(s)$ 是 $\bar{\boldsymbol{Z}}(s)$ 的极限. 协方差阵 $\boldsymbol{A}^{-1}\boldsymbol{B}\boldsymbol{A}^{-1}$ 的相合估计为 $\widehat{\boldsymbol{A}}^{-1}\widehat{\boldsymbol{B}}\widehat{\boldsymbol{A}}^{-1}$, 其中,

$$\widehat{\boldsymbol{A}} = n^{-1}\sum_{i=1}^{n}\int_0^{\tau} Y_i(s)\{\boldsymbol{Z}_i(s) - \bar{\boldsymbol{Z}}(s)\}^{\otimes 2}\mathrm{d}s,$$

$$\widehat{\boldsymbol{B}} = n^{-1}\sum_{i=1}^{n}\left[\int_0^{\tau}\{\boldsymbol{Z}_i(s) - \bar{\boldsymbol{Z}}(s)\}\mathrm{d}\widehat{M}_i(s;\widehat{\boldsymbol{\theta}}_n)\right]^{\otimes 2}$$

以及 $\mathrm{d}\widehat{M}_i(s;\boldsymbol{\theta}) = \mathrm{d}N_i(s) - Y_i(s)[\mathrm{d}\widehat{\mu}_0(s;\boldsymbol{\theta}) + \boldsymbol{\theta}^{\mathrm{T}}\boldsymbol{Z}_i(s)\mathrm{d}s\}$. 同样, 他们也证明了 $n^{1/2}\{\widehat{\mu}_0(t;\widehat{\boldsymbol{\theta}}_n) - \mu_0(t)\}$ 弱收敛到一个均值为零的高斯过程, 其在 (s,t) 处的协方差函数为 $\Gamma(s,t) = E\{\Phi_i(s)\Phi_i(t)\}$, 其中,

$$\Phi_i(t) = \int_0^t (EY_i(u))^{-1}\mathrm{d}M_i(u;\boldsymbol{\theta}_0) - \int_0^t \bar{\boldsymbol{z}}(u)^{\mathrm{T}}\boldsymbol{A}^{-1}\int_0^{\tau}\{\boldsymbol{Z}_i(u) - \bar{\boldsymbol{z}}(u)\}\mathrm{d}M_i(u;\boldsymbol{\theta}_0).$$

7.4.5 加速回归模型

在生存分析中, 加速失效时间模型是 Cox 比例风险模型的重要替代模型之一. 在复发事件数据下, 对应于加速失效时间模型, 就是 Lin 等 (1998) 提出的加速失效时间均值模型, 具有如下形式:

$$E[N_i(t)|\boldsymbol{Z}_i] = \mu_0(t\mathrm{e}^{\boldsymbol{\beta}_0^{\mathrm{T}}\boldsymbol{Z}_i}), \tag{7.4.8}$$

其中, $\mu_0(t)$ 是未知的连续函数, $\boldsymbol{Z}_i$ 是与时间独立的协变量. 协变量的效果是通过因子 $\mathrm{e}^{\boldsymbol{\beta}_0^{\mathrm{T}}\boldsymbol{Z}_i}$ 来改变事件均值函数的时间尺度, 时间以常数加速或减速取决于 $\boldsymbol{\beta}_0^{\mathrm{T}}\boldsymbol{Z}_i$ 的符号. $\mathrm{e}^{\boldsymbol{\beta}_0^{\mathrm{T}}\boldsymbol{Z}_i}$ 称为加速因子. 记 $N_i^*(t;\boldsymbol{\beta}) = N_i(t\mathrm{e}^{-\boldsymbol{\beta}^{\mathrm{T}}\boldsymbol{Z}_i})$, 则式 (7.4.8) 等价于

$$E[N_i^*(t;\boldsymbol{\beta}_0)] = \mu_0(t). \tag{7.4.9}$$

定义 $\widetilde{C}_i(\boldsymbol{\beta}) = C_i\mathrm{e}^{\boldsymbol{\beta}^{\mathrm{T}}\boldsymbol{Z}_i}$, $Y_i(t;\boldsymbol{\beta}) = I(\widetilde{C}_i(\boldsymbol{\beta}) \geqslant t)$ 以及

$$M_i(t;\boldsymbol{\beta}) = \int_0^t Y_i(s;\boldsymbol{\beta})\mathrm{d}[N_i^*(s;\boldsymbol{\beta}) - \mu_0(s)].$$

由式 (7.4.8) 知 $M_i(t;\boldsymbol{\theta}_0)$ 是均值为零的随机过程. 由部分似然得分函数和加权秩估计方法, Lin 等 (1998) 建议用下列函数来估计 $\boldsymbol{\beta}_0$:

$$\boldsymbol{U}(\boldsymbol{\beta}) = \sum_{i=1}^{n}\int_0^{\infty} Q(t;\boldsymbol{\beta})\{\boldsymbol{Z}_i - \bar{\boldsymbol{Z}}(t;\boldsymbol{\beta})\}Y_i(t;\boldsymbol{\beta})\mathrm{d}N_i^*(t;\boldsymbol{\beta}),$$

其中, $Q(t;\boldsymbol{\beta})$ 为一个已知的权函数以及

$$\bar{\boldsymbol{Z}}(t;\boldsymbol{\beta}) = \frac{\sum\limits_{i=1}^{n} Y_i(t;\boldsymbol{\beta})\boldsymbol{Z}_i}{\sum\limits_{i=1}^{n} Y_i(t;\boldsymbol{\beta})}.$$

当 $Q(t;\boldsymbol{\beta})=1$ 时, $\boldsymbol{U}(\boldsymbol{\beta})$ 称为 log-rank 估计函数; 当 $Q(t;\boldsymbol{\beta})=n^{-1}\sum\limits_{i=1}^{n}Y_i(t;\boldsymbol{\beta})$ 时, $\boldsymbol{U}(\boldsymbol{\beta})$ 称为 Gehan 估计函数. 由于 $\boldsymbol{U}(\boldsymbol{\beta})$ 是关于 $\boldsymbol{\beta}$ 的跳跃函数, 所以 $\boldsymbol{\beta}_0$ 的估计 $\widehat{\boldsymbol{\beta}}$ 定义为 $\boldsymbol{U}(\boldsymbol{\beta})$ 的零相交, 即

$$\boldsymbol{U}(\boldsymbol{\beta}-)\boldsymbol{U}(\boldsymbol{\beta}+)\leqslant 0,$$

或者是使 $||\boldsymbol{U}(\boldsymbol{\beta})||$ 达到最小的解, 其中, $||\boldsymbol{v}||=(\boldsymbol{v}^{\mathrm{T}}\boldsymbol{v})^{1/2}$. 已经有许多方法可以来求解这个方程, 如栅格搜索算法、二分算法和模拟退火算法 (Lin and Geyer, 1992). 当获得 $\widehat{\boldsymbol{\beta}}$ 后, 则 $\mu_0(t)$ 的估计为下列 Nelson-Aalen 类估计:

$$\widehat{\mu}_0(t;\widehat{\boldsymbol{\beta}})=\sum_{i=1}^{n}\int_0^t\frac{Y_i(s;\widehat{\boldsymbol{\beta}})\mathrm{d}N_i^*(s;\widehat{\boldsymbol{\beta}})}{\sum\limits_{i=1}^{n}Y_i(s;\widehat{\boldsymbol{\beta}})}.$$

在一定正则条件下, 当 $n\to\infty$ 时, Lin 等 (1998) 证明了 $\widehat{\boldsymbol{\beta}}$ 几乎处处收敛到 β_0, 并且 $n^{1/2}(\widehat{\boldsymbol{\beta}}-\boldsymbol{\beta}_0)$ 渐近服从均值为零的正态分布. 同样, 他们也证明了 $n^{1/2}\{\widehat{\mu}_0(t;\widehat{\boldsymbol{\beta}})-\mu_0(t)\}$ 弱收敛到一个均值为零的高斯过程.

对于比率函数, Ghosh(2004) 提出了下列加速比率回归模型:

$$E[\mathrm{d}N_i(t)|\boldsymbol{Z}_i]=\mathrm{d}\mu_0(t\mathrm{e}^{\boldsymbol{\beta}_0^{\mathrm{T}}\boldsymbol{Z}_i}).\tag{7.4.10}$$

此时,

$$E[N_i^*(t;\boldsymbol{\beta}_0)]=\mu_0(t)\mathrm{e}^{-\boldsymbol{\beta}_0^{\mathrm{T}}\boldsymbol{Z}_i},$$

而且 $M_i^*(t;\boldsymbol{\beta}_0)=\int_0^t Y_i(s;\boldsymbol{\beta}_0)\mathrm{d}[N_i^*(s;\boldsymbol{\beta}_0)-\mu_0(s)\mathrm{e}^{-\boldsymbol{\beta}_0^{\mathrm{T}}\boldsymbol{Z}_i}]$是均值为零的随机过程. 由估计方程理论, Ghosh(2004) 提议用下列估计函数来估计 $\boldsymbol{\beta}_0$:

$$\boldsymbol{U}^*(\boldsymbol{\beta})=\sum_{i=1}^{n}\int_0^{\infty}Q(t;\boldsymbol{\beta})\{\boldsymbol{Z}_i-\bar{\boldsymbol{Z}}(t;\boldsymbol{\beta})\}Y_i(t;\boldsymbol{\beta})\mathrm{e}^{\boldsymbol{\beta}_0^{\mathrm{T}}\boldsymbol{Z}_i}\mathrm{d}N_i^*(t;\boldsymbol{\beta}).$$

同样, $\boldsymbol{\beta}_0$ 的估计 $\widehat{\boldsymbol{\beta}}^*$ 定义为 $\boldsymbol{U}^*(\boldsymbol{\beta})$ 的零相交, 或者是使 $||\boldsymbol{U}^*(\boldsymbol{\beta})||$ 达到最小的解. 给定 $\widehat{\boldsymbol{\beta}}^*$ 时, $\mu_0(t)$ 的估计为下列 Aalen-Breslow 类估计:

$$\widehat{\mu}_0^*(t;\widehat{\boldsymbol{\beta}}^*)=\sum_{i=1}^{n}\int_0^t\frac{Y_i(s;\widehat{\boldsymbol{\beta}}^*)\mathrm{e}^{\widehat{\boldsymbol{\beta}}^{*\mathrm{T}}\boldsymbol{Z}_i}\mathrm{d}N_i^*(s;\widehat{\boldsymbol{\beta}}^*)}{\sum\limits_{i=1}^{n}Y_i(s;\widehat{\boldsymbol{\beta}}^*)}.$$

而且 Ghosh(2004) 也证明了 $\widehat{\boldsymbol{\beta}}^*$ 几乎处处收敛到 $\boldsymbol{\beta}_0$, 并且 $n^{1/2}(\widehat{\boldsymbol{\beta}}^*-\boldsymbol{\beta}_0)$ 渐近服从均值为零的正态分布, 以及 $n^{1/2}\{\widehat{\mu}_0^*(t;\widehat{\boldsymbol{\beta}}^*)-\mu_0(t)\}$ 弱收敛到一个均值为零的高斯过程.

另外, Sun 和 Su(2008) 提出了一般的加速均值回归模型, 它包含了前面讨论的加速失效时间均值模型 (Lin, et al., 1998)、比例均值或比率模型 (Lin, et al., 2000)、加速比率回归模型 (Ghosh, 2004) 等. 在这个一般模型中, 协变量的效果被识别成两个不同的部分, 分别称为均值过程的时间尺度效应和均值比率效应, 而且这个新模型在复发数据建模中具有更多的灵活性, 可能得到对个体生存过程更加可靠的预测. 同时这种包含其他模型的嵌套结构, 使得该模型能够作为模型判别的工具, 比较不同子模型对给定数据集的适合度.

Sun 和 Su(2008) 提出的一般加速均值回归模型有如下形式:

$$E[N_i(t)|\boldsymbol{Z}_i] = \mu_0(t\mathrm{e}^{\boldsymbol{\beta}_{10}^{\mathrm{T}}\boldsymbol{Z}_i})g(\boldsymbol{\beta}_{20}^{\mathrm{T}}\boldsymbol{Z}_i), \tag{7.4.11}$$

其中, $\boldsymbol{\beta}_{10}$ 和 $\boldsymbol{\beta}_{20}$ 是未知的 p 维回归参数, $\mu_0(t)$ 是未知的基本均值函数, 连接函数 $g(\cdot)$ 是事先给定的二次连续可微函数且 $g(\cdot) \geqslant 0$. 当 $g(\cdot) = 1$ 时, 模型 (7.4.11) 就变成模型 (7.4.8); 当 $\boldsymbol{\beta}_{10} = \boldsymbol{0}$ 且 $g(x) = \mathrm{e}^x$ 时, 模型 (7.4.11) 就变成模型 (7.4.4); 当 $g(x) = \mathrm{e}^x$ 且 $\boldsymbol{\beta}_{20} = -\boldsymbol{\beta}_{10}$ 时, 模型 (7.4.11) 就变成模型 (7.4.10). 同时, Sun 和 Su(2008) 也讨论了模型 (7.4.11) 是可识别的充分必要条件. 此时,

$$E\{N_i^*(t;\boldsymbol{\beta}_1)\} = \mu_0(t)g(\boldsymbol{\beta}_2^{\mathrm{T}}\boldsymbol{Z}_i),$$

其中, $\boldsymbol{\beta} = (\boldsymbol{\beta}_1^{\mathrm{T}}, \boldsymbol{\beta}_2^{\mathrm{T}})^{\mathrm{T}}$. 记

$$\widetilde{M_i}(t;\boldsymbol{\beta}) = \int_0^t Y_i(s;\boldsymbol{\beta}_1)\mathrm{d}[N_i^*(s;\boldsymbol{\beta}_1) - \mu_0(t)g(\boldsymbol{\beta}_2^{\mathrm{T}}\boldsymbol{Z}_i)].$$

易知 $\widetilde{M_i}(t;\boldsymbol{\beta}_0)$ 是零均值的随机过程, 其中, $\boldsymbol{\beta}_0 = (\boldsymbol{\beta}_{10}^{\mathrm{T}}, \boldsymbol{\beta}_{20}^{\mathrm{T}})^{\mathrm{T}}$.

Sun 和 Su(2008) 根据广义估计方程的思想 (Liang and Zeger, 1986) 提议用以下两个估计方程来估计 $\boldsymbol{\beta}_{10}$ 和 $\boldsymbol{\beta}_{20}$:

$$\boldsymbol{U}_1(\boldsymbol{\beta}) = \sum_{i=1}^n \int_0^\tau \{\boldsymbol{Z}_i - \widetilde{\boldsymbol{Z}}(t;\boldsymbol{\beta})\}Y_i(t;\boldsymbol{\beta})\mathrm{d}N_i^*(t;\boldsymbol{\beta}),$$

$$\boldsymbol{U}_2(\boldsymbol{\beta}) = \sum_{i=1}^n \int_0^\tau \{\boldsymbol{W}(t,\boldsymbol{Z}_i;\boldsymbol{\beta}) - \widetilde{\boldsymbol{W}}(t,\boldsymbol{Z}_i;\boldsymbol{\beta})\}\mathrm{d}N_i^*(t;\boldsymbol{\beta}),$$

其中,

$$\widetilde{\boldsymbol{Z}}(t;\boldsymbol{\beta}) = \frac{\sum\limits_{i=1}^n Y_i(t;\boldsymbol{\beta}_1)g(\boldsymbol{\beta}_2^{\mathrm{T}}\boldsymbol{Z}_i)\boldsymbol{Z}_i}{\sum\limits_{i=1}^n Y_i(t;\boldsymbol{\beta}_1)g(\boldsymbol{\beta}_2^{\mathrm{T}}\boldsymbol{Z}_i)},$$

$$\widetilde{\boldsymbol{W}}(t;\boldsymbol{\beta})=\frac{\sum_{i=1}^{n}Y_i(t;\boldsymbol{\beta}_1)g(\boldsymbol{\beta}_2^{\mathrm{T}}\boldsymbol{Z}_i))\boldsymbol{W}(t,\boldsymbol{Z}_i;\beta)}{\sum_{i=1}^{n}Y_i(t;\boldsymbol{\beta}_1)g(\boldsymbol{\beta}_2^{\mathrm{T}}\boldsymbol{Z}_i)}.$$

同样, $\boldsymbol{\beta}_0$ 的估计 $\widetilde{\boldsymbol{\beta}}_n=(\widetilde{\boldsymbol{\beta}}_{n1}^{\mathrm{T}},\widetilde{\boldsymbol{\beta}}_{n2}^{\mathrm{T}})^{\mathrm{T}}$ 是使得 $(\boldsymbol{U}_1(\boldsymbol{\beta})^{\mathrm{T}},\boldsymbol{U}_2(\boldsymbol{\beta})^{\mathrm{T}})^{\mathrm{T}}$ 的零相交或者是使 $||(\boldsymbol{U}_1(\boldsymbol{\beta})^{\mathrm{T}},\boldsymbol{U}_2(\boldsymbol{\beta})^{\mathrm{T}})^{\mathrm{T}}||$ 达到最小的解. 给定 $\widetilde{\boldsymbol{\beta}}_n$ 时, $\mu_0(t)$ 的估计为下列 Nelson-Aalen 类估计:

$$\widetilde{\mu}_0(t)=\sum_{i=1}^{n}\int_0^t\frac{Y_i(t;\widetilde{\boldsymbol{\beta}}_{n1})\mathrm{d}N_i^*(t;\widetilde{\boldsymbol{\beta}}_{n1})}{\sum_{i=1}^{n}Y_i(t;\widetilde{\boldsymbol{\beta}}_{n1})g(\widetilde{\boldsymbol{\beta}}_{n2}^{\mathrm{T}}\boldsymbol{Z}_i)},$$

而且 Sun 和 Su(2008) 也证明了 $\widetilde{\boldsymbol{\beta}}_n$ 几乎处处收敛到 $\boldsymbol{\beta}_0$, 并且 $n^{1/2}(\widetilde{\boldsymbol{\beta}}_n-\boldsymbol{\beta}_0)$ 渐近服从均值为零的正态分布, 以及 $n^{1/2}\{\widetilde{\mu}_0(t)-\mu_0(t)\}$ 弱收敛到一个均值为零的高斯过程.

7.4.6 均值和强度转移模型

为了度量协变量的一些其他影响形式, Lin 等 (2001) 提出了下列半参数转移模型:

$$E[N_i(t)|\boldsymbol{Z}_i(t)]=g\{\mu_0(t)\mathrm{e}^{\boldsymbol{\beta}_0^{\mathrm{T}}\boldsymbol{Z}_i(t)}\},\tag{7.4.12}$$

其中, $g(\cdot)$ 是事先给定的二次连续可微且严格递增的函数且 $g(\cdot)\geqslant 0$. 这个模型包含了一般的 Box-Cox 模型

$$E[N_i(t)|\boldsymbol{Z}_i(t)]=\frac{[\mu_0(t)\mathrm{e}^{\boldsymbol{\beta}_0^{\mathrm{T}}\boldsymbol{Z}_i(t)}+1]^{\rho}-1}{\rho},$$

其中, $\rho\geqslant 0$. 给定 $\boldsymbol{\beta},\mu_0(t)$ 的一个合理估计为下列方程的解 $\hat{\mu}(t;\boldsymbol{\beta})$:

$$\sum_{i=1}^{n}Y_i(t)\left[N_i(t)-g\{\mu_0(t)\mathrm{e}^{\boldsymbol{\beta}^{\mathrm{T}}\boldsymbol{Z}_i(t)}\}\right]=0,\quad 0\leqslant t\leqslant\tau,$$

其中, $Y_i(t)=I(C_i\geqslant t)$. 根据广义估计方程的思想, Lin 等 (2001) 提议用下列估计方程来估计 $\boldsymbol{\beta}_0$:

$$\sum_{i=1}^{n}\int_0^{\tau}Y_i(t)\Big[N_i(t)-g\{\hat{\mu}(t;\boldsymbol{\beta})\mathrm{e}^{\boldsymbol{\beta}^{\mathrm{T}}\boldsymbol{Z}_i(t)}\}\Big]\boldsymbol{Z}_i(t)\mathrm{d}H(t)=0,\tag{7.4.13}$$

其中, $H(t)$ 为 $[0,\tau]$ 上递增的权函数. 记方程 (7.4.13) 的解为 $\widehat{\boldsymbol{\beta}}$. 于是, $\mu_0(t)$ 的估计为 $\hat{\mu}(t;\widehat{\boldsymbol{\beta}})$, 而且 Lin 等 (2001) 证明了 $\widehat{\boldsymbol{\beta}}$ 唯一存在, 并几乎处处收敛到 $\boldsymbol{\beta}_0$. 同样, $n^{1/2}(\widehat{\boldsymbol{\beta}}-\boldsymbol{\beta}_0)$ 渐近服从均值为零的正态分布, 以及 $n^{1/2}\{\hat{\mu}(t;\widehat{\boldsymbol{\beta}})-\mu_0(t)\}$ 弱收敛到一个均值为零的高斯过程.

记 $\Lambda_{\boldsymbol{Z}_i}(t)$ 为给定 $\boldsymbol{Z}_i(t)$ 下的累积强度函数. 基于强度函数, Zeng 和 Lin(2006) 提出了下列半参数转移模型:

$$\Lambda_{\boldsymbol{Z}_i}(t)=G\left\{\int_0^t Y_i^*(s)\mathrm{e}^{\boldsymbol{\beta}^{\mathrm{T}}\boldsymbol{Z}_i(t)}\mathrm{d}\Lambda(s)\right\}, \tag{7.4.14}$$

其中, $Y_i^*(s)$ 为取值 0 和 1 的可料过程, $\Lambda(s)$ 为一个未知的递增函数. $G(\cdot)$ 是事先给定的三次连续可微且严格递增的函数, 满足 $G(0)=0$, $G'(0)>0$ 以及 $G(\infty)=\infty$. 这里及下文, $f'(x)=\mathrm{d}f(x)/\mathrm{d}x$. 记 $\lambda(t)=\Lambda'(t)$, $Y_i(t)=I(C_i\geqslant t)Y_i^*(t)$ 以及 $\widetilde{N}_i(t)=N_i(t\wedge C_i)$. 在模型 (7.4.14) 下, 关于 Λ 和 $\boldsymbol{\beta}$ 的对数似然函数为

$$\sum_{i=1}^n\left[\int_0^\tau\log\lambda(t)\mathrm{d}\widetilde{N}_i(t)+\int_0^\tau\log G'\left\{\int_0^t Y_i(s)\mathrm{e}^{\boldsymbol{\beta}^{\mathrm{T}}\boldsymbol{Z}_i(s)}\mathrm{d}\Lambda(s)\right\}\mathrm{d}\widetilde{N}_i(t)\right.$$
$$\left.+\int_0^\tau\boldsymbol{\beta}^{\mathrm{T}}\boldsymbol{Z}_i(t)\mathrm{d}\widetilde{N}_i(t)-G\left\{\int_0^\tau Y_i(t)\mathrm{e}^{\boldsymbol{\beta}^{\mathrm{T}}\boldsymbol{Z}_i(t)}\mathrm{d}\Lambda(t)\right\}\right].$$

如果 $\Lambda(\cdot)$ 约束为绝对连续函数, 则上述函数没有极大值. 因此, 为了获得 Λ 和 $\boldsymbol{\beta}$ 的极大似然估计, Zeng 和 Lin(2006) 允许 Λ 为离散的, 并用 Λ 在 t 的跳跃值 $\Lambda\{t\}$ 来代替上式中的 $\lambda(t)$, 得到下列修正的对数似然函数:

$$l_n(\Lambda,\beta)=\sum_{i=1}^n\left[\int_0^\tau\log\Lambda\{t\}\mathrm{d}\widetilde{N}_i(t)+\int_0^\tau\log G'\left\{\int_0^t Y_i(s)\mathrm{e}^{\boldsymbol{\beta}^{\mathrm{T}}\boldsymbol{Z}_i(s)}\mathrm{d}\Lambda(s)\right\}\mathrm{d}\widetilde{N}_i(t)\right.$$
$$\left.+\int_0^\tau\boldsymbol{\beta}^{\mathrm{T}}\boldsymbol{Z}_i(t)\mathrm{d}\widetilde{N}_i(t)-G\left\{\int_0^\tau Y_i(t)\mathrm{e}^{\boldsymbol{\beta}^{\mathrm{T}}\boldsymbol{Z}_i(t)}\mathrm{d}\Lambda(t)\right\}\right]. \tag{7.4.15}$$

下面约束 $\Lambda(\cdot)$ 为一个只在所有观察事件时间 $X_{ij}\,(i=1,\cdots,n,j=1,\cdots,m_i)$ 处跳跃的离散函数, 其中, m_i 为第 i 个个体的观察事件数目. 这就等价于式 (7.4.15) 关于 $\boldsymbol{\beta}$ 和 $X_{ij}\,(i=1,\cdots,n,j=1,\cdots,m_i)$ 进行极大化. 由此获得的估计称为非参数极大似然估计.

记 Λ 和 $\boldsymbol{\beta}$ 的真值为 Λ_0 和 $\boldsymbol{\beta}_0$, 并用 $\widehat{\Lambda}_n$ 和 $\widehat{\boldsymbol{\beta}}_n$ 表示它们的极大似然估计. 在一定正则条件下, Zeng 和 Lin(2006) 证明了 $\widehat{\Lambda}_n$ 和 $\widehat{\boldsymbol{\beta}}_n$ 唯一存在且 $\widehat{\boldsymbol{\beta}}_n$ 为 $\boldsymbol{\beta}_0$ 的强相合估计, 以及 $\widehat{\Lambda}_n$ 一致强收敛于 Λ_0. 另外, $n^{1/2}\{\widehat{\Lambda}_n(\cdot)-\Lambda_0(\cdot),\widehat{\boldsymbol{\beta}}_n-\boldsymbol{\beta}_0\}$ 弱收敛到一个均值为零的高斯过程, 而且 $\widehat{\boldsymbol{\beta}}_n$ 是 $\boldsymbol{\beta}_0$ 一个渐近有效估计.

最近, 基于累积强度函数, Zeng 和 Lin(2007) 考虑了带随机效应变量的半参数转移模型, 并给出了模型参数的非参数极大似然估计. 同时对于参数估计和方差估计, 提出了一个简单和稳定的 EM 算法.

7.5 间隔时间的一些半参数模型

7.4 节主要介绍了事件发生时间下的各种边际半参数模型及其估计方法. 在实际中, 有时也需要考虑一些协变量对事件间隔时间的影响. 下面介绍事件间隔时间的一些半参数模型和估计方法.

7.5.1 边际比例风险模型

记第 i 个个体事件发生的间隔时间为 $\widetilde{T}_{ij} = T_{ij} - T_{i,j-1}$, 其中, $T_{i0} = 0$. 假设对于每个 $i, N_i(t)$ 是一个更新过程, 即 $\{\widetilde{T}_{ij}|j = 1, 2, \cdots\}$ 为独立同分布的随机变量, 其风险函数为下列比例风险模型:

$$\lambda(t|\boldsymbol{Z}_i) = \lambda_0(t)\mathrm{e}^{\boldsymbol{\beta}_0^{\mathrm{T}}\boldsymbol{Z}_i}, \tag{7.5.1}$$

其中, $\lambda_0(t)$ 为未知的基本风险率函数, $\boldsymbol{\beta}_0$ 是 $p\times1$ 维的未知回归参数向量, $\boldsymbol{Z}_i$ 是与时间独立的协变量. 定义 M_i 为可观察的间隔时间数, 满足

$$\sum_{j=1}^{M_i-1} \widetilde{T}_{ij} \leqslant C_i \quad 和 \quad \sum_{j=1}^{M_i} \widetilde{T}_{ij} > C_i,$$

则可观察的数据为 $\{\widetilde{T}_{i1}, \cdots, \widetilde{T}_{i,M_i-1}, C_i, \boldsymbol{Z}_i\}$ $(i = 1, \cdots, n)$, 即前面 $M_i - 1$ 个间隔时间可以完全观察到, 而第 M_i 个间隔时间被 $\widetilde{T}^+_{i,M_i}$ 删失, 其中,

$$\widetilde{T}^+_{i,M_i} = C_i - \sum_{j=1}^{M_i-1} \widetilde{T}_{ij}.$$

注意到 $\widetilde{T}_{ij}$ 的删失时间为 $C_i - \sum\limits_{k=1}^{j-1} \widetilde{T}_{ik}$, 而且删失是相依的. 由此使得其统计分析比较复杂. 定义 $\varDelta_i = I(M_i > 1)$, $M_i^* = \max(M_i - 1, 1)$ 以及

$$\widetilde{X}_{ij} = \begin{cases} \widetilde{T}_{ij}, & \varDelta_i = 1, \\ \widetilde{T}^+_{ij}, & \varDelta_i = 0. \end{cases}$$

给定 C_i, M_i 和 $\widetilde{T}^+_{i,M_i}$, 由文献 (Huang and Chen, 2003) 知完全观察时间 $\{\widetilde{T}_{ij}, j = 1, \cdots, M_i - 1\}$ 是独立同分布的. 既然第一个间隔时间的删失是独立的, 而且完全观察时间是可交换的, 则 $\{(\widetilde{X}_{ij}, j = 1, \cdots, M_i^*, \varDelta_i, \boldsymbol{Z}_i), i = 1, \cdots, n\}$ 可以看成是成组生存数据, 而且其成组数目是有信息的. 由此对于 $M_i > 1$, 在分析的时候, 其删失间隔时间必须去掉. 虽然可以只基于第一个间隔时间和 Cox 部分似然方法来进

行统计分析, 而且所获得的估计是相合的, 但会失去一些有效性. 为了获得更有效的估计, Huang 和 Chen(2003) 建议用下列估计方程来估计 $\boldsymbol{\beta}_0$:

$$\boldsymbol{U}(\boldsymbol{\beta})=\hat{\mathcal{E}}_{ij}\{\boldsymbol{Z}_i\Delta_iI(\widetilde{X}_{ij}\leqslant\tau)\}-\int_0^\tau\frac{\hat{\mathcal{E}}_{ij}\{\boldsymbol{Z}_i\mathrm{e}^{\boldsymbol{\beta}^{\mathrm{T}}\boldsymbol{Z}_i}I(\widetilde{X}_{ij}\geqslant t)\}}{\hat{\mathcal{E}}_{ij}\{\mathrm{e}^{\boldsymbol{\beta}^{\mathrm{T}}\boldsymbol{Z}_i}I(\widetilde{X}_{ij}\geqslant t)\}}\mathrm{d}\hat{\mathcal{E}}_{ij}\{\Delta_iI(\widetilde{X}_{ij}\leqslant t)\},\tag{7.5.2}$$

其中, $\hat{\mathcal{E}}_{ij}=\hat{\mathcal{E}}_i\hat{\mathcal{E}}_j$, $\hat{\mathcal{E}}_i$ 和 $\hat{\mathcal{E}}_j$ 分别表示对 $i=1,\cdots,n$ 和 $j=1,\cdots,M_i^*$ 求平均. 记式 (7.5.2) 的解为 $\widehat{\boldsymbol{\beta}}$. 于是, 累积基本风险函数 $\Lambda_0(t)=\int_0^t\lambda_0(u)\mathrm{d}u$ 的估计为

$$\hat{\Lambda}_0(t)=\int_0^t\frac{\mathrm{d}\mathcal{E}_{ij}\{\boldsymbol{Z}_i\Delta_iI(\widetilde{X}_{ij}\leqslant u)\}}{\hat{\mathcal{E}}_{ij}\{\mathrm{e}^{\widehat{\boldsymbol{\beta}}^{\mathrm{T}}\boldsymbol{Z}_i}I(\widetilde{X}_{ij}\geqslant u)\}}.$$

在一定正则条件下, Huang 和 Chen(2003) 证明了 $\widehat{\boldsymbol{\beta}}$ 唯一存在且几乎处处收敛到 β_0. 同时 $n^{1/2}(\widehat{\boldsymbol{\beta}}-\boldsymbol{\beta}_0)$ 渐近服从均值为零的正态分布, 其方差的相合估计为 $\hat{\boldsymbol{\Gamma}}(\widehat{\boldsymbol{\beta}})^{-1}\hat{\boldsymbol{\Sigma}}\hat{\boldsymbol{\Gamma}}(\widehat{\boldsymbol{\beta}})^{-1}$, 其中, $\hat{\Gamma}(\boldsymbol{\beta})=-U'(\boldsymbol{\beta})$, $\hat{\boldsymbol{\Sigma}}=\hat{\mathcal{E}}_i[(\hat{\mathcal{E}}_j\{\hat{w}(\widetilde{X}_{ij},\Delta_i,\boldsymbol{Z}_i)\})^{\otimes 2}]$ 以及

$$\hat{w}(\widetilde{X}_{ij},\Delta_i,\boldsymbol{Z}_i)=\int_0^\tau\left(\boldsymbol{Z}_i-\frac{\hat{\boldsymbol{G}}_1(t)}{\hat{G}_0(t)}\right)\left[\mathrm{d}\{\Delta_iI(\widetilde{X}_{ij}\geqslant t)\}-\frac{\mathrm{e}^{\widehat{\boldsymbol{\beta}}^{\mathrm{T}}\boldsymbol{Z}_i}}{\hat{G}_0(t)}I(\widetilde{X}_{ij}\geqslant t)\mathrm{d}\hat{K}(t)\right],$$

$\hat{K}(t)=\hat{\mathcal{E}}_{ij}\{\Delta_iI(\widetilde{X}_{ij}\leqslant t)\}$, $\hat{G}_0(t)=\hat{\mathcal{E}}_{ij}\{\mathrm{e}^{\widehat{\boldsymbol{\beta}}^{\mathrm{T}}\boldsymbol{Z}_i}I(\widetilde{X}_{ij}\geqslant t)\}$, $\hat{\boldsymbol{G}}_1(t)=\hat{\mathcal{E}}_{ij}\{\boldsymbol{Z}_i\mathrm{e}^{\widehat{\boldsymbol{\beta}}^{\mathrm{T}}\boldsymbol{Z}_i}I(\widetilde{X}_{ij}\geqslant t)\}$. 同样, $n^{1/2}\{\hat{\Lambda}_0(t)-\Lambda_0(t)\}$ 弱收敛到一个均值为零的高斯过程.

另外, Schaubel 和 Cai(2004a) 通过对应的累积风险函数给出了间隔时间的条件生存函数的估计. Schaubel 和 Cai(2004b) 在一般情况下讨论了间隔时间下的条件比例风险模型, 并给出了模型参数的估计方法和渐近性质. 由于篇幅有限, 这里就不详细讨论了, 有兴趣的读者可以阅读他们的文章.

7.5.2 边际加性风险模型

与边际比例风险模型相对应的是边际加性风险模型, 这两个模型互为补充. 下面一些记号与上节相同. 间隔时间下的边际加性风险模型为

$$\lambda(t|\boldsymbol{Z}_i)=\lambda_0(t)+\boldsymbol{\beta}_0^{\mathrm{T}}\boldsymbol{Z}_i.\tag{7.5.3}$$

同样也可以只利用第一个间隔时间以及 Lin 和 Ying(1994) 的估计方法来进行统计推断, 而且所获得的估计也是相合的, 但也会失去一些有效性. 为了获得更有效的估计, Sun 等 (2006) 建议用下列估计方程来估计 $\boldsymbol{\beta}_0$:

$$\boldsymbol{U}(\boldsymbol{\beta})=\int_0^\tau Q(t)\left[\mathrm{d}\hat{\mathcal{E}}_{ij}\{\boldsymbol{Z}_i\Delta_iI(\widetilde{X}_{ij}\leqslant t)\}-\frac{\hat{\mathcal{E}}_{ij}\{\boldsymbol{Z}_iI(\widetilde{X}_{ij}\geqslant t)\}}{\hat{\mathcal{E}}_{ij}\{I(\widetilde{X}_{ij}\geqslant t)\}}\mathrm{d}\hat{\mathcal{E}}_{ij}\{\Delta_iI(\widetilde{X}_{ij}\leqslant t)\}\right.$$

$$-\left(\hat{\mathcal{E}}_{ij}\{\mathbf{Z}_i^{\otimes 2}I(\widetilde{X}_{ij}\geqslant t)\}-\frac{(\hat{\mathcal{E}}_{ij}\{\boldsymbol{Z}_iI(\widetilde{X}_{ij}\geqslant t)\})^{\otimes 2}}{\hat{\mathcal{E}}_{ij}\{I(\widetilde{X}_{ij}\geqslant t)\}}\right)\boldsymbol{\beta}\mathrm{d}t\Bigg], \tag{7.5.4}$$

其中, $Q(t)$ 为已知的权函数. 记式 (7.5.4) 的解为 $\widehat{\boldsymbol{\beta}}$, 则累积基本风险函数 $\varLambda_0(t)$ 的估计为

$$\hat{\varLambda}_0(t)=\int_0^t\frac{\mathrm{d}\mathcal{E}_{ij}\{\boldsymbol{Z}_i\varDelta_iI(\widetilde{X}_{ij}\leqslant u)\}-\hat{\mathcal{E}}_{ij}\{I(\widetilde{X}_{ij}\leqslant u)\widehat{\boldsymbol{\beta}}^{\mathrm{T}}\boldsymbol{Z}_i\}\mathrm{d}u}{\hat{\mathcal{E}}_{ij}\{I(\widetilde{X}_{ij}\geqslant u)\}}.$$

在一定正则条件下, Sun 等 (2006) 证明了 $\widehat{\boldsymbol{\beta}}$ 几乎处处收敛到 $\boldsymbol{\beta}_0$, 并且 $n^{1/2}(\widehat{\boldsymbol{\beta}}-\boldsymbol{\beta}_0)$ 渐近服从均值为零的正态分布, 其方差的相合估计为 $\hat{\boldsymbol{A}}^{-1}\hat{\boldsymbol{\Sigma}}\hat{\boldsymbol{A}}^{-1}$, 其中,

$$\hat{\boldsymbol{\Sigma}}=\hat{\mathcal{E}}_i[(\hat{\mathcal{E}}_j\{\hat{\phi}(\widetilde{X}_{ij},\varDelta_i,\boldsymbol{Z}_i)\})^{\otimes 2}],$$

$$\hat{\boldsymbol{A}}=\int_0^\tau Q(t)\left[\hat{\mathcal{E}}_{ij}\{\boldsymbol{Z}_i^{\otimes 2}I(\widetilde{X}_{ij}\geqslant t)\}-\frac{\widetilde{\boldsymbol{G}}_1(t)^{\otimes 2}}{\widetilde{G}_0(t)}\right]\mathrm{d}t,$$

$$\hat{\boldsymbol{\phi}}(\widetilde{X}_{ij},\varDelta_i,\boldsymbol{Z}_i)=\int_0^\tau\left(\boldsymbol{Z}_i-\frac{\widetilde{\boldsymbol{G}}_1(t)}{\widetilde{G}_0(t)}\right)\left[\mathrm{d}\{\varDelta_iI(\widetilde{X}_{ij}\geqslant t)\}-\frac{I(\widetilde{X}_{ij}\geqslant t)}{\widetilde{G}_0(t)}\mathrm{d}\hat{K}(t)\right.$$

$$\left.-I(\widetilde{X}_{ij}\geqslant t)\widehat{\boldsymbol{\beta}}^{\mathrm{T}}\left(\boldsymbol{Z}_i-\frac{\widetilde{\boldsymbol{G}}_1(t)}{\widetilde{G}_0(t)}\right)\mathrm{d}t\right],$$

$\widetilde{G}_0(t)=\hat{\mathcal{E}}_{ij}\{I(\widetilde{X}_{ij}\geqslant t)\}$ 和 $\widetilde{\boldsymbol{G}}_1(t)=\hat{\mathcal{E}}_{ij}\{\boldsymbol{Z}_iI(\widetilde{X}_{ij}\geqslant t)\}$. 同样, $n^{1/2}\{\hat{\varLambda}_0(t)-\varLambda_0(t)\}$ 弱收敛到一个均值为零的高斯过程.

7.5.3 加速失效时间模型

在间隔时间下, Chang(2004) 提出了下列加速失效时间模型:

$$\log\widetilde{T}_{ij}=\alpha_i+\boldsymbol{\beta}_0^{\mathrm{T}}\boldsymbol{Z}_i+\epsilon_{ij}, \tag{7.5.5}$$

其中, α_i 为脆弱随机变量, $\{\epsilon_{ij},j\geqslant 1\}$ 独立同分布且分布函数未知. 假设给定 $\boldsymbol{Z}_i$ 下, 删失时间 C_i 条件独立于 α_i 和 $\{\epsilon_{ij},j\geqslant 1\}$. 既然不能观察 α_i 的值, 进一步假设 α_i 是一个分布未知的独立随机抽样. 记 $\epsilon_{ij}^*=\alpha_i+\epsilon_{ij}$, 则模型 (7.5.5) 可写为

$$\log\widetilde{T}_{ij}=\boldsymbol{\beta}_0^{\mathrm{T}}\boldsymbol{Z}_i+\epsilon_{ij}^*$$

且其边际均值为 $E\{\widetilde{T}_{ij}|\boldsymbol{Z}_i\}=\mathrm{e}^{\boldsymbol{\beta}_0^{\mathrm{T}}\boldsymbol{Z}_i}E\{\mathrm{e}^{\epsilon_{ij}^*}\}$, 即 $\boldsymbol{\beta}_0$ 是总体平均模型的回归系数, 也是边际协变量效果. 假设 ϵ_{ij}^* 之间具有交换性. Chang(2004) 考虑了两种估计方法. 一种是基于秩估计方法 (Wei, et al., 1990). 定义 $\widetilde{T}_{ij}^*(\boldsymbol{\beta})=\widetilde{T}_{ij}\mathrm{e}^{-\boldsymbol{\beta}^{\mathrm{T}}\boldsymbol{Z}_i}\ (j\geqslant 1)$,

$\widetilde{\boldsymbol{X}}_{ij}^{*}(\boldsymbol{\beta})=\min\left(\widetilde{T}_{ij}^{*}(\boldsymbol{\beta}),C_i\mathrm{e}^{-\boldsymbol{\beta}^{\mathrm{T}}\boldsymbol{Z}_i}-\sum_{l=1}^{j-1}\widetilde{\boldsymbol{X}}_{il}^{*}(\boldsymbol{\beta})\right)$, 其中, $\widetilde{\boldsymbol{X}}_{i0}^{*}(\boldsymbol{\beta})=0$. 记

$$S_0(x;\boldsymbol{\beta})=n^{-1}\sum_{i=1}^{n}\frac{1}{M_i^*}\sum_{j=1}^{M_i^*}I(\widetilde{\boldsymbol{X}}_{ij}^{*}(\boldsymbol{\beta})\geqslant x),$$

$$\boldsymbol{S}_1(x;\boldsymbol{\beta})=n^{-1}\sum_{i=1}^{n}\frac{1}{M_i^*}\sum_{j=1}^{M_i^*}\boldsymbol{Z}_iI(\widetilde{\boldsymbol{X}}_{ij}^{*}(\boldsymbol{\beta})\geqslant x),$$

则 Chang(2004) 提出的秩估计方程为

$$\boldsymbol{U}_u(\boldsymbol{\beta})=\sum_{i=1}^{n}\frac{1}{M_i^*}\sum_{j=1}^{M_i^*}\Delta_{ij}I(M_i\geqslant 2)\left\{\boldsymbol{Z}_i-\frac{\boldsymbol{S}_1(\widetilde{\boldsymbol{X}}_{ij}(\boldsymbol{\beta});\boldsymbol{\beta})}{S_0(\widetilde{\boldsymbol{X}}_{ij}(\boldsymbol{\beta});\boldsymbol{\beta})}\right\}, \tag{7.5.6}$$

其中, $\Delta_{ij}=I\left(\sum_{l=1}^{j}\widetilde{T}_{il}\leqslant C_i\right)$. 由于 $\boldsymbol{U}_u(\boldsymbol{\beta})$ 是关于 $\boldsymbol{\beta}$ 的跳跃函数, 所以 $\boldsymbol{\beta}_0$ 的估计 $\widehat{\boldsymbol{\beta}}_u$ 定义为 $\boldsymbol{U}_u(\boldsymbol{\beta})$ 的零相交, 即

$$\boldsymbol{U}_u(\boldsymbol{\beta}-)\boldsymbol{U}_u(\boldsymbol{\beta}+)\leqslant 0.$$

在一定正则条件下, Chang(2004) 证明了方程 (7.5.6) 的解存在, 并且所有的解都是 $\boldsymbol{\beta}_0$ 的强相合估计, 即所有解是等价的. 另外, $n^{1/2}(\widehat{\boldsymbol{\beta}}_u-\boldsymbol{\beta}_0)$ 渐近服从均值为零的正态分布.

Chang(2004) 的第二种估计方法是基于复发事件的秩序性. 定义 $T_{ij}^*(\boldsymbol{\beta})=T_{ij}\mathrm{e}^{-\boldsymbol{\beta}^{\mathrm{T}}\boldsymbol{Z}_i}\ (j\geqslant 1)$, $X_{ij}^*(\boldsymbol{\beta})=\min(T_{ij}^*(\boldsymbol{\beta}),C_i\mathrm{e}^{-\boldsymbol{\beta}^{\mathrm{T}}\boldsymbol{Z}_i})$ 以及 $K_n=\max\{M_i-1\}_{i=1}^{n}$. 则 Chang(2004) 提出的第二个估计方程为

$$\boldsymbol{U}_s(\boldsymbol{\beta})=\sum_{i=1}^{n}\sum_{j=1}^{K_n}\Delta_{ij}\left\{\boldsymbol{Z}_i-\frac{\sum_{l=1}^{n}\boldsymbol{Z}_lI(\boldsymbol{X}_{lj}^*(\boldsymbol{\beta})\geqslant\boldsymbol{X}_{ij}^*(\boldsymbol{\beta}))}{\sum_{l=1}^{n}I(\boldsymbol{X}_{lj}^*(\boldsymbol{\beta})\geqslant\boldsymbol{X}_{ij}^*(\boldsymbol{\beta}))}\right\}. \tag{7.5.7}$$

同样, Chang(2004) 证明了方程 (7.5.7) 的解存在, 并且所有的解都是 $\boldsymbol{\beta}_0$ 的强相合估计, 即所有解也是等价的. 记 $\widehat{\boldsymbol{\beta}}_s$ 为式 (7.5.7) 的一个解. 则 $n^{1/2}(\widehat{\boldsymbol{\beta}}_s-\boldsymbol{\beta}_0)$ 渐近服从均值为零的正态分布.

另外, Strawderman(2005) 提出了一个加速间隔时间模型, 并给出了模型参数的基于秩的一步估计方法, 同时证明了这些估计是有效估计.

7.5.4　线性转移模型

在间隔时间下, Lu(2005) 考虑了下列半参数线性转移模型:

$$H(\widetilde{T}_{ik}) = -\boldsymbol{\beta}_0^{\mathrm{T}}\boldsymbol{Z}_i + \epsilon_{ik}, \quad k = 1, \cdots, \ i = 1, \cdots, n, \tag{7.5.8}$$

其中, H 是未知的单调递增函数满足 $H(0) = -\infty$, ϵ_{ik} 为误差项, 其分布已知且为连续的. 同时 ϵ_{ik} 独立于删失时间 C_i 和协变量 $\boldsymbol{Z}_i$. 另外, 假设 $\{\epsilon_{i1}, \epsilon_{i2}, \cdots\}$ $(i = 1, \cdots, n)$ 为独立同分布的向量. 虽然对于每个 i, 当 $k \neq j$ 时, ϵ_{ik} 和 ϵ_{ij} 可能是相关的, 但假定它们是可交换的且有相同的边际分布. 记 $\Lambda(t)$ 为 $\epsilon_{ik}\,(k = 1, \cdots, i = 1, \cdots, n)$ 的共同的累积风险函数. 当 $\Lambda(t) = \mathrm{e}^t$ 时, 模型 (7.5.8) 就变为边际比例风险模型 (7.5.1).

既然第一个间隔时间的删失是独立的, 由 Chen 等 (2002) 所建议的估计方法可以用到第一个间隔时间数据, 从而获得 H 和 $\boldsymbol{\beta}_0$ 的估计, 但会失去一些有效性. 为了获得更有效的估计, 注意到给定 C_i, M_i 和 $\widetilde{T}^+_{i,M_i}$, 完全观察时间 $\{\widetilde{T}_{ij}, j = 1, \cdots, M_i - 1\}$ 是独立同分布的, 而且 $\{(\widetilde{X}_{ij}, j = 1, \cdots, M_i^*, \Delta_i, \boldsymbol{Z}_i), i = 1, \cdots, n\}$ 可以看成是成组生存数据, 其成组数目是有信息的. 因此, 根据完全观察时间的可交换性, Lu(2005) 建议用下列估计方程来估计 H 和 $\boldsymbol{\beta}_0$:

$$\sum_{i=1}^{n} \frac{1}{M_i^*} \sum_{j=1}^{M_i^*} \left[\mathrm{d}I(\widetilde{X}_{ij} \leqslant t) - I(\widetilde{X}_{ij} \geqslant t)\mathrm{d}\Lambda\{H(t) + \boldsymbol{\beta}^{\mathrm{T}}\boldsymbol{Z}_i\}\right] = 0, \quad t \geqslant 0,$$

$$\sum_{i=1}^{n} \frac{1}{M_i^*} \sum_{j=1}^{M_i^*} \int_0^{\tau} \boldsymbol{Z}_i \left[\mathrm{d}I(\widetilde{X}_{ij} \leqslant t) - I(\widetilde{X}_{ij} \geqslant t)\mathrm{d}\Lambda\{H(t) + \boldsymbol{\beta}^{\mathrm{T}}\boldsymbol{Z}_i\}\right] = 0.$$

记上述方程 $\boldsymbol{\beta}$ 的解为 $\widehat{\boldsymbol{\beta}}$. 在一定正则条件下, Lu(2005) 证明了 $\widehat{\boldsymbol{\beta}}$ 唯一存在且几乎处处收敛到 β_0. 同时, $n^{1/2}(\widehat{\boldsymbol{\beta}} - \boldsymbol{\beta}_0)$ 渐近服从均值为零的正态分布.

7.6　最近进展和潜在的研究方向

前几节主要介绍了复发事件数据分析中的一些非参数和半参数模型和估计方法, 并显示了各种方法的不同之处. 实际中, 选择何种模型取决于研究者的目的或数据本身的特性. 在复发事件数据下, 对其分析方法的探究仍在不断持续和深入中. 下面简单介绍最近的一些进展.

7.6.1　信息删失下的一些方法

前几节都是假设在给定协变量下, 删失时间 C_i 与复发事件过程 $N_i(t)$ 条件独立的. 但在实际问题中, 复发事件过程与删失时间具有某种相依性, 如死亡引起某种复发事件的终止, 这时死亡就是有信息删失时间或是相依删失时间.

在有信息 (相依) 的终止时间下, Ghosh 和 Lin(2000) 给出了事件过程均值函数的非参数估计, 同时讨论了两样本下的非参数检验方法, 此方法是对 Cook 和 Lawless (1997b) 方法的改进和扩展. Strawderman (2000) 在一般框架下研究了停时的事件过程均值函数的非参数估计, 以及它们的相合性和渐近正态性. 对于边际加速失效时间均值模型 (7.4.8), Ghosh 和 Lin(2003) 利用刻度变化模型建立了复发事件过程与相依删失时间的半参数联合模型, 其分布形式和相依结构是未知的, 并获得了回归参数的估计方法以及估计的相合性和渐近正态性. Ghosh 和 Lin(2002) 考虑了事件过程均值函数的比例均值模型 (7.4.5), 并利用删失逆概率加权和生存逆概率加权, 给出了回归参数的两种估计以及它们的相合性和渐近正态性. Liu 等 (2004) 利用随机脆弱变量建立了复发事件过程的强度函数和死亡时间的风险函数的联合模型, 并给出了联合模型中参数和非参数的极大似然估计以及它们的蒙特卡罗 EM 算法. Ye 等 (2007) 利用公共的伽马分布脆弱变量建立了比率函数和终止时间的联合模型, 并获得了模型参数的估计方法. Huang 和 Liu(2007) 提出了间隔时间和生存时间的风险函数的联合比例风险脆弱模型, 并给出了联合模型中参数和非参数的极大似然估计以及它们的蒙特卡罗 EM 算法. Sinha 等 (2008) 从 Bayes 的观点讨论几个随机模型以及模型诊断问题.

在相依删失时间下, Wang 等 (2001) 通过一个不能观察的随机脆弱变量来刻画了一个非平稳的 Poisson 过程, 建立了非参数和半参数的比例强度模型, 并利用估计方程的思想给出了回归参数和累积比率函数的估计及其渐近正态性. Wang 和 Chiang(2002) 讨论比率函数和累积比率函数的非参数核估计方法, 而且 Chiang 等 (2005) 给出了这些估计的一个随机加权 Bootstrap 计算方法. 对于 AG 比例强度模型 (7.3.1), Miloslavsky 等 (2004) 给出了回归参数的一个删失逆概率加权估计, 并讨论了估计的相合性. Huang 和 Wang(2004) 利用随机脆弱变量建立了复发事件过程与失效时间的联合模型, 并通过 "借力估计方法" (borrow-strength estimation procedure) 获得了这两个模型中参数和非参数的估计, 同时给出了这些估计的联合渐近正态性. 对于事件的发生次数, Huang 和 Wang(2003) 考虑了发生次数和失效时间的联合模型, 提出了一个简单的联合对数线性模型和一个嵌套的联合对数线性模型, 并获得了模型参数的估计和它们的相合性和渐近正态性.

7.6.2 其他相关问题

Cook 等 (2005) 利用混合的 Poisson 过程讨论了多重观察期间下删失复发事件数据的估计和稳健检验. Zhao 和 Sun(2006) 研究了有间隙的复发事件数据, 给出了均值函数的非参数和半参数估计方法, 并进行了两样本比较. Fine 等 (2004) 在时间过程回归框架下研究了变系数的一般均值转移模型, 并提出了参数的 "工作独立" 估计 ('working independence' estimators), 同时讨论了变系数的检验问题.

如果复发事件的结果不止一种类型, 就称为多类型复发事件. 例如, 研究骨髓移植之后的感染, 感兴趣的就是同时研究细菌、真菌和病毒感染等. 对于多类型复发事件数据, Abu-Libdeh 等 (1990) 考虑了有随机和固定效应的非齐次 Poisson 过程, 并利用极大似然的方法对未知参数进行了统计推断. Cai 和 Schaubel (2004) 考虑了边际比例均值和比率模型, 并利用广义估计方程的思想获得了模型参数的估计以及它们的渐近性质. Cook 和 Lawless(2007) 介绍了一般强度模型、随机效应模型以及模型参数的极大似然方法, 同时给出了边际比例比率模型中参数的一个稳健估计方法. 在事件类型为随机丢失情况下, Schaubel 和 Cai (2006a, 2006b) 分别利用加权估计方程和赋值思想, 给出了边际比例均值和比率模型中参数和非参数的估计以及它们的渐近性质. Chen 和 Cook(2004) 在相依终止时间下, 给出了多类型复发事件均值函数的两样本检验方法.

如果成组个体都经历复发事件, 就称为成组复发事件数据. Schaubel 和 Cai (2005a, 2005b) 在成组复发事件数据下, 提出了两个比例均值和比率模型, 其中, 一个模型的基本比例函数对于成组个体是相同的, 另一个模型的基本比例函数具有成组个体特性. 对于这两个模型的回归参数, 其估计被证明是相合的和渐近正态的. 对于第一个模型, 基本均值的估计是一致相合的并弱收敛到一个零均值的高斯过程. 同时, Schaubel(2005) 在成组数为小样本下给出了回归参数估计的一个稳健方差估计.

在纵向数据研究中, 观察时间可以看成是一个复发事件过程. Sun 等 (2005, 2007) 分别利用半参数条件模型和联合模型两种方法研究了纵向变量依赖观察时间和删失时间的估计问题, 并给出了模型参数的估计以及它们的渐近性质. Jin 等 (2006) 提出了纵向变量、观察时间和生存时间半参数联合模型, 并给出了模型参数的估计以及它们的渐近性质, 同时讨论了参数的检验问题.

对一些个体进行多次观察, 只知道在每个观察时间前个体所发生的事件总数, 而不知道事件发生的具体时间, 即只知道在观察时间间隔中所发生的事件数目, 而不知道其事件具体发生的时间, 这种数据称为面板计数数据. Sun 和 Kalbfleisch (1995) 给出了复发事件过程均值函数的一个简单的相合估计. Wellner 和 Zhang (2000) 在复发事件过程为非齐次 Poisson 过程的假设下, 获得了均值函数的非参数拟似然估计和极大似然估计, 并证明了这些估计是一致相合的和依分布收敛的. Lu 等 (2007) 基于样条函数方法获得了均值函数的拟极大似然估计和非参数极大似然估计, 并证明了估计的相合性及其相应的收敛速度. Sun 和 Fang (2003), Zhang (2006) 以及 Park 等 (2007) 分别考虑了单个样本、两个样本和多个样本下的均值函数的检验问题, 并获得了检验统计量的大样本性质. Sun 和 Wei(2000) 以及 Cheng 和 Wei(2000) 在边际比例比率模型下, 分别给出了模型的参数的相合估计及其渐近正态性. Wellner 和 Zhang (2007) 在复发事件过程为非齐次 Poisson 过程的假设下,获得了比例比率模型的半参数拟似然估计和极大似然估计, 并在一定的条件下证明了这些估计的相合性和渐近正态性. Huang 等 (2006) 和 Sun 等 (2007) 在复发事件过程为非齐次 Poisson 过程的假设下, 分别利用条件似然和估计方程思想给出了一类随机效应比例均值模型的估计. Kim(2006) 运用分段直线的方法来近似基本均值函数, 在复发事件过程是混合 Poisson 过程假设下, 利用极大似然和 EM 算法获得了未知参数和分段直线斜率的估计. Sinha 和 Maiti(2004) 利用 Bayes 方法讨论了随机效应比例均值模型的估计问题. 在多重面板计数数据下, Chen 等 (2005) 研究了一个随机效应强度乘积模型, 并给出了模型参数的极大似然估计. He 等 (2008) 研究了边际均值模型的回归参数估计问题, 并得到了估计的统计性质.

7.6.3 潜在的研究方向

由于复发事件过程与删失时间存在各种复杂的相依关系, 目前仍然存在着一些重要的难题有待于寻找有效的统计方法去解决, 主要是怎样充分利用数据提供的信息合理地建立这些相依变量所满足的统计模型; 对于非参数模型, 如何获得最有效的估计; 对于一些高维数据, 为了避免维数祸根问题, 需要寻找合理的半参数模型来拟合数据, 同时给出有效的模型参数估计和模型检验方法; 对于随时间或者协变量而变化的变系数半参数模型, 如何利用局部多项式拟合法、核估计法、样条法和筛选法等对变系数进行统计分析和推断; 相依结构下带有测量误差或者丢失的复发事件数据中的统计建模问题也是需要研究的前沿统计问题.

由于在生物学、医学、生态学、人口学、环境学和经济学等学科的研究中, 随着实验技术、检验方法和数据分析手段的日益提高, 所获得的数据在结构上越来越复杂精细, 所提供的信息也越来越繁杂, 而且获得的变量个数越来越多. 由于复杂数据种类较多, 包括复发事件数据、成组数据、纵向数据、丢失数据、重复测量数据、区间删失数据和测量误差数据等, 需要不同的统计模型和推断方法来进行分析, 这就导致了建模的复杂性和多样性, 同时使得模型中的变量选择问题更加困难.

在不同的数据结构和各种模型下, 如何有效地进行变量选择, 即选出对研究对象有比较重要影响的变量, 使得选择的模型易于解释, 并且具有较好的预测能力, 同时具有无偏性、稀疏性和连续性等优良特性. 这方面的研究已成为当今统计学与生物学、医学、生态学、社会学、环境学和经济学等交叉学科中重要的前沿问题. 这些研究结果将为临床诊断提供重要的理论依据和实际指导, 并对生物和医学等领域的研究起着推动作用.

由于篇幅所限, 不能详尽地介绍复发事件数据研究方面的所有结果及其研究现状. 这里只是起一个抛砖引玉的作用, 有兴趣的读者可以具体查阅相关文献和跟踪最近进展.

致谢 本研究得到国家自然科学基金 (批准号 10731010, 10971015, 10721101) 和国家重点基础研究发展计划 (批准号: 2007CB814902) 项目资助.

参 考 文 献

Abu-Libdeh H, Turnbull B W, Clark L C. 1990. Analysis of multi-type recurrent events in longitudinal studies: application to a skin cancer prevention trial. Biometrics, 46: 1017~1034

Andersen P K, Borgan O, Gill R D, et al. 1993. Statistical Models Based on Counting Process. New York: Springer

Andersen P K, Gill R D. 1982. Cox's regression model for counting process: a large sample study. Ann. Statist, 10: 1100~1120

Barai U, Teoh N. 1997. Multiple statistics for multiple events, with application to repeated infections in the growth factor studies. Statist. Med, 16: 941~949

Boher J, Cook R J. 2006. Implication of model misspefication in robust tests for recurrent events. Lifetime Data Anal, 12, 69~95

Breslow N. 1974. Contribution to the discussion of the paper by D R Cox. J Roy Statist Soc Ser B, 34: 187~220

Cai J, Prentice R L. 1995. Estimating equations for hazard ratio parameters based on correlated failure time data. Biometrika, 82: 151~164

Cai J, Prentice R L. 1997. Regression estimation using multivariate failure time data and a common baseline hazard function model. Lifetime Data Anal, 3: 197~213

Cai J, Schaubel D E. 2003. Marginal means and rates models for multiple type recurrent event data. Lifetime Data Anal, 10: 121~138

Cai J, Schaubel D E. 2004. Analysis of recurrent event data. Advances in survival analysis, 603~623, Handbook of Statist., 23, Elsevier, Amsterdam.

Campbell G, Földes A. 1982. Large sample properties of nonparametric statistical inference. *In*: Gnedenko B V, Puri M L, Vincze I. Colloquia Methemetica-Societatis Jaanos Bolyai. Amsterdam: North-Holland. 103~122

Chang S H. 1995. Regression analysis for recurrent event data. Doctoral Dissertation. Johns Hopkins University, Department of Biostatistics.

Chang S H. 2004. Estimating marginal effects in accelerated failure time models for serial sojourn times among repeated events. Lifetime Data Anal, 10: 175~190

Chang I S, Hsiung C A. 1994. Information and asymptotic efficiency in some generalized proportional hazards models for counting processes. Ann. Statist, 22: 1275~1298

Chang S H, Wang M C. 1999. Conditional regression analysis for recurrence time data. J Amer. Statist. Assoc, 94: 1221~1230

Chen B E, Cook R J. 2004. Tests for multivariate recurrent events in the presence of a terminal event: application to studies of cancer metastatic to bone. Biostatistics, 5: 129～143

Chen B E, Cook R J, Lawless J F, et al. 2005. Statistical methods for multivariate interval-censored recurrent events. Statist. Med, 24: 671～691

Chen K, Jin Z, Ying Z. 2002. Semiparametric analysis of transformation models with censored data. Biometrika, 89: 659～668

Cheng S C, Wei L J. 2000. Inferences for a semiparametric model with panel data. Biometrika, 87: 89～97

Chiang C L. 1968. Introduction to Stochastic Processes in Biostatistics. New York: Wiley

Chiang C T, James L F, Wang M C. 2005. Random weighted bootstrap method for recurrent events with informative censoring. Lifetime Data Anal, 11: 489～509

Clayton D. 1994. Some approaches to the analysis of recurrent event data. Statist Methods Medical Res, 3: 244～262

Cook R J, Lawless J F. 1997a. Discussion of paper by Wei and Glidden. Statist. Med, 16: 841～851

Cook R J, Lawless J F. 1997b. Marginal analysis of recurrent events and a terminating event. Statist.Med, 16: 911～924

Cook R J, Lawless J F. 2007. The Statistical Analysis of Recurrent Events. New York: Springer

Cook R J, Wei W, Yi G Y. 2005. Robust tests for treatment effects based on censored recurrent event data observed over multiple periods. Biometrics, 61: 692～701

Cox D R. 1972. Regression models and life-tables (with discussion). J. Roy. Statist. Soc. Ser, B 34: 187～220

Cox D R. 1975. Partial likelihood. Biometrika, 62: 262～276

Cox D R, Isham V. 1980. Point Processes. London: Chapman and Hall

Dabrowska D M. 1988. Kaplan-Meier estimate on the plane. Ann. Statist, 16: 1475～1489

Ebrahimi N. 2006. Models for recurring events with marginal proportional hazards. Biometrika, 93: 481～485

Efron B. 1981. Censored data and the bootstrap. J. Amer. Statist. Assoc, 76: 312～319

Fine J P, Yan J, Kosorok M R. 2004. Temporal process regression. Biometrika, 91: 683～703

Fleming T R, Harrington D P. 1991. Counting Processes and Survival Analysis. New York: Wiley

Gao S, Zhou X H. 1997. An empirical comparison of two semi-parametric approaches for the estimation of covariate effects from multivariate failure time data. Statist. Med, 16: 2049～2062

Ghosh D. 2004. Accelerated rates regression models for recurrent events. Lifetime Data Anal, 10: 247～261

Ghosh D, Lin D Y. 2000. Nonparametric analysis of recurrent events and death. Biometrics,

56: 554～562

Ghosh D, Lin D Y. 2002. Marginal regression models for recurrent and terminal events. Statist. Sinica, 12: 663～688

Ghosh D, Lin D Y. 2003. semiparametric analysis of recurrent events in the presence of dependent censoring. Biometrics, 59: 877～885

He X, Tong X, Sun J, et al. 2008. Regression analysis of multivariate panel count data. Biostatistics, 9: 234～248

Huang C Y, Wang M C, Zhang Y. 2006. Analysing panel count data with informative observation times. Biometrika, 93: 763～775

Huang C Y, Wang M L. 2004. Joint modeling and estimation for recurrent event processes and failure time data. J. Amer. Statist. Assoc, 99: 1153～1165

Huang X, Liu L. 2007. A joint frailty model for survival and gap times between recurrent events. Biometrics, 63: 389～397

Huang Y, Chen Y Q. 2003. Marginal regression of gaps between recurrent events. Lifetime Data Anal, 9: 293～303

Huang Y, Wang M C. 2003. Frequency of recurrent events at failure time: modeling and inference. J. Amer. Statist. Assoc, 98: 663～670

Jin Z, Liu M, Albert S, et al. 2006. Analysis of longitudinal health-related quality of life data with terminal events. Lifetime Data Anal, 12: 169～190

Kalbfleisch J D, Prentice R L. 2002. The Statistical Analysis of Failure Time Data, 2nd Edition. New York: John Wiley and Sons

Kaplan E L, Meier P. 1958. Nonparametric estimation from incomplete samples. J. Amer. Statist. Assoc, 53: 457～481

Kelly P J, Lim L L. 2000. Survival analysis for recurrent event data: an application to childhood infectious diseases. Statist. Med, 19: 13～33

Kim Y J. 2006. Analysis of panel count data with dependent observation times. Comm. Statist. Simul. Comput, 35: 983～990

Laird N M, Olivier D. 1981. Covariance analysis of censored survival data using log-linear analysis techniques. J. Amer. Statist. Assoc, 76: 231～240

Lawless J F, Nadeau C. 1995. Some simple robust methods for the analysis of recurrent events. Technometrics, 37: 158～168

Lee E W, Wei L J, Amato D A. 1992. Cox-type regression analysis for large numbers of small groups of correlated failure time observations. *In*: Klein J P, Goel P K. Survival Analysis: State of the Art. Dordrecht: Kluwer Academic, 237～247

Liang K Y, Self S G, Chang Y C. 1993. Modelling marginal hazards in multivariate failure time data. J. Roy. Statist. Soc. Ser, B 55: 441～453

Liang K Y, Zeger S L. 1986. Longitudinal data analysis using generalized linear models. Biometrika, 73: 13～22

Lin D Y. 1994. Cox regression analysis of multivariate failure time data. Statist. Med, 15: 2233~2247

Lin D Y, Geyer C J. 1992. Computational methods for semiparametric linear regression with censored data. J. Comp. Graph. Statist, 1: 77~90

Lin D Y, Sun W, Ying Z. 1999. Nonparametric estimation of the gap time distributions for serial events with censored data. Biometrika, 86: 59~70

Lin D Y, Wei L J. 1989. The robust inference for the Cox proportional hazards model. J. Amer. Statist. Assoc, 84: 1074~1078

Lin D Y, Wei L J, Yang I, et al. 2000. Semiparametric regression for the mean and rate functions of recurrent events. J. Roy. Statist. Soc. Ser, B 62: 711~730

Lin D Y, Wei L J, Ying Z. 1998. Accelerated failure time models for counting processes. Biometrika, 85: 605~618

Lin D Y, Wei L J, Ying Z. 2001. Semiparametric transformation models for point processes. J. Amer. Statist. Assoc, 96: 620~628

Lin D Y, Ying Z. 1993. A simple nonparametric estimator of the bivariate survival function under univariate censoring. Biometrika, 80: 573~581

Lin D Y, Ying Z. 1994. Semiparametric analysis of the additive risk model. Biometrika, 81: 61~71

Lipschutz K H, Snapinn S M. 1997. Discussion of paper by Wei and Glidden. Statist Med, 16: 846~848

Liu L, Wolfe R A, Huang X. 2004. Shared frailty models for recurrent events and a terminal event. Biometrics, 60: 747~756

Lu M, Zhang Y, Huang J. 2007. Estimation of the mean function with panel count data using monotone polynomial splines. Biometrika, 94: 705~718

Lu W. 2005. Marginal regression of multivariate event times based on linear transformation models. Lifetime Data Anal, 11: 389~404

Maller R A, Sun L, Zhou X. 2002. Estimating the expected total number of events in a process. J. Amer. Statist. Assoc, 97: 577~589

Miloslavsky M, Keles S, van der Laan M J, et al. 2004. Recurrent events analysis in the presence of time-dependent covariates and dependent censoring. J. Roy. Statist. Soc. Ser, B 66: 239~257

Nelson W B. 1988. Graphical analysis of system repair data. J. Qual. Tech, 20: 24~35

Neyman J, Scott E L. 1948. Consistent estimates based on partial consistent observations. Econometrica, 16: 1~32

Park D H, Sun J, Zhao X. 2007. A class of two-sample nonparametric tests for panel count data. Comm. Statist. Theory Methods, 36: 1611~1625

Pena E, Strawderman R, Hollander M. 2001. Nonparametric estimation with recurrent event data. J. Amer. Statist. Assoc, 96: 1299~1315

Pepe M S, Cai J. 1993. Some graphical displays and marginal regression analysis for recurrent failure times and time-dependent covariates. J. Amer. Statist. Assoc, 88: 811~820

Prentice R L, Cai J. 1992. Covariate and survival function estimation using censored multivariate failure time data. Biometrika, 79: 495~512

Prentice R L, Williams B J, Peterson A V. 1981. On the regression analysis of multivariate failure time data. Biometrika, 68: 373~389

Ross S M. 1989. Introduction to Probability Models. New York: Academic Press

Schaubel D E. 2005. Variance estimation for clustered recurrent event data with a small number of clusters. Statist. Med, 24: 3037~3051

Schaubel D E, Cai J. 2004a. Non-parametric estimation of gap time survival functions for ordered multivariate failure time data. Statist. Med, 23: 1885~1900

Schaubel D E, Cai J. 2004b. Regression methods for gap time hazard function of sequentially ordered multivariate failure time data. Biometrika, 91: 291~303

Schaubel D E, Cai J. 2005a. Semiparametric methods for clustered recurrent event data. Lifetime Data Anal, 11: 405~425

Schaubel D E, Cai J. 2005b. Analysis of clustered recurrent event data with application to hospitalization rates among renal failure patients. Biostatistics, 6: 404~419

Schaubel D E, Cai J. 2006a. Rate/mean regression for multiple-sequence recurrent event data with missing event category. Scand. J. Statist, 33: 191~207

Schaubel D E, Cai J. 2006b. Multiple imputation methods for recurrent event data with-sequence recurrent event data with missing event category. Scand. J. Statist, 34: 677~692

Schaubel D E, Zeng D, Cai J. 2006. A semiparametric additive rates model for recurrent event data. Lifetime Data Anal, 12: 389~406

Sinha D, Maiti T. 2004. A Bayesian approach for the analysis of panel count data with dependent termination. Biometrics, 60: 34~40

Sinha D, Matti T, Ibrahim J G, et al. 2008. Current methods for recurrent events data with dependent termination: a Bayesian perspective. J. Amer. Statist. Assoc, 103: 866~878

Strawderman R. 2000. Estimating the mean of an increasing stochastic process at a censored stopping time. J. Amer. Statist. Assoc, 95: 1192~1208

Strawderman R. 2005. The accelerated gap times model. Biometrika, 92: 647~666

Sun J, Fang H. 2003. A nonparametric test for panel count data. Biometrika, 90: 199~208

Sun J, Kalbfleisch J D. 1995. Estimation of the mean function of point processes based on panel count data. Statist. Sinica, 5: 279~290

Sun J, Park D H, Sun L, et al. 2005. Semiparametric regression analysis of longitudinal data with informative observation times. J. Amer. Statist. Assoc, 100: 882~889

Sun J, Sun L, Liu D. 2007. Regression analysis of longitudinal data in the presence of informative observation and censoring times. J. Amer. Statist. Assoc, 102: 1397~1406

Sun J, Tong X, He X. 2007. Regression analysis of panel count data with dependent observation times. Biometrics, 64: 1053~1059

Sun J, Wei L J. 2000. Regression analysis of panel count data with covariate-dependent observation and censoring times. J. Roy. Statist. Soc, B 62: 293~302

Sun L, Park D, Sun J. 2006. The additive hazards model for recurrent gap times. Statist. Sinica, 16: 919~932

Sun L, Su B. 2008. A class of accelerated means regression models for recurrent event data. Lifetime Data Anal, 14: 357~375

Therneau T M, Hamilton S A. 1997. rhDNase as an example of recurrent event analysis. Statist. Med, 16: 2029~2047

Tsai W Y, Crowley J. 1998. A note on nonparametric estimators of the bivariate survival function under univariate censoring. Biometrika, 85: 573~580

Tsai W Y, Leugrans S, Crowley J. 1996. Nonparametric estimation of the survival function in the presence of censoring. Ann. Statist, 14: 1351~1365

Tsiatis A A. 1981. A large sample study of Cox's regression model. Ann. Statist, 9: 93~108

Wang M C, Chiang C T. 1999. Nonparametric estimation of recurrent survival function. J. Amer. Statist. Assoc, 94: 146~153

Wang M C, Chiang C T. 2002. Non-parametric methods for recurrent event data with informative and non-informative censorings. Statist. Med, 21: 445~456

Wang M C, Qin J, Chiang C T. 2001. Analysis recurrent event data with informative censoring. J. Amer. Statist. Assocm 96: 1057~1065

Wang W, Wells M T. 1998. Nonparametric estimation of successive duration times under dependent censoring. Biometrika, 85: 561~572

Wei L J, Glidden D V. 1997. An overview of statistical methods for multiple failure time data in clinical trials. Statist. Med, 16: 833~839

Wei L J, Lin D Y, Weissfeld L. 1989. Regression analysis of multivariate incomplete failure time data by modelling marginal distributions. J. Amer. Statist. Assoc, 84: 1065~1073

Wei L J, Ying Z, Lin D Y. 1990. Linear regression analysis of censored survival data based on rank tests. Biometrika, 77: 845~851

Wellner J A, Zhang Y. 2000. Two estimators of the mean of a counting process with panel count data. Ann. Statist, 28: 779~814

Wellner J A, Zhang Y. 2007. Two likelihood-based semiparametric estimation methods for panel count data with covariates. Ann. Statist, 35 2106~2142

Ye Y, Kalbfleisch J D, Schaubel D E. 2007. Semiparametric analysis of correlated recurrent and terminal events. Biometrics, 63: 78~87

Zeng D, Lin D Y. 2006. Efficient estimation of semiparametric transformation models for counting processes. Biometrika, 93: 627~640

Zeng D, Lin D Y. 2007. Semiparametric transformation models with random effects for recurrent events. J. Amer. Statist. Assoc, 102: 167~180

Zhang Y. 2006. Nonparametric k-sample tests with panel count data. Biometrika, 93: 777~790

Zhao Q, Sun J. 2006. Semiparametric and nonparametric analysis of recurrent events with observation gaps. Comput. Statist. Data Anal, 51: 1924~1933

第 8 章　因果推断与图模型

真正的知识是凭原因而得到的知识.

—— 培根《新工具》

8.1　引　　言

人类自古以来利用自然现象归纳和探索事物之间的因果关系. 探索众多复杂事物之间的因果关系是哲学、自然科学、社会科学、医学和经济学等几乎所有科学研究的最重要的目的之一. 在统计学的发展史上, 因果推断的研究显得步履艰难. Holland (1986) 指出涉及因果推断的问题自始就缠住了统计学的脚后跟. Galton (1888) 研究遗传学中各种因素之间的相互关系, 提出了相关和回归的概念. 他的弟子 Pearson (1911) 论述了因果与列联 (contingency) 的关系, 指出两个事物之间根本的科学描述总能归结于一个列联表. 一旦读者认识了一个列联表的性质, 他将掌握了原因与结果之间关联的本质. Yule (1903) 和 Simpson (1951) 提出了虚假相关的问题, 指出没有因果关系的两个变量之间可能存在相关关系, 称为 Yule-Simpson 悖论. Fisher (1925, 1935) 提出的随机化试验是检验因果作用的最佳标准. 但是, 实际中很多研究问题不能采用随机化试验, 甚至不能采用试验性研究, 而只能采用观察性研究. 最著名的观察性研究之一是 20 世纪 30 年代在英国进行的吸烟与肺癌的研究. Doll 和 Hill (1950) 发现了吸烟与肺癌之间的相关关系, 提出吸烟能提高患肺癌的危险. 此后, 统计学家 Fisher 与 Doll 和 Hill 进行了一系列的争论, 其焦点在观察性研究得到的吸烟与癌症之间的相关性是否能解释为吸烟与癌症之间的因果关系. 研究两个变量 X 和 Y 之间的因果关系时, 如吸烟 X 与是否患癌症 Y, 由 X 与 Y 的列联表仅能反映它们的关联性, 而不能确定它们是否有因果关系. 很难像相关系数那样, 用变量 X 和 Y 定义一个因果作用的度量, 用 X 与 Y 的相关系数或关联度量不能反映它们之间的因果作用. Cox 和 Wermuth (1996) 的专著围绕着因果问题进行讨论, 提出了链图模型的推断方法. 但是他们明确指出: "我们没有使用 '因果的' 或 '因果' 这些词汇 …… 科学研究的一个目的是了解一个变量对另一个变量的作用 …… 我们谨慎的理由是: 很难由一个研究得到关于因果的确实结论." 似乎观察性研究在推断因果关系上失效, 得不到确实的因果结论. 根据观察性研究探索因果, 也许只能像 Popper 所论述的那样: 大胆地提出猜想, 然后进行反

本章作者: 耿直, 北京大学教授.

驳, 而不能严格地从形式上证明一个因果关系. 历史上有很多成功的观察性研究, 如 Snow (1855) 发现霍乱是一种饮水传染的疾病, 提出霍乱是由于饮用水中病菌导致的理论; Doll 和 Hill (1950) 关于吸烟与肺癌的观察性研究; Rothman 和 Greenland (1998) 论述了流行病学中病因分析模型和因果推断等问题; Thagard (2000) 探讨了寻找和确定疾病病因的方法.

目前有三个主要因果模型. 模型之一是 Neyman (1923) 和 Rubin (1974) 提出的潜在结果 (potential outcomes) 模型. 第二个模型是 Spirtes 等 (2000) 和 Pearl (1995) 提出的因果网络图. 这个模型用一个有向非循环图描述多变量之间的因果关系. 还有一个模型是 Granger (1969) 因果模型. 这个模型研究时间序列的因果预测问题, 与前面两个模型有不同意义的因果概念. 本章将介绍和探讨前面两个因果模型. 潜在结果模型用于研究变量之间的因果作用. 它假定了何为原因变量和结果变量, 对原因变量对结果变量的因果作用进行统计推断, 而不能用于回答一个结果的原因是什么的问题. 因果网络模型描述多变量之间的因果网络关系, 它研究因果网络的学习问题, 根据数据学习因果网络的结构和网络的参数, 试图发现变量之间何为因与何为果的因果关系.

当今统计学开始向探索事物之间因果作用和因果关系方面深入 (Freedman, 1999). 利用科学试验、计算机网络和抽样调查等形式得到的大量复杂科学数据, 挖掘发现大规模复杂系统中众多因素之间相互影响的因果关系, 掌握复杂系统的机制和原理, 制定对复杂系统如何进行干预决策, 以及对外部干预所能造成结果的预测. 探索大规模复杂系统的因果网络的学习方法和含潜变量的因果推断的统计方法等问题具有重要的理论意义、广泛的应用前景和巨大的挑战性.

统计推断描述变量之间的相关和关联关系, 而因果推断探究变量之间的因果机制. 在生命科学研究中, 利用各种生物芯片数据, 综合不同试验条件下的数据, 建立基因和蛋白质调控网络. 基于因果关系的预测方法与传统的基于相关关系的预测方法不同. 一个结果变量可以有效地预测其原因变量. 例如, 利用公鸡打鸣能够很准确地预测太阳是否从东方升起来了; 根据少儿的鞋子尺寸能够预测他的阅读能力. 这种预测方法的不足之处是, 对总体进行外部干预的情况下, 可能会得到不可靠的预测结果. 根据由观察数据得到的预测模型, 一位天真的统计学者也许会建议提早公鸡打鸣的时间来达到使太阳早早升起的目的; 建议少儿穿一双大鞋来提高他的阅读能力. 当研究一个复杂的系统时, 类似的预测错误就不一定那么显而易见了. 基于相关关系的预测方法只适用于被预测样本与建模学习样本是独立同分布情况下的预测. 在实际应用中, 常常希望预测系统在新的外部干预情况下的结果. 基于因果关系的预测方法可以用于外部干预情况下的预测. 首先根据历史数据或学习样本发现多变量之间的因果关系, 然后根据干预的模式进行预测. 基于因果关系的预测方法比基于相关关系的预测方法有更广泛的应用范围. 例如, 在金融经济、公共卫生等研究问题中, 基于因果关系的预测方法对不同干预政策和援助计划进行结果的预测.

仅仅利用观察性研究得到的数据, 难以确定原因和结果的因果方向. 将观察得到的数据与试验研究得到的数据相结合, 有利于更确切地判断变量之间的因果关系. 在实际研究中, 需要反复观察、反复试验逐步认识多变量之间的因果关系. 探索因果推断是一个具有挑战性的统计学研究问题. "The New Challenge: From a century of Statistics to an Age of Causation" (Pearl, 1998).

8.2 潜在结果模型

首先, 介绍 Neyman (1923) 和 Rubin (1974) 提出的潜在结果模型. 这个因果模型与哲学家 Lewis (1973) 提出的虚拟事实模型 (counterfactuals) 的因果定义是一致的. 令 T 表示某种处理或暴露因素, 这里暴露的意思是接触某种危险因素, 或接受某种治疗方法等. 例如, $T=1$ 表示服用某种药品或吸烟, $T=0$ 表示服用安慰剂或不吸烟. 令 Y_{obs} 表示观察到的结果, 潜在模型引入了个体 u 的潜在结果变量 $Y_t(u)$, 表示个体 u 在暴露 $T=t$ 情况下的结果, 通过比较 $Y_t(u)$ 和 $Y_{t'}(u)$ 来确定暴露 $T=t$ 和暴露 $T=t'$ 对个体 u 的个体因果作用. 例如, 吸烟 $(T=t)$ 相对于不吸烟 $(T=t')$ 对张三 $(U=u)$ 是否患癌症的因果作用可以定义为

$$Y_t(u)-Y_{t'}(u),$$

即张三在吸烟情况下的结果减去他不吸烟情况下的结果, 把这个差作为吸烟对张三的因果作用. 这种潜在结果模型给因果作用下了一个清晰的定义. 但是, 正如 Heraclitus (东罗马皇帝) 所述: "You can't step into the same river twice (你不可能两次踏入相同的河流). " 对于同一个个体不可能得到两个不同暴露情况下的结果 $Y_t(u)$ 和 $Y_{t'}(u)$. 也就是说, 对于张三来说, 要么只能得到他吸烟的结果 $Y_t(u)$, 要么只能得到他不吸烟的结果 $Y_{t'}(u)$, 而不可能同时得到这两者. 因此, 观测数据中没有足够的信息识别个体因果作用. 下面讨论识别条件宽松的平均因果作用. 设感兴趣的总体有 n 个个体, Rubin (1974) 定义总体的平均因果作用 (average causal effect) 为

$$\text{ACE}=E(Y_t-Y_{t'})=\left[\sum_{u=1}^{n}Y_t(u)-Y_{t'}(u)\right]\Big/n,$$

其中, $E(\cdot)$ 表示在该总体上求期望. Fisher (1925, 1935) 提出的随机化试验是将处理 T 进行随机分配. 设 T 为二值暴露, 如 $T=1$ 表示服药, $T=0$ 表示不服药, 采用投掷硬币来决定一位患者是服药 $T=1$, 还是不服药 $T=0$. 设 Y_t 为二值结果,

$Y_t = 1$ 表示有效, $Y_t = 0$ 表示无效, 那么 $E(Y_1 - Y_0) = P(Y_1 = 1) - P(Y_0 = 1)$. 因为 T 与 (Y_1, Y_0) 独立, 所以得到

$$E(Y_1 - Y_0) = P(Y_1 = 1|T = 1) - P(Y_0 = 1|T = 0).$$

如果假定服药人群 $(T = 1)$ 的观察结果 Y_{obs} 等于他们的潜在结果 Y_1, 那么就得到 $P(Y_1 = 1|T = 1) = P(Y_{\text{obs}} = 1|T = 1)$ 表示服药的人群中有效的比率, $P(Y_0 = 1|T = 0) = P(Y_{\text{obs}} = 1|T = 0)$ 表示不服药的人群中有效的比率, 这两个比率是可以根据服药人群和不服药人群的观测数据进行估计的. 因此, 随机化试验给出了一种评价总体平均因果作用的统计方法. 统计学是研究随机现象的方法学, 包括制造随机现象. Fisher 利用随机数人为地引入随机性, 提出了随机化试验, 使得人们对事物的认识范围从相关性扩展到因果性. 这个扩展是因为利用了上帝赐予的随机数. 但是, 在许多研究中禁止使用随机化试验, 甚至禁止使用试验性方法, 而仅能进行观察性研究, 如在吸烟与肺癌的研究中, 如果采用随机化试验, 将具有伦理问题. 采用观察性研究进行因果推断离不开必要的假定. 最本质的假定是可忽略性假定：令 X 表示可观测变量或向量, 假定给定观测变量 X 的条件下, 所有潜在结果 Y_t 与处理 T 条件独立, 记为

$$(Y_t, \forall t) \perp\!\!\!\perp T | X,$$

称为强可忽略性假定. 一个弱的假定是：对于所有 t,

$$Y_t \perp\!\!\!\perp T | X,$$

称为弱可忽略性假定.

引入潜在变量后, 观测数据模式如表 8.1 所示. 潜在模型引入了潜在的结果变量, 该模型清楚地定义了因与果之间的因果作用, 同时也清楚地描述了潜在变量的缺失数据问题. 潜在结果模型导致大量不可观测的缺失数据, 因果推断中的重要问题之一是参数的可识别性. 可以看出, Y_t 与 $T = t'(t \neq t')$ 没有同时的观测数据. 因此, 可忽略性假定是不可由观测数据进行检验的. Holland (1986) 讨论了观察性研究进行因果推断必须基于经验不可检验的假定才能进行. 哲学家 Popper (1968) 提出科学与非科学划界的证伪原则, 如果一个理论是经验可证伪的 (refutable), 那么才被认为是科学的; 否则, 认为它是形而上学的. 不可证伪指的是：原则上不可以被观测所否定, 即不可能想象出存在一种现象与该理论不符. Dawid (2000) 依据 Popper 的这个证伪原则, 指出潜在结果模型需要不可同时观测变量的联合分布, 依赖于不可检验的假定, 实质是形而上学的, 反对采用潜在结果模型进行因果推断. 另一方面, 潜在结果模型需要假定虚拟的潜在结果的存在, 而在有些实际应用中, 这种虚拟结果的存在性遭到很多学者的质疑. 例如, 分析性别的因果作用时, 需要假定一

位男性假若是女性的虚拟潜在结果. Holland (1986) 认为因果推断中的因果变量应将不可操作的变量排除在外.

表 8.1　潜在结果模型的观测数据模式

个体	Y_1	Y_0	T	X
1	*	?	1	*
$\vdots$	$\vdots$	$\vdots$	$\vdots$	$\vdots$
k	*	?	1	*
$k+1$	?	*	0	*
$\vdots$	$\vdots$	$\vdots$	$\vdots$	$\vdots$
n	?	*	0	*

* 表示观测到的数据, ? 表示缺失数据.

潜在结果模型被广泛应用于观察性研究和试验研究的数据分析. 例如, 在流行病学、社会学、计量经济学有大量的观察性研究, 探索现象之间的因果作用. Morgan 和 Winship (2007) 论述了潜在结果模型和因果推断在社会科学中的应用.

在临床随机化试验研究中, 常常出现数据缺失、病人中途退出和病人不依从治疗分配等情况. Imbens 和 Angrist (1994) 提出了利用工具变量方法识别和估计临床试验中病人不依从治疗分配情况下依从组因果作用的方法. Frangakis 和 Rubin (1999) 提出终点指标有缺失的情况下依从组因果作用的矩估计方法, 该方法假定缺失机制是潜在可忽略的. 在潜在可忽略缺失机制的假定下, Zhou 和 Li (2006) 提出了多值依从状态情况下依从组因果作用的估计方法. O'Malley 和 Normand (2005) 讨论了连续终点指标情况下依从组因果作用的估计方法. Chen 等 (2009) 探讨了不依从和不可忽略缺失机制下总体平均因果作用的可识别性.

8.3　因果网络模型

Neyman 和 Rubin 的潜在结果模型是评价一个变量对另一个变量的因果作用的模型. 这个模型需要事先假定变量间的因果关系, 它不能用于发现变量间的因果关系. 另一个描述多变量之间因果关系的模型是因果网络模型. Spirtes 等 (2000), Pearl (1995, 2000), Spiegelhalter 等 (1993) 提出因果网络图, 探讨由观察性研究得到的数据进行因果推断的统计方法. 一个图 $G=(V,E)$ 由结点集合 $V=\{X_1,X_2,\cdots,X_n\}$ 和一个边集合 E 组成. 两个结点之间的一条无向边记为 (X_i,X_j), 一条由 X_i 指向 X_j 的有向边记为 $\langle X_i,X_j\rangle$. 如果所有的边都是无向边, 称该图是一个无向图. 如果所有的边都是有向边, 称该图是一个有向图. 一条从结点 X_i 到结点 X_j 的路径 p 是由从 X_i 开始中间不重复经过结点的接续连接的边集合组成, 而不管边的方向. 如果该路径上所有边的方向都是朝向 X_j, 则称该路径是从 X_i 到 X_j 的有向路径. 一条从 X_i 到 X_i 的有向路径称为一个有向环. 一个没有环的有向图称为有向无环图 (directed acyclic graph, DAG), 也称为 Bayes 网络. 图 8.1 给出了一个 Bayes 网络. Bayes 网络中每一个结点表示一个随机变量, 可以用来描述随机变量之间的条件独立性. n 个随机变量的概率分布可以用链规则写为

$$P(x_1, \cdots, x_n) = \prod_{j=1}^{n} P(x_j | x_1, \cdots, x_{j-1}),$$

其中, $P(\cdot|\cdot)$ 表示条件概率. 令 PA_j 表示结点 X_j 在 Bayes 网络中父结点的集合. 对于一个有向无环图, 总可以将所有结点排序, 使得每个结点 X_j 的父结点都排在该结点之前, 即 $PA_j \subseteq \{X_1, \cdots, X_{j-1}\}$. 一个 Bayes 网络描述了概率分布具有下面的条件独立性的假定:

$$P(x_j | x_1, \cdots, x_{j-1}) = P(x_j | pa_j).$$

图 8.1 的 Bayes 网络描述的概率分布为

$$P(x_1, x_2, x_3, x_4) = P(x_1)P(x_2|x_1)P(x_3|x_1)P(x_4|x_2, x_3)P(x_5|x_4).$$

如果 Bayes 网络的有向边表示因果关系的话, 称该 Bayes 网络为一个因果网络. 在因果网络中, 一条有向边 $X \to Y$ 表示变量 X 是变量 Y 的原因, 变量 Y 是变量 X 的结果. 给定一个因果网络模型, 结果变量可以用原因变量的函数来描述,

$$x_j = f_j(pa_j, u_j), \quad j = 1, \cdots, n,$$

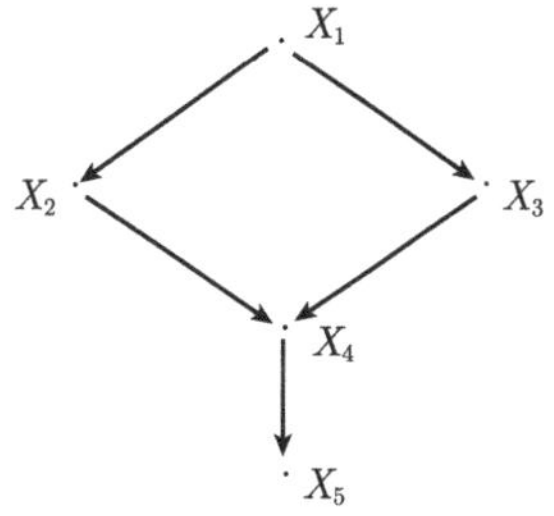

图 8.1 Bayes 网络是有向无环图

其中, $f_j(\cdot)$ 是未知函数, u_j 表示不在图中的变量引起的误差项. 一个函数式子是双方向的, 没有因果的含义. 例如, $x_j = x_i + 1 + u_j$ 可改写为 $x_i = x_j - 1 - u_j$. 而原因与结果是单方向的, 反馈和相互因果可以解释为前一时刻的因果关系 (如 $\langle X_{it}, X_{jt} \rangle$) 与下一时刻的因果关系相反 (如 $\langle X_{jt}, X_{i(t+1)} \rangle$). 与函数式不同, Bayes 网络确定了因果的方向, 描述了单方向的关系, 变量集合 PA_j 是变量 X_j 的原因. 改变原因 PA_j 将可能会改变结果 X_j, 而改变结果 X_j 不会影响原因 PA_j.

一个因果网络可以被看成一个数据产生的机制. 首先从网络的无父结点的变量 X_j (其父结点集合 $PA_j = \varnothing$) 开始产生数据, $x_j = f_j(u_j)$, 其中, u_j 是来自于某一分布的随机扰动; 然后产生下一代变量, 逐步进行, 直至产生了所有变量的数据. 原因在前, 结果在后. 这个数据产生过程可以解释为原因与结果之间的因果机制.

如果能掌握数据的产生机制, 那么就可以进行各种外部干预情况下的预测. 例如, 在外部强制干预改变了 X_j 的情况下, 不应该再根据 X_j 的值对其父结点集合 PA_j 中的变量进行预测. 基于因果关系的预测方法可以描述为当得到一组数据时, 可以首先试图去探索和学习手上数据的产生机制, 然后根据这个机制去预测未来数据.

仅仅根据一个时间点的观察数据是否能找出变量之间的因果关系呢? 利用条件独立性是否可能判断因与果? Bayes 网络有一个马氏性质：给定父结点集 PA_j 下, 变量 X_j 与 X_j 的非后代条件独立. 给 Bayes 网络加上因果意义的话, 在因果网络中, 所有原因变量 PA_j 能够解释清楚其结果 X_j 与除去 X_j 的结果 (X_j 的后代) 之外的所有其他变量 (X_j 的非后代) 之间的相关关系. 特别地, 在给定原因条件下, 其多个结果之间, 如果相互没有因果关系的话, 是相互独立的. 例如, 小学生的阅读能力和鞋的尺寸有很强的相关性, 但是, 它们之间明显地没有因果关系. 在相同年龄的条件下, 小学生的阅读能力和鞋的尺寸也许变得相互独立. 作为原因的多个因素, 即使它们之间是相互独立的, 但是给定结果后, 这些原因因素可能变得相互相关了. 例如, 学生的阅读能力有两个原因, 一个是他的年龄, 另一个是他是否喜欢文学. 已知一个学生的阅读能力, 假若在具有相同阅读能力的学生中他的年龄偏小, 那么, 他很可能喜欢文学. 相反地, 在现实中很难想象存在一种情况, 两个原因因素相互相关, 但是给定结果后, 这两个原因因素变得相互独立了. 仅仅依靠条件独立性不能确定出所有的因果关系. 一个最简单的例子, 假定两个变量 X 和 Y 之间确实有因果关系, 观测到一个足够大的样本, 发现有很强的相关性. 仅依靠这样一组观察数据得不到谁因谁果的结论. 将观察性研究得到的数据和各种试验数据相结合, 有利于发现更多的因果关系.

因果网络的主要研究问题之一是因果网络的学习. Heckerman (1999) 介绍了 Bayes 网络的学习方法. Jordan (1999) 主编了统计图模型学习的论文集. Cooper 和 Yoo (1999) 提出了综合观察数据和试验数据的因果网络学习方法. Friedman (2004) 讨论了 Bayes 网络在基因网络构建方面的应用. Sachs 等 (2005) 讨论了利用多种试验数据和因果网络方法应用于蛋白质调控网络的结构学习问题. Ellis 和 Wong (2008) 提出了由试验数据学习因果网络的方法及其在蛋白质调控网络中的应用. He 和 Geng (2008) 提出了因果网络的主动学习方法和最佳试验设计方法. Xie 等 (2006) 提出了 Bayes 网络的分解学习算法, 给出了利用多个不完全观测数据库和条件独立性的先验知识进行网络结构学习的方法. Xie 和 Geng (2008) 给出了递归分解一个大规模网络的结构学习为局部小规模的网络的结果学习的方法. Studený (1997) 提出了链图模型的结构学习方法. Ma 等 (2009) 提出了链图模型的分解学习方法. 仅由观察性研究得到的数据不能保证确定所有原因和结果的因果方向, 针对未确定因果方向的边, 设计试验研究, 能进一步确定所有因果关系. He 和 Geng

(2008) 提出了一种主动学习的方法, 根据观察数据得到的因果网络, 提出有效设计试验的方法, 一种是成批进行试验, 一种是逐步进行试验, 希望能够以最少的干预试验来确定所有变量之间的因果方向. Whittaker (1990) 和 Lauritzen (1996) 详细地描述了统计图模型的统计推断方法.

大规模网络的结构学习是一个具有挑战性的研究课题. 基于 Bayes 网络和因果网络进行因果推断的哲学基础, 根据观察性研究探讨数据挖掘和发现因果关系的方法, 探讨利用纵向研究数据进行因果推断的问题, 都有待于进行进一步的理论探索和应用研究.

8.4 替代指标问题

在科学研究, 特别是在医学研究中, 所关心的终点指标常常是难以获得的, 因此, 不得不寻找一个替代指标, 利用替代指标的统计推断结果来推测终点指标的结论. 例如, 在治疗癌症的手术和治疗艾滋病的临床试验中, 所关心的终点指标是治疗后病人的寿命. 但是, 观察病人是否治愈后寿命延长了 5 年以上, 需要很长的观察时间, 很难应用于新药开发. 因此, 经常采用替代指标来评价疗效. 例如, 癌症治疗评价的替代指标是肿瘤的大小, 艾滋病治疗的替代指标是 CD4 等. 但是, 近年来报道了很多错误使用替代指标的案例 (Fleming and DeMets, 1996).

例 8.4.1 用雌激素和黄体酮进行绝经后的激素补充治疗 (HRT) 曾被认为能降低患心脏病的风险, 其理由是激素治疗降低血清胆固醇, 胆固醇低的人一般患心脏病的风险低. 可是, 后来的用安慰剂对照的随机化研究表明, HRT 实际增加心脏突发事件 (Waters, et al., 2002).

例 8.4.2 HIV 感染和 AIDS 的研究. 常常采用 CD4 作为治疗 AIDS 药物的替代指标. 但是, 很多研究发现治疗对 CD4 的作用不能预测治疗对临床结果 (AIDS 的发展或死亡时间) 的作用 (Fleming, 1994).

例 8.4.3 关于绝经妇女骨质疏松的研究. 研究表明氟化钠组增加了妇女的骨密度, 但是处理组比安慰剂组有更高的骨折率. 结论是氟处理增加骨密度, 但使得骨骼变脆, 因此, 导致骨折脆弱 (Riggs, et al., 1990).

例 8.4.4 在心脏病学的研究中, 曾使用 “减少心室异常” 作为降低心血管死亡率的替代指标. 其理论根据是轻微心律失常会导致致命的心脏骤停, 认为抑制心室心律失常能够减少死亡率. 有三种经美国 FDA 批准上市的治疗心律失常的药物, 尽管它们能有效地抑制心律失常, 但是, 后来发现它们都提高了病人的猝死率 (Moore, 1995).

近年来, 关于替代指标的准则提出了各种质疑. Fleming 和 DeMets (1996), Baker (2006) 以及 Alonso 和 Molenberghs (2008) 对替代指标的案例和准则进行了探讨.

到目前为止, 已经有不少关于确定替代指标的准则. 直观上, 首先能想到的是强相关准则. 如果一个指标与终点指标有很强的相关性的话, 这个指标似乎是一个不错的替代指标. 但是, Baker 和 Kramer (2003) 针对连续指标的情况, 指出了一个与终点指标完全相关的指标也许不是一个正确的替代指标, 他用例子说明了一个相关系数为 1 的指标, 可能导致治疗对替代指标有正作用, 但是对终点指标有负作用. Chen 等 (2007) 关于二值变量提出了类似的问题.

Prentice (1989) 提出了条件独立性准则: 给定替代指标 S 的条件下, 终点指标 Y 应该与是否治疗 T 条件独立. 直观上, 这个条件独立说明所有的治疗效果都是经过替代指标传递给终点指标的. 在这个条件独立的准则下, 确实可以证明治疗与替代指标独立的话, 一定有治疗与终点指标独立的结果. 因为

$$P(y|t) = \int P(y|s,t)P(s|t)\mathrm{d}s = \int P(y|s)P(s|t)\mathrm{d}s,$$

如果给定替代指标条件下, 结果与处理独立 ($Y \perp\!\!\!\perp T|S$), 那么

$$P(y|t) = \int P(y|s)P(s)\mathrm{d}s = P(y).$$

因此, 由治疗与替代指标独立 ($T \perp\!\!\!\perp S$) 能推出治疗与终点指标独立 ($T \perp\!\!\!\perp Y$). 当变量是二值变量时, 还可以得到逆结果也成立, 即替代指标与终点指标独立 ($T \perp\!\!\!\perp Y$) 的话, 它也一定与替代指标独立 ($T \perp\!\!\!\perp S$). 基于条件独立准则的替代指标, 统计零假设: 治疗与替代指标不相关 (H_0: $T \perp\!\!\!\perp S$) 成立的话, 真正关心的假设: 治疗与结果不相关 (H_0': $T \perp\!\!\!\perp Y$) 就成立, 意味着治疗对替代指标没有效果的话, 治疗对终点指标就没有效果.

Freedman 等 (1992) 提出了评价替代指标的方法. 假设得到了一个研究样本, 其中, 替代指标和终点指标都观测到了. 设终点指标 Y 是二值的情况, 他们定义了一个处理作用比率 (proportion of treatment effect, PTE)

$$\mathrm{PTE} = 1 - \frac{\beta_a}{\beta},$$

其中, β 和 β_a 分别是下面边缘和条件 logistic 回归模型中的参数:

$$\log \frac{P(Y=1|T=t)}{1-P(Y=1|T=t)} = \alpha + \beta t,$$

$$\log \frac{P(Y=1|S=s,T=t)}{1-P(Y=1|S=s,T=t)} = \alpha_a + \beta_a t + \gamma_a s.$$

如果 $\mathrm{PTE}=1$, 意味着 $\beta_a = 0$, 在给定 S 的条件下, Y 独立 T, 那么在 Prentice 准则的意义上, S 是 Y 的一个完美的替代指标. 这个 PTE 的问题是: 条件 logistic 模

型成立的话, 其边缘不是 logistic 模型. 一般地, 上面两个模型不可能同时成立, 而且这个评价方法需要有一个观测了终点指标的样本. 关于替代指标评价的更多探讨, 参见文献 (Burzykowski, et al., 2005).

Frangakis 和 Rubin (2002) 以及 Rubin (2004) 指出 Prentice 的条件独立性准则不能保证因果必要性, 也就是说, 这个准则不能保证治疗对替代指标没有因果作用的话, 就一定有治疗对终点指标没有因果作用. 他们提出了基于主分层的概念, 主分层定义为根据潜在结果变量 S_t 定义的分层. 基于因果必要性的理论, 他们提出了主分层替代指标的准则: 如果对所有的 s, 下面两个基于主分层定义的治疗 $(T=1)$ 情况下的潜在终点指标 Y_1 集合与对照 $(T=0)$ 情况下的潜在终点指标 Y_0 集合

$$\{Y_{1i}|S_{1i}=S_{0i}=s\} \quad 和 \quad \{Y_{0i}|S_{1i}=S_{0i}=s\}$$

有相同分布的话, 那么 S 是一个主替代指标 (principal surrogate). 这个替代指标用于比较处理 $T=1$ 和 $T=0$ 对终点指标 Y 的作用, 那么治疗 T 对替代 S 无因果作用, 则对终点指标 Y 无因果作用.

Lauritzen (2004) 利用因果网络定义了强替代指标 S, 如图 8.2 所示. 中间因素 S 是治疗 T 至终点指标 Y 因果路径上的中间变量. 强替代指标可以保证治疗 T 对替代指标 S 无因果作用的话, 治疗 T 对终点指标 Y 就一定无因果作用. 因此, 强替代指标满足因果必要性, 它也是一个主分层替代指标. 但是, 因果必要性没有考虑因果作用的正负号, 可能会出现治疗 T 对替代指标 S 有正作用, 进一步替代指标 S 对终点指标 Y 也有正作用, 但是治疗 T 却对终点指标 Y 有负作用. 主分层替代指标和强替代指标都可能出现治疗 T 对替代指标 S 有正的平均因果作用, 并且替代指标 S 对终点指标 Y 也有正的平均因果作用, 但是, 治疗 T 对终点指标 Y 有负的平均因果作用. Chen 等 (2007) 用几个例子说明了这种现象的可能性, 称这种现象为替代指标悖论 (surrogate paradox).

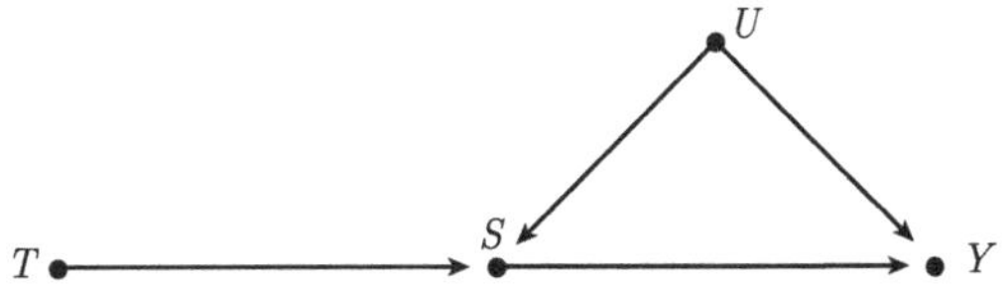

图 8.2 强替代指标 S

在强替代指标的因果网络的情况下, 概率分布为

$$P(t,u,s,y)=P(t)P(u|t)P(s|t,u)P(y|t,u,s)=P(t)P(u)P(s|t,u)P(y|u,s).$$

Pearl (1995) 提出系统外部强制某一变量取值为一常数的外部干预的概念. 例如, 外部干预 $do(T=t)$ 表示强制变量 T 取值为 t. 在外部干预 $do(T=t)$ 下有 $P(T=$

$t) = 1$ 和 $P(T = t') = 0$, 其中, $t' \neq t$. 于是得到该干预后的分布为在 $T = t$ 条件下,

$$P(u, s, y|do(T = t)) = P(u)P(s|t, u)P(y|u, s) = P(u, s, y|t).$$

在 $T \neq t$ 条件下有 $P(u, s, y|do(T = t)) = 0$. 由上式可以看到外部干预 $do(T = t)$ 后的分布等于在条件 $T = t$ 的分布. 这是因为被干预的结点 T 在因果网络内是一个没有父结点的根结点, 它不受其他结点的影响. 由上面干预后的分布, 可以得到处理 T 对中间结果 S 的平均因果作用 (ACE)

$$\begin{aligned}\text{ACE}\ (T \to S) &= E[S|do(T = 1)] - E[S|do(T = 0)] \\ &= P(S = 1|do(T = 1)) - P(S = 1|do(T = 0)).\end{aligned}$$

现在考虑外部干预 $do(S = s)$. 该外部干预使得 S 取值为 s, 不再受 T 和 U 的影响. 因此有 $P(s|t, u) = P(s) = 1$ 和 $P(s'|t, u) = 0$, 其中, $s' \neq s$. 该干预后的分布为在 $S = s$ 条件下,

$$P(t, u, y|do(S = s)) = P(t)P(u)P(y|u, s) \neq P(t, u, y|s).$$

于是可以得到中间结果 S 对终点指标 Y 的平均因果作用为

$$\text{ACE}(S \to Y) = P(Y = 1|do(S = 1)) - P(Y = 1|do(S = 0)).$$

下面给出几个例子说明替代指标悖论的现象. 第一个例子说明处理 T 对中间指标 S 有正的平均因果作用, 进一步, 中间指标 S 对终点指标 Y 也有正的平均因果作用, 但是可能出现处理 T 对终点指标 Y 有负的平均因果作用的现象, 即 $\text{ACE}(T \to S) > 0$, 并且 $\text{ACE}\ (S \to Y) > 0$, 但是可能出现 $\text{ACE}\ (T \to Y) < 0$.

例 8.4.5 假定概率为 $P(T = 1) = 0.5$, $P(U = 1) = 0.12$, 其他在表 8.2 中给出. 由概率分布可以得到 T 对 S 的平均因果作用

$$\text{ACE}\ (T \to S) = P(S = 1|do(T = 1)) - P(S = 1|do(T = 0)) = 0.1052 > 0.$$

于是可以得到中间结果 S 对终点指标 Y 的平均因果作用为

$$\text{ACE}\ (S \to Y) = P(Y = 1|do(S = 1)) - P(Y = 1|do(S = 0)) = 0.7476 > 0.$$

直观地, $\text{ACE}\ (T \to S)$ 和 $\text{ACE}\ (S \to Y)$ 都是正的, 那么应该有 $\text{ACE}\ (T \to Y)$ 为正. 但是, 由概率分布得到

$$\text{ACE}\ (T \to Y) = P(Y = 1|do(T = 1)) - P(Y = 1|do(T = 0)) = -0.1008 < 0.$$

另外, 由概率分布可以计算得到 S 和 Y 的比值比 (odds ratio) $\mathrm{OR}_{SY} = 30.35$, 意味着 S 和 Y 有很强的关联性. 进一步说明即使一个变量与终点指标有很强的相关性, 也不能保证不出现替代指标悖论的现象.

表 8.2 假设的概率分布

	$P(S=1\|u,t)$		$P(Y=1\|u,s)$	
	$T=0$	$T=1$	$S=0$	$S=1$
$U=0$	0.18	0.17	0.01	0.97
$U=1$	0.02	0.97	0.83	0.02

如果定义一个新变量 S' 为原来中间指标 S 的负数: $S'=-S$, 那么能得到两个负的平均因果作用: ACE $(T\to S')<0$ 和 ACE $(S'\to Y)<0$, 这时应该有 ACE$(T\to Y)>0$, 但是它还是为负的.

上面的例子描述了 S 是一个强替代指标, 即使 S 与 Y 有很强的边缘相关性, ACE $(T\to Y)$ 的正负号仍不能由 ACE$(T\to S)$ 和 ACE $(S\to Y)$ 的正负号确定. 在下面的例子中, 将说明当 ACE $(T\to S)>0$ 时, 即使 ACE $(S\to Y|U=u)>0$ 对所有 u 都成立, 仍可能 ACE $(T\to Y)<0$.

例 8.4.6 假设概率分布 $P(U=1)=0.27$, $P(T=1)=0.5$, 其他如表 8.3 所示, 则有 ACE $(T\to S)=0.1127>0$, ACE $(S\to Y|U=0)=0.91>0$ 和 ACE $(S\to Y|U=1)=0.01>0$. 但是得到 ACE $(T\to Y)=-0.1040<0$.

表 8.3 人造的概率分布

	$P(S=1\|u,t)$		$P(Y=1\|u,s)$	
	$T=0$	$T=1$	$S=0$	$S=1$
$U=0$	0.18	0.02	0.01	0.92
$U=1$	0.02	0.87	0.01	0.02

上面的例子描述了 S 是一个强替代指标, 则有 ACE $(T\to S)>0$ 成立, 即使 S 在各种意义上或者在每个个体的意义上 $(U=u)$ 都对终点结果 Y 有正的作用 (即对所有 u, ACE $(S\to Y|U=u)>0$ 都成立), 仍可能出现 ACE $(T\to Y)<0$. 最后, 给出一个关于心脏病研究的实际例子, 并用设想的数据说明该研究中出现的现象.

例 8.4.7 Moore (1995) 的书《致命的药物》中详细地报道了一个历史上最惨重的药物研究灾害的案例. 这个案例是一个关于错误选择替代指标的经典例子. 该研究是一个关于避免心脏病导致猝死的新药开发临床研究和药品上市后的追踪研究. 依据心律失常抑制理论, 即使是轻微心律失常也会导致致命的心脏骤停, 认为抑制心室心律失常能够减少死亡率, 因此, 采用 "减少心室异常" 作为降低心血管死亡率的替代指标. CAST 研究是一个评价已经上市的三种抑制心律失常药物的研究. 这三种上市的药品为 Enkaid (别名：encainide), Tambocor (化学名：flecainide acetate), Ethmozine (别名：moricizine), 它们都可以有效地抑制心律失常, 得到了美国 FDA 批准, 可用于生命危险或严重症状心律失常的病人. CAST 研究的初期结果令人吃惊：Enkaid 和 Tambocor 试验组由于 33 人突然死亡而提前终止, 安慰剂对照组仅 9 人死亡; Ethmozine 组抑制早博的效果明显不如 Enkaid 和 Tambocor, 但是, 只发生了少数几例死亡. 当时没有做过减少心律失常是否能减少死亡率的追踪试验研究 (follow-up), 在美国每年有 20 多万人服用这些药. 在招收病人进入 CAST 的两年中, 有超过 5 万人死于抗心律失常药. 这个数字与越南战争以及朝鲜战争中死亡的人数相当, 是美国经历的最大的一次药物灾害事件.

现在用设想的数据形式化地描述该研究出现这个结果的问题所在. 令 $T=1$ 表示治疗, $T=0$ 表示对照; $S=1$ 表示抑制了心律失常, $S=0$ 表示未抑制心律失常; $Y=0$ 表示猝死, $Y=1$ 表示未猝死; $U=0$ 表示该病人有心脏损伤, 或者存在某个未知的基因有突变. 假设比率 $P(U=0)=0.3$ 的病人有心脏缺损, 该研究以概率 $P(T=1)=0.5$ 将病人分为治疗组和对照组, 其他概率如表 8.4 所示. 由假设的概率分布可以得到处理大约三倍有效地抑制心律失常,

$$P(S=1|T=1)/P(S=1|T=0)=3.02.$$

但是, 处理增加了死亡率约三倍,

$$P(Y=0|T=1)/P(Y=0|T=0)=2.91.$$

处理组中 7% 的病人心律变得更糟,

$$P(S=0|T=1)=0.07,$$

这个药物使得心脏损伤的病人 $(U=0)$ 的心率变得更糟, 以至于导致他们死亡,

$$P(Y=0|S=0,U=0,T=1)=1.00.$$

由概率分布可以得到 ACE $(T\to S)=0.6220>0$, ACE $(S\to Y)=0.3010>0$, 但是, ACE $(T\to Y)=-0.0491<0$. 这说明治疗可以减少心律失常, 心律失常会引起早期死亡, 但是抑制心律失常不仅不能延长寿命, 反而增加了死亡率. 这个现象的一个可能的解释为存在一个混杂因素 U, 如心脏有损伤, 它既影响心律, 又对猝死有影响, 如图 8.1 所示.

表 8.4　设想的概率分布

	$P(S=1\|u,t)$		$P(Y=1\|u,s)$	
	$T=0$	$T=1$	$S=0$	$S=1$
$U=0$	0.98	0.79	0.00	0.98
$U=1$	0.02	0.99	0.98	0.99

为了避免替代指标悖论, Chen 等 (2007) 建议替代指标 S 应该保证有下面的一致性和严格一致性.

定义 8.4.1 (一致替代指标, consistent surrogate) 一个强替代指标 S 是终点指标 Y 的一致替代指标, 需要满足条件

(1) 当定义 S, 使得 ACE $(S \to Y) > 0$ 时有

$$\text{ACE}\ (T \to S) \leqslant 0 \text{ 蕴含 } \text{ACE}\ (T \to Y) \leqslant 0$$

和

$$\text{ACE}\ (T \to S) \geqslant 0 \text{ 蕴含 } \text{ACE}\ (T \to Y) \geqslant 0;$$

(2) ACE $(T \to S) = 0$ 蕴含 ACE $(T \to Y) = 0$.

注 在一致替代指标的条件 (1) 中, 只要求不等号之间有蕴含关系. 更理想的条件是要求严格不等号有蕴含关系, 如下面定义所述:

定义 8.4.2 (严格一致替代指标, strictly consistent surrogate) 一个强替代指标 S 是终点指标 Y 的严格一致替代指标, 需要满足条件

(1) 当定义 S, 使得 ACE $(S \to Y) > 0$ 时有

$$\text{ACE}\ (T \to S) > 0 \text{ 蕴含 } \text{ACE}\ (T \to Y) > 0$$

和

$$\text{ACE}\ (T \to S) < 0 \text{ 蕴含 } \text{ACE}\ (T \to Y) < 0;$$

(2) ACE $(T \to S) = 0$ 蕴含 ACE $(T \to Y) = 0$.

在定义 8.4.2 中, 没有使用主分层和潜在结果的概念, 因此, 不需要假定潜在结果的存在性. 下面给出一致替代指标的充分条件.

定理 8.4.1 假定变量之间有图 8.1 的因果网络关系. S 是一致替代指标的条件如下:

(1) Y 的条件期望 $E(Y|s,u)$ 是 s 的单调函数, 即 $\partial E(Y|s,u)/\partial s \geqslant 0$ 或 $\leqslant 0$ $(\forall u)$;

(2) 对于 S, T 是一个危险因素 (即 $F(s|t'',u) \geqslant F(s|t',u)$, $t' > t''$, $\forall s,u$), 或者 T 是一个保护因素 (即 $F(s|t'',u) \leqslant F(s|t',u)$, $t' > t''$, $\forall s,u$).

因为没有观测到 U, 定理 8.4.1 中的条件是不可检验的, 需要根据专业知识来判断条件的合理性. 条件 (1) 中期望的单调性意味着替代指标 S 是一个危险因素. 例如, 对于相同背景的病人, 肺中的焦油量 S 越大, 患肺癌的概率或期望就越大. 当 Y 是一个二值变量时, $P(Y=1|u,s') \geqslant P(Y=1|u,s'')$ $(\forall s' > s'')$. 在线性模型 $E(Y|s,u) = bs + g(u)$ 下, 条件 (1) 自然成立. 条件 (2) 意味着分布的单调性, 它比个体单调性的假定更弱 (Imbens and Angrist, 1994). 例如, 同一总体食用大量盐

比食用少量盐有较大的概率患高血压, 但不要求每一位个体食用大量盐一定比他本人食用少量盐更容易患高血压. 又如, 在随机化临床试验中, 可能存在不依从现象. Imbens 和 Angrist (1994) 的假定要求不存在 "逆反者", 即不存在 "给药不服药", 并且 "不给药反而服药" 的人; 单调性假定允许存在 "逆反者", 只要求 "给药服药" 的概率大于 "不给药反而服药" 的概率.

更广义地讲, 一个替代指标可以看成一条因果路径上的中间因素, 替代指标悖论可以看成中间指标悖论. 图 8.1 中的因果网络常被用于描述工具变量 T 的模型, 因此, 该悖论还可以解释为工具变量悖论. 在联立线性模型情况下, 说明变量 S 对响应变量 Y 作用的工具变量估计为工具变量 T 对响应变量 Y 的作用/工具变量 T 对说明变量 S 的作用. 当没有线性模型的假定时, 即使找到一个与说明变量 S 有强的正相关关系的工具变量 T, 可能会出现工具变量 T 对说明变量 S 有正作用, 并且工具变量 T 对响应变量 Y 有负作用, 但是说明变量 S 对响应变量 Y 有正作用. 这个结果与通常线性模型的工具变量估计的正负号不相符.

替代指标是科学研究中的一个重要的概念. 关于确定替代指标的准则和评价替代指标的方法都有待于进一步研究. 在生物医学和经济金融学的应用中, 找到一个合理实用的替代指标的问题更具有挑战性.

8.5 判断混杂因素的准则

在讨论因果推断问题时, 总是要提及因果作用的可识别性和混杂因素. 假设仅关心结果 Y 与暴露 X 两个变量之间是否有因果关系. 是否能根据这两个变量的观测数据分析它们的因果关系? 是否还需要观测其他哪些变量? 选择观测变量的标准是什么? 一个似是而非的标准是: 与这两个变量无关的变量, 就不必观测了, 但是什么是 "无关" 呢?

先用一个简单的例子说明 Yule-Simpson 悖论和混杂因素的概念. 设想表 8.5 给出了一种新药的临床试验数据. 从表中的数据可以看到新药组的疗效是 80/200, 安慰剂组的疗效是 100/200. 因此, 该新药不如安慰剂有效. 同一组数据如果按照病人的性别分组的话, 可以发现不管是男性还是女性, 新药组的疗效都比安慰剂组的疗效高. 因此, 结论是: 一种对人类无效的新药对男性和女性都有效. 这种现象

表 8.5 Yule-Simpson 悖论的例子

	有效	无效	行总和
新药	80	120	200
安慰剂	100	100	200
	$RD = \frac{80}{200} - \frac{100}{200} = -0.10$		

称为 Yule-Simpson 悖论. Bickel 等 (1975) 给出了 Berkeley 研究生入学是否存在性别歧视的真实数据来说明 Yule-Simpson 悖论现象.

称引起虚假相关性的变量为混杂因素, 如前面例子中的性别. 忽略掉混杂因素将会导致因果推断结论的偏倚, 称为混杂偏倚. 在因果推断中, 判断混杂因素是最重要的任务之一. 大约有三类判断混杂因素的准则. 第一类准则是基于可压缩性的准则, 这类准则要求忽略一个协变量不会影响统计推断的结论. 与变量选择的后退方法类似, 不同的是, 这种准则要求删除一个变量后所关心的参数不改变, 而不是要求预测不改变. 在可压缩准则下, 删除变量后所关心的参数不变化, 因此, 这个参数不会出现 Yule-Simpson 悖论的现象. 相关的讨论, 参见文献 (Wermuth, 1987; Geng, 1992; Geng and Asano, 1993; Guo and Geng, 1995; Cox and Wermuth, 2003; Ma, et al., 2006; Xie, et al., 2008).

表 8.6 按性别分组后的数据

	男性		女性	
	有效	无效	有效	无效
新药	35	15	45	105
安慰剂	90	60	10	40
	$RD_1 = 0.10$		$RD_2 = 0.10$	

另一类判断混杂因素的准则是基于分布可比较性的准则, 这类准则首先是由 Miettinen 和 Cook (1981) 通过很多例子归纳得到的：一个混杂因素 C 必须满足

(1) C 是一个独立的危险因素;

(2) C 在暴露总体与在非暴露总体的分布不同.

Greenland Robins 和 Pearl (1999) 对这类判断准则与可压缩性准则进行了详细的讨论. Geng 等 (2001, 2002) 形式地论证了 Miettinen 和 Cook 的准则只是判断混杂因素的必要条件, 其充分性需要已知充分混杂因素集合的假定 (称为可忽略假定), 而该假定是不可检验的. 没有可忽略假定的话, Miettinen 和 Cook 的准则只能确定哪些变量不是混杂因素, 但是不能确定哪些变量一定是混杂因素. Wang 等 (2009) 提出了多混杂因素的判断准则和算法.

还有一类判断混杂因素的准则是根据因果网络图来确定混杂因素的. Pearl (1995) 给出了无混杂的充分条件, 并提出了识别因果作用的一组推理规则. Greenland Pearl 和 Robins (1999) 探讨了将因果网络图应用于流行病学研究, 提出了多个混杂因素的判别准则. 该准则能够处理复杂的多混杂因素的情况, 但是这种方法首先要假定一个完全构造的因果网络图. 在实际研究中, 这也是难以做到的. Geng 和 Li (2002) 讨论了已知一个不完全因果网络情况下判断混杂因素的条件. Wang 等 (2009) 提出了将基于可比较性的准则和因果网络图的准则相结合的方法. 到目前

为止, 仍没有一个由数据可以检验的判断混杂因素的准则, 使得这个准则能够正确判断一个因素为混杂因素 (即准则的充分性), 或者能够正确判断一个因素为非混杂因素 (即准则的必要性). 各种判断混杂因素的准则都是建立在某些不可检验或不可证伪的假定的基础上的准则. Geng 等 (2002) 试图去掉不可检验的假定, 给出一个判断非混杂因素的准则. 如果调整或控制一个因素既不减少也不增加混杂偏倚的话, 就判断为非混杂因素. 但是这个准则需要建立在一个给定的潜在混杂因素的集合的基础之上. 与通常的准则不同的是, 这个集合不一定要求是一个充分的混杂因素的集合.

混杂偏倚和混杂因素是因果推断中的核心问题. 确定混杂因素的准则、消除混在偏倚的有效方法、纵向研究中混杂偏倚的纠正、利用工具变量解决不可观测混杂因素引起的偏倚等问题都有待于进一步研究.

参 考 文 献

Alonso A, Molenberghs G. 2008. Surrogate end points: hopes and perils. Expert Review of Pharmacoeconomics and Outcomes Research, 8: 255~259

Baker S G. 2006. Surrogate endpoints: wishful thinking or reality? J. Nat. Cancer Inst, 98: 502

Baker S G, Kramer B S. 2003. A perfect correlate does not a surrogate make. BMC Medical Research Methodology, 3:16 (available from http: // www.biomedcentral.com/ 1471~2288/3/16)

Bickel P J, Hammel E A, O'Connell J W. 1975. Sex bias in graduate admissions: data from Berkeley. Science, 187: 398~404

Burzykowski T, Molenberghs G, Buyse M. 2005. The Evaluation of Surrogate Endpoints. Springer.

Chen H, Geng Z, Jia J. 2007. Criteria for surrogate end points. J. Royal Statist. Soc. Ser., B 69: 919~932

Chen H, Geng Z, Zhou X. 2009. Identifiability and estimation of causal effects in randomized trials with noncompliance and completely non-ignorable missing-data (with discussion). Biometrics, 65: 675~691

Cooper G F, Yoo C. 1999. Causal discovery from a mixture of experimental and observational data. Proceed. Uncertainty in Artificial Intelligence, 116~125

Cox D R, Wermuth N. 1996. Multivariate Dependencies. London: Champman & Hall

Cox D R, Wermuth N. 2003. A general condition for avoiding effect reversal after marginalization. J. R. Statist. Soc., B 65: 937~941

Dawid A. 2000. Causal inference without counterfactuals. J Am Statist Asso, 95: 407~448

Doll R, Hill A B. 1950. Smoking and carcinoma of the lung. A preliminary report. Brit. Med., 2: 739～748

Ellis B, Wong W H. 2008. Learning causal Bayesian network structures from experimental data. J Am Statist Assoc, 103: 778～789

Fisher R. 1925. Statistical Methods for Research Workers. Edinburgh: Oliver and Boyd

Fisher R. 1935. Design and Experiments. Edinburgh: Oliver and Boyd

Fleming T R. 1994. Surrogate markers in AIDS and cancer trials. Statist. Med, 13: 1423～1435

Fleming T R, DeMets D L. 1996. Surrogate end points in clinical trials: are we being misled? Ann. Intern. Med., 125: 605～613

Frangakis C E, Rubin D B. 1999. Addressing complications of intention-to-treat analysis in the combined presence of all-or-none treatment-noncompliance and subsequent missing outcomes. Biometrika, 86: 365～379

Frangakis C E, Rubin D B. 2002. Principle Stratification in Causal Inference. Biometrics, 58: 21～29

Freedman D. 1999. From association to causation: some remarks on the history of statistics. Statist Sci, 14: 243～258

Freedman L S, Graubard B I, Schatzkin A. 1992. Statistical validation of intermediate endpoints for chronic diseases. Statist. Med., 11: 167～178

Friedman N. 2004. Inferring cellular networks using probabilistic graphical models. Science, 303 (5659): 799～805

Galton F. 1888. Co-relations and their measurement, chiefly from anthropological data. Proceedings of the Royal Society of London, 45: 135～145.

Geng Z. 1992. Collapsibility of relative risks in contingency tables with a response variable. J. Roy. Statist. Soc., B 54: 585～593

Geng Z, Asano C. 1993. Strong collapsibility of association measures in linear models. J. Royal Statist. Soc., B 55: 741～747

Geng Z, Guo J, Fung W K. 2002. Criteria for confounders in epidemiological studies. J. Royal Statist. Soc., B 64: 3～15

Geng Z, Guo J H, Lau T S, et al. 2001. Confounding, homogeneity and collapsibility for causal effects in epidemiologic studies. Statistica Sinica, 11: 63～75

Geng Z, Li G. 2002. Conditions for confounding and collapsibility without knowledge of completely constructed causal diagrams. Scand. J. Statist, 29: 169～181

Granger C W. 1969. Investigating causal relations by econometric models and cross-spectral methods. Econometrica, 37: 424～438

Greenland S, Pearl J, Robins J M. 1999. Causal diagrams for epidemiologic research. Epidemiology, 10: 37～48

Greenland S, Robins J, Pearl J. 1999. Confounding and collapsibility in causal inference.

Statist. Sci, 14: 29～46

Guo J H, Geng Z. 1995. Collapsibility of logistic regression coefficients. J. Royal Statist. Soc., B 57: 263～267

He Y, Geng Z. 2008. Active learning of causal networks with intervention experiments and optimal designs. J. Machine Learning Research, 9: 2523～2547

Heckerman D. 1999. A tutorial on learning with Bayesian networks. *In*: Jordan M. In Learning in Graphical Models. MIT Press, Cambridge, MA

Holland P W. 1986. Statistics and causal inference (with discussion). J. Am. Statist. Assoc., 81: 945～970

Imbens G W, Angrist J. 1994. Identification and estimation of local average treatment effects. Econometrica, 62: 467～475

Jordan M. 1999. Learning in Graphical Models. Cambridge, MA: MIT Press

Lauritzen S L. 1996. Graphical Models. Oxford: Oxford University Press

Lauritzen S L. 2004. Discussion on causality. Scand. J. Statist., 31: 189～192

Lewis D. 1973. Counterfactuals. Cambridge: Harvard University Press

Ma Z M, Xie X C, Geng Z. 2006. Collapsibility of distribution dependence. J. Royal Statist. Soc. Ser., B 68: 127～133

Ma Z M, Xie X C, Geng Z. 2009. Structural learning of chain graphs via decomposition. J Machine Learning Research, 9: 2847～2880

Miettinen O S, Cook E F. 1981. Confounding: essence and detection. Am. J. Epid., 114: 593～603

Moore T. 1995. Deadly Medicine: Why Tens of Thousands of Patients Died in America's Worst Drug Disaster. New York: Simon & Schuster. (致命的药物. 但汉松译. 北京: 中国水利水电出版社, 2006)

Morgan S L, Winship C. 2007. Counterfactuals and Causal inference: Methods and principles for social research. Cambridge: Cambridge Univ. Press

Neyman J. 1923. On the application of probability theory to agricultural experiments: Essay on principles, Section 9. Ann. Agric. Sci. Translated in Statist. Sci., 1990, 5, 465～480

O'Malley A J, Normand S L T. 2005. Likelihood methods for treatment noncompliance and subsequent nonresponse in randomized trials. Biometrics, 61: 325～334

Pearl J. 1995. Causal diagrams for empirical research (with discussion). Biometrika, 83: 669～710

Pearl J. 1998. The new challenge: from a century of statistics to an age of causation. Tech Report, 249

Pearl J. 2000. Causality: Models, Reasoning, and Inference. Cambridge: Cambridge University Press

Pearson K. 1911. The Grammar of Science. 3rd ed. New York: Meridan Books

Popper K R. 1968. Conjectures and Refutations. Harper & Row Pub. (猜想与反驳. 傅季重等译. 上海: 上海译文出版社, 2001)

Prentice R L. 1989. Surrogate endpoints in clinical trials: definition and operational criteria. Statistics in Medicine, 8: 431~440

Riggs B L, Hodgson S F, O'Fallon W M, et al. 1990. Effect of fluoride treatment on the fracture rate in postmenopausal women with osteoporosis. New Engl. J. Med., 322: 802~809

Rothman K J, Greenland S. 1998. Modern Epidemiology. Philadelphia: Lippincott-Raven

Rubin D B. 1974. Estimating causal effects of treatments in randomized and nonrandomized studies. J. Educ. Psychology, 66: 688~701

Rubin D B. 2004. Direct and indirect causal effects via potential outcomes. Scand. J. Statist, 31: 161~170

Sachs K, Perez O, Peér D, et al. 2005. Causal protein-signalling networks derived from multiparameter single-cell data. Science, 308: 523~529

Simpson E H. 1951. The interpretation of interaction in contingency tables. J. Roy. Statist. Soc., B 13: 238~241

Snow J. 1855. Further remarks on the mode of communication of cholera: including some comments on the recent reports on cholera by the General Board of Health. Medical Times and Gazelle, 2: 31~35, 84~88

Spiegelhalter D J, Dawid A P, Lauritzen S L, et al. 1993. Bayesian analysis in expert systems (with discussion). Statist. Sci, 8: 219~283

Spirtes P, Glymour C, Scheines R. 2000. Causation, Prediction, and Search. 2nd ed.. London: The MIT Press

Studený M. 1997. A recovery algorithm for chain graphs. Int. J. Approx. Reasoning, 17: 265~293

Thagard P. 2000. How Scientists Explain Disease. Princeton University Press. (病因何在 —— 科学家如何解释疾病. 刘学礼译. 哲人石丛书. 上海: 上海科教出版社, 2001)

Wang X, Geng Z, Chen H, et al. 2009. Detecting multiple confounders. J Statist Plan & Inf, 139: 1073~1081

Waters D D, Alderman E L, Hsia J, et al. 2002. Effects of hormone replacement therapy and antioxidant vitamin supplements on coronary atherosclerosis in postmenopausal women: a randomized controlled trial. J. Am. Med. Asso, 288: 2432~2440

Wermuth N. 1987. Parametric collapsibility and the lack of moderating effects in contingency tables with a dichotomous response variable. J. R. Statist. Soc., B 49: 353~364

Whittaker J. 1990. Graphical Models in Applied Multivariate Statistics. Chichester: Wiley

Xie X, Geng Z. 2008. A recursive method for structural learning of directed acyclic graphs. J Machine Learning Research, 9: 459~483

Xie X, Geng Z, Zhao Q. 2006. Decomposition of structural learning about directed acyclic graphs. Artificial Intelligence, 170: 422~439

Xie X, Ma Z, Geng Z. 2008. Some association measurements and their collapsibility. Statistica Sinica, 18: 1165~1183

Yule G U. 1903. Notes on the theory of association of attributes in statistics. Biometrika, 2: 121~134

Zhou X H, Li S M. 2006. ITT Analysis of Randomized Encouragement Design Studies with missing data. Statistics in Medicine, 25: 2737~2761

第 9 章　复杂疾病基因的统计关联分析

基于群体数据的关联分析方法研究和寻找与人类疾病有关的易感基因 (susceptible gene), 常用的数据采集方法是群体病例对照 (case-control) 设计. 病例对照设计是一种回溯型研究方法, 适用于稀有事件研究及不能进行随机化试验和人工干预的情形, 特别是人类稀有疾病的风险分析 (Breslow and Day, 1980). 基因在病例组和对照组的分布如果有差异, 则意味着该基因与疾病有关联. 抽样设计方式的特殊性决定了人类基因关联分析与其他设计下的数据统计分析相比有所不同 (Li, 2008). 本章的主要目的是介绍基于群体病例对照数据的单个基因关联分析的若干检验方法, 其中, 包括传统的列联表分析方法, 针对基因模型特点的分析方法以及配对数据的分析方法.

9.1 背 景 介 绍

9.1.1 遗传学中的一些基本概念

1. 等位基因和基因型

人类基因组由 23 对染色体组成 (其中, 一对是性染色体). 染色体上一个特定的位置叫做位点 (locus), 一对染色体上在同一位点的两个 DNA 片段称为等位基因 (allele). 如果某个位点的等位基因是多态的, 则该位点可以用来作标记位点 (marker), 即该位点可以用来比较具有不同性状人群之间的差异, 进而定位疾病基因. 现代生物医学研究中常用的标记位点大多是二态的 (diallelic), 即有两个等位基因, 如 SNP (单核苷酸多态性). 通常以大、小写字母表示这两种等位基因, 同一位点上的两个等位基因组合在一起称为基因型 (genotype). 假设某一位点的两个等位基因为 A, a, 不考虑等位基因之间的次序, 可能的基因型有三种: AA, Aa 和 aa, 其中, AA, aa 称为纯合体, Aa 称为杂合体. 记 $p = P(\mathrm{A}), q = P(\mathrm{a}) = 1 - p$ 分别为群体中 A 和 a 的频率. 在理想的假设包括随机婚配, 群体一致等条件下, 群体基因型的频率满足哈迪–温伯格平衡 (Hardy-Weinberg equilibrium, HWE)

$$P(\mathrm{AA}) = p^2, \quad P(\mathrm{Aa}) = 2pq, \quad P(\mathrm{aa}) = q^2. \tag{9.1.1}$$

更一般地, 如果 HWE 的条件不满足, 那么基因型的频率通常可以表示为

本章作者: 杨亚宁, 中国科学技术大学教授.

$$P(\text{AA}) = p^2 + Fpq, \quad P(\text{Aa}) = 2pq(1-F), \quad P(\text{aa}) = q^2 + Fpq, \tag{9.1.2}$$

其中, F 为 Wright 近交系数 (Wright's inbreeding coefficient). 对于人类来说, Wright 近交系数一般为 0~0.05, 而 HWE 成立对应着 $F=0$.

2. 渗透率和相对风险

以随机变量 Y 表示疾病状态, 即 $Y=1$ 和 $Y=0$ 分别对应于患病和正常两种状态. 感兴趣的是基因 (G) 是否影响渗透率 (penetrance), 即得病概率 $f_G = P(Y=1|G)$ 是否与 G 无关. 考虑一个具有两个等位基因 A 和 a 的位点, 三种基因型 aa, Aa, AA 分别记为 G_0, G_1, G_2, 相应的渗透率分别定义为

$$f_0 = P(Y=1|\text{aa}), \quad f_1 = P(Y=1|\text{Aa}), \quad f_2 = P(Y=1|\text{AA}).$$

假设群体中 HWE 成立, 即$g_j := P(G_j) = \binom{2}{j} p^j q^{2-j}$, 那么群体疾病流行率 (population prevalence) $K = P(Y=1)$ 可以表示为

$$K = g_2 f_2 + g_1 f_1 + g_0 f_0 = p^2 f_2 + 2pq f_1 + q^2 f_0.$$

假设基因型 $G_0 = \text{aa}$ 为参照 (reference) 基因型, 定义基因型 G_j 相对于 G_0 的相对风险 (GRR) 为 $\lambda_j = f_j/f_0$ $(j=1,2)$, $f_0>0$. 利用 GRR, 将群体疾病流行率重新表示为 $K = f_0(g_0 + \lambda_1 g_1 + \lambda_2 g_2)$. 基因关联分析感兴趣的是基因是否影响患病率, 即检验零假设

$$H_0 : f_0 = f_1 = f_2 = K, \tag{9.1.3}$$

或者等价地,

$$H_0 : \lambda_1 = \lambda_2 = 1. \tag{9.1.4}$$

如果假设 A 是风险等位基因 (变异), 对立假设可以表示为 $H_1 : f_2 \geqslant f_1 \geqslant f_0$, $f_2 > f_0$ 或者 $H_1 : \lambda_2 \geqslant \lambda_1 \geqslant 1$, $\lambda_2 > 1$.

3. 基因模型

当零假设 H_0 不成立时, 假设 A 是风险等位基因, 则可以定义基因模型. 文献中常见的基因模型有 4 种：隐性模型、可加模型、乘积模型以及显性模型. 这 4 种基因模型可以由渗透率 f_j $(j=0,1,2)$ 分别定义如下：

$$f_2 > f_1 = f_0, \quad f_1 = (f_0+f_2)/2, \quad f_1 = \sqrt{f_0 f_2}, \quad f_1 = f_2 > f_0.$$

等价地, 基因模型也可以用相对风险来定义, 即

$$\lambda_1 = 1, \lambda_2 > 1, \quad \lambda_1 = (1+\lambda_2)/2 > 1, \quad \lambda_1 = \lambda_2^{1/2} > 1, \quad \lambda_1 = \lambda_2 > 1.$$

当相对风险比较弱的时候, 可加模型能较好地近似乘积模型, 这是因为注意到 $\lambda_2 - 1 \approx 0$, 并利用 Taylor 展式将 $\lambda_2^{1/2}$ 在 $\lambda_2 - 1$ 处展开,

$$\lambda_2^{1/2} = (1 + \lambda_2 - 1)^{1/2} \approx 1 + (\lambda_2 - 1)/2 = \lambda_1.$$

直观上, 可以这样理解这几个基因模型 (这里假设 A 是风险基因), 当模型是隐性模型时, 只有当个体具有基因型 AA 的时候, 某种疾病和性状才有可能会表达; 当模型是显性模型时, 只要个体具有一个风险基因 A, 性状就可能会表现出来; 可加模型可以理解如下: 个体表现性状的机会随着它的基因型中风险基因 A 的个数增加而线性增加, 研究基因模型有助于寻找有效的关联分析的检验统计量. 在遗传学研究中, 上述 4 种模型最为常见, 虽然其他模型在实际问题中也会存在, 如过显性模型 (over-dominance) 假设杂合体的风险大于其他两个纯合体的风险, 但通常认为这种模型实际意义不大而不予考虑.

9.1.2 病例对照设计

人类遗传疾病的基因定位研究以往通常使用家系数据基础上的连锁分析方法, 对简单疾病 (又称为单基因或孟德尔疾病) 是一种有效的方法, 但对于与多基因有关的复杂疾病, 基于群体抽样的病例对照设计更为有效. 如前所述, 对于人类疾病的遗传学研究, 不可能进行人工干预和随机化试验, 而跟踪队列 (cohort) 研究因为花费巨大, 并且病例稀少也通常不被采用. 最为常用的抽样方法是病例–对照设计, 即从所研究疾病的患病人群中随机抽取若干病人, 并抽取数量相当的正常人作为对照 (control), 其中, 为了防止其他与疾病可能有关的因素的干扰, 对照在各种可能的混淆因素上应该与病例组尽可能地匹配. 人类基因研究中的常见的混淆因素包括种族、年龄、性别等. 基于病例对照设计的关联分析主要是检验基因型分布在病例组和对照组是否有差异, 显著性的不同则可能表明该基因与疾病有关联.

对病例对照个体进行 DNA 测定, 得到的基因型数据表示如表 9.1 所示, 其中, 对应于基因型 G_0, G_1, G_2 (分别表示基因型 aa, Aa, AA) 分别有 (r_0, r_1, r_2), (s_0, s_1, s_2) 个病例和对照. $r = \sum_{i=0}^{2} r_i$, $s = \sum_{i=0}^{2} s_i$, 具有基因型 G_j 的病例对照总数记为 $n_j = r_j + s_j$ $(j = 0, 1, 2)$, n 为样本量. 根据抽样的特点知道 (r_0, r_1, r_2) 和 (s_0, s_1, s_2) 分别服从多项分布 $M(r; p_0, p_1, p_2)$, $M(s; q_0, q_1, q_2)$, 其中, $p_j = P(G_j|\text{case})$ 和 $q_j = P(G_j|\text{control})$ 分别为病例组和对照组的基因型概率分布. 按照条件概率公式,

$$P(G_j|\text{case}) = \frac{P(G_j)P(\text{case}|G_j)}{P(\text{case})}.$$

注意到 $P(\text{case}|G_j) = P(Y = 1|G_j) = f_j$, $P(\text{case}) = P(Y = 1) = K$, 于是得到

$$p_j = \frac{g_j f_j}{K}, \quad q_j = \frac{g_j(1 - f_j)}{1 - K}, \tag{9.1.5}$$

其中, $g_j = P(G_j)$ 为群体中基因型的概率. 式 (9.1.5) 经常被用来在模拟中产生随机数据. 对于表 9.1, 病例组和对照组基因型分布的齐一性假设为

$$H_0: \ p_0 = q_0, \quad p_1 = q_1, \quad p_2 = q_2. \tag{9.1.6}$$

由式 (9.1.5) 看出零假设 (9.1.6) 等价于前面提到的所关心的零假设 (9.1.3) 或假设 (9.1.4), 即疾病与基因无关联. 后面的各种检验都是针对于这个零假设的.

表 9.1　单位点病例对照基因型数据

	aa	Aa	AA	共计
病例组	r_0	r_1	r_2	r
对照组	s_0	s_1	s_2	s
共计	n_0	n_1	n_2	n

9.2　若干基本的检验

病例对照数据的单位点关联分析中, Pearson 卡方检验和 Cochran-Armitage 趋势检验是两种最常用的检验方法 (分别简称为 Pearson 检验和趋势检验). 趋势检验适用于已知某个等位基因是风险等位基因, 即三个基因型是有次序的 (ordinal) 情形, 此时渗透率随着风险等位基因个数的增加而增加. 对于不同的基因模型, 可以定义每个基因型对应的计分 (score), 并使用相应的趋势检验进行关联分析研究. 当基因模型已知时, 各模型存在对应的计分最优和功效最优的趋势检验, 但是在实际应用中, 特别是一些复杂的疾病中, 基因模型通常未知. 在这种情况下, 如果使用错误的基因模型对应的趋势检验 (特别是如果隐性模型和显性模型相互混淆的情形) 就会损失功效. 因此, 趋势检验对于基因模型的指定不是稳健型的检验. 虽然 Pearson 检验是一个稳健的检验, 但因为它不依赖于基因模型, 所以在功效上比不上最优的趋势检验. 当零假设成立的时候, 趋势检验和 Pearson 检验都渐近地服从卡方分布, 自由度分别为 1 和 2. 还将介绍 Hardy-Weinberg 不平衡检验 (HWDT), 该检验最初由 Song 和 Elston (2006) 提出, 并用于检验疾病和基因型的相关性, 但后面将主要用其估计基因模型. 上述三种方法都是基于基因型的传统检验方法, 另外常用的还有一种基于等位基因的 (allele-based) 检验方法. 以下将逐一介绍.

1. Pearson 卡方检验

Pearson 卡方检验是 Pearson 提出的用于检验样本中某些事件发生的概率是否服从某种理论分布的检验方法. 对于一般的 $I \times J$ 列联表, Pearson 检验可以表示成

$$\chi^2 = \sum_i \frac{(O_i - E_i)^2}{E_i},$$

其中, O_i 是第 i 个格子观测到的频数, E_i 是理论频数, $\sum_i$ 对所有的格子求和. 对于表 9.1 中的病例对照数据, 相应的 Pearson 检验可以表示为

$$T_2 = \sum_{i=0}^{2} \frac{(r_i - rn_i/n)^2}{rn_i/n} + \sum_{i=0}^{2} \frac{(s_i - sn_i/n)^2}{sn_i/n}. \tag{9.2.1}$$

记 $\hat{p}_i = r_i/r$, $\hat{q}_i = s_i/s\,(i = 0, 1, 2)$ 为病例组和对照组的基因频率的估计. 令 $\phi = r/n$ 为病例的抽样比例. 在零假设下, $p_i = q_i = \pi_i$ 的估计为 $\hat{\pi}_i = n_i/n = \phi\hat{p}_i + (1-\phi)\hat{q}_i$, 则 Pearson 检验也可以表示为

$$T_2 = \frac{rs}{n}\left\{\frac{(\hat{p}_0 - \hat{q}_0)^2}{\hat{\pi}_0} + \frac{(\hat{p}_1 - \hat{q}_1)^2}{\hat{\pi}_1} + \frac{(\hat{p}_2 - \hat{q}_2)^2}{\hat{\pi}_2}\right\}.$$

在零假设下, T_2 服从一个自由度为 2 的中心卡方分布. 当对立假设没有任何限制的情况下, Pearson 卡方检验是 (渐近) 最有效的检验.

2. Cochran-Armitage 趋势检验

趋势检验是 Cochran (1954) 和 Armitage(1955) 提出的用于检验有序分类数据相关性的检验. 在表 9.1 的病例对照数据中, 如果疾病发生的概率随着基因型中的风险等位基因个数的增加而增加, 那么这个基因型就是有序的. 趋势检验考虑了这种 "序" 的信息, 并试图用来提高检验的功效. 假设基因型 G_j 的计分为 x_j $(j = 0, 1, 2)$. 虽然趋势检验依赖于计分 (x_0, x_1, x_2) 的选取, 但是趋势检验对于计分的线性变换是不变的, 因此, 为统一起见, 今后基因型 aa 和 AA 的计分将分别固定为 0 和 1, 杂合体基因型 Aa 的积分记为 x, 即假设 $(x_0, x_1, x_2) = (0, x, 1)$. 趋势检验通过比较病例组的平均计分 $\sum_{j=0}^{2} x_j p_j$ 和对照组的平均计分 $\sum_{j=0}^{2} x_j q_j$ 来检验零假设. 令

$$U_x = \sum_{j=0}^{2} x_j(\hat{p}_j - \hat{q}_j) = \sum_{j=0}^{2} x_j\left(\frac{r_j}{r} - \frac{s_j}{s}\right).$$

因为 (r_0, r_1, r_2) 和 (s_0, s_1, s_2) 服从多项分布, 计算统计量 U_x 的方差, 并将 p_j, q_j 用它们在零假设下的共同的估计 $\hat{\pi}_j = n_j/n$ 代入, 即得到 $\mathrm{Var}_{H_0}(U_x)$ 的估计

$$\widehat{\mathrm{Var}}_{H_0}(U_x) = \frac{n}{rs}\left\{\sum_{j=0}^{2} x_j^2\hat{\pi}_j - \left(\sum_{j=0}^{2} x_j\hat{\pi}_j\right)^2\right\},$$

从而得到趋势检验

$$T_x = \frac{U_x^2}{\widehat{\mathrm{Var}}_{H_0}(U_x)} = \frac{rs}{n}\frac{\left(\sum\limits_{j=0}^{2} x_j(\hat{p}_j - \hat{q}_j)\right)^2}{\sum\limits_{j=0}^{2} x_j^2\hat{\pi}_j - \left(\sum\limits_{j=0}^{2} x_j\hat{\pi}_j\right)^2}. \tag{9.2.2}$$

在 H_0 下,T_x 渐近服从自由度为 1 的卡方分布.

计分的选取是重要的, 但也是困难的, 对于具有两个等位基因位点中的趋势检验问题, 计分选取在文献中已经有了详尽的讨论和研究. Zheng 等 (2003) 指出了 $x=0,1$ 分别是隐性模型和显性模型下趋势检验的最优计分, $x=0.5$ 是可加模型下趋势检验的局部最优计分. 当位点上的等位基因个数超过 2 时 (即 Multi-allelic 位点), 如何指定计分将变得比较困难. 另外, 在单倍体 (haplotype) 研究中也存在计分选择的问题. Graubard 和 Korn(1987) 给出了选择计分的一个建议, 这个建议不仅适用于基因关联分析, 也适用于其他有次序列联表的显著性检验问题. ① 如果列联表的列所代表的分类变量有明确的实际含义, 则应该利用这些实际含义所对应的自然次序作为相应计分; ② 如果没有任何预先可以知道的关于列分类变量的信息, 可以采用等间距的计分; ③ 如果要使用非参数意义下的秩作为计分, 必须谨慎. 值得注意的是, 当将对应于基因型的计分取为 $(r_0/n_0, r_1/n_1, r_2/n_2)$ 时, 即由数据决定, 那么趋势检验就是前面介绍的 Pearson 卡方检验 (Zheng, et al., 2009). 该事实反映了趋势检验和稳健的 Pearson 卡方检验的联系, 但这种由数据决定计分 (adaptive) 的方法, 使得趋势检验失去了其自由度小且功效较大的优势.

3. Pearson 检验、趋势检验与 logistic 回归模型的关系

对于表 9.1 中的数据, 可以建立 logistic 回归模型, 并求出相应的计分检验. 前面所述的 Pearson 检验和趋势检验分别是某种 logistic 回归模型的计分检验. 一般地, 对于正则的似然函数 $L(\theta)$ $(\theta\in\Theta)$, 定义计分函数 (score function)

$$\boldsymbol{U}=\boldsymbol{U}(\theta)=\frac{\partial\log L(\theta)}{\partial\theta}$$

和观察信息阵

$$\boldsymbol{I}(\theta)=-\frac{\partial^2\log L}{\partial\theta\partial\theta'},$$

那么零假设 $H_0:\theta\in\Theta_0\subseteq\Theta$ 的计分检验定义为

$$\chi^2=\boldsymbol{U}(\hat{\theta}_0)'\boldsymbol{I}^{-1}(\hat{\theta}_0)\boldsymbol{U}(\hat{\theta}_0)$$

其中, $\hat{\theta}_0$ 是零假设约束下 θ 的极大似然估计. 在 H_0 下, 当样本量趋于无穷时, 该检验渐近服从自由度为 k 的卡方分布, 其中, 自由度 $k=\dim(\Theta)-\dim(\Theta_0)$, 即零假设对参数约束的个数.

对于表 9.1 中的数据, 自由度为 2 的 Pearson 检验可以由如下 logistic 回归模型的计分检验得到: 以 G 代表基因型, 首先定义两个示性函数 $z_1=z_1(G)=I_{(G=Aa)}$ 和 $z_2=z_2(G)=I_{(G=\mathrm{AA})}$, 分别为基因型 Aa 和 AA 的示性函数, 并建立如下 logistic 回归模型:

$$Pr(\mathrm{case}|G)=\frac{\exp\left(\alpha_0+\beta_1z_1+\beta_2z_2\right)}{1+\exp\left(\alpha_0+\beta_1z_1+\beta_2z_2\right)},$$

那么基于该回归模型和表 9.1 中的数据, 可以写出似然函数 (Prentice and Pyke, 1979)

$$L(\theta) = \frac{\exp(r\alpha + r_1\beta_1 + (r_1 + r_2)\beta_2)}{(1 + \exp(\alpha))^{n_0}(1 + \exp(\alpha_1 + \beta_1))^{n_1}(1 + \exp(\alpha + \beta_1 + \beta_2))^{n_2}},$$

其中, $\theta = (\alpha, \beta_1, \beta_2)'$. 容易验证, 零假设 $\beta_1 = \beta_2 = 0$ 的计分检验就是式 (9.2.1) 中的 Pearson 检验.

另一方面, 如果考虑到三种基因型的风险次序, 定义一个计分变量 $z = z(G)$, 当 $G =$ aa, AA, AA 时, z 分别取值 $0, x, 1$. 由此, 建立得 logistic 回归模型

$$Pr(\text{case}|G) = \frac{\exp(\alpha + \beta z(G))}{1 + \exp(\alpha + \beta z(G))},$$

写出似然函数即为

$$L(\theta) = \frac{\exp(r\alpha + (xr_1 + r_2)\beta)}{(1 + \exp(\alpha))^{n_0}(1 + \exp(\alpha + x\beta))^{n_1}(1 + \exp(\alpha + \beta))^{n_2}},$$

其中, $\theta = (\alpha, \beta)$. 按照一般步骤, 可以得到该 logistic 模型的零假设 $H_0 : \beta = 0$ 的计分检验就是式 (9.2.2) 中的趋势检验 T_x.

4. Hardy-Weinberg 不平衡检验

在病例对照数据的关联分析中, 病例组偏离 HWE 可以用来检验疾病是否与基因型关联. HWE 由 Hardy-Weinberg 不平衡 (HWD) 系数来衡量. 群体中的 HWD 系数一般定义为

$$\Delta = Pr(\text{AA}) - \{Pr(\text{AA}) + Pr(\text{Aa})/2\}^2. \tag{9.2.3}$$

当 HWE 在群体中成立时, $\Delta = 0$. 类似地, 可以定义病例组和对照组中的 HWD 系数, 分别记为 $\Delta_p = p_2 - (p_2 + p_1/2)^2$ 和 $\Delta_q = q_2 - (q_2 + q_1/2)^2$. 当零假设成立时, $\Delta_p = \Delta_q = \Delta$, 所以 Δ_p 和 Δ_q 之间的差异可以用来检验疾病是否与基因型关联 (Zaykin and Nielsen, 2000; Wittke-Thompson, et al., 2005; Song and Elston, 2006). 定义 HWD 检验

$$T_{\text{HWD}} = \frac{rs}{n}\frac{(\hat{\Delta}_p - \hat{\Delta}_q)^2}{\hat{p}^2(1 - \hat{p})^2}, \tag{9.2.4}$$

其中, $\hat{\Delta}_p$, $\hat{\Delta}_q$ 分别为病例组和对照组的 HWD 系数的估计 (用 $\hat{p}_i, \hat{q}_i$ 代替 p_i, q_i), $\hat{p} = (n_2 + n_1/2)/n = \phi(\hat{p}_2 + \hat{p}_1/2) + (1 - \phi)(\hat{q}_2 + \hat{q}_1/2)$ 为 $p = P(\text{A})$ 在零假设下的估计. 当零假设成立的条件下, T_{HWD} 渐近服从自由度为 1 的卡方分布.

另外一种常用的 HWD 系数定义为

$$\Delta' = \frac{4P(\text{AA})P(\text{aa})}{P(\text{Aa})^2}, \tag{9.2.5}$$

病例组的 HWD 系数 $\Delta'_p = (4p_2p_0)/p_1^2$, 对照组的 HWD 系数为 $\Delta'_p = (4q_2q_0)/q_1^2$,

$$T'_{\text{HWD}} = \frac{rs}{n}(\hat{\Delta}'_p - \hat{\Delta}'_q)^2\hat{p}^2\hat{q}^2, \tag{9.2.6}$$

其中, 估计量 $\Delta'_p, \Delta'_q, \hat{p}, \hat{q}$ 与前面的定义类似. 在零假设下, Δ' 不依赖于等位基因频率, 因此, 对于分层数据, 在 HWD 系数一致性的条件下, 可以使用 Δ' 检验 HWE 是否成立.

HWD 检验本质上是通过检验二阶等位基因之间的交互作用检验关联性, 用它来检验 H_0 功效通常比较低, 特别是当真正的模型是乘积模型 (multiplicative model) 时, 该检验几乎没有功效. 虽然 T_{HWD} 并不是一个理想的相关性检验的统计量, 但是它可以用来进行基因型数据的质量控制, 判断存在较大误差的基因型测量值. 另一方面, 基因模型实际上是两个等位基因之间的二阶交互作用, 而 HWD 检验度量了数据偏离乘积或可加模型的程度, 因此, 该检验可以用来判断基因模型, 将在稳健方法一节中介绍. 需要说明的是, 通常在理想的假设条件下, 对照组近似满足 HWE, 因而只使用病例组的 HWD 系数也能用来构造类似的检验.

5. 等位基因检验

上面介绍的 Pearson 检验、Cochran-Armitage 趋势检验以及 HWD 检验都是基于基因型 (genotype-based) 的检验. 基于等位基因 (allele-based) 的检验与可加趋势检验接近, 是病例对照数据分析中的另外一类应用广泛的检验 (Sasieni, 1997). 与基于基因型数据不同的是, 对病例和对照组中的等位基因 a 和 A 进行计数, 如表 9.2 所示.

表 9.2 单位点病例对照数据的等位基因频数

	a	A	共计
病例组	$2r_0 + r_1$	$2r_2 + r_1$	$2r$
对照组	$2s_0 + s_1$	$2s_2 + s_1$	$2s$
共计	$2n_0 + n_1$	$2n_2 + n_1$	$2n$

基于等位基因的检验比较病例组和对照组中等位基因 A 的频率, 分别记为 p_{A} 和 q_{A}, 则基于等位基因的检验可以写成

$$T_{\text{A}} = \frac{2rs}{n}\frac{(\hat{p}_{\text{A}} - \hat{q}_{\text{A}})^2}{\hat{p}(1-\hat{p})}, \tag{9.2.7}$$

其中, $\hat{p}_{\text{A}} = (r_2 + r_1/2)/r$, $\hat{q}_{\text{A}} = (s_2 + s_1/2)/s$, $\hat{p} = (n_2 + n_1/2)/n$. 在零假设成立的条件下, T_{A} 渐近地服从自由度为 1 的卡方分布.

比较 T_{A} 和可加 Cochran-Armitage 趋势检验 $T_{0.5}$, 可以看出两者都是比较等位基因频率在病例组和对照组的差异, 区别在于它们的方差略有不同. 经过简单的

计算可以看出

$$T_{\mathrm{A}} = T_{0.5}\left\{1 + \frac{4n_0n_2 - n_1^2}{(n_1+2n_2)(n_1+2n_0)}\right\} = T_{0.5}\left\{1 + \frac{\bar{p}_2 - \hat{p}^2}{\hat{p}\hat{q}}\right\}, \tag{9.2.8}$$

其中, $\bar{p}_j = n_j/n$ 为合并病例对照样本后基因型概率的估计. 容易看出 $4n_0n_2 - n_1^2 = 0$ 和 $\bar{p}_2 = (\bar{p}_2 + \bar{p}_1/2)^2$ 是等价的, 后者说明了 HWE 在合并后的病例对照样本中成立, 而在 HWE 成立时, $\dfrac{\bar{p}_2 - \hat{p}^2}{\hat{p}\hat{q}} = O(n^{-1})$, 因此, 在病例对照样本合并的群体中成立 HWE 时, 基于等位基因的检验 T_{A} 和基于基因型的检验 $T_{0.5}$ 是渐近等价的. 因此, 只有在群体中的 HWE 律成立的前提下, 基于等位基因的检验 T_{ABT} 才是一个有效的检验. 正是因为两者在零假设下方差的不同导致了在对立假设下两者将有不同的检验功效. 但由于两者的差别特别小 ($O(n^{-1})$ 的阶), 所以在生物医学的基因研究中, 等位基因检验依然被广泛应用.

9.3 稳健检验

已经知道趋势检验依赖于预先指定的计分 (score), 不同的基因模型对应于不同的计分, 然而在基因关联分析中基因模型通常未知. 对于常见的 4 种基因模型: 隐性模型、可加模型、乘积模型和显性模型, 它们相对应的最优计分分别是 0, 0.5, 0.5, 1. 当指定的计分对应于真正的基因模型时, 趋势检验才是功效最优的检验. 由于在实际应用中, 真正的基因模型往往未知, 所以用错误的基因模型对应的趋势检验进行关联分析研究就会降低功效. 特别地, 若将隐性模型误认为是显性模型 (或反过来), 功效就会大大降低. 考虑到这些原因, 研究对于基因模型选取稳健而且功效较大的检验就成为必然 (Gastwirth, 1966, 1985).

9.3.1 MAX 类型检验、基因模型选择及其他方法

常用的稳健检验方法有 MAX 检验、基于基因模型选择的趋势检验以及其他一些方法.

1. MAX 类型检验

两种常用的稳健型检验是可加模型对应的趋势检验 $T_{0.5}$ 和 Pearson 卡方检验, 它们已经被证实是比较稳健且容易实现的检验, 其中, 可加趋势检验 $T_{0.5}$ 在可加或乘积模型下最有效. 因为可加或乘积模型可以认为介于隐性和显性模型之间, 离两者都不太远, 所以可加趋势检验在隐性和显性模型下功效表现尚可, 比较稳健. 另外, Pearson 检验因为完全不考虑基因模型 (自由度为 2), 因而是最稳健的, 但其功效表现在某些模型下可能会比较差. 这两种方法孰优孰劣, 或者说, 在何种情况下

应该使用哪一个应该视具体情况而定. 例如, 已知模型是或者接近于可加的, 那么就应该使用可加趋势检验, 而如果对基因模型完全无知, 那么使用 Pearson 检验就是一种稳妥的做法.

MAX 类型的检验是另外一种应用广泛的稳健检验, 常用的有 MAX2 检验 (Matthews, et al., 2008) 和 MAX3 检验 (Zheng, et al., 2006). MAX2 是显性和隐性模型下的两个趋势检验的最大值, 而 MAX3 是显性、隐性和可加模型下的三个趋势检验的最大值,

$$T_{\mathrm{MAX2}} = \max\{T_0, T_1\}, \quad T_{\mathrm{MAX3}} = \max\{T_0, T_{0.5}, T_1\}. \tag{9.3.1}$$

关于何时使用 MAX2, 何时使用 MAX3, 没有一个确切的标准. 通常如果有理由认为基因作用不是可加的, 那么可以使用 MAX2; 否则, 使用 MAX3 是一种更稳健的做法. 计算机模拟和实际数据分析都表明 MAX 检验具有优良性质, 在很多情况下其, 功效和稳健性都会超过前述的两种稳健检验. 但是 MAX 在零假设下的理论分布或显著性度量, 即 p 值不容易求出, 并且 MAX 检验的 p 值或在给定显著性水平下的阈值 (threshold) 依赖于群体中等位基因的概率和群体发病率等参数. 本质上,MAX 类型的检验是对同一批数据的多重检验, 如果不经调整而使用单个检验的阈值 (如使用自由度为 1 的卡方检验的 95% 分位数 3.84), 其 I 型错误就会超过设定的显著性水平. 人们通常使用置换方法确定 MAX 检验的 p 值或阈值, 但这通常需要大量的置换和计算时间. 下面介绍一种基于趋势检验渐近正态的一种逼近方法. 在式 (9.2.2) 中, 记 $T_x = Z_x^2$, 其中,

$$Z_x = \frac{U_z}{\sqrt{\widehat{\mathrm{Var}}_{H_0}(U_x)}} = \sqrt{\frac{rs}{n}} \frac{\sum\limits_{j=0}^{2} x_j(\hat{p}_j - \hat{q}_j)}{\sqrt{\sum\limits_{j=0}^{2} x_j^2 \hat{\pi}_j - \left(\sum\limits_{j=0}^{2} x_j \hat{\pi}_j\right)^2}}.$$

在零假设下, 其渐近分布为标准正态分布. Zheng 等 (2003) 计算了三个常用趋势检验 $Z_0, Z_{0.5}, Z_1$ 在零假设下的渐近协方差阵 $\boldsymbol{\Sigma}_3 = (\rho_{x,x'}), x, x' = 0, 0.5, 1$, 其中, $\rho_{x,x'} = \rho_{x',x} = \mathrm{corr}_{H_0}(Z_x, Z_{x'})$, 其中, $\rho_{x,x} = 1$, 并且

$$\begin{aligned}
\rho_{0,0.5} &= \frac{\pi_0(\pi_1 + 2\pi_2)}{\sqrt{\pi_0(1-\pi_0)}\sqrt{(\pi_1 + 2\pi_2)\pi_0 + (\pi_1 + 2\pi_0)\pi_2}}, \\
\rho_{0,1} &= \frac{\pi_0 \pi_2}{\sqrt{\pi_0(1-\pi_0)}\sqrt{\pi_2(1-\pi_2)}}, \\
\rho_{0.5,1} &= \frac{\pi_2(\pi_1 + 2\pi_2)}{\sqrt{\pi_2(1-\pi_2)}\sqrt{(\pi_1 + 2\pi_2)\pi_0 + (\pi_1 + 2\pi_0)\pi_2}},
\end{aligned}$$

其中, π_0, π_1, π_2 为零假设下基因型 aa, Aa, AA 的概率. 那么, MAX3 检验的 α 阈值

c_α 可由下式决定：

$$1-\alpha=\int_{-c_\alpha}^{c_\alpha}\int_{-c_\alpha}^{c_\alpha}\int_{-c_\alpha}^{c_\alpha}\phi_{\hat{\boldsymbol{\Sigma}}_3}(t_1,t_2,t_3)\mathrm{d}t_1\mathrm{d}t_2\mathrm{d}t_3, \tag{9.3.2}$$

其中, $\phi_{\hat{\boldsymbol{\Sigma}}_3}(\cdot)$ 是正态分布 $N_3(0,\hat{\boldsymbol{\Sigma}}_3)$ 的密度函数, $\hat{\boldsymbol{\Sigma}}_3$ 是 $\boldsymbol{\Sigma}_3$ 在零假设下的估计 (π_i 以 $\hat{\pi}_i=n_i/n$ 代入). 类似地, 对于给定的由样本计算而得的 MAX 检验统计量 m, 其 p 值可由下式计算：

$$p=1-\int_{-m}^{m}\int_{-m}^{m}\int_{-m}^{m}\phi_{\hat{\boldsymbol{\Sigma}}_3}(t_1,t_2,t_3)\mathrm{d}t_1\mathrm{d}t_2\mathrm{d}t_3.$$

对于 MAX2 检验, 只需将上面的三元正态密度换成二元正态密度, 协方差阵为 $\boldsymbol{\Sigma}_2=(\rho_{x,x'}),x,x'=0,1$.

与式 (9.3.2) 类似, González 等 (2008) 给出了另外一种 MAX 检验的阈值的正态逼近方法, 他们考虑的是基于渐近等价于 $Z_0,Z_{0.5},Z_1$ 的三个似然比检验的 MAX 统计量. 另外, Tian 等 (2009) 给出了 MAX2 和 MAX3 检验的精确 p 值的快速算法, 运算速度上与大样本逼近方法相差不大, 但比置换方法有了大幅度的提高, 并且给出的 p 值是精确的. 这种精确检验方法尤其适用于样本量较小而且结果特别显著 (p 值很小) 的情况.

2. 基因模型选择

接下来介绍基于基因模型选择的趋势检验, 也可以认为是一种自适应的稳健方法. 该方法利用数据首先估计出基因模型, 然后应用估计出的模型所对应的最优趋势检验. 因此, 首先要寻找一个可以估计基因模型的方法.

在假设群体满足 HWE 条件下, 由式 (9.1.5) 经过简单计算可以得到病例组和对照组的 HWD 系数可以表示为

$$\Delta_p=\frac{f_0^2p^2q^2}{K^2}\left(\lambda_2-\lambda_1^2\right),\quad \Delta_q=\frac{f_0p^2q^2}{(1-K)^2}\left\{(2\lambda_1-1-\lambda_2)+f_0(\lambda_2-\lambda_1^2)\right\},$$

并且在各个基因模型下, HWD 系数满足如下关系 (Wittke-Thompson, et al., 2005): 隐性模型下, $\Delta_p>0,\Delta_q<0$; 显性模型下, $\Delta_p<0,\Delta_q>0$; 乘积模型下, $\Delta_p=0,\Delta_q<0$; 可加模型下, $\Delta_p<0,\Delta_q<0$. 基于以上结论可以知道隐性模型下, $\Delta_p-\Delta_q>0$, 显性模型下, $\Delta_p-\Delta_q<0$. 另外, 注意到在乘积模型或可加模型下, Δ_p 和 Δ_q 数值都很小, 所以当 $\Delta_p-\Delta_q$ 在零附近时, 有理由相信模型更接近于乘积或可加模型.

这一性质说明可以用 HWD 系数的符号来估计基因模型, 令 $T_{\mathrm{HWD}}=Z_{\mathrm{HWD}}^2$, 其中,

$$Z_{\mathrm{HWD}}=\sqrt{\frac{rs}{n}}\frac{\hat{\Delta}_p-\hat{\Delta}_q}{\hat{p}(1-\hat{p})}, \tag{9.3.3}$$

即如果 Z_{HWD} 为正值较大, 如当 $Z_{\text{HWD}} < -c_0$ 时, 就判定基因模型为隐性模型, 其中, c_0 为给定的一个阈值, 当 Z_{HWD} 为负值较小时, 可以估计基因模型为显性模型. 在其他情况下, 则估计基因模型为可加模型或乘积模型. Zheng 和 Ng (2008) 通过模拟发现, 对于 $c_0 = 1.645$ (标准正态分布的 95% 分位数), 当群体中风险等位基因的概率大于 0.3 时, 该方法对模型有比较高的正确判定率. 即使当风险等位基因的概率较小时, 将显性模型 (隐性模型) 判定为隐性模型 (显性模型) 的概率是很低的, 只是在这样的风险等位基因概率下会有较多的显性或者隐性模型被判为可加模型罢了, 而在上面也讨论了可加模型对应的趋势检验是一种较稳健的检验, 所以这种错判对功效影响不大. 综上所述, Z_{HWD} 是一个合理而有效的选择模型工具. 在利用 Z_{HWD} 选择好模型后, 记基因模型估计所对应的计分为 $\hat{x}$, 应用其相应的最优趋势检验 $T_{\hat{x}}$ 即可. 在显著性水平控制在 α 下, 该检验的显著性可由置换或参数型 bootstrap 方法确定.

3. 其他稳健方法

另外一类稳健的方法是将某几种常用的检验方法结合起来, 利用它们各自的优势构造新的检验统计量. 需要注意的是所有的稳健检验都不是最优的, 应该根据具体问题选取具体的方法. 这里, 简单介绍一下其他几种稳健的统计检验方法.

在零假设成立的条件下, 可加趋势检验 $T_{0.5}$ 和 HWD 检验 T_{HWD} 是渐近独立的, 记 p_1 和 p_2 分别为它们的 p 值, 构造新的统计量 $T_{\text{Fisher}} = -2\log p_1p_2$, 则 T_{Fisher} 在零假设下服从自由度为 4 的卡方分布. 这就是著名的 Fisher's combination 方法. 当然也可以将可加模型趋势检验的 p 值和 Pearson 检验统计量的 p 值用类似的方法结合起来构造新的检验统计量, 但是在零假设之下的渐近分布渐近分布就变得复杂, 不再是一个自由度为 4 的卡方分布了, 原因是结合的两个统计量不再是渐近独立的了. Zheng 等 (2008) 提出了一种两阶段 (two-phase) 方法, 该方法综合了 Pearson 检验和可加趋势检验的优势, 同样具有较好的稳健性和功效.

在这里强调零假设之下的分布是为了便于求给定显著性水平下的阈值, 从而计算对立假设下的功效. 在实际应用中, 很多检验统计量的零分布并不能求出显式, 即使是近似的也很难求出, 这时可以使用自助法或者置换等方法求出阈值或 p 值.

9.3.2 一个例子

在实际数据的统计分析中, 由于群体疾病流行率、基因模型等参数都无从知道, 选取哪种检验方法应根据具体情况而定. 如果基因模型已知, 那么应该使用对应的最优趋势检验; 如果基因模型完全未知, 那么应该使用 Pearson 检验、等位基因检验或可加趋势检验; 如果认为基因模型限于显性、隐性、可加或乘积模型, 那么 MAX 类型检验是一个稳健且有效的检验方法, 也可以使用基因模型选择方法, 但该检验方法的表现依赖于模型选择准则的确定.

研究一个具有两个等位基因 A, a 的位点, 假设 $P(\mathrm{A}) = 0.25$, 真正的基因模型为隐性模型, AA 的相对风险 $\lambda_2 = 1.350$. 在上述模型下, 模拟了 500 个病例, 500 个对照、基因型数据整理在表 9.3 中. 对于表 9.3 中的数据, 分别计算 Pearson 卡方检验、三个趋势检验、HWD 检验、等位基因检验、MAX3 检验和基因模型选择方法, 将统计量的值和相应的 p 值汇总在表 9.4 中.

表 9.3 隐性模型下的模拟数据

	aa	Aa	AA	总计
病例	165	237	98	500
对照	181	249	70	500
总计	346	486	168	1000

表 9.4

	卡方统计量	自由度	p 值
Pearson 检验	5.703	2	0.058
隐性趋势检验	5.609	1	0.018
可加趋势检验	4.014	1	0.045
显性趋势检验	1.131	1	0.287
HWD 检验	1.678	1	0.093
等位基因检验	4.014	1	0.045
MAX2 检验	5.609	—	0.035 ①
MAX3 检验	5.609	—	0.040 ②
模型选择方法 ③	4.014	—	0.041

注: ① MAX2 精确 p 值为 0.041; ② MAX3 精确 p 值为 0.044; ③ $Z_{\mathrm{HWD}} = 1.295$, $c_0 = 1$, 模型选择为隐性模型.

可以看到, 隐性趋势检验最显著, 这与真实模型为隐性是一致的. 在显著性水平为 0.05 时, Pearson 检验、显性趋势检验和 HWD 检验都不显著, 隐性和可加趋势检验都显著, 等位基因检验和可加趋势检验结果几乎一致. 如前所述, 因为在实际问题中，通常不知道真正的基因模型, 所以考虑模型稳健方法. 从表 9.4 可以看出 MAX2,MAX3 检验的基于大样本逼近的 p 值分别是 0.035 和 0.040(精确的 p 值分别为 0.041 和 0.044), 都比 Pearson 检验的结果显著. 虽然 HWD 检验用于检验关联性的效果并不理想, 但是在取 $c_0 = 1.645$ 时, 即便是用它估计模型得到的是可加模型, 其精确 p 值为 0.040, 显著性结果与 MAX3 类似. 需要说明的是, c_0 的不同选取可能导致不同的结果, 如当 $c_0 = 1$ 时, 模型被选择为隐性模型, 此时的 p 值为 0.016. 结果非常显著, 接近与最优的隐性趋势检验的结果 (后者的精确 p 值实际上为 0.014, 表 9.4 中 $p = 0.018$ 是基于卡方逼近得到的), 所以虽然模型选择方法在很多情形下优于 MAX3, 但由于 c_0 选取的不确定性, 所以在实际应用中, 人们通常更倾向于使用 MAX 型的检验.

9.4 匹配数据的关联分析

群体分层 (population stratification) 是基因关联分析中常见的一个现象. 在病例对照数据关联分析中, 疾病与基因型之间的关联与否往往会受到一些潜在的混淆变量 (confounding) 的影响, 如年龄、种族背景、性别等. 即使基因型与疾病没有关联, 但是未观测或记录的混淆因素在两组之间分布的不同, 可能会导致基因型分布在两组之间看起来不同. 如果在关联分析时忽略了混淆因素的影响, 得到的关联分析结果就会出现偏差. 在病例对照设计研究中, 因为不可能随机化, 研究设计者需要尽量控制所有可能的混淆变量, 使得它们在两组之间保持一致. 如果一般的病例对照设计难以做到这一点, 则需要考虑更为精细的匹配 (matching).

匹配的病例对照 (matched case-control) 设计是一种常用的控制混淆因素的方法 (Breslow and Day, 1980). 一个关于某些变量的匹配中的病例与对照构成一个层, 它们有共同的匹配变量. 常见的一种匹配是一个病例和 m 个对照进行匹配, 称为 $1\!:\!m$ 匹配, 即对于每一个病例, 在可能的混淆变量上尽量寻找 m 个对照尽量进行匹配, 是应用最广泛的一种匹配设计. 特别地, 1:1 匹配称为配对设计 (matched pair), 应用尤为广泛. 当匹配的变量与疾病和基因位点都相关联时, 匹配设计提供了一种能有效控制混淆因素的方法. 因此, 在存在混淆因素的情况下, 匹配的病例对照设计能帮助我们检验出真实的疾病和基因型的关联性.

对于配对数据, McNemar 检验是常用的方法 (McNemar, 1947), 用于检验配对的 2×2 表的行和列是否具有相同的边际概率的统计方法. 对于每一对病例和对照, 测量其某种指标 (如基因风险或其他风险因素水平, 这里假设风险因素只有 0, 1 两个水平), 数据整理在表 9.5 中. 记病例指标为 i, 其配对的对照为 j 的概率为 $p_{ij}(i,j=0,1)$. 病例和对照在该风险因素上没有差异 (即该风险与疾病没关联) 意味着行和列的边际概率相同, 即要检验零假设 $p_{11}+p_{10}=p_{11}+p_{01}$, 即对称性假设 $p_{10}=p_{01}$ 是否成立. McNemar(1947) 提出用以下统计量作为检验统计量:

$$T_M=\frac{(b-c)^2}{b+c}. \tag{9.4.1}$$

在零假设下, T 服从自由度为 1 的卡方分布. 可以看出风险因素无差异的对的计数 a, d 对于检验没有贡献. 对于一般的 m, $1\!:\!m$ 匹配数据的检验方法与 McNemar 检验类似, 通用的检验方法是条件 logistic 回归的计分检验, 或分层数据的 Cochran-Mantel-Haenszel 方法, 当 $m=1$ 时, 即为 McNemar 检验 (Breslow and Day, 1980).

表 9.5 2 × 2 配对数据

		对照		共计
		1	0	
病例	1	a	b	$a+b$
	0	c	d	$c+d$
	共计	$a+c$	$b+d$	$a+b+c+d$

由于基因数据的特殊性, 对于配对的病例对照基因数据, 近几年的文献中提出了若干方法, 较为典型的有 Lee(2004) 提出的配对的趋势检验、Zheng 和 Tian (2006) 提出的稳健检验、Zhang 等 (2006) 提出的单倍体中的基因关联分析、Zheng 和 Tian (2006) 研究的匹配设计下的稳健检验方法等. 下面假设共有 n 个匹配或层, 每个层都按照变量 z_j $(j=1,\cdots,n)$ 匹配. 类似于一般的病例对照数据, 假设等位基因为 a, A, 并且 A 是风险基因, 基因型为 $G_0=\text{aa}$, $G_1=\text{Aa}$, $G_2=\text{AA}$. 给每一层定义群体流行率 $k_j=Pr(\text{case}|z_j)$, 疾病渗透率 $f_{ij}=Pr(\text{case}|G_i,z_j)$, 相对风险 $\lambda_{1j}=f_{1j}/f_{0j}$ 和 $\lambda_{2j}=f_{2j}/f_{0j}$, $p_{ij}=Pr(G_i|\text{case},\ z_j)$, $q_{ij}=Pr(G_i|\text{control},\ z_j)$ 以及 $g_{ij}=Pr(G_i|z_j)$ $(i=0,1,2,\ j=1,\cdots,n)$.

1. Cochran-Mantel-Haenszel 检验

利用分层数据的 Cochran-Mantel-Haenszel(CMH) 检验的思想, 构造匹配数据的卡方检验. 假设第 i 个层 (即匹配) 中 s_i 个对照与 r_i 个病例匹配, 共有 $n_i=s_i+r_i$ 个个体. 数据整理在一个 2×3 表格中, (r_{i0},r_{i1},r_{i2}) 和 (s_{i0},s_{i1},s_{i2}) 分别为第 i 层中病例组和对照组对于三组基因型的计数, 其中, $r_i=r_{i0}+r_{i1}+r_{i2}$, $s_i=s_{i0}+s_{i1}+s_{i2}$. 记 $n_{ij}=r_{ij}+s_{ij}$, 那么匹配数据的 CMH 卡方检验有如下形式:

$$T_{\text{CMH}}=\left(\sum_{i=1}^{n}\boldsymbol{d}_i\right)^{\text{T}}\left(\sum_{i=1}^{n}\boldsymbol{V}_i\right)^{-1}\left(\sum_{i=1}^{n}\boldsymbol{d}_i\right), \tag{9.4.2}$$

其中,

$$\boldsymbol{d}_i=\begin{pmatrix} r_{i1}-\dfrac{r_in_{i1}}{n_i} \\ r_{i2}-\dfrac{r_in_{i2}}{n_i}\end{pmatrix},\quad \boldsymbol{V}_i=\frac{r_is_i}{n_i^2(n_i-1)}\begin{pmatrix} n_{i1}(n-n_{i1}) & -n_{i1}n_{i2} \\ -n_{i1}n_{i2} & n_{i2}(n-n_{i2})\end{pmatrix}.$$

该检验可以看成是 Pearson 检验在匹配情形下的对应形式. 在零假设成立的条件下, 该检验服从自由度为 2 的卡方分布.

2. 匹配数据的趋势检验

如前所述, CMH 检验没有考虑基因模型. 通常基因型被认为是有次序的, 如同前面的 Cochran-Armitage 趋势检验一样, 也可以考虑进基因型的次序, 从而得到自由度为 1 的卡方检验. 下面仅介绍 $1:m$ 匹配的情形 (即 $r_i=1, s_i=m$). 对于第 i 个层, 记 x_{1i} 为病例的基因型对应的计分, x_{2ij} 为对照组中第 j 个个体的基因型对应的计分, $i=1,\cdots,n$, $j=1,\cdots,m$. 所有的计分都取值于 $\{0,x,1\}$, x 的取值依赖于潜在的基因模型, $x=0,1/2,1$ 分别对应于隐性模型、可加模型和显性模型. 考虑以下的条件 logistic 回归模型 (Zheng and Tian, 2006):

$$L(\beta|z)=\prod_{i=1}^{n}\frac{\exp\left(\beta x_{1i}\right)}{\exp\left(\beta x_{1i}\right)+\sum\limits_{j=1}^{m}\exp\left(\beta x_{2ij}\right)}. \tag{9.4.3}$$

关于零假设 H_0: $\beta=0$ 的计分检验即为 $1:m$ 匹配设计下的趋势检验

$$T_x^*=\frac{\left[\sum\limits_{i=1}^{n}\left(mx_{1i}-\sum\limits_{j=1}^{m}x_{2ij}\right)\right]^2}{\sum\limits_{i=1}^{n}\left\{(1+m)\left(x_{1i}^2+\sum\limits_{j=1}^{m}x_{2ij}^2\right)-\left(x_{1i}+\sum\limits_{j=1}^{m}x_{2ij}\right)^2\right\}}. \tag{9.4.4}$$

T_x^* 在 H_0 成立时服从自由度为 1 的卡方分布.

类似于一般的病例对照设计, 也可以考虑匹配设计数据的稳健检验. Zheng 和 Tian (2006) 研究了基于趋势检验的稳健 MAX3 检验, 即 $T_{\mathrm{MAX3}}^*=\max\{T_0^*,T_{0.5}^*,T_1^*\}$, 结果表明 MAX3 检验在常见基因模型下相对于 CMH 检验有较好的功效表现, 并且对于基因模型指定是稳健的. 该检验的 p 值可由 $T_0^*,T_{0.5}^*,T_1^*$ 的渐近联合正态性 (Zheng and Tian, 2006) 计算得到, 也可由置换方法得到, 但需要注意置换需要在层内进行以免置换打乱匹配结构. 类似于前面对于一般的病例对照设计, 也可以类似地定义 HWD 检验, 由此选择基因模型并使用相应的最优趋势检验. 对于 MAX3 检验和模型选择方法在此不多介绍, 感兴趣的读者可参见文献 (Zheng and Tian, 2006; Yuan, et al., 2009).

3. 实例分析

ACCESS 是由 1999 年美国 NIH 赞助研究的关于肉状瘤病 (sarcoidosis) 的配对病例对照研究. 这个研究收集了 10 个医学中心按照年龄、种族 (Caucasian 与 African-American 以及其他) 和性别配对的病例对照数据. 在本例中, 对 219 个 African-American 病例对照对 (pair) 进行研究, 其中, 一个候选基因为 $KM(1,3)$ 多态性, 数据如表 9.6 所示. 两个等位基因记为数字 1 和 3. 对于表 9.6 中的数据, 计算配对数据的自由度为 2 的卡方检验 T_{CMH}, 三种常见模型下的趋势检验以及 MAX3 检验以及相应的 p 值. p 值是利用置换的方法得到的, CMH 检验的 p 值为 0.0638, 在 0.05 显著性水平下不显著. 假设等位基因 “1” 是风险基因, 则不同基因模型下的配对的趋势检验分别如下: ① 隐性模型 $T_0^*=1.897$ ($p=0.058$); ② 可加

模型 $T_{0.5}^* = 2.857$ ($p = 0.004$); ③ 显性模型 $T_1^* = 1.826$ (p =0.068). 注意这里因为不知道风险基因, 所有的趋势检验的 p 值都乘了因子 2. 从计算的结果来看, 只有在可加模型下才是显著的, 但因为不知道确切的基因模型, 因而需要校正三个多重检验引起的 I 型错误的增加. 如果使用 Bonferroni 校正方法, 那么校正后的 p 值分别为 0.173, 0.012, 0.203, 其中, 可加模型下的趋势检验仍在 0.05 显著水平下是显著的, 但在 0.01 水平下该基因不显著. 注意到 Bonferroni 方法常常过度保守 (因为三个检验是相关的), 所以使用 MAX3 检验, MAX3 = 2.857, 其 p 值为 0.006, 所以即使在 0.01 水平下, 该基因与疾病也是显著关联的.

表 9.6 ACCESS 数据(219 对)

		对照			总数
		33	31	11	
病例	33	35	45	5	85
	31	57	40	9	106
	11	13	13	2	28
	总数	105	98	16	219

参考文献

Armitage P. 1955. Tests for linear trends in proportions and frequencies. Biometrics, 11: 375~386

Breslow N E, Day N E. 1980. Statistical Methods in Cancer Research, volume I: the Analysis of Case-Control Studies. IARC Scientific Publications.

Cochran W G. 1954. Some methods for strengthening the common chi-squared tests. Biometrics, 10: 417~451

Gastwirth J L. 1966. On robust procedures. Journal of the American Statistical Association, 61: 929~948

Gastwirth J L. 1985. The use of maximin efficiency robust tests in combining contingency tables and survival analysis. Journal of the American Statistical Association, 80: 380~384

González J R, Carrasco JL, Dudbridge F, et al. 2008. Maximizing association statistics over genetic models. Genet Epidemiol, 32: 246~254

Graubard B I, Korn, E L. 1987. Choice of column scores for testing independence in ordered $2 \times K$ contingency tables. Biometrics, 43: 471~476

Lee W C. 2004. Case-control association studies with matching and genomic controlling. Genetic Epidemiology, 27: 1~13

Li W. 2008. Three lectures on case-control genetic association analysis. Briefings in Bioinformatics, 9: 1~13

Matthews A G, Haynes C, Liu C, et al. 2008. Collapsing SNP genotypes in case-control genome-wide association studies increases the type I error rate andpower. Statistical Applications in Genetics and Molecular Biology, 7: Article 23

McNemar Q. 1947. Note on the sampling error of the difference between correlated proportions or percentages. Psychometrika, 12: 153～157

Prentice R L, Pyke R. 1979. Logistic disease incidence models and case-control studies. Biometrika, 66: 403～411

Sasieni P D. 1997. From genotypes to genes: Doubling the sample size. Biometrics, 53: 1253～1261

Song K, Elston R C. 2006. A powerful method of combining measures of association and Hardy-Weinberg disequilibrium for fine-mapping in case-control studies. Statistics in Medicine, 25: 105～126

Tian J, Zhang H, Yang Y. 2009. Exact MAX-type test in genetic association analysis. Technical Report

Wittke-Thompson J K, Pluzhnikov A, Cox N J. 2005. Rational inferences about departure from Hardy-Weinberg equilibrium. American Journal of Human Genetics, 76: 967～986

Yuan M, Xu J, Yang Y, et al. 2009. Testing genetic association in pair-matched case-control design by incorporating Hardy-Weinberg disequilibrium. Technical Report

Zhang H, Zheng G, Li Z. 2006. Statistical analysis for haplotype-based matched case-control studies. Biometrics, 62: 1124～1131

Zheng G, Friedlin B, Gastwirth J. 2006. Comparison of robust tests for genetic association using case-control studies. IMS Lecture Notes-Monograph Series, 2nd Lehmann Symposium-Optimality, 49: 253～265

Zheng G, Freidlin B, Li Z, et al. 2003. Choice of scores in trend tests for case-control studies of candidate-gene associations. Biometrical Journal, 45: 335～348

Zheng G, Joo J, Yang Y. 2009. Pearson's test, trend tests and MAX are all trend tests with different types of scores. Ann Hum Genet (accepted)

Zheng G, Meyer M, Li W, et al. 2008. Comparison of two-phase analysis for case-control genetic association studies. Statistics in Medicine, 27: 5054～5075

Zheng G, Ng H K T. 2008. Genetic model selection in two-stage analysis for case-control association studies. Biostatistics, 9: 391～399

Zheng G, Tian X. 2006. Robust trend tests for genetic association using matched case-control design. Statistics in Medicine, 25: 3160～3173

Zaykin D V, Nielsen D M. 2000. Hardy-Weinberg disequilibrium (HWD) fine mapping for case-control samples. American Journal of Human Genetics, 67: 1238

第 10 章　生物医学等价性评价问题的统计推断

随着社会经济的快速发展和社会竞争的日益激烈, 一些新的医疗技术或药品不断涌现. 一般来说, 新的医疗技术或药品必须具有一些目前广为使用的医疗技术或药品所没有的特点, 或比它们有更多的优点, 如无副作用、价格便宜、容易操作等, 否则, 它们很难在激烈竞争中得以推广使用. 对这些问题, 人们关心的是: 这些新的医疗技术或药品是否与目前广为使用的医疗技术或药品有一样的效果呢? 为了回答这个问题, 国内外众多研究者都为此做了大量卓有成效的工作. 这些研究工作大体都基于① 两个独立二项分布; ② 配对试验设计; ③ 多中心试验设计等来讨论有关的等价性评价问题的. 这类问题可通过所谓的 2×2 列联表或多个 2×2 列联表的理论和方法来解决.

在一些流行病学研究中, 人们也常常想知道: 得过某种疾病的人或动物等 (如 SARS) 是否对该疾病有一定的免疫力? 也就是说, 没有得过 SARS 的人是否比得过 SARS 的人更容易感染 SARS 病毒? 在医院里, 常常听见医生说: 某疑似病人 (初诊结果为阳性) 还需要进一步的确诊 (即通过某种特殊医疗设备的检验) 才能知道他/她是否犯有某种疾病. 人们自然想知道: 初诊结果为阳性的概率是否与已知初诊结果为阳性的条件下第二次诊断仍为阴性的概率一样? 如果二者一样, 则说明该医生的初诊结果是很满意的, 即说明该医生有很高的医术水平. 这类问题可通过将这些研究数据概括在一个所谓的带有结构零的 2×2 列联表中借助于统计学中的有关理论和方法来解决.

在眼科手术成功实验研究中, 有些病人的眼睛里含有溢出物, 有些病人的眼睛里没有溢出物, 含有溢出物的病人的眼科手术的难度显然比没有溢出物的眼科手术的难度大. 在这类问题研究中, 人们自然想知道: 某一医院的医生对这两种病人的眼科手术的成功率是否是一样的? 如果其成功率是一样的, 则眼睛中含有溢出物的病人也会选择在这一医院做眼科手术. 这类问题可以通过所谓的 3×2 列联表的理论和方法来处理.

本章将基于上面的问题从列联表的角度来分析和讨论其统计推断问题. 这些问题是目前国内外生物医学等价性评价研究中的热点问题.

本章作者: 唐年胜, 云南大学教授; 王学仁, 云南大学教授.

10.1　基于 2×2 列联表的等价性评价问题

10.1.1　基于两个独立二项分布的等价性评价问题

假设用随机变量 X 表示治疗某种疾病的标准处理方法的治疗效果, 而用随机变量 Y 表示治疗该种疾病的某一新的处理方法的治疗效果. 今假设从研究病人中随机抽取 m 和 n 个病人分别用标准处理方法和新处理方法来治疗其疾病, 并假定用标准处理方法治疗某人的疾病的治愈率为 p_x, 而用新处理方法治疗其疾病的治愈率为 p_y, 则 X 可以看成服从二项分布 $B(m,p_x)$ 的随机变量, 而 Y 可看成服从二项分布 $B(n,p_y)$ 的随机变量. 上述问题可以表示为下面的 2×2 列联表 (表 10.1).

表 10.1

	标准处理方法 (X)	新处理方法 (Y)
有效果	$x(p_x)$	$y(p_y)$
没有效果	$m-x(1.0-p_x)$	$n-y(1.0-p_y)$
	$m(1.0)$	$n(1.0)$

表中, x 和 y 分别为随机变量 X 和 Y 的观测值. 在流行病学研究中, 人们常常将 p_x 和 p_y 分别看成是使用标准处理方法和新处理方法治疗某种疾病的风险. 这里有三个常用的统计量,

(1) **风险差** (risk difference): $RD=p_y-p_x$;

(2) **风险比** (risk ratio): $RR=p_y/p_x$;

(3) **优比** (odds ratio): $OR=\dfrac{p_x(1.0-p_y)}{p_y(1.0-p_x)}$.

许多统计教材 (陈希孺, 1997; Dixon and Massey, 1969; Hoel, 1971; Mendenhall, 1975; Fleiss, 1981) 都讨论了假设检验问题

$$H_0: RD=0 \leftrightarrow H_1: RD\neq 0, \tag{10.1.1}$$

并提出了各种不同的检验统计量. Fisher (1935) 在假设 $x+y$, n, m 以及 $n+m-x-y$ 都固定的情况下, 给出了检验假设 H_0 的精确条件检验方法, 其中, "精确条件"的意思是指在假设所有的边界和都事先固定的情况下, 能导出其格子 x 的分布, 并且不需要估计未知参数. 正如 Yates (1934) 指出的, Fisher 精确检验不仅计算量很大, 而且还很保守. 为此, Yates (1934) 提出了修正的 χ^2 检验统计量. Barnard (1947) 和 Pearson (1947) 认为 Fisher 精确检验在齐性情况是无效的. Tocher (1950) 在不固定边界和的情况下提出了一个修正的 Fisher 检验 —— 随机化检验, 他认为该检验能达到真实的检验水平. 但 Mantel 和 Greenhouse (1968) 认为人们很难实现这一过程. 之后, Boschloo (1970) 和 Garside (1971) 对齐性的情况给出了检验的校正表, 并

指出他们的检验能很好地达到了事先给定的检验水平, 而且比 Fisher 和 Yates 的检验都好 (这一论断后来被 Garside 和 Mack(1976) 的研究所证实). Eberhardt 和 Fligner (1977) 根据渐近效率比较了检验假设 (10.1.1) 的基于约束 Wald 型检验统计量和非约束 Wald 型检验统计量的大样本性质. D'Agostino 等 (1988) 指出当 n 和 m 较小时, 无论是 Fisher 精确检验还是 Yates 的修正 χ^2 检验都太保守, 他们提出用 Pearson χ^2 检验统计量的学生化形式检验假设 (10.1.1), 他们的经验结果表明该检验在重复 product-binomial 抽样下能很好地控制犯第一类错误的概率. 但是, 他们忽略了如下问题: ① 分析基于离散数据的检验性质; ② 是否应该在固定一个或两个边界的条件下计算经验水平. 为了解决这一问题, Little (1989) 基于辅助统计量讨论了其 Bayesian 检验. 此外, Suissa 和 Shuster (1985) 还从小样本的角度提出了检验假设问题 (10.1.1) 的精确非条件方法. Haber (1987) 比较了条件和非条件精确检验的优劣性. Hirji 等 (1991) 提出了检验假设 (10.1.1) 的拟 (quasi) 精确检验, 并给出了其算法. Andres 和 Tejedor (1995) 还比较了 Fisher 精确条件检验, Barnard (1947) 非条件检验与 McDonald 等 (1977) 的非随机非条件检验的功效, 其研究结果表明在大多数情况下, Fisher 精确检验功效是可以接受的. Yang 等 (2004) 证明了假设检验问题 (10.1.1) 的 Mid-p 值在 $m=n$ 时与期望 p 值是一样的. 尽管假设检验问题 (10.1.1) 看起来很简单, 但有关该假设的 Fisher 精确检验问题直到今天还是统计学界争论的热点和焦点问题 (Mehrotra, et al. 2003; Crans and Shuster, 2008; van der Meulen, 2008). 最近, 韦博成 (2009) 还基于上面提到的这些检验统计量研究了红楼梦的前 80 回与后 40 回是否出自同一作者等问题.

许多统计学者还考虑了 RD 的置信区间问题. 例如, McDonald 等 (1974) 对小样本的情况给出了 RD 的置信区间的构造方法. Santner 和 Snell (1980) 从小样本的角度给出了找 RD 的置信区间的精确方法. Thomas 和 Gart (1977) 提供了可供实际应用人员查询的 RD 精确置信限表. Anbar (1983) 基于大样本理论构造了 RD 的置信区间, 并将该置信区间与基于精确分布的置信区间作了比较研究, 其研究结果表明前者无论是在理论上还是在实用上都优于后者. 但 Mee (1984) 指出, Anbar 的置信区间是 RD 和 p_y 的函数, 因此, 它也可以是 RD 和 p_x 的函数, 而且这两个置信区间是不一样的. 于是, Mee (1984) 基于参数 p_y 和 p_x 的极大似然估计给出了 RD 的 Anbar 的修正的置信区间. Hauck 和 Anderson (1986) 借助模拟研究比较了 RD 的基于正态近似的 7 个置信区间的覆盖概率和置信区间的宽度, 他们的研究发现基于最小样本量的连续校正置信区间优于 Yates 置信区间. Miettinen 和 Nurminen (1985) 在给定 p_y-p_x 的任意值的条件下构造了一个类似于 Mee (1984) 的置信区间, 而且得到了其精确表达式, 同时他们还考虑了构造 RD 的置信区间的 Profile 似然方法. Beal (1987) 在回顾前面建议的这些置信区间的基础上得到了构造 RD 置信区间的 Jeffreys-Perks 方法和 Haldane 方法, 其模拟结果表明这两个新置信区间优于渐近置信区间, 而且 Jeffreys-Perks 方法是两个新方法中最好的一个. Wallenstein (1997) 基于讨厌参数的最小二乘估计提出了构造 RD 置信区间的一个非迭代过程, 该方法仅需要求解一个二次方程. Chan 和 Zhang (1999) 讨论了 RD 的基于假设检验的精确非条件置信区间. Newcombe (1998a, 1998b) 借助大量的模拟结果比较了 Beal 的 Jeffreys-Perks 方法和 Haldane 方法、Mee 的方法、Miettinen 和 Nurminen 的 Profile 似然方法、基于精确尾概率的 Profile 似然方法以及基于 Mid-p 的尾概率的 Profile 似然方法、Wilson (1927) 的 Score 方法等的统计性能, 其研究结果表明基于渐近方法的置信区间的覆盖概率通常都偏离预先指定的名义水平, Mee 以及 Miettinen 和 Nurminen 方法的覆盖概率与预先指定的名义水平很是接近, 但其计算量较大, Profile 似然方法能达到预先指定的名义水平, 但当分母较大时其计算很难, Wilson 的 Score 方法不仅计算简单, 而且还与样本量无关, 是最理想的一个. Chen (2002) 从小样本角度给出了获得 RD 的置信区间的拟精确 (quasi-exact) 方法.

显然, 如果 H_0 成立, 则表明新处理方法与标准处理方法有一样的治疗效果. 由于新处理具有较标准处理不可拥有的一些优点, 因此, 告诉病人可以放心地用新处理. 但 H_0 被拒绝并不能说明新处理方法就不可用了. 为了不让有这么多优点的新处理方法被所谓的严格意义上的等价性而拒之于门外, Dunnett 和 Gent (1977) 首先提出可以在适当损失一些效率的情况下不考虑严格意义的等价性, 而考虑在它们的真实差不大于指定的 Δ_0 的意义上的等价性, 即提出考虑下面的假设检验问题:

$$H_0: p_y - p_x = \Delta_0 \leftrightarrow H_1: p_y - p_x < \Delta_0, \tag{10.1.2}$$

其中, $\Delta_0 < 0$ 为根据研究的实际问题而事先给定的一固定值, 有时也被称为可容忍限. 上面的检验结果表明: 如果拒绝 H_0, 则认为新处理不如标准处理方法. Dunnett 和 Gent (1977) 也考虑假设检验问题 (10.1.2) 的 Pearson χ^2 检验, 并且比较了修正 χ^2 检验与正态近似方法以及基于精确非条件分布的 Gart(1971) 方法的优劣, 模拟结果表明前者优于后面两种检验方法. Makuch 和 Simon (1978) 给出了检验的样本量计算公式, Blackwelder (1982) 给出其 Wlad 型检验统计量. 而在实际应用中, 人们希望得到新处理方法与标准处理方法一样好或在可容忍限内新处理方法比标准处理方法更好, 因此, Hirotsu (1986), Rodary 等 (1989), Farrington 和 Manning (1990) 考虑了下面的假设检验问题:

$$H_0: p_y = p_x - \Delta_0 \leftrightarrow H_1: p_y > p_x - \Delta_0, \tag{10.1.3}$$

其中, $\Delta_0 > 0$ 为根据研究的实际问题而事先给定的一固定值, 有时也被称为可容忍限. 式 (10.1.3) 表明当 H_0 被拒绝时, 在 Δ_0 的容忍限内, 新处理方法的治疗效果并不比标准处理方法的治疗效果差 (或效果一样好). 这一检验问题就是众所周知的

“非劣性检验问题”. Farrington 和 Manning (1990) 导出了假设检验问题 (10.1.3) 的基于讨厌参数 (或多余参数) 的约束极大似然估计的 Wald 型检验统计量, 并研究了其检验的功效和样本量等. Chan (1998) 基于 Farrington 和 Manning (1990) 的 Wald 型检验统计量讨论了其精确检验, 但其计算量很大. 为了克服这一困难, Kang 和 Chen (2000) 提出了检验假设 (10.1.3) 的近似非条件检验, 该检验不仅计算量小, 而且能很好地控制犯第一类错误的概率.

Armitage (1971) 和 Halperin 等 (1968) 给出了检验假设 $H_0: RR=1 \leftrightarrow H_1: RR\neq 1$ 的检验统计量, 并导出了检验的样本量计算公式. 然而, 在新处理方法与标准处理方法的等价性研究中, 研究者希望通过设计一个研究来证明新处理方法并不比标准处理方法在一个可容忍限内差. 于是, Katz 等 (1978) 基于 RR((Gart, 1985a), 又称 RR 为相对风险 (relative risk)) 的对数变换考虑了假设

$$H_0: p_y=\phi_0 p_x \leftrightarrow H_1: p_y\neq \phi_0 p_x \tag{10.1.4}$$

的检验, 其中, ϕ_0 为一事先给定的非 1 固定值. 之后, Koopman (1984) 和 Gart(1985a) 基于似然 Score 方法得到了检验假设 (10.1.4) 的 Score 检验统计量, 但该检验统计量是非对称的. 因此, 为了得到对称的检验统计量, Gart(1985b) 以及 Gart 和 Nam (1988) 给出了 Score 检验统计量的校正形式. Miettinen 和 Nurminen (1985) 导出了形式上不同, 但仅差一个乘积因子的另一统计量. 基于 Miettinen 和 Nurminen (1985) 的检验统计量, Farrington 和 Manning (1990) 给出了假设检验问题 (10.1.4) 的基于讨厌参数 (或多余参数) 的约束极大似然估计的检验统计量, 并研究了检验的功效和样本量等. Blackwelder (1993) 比较了估计 RR 的基于对数变换、似然 Score 和 Poisson 近似的三种方法并研究了其样本量问题. Chan (1998) 讨论假设检验问题 (10.1.4) 的基于 Farrington 和 Manning (1990) 导出的 Wald 型检验统计量的精确检验.

一些统计学者们从不同的角度提出了找 RD 的置信区间的近似方法. 例如, Noether (1957) 给出了找 RR 的置信区间的两种容易计算的方法; Thomas 和 Gart (1977) 基于固定边缘值提出了获得 RR 置信区间的精确方法; Santner 和 Snell (1980) 从小样本的角度考虑了找 RR 置信区间的精确方法; Katz 等 (1978) 讨论了 RR 的基于对数变换的置信区间, 但该方法不可用于 x 或 y 为 0 的情况. 于是, Walter (1975) 基于 $\log(RR)$ 的几乎无偏点估计给出了找 RR 的基于对数变换的置信区间. 此外, Katz 等 (1978) 得到了 RR 的基于 Fieller 定理的置信区间, 但该方法在很多情况下都无效. Koopman (1984) 以及 Miettinen 和 Nurminen (1985) 基于 Gart(1985a) 的 Score 检验给出了 RR 的几乎一样的置信区间. Gart 和 Nam (1988) 通过模拟对小样本和不太大样本的情况, 研究比较了 Koopman(1984) 以及 Miettinen 和 Nurminen (1985) 的置信区间, 他们的研究发现 Koopman (1984) 以及

Miettinen 和 Nurminen (1985) 的置信区间能很好地达到预先给定的置信水平, 但它们的尾部概率非常不一样.

Thomas (1971) 讨论了优比的精确置信区间, 并给出了其算法, Thomas 和 Gart (1977) 提供了优比的可查询使用的精确置信限. Gart (1962) 基于 χ^2 检验的大样本理论和近似 Fisher-Irwin 检验的方法给出了优比的近似置信区间. Plackett (1977) 基于边界和导出的似然函数讨论了优比的估计等问题. Subrahmaniam (1979) 基于两个独立 F 变量的比讨论了优比的显著性检验问题. Bohning 等 (1984) 用 Monte Carlo 模拟研究讨论了 2×2 列联表的 Jeffrey Bayes 分析. Walter 和 Cook (1991) 对上面的 2×2 列联表讨论了优比的几种点估计的比较. Baptista 和 Pike (1977) 研究了优比的置信区间. 此外, Troendle (2001) 讨论了优比的无偏置信区间. Lawson (2004) 借助数值模拟方法, 基于覆盖概率、置信区间的长度等统计量, 比较了 10 种置信区间的好坏.

为了评价两种处理方法的等价性, Berger 和 Hsu (1996) 考虑了下面的区间假设:

$$H_{d0}: p_y - p_x \leqslant \delta_0 \text{或} p_y - p_x \geqslant \delta_1 \leftrightarrow H_{d1}: \delta_0 < p_y - p_x < \delta_1,$$

$$H_{r0}: p_y/p_x \leqslant \pi_0 \text{或} p_y/p_x \geqslant \pi_1 \leftrightarrow H_{r1}: \pi_0 < p_y/p_x < \pi_1.$$

之后, Chen 等 (2000) 除了考虑上面的两个假设外, 还考虑了下面的假设:

$$H_{o0}: \frac{p_y(1-p_x)}{p_x(1-p_y)} \leqslant \psi_0 \text{或} \frac{p_y(1-p_x)}{p_x(1-p_y)} \geqslant \psi_1 \leftrightarrow H_{o1}: \psi_0 < \frac{p_y(1-p_x)}{p_x(1-p_y)} < \psi_1,$$

其中, $\delta_0 < 0 < \delta_1$, $\pi_0 < 1 < \pi_1$, $\psi_0 < 1 < \psi_1$ 为预先指定的固定值. 他们都通过将区间假设转化为两个单边假设, 并基于统计学中假设检验的交并原理给出了基于约束极大似然估计的 Wald 型检验. Hauck 和 Anderson (1984) 也讨论了类似的等价性评价问题. 有关优比的等价性评价问题的研究, 有兴趣的读者可以考虑导出检验优比的区间假设的 Score 检验统计量以及似然比检验统计量等. 所有前面的讨论都假设了样本量 n 是固定的. 最近, Tang, Liao, Ng 等 (2007) 考虑 n 是一随机变量, 而 x 和 y 为固定值的基于 RR 的假设 $H_0: RR = \phi_0 \leftrightarrow H_1: RR \neq \phi_0$ 的检验问题, 导出了假设的基于 Wald 型统计量、非条件 Score 统计量、似然比统计量和条件 Score 统计量的渐近、条件精确和 Mid-p 等三种检验方法. 但到目前为止, 还没有见到有关于区间假设的相应讨论, 这是一个非常有研究价值的课题.

10.1.2　基于配对试验设计的等价性评价问题

对 n 个病人采用标准处理方法来治疗其某种疾病, 对与其配对的另外 n 个病人 (这 n 个病人与标准处理方法对应的病人有相同的病情、年龄、身高、职业等)

采用新处理方法来治疗其疾病. 用这种方法得到的试验结果可概括在如表 10.2 所示的 2×2 列联表中.

表 10.2

新处理方法 (Y)	标准处理方法 (X) 有效果	标准处理方法 (X) 无效果	和
有效果	$x_{11}(p_{11})$	$x_{12}(p_{12})$	$x_{1+}(p_{1+})$
没有效果	$x_{21}(p_{21})$	$a_{22}(p_{22})$	$x_{2+}(p_{2+})$
和	$x_{+1}(p_{+1})$	$x_{+2}(p_{+2})$	$n(1.0)$

表中, x_{11} 表示 n 个病人中用这两种处理都有效果的病人数, x_{12} 表示 n 个病人中用新处理方法治疗其疾病有效果, 而用标准处理方法治疗其疾病没有效果的病人数, x_{21} 表示 n 个病人中用标准处理方法治疗其疾病有效果, 而用新处理方法没有效果的病人数, x_{22} 表示 n 个病人中用这两种处理方法治疗其疾病都没有效果的病人数, p_{11} 表示这两种处理方法对治疗某种疾病都有效果的概率, p_{12} 表示新处理方法有效果, 而标准处理方法没有效果的概率, p_{21} 则表示标准处理方法有效果, 而新处理方法没有效果的概率, p_{22} 表示用这两种处理都没有效果的概率, $x_{11}+x_{12}=x_{1+}$, $x_{11}+x_{21}=x_{+1}$, $x_{21}+x_{22}=x_{2+}$, $x_{12}+x_{22}=x_{+2}$, $p_{11}+p_{12}=p_{1+}$, $p_{11}+p_{21}=p_{+1}$, $p_{21}+p_{22}=p_{2+}$, $p_{12}+p_{22}=p_{+2}$. 显然, p_{1+} 表示新处理方法治疗某种疾病有效果的概率, 而 p_{+1} 表示标准处理方法治疗其疾病有效果的概率. 类似地, 在流行病学和卫生统计研究中, 人们常常将 p_{+1} 和 p_{1+} 分别看成是使用标准处理方法和新处理方法治疗某种疾病的风险, 其中常用的两种风险如下:

(1) **风险差**: $RD=p_{1+}-p_{+1}$;

(2) **风险比**: $RR=p_{1+}/p_{+1}$.

为了评价这两种处理方法的等价性, 可以考虑下面的假设检验问题:

$$H_0: p_{1+}=p_{+1} \leftrightarrow H_1: p_{1+}\neq p_{+1} \tag{10.1.5}$$

或者

$$H_0': p_{1+}/p_{+1}=1 \leftrightarrow H_1': p_{1+}/p_{+1}\neq 1. \tag{10.1.6}$$

根据 p_{1+} 和 p_{+1} 的定义不难看出, 上面的假设检验问题等价于下面的假设检验问题:

$$H_0: p_{12}=p_{21} \leftrightarrow p_{12}\neq p_{21}. \tag{10.1.7}$$

检验假设问题 (10.1.5) 的著名的 McNemar 统计量首先是由 McNemar 于 1947 年提出的, 后来人们为了纪念他卓有成效的研究工作而将该检验命名为著名的 McNemar 检验. 该检验事实上就是根据观测变量 $(x_{11},x_{12},x_{21},x_{22})$ 的似然函数或在已知

不一致配对数 $T=x_{12}+x_{21}$ 的条件下的条件似然 (该条件似然与不一致配对概率 $\phi=p_{12}+p_{21}$ 无关) 导出的 Wald 型统计量. 之后, Miettinen (1968) 在给定 $x_{12}+x_{21}$ 的值的情况下得到了著名的 McNemar 检验的条件功效, 并给出了 McNemar 检验的一阶、二阶非条件功效函数. Mitra (1958) 基于检验问题 (10.1.5) 的 χ^2 检验统计量得到了检验的局部非条件功效, 并给出了相应的样本量计算公式. Bennett 和 Underwood (1970) 给出了 McNemar 检验的功效函数. Connor (1987) 和 Connett 等 (1987) 基于条件和非条件方法研究了 McNemar 检验的功效, 并给出了在给定检验水平下达到所需功效的条件和非条件样本量计算公式, 但他们没有讨论其公式在小样本情况下的有效性. Duffy (1984) 得到了 McNemar 检验的精确功效计算公式, 并将它推广到了多个控制组 (control) 的情况, 但由他的样本量计算公式得到的样本量是一非整数, 对实际使用者很不适用. Lachin (1992) 通过比较 McNemar 检验的非条件功效的 4 个不同的表达形式将 Duffy (1984) 的结果作了进一步推广, 得到了基于条件功效样本量计算公式, 他的模拟研究发现 Miettinen(1968) 的样本量公式有很好的统计性能. Schork 和 Williams (1980) 基于精确条件检验得到了计算精确非条件功效的公式, 并导出了其相应的样本量计算. Suissa 和 Shuster (1991) 讨论了假设检验问题 (10.1.5) 的基于 McNemar 检验统计量的精确非条件检验, 并给出了其精确样本量计算公式. Schlesselman (1982) 基于 Miettinen(1968) 的条件功效函数得到了达到给定功效的在给定优比值的条件下的样本量计算公式. 为了得到上面这些作者给出的样本量, 需要知道 $p_{12}+p_{21}$ 的概率或优比的值, 然而在许多研究中, 人们是不可能知道 $p_{12}+p_{21}$ 的概率的, 至多知道 p_{1+} 或 p_{+1} 的值. 为了克服上面的困难, Lachenbruch (1992) 给出了获得样本量的一些折衷的办法, 即根据 p_{11} 的取值范围计算所需样本量的最大值和最小值以及中间值. Lloyd (1990) 给出了获得 RD 的置信区间的一般方法. Royston (1993) 研究比较了各种精确检验的基于条件和非条件方法的样本量的统计性能, 并给出了他对使用这些公式的建议. May 和 Johnson (1997) 基于 RR 方差的无约束估计, 得到了检验假设问题 (10.1.7) 的 Wald 型检验统计量和一个修正的 Wald 型检验统计量, 并基于修正的 Wald 型检验统计量构造了 RR 的置信区间. 之后, Lui (1998a) 指出了 May 和 Johnson (1997) 置信区间的错误, 并给出了其修正的置信区间以及基于似然比检验统计量的渐近置信区间. Newcombe (1998a, 1999) 借助模拟研究比较了 RD 的 10 个置信区间的覆盖概率, 他的研究表明: 基于 Profile 似然和 Tango (1998,1999) 的基于 Score 检验的置信区间当样本量 n 较大时, 其覆盖概率非常接近预先指定的名义水平. Tango (2000) 和 Newcombe (2003) 更进一步地研究了 RD 的基于 Score 检验的置信区间的统计性能. Tang 等 (2005) 更进一步地研究了 RD 的基于检验的置信区间的小样本性质, 比较了基于连续校正的渐近置信区间、基于渐近 Score 检验的置信区间、基于尾部概率 Profile 似然置信区间、基于两个单边 Score 检验的精确非条件置信区间、基于单个双边 Score 检验的精确非条件置信区间、基于两个单边 Score 检验的近似非条件置信区间、基于单个双边 Score 检验的近似非条件置信区间的覆盖概率和置信区间的宽度. 此外, Altman (1991) 研究了 RD 的非条件置信区间.

显然, 如果 H_0 成立, 则表明新处理方法与标准处理方法有一样的治疗效果. 由于新处理具有标准处理不可拥有的一些优点, 因此, 告诉病人可以放心地用新处理, 但 H_0 被拒绝并不能说明新处理方法就不可用了. 为了不让有这么多优点的新处理方法被所谓的严格意义上的等价性而拒之于门外, Lu 和 Bean (1995) 提出了不考虑严格意义的等价性, 而考虑在它们的真实差不大于指定的 Δ_0 的意义上的等价性, 即提出考虑下面的假设检验问题:

$$H_0 : p_{+1} = p_{1+} + \Delta_0 \leftrightarrow H_1 : p_{+1} = p_{+1} + \Delta_1, \tag{10.1.8}$$

其中, Δ_1 为根据研究的实际问题而事先给定的两种处理方法的不可接受的差值 ($\Delta_1 > \Delta_0$). 由于假设 (10.1.8) 完全不同于假设问题 (10.1.7), 因此, McNemar 的检验不能用来检验假设 (10.1.8). Lu 和 Bean (1995) 以及 Morikawa 和 Yanagawa (1995) 基于 McNemar 检验导出了检验问题 (10.1.8) 的基于大样本理论的条件和非条件检验, 并给出了相应的样本量计算公式, 他们也证明了这些样本量公式是参数 p_{11} 的单调减函数, 而且还导出了样本量的上界、下界和中点值, 并指出当概率 p_{11} 未知 (事实上, 在实际问题中, 通常都是不知道 p_{11} 的值的) 时, 用中点条件样本量设计实验比用非条件样本量设计实验更能达到预先期待的功效. 但 Lu 和 Bean (1995) 的检验统计量严重依赖于 x_{12} 和 x_{21} 的值, 并且当 x_{12} 或 x_{21} 为 0 时, 这些检验统计量都不可用. 上面的检验结果表明如果拒绝 H_0, 则认为新处理不如标准处理方法. 而在实际应用中, 人们希望得到新处理方法与标准处理方法一样好或在可容忍限内, 新处理方法比标准处理方法更好, 因此, Tango (1998) 考虑了下面的假设检验问题:

$$H_0 : p_{1+} = p_{+1} - \Delta_0 \leftrightarrow H_1 : p_{1+} > p_{+1} - \Delta_0, \tag{10.1.9}$$

其中, $\Delta_0 > 0$ 为根据研究的实际问题而事先给定的一固定值, 有时也被称为可容忍限. 式 (10.1.9) 表明当 H_0 被拒绝时, 在 Δ_0 的容忍限内, 新处理方法的治疗效果并不比标准处理方法的治疗效果差 (或效果一样好). 这一检验问题就是众所周知的"**非劣性检验问题**". Nam (1997) 基于 Bartlett (1953) 的一般理论导出了检验假设 (10.1.9) 的 Score 统计量, 他也基于 p_{1+} 和 p_{+1} 的样本估计的差 $\hat{p}_{1+} - \hat{p}_{+1} = x_{12}/n - x_{21}/n$ 导出了检验假设 (10.1.9) 的正态偏差统计量 (后来我们发现该统计量其实就是基于约束极大似然估计的 Wald 型统计量), 他还研究了检验的功效和样本量, 并且还对配对和非配对的情况作了比较研究, 其模拟结果表明: Score 检验较 Wald 型检验更能控制犯第一类错误的概率. Tango(1998) 基于一个新的参数化模型导出了假设检验问题 (10.1.9) 的 Score 检验统计量 (我们在研究中发现该统计量其实就是 Nam 的正态偏差统计量), 并给出了 RR 的基于 Score 检验统计量的渐近置信区间, 该检验统计量可用于 x_{12} 或 x_{21} 为 0 的情况, 而且 McNemar 检验是 Tango 检验的一个特殊情况. Hsueh 等 (2001) 给出了检验假设问题 (10.1.9) 的非条件精确检验. Sidik (2003) 基于 Berger 和 Sidik (2001) 的理论和方法发展了一个极大讨厌参数的置信区域的精确非条件检验. 这里值得一提的是, 为了及时报告有关非劣性研究的最新进展, 国际医学统计杂志 *Statistics in Medicine* 于 2003 年第 2 期用一个专辑出版了非劣性试验的最新研究成果, 这足以表明非劣性研究和等价性研究在国际医学统计研究中的重要性. 所有前面提及的精确非条件检验都没有考虑将给定的有兴趣参数限制在讨厌参数空间内. 最近, Lloyd (2008) 考虑了这一问题, 得到了更有效的精确非条件检验. 事实上, 发展精确非条件检验的关键是如何消除讨厌参数, 而消除讨厌参数的常用方法有: ① 用讨厌参数的极大似然估计去代替讨厌参数, 这就是所谓的近似非条件方法; ② 在讨厌参数的参数空间中找检验 p 值的最大值, 这就是所谓的精确非条件检验 (Lloyd, 2008; Lloyd and Moldovan, 2008), 也将其称为完全极大 (full maximization) 化方法; ③ 在讨厌参数的 $100(1-\gamma)\%$ 置信区域里找检验 p 值的最大值, 再加 γ 即得检验非劣性的 p 值, 这就是所谓的部分极大化方法 (Lloyd, 2008; Lloyd and Moldovan, 2008).

为了检验两种处理方法的等价性, Lachenbruch 和 Lynch (1998) 在无金标准的情况下, 考虑了敏感性 (sensitivity)(有关敏感性的概念读者也可参见流行病学的有关书籍) 的 $RR = p_{1+}/p_{+1}$ 的如下复合假设:

$$H_0 : p_{1+}/p_{+1} < \mathit{\Delta}_0 \text{或} p_{1+}/p_{+1} > \mathit{\Delta}_1 \leftrightarrow H_1 : \mathit{\Delta}_0 < p_{1+}/p_{+1} < \mathit{\Delta}_1, \qquad (10.1.10)$$

其中, $\mathit{\Delta}_0 \in (0,1)$ 和 $\mathit{\Delta}_1 \in (1,\infty)$ 为事先指定的可接受边界值. 拒绝 H_0, 则表明这两种处理方法等价. 有关 θ_0 和 θ_1 的选择可根据研究问题的实际背景由研究人员确定, 其详细的讨论可参见文献 (Tang ML, et al., 2002; Tang NS, et al., 2003). 他们通过将复合假设分解为两个单边假设得到了检验假设 (10.1.10) 的所谓的 L 统计量 (将比值转化为差值得到的 Wald 型检验统计量) 和 Wald 型比值统计量 (基于著名的 Delta 方法得到), 并研究了基于置信区间半宽度的样本量, 该检验是 McNemar(1947) 检验统计量的推广, 他们也讨论了同时检验两种处理方法的敏感性和特异性的基于 McNemar χ^2 检验的等价性评价问题. 但是, 他们没有考虑这两个统计量的统计性能, 而且他们的统计量在以下情况: $x_{11} = x_{12} = x_{21} = 0$, $x_{11} = x_{12} = 0$ 且 $x_{21} = n$, $x_{11} = x_{21} = 0$ 且 $x_{12} = n$, $x_{12} = x_{21} = 0$ 且 $x_{11} = n$ 等没有定义. 后来, Tang 等 (2003) 借助模拟研究发现 Lachenbruch 和 Lynch (1998) 的两个统计量在许多情况下都不能很好地控制犯第一类错误的概率. 因此, 为了解决这些问题, Tang 等 (2003) 重新讨论了假设 (10.1.10) 的检验问题, 并基于 Tango

(1998) 的思想导出了检验假设 (10.1.10) 的 Score 检验统计量, 该统计量不仅能很好地控制犯第一类错误的概率, 而且仅在 $x_{11}=x_{12}=x_{21}=0$ 的情况下没有定义. 此外, Tang 等 (2003) 还给出了基于 Wald 型和 Katz 等 (1978) 的对数变换的检验统计量. Tang 等 (2002) 基于 Tang 等 (2003) 导出的 Score 检验统计量得到了检验的功效函数和相应的样本量计算公式, 他们还得到了基于控制置信区间宽度的样本量近似计算公式. Bonett 和 Price (2006) 在综合 RR 的 Wilson Score 置信区间的基础上得到了 RR 的大样本置信区间. 注意到, Tang ML 等 (2002), Tang NS 等 (2003) 以及 Bonett 和 Price (2006) 的研究都假设样本量 n 充分大. 然而, 在实际应用中要获得较大或很大的样本量有时是很困难的, 有时是浪费时间和资金的, 因此, Chan 等 (2003) 基于 Tang ML 等 (2002), Tang NS 等 (2003) 的 Score 统计量提出了计算检验的 p 值的精确非条件方法和近似非条件方法, 并且还提出了 RR 的渐近、精确非条件的和近似非条件的 5 种置信区间. Lui 和 Cumberland (2001) 考虑了敏感度和特异度的基于 RR 的等价性检验问题, 并在已知讨厌参数的样本和约束最小二乘估计的情况下, 给出了等价性检验的基于对数变换和 Fieller 定理的检验以及对应的样本量计算公式. Nam 和 Blackwelder (2002) 基于 Wald 统计量和约束极大似然 Fieller 统计量导出了相应检验的样本量计算公式. 最近, Tang 等 (2007) 考虑了敏感度和特异度的类似于假设 (10.1.10) 的同时检验问题, 给出了同时检验区间假设的基于 Wald 型检验、对数变换检验和 Fieller 型检验的检验统计量以及对应检验的样本量计算公式. Biggerstaff (2000) 基于似然比的 ROC(receive operator characteristic) 曲线, 比较了两个诊断检验的基于敏感度和特异度. 为了检验两种处理方法的等价性, 可以借助第三种处理 (既无副作用也无治疗效果的一种处理方法) 来考虑其等价性评价. 有关这方面的研究, 读者可以参见文献 (Tang and Tang, 2004). 这里还有很多的工作可以做, 如参数的估计问题 (目前 Tang 和 Tang 只用迭代的方法得到了其参数的极大似然估计, 而没有得到其极大似然估计的精确表达式)、一些更有效的假设检验问题等.

但所有上面的等价性评价都是基于 RR 进行的, 而在实际应用中, 基于 RD 来评价两种处理方法的等价性也是很有意义的. 为此, Liu 等 (2001) 考虑了评价两种处理方法等价性的如下区间假设:

$$H_0: p_{1+}-p_{+1}\geqslant\delta\text{或}p_{1+}-p_{+1}\leqslant-\delta\leftrightarrow H_1:-\delta<p_{1+}-p_{+1}<\delta,$$

其中, $\delta>0$ 为某一事先指定在临床研究中有意义的等价性界值. 他们基于统计学中假设检验的交并原理, 提出了检验上述区间假设的基于样本估计方法和基于约束极大似然估计方法的检验, 并借助大量的模拟研究比较了这两种方法的第一类错误的概率和功效, 其研究结果表明: 就控制犯第一类错误的概率而言, 基于约束极大似然估计方法的检验优于基于样本估计方法的检验. 此外, 他们还导出了达到指定功效的近似样本量计算公式.

10.1.3 基于多中心试验设计的等价性评价问题

首先, 考虑多层研究中两个独立二项分布的等价性评价问题. 为此, 考虑如表 10.3 所示的多个 2×2 列联表.

表 10.3

	标准处理方法 (X)	新处理方法 (Y)
有效果	$x_i(p_{xi})$	$y_i(p_{yi})$
无效果	$m_i - x_i(1.0 - p_{xi})$	$n_i - y_i(1.0 - p_{yi})$
	$m_i(1.0)$	$n_i(1.0)$

Yanagawa 等 (1994) 考虑了下面的等价性评价问题:

$$H_0 : p_{yi} = p_{xi} - \varDelta_i \leftrightarrow H_1 : p_{yi} > p_{xi} - \varDelta_i, \quad i = 1, \cdots, I,$$

导出了检验问题的 Mantel-Haenszel 型检验统计量. 同时, 他们还考虑了非 1 比值的如下检验问题:

$$H_0 : p_{yi}/p_{xi} = \phi_i \leftrightarrow p_{yi}/p_{xi} > \phi_i, \quad i = 1, \cdots, I,$$

其中, $\phi_i \in (0,1)$ 为一事先给定的非 1 比值, 给出了检验问题的 Mantel-Haenszel 型检验统计量. Hauck (1984) 在假设 $\psi = p_{yi}(1-p_{xi})/(p_{xi}(1-p_{yi}))(i = 1, \cdots, I)$ 的情况下, 比较了优比 ψ 的各种点估计的有限样本性质. Gart (1985a) 在假设 $\phi_1 = \cdots = \phi_I = \phi$ 的情况下基于 Bartlett (1953) 的一般理论导出了检验假设 $H_0 : \phi = 1 \leftrightarrow H_1 : \phi > 1$ 的检验统计量, 该统计量又被称为 Score 检验统计量, 它与 Radhakrishna (1965) 统计量 (该统计量是 Cochran(1954) 统计量的推广) 是等价的, 它是局部最优的. Gart 和 Nam (1988) 基于 Gart (1985a) 导出的检验统计量给出了获得 $\phi_1 = \cdots = \phi_I = \phi$ 的置信区间的迭代算法, 但他们没有讨论其检验的功效和样本计算问题, 而且他们还证明了基于 Score 检验的 Koopman 公式以及 Miettinen 和 Nurminen 的 χ^2 统计量在 $I = 1$ 时是相等的. Nam (1994) 在假设 $\phi_1 = \cdots = \phi_I = \phi$ 的条件下导出了假设 $H_0 : p_{yi}/p_{xi} = \phi_0 \leftrightarrow H_1 : p_{yi}/p_{xi} = \phi$ ($\phi > \phi_0$ 或 $\phi < \phi_0$, 他们称前者为右手边检验, 后者为左手边检验) 的 Score 检验统计量, 并得到了这两个检验的功效函数和样本量计算公式. Nam (1998) 基于 Gart (1985a) 的统计量研究了其检验的功效及样本量, 并比较了分层 Score 检验和非分层 Score 检验的效率. Gart 和 Nam (1990) 在假设 $\varDelta_1 = \cdots = \varDelta_I = \varDelta$ 的情况下讨论了 $\varDelta$ 的齐性检验问题, 得到了齐性检验的 Score 统计量, Nam (1995) 在假设 $\varDelta_1 = \cdots = \varDelta_I = \varDelta$ 的情况下讨论了假设 $H_0 : \varDelta = \varDelta_0 \leftrightarrow H_1 : \varDelta = \varDelta_1 (< \varDelta_0)$ 的检验问题, 基于 Bartlett(1953) 的一般理论导出该检验问题的 Score 检验统计量, 并得到检验的功效函数和样本量

计算公式, 而且他们还得到了基于非分层数据的样本量计算公式, 并借助模拟结果比较了这两个样本量的统计性能. Nam (2003) 讨论了 Kappa 统计量的齐性检验问题, 导出了检验 Kappa 统计量 (有关 Kappa 统计量的定义读者可参见文献 (Nam, 2003)) 齐性的似然 Score 统计量以及一个修正的似然 Score 统计量, 给出了其相应检验的功效和样本量计算公式. Song 和 Wassell (2003) 基于 Cochran 检验统计量导出了等价性检验的样本量计算公式. 最近, Berger 等 (2006) 讨论了多个独立两个二项分布的等价性问题.

其次, 考虑 K 个具有相关结构的 2×2 列联表的等价性评价问题. 具有相关结构的第 k $(k=1,\cdots,K)$ 个 2×2 列联表可表示为表 10.4 的形式.

表 10.4

新处理方法 (X)	标准处理方法 (Y)		和
	有效果	无效果	
有效果	$x_{k11}(p_{k11})$	$x_{k12}(p_{k12})$	$x_{k1+}(p_{k1+})$
无效果	$x_{k21}(p_{k21})$	$x_{k22}(p_{k22})$	$x_{k2+}(p_{k2+})$
和	$x_{k+1}(p_{k+1})$	$x_{k+2}(p_{k+2})$	$n_k(1.0)$

表中, $x_{k+j}=x_{k1j}+x_{k2j}$, $x_{kj+}=x_{kj1}+x_{kj2}$, $p_{k+j}=p_{k1j}+p_{k2j}$, $p_{kj+}=p_{kj1}+p_{kj2}$ $(j=1,2)$, $x_{k+1}+x_{k+2}=n_k$, $x_{k1+}+x_{k2+}=n_k$, $p_{k+1}+p_{k+2}=1.0$, $p_{k1+}+p_{k2+}=1.0$, 则第 k 个 2×2 列联表中的风险差可定义为 $\delta_k=p_{k1+}-p_{k+1}$ $(k=1,\cdots,K)$. Durkalski 等 (2003) 在假设 $\delta_1=\cdots=\delta_K=\delta$ 的条件下考虑了假设

$$H_0: p_{k12}-p_{k21}=\delta_0 \leftrightarrow H_1: p_{k12}-p_{k21}=\delta(>\delta_0), \quad k=1,\cdots,K \tag{10.1.11}$$

的检验问题, 并导出了检验假设 (10.1.11) 的 Wald 型检验统计量. Nam (2006) 重新考虑了假设 (10.1.11) 的检验问题, 并导出了检验假设 (10.1.11) 的 Score 检验统计量以及基于讨厌参数的约束极大似然估计的类似于 Mantel-Haenszel 检验统计量, 得到了相应检验的功效函数和样本量计算公式. Nam (2006) 还考虑了齐性假设问题 $H_0:\delta_k=\delta$ (对任意 $k\in\{1,\cdots,K\}$) $\leftrightarrow H_1:\delta_k\neq\delta$(至少存在一个 $k\in\{1,\cdots,K\}$), 导出了检验该假设的齐性 Score 统计量以及基于 Tarone (1988) 齐性 Score 方法的修正 Score 检验统计量. 由于似然比检验在统计学中是一个很重要的检验, 而且 Score 检验是似然比检验的一个近似, 因此, Li 等 (2008) 考虑了假设 (10.1.11) 的似然比检验以及 Wald 型加权检验, 并讨论了权的选取, 并在假设分层参数 $t_k=n_k/N$(其中, $N=\sum_{k=1}^{K}n_k$) 已知的情况下得到了检验的样本量计算公式. 这里值得一提的是, 分层参数 t_k 为一随机变量的情况是一个值得研究的一个新方向. 最近, Tang 等 (2009) 考虑 $\delta_k=p_{k1+}/p_{k+1}$ 的同时置信区间, 以及在假设 $\delta_1=\cdots=\delta_I=\delta$ 的情况下 δ 的基于 Profile 似然比、Cochran 统计量、Mantel-Haenszel 型统计量、加权最小二乘估

计、Score 检验统计量以及 Bootstrap 重抽样方法的置信区间等, 其模拟结果表明: 基于 Bootstrap 重抽样方法的置信区间的覆盖概率非常接近预先指定的名义水平. Mehta 等 (1985) 讨论了多个 2×2 列联表的共同优比的精确置信区间并给出了其算法, Mehta 和 Walsh (1992) 对多个 2×2 列联表比较了其共同优比的精确、Mid-p 和 Mantel-Haenszel 置信区间.

最后, 考虑 k 个独立二项分布总体的等价性评价问题. 假设 $(x_1,x_2,\cdots,x_k)$ 表示成功的次数, $(x_1',x_2',\cdots,x_k')$ 表示失败的次数, $(n_1,n_2,\cdots,n_k)$ 表示 k 个总体的样本量, 则该数据可以表示为如表 10.5 所示的 $2\times k$ 列联表.

表 10.5

	Pop 1	Pop 2	…	Pop k	
有效果	$x_1(\pi_1)$	$x_2(\pi_2)$	…	$x_k(\pi_k)$	s
无效果	$x_1'(1.0-\pi_1)$	$x_2'(1.0-\pi_2)$	…	$x_k'(1.0-\pi_k)$	$N-s$
	$n_1(1.0)$	$n_2(1.0)$	…	$n_k(1.0)$	N

表中, π_j 为第 j 个二项分布总体成功的概率, $x_j+x_j'=n_j(j=1,\cdots,k)$, $x_1+\cdots+x_k=s$, $n_1+\cdots+n_k=N$. 这里, 感兴趣的问题是想检验 k 个总体的成功概率是一样的, 即想检验假设

$$H_0:\pi_1=\pi_2=\ldots=\pi_k=\pi_0\leftrightarrow H_1:\pi_j\neq\pi_0\ \text{对某个}j\in\{1,2,\cdots,k\},\qquad(10.1.12)$$

其中, π_0 为某一未知讨厌参数. Mehta 和 Hilton (1993) 基于 Pearson χ^2 统计量提出了检验假设 (10.1.12) 的精确条件和非条件检验, 在精确条件检验中行边缘和 s 是一固定值, 在精确非条件检验中边缘和 s 为一随机变量. 他们的研究结果表明: 精确非条件检验优于精确条件检验. 这里值得一提的是: 假设 (10.1.12) 的检验是一个值得进一步研究的. 这是因为 Mehta 和 Hilton (1993) 只研究了基于 Pearson χ^2 统计量的精确条件和非条件检验, 而没有考虑诸如似然比检验和 Score 检验等统计量的精确非条件检验和近似非条件检验等以及检验的功效和样本量的计算公式等.

10.1.4 基于不完全 2×2 列联表的等价性评价问题

在两种处理方法的配对设计研究中, 由于被研究的配对对象的去世、搬迁或处理方法本身的副作用等原因致使研究人员不能完全得到被试者的数据, 这就是所谓的不完全数据. 其有关的例子可参见文献 (Choi and Stablein, 1982, 1988; Tang and Tang, 2004; Tang, et al., 2009). 这类数据可以概括在如表 10.6 所示的不完全 2×2 列联表中.

表中, $\pi_{ij}=Pr(X=i,Y=j)$ $(i,j=0,1)$, n_{ij} 为 $X=i$ 和 $Y=j$ 的观测频数, u 为配对研究中由于标准处理方法的研究对象的缺失而只观测到新处理方法的研究

表 10.6

新处理 (X)	标准处理 (Y)				
	无效果 (0)	有效果 (1)	小计	新处理	总和
无效果 (0)	$n_{00}(\pi_{00})$	$n_{01}(\pi_{01})$	$n_{0+}(\pi_{0+})$	$m_1-u(1.0-\pi_{1+})$	$n_{0+}+m_1-u$
有效果 (1)	$n_{10}(\pi_{10})$	$n_{11}(\pi_{11})$	$n_{1+}(\pi_{1+})$	$u(\pi_{1+})$	$n_{1+}+u$
小计	$n_{+0}(\pi_{+0})$	$n_{+1}(\pi_{+1})$	$n(1.0)$	$m_1(1.0)$	$n+m_1$
标准处理	$m_2-v(1.0-\pi_{+1})$	$v(\pi_{+1})$	$m_2(1.0)$		
总和	$n_{+0}+m_2-v$	$n_{+1}+v$	$n+m_2$		$n+m_1+m_2$

对象的观测频数, v 为配对研究中由于新处理方法的研究对象的缺失而只观测到标准处理方法的研究对象的观测频数, m_1 和 m_2 分别为配对研究中新处理方法和标准处理方法的不配对的研究对象数, $\pi_{+j}=\pi_{0j}+\pi_{1j}$, $\pi_{j+}=\pi_{j0}+\pi_{j1}$, $n_{+j}=n_{0j}+n_{1j}$, $n_{j+}=n_{j0}+n_{j1}(j=0,1)$. 为了研究的需要, 假设观测数 $(n_{00},n_{01},n_{10},n_{11})^{\mathrm{T}}$ 服从多项分布 $\mathrm{Multi}(n;\pi_{00},\pi_{01},\pi_{10},\pi_{11})$, u 服从二项分布 $B(m_1,\pi_{1+})$, v 服从二项分布 $B(m_2,\pi_{+1})$. 容易看出当 $m_1=m_2=0$ 时, 不完全 2×2 表即化为 10.2 节讨论过的完全配对 2×2 表. 因此, 本小节假设 $m_1>0$ 和 $m_2>0$. 为了评价两种处理方法的等价性, Choi 和 Stablein (1982, 1988) 在假设数据的缺失机制为非随机的情况下考虑了假设

$$H_0:\pi_{1+}=\pi_{+1}\leftrightarrow H_1:\pi_{1+}\neq\pi_{+1} \tag{10.1.13}$$

或

$$H_0:\pi_{01}=\pi_{10}\leftrightarrow H_1:\pi_{01}\neq\pi_{10} \tag{10.1.14}$$

的检验问题, 提出了检验假设 (10.1.13) 的仅仅基于非配对数据 (u,v) 的 Wald 型检验统计量 (当 n 可以忽略时)、基于完全配对数据 $(n_{00},n_{01},n_{10},n_{11})$ 的 McNemar 统计量和基于表中的所有数据的综合前两个检验的统计量. Tang 和 Tang (2004) 给出了检验假设 (10.1.13) 或 (10.1.14) 的精确非条件检验和近似非条件检验. 最近, Tang 等 (2009) 将 Tang 等 (2005) 关于配对设计中 RD 的置信区间推广到了不完全配对设计中 $RD=\pi_{1+}-\pi_{+1}$ 的置信区间, 给出了计算 RD 的置信区间的精确非条件方法、近似非条件方法. 在这一问题中, 有如下一些问题值得进一步研究: ① 可以考虑类似于 Tang 等 (2003) 的非劣性或区间等价性假设检验; ② 可以考虑更有效的 Score 检验统计量或似然比检验统计量; ③ 可以考虑更复杂的缺失数据机制, 如不可忽略缺失数据机制的情况的检验问题和置信区间的构造问题等, 这是一个非常困难和复杂的问题; ④ 上述假设检验问题的 Bayes 推断、RD 和 RR 的 Bayes 置信区间、Bayes 样本量等问题是一个需要发展新的理论和方法来处理的新课题.

10.2 带有结构零的 2 × 2 列联表的若干问题研究

带有结构零的 2×2 列联表是前面介绍的 2×2 列联表的一个特殊情况, 它的

研究始于 20 世纪 90 年代初俄国统计学家 Agresti (1990) 关于小牛二次感染肺炎病毒的医学试验. 在研究中, 他从 Okeechobee 和 Florida 地区抽取了 156 头出生 60 天后的小牛作为研究对象, 记录这些小牛是否感染肺炎病毒, 在肺炎病毒感染治愈两周后, 再次对这些小牛进行观察, 并记录这些是否再次感染肺炎病毒. 由于研究的目的是想考察第一次感染肺炎病毒后的小牛是否在其体内产生肺炎病毒的抗体? 因此, 对第一次没有感染肺炎病毒的小牛不作进一步观察, 这样就在 2×2 列联表中产生了一个空格子. 将具有这种结构的 2×2 表称为带有结构零的 2×2 列联表, 其数据可概括为如表 10.7 所示的 2×2 表.

表 10.7

第一感染	第二次感染		
	是	否	和
是	$a(\pi_{11})$	$b(\pi_{12})$	$a+b(\pi_{1+})$
否	—	$c(\pi_{22})$	$c(\pi_{22})$
和	$a(\pi_{11})$	$b+c(\pi_{+2})$	$n(1.0)$

表中, π_{11} 为小牛两次都感染肺炎病毒的概率, π_{12} 为第一次感染肺炎病毒, 但好后第二次就没有感染肺炎病毒的概率, π_{22} 为第一次不感染肺炎病毒的概率, a,b,c 为其对应的观测值, 并且满足 $a+b+c=n$, $0<\pi_{ij}<1\ (i,j=1,2)$, $\pi_{11}+\pi_{12}=\pi_{1+}$, $\pi_{11}+\pi_{12}+\pi_{22}=1.0$. 显然, π_{1+} 表示的是每一小牛第一次感染肺炎病毒的概率, 而 π_{11}/π_{1+} 则表示在已知小牛第一次感染肺炎病毒的情况下, 第二次再感染肺炎病毒的条件概率. 根据 π_{1+} 和 π_{11}/π_{1+} 的意义, 可定义其风险差和风险比分别如下:

(1) 风险差: $RD=\pi_{1+}-\pi_{11}/\pi_{1+}$;

(2) 风险比: $RR=\pi_{11}/\pi_{+1}^2$.

一般来说, 产生结构零的 2×2 列联表的主要原因有下面两个: 一是实际问题本身固有的, 如小牛的二次感染数据; 二是由于某些因素导致得不到观测值而人为引进的结构零, 如文献 (Tang, 2004; Tang and Carey 2006.)

10.2.1 基于 RR 的统计推断

为了研究小牛在感染肺炎病毒后是否对肺炎病毒有一定的免疫力, Agresti (1990) 考虑了下面的假设:

$$H_0: RR=1 \leftrightarrow H_1: \mathrm{RR}\neq 1 \tag{10.2.1}$$

或等价地考虑假设

$$H_0: RD=0 \leftrightarrow H_1: \mathrm{RD}\neq 0 \tag{10.2.2}$$

的检验, 并给出了 Pearson χ^2 检验统计量. Lui (1998b) 给出了 RR 的基于 Wald 型检验、对数变换检验、Fieller 定理的置信区间, 并借助模拟研究比较了这些置信区间的覆盖概率和置信区间的宽度, 其模拟结果表明: 基于 Fieller 定理的置信区间的统计性能很不好, 而且当一定的条件不能满足时该置信区间没有定义. 但是, Lui (1998b) 的研究是基于大样本理论得到的, 而当样本较小时, 所有这三个置信区间的统计性能都不太好. 因此, Tang 和 Tang (2002) 基于 Wald 型检验统计量和对数变换检验统计量提出了获得 RR 的置信区间的精确非条件方法和近似非条件方法, 大量的模拟研究表明: 精确非条件置信区间和近似非条件置信区间的覆盖概率较渐近置信区间而言, 能更好地解决接近预先指定的名义置信水平, 而且近似非条件置信区间比精确非条件置信区间更有效. Lloyd 和 Moldovan (2007) 给出了获得 RR 单边置信限的精确方法. Tang 等 (2004) 研究了假设

$$H_0: RR = \delta_0 \leftrightarrow H_1: RR \neq \delta_0 \tag{10.2.3}$$

的检验问题, 导出了检验假设 (10.2.3) 的 Score 检验统计量的精确表达式, 并证明了 π_{1+} 的极大似然估计是一个一元二次方程的较大的根, 并基于 Score 检验统计量给出了 RR 的置信区间以及获得其置信区间的迭代算法. Tang 等 (2006) 基于检验假设 (10.2.3) 的 Wald 型统计量、对数变换统计量和 Score 检验统计量, 并借助著名的 Delta 方法导出了检验的基于达到预先指定的功效和控制置信区间宽度的样本量计算公式. Johnson 和 May (1995) 研究了带有结构零的多个 2 × 2 表的与边缘概率和条件概率有关的假设检验问题, 并给出了检验齐性的 Cochran-Mantel-Haenszel 性检验统计量. Gupta 和 Tian (2007) 基于 Tang 等 (2004,2006) 的工作, 讨论了 RR 的基于大样本理论的置信区间, 他们重点讨论了 RR 的基于 Rao 的 Score 检验的置信区间 (事实上, 这些结论 Tang 等于 2004 年和 2006 年已经得到, 仅有的区别是其近似方法不一样); 他们也讨论了 (10.2.3) 的假设检验和检验的功效以及样本量等问题. Stamey 等 (2006) 从 Bayes 角度研究了 RR 的置信区间, 给出了 RR 的后验均值和标准差的精确表达式, 导出了 RR 的 Gamma 近似, 基于这些表达式和近似公式构造了 RR 的大样本可信域, 并且给出了基于控制平均区间长度的样本量计算公式及算法. 发展新的算法来解决多个带有结构零的 2 × 2 表的基于 RR 的精确非条件检验以及近似非条件检验是一个值得进一步研究的课题.

10.2.2 基于 RD 的统计推断

Lui (2000) 进一步研究了 RD 的基于 Wald 型检验、似然比检验和 Fieller 定理的置信区间, 并借助模拟研究比较了这些置信区间在大样本情况下的覆盖概率和置信区间宽度, 但这些置信区间在样本量较小时都不能达到预先指定的名义置信水平, 而且似然比检验在很多情况下都没有定义. 因此, Tang 和 Tang (2003) 首先考虑了假设

$$H_0: \pi_{1+} - \pi_{11}/\pi_{1+} = \delta_0 \leftrightarrow H_1: \pi_{1+} - \pi_{11}/\pi_{1+} \neq \delta_0, \tag{10.2.4}$$

其中, $\delta_0 \in (-1,1)$ 为一事先指定的可接受的临界值. 其次, 基于 Bartlett (1953) 的一般理论导出了检验假设 (10.2.4) 的 Score 检验统计量的精确表达式, 该统计量仅在 $a=b=0$ 时没有定义, 同时还导出了检验假设 (10.2.4) 的似然比检验统计量, 证明了参数 π_{1+} 的极大似然估计是一个一元三次方法的一个适当根, 并给出了根的具体表达形式. 最后, 基于导出的检验统计量讨论了 RR 的置信区间. 大量的模拟结果表明：基于 Score 检验的置信区间估计和基于似然比检验的置信区间估计都能很好地达到预先指定的名义置信水平. 最近, Wang 等 (2006) 考虑了下面的区间等价性评价：

$$H_0: |\pi_{1+} - \pi_{11}/\pi_{1+}| \geqslant \delta_0 \leftrightarrow H_1: |\pi_{1+} - \pi_{11}/\pi_{1+}| < \delta_0. \tag{10.2.5}$$

他们通过将区间假设分为两个单边假设, 并借助于统计学中假设检验的交并原理给出了检验假设 (10.2.5) 的基于样本估计和约束极大似然估计的 Wald 型检验, 导出了检验的功效函数和基于功效函数的样本量计算公式, 以及基于控制置信区间宽度的样本量计算公式. 大量的模拟结果表明：基于约束极大似然估计的 Wald 检验优于基于样本估计的 Wald 检验. Stamey 等 (2006) 从 Bayes 角度研究了 RD 的置信区间, 给出了 RD 的后验均值和标准差的精确表达式, 导出了 RD 的正态近似, 基于这些表达式和近似公式构造了 RD 的大样本可信域, 并且得到了 Bayes 样本量计算公式及算法. Wang 和 Wang (2007) 研究了带有结构零的多个 2×2 表的基于 RD 的齐性检验问题. 最近, Wang 等 (2009) 研究了多个带有结构零的 2×2 表的基于 RD 的假设检验和置信区间等问题.

在所有上面的分析中都假设了 n 是固定的, 而在实际问题中, 当 n 固定时, 有可能出现 a 为零的现象. 这一现象的出现或许不利于对 RR 和 RD 作统计分析. 因此, 可以考虑固定 a 而假设 n 为一随机变量, 这就是所谓的逆抽样问题. 这是一个既有理论意义又有实用价值, 更具有挑战性的课题. 发展新的理论和算法来解决多个带有结构零的 2×2 表的基于 RD 或 RR 的精确非条件检验以及近似非条件检验是一个值得进一步研究的课题.

10.3 3×2 列联表的统计推断

在眼科视网膜黏合外科手术研究中, 研究人员常常希望知道外科手术的成功是否受视网膜的特征 (如溢出物等) 的影响. 注意：这里手术成功的定义为视网膜的黏合 (RA) 率达到至少 60%. 为了回答这个问题, 首先根据视网膜的特征将被研究对象分为两个类：第一类为具有视网膜的某一特征的个体, 第二类则为没有视网膜的这一特征的个体. 然后对每一被研究对象根据其视网膜黏合的眼睛数可分为三个组：一组为手术后两只眼睛中一只都没有黏合 (即 RA=0), 第二组则为两只眼睛中有一只眼睛手术后黏合了, 但另一只则没有黏合 (即 RA=1), 第三组则为两只眼睛手术后都黏合 (即 RA=2). 这类数据可概括为下面的 3 × 2 表 (表 10.8).

表 10.8

黏合的眼睛数	视网膜的特征	
	无 (0)	有 (1)
0	$m_{00}(p_{00})$	$m_{01}(p_{01})$
1	$m_{10}(p_{10})$	$m_{11}(p_{11})$
2	$m_{20}(p_{20})$	$m_{21}(p_{21})$
和	$m_{+0}(1.0)$	$m_{+1}(1.0)$

表中, m_{hi} 表示第 i 类被研究对象中, 有 h 只眼睛手术后视网膜黏合了的个体数, p_{hi} 表示对第 i 类研究对象而言, 有 h 只眼睛手术后视网膜黏合的概率, $m_{0i}+m_{1i}+m_{2i}=m_{+i}$, $p_{0i}+p_{1i}+p_{2i}=1.0$ $(i=0,1,h=0,1,2)$, $p_{0i}=1+R\lambda_i^2-2\lambda_i$, $p_{1i}=2\lambda_i(1-R\lambda_i)$, $p_{2i}=R\lambda_i^2$ $(i=0,1)$, $\lambda_i=Pr(z_{ijk}=1)$, 如果第 i 类的第 j 个体的第 k 只眼睛在治疗后视网膜黏合了, 则 $z_{ijk}=1$ $(i=0,1,j=1,\cdots,m_{+i},k=1,2)$. R 是度量一个个体两只眼睛的相关性的统计量. 如果 $R=1$, 则表明两只眼睛完全独立; 如果 $R\lambda_i=1$, 则表明两只眼睛完全相关. 根据上述定义的符号, 则具有第 i 类视网膜特征的个体的眼科手术成功的概率可定义为 $\delta_i=1.0-p_{0i}-p_{1i}/2$ $(i=0,1)$, 而 $\varDelta=\delta_1-\delta_0$ 则表示具有视网膜特征的个体眼科手术成功的概率与没有这一特征的个体眼科手术成功的概率的差. 显然, 若 $\varDelta=0$, 则表示具有某一特征的个体手术成功的概率与没有这一特征的个体手术成功的概率是一样的, 即表明视网膜的某一特征对视网膜黏合手术没有影响. Rosner (1982) 首先研究了这一问题, 并给出了检验假设

$$H_0:\varDelta=0\leftrightarrow H_1:\varDelta\neq 0 \tag{10.3.1}$$

的 T_{RD} 和 T_{RI} 统计量, 其中, T_{RD} 中的 D 表示的是该统计量是在假设一个个体两只眼睛的手术结果为两个非独立随机变量的情况下导出的, 而 T_{RI} 中的 I 表示的是该统计量是在假设一个个体两只眼睛的手术结果为两个独立随机变量的情况下导出的 (即该统计量忽略了两只眼睛的相关结构). 一般来说, 一个个体两只眼睛的手术结果肯定是相关的, 即一只眼睛手术成功与否对另一只眼睛的手术成功是有影响的. 因此, 可以想象忽略了两只眼睛相关结构的统计量肯定没有考虑相关结构的统计量的统计性能好. 为了证明这一事实, Rosner (1982) 在大样本情况下考虑了各种情况的模拟研究, 其模拟结果验证了上述推论. 注意到 Rosner (1982) 的结论是基于大样本理论得到的. 然而, 在实际应用中, 无论是 m_{+0} 还是 m_{+1} 都不可能很大, 相反地, 他们通常都很小. 因此, 为了研究统计量 T_{RD} 和 T_{RI} 的统计性能, Tang, Tang and Rosner (2006) 从小样本的角度研究假设 (10.3.1) 的检验问题, 并导出了检验假

设的 Wald 型统计量, 提出了检验假设 (10.3.1) 的精确非条件方法和近似非条件方法, 其模拟结果表明: 精确非条件检验通常产生非常保守的经验 Type I error (即它通常低估预先给定的名义检验水平), 而近似非条件方法通常产生非常接近预先给定的名义检验水平的经验 Type I error. 最近, Tang 等 (2008) 考虑了假设

$$H_0 : \lambda_0 = \lambda_1 \leftrightarrow H_1 : \lambda_0 \neq \lambda_1 \tag{10.3.2}$$

的检验问题, 基于 Bartlett (1953) 的一般理论导出了检验假设 (10.3.2) 的 Score 检验统计量的精确表达形式, 也得到了检验假设 (10.3.2) 的似然比检验统计量 (但没有得到其精确表达形式, 这是因为参数 λ_0, λ_1 和 R 的非约束极大似然估计没有解析表达形式, 而是用牛顿迭代方法获得其解的) 和基于 $R = 1$ 的 Wald 型检验统计量, 以及基于相关结构模型的 Wald 型检验统计量, 提出了计算检验假设 (10.3.2) 的 p 值的近似非条件方法, 其大量的模拟结果表明: 基于近似非条件方法的检验能很好地控制犯第一类错误的概率, 而且其计算量也很小, 而基于大样本的渐近方法, 即使是在 m_{+1} 和 m_{1+} 很大的情况下, 都不能控制犯第一类错误的概率.

在一些眼科视网膜黏合外科手术研究中, 一些被研究对象或许只有一只眼睛需要做视网膜黏合外科手术, 有一些被研究对象或许有两只眼睛都需要做视网膜黏合外科手术. 在这类问题的研究中, 研究人员或许得到两类数据: 一类是来自一只眼睛的数据, 这类数据通常称为单边数据 (unilateral data); 另一类则是来自两只眼睛的数据, 这类数据通常称为双边数据 (bilateral data). 最近, Pei 等 (2008) 考虑了视网膜的某一特征对视网膜黏合手术的影响, 即有某一特征的视网膜黏合手术的成功率是否等于没有这一特征的视网膜黏合手术的成功率.

事实上, 研究人员也可考虑类似于假设 (10.1.3) 或 (10.1.10) 的如下假设检验问题:

$$H_0 : \Delta = \Delta_0 \leftrightarrow H_1 : \Delta > \Delta_0$$

或

$$H_0 : |\Delta| \geqslant \gamma_0 \leftrightarrow H_1 : |\Delta| < \gamma_0,$$

又或

$$H_0 : \lambda_1/\lambda_0 \geqslant \gamma_0 \text{或} \lambda_1/\lambda_0 \leqslant \gamma_1 \leftrightarrow H_1 : \gamma_0 < \lambda_1/\lambda_0 < \gamma_1,$$

其中, Δ_0, $\gamma_0 > 0$ 和 $\gamma_1 (> \gamma_0)$ 为预先指定的固定值. 在一些临床试验中, 研究人员也想知道眼科视网膜黏合外科手术的成功率是否与做手术的医生的水平有关. 为此, 人们可以考虑以不同医生为分层变量的多中心 3×2 表的等价性评价问题. 这些都是值得进一步研究的课题.

10.4 结 束 语

在医学统计研究中，两种治疗方案的等价性评价问题已经有相当长的历史了，而且随着科学技术的进步和竞争的日益加剧，一种新药品与目前广为使用的药品、筛查某种疾病的一种新筛查方法与另一广为使用的筛查方法等在有金标准和无金标准情况下的等价性评价问题会越来越重要. 这是因为随着竞争的日益激烈，一些新药品不断涌现，而新药品在进入生产阶段之前必须作等价性评价分析 (FDA, 2002). 尽管中国目前还没有采用像美国 FDA 一样的管理办法，但我们相信等价性评价问题在中国药品市场和医疗器材以及临床试验研究中也是有一定的研究空间的. 因此，为了适应社会发展对医学统计的需要，在此提供了一些有关等价性评价问题研究的国内外的最新研究进展仅供读者参考. 但由于水平有限，不足之处还望同行批评指正.

参 考 文 献

陈希孺 1997. 数理统计引论. 北京. 科学出版社

韦博成 2009.《红楼梦》前 80 回与后 40 回某些文风差异的统计分析 (两个独立二项总体等价性检验的一个应用). 应用概率统计, 25 (4): 441~448

Agresti A. 1990. Categorical Data Analysis. New York: Wiley

Altman D G. 1991. Practical Statistics for Medical Research. London: Chapman and Hall

Anbar D. 1983. On estimating the difference between two probabilities, with special reference to clinical trials. Biometrics, 39: 257~262

Andres AM, Tejedor IH. 1995. Is Fisher's exact test very conservative? Computational Statistics and Data Analysis, 19 (7): 579~591

Armitage P. 1971. Statistical Methods in Medical Research. New York: Wiley

Baptista J, Pike M C. 1977. Algorithm AS 115: Exact two-sided confidence limits for the odds ratio in a 2×2 table. Applied Statistics, 26, 214~220

Barnard G A. 1947. Significance tests for 2×2 tables. Biometrika, 34, (1): 123~138

Bartlett M S. 1953. Approximate confidence intervals. II. More than one unknown parameter. Biometrika, 40: 306~317

Beal S L. 1987. Asymptotic confidence intervals for the difference between two binomial parameters for use with small samples. Biometrics, 43 (4): 941~950

Bennett B M, Underwood R E. 1970. On McNemar's test for the 2×2 table and its power function. Biometrics, 26: 339~343

Berger R L, Hsu J C. 1996. Bioequivalence trials, intersection-union tests and equivalence confidence sets (with discussion). Statistical Science, 11 (4): 283~319

Berger R L, Sidik K. 2001. Exact unconditional tests for 2×2 matched-pairs design. NCSU

Institute of Statistics Mimeo Series No. 2535

Berger V W, Stefanescu C, Zhou Y Y. 2006. The analysis of stratified 2 × 2 contingency tables. Biometrical Journal, 48 (6): 992~1007

Biggerstaff B J. 2000. Comparing diagnostic tests: a simple graphic using likelihood ratios. Statistics in Medicine, 19 (5): 649~663

Blackwelder W C. 1982. Proving the null hypothesis in clinical trials. Controlled Clinical Trials, 3: 345~353

Blackwelder W C. 1993. Sample size and power for prospective analysis of relative risk. Statistics in Medicine, 12: 691~698

Bohning D, Rolling H, Kaufhold G. 1984. Jeffrey's likelihood ratio for the 2 × 2 table–A monte carlo study. Biometrical Journal, 7: 755~763

Bonett D G, Price R M. 2006. Confidence intervals for a ratio of binomial proportions based on paired data. Statistics in Medicine, 25 (17): 3039~3047

Boschloo R D. 1970. Raised conditional level of significance for the 2 × 2 table when testing for the quality of two probabilities. Statistica Neerlandica, 21 (1): 1~35

Chan I S F. 1998. Exact tests of equivalence and efficacy with a non-zero lower bound for comparative studies. Statistics in Medicine, 17: 1403~1413

Chan I S F, Tang N S, Tang M L, et al. 2003. Statistical analysis of noninferiority trials with a rate ratio in small-sample matched-pair designs. Biometrics, 59 (4): 1170~1177

Chan I S F, Zhang Z X. 1999. Test-based exact confidence intervals for the difference of two binomial proportions. Biometrics, 55 (4): 1202~1209

Chen J J, Tsong Y, Kang S H. 2000. Tests for equivalence or non-inferiority between two proportions. Drug Information Journal, 34: 569~578

Chen X. 2002. A quasi-exact method for the confidence intervals of the difference of two independent binomial proportions in small sample sizes. Statistics in Medicine, 21 (6): 943~956

Choi S C, Stablein D M. 1982. Practical tests for comparing two proportions with incomplete data. Applied Statistics, 32: 256~262

Choi S C, Stablein D M. 1988. Comparing incomplete paired binomial data under non-random mechanisms. Statistics in Medicine, 7: 929~939

Cochran W G. 1954. Some methods for strengthening the common χ^2 tests. Biometrics, 10: 417~451

Connor R J. 1987. Sample size for testing differences in proportions for the paired-sample design. Biometrics, 43: 207~211

Connett J E, Smith J A, McHugh R B. 1987. Sample size and power for pair-matched case-control studies. Statistics in Medicine, 6: 53~59

Crans G G, Shuster J J. 2008. How conservative is Fisher's exact test? A quantitative evaluation of the two-sample comparative binomial trial. Statistics in Medicine, 27

(18): 3598~3611

D'Agostino R B, Chase W, Belanger A. 1988. The appropriateness of some common procedures for testing equality of two independent binomial proportions. The American Statistician, 42: 198~202

Dixon W J, Massey F J. 1969. Introduction to Statistical Analysis, McGraw-Hill, New York

Duffy S W. 1984. Asymptotic and exact power for the McNemar test and its analogue with R controls per case. Biometrics, 40: 1005~1015

Dunnett C W, Gent M. 1977. Significance testing to establish equivalence between treatments with special reference to data in the form of 2 × 2 tables. Biometrics, 33 (4): 593~602

Durkalski V L, Palesch Y Y, Lipsitz S R, et al. 2003. Analysis of clustered matched-pair data for a non-inferiority study design. Statistics in Medicine, 22 (2): 279~290

Eberhardt R A, Fligner M A. 1977. A comparison of two tests for equality of two proportions. American Statistician, 31: 151~155

Farrington C P, Manning G. 1990. Test statistics and sample size formulae for comparative binomial trias with null hypothesis of nonzero risk difference or non-unity relative risk. Statistics in Medicine, 9: 1447~1454

FDA. 2002. Draft guidance: bioavailability and bioequivalence studies for orally administered drug products–general considerations. Food and Drug Administration, Rockville, MD

Fisher R A. 1935. The logic of inductive inference. Journal of The Royal Statistical Society Series C-Applied Statistics, 98 (1): 39~54

Fleiss J L. 1981. Statistical Methods for Rates and Proportions. New York: Wiley

Garside G R. 1971. An accurate correction for the χ^2-test in the homogeneity case of 2 × 2 contingency tables. N J Statist Op Res, 7 (1): 1~26

Garside G R, Mack C. 1976. Actual type I error probabilities for various tests in the homogeneity case of the 2 × 2 contingency table. The American Statistician, 30 (1): 18~21

Gart J J. 1962. Approximate confidence limits for the relative risk. Journal of The Royal Statistical Society Series C-Applied Statistics, 24 (2): 454~463

Gart J J. 1971. The comparison of proportions: a review of significance tests, confidence intervals and adjustments for stratification. Review of the International Statistical Institue, 39: 148~169

Gart J J. 1985a. Approximate tests and interval estimation of the common relative risk in the combination of 2 × 2 tables. Biometrika, 72: 673~677

Gart J J. 1985b. Analysis of the common odds ratio: corrections for bias and skewness. Bulletin of the International Statistical Institute, 45 (1): 17~176

Gart J J, Nam J M. 1988. Approximate interval estimation of the ratio of binomial parameters: a review and corrections for skewness. Biometrics, 44: 323~338

Gart J J, Nam J M. 1990. Approximate interval estimation of the difference in binomial parameters: correction for skewness and extension to multiple tables. Biometrics, 46. 637~643

Gart J J, Thomas D G. 1982. The performance of three approximate confidence limit methods for the odds ratio. American Journal of Epidemiology, 155: 453~470

Gupta R C, Tian S Z. 2007. Statistical inference for the risk ratio in 2 × 2 binomial trials with structural zero. Computational Statistics & Data Analysis, 51 (6): 3070~3084

Haber M. 1987. A comparison of some conditional and unconditional exact tests for 2 × 2 contingency tables. Communications in Statistics–Simulation and Computation, 16 (4): 999~1013

Halperin M, Rogot E, Gurian V, et al. 1968. Sample sizes for medical trials with special reference to long-term therapy. Journal of Chronic Diseases, 21: 13~24

Hauck W W. 1984. A comparative study of conditional maximum likelihood estimation of a common odds ratio. Biometrics, 40: 1117~1123

Hauck W W, Anderson S. 1984. A new statistical procedure for testing equivalence in two-group comparative bioavailability trials. Journal of Pharmacokinetics & Biopharmaceutics, 12: 83~91

Hauck W W, Anderson S. 1986. A comparison of large-sample confidence interval methods for the difference of two binomial probabilities. The American Statistician, 40 (4): 318~322

Hirji K F, Tan S J, Elashoff R M. 1991. A quasi-exact test for comparing two binomial proportions. Statistics in Medicine, 10: 1137~1153

Hirotsu C. 1986. Statistical problems in clinical trials: 1. regarding tests of equivalence (in Japanese). Rinshou Hyouka, 14 (3): 468~475

Hoel P G. 1971. Introduction to Mathematical Statistics, Wiley

Hsueh H M, Liu J P, Chen J J. 2001. Unconditional exact test for equivalence or noninferiority for paired binary endpoints. Biometrics, 57 (2): 478~483

Johnson W D, May W L. 1995. Combining 2 × 2 tables that contain structural zeros. Statistics in Medicine, 14: 1901~1911

Kang S H, Chen J J. 2000. An approximate unconditional test of noninferiority between two proportions. Statistics in Medicine, 19: 2089~2100

Katz D, Baptista J, Azen S P, et al. 1978. Obtaining confidence intervals for the risk ratio in cohort studies. Biometrics, 34: 469~474

Koopman P A R. 1984. Confidence limits for the ratio of two binomial proportions. Biometrics, 40: 513~517

Lachenbruch P A. 1992. On the sample size for studies based upon McNemar's test. Statistics in Medicine, 11: 1521~1525

Lachenbruch P A, Lynch C J (1998). Assessing screening tests: extensions of McNemar's test. Statistics in Medicine, 17 (19): 2207～2217

Lachin J M. 1992. Power and sample size evaluation for the McNemar test with application to matched case-control studies. Statistics in Medicine, 11 (9): 1239～1251

Lawson R. 2004. Small sample confidence intervals for the odds ratio. Communication in Statistics-Simulation and Computation, 33 (4): 1095～1113

Li H Q, Tang N S, Wu L C. 2008. Statistical analysis of non-inferiority via non-zero risk difference in stratified matched-pair studies. Journal of Statistical Planning and Inference, 138: 4055～4067

Little R J A. 1989. Testing the equality of two independent binomial proportions. The American Statistician, 43: 283～288

Liu J P, Hsueh H M, Hsieh E, et al. 2001. Tests for equivalence or non-inferiority for paired binary data. Statistics in Medicine, 21, (2): 231～245

Lloyd C J. 1990. Confidence intervals from the difference between two correlated proportions. Journal of the American Statistical Association, 85: 1154～1158

Lloyd C J. 2008. A new exact and more powerful unconditional test of no treatment effect from binary matched pairs. Biometrics, 64. (3): 716～723

Lloyd C J, Moldovan M V. 2007. Exact one-sided confidence bounds for the risk ratio in 2×2 tables with structural zero. Biometrical Journal, 49 (6): 952～963

Lloyd C J, Moldovan M V. 2008. A more powerful exact test of noninferiority from binary matched-pairs data. Statistics in Medicine, 27 (18): 3540～3549

Lu Y, Bean J A. 1995. On the sample size for one-sided equivalence of sensitivities based upon McNemar's test. Statistics in Medicine, 14: 1831～1839

Lui K J. 1998a. Comment on confidence intervals for differences in correlated binary proportions. Statistics in Medicine, 17 (17): 2017～2020

Lui K J. 1998b. Interval estimation of the risk ratio between a secondary infection, given a primary infection, and the primary infection. Biometrics, 54: 706～711

Lui K J. 2000. Confidence intervals of the simple difference between the proportions of a primary infection and a secondary infection, given the primary infection. Biometrical Journal, 42: 59～69

Lui K J, Cumberland W G. 2001. Sample size determination for equivalence test using rate ratio of sensitivity and specificity in paired sample data. Controlled Clinical Trials, 22: 373～389

Makuch R, Simon R. 1978. Sample size requirements for evaluating a conservative therapy. Cancer Treatment Reports, 62: 1037～1040

Mantel N, Greenhouse S W. 1968. What is the continuity correction? The American Statistician, 22 (5) 27～30

May W L, Johnson W D. 1997. Confidence intervals for differences in correlated binary proportions. Statistics in Medicine, 16 (18): 2127~2136

McDonald L L, Davis B M, Milliken G A. 1977. Non-randomized unconditional test for comparing two proportions in a 2 × 2 contingency table. Technometrics, 19: 145~150

McDonald L L, Neubauer K D, Meister K A. 1974. Confidence intervals for the difference of two proportions: small sample sizes. Research Paper No. 44, University of Wyoming, Laramie, Wyoming

McNemar Q. 1947. Note on the sampling error of difference between correlated proportions or percentages. Psychometrika, 12: 153~157

Mee R W. 1984. Confidence bounds for the difference between two probabilities. Biometrics, 40 (4): 1175~1176

Mehrotra D V, Chan I S F, Berger R L. 2003. A cautionary note on exact unconditional inference for a difference between two independent binomial proportions. Biometrics, 59 (2): 441~450

Mehta C R, Hilton J F. 1993. Exact power of conditional and unconditional tests: going beyond the 2 × 2 contingency table. The American Statistician, 47 (2): 91~98

Mehta C R, Patel N R, Gray R. 1985. Computing an exact confidence interval for the common odds ratio in several 2 × 2 contingency tables. Journal of The American Statistics Association, 80: 969~973

Mehta C R, Walsh S J. 1992. Comparison of exact, mid-p, and Mantel-Haenszel confidence intervals for the common odds ratio across several 2 × 2 contingency tales. American Statistician, 46: 146~150

Mendenhall W. 1975. Introduction to Probability and Statistics, 4th Edition, Duxbury Press, North Scituate, Mass

Miettinen O S. 1968. The matched pairs design in the case of all-or-none response. Biometrics, 24: 339~352

Miettinen O, Nurminen M. 1985. Comparative analysis of two rates. Statistics in Medicine, 4: 213~226

Mitra S K. 1958. On the limiting power function of the frequency chi-square test. Annals of Mathematical Statistics, 29: 1221~1233

Morikawa T, Yanagawa T. 1995. Taiounoaru 2chi data ni taisuru doutousei kentei. (Equivalence testing for paired dichotomous data). Proceedings of Annual Conference of Biometric Society of Japan, 123~126 (1995) (in Japanese)

Nam J M. 1992. Sample size determination for case-control studies and a comparison of stratified and unstratified analyses. Biometrics, 48: 389~395

Nam J M. 1995. Sample size determination in stratified trials to establish the equivalence of two treatments. Statistics in Medicine, 14 (18): 2037~2049

Nam J M. 1997. Establishing equivalence of two treatments and sample size requirements in matched-pairs design. Biometrics, 53 (4): 1422~1430

Nam J M. 1998. Power and sample size for stratified prospective studies using the score method for testing relative risk. Biometrics, 54: 331~336

Nam J M. 2003. Homogeneity score test for the intraclass version of the Kappa statistics and sample-size determination in multiple or stratified studies. Biometrics, 59: 1027~1035

Nam J M. 2006. Non-inferiority of new procedure to standard procedure in stratified matched-pair design. Biometrical Journal, 48 (6): 966~977

Nam J, Blackwelder W C. 2002. Analysis of the ratio of marginal probabilities in a matched-pair setting. Statistics in Medicine, 21: 689~699

Nam J. 1994. Size requirements for stratified prospective studies with null hypothesis of non-unity relative risk using the score test. Statistics in Medicine, 13 (1): 79~86

Newcombe R G. 1998a. Intervals estimation for the difference between independent proportions: comparison of eleven methods. Statistics in Medicine, 17: 873~890

Newcombe R G. 1998b. Improved confidence intervals for the difference between binomial proportions based on paired data. Statistics in Medicine, 17 (22): 2635~2650

Newcombe R G. 1999. Reply to comment on improved confidence intervals for the difference between binomial proportions based on paired data. Statistics in Medicine, 18: 3513~3513

Newcombe R G. 2003. Confidence intervals for the mean of a variable taking the value 0,1 and 2. Statistics in Medicine, 22: 2737~2750

Noether G E. 1957. Two confidence intervals for the ratio of two probabilities and some measures of effectiveness. Journal of the American Statistical Association, 52: 36~45

Pearson E. S. 1947. The choice of a statistical test illustrated on the interpretation of data classed in a 2×2 table. Biometrika, 34: 139~167

Pei Y B, Tang M L, Guo J H. 2008. Testing the equality of two proportions for combined unilateral and bilateral data. Communications in Statistics-Simulation and Computation, 37 (8): 1515~1529

Plackett R L. 1977. Marginal totals of a 2×2 table. Biometrika, 64 (1): 37~42

Radhakrishna S. 1965. Combination of results from several 2×2 contingency tables. Biometrics, 21: 86~98

Rodary C, Com-Nougue C, Tournade M F. 1989. How to establish equivalence between treatments: A one-sided clinical trial in pediatric oncology. Statistics in Medicine, 8: 593~598

Rosner B. 1982. Statistical methods in ophthalmology: an adjustment for the interclass correlation between eyes. Biometrics, 38 (1): 105~114

Royston P. 1993. Exact conditional and unconditional sample size for pair-matched studies with binary outcome: a practical guide. Statistics in Medicine, 12 (7): 699~712

Santner T J, Snell M K. 1980. Small-sample confidence intervals for $p_1 - p_2$ and p_1/p_2 in 2×2 contingency tales. Journal of the American Statistical Association, 73: 386~394

Schlesselman J J. 1982. Case-control studies. New York: Oxford University Press

Schork M A, Williams G W. 1980. Number of observations for the comparison of two correlated proportions. Communication in Statistics Series B, 9: 349~357

Sidik K. 2003. Exact unconditional tests for testing non-inferiority in matched-pairs design. Statistics in Medicine, 22 (2): 265~278

Song J X, Wassell J T. 2003. Sample size for K 2×2 tables in equivalence studies using Cochran's statistic. Controlled Clinical Trials, 24 (2): 378~389

Stamey J D, Seaman J W, Young D M. 2006. Bayesian inference for a correlated 2 × 2 table with a structural zero. Biometrical Journal, 48 (2): 233~244

Subrahmaniam K. 1979. Tests of significance for the odds ratio in a 2 × 2 table based on the ratio of 2 independent F-vaiates. Communications in Statistics Part B-Simulation and computation, 8 (3). 245~255

Suissa S, Shuster J J. 1985. Exact unconditional sample sizes for the 2 × 2 binomial trial. Journal of the Royal Statistical Society Series A, 148: 317~327

Suissa S, Shuster J J. 1991. The 2 × 2 matched-pair trial: exact unconditional design and analysis. Biometrics, 47: 361~372

Tang M L, Liao Y J, Ng H K T, et al. 2007. Testing the non-unity of rate ratio under inverse sampling. Biometrical Journal, 49 4: 551~564

Tang M L, Ling M H, Tian G L. 2009. Exact and approximate unconditional confidence intervals for proportion difference in the presence of incomplete data. Statistics in Medicine, 28: 625~641

Tang M L, Tang N S. 2004a. Exact tests for comparing two paired proportions with incomplete data. Biometrical Journal, 46 (1): 72~82

Tang M L, Tang N S. 2004b. Tests of noninferiority via rate difference for three-arm clinical trials with placebo. Journal of Biopharmaceutical Statistics, 14 (2): 337~347

Tang M L, Tang N S, Carey V J. 2004. Confidence interval for rate ratio in a 2×2 table with structural zero: an application in assessing false-negative rate ratio when combining two diagnostic tests. Biometrics, 60 (2): 550~555

Tang M L, Tang N S, Carey V J. 2006a. Sample size determination for 2-step studies with dichotomous response. Journal of Statistical Planning and Inference, 136: 1166~1180

Tang M L, Tang N S, Chan I S F. 2005. Confidence interval construction for proportion difference in small-sample paired studies. Statistics in Medicine, 24: 3565~3579

Tang M L, Tang N S, Chan I S F, et al. 2002. Sample size determination for establishing equivalence/non-inferiority via ratio of two proportions in matched-pair design. Biometrics, 58 (4): 957~963

Tang M L, Tang N S, Rosner B. 2006b. Statistical inference for correlated data in ophthalmologic studies. Statistics in Medicine, 25: 2771~2783

Tang N S, Li H Q and Tang M L 2010. A comparison of methods for the construction of confidence interval for relative risk in stratified matched-pair designs. statistics in medicine, 29: 46-62

Tang N S, Tang M L. 2002. Exact unconditional inference for risk ratio in a correlated 2×2 table with structural zero. Biometrics, 58: 972~980

Tang N S, Tang M L. 2003. Statistical inference for risk difference in an incomplete correlated 2×2 table. Biometrical Journal, 45 (1): 34~46

Tang N S, Tang M L, Chan I S F. 2003. On tests of equivalence via non-unity relative risk for matched-pair design. Statistics in Medicine, 22: 1217~1233

Tang N S, Tang M L, Qiu S F. 2008. Testing the equality of proportions for correlated otolaryngologic data. Computational Statistics and Data Analysis, 52: 3719~3729

Tang N S, Tang M L, Wang S F. 2007. Sample size determination for matched-pair equivalence trials using rate ratio. Biostatistics, 8 (3): 625~631

Tango T. 1998. Equivalence test and confidence interval for the difference in proportions for the paired-sample design. Statistics in Medicine, 17 (8): 891~908

Tango T. 1999. Comment on improved confidence intervals for the difference between binomial proportions based on paired data. Statistics in Medicine, 18: 3511~3513

Tango T. 2000. Confidence intervals for differences in correlated binary proportions. Statistics in Medicine, 19: 133~139

Thomas D G. 1971. Exact confidence limits for the odds ratio in a 2×2 table. Journal of The Royal Statistical Society Series C-Applied Statistics, 20 (1): 105~110

Thomas D G, Gart J J. 1977. A table of exact confidence limits for differences and ratios of two proportions and their odds ratios. Journal of the American Statistical Association, 72: 73~76

Tocher K D. 1950. Extension of the Neyman-Pearson theory of tests to discontinuous variates. Biometrika, 37 (2): 130~144

Tarone R E. 1988. Homogeneity score tests with nuisance parameters. Communications in Statistics-Theory and Methods, 17 (5): 1549~1556

Troendle J F. 2001. Unbiased confidence intervals for the odds ratio of two independent binomial samples with application to case-control data. Biometrics, (57): 484~489

van der Meulen E A. 2008. A nonrandomized, nonconservative version of the Fisher exact test. Communication in Statistics–Theory and Methods, 37 (5): 699~708

Wallenstein S. 1997. A non-iterative accurate asymptotic confidence interval for the difference between two proportions. Statistics in Medicine, 16: 1329~1336

Walter S D. 1975. The distribution of Levin's measure of attributable risk. Biometrika, 62: 371~375

Walter S D, Cook R J. 1991. A comparison of several point estimators of the odds ratio in a single 2×2 contingency table. Biometrics, 47 (3): 795~811

Wang S F, Tang N S, Wang X R. 2006. Analysis of the risk difference of marginal and conditional probabilities in an incomplete correlated 2 × 2 table. Computational Statistics & Data Analysis, 50: 1597～1614

Wang S F, Tang N S, Zhang B, et al. 2009. Statistical inference of risk differences in K correlated 2×2 tables with structural zero. Pharmaceutical Statistics, 8: 317～332

Wang S F, Wang X R. 2007. Homogeneity test of risk differences of marginal and conditional probabilities in several incomplete correlated 2×2 tables. Communications in Statistics–Theory and Methods, 36 (13～16): 2877～2890

Wilson E B. 1927. Probable inference, the law of succession, and statistical inference. Journal of the American Statistical Association, 22 (1): 209～212

Yanagawa T, Tango T, Hiejima Y. 1994. Mantel-Haenszel-Tpye tests for testing equivalence or more than equivalence in comparative clinical trials. Biometrics, 50: 859～864

Yang M C, Lee D W, Hwang J T G. 2004. The equivalence of the mid p-value and the expected p-value for testing equality of two balanced binomial proportions. Journal of Statistical Planning and Inference, 126 (1): 273～280

Yates F. 1934. Contingency tables involving small numbers and the χ^2-test. Journal of The Royal Statistical Society Suppl., 1: 217～235

第 11 章　约束下的统计推断方法

序约束条件下的统计推断是统计分析中一个重要的研究领域. 该领域的研究始于 20 世纪 50 年代早期. (Barlow, et al., 1972) 是该领域的第一本专著, 它全面系统阐述了该研究领域在五六十年代所取得的重要进展. (Robertson, et al., 1988) 是该领域的第二本专著, 它在原有框架的基础上, 充实了七八十年代所取得的进展. 在过去的 20 年中, 该领域不仅在理论上取得了大量新的进展, 而且随着计算机技术的飞跃发展, 它的应用前景更为广阔. Silvapulle 和 Sen(2004) 探索了约束下统计推断方法在药物临床试验、生物鉴定、生物医学、遗传学、生物信息学等学科领域的广泛应用.

在约束下统计推断方法的研究中, 保序回归的研究是其中的关键. 11.2 节概述了保序回归的性质和求解方法, 以及与最大似然估计之间的关系. 11.3 节借助 Zucker 鼠实验数据阐述了约束下检验的一些基本方法.

11.1　多面体凸锥

11.1.1　凸集与凸锥

在 $\mathbb{R}^p$ 中, 用 $\boldsymbol{Y}=(y_1,\cdots,y_p)'$ 表示向量 (或点). 内积和模分别为

$$(\boldsymbol{Y},\boldsymbol{Z})=y_1z_1+\cdots+y_pz_p, \tag{11.1.1}$$

$$\|\boldsymbol{Y}\|=\sqrt{(\boldsymbol{Y},\boldsymbol{Y})}.$$

定义 11.1.1　令 C 为 $\mathbb{R}^p$ 的一个集合, 如果 $\forall \boldsymbol{Y},\boldsymbol{Z}\in C,\lambda\in(0,1)\Rightarrow \lambda\boldsymbol{Y}+(1-\lambda)\boldsymbol{Z}\in C$, 则称 C 为凸集. 进一步, 如果 $\forall \boldsymbol{Y}\in C, t\geqslant 0\Rightarrow t\boldsymbol{Y}\in C$, 则称 C 为凸锥.

例如,

$\mathbb{R}^2:\{0\}$, 任意一直线均为凸锥 (Convex Cone);

$\mathbb{R}^2: C=\{\boldsymbol{X}\in\mathbb{R}^2|(\boldsymbol{a},\boldsymbol{X})\geqslant 0且(\boldsymbol{b},\boldsymbol{X})\geqslant 0\}$;

$\mathbb{R}^3: C=\{\boldsymbol{X}\in\mathbb{R}^3|(\boldsymbol{a},\boldsymbol{X})\geqslant 0,(\boldsymbol{b},\boldsymbol{X})\geqslant 0,(\boldsymbol{c},\boldsymbol{X})\geqslant 0\}$, 其中, $\boldsymbol{a},\boldsymbol{b},\boldsymbol{c}$ 为三平面的法向量.

本章作者：史宁中, 东北师范大学教授.

经常会遇到的凸锥, 如 $\mathbb{R}_+^p$ 为 $\mathbb{R}^p$ 的非负象限, 即

$$\mathbb{R}_+^p = \{\boldsymbol{Y} \in \mathbb{R}^p | y_i \geqslant 0, i = 1, 2, \cdots, p\}, \tag{11.1.2}$$

$$D = \{\boldsymbol{Y} \in \mathbb{R}^p | y_1 \leqslant y_2 \leqslant \cdots \leqslant y_p\}, \tag{11.1.3}$$

通常把 D 称为由半序所限制的凸锥.

一般地, 令 $\boldsymbol{a}_1, \cdots, \boldsymbol{a}_n$ 为 $\mathbb{R}^p$ 的一维向量, $\beta_1, \cdots, \beta_n$ 为实数, 则

$$A = \{\boldsymbol{Y} \in \mathbb{R}^p | (\boldsymbol{a}_i, \boldsymbol{Y}) \geqslant \beta_i, i = 1, 2, \cdots, n\} \tag{11.1.4}$$

为一个凸集. 事实上, 对 $\forall\ \boldsymbol{Y}, \boldsymbol{Z} \in A, \lambda \in (0,1)$ 有 $(\boldsymbol{a}_i, \boldsymbol{Y}) \geqslant \beta_i, (\boldsymbol{a}_i, \boldsymbol{Z}) \geqslant \beta_i, i = 1, 2, \cdots, n$. 那么, $(\boldsymbol{a}_i, \lambda\boldsymbol{Y} + (1-\lambda)\boldsymbol{Z}) = (\boldsymbol{a}_i, \lambda\boldsymbol{Y}) + (\boldsymbol{a}_i, (1-\lambda)\boldsymbol{Z}) = \lambda(\boldsymbol{a}_i, \boldsymbol{Y}) + (1-\lambda(\boldsymbol{a}_i, \boldsymbol{Z}) \geqslant \lambda\beta_i + (1-\lambda)\beta_i = \beta_i\ (i = 1, 2, \cdots, n)$, 故 $\lambda\boldsymbol{Y} + (1-\lambda)\boldsymbol{Z} \in A$, 所以 A 为一个凸集.

特别地, 如果取 $\beta_1 = \beta_2 = \cdots = \beta_n = 0$, 则由式 (11.1.2) 和式 (11.1.3) 所定义的凸锥均为式 (11.1.4) 的特例. 事实上, 只需在式 (11.1.4) 中取 $\boldsymbol{a}_i = (0, \cdots, 0, 1, 0, \cdots, 0)$(其中, 第 i 个分量为 1), 则可得式 (11.1.2); 若取 $\boldsymbol{a}_1 = (-1, 1, 0, \cdots, 0)$, $\boldsymbol{a}_2 = (0, -1, 1, 0, \cdots, 0)$, $\cdots$, $\boldsymbol{a}_{p-1} = (0, \cdots, -1, 1)$, 则式 (11.1.4) 退化为式 (11.1.3).

当 $n < p$ 时, C 一定包含一个线性空间. 例如, 式 (11.1.3) 包含的线性空间为 $y_i = \cdots = y_p$. 显然, $\mathbb{R}^p$ 中的一个线性子空间必为一个凸锥; 反之, 凸锥也可以包含线性子空间. 特别地, 凸锥必须包含零向量. 如果一个凸锥不包含非零线性子空间, 则称之为点的 (pointed).

11.1.2 凸锥的性质

定义 11.1.2 对向量组 $\boldsymbol{Y}_1, \cdots, \boldsymbol{Y}_n$ 和非负实数 $\lambda_1, \cdots, \lambda_n$, 称 $\lambda_1\boldsymbol{Y}_1 + \cdots + \lambda_n\boldsymbol{Y}_n$ 为 $\boldsymbol{Y}_1, \cdots, \boldsymbol{Y}_n$ 的一个非负线性组合.

引理 11.1.1 C 是一个凸锥的充分必要条件是 C 的任意非负线性组合也属于 C.

证明 必要性. 若 C 是一个凸锥, 则对 $\forall\boldsymbol{Y}, \boldsymbol{Z} \in C, \lambda \in (0,1) \Rightarrow \lambda\boldsymbol{Y} + (1-\lambda)\boldsymbol{Z} \in C$. 对 $\forall t \geqslant 0 \Rightarrow t\boldsymbol{Y} \in C$.

假设存在一个 C 的非负线性组合 $\lambda_1\boldsymbol{Y}_1 + \lambda_2\boldsymbol{Y}_2 + \cdots + \lambda_n\boldsymbol{Y}_n \notin C$, 其中, λ_i 为非负实数, $\boldsymbol{Y}_i \in C\ (i = 1, 2, \cdots, n)$. 由 C 是凸锥可知 $\lambda_i\boldsymbol{Y}_i \in C\ (i = 1, 2, \cdots, n)$. 令 $\boldsymbol{Y}_1, \boldsymbol{Y}_2, \cdots, \boldsymbol{Y}_n$ 的前 i 个向量的非负线性组合 $\lambda_1\boldsymbol{Y}_1 + \lambda_2\boldsymbol{Y}_2 + \cdots + \lambda_i\boldsymbol{Y}_i \in C$, 而 $\lambda_1\boldsymbol{Y}_1 + \lambda_2\boldsymbol{Y}_2 + \cdots + \lambda_i\boldsymbol{Y}_i + \lambda_{i+1}\boldsymbol{Y}_{i+1} \notin C$. 令 $\boldsymbol{Z} = \lambda_1\boldsymbol{Y}_1 + \cdots + \lambda_i\boldsymbol{Y}_i \in C$, 则 $\boldsymbol{Z} + \lambda_{i+1}\boldsymbol{Y}_{i+1} \notin C$. 而

$$\boldsymbol{Z} + \lambda_{i+1}\boldsymbol{Y}_{i+1} = (1+\lambda_{i+1})\left(\frac{1}{1+\lambda_{i+1}}\boldsymbol{Z} + \frac{\lambda_{i+1}}{1+\lambda_{i+1}}\boldsymbol{Y}_{i+1}\right) \in C.$$

又因为

$$\frac{1}{1+\lambda_{i+1}} \in (0,1), \quad \frac{\lambda_{i+1}}{1+\lambda_{i+1}} = 1 - \frac{1}{1+\lambda_{i+1}}, \quad 1+\lambda_{i+1} \geqslant 0,$$

所以

$$\frac{1}{1+\lambda_{i+1}}\boldsymbol{Z} + \frac{\lambda_{i+1}}{1+\lambda_{i+1}}\boldsymbol{Y}_{i+1} \notin C,$$

这与 C 是一个凸锥相矛盾, 所以假设不成立, 故 C 的任意非线性组合属于 C.

充分性. 因为 C 的任意非线性组合也属于 C, 所以对 $\forall \boldsymbol{Y}, \boldsymbol{Z} \in C, \lambda \in (0,1)$ 有 $\lambda\boldsymbol{Y} + (1-\lambda)\boldsymbol{Z} \in C$, 并且对 $\forall t \geqslant 0 \Rightarrow t\boldsymbol{Y} \in C$, 所以 C 是一个凸锥.

凸锥关于交的运算是封闭的, 换句话说, 若 $C_i, \cdots, C_n$ 是凸锥, 则 $C_1 \cap C_2 \cap \cdots \cap C_n$ 也是凸锥. 事实上, 对 $\forall \boldsymbol{Y}, \boldsymbol{Z} \in C_1 \cap C_2 \cap \cdots \cap C_n, \lambda \in (0,1) \Rightarrow \boldsymbol{Y}, \boldsymbol{Z} \in C_i\ (i = 1, 2, \cdots, n) \Rightarrow \lambda\boldsymbol{Y} + (1-\lambda)\boldsymbol{Z} \in C_i\ (i = 1, 2, \cdots, n) \Rightarrow \lambda\boldsymbol{Y} + (1-\lambda)\boldsymbol{Z} \in C_1 \cap C_2 \cap \cdots \cap C_n$. 又因为对 $\forall t \geqslant 0 \Rightarrow t\boldsymbol{Y} \in C_i\ (i = 1, 2, \cdots, n) \Rightarrow t\boldsymbol{Y} \in C_1 \cap C_2 \cap \cdots \cap C_n$, 所以 $C_1 \cap C_2 \cap \cdots \cap C_n$ 是凸锥.

但是凸锥关于并的运算不封闭, 即 $C_1 \cup C_2$ 未必是凸锥. 由引理 11.1.1 可以证明若 $C_1 \cap C_2 \cap \cdots \cap C_n$ 是闭凸锥, 则 $C_1 + C_2 + \cdots + C_n = \{\boldsymbol{Y}_1 + \boldsymbol{Y}_2 + \cdots + \boldsymbol{Y}_n | \boldsymbol{Y}_i \in C_i\}$ (直和) 是一个凸锥. 事实上, 对 $\forall \boldsymbol{Y}, \boldsymbol{Z} \in C_1 + C_2 + \cdots + C_n, \lambda \in (0,1)$. $\forall t \geqslant 0$, 则存在 $\boldsymbol{Y}_i, \boldsymbol{Z}_i \in C_i\ (i = 1, 2, \cdots, n)$, 使得 $\boldsymbol{Y} = \boldsymbol{Y}_1 + \boldsymbol{Y}_2 + \cdots + \boldsymbol{Y}_n, \boldsymbol{Z} = \boldsymbol{Z}_1 + \boldsymbol{Z}_2 + \cdots + \boldsymbol{Z}_n$. 而

$$\begin{aligned}\lambda\boldsymbol{Y} + (1-\lambda)\boldsymbol{Z} &= \lambda(\boldsymbol{Y}_1 + \boldsymbol{Y}_2 + \cdots + \boldsymbol{Y}_n) + (1-\lambda)(\boldsymbol{Z}_1 + \boldsymbol{Z}_2 + \cdots + \boldsymbol{Z}_n)\\ &= (\lambda\boldsymbol{Y}_1 + (1-\lambda)\boldsymbol{Z}_1) + \cdots + (\lambda\boldsymbol{Y}_n + (1-\lambda)\boldsymbol{Z}_n)\\ &\in C_1 + C_2 + \cdots + C_n,\end{aligned}$$

$$t\boldsymbol{Y} = t(\boldsymbol{Y}_1 + \boldsymbol{Y}_2 + \cdots + \boldsymbol{Y}_n) = t\boldsymbol{Y}_1 + t\boldsymbol{Y}_2 + \cdots + t\boldsymbol{Y}_n \in C_1 + C_2 + \cdots + C_n,$$

所以 $C_1 + C_2 + \cdots + C_n$ 为凸锥.

需要注意的是, 尽管闭凸锥的直和仍为凸锥, 但不一定是闭的. 反例可在文献 (Hestenes, 1975, 第 196 页) 找到. 然而, 对特殊的二维情形来说, 闭凸锥的直和仍是闭凸锥.

若 C 是凸锥, 令 $\mathcal{L}(C)$ 是包含 C 的最小线性子空间, $L(C)$ 是被 C 包含的最大线性子空间. 利用引理 11.1.1 有如下定理:

定理 11.1.1 令 $-C = \{-\boldsymbol{Y} | \boldsymbol{Y} \in C\}$, 则 $\mathcal{L}(C) = (-C) + C$, $L(C) = (-C) \cap C$.

证明 (1) 显然, $(-C) + C$ 包含 C, $\forall\, \boldsymbol{Y} \in (-C) + C$, 存在 $\boldsymbol{Y}_1 \in -C, \boldsymbol{Y}_2 \in C$, 使得 $\boldsymbol{Y} = \boldsymbol{Y}_1 + \boldsymbol{Y}_2$, 所以 $-\boldsymbol{Y} = -\boldsymbol{Y}_1 + (-\boldsymbol{Y}_2)$. 而 $-\boldsymbol{Y}_1 \in -C, -\boldsymbol{Y}_2 \in C$, 所以 $-\boldsymbol{Y} \in (-C) + C$, 故 $(-C) + C$ 为线性空间. 设 $\mathcal{L}'(C)$ 为任意包含 C 的线性子空间,

对 $\forall \boldsymbol{Y} \in (-C)+C$, 则 $\boldsymbol{Y}=\boldsymbol{Y}_1+\boldsymbol{Y}_2$, 其中, $\boldsymbol{Y}_1 \in -C, \boldsymbol{Y}_2 \in C$, 所以 $-\boldsymbol{Y}_1 \in -C$, 故 $-\boldsymbol{Y}_1 \in \mathcal{L}'(C)$, 所以 $\boldsymbol{Y}=\boldsymbol{Y}_1+\boldsymbol{Y}_2 \in \mathcal{L}'(C)$, $(-C)+C \subset \mathcal{L}'(C)$, 故 $\mathcal{L}(C)=(-C)+C$.

(2) 显然 $((-C)\cap C) \subset C$, 对 $\forall \boldsymbol{Y} \in (-C)\cap C$, 则 $\boldsymbol{Y} \in (-C), \boldsymbol{Y} \in C$, 所以 $-\boldsymbol{Y} \in C, -\boldsymbol{Y} \in -C$, 即 $-\boldsymbol{Y} \in (-C)\cap C$, 因而 $(-C)\cap C$ 是线性空间. 设 $L'(C)$ 是被 C 包含的任意线性子空间, 则对 $\forall \boldsymbol{Y} \in L'(C)$ 有 $\boldsymbol{Y} \in C$ 且 $-\boldsymbol{Y} \in C$, 所以 $\boldsymbol{Y} \in -C$, 故 $\boldsymbol{Y} \in (-C)\cap C$, 因而 $L(C)=(-C)\cap C$.

11.1.3 投影定理

定义 11.1.3 令 C 是一个闭凸锥, $\boldsymbol{X}$ 是一个给定向量, 如果 $\hat{\boldsymbol{X}} \in C$, 并且

$$\| \boldsymbol{X}-\hat{\boldsymbol{X}} \| = \min_{\boldsymbol{Y}\in C} \| \boldsymbol{X}-\boldsymbol{Y} \|, \tag{11.1.5}$$

则称 $\hat{\boldsymbol{X}}$ 为 $\boldsymbol{X}$ 到 C 上的投影, 记 $\hat{\boldsymbol{X}}=P(\boldsymbol{X}|C)$.

定理 11.1.2 $\hat{\boldsymbol{X}}$ 为 $\boldsymbol{X}$ 到 C 上的投影的充分必要条件为

$$\hat{\boldsymbol{X}} \in C, \quad (\boldsymbol{X}-\hat{\boldsymbol{X}}, \hat{\boldsymbol{X}})=0, \tag{11.1.6}$$

$$\text{对 } \forall \boldsymbol{Y} \in C, \quad (\boldsymbol{X}-\hat{\boldsymbol{X}}, \boldsymbol{Y}) \leqslant 0. \tag{11.1.7}$$

证明　必要性. 因为 $\hat{\boldsymbol{X}}$ 为 $\boldsymbol{X}$ 到 C 上的投影, 所以 $\| \boldsymbol{X}-\hat{\boldsymbol{X}} \|^2 = \min\limits_{\boldsymbol{Y}\in C} \| \boldsymbol{X}-\boldsymbol{Y} \|^2$, 所以对 $\forall t \geqslant 0, f(t)=\| \boldsymbol{X}-t\hat{\boldsymbol{X}} \|^2 - \| \boldsymbol{X}-\hat{\boldsymbol{X}} \|^2 \geqslant 0$. 当 $t=1$ 时, $f(t)$ 取极小值 0, 则 $f'(1)=0$.

令 $\boldsymbol{X}=(x_1,\cdots,x_p)', \hat{\boldsymbol{X}}=(\hat{x}_1,\cdots,\hat{x}_p)'$, 所以

$$f'(t)=\left[\sum_{i=1}^{p}(x_i-t\hat{x}_i)^2\right]'=\sum_{i=1}^{p}2(x_i-t\hat{x}_i)(-\hat{x}_i)=-2\sum_{i=1}^{p}(x_i-t\hat{x}_i)(\hat{x}_i),$$

进而可得

$$f'(1)=-2\sum_{i=1}^{p}(x_i-\hat{x}_i)(\hat{x}_i)=0,$$

所以 $(\boldsymbol{X}-\hat{\boldsymbol{X}}, \hat{\boldsymbol{X}})=0$, 式 (11.1.6) 得证.

令 $\lambda \in (0,1)$, 则 $(1-\lambda)\hat{\boldsymbol{X}}+\lambda\boldsymbol{Y} \in C$. 由式 (11.1.6) 可知

$$\begin{aligned}\| \boldsymbol{X}-\hat{\boldsymbol{X}} \|^2 &\leqslant \| \boldsymbol{X}-(1-\lambda)\hat{\boldsymbol{X}}-\lambda\boldsymbol{Y} \|^2 = \| (\boldsymbol{X}-\hat{\boldsymbol{X}})+\lambda(\hat{\boldsymbol{X}}-\boldsymbol{Y}) \|^2 \\ &= \| \boldsymbol{X}-\hat{\boldsymbol{X}} \|^2 + \lambda^2 \| \hat{\boldsymbol{X}}-\boldsymbol{Y} \|^2 + 2\lambda(\boldsymbol{X}-\hat{\boldsymbol{X}}, \hat{\boldsymbol{X}}-\boldsymbol{Y}),\end{aligned}$$

所以

$$\lambda^2 \| \hat{\boldsymbol{X}}-\boldsymbol{Y} \|^2 + 2\lambda(\boldsymbol{X}-\hat{\boldsymbol{X}}, \hat{\boldsymbol{X}}-\boldsymbol{Y}) - 2\lambda(\boldsymbol{X}-\hat{\boldsymbol{X}}, \boldsymbol{Y}) \geqslant 0.$$

再由式 (11.1.6) 可知 $(\boldsymbol{X}-\hat{\boldsymbol{X}},\hat{\boldsymbol{X}})=0$, 所以 $(\boldsymbol{X}-\hat{\boldsymbol{X}},\boldsymbol{Y})\leqslant\dfrac{\lambda}{2}\parallel\hat{\boldsymbol{X}}-\boldsymbol{Y}\parallel^2$. 又由于 $\lambda\in(0,1)$, 所以 $(\boldsymbol{X}-\hat{\boldsymbol{X}},\boldsymbol{Y})\leqslant 0$, 即式 (11.1.7) 成立.

充分性. 已知 $\hat{\boldsymbol{X}}\in C,(\boldsymbol{X}-\hat{\boldsymbol{X}},\hat{\boldsymbol{X}})=0$, 对 $\forall\boldsymbol{Y}\in C,(\boldsymbol{X}-\hat{\boldsymbol{X}},\hat{\boldsymbol{X}})\leqslant 0$, 所以

$$\begin{aligned}\parallel\boldsymbol{X}-\boldsymbol{Y}\parallel^2&=\parallel\boldsymbol{X}-\hat{\boldsymbol{X}}+\hat{\boldsymbol{X}}-\boldsymbol{Y}\parallel^2\\&=\parallel\boldsymbol{X}-\hat{\boldsymbol{X}}\parallel^2+\parallel\hat{\boldsymbol{X}}-\boldsymbol{Y}\parallel^2+2(\boldsymbol{X}-\hat{\boldsymbol{X}},\hat{\boldsymbol{X}}-\boldsymbol{Y})\\&\geqslant\parallel\boldsymbol{X}-\hat{\boldsymbol{X}}\parallel^2+2(\boldsymbol{X}-\hat{\boldsymbol{X}},\hat{\boldsymbol{X}})-2(\boldsymbol{X}-\hat{\boldsymbol{X}},\boldsymbol{Y})\\&\geqslant\parallel\boldsymbol{X}-\hat{\boldsymbol{X}}\parallel^2,\end{aligned}$$

故 $\parallel\boldsymbol{X}-\hat{\boldsymbol{X}}\parallel\leqslant\parallel\boldsymbol{X}-\boldsymbol{Y}\parallel^2\ \ (\forall\boldsymbol{Y}\in C)$, 所以 $\parallel\boldsymbol{X}-\hat{\boldsymbol{X}}\parallel^2=\min\limits_{\boldsymbol{Y}\in C}\parallel\boldsymbol{X}-\boldsymbol{Y}\parallel^2$, 因而 $\hat{\boldsymbol{X}}$ 为 $\boldsymbol{X}$ 在 C 上的投影.

定义 11.1.4 令 $N=\{1,2,\cdots,n\},\{\boldsymbol{a}_1,\boldsymbol{a}_2,\cdots,\boldsymbol{a}_n\}$ 是一组向量, 称 $C=\{\boldsymbol{X}\in\mathbb{R}^p|(\boldsymbol{a}_i,\boldsymbol{X})\geqslant 0,i\in N\}$ 为多面体凸锥, 并对 $\phi\subseteq M\subseteq N$, 称 $C_M=\{\boldsymbol{X}\in\mathbb{R}^p|(\boldsymbol{a}_i,\boldsymbol{X})=0,i\in M,(\boldsymbol{a}_i,\boldsymbol{X})\geqslant 0,i\in N-M\}$ 为 C 的一个面.

显然, C_M 也是一个多面体凸锥, 是维数较低的锥.

令 C_M^0 为 C_M 的内部 (由 C_M 的内点所生成的集合),

$$C_M^0=\{\boldsymbol{X}\in\mathbb{R}^p|(\boldsymbol{a}_i,\boldsymbol{X})=0,i\in M,(\boldsymbol{a}_i,\boldsymbol{X})>0,i\in N-M\}.\tag{11.1.8}$$

11.2 保序回归与最大似然估计

11.2.1 问题的提出

通过一个医学的例子来引出统计模型. 假定给实验的对象服用一种药物, 观察其是否有阳性反应. 剂量分别为 $s_i(i=1,2,\cdots,k)$, 满足

$$s_1<s_2<\cdots<s_k,\tag{11.2.1}$$

即剂量是逐渐增加的. 对于剂量 s_i 试验了 n_i 个动物, 用 x_{ij} 来表示这 n_i 个动物中的第 j 个的反应, $j=1,2,\cdots,n_i$, 其中,

$$x_{ij}=\begin{cases}1, & \text{有反应},\\0, & \text{无反应}.\end{cases}$$

用 p_i 表示剂量 s_i 时有阳性反应的比例. 令 $P=[p_1,p_2,\cdots,p_k]'$, 用来刻画总体背景的参数. 通常的方法是用样本比例 $\hat{p}_i=\dfrac{1}{n_i}\sum\limits_j x_{ij}$ 来估计 p_i. 但是在实际问题中, 应该考虑约束 (11.2.1), 即参数 p_i 之间也应该有一个顺序关系. 一个自然的想法是认为 p_i 也应该保持与式 (11.2.1) 相同的顺序, 即有

$$0\leqslant p_1\leqslant p_2\leqslant\cdots\leqslant p_k\leqslant 1.\tag{11.2.2}$$

因为 $n_i\hat{p}_i$ 服从二项分布 $B(n_i, p_i)$, 此时似然函数为

$$L(P;\hat{P}) = \prod_{i=1}^{k} p_i^{n_i\hat{p}_i}(1-p_i)^{n_i(1-\hat{p}_i)},$$

即有

$$-\ln L(P;\hat{P}) = -\sum_{i=1}^{k}(n_i\hat{p}_i \ln p_i + n_i(1-\hat{p}_i)\ln(1-p_i)).$$

在约束条件 (11.2.2) 下求 p_i 的极大似然估计 (MLE), 也就是求在式 (11.2.2) 下, $-\ln L(P;\hat{P})$ 的最小解. 令 Q 为满足式 (11.2.2) 的所有 P 的集合, 则 $\hat{P}^*$ 为约束 (11.2.2) 下 P 的 MLE 的充分必要条件是 $\hat{P}^* \in Q$, 并且满足

$$-\ln L(\hat{P^*};\hat{P}) = \min_{P\in Q} -\ln L(P;\hat{P}). \tag{11.2.3}$$

可以证明, Q 为闭凸集.

是否能通过一个简单的算法来找出式 (11.2.3) 的解 $\hat{P}^*$ 呢? 一个非常直观的想法是如果 $\hat{P} \in Q$, 则 $\hat{P}^* = \hat{P}$; 否则有 $\hat{p}_i$, 违反了顺序约束 (11.2.2), 即有 $\hat{p}_i > \hat{p}_{i+1}$. 这时可以想到合并 i 和 $i+1$ 有阳性反应的项数并求其平均, 用这个平均作为 p_i 和 p_{i+1} 新的估计, 即有

$$\tilde{p}_i = \tilde{p}_{i+1} = \frac{n_i\hat{p}_i + n_{i+1}\hat{p}_{i+1}}{n_i + n_{i+1}}.$$

这样的手法继续下去, 直到得到的估计属于 Q.

上述算法简称为 PAVA (pool-adjacent-violators algorithm)(Ayer, et al., 1955). 该算法在 Barlow, et al. (1972) 和 Robertson, et al. (1988) 等书中均有较为详细的讨论. 在 11.3 节将继续讨论 PAVA 算法和一些其他算法.

可以看到稍作一些解释, 本节提出的统计模型可以应用于可靠性增长问题.

11.2.2 基本定理

定义 11.2.1 令 $\Theta = \{\theta_1, \cdots, \theta_k\}$ 是一个有限集合, 一个定义在 Θ 上的关系 "$\preceq$" 被称为一个半序, 如果有如下性质:

(1) 反身性: 对任意 $\theta_i \in \Theta$ 有 $\theta_i \preceq \theta_i$;

(2) 传递性: 对 $\theta_i, \theta_j, \theta_k \in \Theta, \theta_i \preceq \theta_j, \theta_j \preceq \theta_k$, 则 $\theta_i \preceq \theta_k$;

(3) 对称性; 对 $\theta_i, \theta_j \in \Theta, \theta_i \preceq \theta_j, \theta_j \preceq \theta_i$, 则 $\theta_i = \theta_j$.

如果 "$\preceq$" 还满足下面的条件, 则被称为一个简单半序 (simple order):

(4) 完备性: 对任意 $\theta_i, \theta_j \in \Theta$ 必有 $\theta_i \preceq \theta_j$ 或者 $\theta_j \preceq \theta_i$.

对于简单半序, 则 Θ 上的 "$\preceq$" 可以写成

$$\theta_1 \preceq \theta_2 \preceq \cdots \preceq \theta_k. \tag{11.2.4}$$

显然, 约束 (11.2.1) 就是一个简单半序, 它是最为常见的一种序关系. 在应用统计分析中, 下述的几种半序都是经常被讨论的:

(1) 伞形半序 (umbrella order)

$$\theta_1 \preceq \cdots \preceq \theta_p \succeq \cdots \succeq \theta_k; \tag{11.2.5}$$

(2) 简单树半序 (simple tree order)

$$\theta_1 \preceq \theta_i, \quad i = 2, \cdots, k;$$

(3) 简单环半序 (simple loop order)

$$\theta_1 \preceq \theta_i \preceq \theta_k, \quad i = 2, \cdots, k-1. \tag{11.2.6}$$

定义 11.2.2 一个 k 维向量 $\boldsymbol{y} = (y_1, \cdots, y_k)'$ 被称为对于 "$\preceq$" 的保序函数, 如果对于 $\theta_i, \theta_j \in \Theta$, $\theta_i \preceq \theta_j$, 则有 $y_i \leqslant y_j$.

令 G 为保序函数的全体, 则 G 是一个多面体凸锥. 令 $\boldsymbol{\omega} = (\omega_1, \cdots, \omega_k)'(\omega_i \geqslant 0)$ 是一个给定的向量.

定义 11.2.3 令 $\boldsymbol{x}$ 为一个给定的 k 维向量. $\boldsymbol{x}^*$ 被称为 $(\boldsymbol{x}, \boldsymbol{\omega})$ 的一个保序回归, 如果 $\boldsymbol{x}^* \in G$, 并且满足

$$\sum_{i=1}^{k} (x_i - x_i^*)^2 \omega_i = \min_{\boldsymbol{y} \in G} \sum_{i=1}^{k} (x_i - y_i)^2 \omega_i. \tag{11.2.7}$$

显然, $\boldsymbol{x}^*$ 可以看成 $\boldsymbol{x}$ 在 G 上的一个投影, 是唯一存在的. 从定理 11.1.2 容易得到下面的定理.

定理 11.2.1 $\boldsymbol{x}^*$ 是 $(\boldsymbol{x}, \boldsymbol{\omega})$ 的保序回归的充分必要条件是对于任意 $\boldsymbol{y} \in G$ 均有

$$\sum_{i=1}^{k} (x_i - x_i^*)(x_i^* - y_i)\omega_i \geqslant 0. \tag{11.2.8}$$

引理 11.2.1 $\boldsymbol{x}^*$ 是 $(\boldsymbol{x}, \boldsymbol{\omega})$ 的保序回归, 则对任意 $\boldsymbol{y} \in G$ 有

$$\sum_{i=1}^{k} (x_i - y_i)^2 \omega_i \geqslant \sum_{i=1}^{k} (x_i - x_i^*)^2 \omega_i + \sum_{i=1}^{k} (x_i^* - y_i)^2 \omega_i. \tag{11.2.9}$$

引理 11.2.2 如果 $\boldsymbol{x}^*$ 是 $(\boldsymbol{x}, \boldsymbol{\omega})$ 的保序回归, 则有

$$\sum_{i=1}^{k} x_i \omega_i = \sum_{i=1}^{k} x_i^* \omega_i. \tag{11.2.10}$$

证明　从定理 11.1.2 知对任意的 $\boldsymbol{y} \in G$,

$$\sum_{i=0}^{k}(x_i - x_i^*)y_i\omega_i < 0. \tag{11.2.11}$$

显然, $\boldsymbol{y} = (1, \cdots, 1)' \in G$, 因此有 $\sum_{i=1}^{k} x_i\omega_i \leqslant \sum_{i=1}^{k} x_i^*\omega_i$, 如果令 $\boldsymbol{y} = (-1, \cdots, -1)'$ 可以得到相反的结果. 因此, 式 (11.2.10) 成立.

令 B 是 $K = 1, \cdots, k$ 的一个子集, 令

$$Av(B) = \sum_{i \in B} x_i\omega_i \Big/ \sum_{i \in B} \omega_i,$$

这是 $\boldsymbol{x}$ 在子集 B 上的一个算术平均. 对于实数 c, 用 $[\boldsymbol{x}^* = c]$ 表示 K 的一个子集 $\{i | x_i^* = c\}$. 在以后的讨论中, 假定集合 $[\boldsymbol{x}^* = c]$ 不空.

引理 11.2.3　如果 $\boldsymbol{x}^*$ 是 $(\boldsymbol{x}, \boldsymbol{\omega})$ 保序回归, 则有 $c = Av([\boldsymbol{x}^* = c])$.

证明　因为

$$\sum_{i=1}^{k}(x_i - x_i^*)^2\omega_i = \sum_{[\boldsymbol{x}^* = c]}(x_i - x_i^*)^2\omega_i + \sum_{[\boldsymbol{x}^* \neq c]}(x_i - x_i^*)^2\omega_i,$$

令 $f(t) = \sum_{[\boldsymbol{x}^* = c]}(x_i - t)^2\omega_i$, 从二次函数的性质可知 $f(t)$ 取最小值当且仅当

$$t = Av([\boldsymbol{x}^* = c]).$$

假若 $c \neq Av([\boldsymbol{x}^* = c])$. 因为 $f(t)$ 是一个连续函数, 则在 c 的近旁存在一个点 c_1, 使得 $f(c) > f(c_1)$, 并且 $\boldsymbol{z} = (z_1, \cdots, z_k)'$ 也是保序函数, 其中 $z_i = x_i^*$ $(i \in [\boldsymbol{x}^* \neq c]), z_i = x_i$ $(i \in [\boldsymbol{x}^* = c])$. 这样就有

$$\sum_{i=1}^{k}(x_i - x_i^*)^2\omega_i > \sum_{i=1}^{k}(x_i - z_i)^2\omega_i.$$

这与 $\boldsymbol{x}^*$ 是 $(\boldsymbol{x}, \boldsymbol{\omega})$ 保序回归矛盾.

定理 11.2.2　对任意实值函数 ψ 有

$$\sum_{i=1}^{k}(x_i - x_i^*)\psi(x_i^*)\omega_i = 0.$$

证明　从 $\boldsymbol{x}^*$ 的定义可知存在整数 l $(1 \leqslant l \leqslant k)$ 和实数 $c_1, \cdots, c_k$, 使得对 $\forall i \in \{1, \cdots, k\}$, 存在 $j \in \{1, \cdots, l\}, x_j^* = c_j$. 因此, 利用引理 11.2.3 有

$$\sum_{i=1}^{k}(x_i - a_i^*)\psi(a_i^*)\omega_i = \sum_{j=1}^{l}\psi(c_j)\sum_{[\boldsymbol{x}^* = c_j]}(x_i - c_j)\omega_i = 0.$$

11.2.3 保序回归与最大似然估计的关系

本节讨论保序回归与最大似然估计 (MLE) 之间的关系. 先考虑正态分布的情况. 令 x_{ij} $(j=1,\cdots,n_i)$ 是服从 $N(\theta_i,\sigma_i^2)$ 的一组样本, $i=1,\cdots,k$, 并已知均值服从一个半序约束, 如 $\theta_1\leqslant\cdots\leqslant\theta_k$. 用 G 表示保序函数的全体, 这时的最大似然函数为

$$L(\boldsymbol{x},\boldsymbol{\theta})=\left(\frac{1}{2\pi\sigma^2}\right)^{n/2}\exp\left\{-\frac{1}{2\sigma^2}\left[\sum_{i=1}^{k}\sum_{j=1}^{n_i}(x_{ij}-\bar{x}_i)^2+\sum_{i=1}^{k}n_i(\bar{x}_i-\theta_i)^2\right]\right\},$$

其中, $n=n_1+\cdots+n_k$, $\bar{x}_i=\sum\limits_{j=1}^{n_i}x_{ij}/n_i$. 容易看到在给定半序约束下, $\boldsymbol{\theta}^*$ 为 $\boldsymbol{\theta}$ 的 MLE, 即 $\boldsymbol{\theta}^*$ 为 $\max\limits_{\mu\in G}L(\boldsymbol{x},\mu)$ 的解等价于 $\boldsymbol{\theta}^*\in(\bar{\boldsymbol{x}},\boldsymbol{\omega})$ 的保序回归, 其中, $\bar{\boldsymbol{x}}=(\bar{x}_1,\cdots,\bar{x}_n)'$, $\boldsymbol{\omega}=(n_1,\cdots,n_k)'$.

对于一般指数分布族的情况, 也可以看到类似的情况.

令 I 为 x_i $(i=1,\cdots,k)$ 的取值区间. 从直观上看, 应该有如果 $\boldsymbol{x}^*$ 是 $(\boldsymbol{x},\boldsymbol{\omega})$ 的保序回归, 则 $x_i^*\in I$. 对于一般的情况, 有下述定理:

定理 11.2.3 令 $\underline{\boldsymbol{z}}$ 和 $\bar{\boldsymbol{z}}$ 是两个保序函数, 满足 $\underline{z}_i\leqslant x_i\leqslant\bar{z}_i$ $(i=1,\cdots,k)$, 则有

$$\underline{z}_i\leqslant x_i^*\leqslant\bar{z}_i.$$

证明 令 $\boldsymbol{z}$ 是一个保序函数, 并令 $h_i=\max\{z_i,\underline{z}_i\}$ $(i=1,2,\cdots,k)$. 容易验证, $\boldsymbol{h}=(h_1,\cdots,h_2)'$ 也是一个保序函数. 显然有

当 $z_i\geqslant\underline{z}_i$ 时,

$$x_i-z_i=x_i-h_i;$$

当 $z_i<\underline{z}_i$ 时,

$$x_i-z_i>x_i-\underline{z}_i=x_i-h_i\geqslant 0.$$

因此有

$$\sum_{i=1}^{k}(x_i-h_i)^2\omega_i\leqslant\sum_{i=1}^{k}(x_i-z_i)^2\omega_i,$$

则由保序回归的定义可知 $x_i^*\geqslant\underline{z}_i$ $(i=1,\cdots,k)$. 同样也可以证明 $x_i^*\leqslant\bar{z}_i$ 的情况.

令 I 为 $\boldsymbol{x}$ 的取值区间. 定理 11.2.3 意味着为求保序回归, 只需考虑取值在 I 上的保序函数的集合.

令 $\varPhi$ 是区间 I 上的有界凸函数. 当 $\mu\notin I$ 时, $\varPhi(\mu)=+\infty$. 显然, $\varPhi$ 在 I 内部的任意一点上存在左、右导数. 令 ϕ 为 $\varPhi$ 的导函数. 当 $\varPhi$ 在 μ 的左、右导数不相

等时, 令 $\varphi(\mu)$ 取其平均值, 并令 φ 在 I 的左、右端点分别取值为 $-\infty$ 和 $+\infty$, 则从凸函数的性质可知 φ 是一个不减函数. 对 $\mu,\nu\in I$, 令

$$\varDelta_\phi(\mu,\nu)=\varPhi(\mu)-\varPhi(\nu)-(\mu-\nu)\varphi(\nu), \tag{11.2.12}$$

并令 $\varDelta_\phi(\mu,\nu)=0$ 和 $\varDelta_\phi(\mu,\nu)=\infty$, 对应于 μ 或者 ν 不属于 I. 易知, $\varDelta_\phi(\mu,\nu)\geqslant 0$. 特别是当 $\varPhi$ 为严格凸函数时, $\mu\neq\nu\Rightarrow\varDelta_\phi(\mu,\nu)>0$.

进一步可以得到对任意 $r,s,t\in I$,

$$\varDelta_\phi(r,t)=\varDelta_\phi(r,s)+\varDelta_\phi(s,t)+(r-s)[\phi(s)-\phi(t)]. \tag{11.2.13}$$

定理 11.2.4 如果 $\boldsymbol{z}$ 是一个保序函数, $z_i\in I$, 则

$$\sum_{i=1}^k\varDelta_\phi(x_i,z_i)\omega_i\geqslant\sum_{i=1}^k\varDelta_\phi(x_i,x_i^*)\omega_i+\sum_{i=1}^k\varDelta_\phi(x_i^*,z_i)\omega_i, \tag{11.2.14}$$

即 $\boldsymbol{x}^*=(x_1^*,\cdots,x_k^*)'$ 是下式的解:

$$\min_{\boldsymbol{z}\in G\cap I}\sum_{i=1}^k\varDelta_\phi(x_i,z_i)\omega_i. \tag{11.2.15}$$

因此, 也是下式的解:

$$\max_{\boldsymbol{z}\in G\cap I}\sum_{i=1}^k\{\varPhi(z_i)+(x_i-z_i)\varphi(z_i)\}\omega_i. \tag{11.2.16}$$

如果 $\varPhi$ 是严格凸函数, 则上述解是唯一的.

证明 令 $r=\boldsymbol{x}, s=\boldsymbol{x}^*$ 和 $t=\boldsymbol{z}$. 利用关系式 (11.2.13) 可以检验式 (11.2.15) 左、右两边的差为

$$\sum_{i=1}^k(x_i-x_i^*)[\phi(x_i^*)-\phi(z_i)]\omega_i.$$

从定理 11.2.2 可知 $\sum_{i=1}^k(x_i-x_i^*)\varphi(x_i^*)\omega_i=0$. 因为 φ 是不减函数, 因此, $\varphi(\boldsymbol{z})=(\varphi(z_1),\cdots,\varphi(z_k))'$ 也是一个保序函数, 则定理 11.1.2 意味着 $\sum_{i=1}^k(x_i-x_i^*)\phi(z_i)\omega_i\leqslant 0$. 因此, 式 (11.2.14) 成立.

因为 $\varDelta_\phi\geqslant 0$, 则 $\boldsymbol{x}^*$ 是式 (11.2.15) 的解. 注意到 $\varDelta_\phi(x_i,z_i)$ 的第一项是 $\varPhi(x_i)$ 不依赖于 z_i, 因此, $\boldsymbol{x}^*$ 也是式 (11.2.16) 的解.

对一个 σ 有限测度 ν, 考虑具有下述密度函数的指数分布族:

$$f(y;\theta,\tau)=\exp\{f_1(\theta)f_2(\tau)k(y,\tau)+s(y,\tau)+g(\theta,\tau)\}, \tag{11.2.17}$$

其中, $y \in A, \theta \in (\underline{\theta}, \overline{\theta}), \tau \in T$. 将讨论 θ 的估计问题, 因此, τ 被称为讨厌参数. 设下面的假设成立:

(A1) f_1 和 $g(\cdot, \tau)$ 在 $(\underline{\theta}, \overline{\theta})$ 上有二阶连续导函数;

(A2) $f_1'(\theta) > 0, \forall \theta \in (\underline{\theta}, \overline{\theta}); f_2(\tau) > 0, \forall \tau \in T$;

(A3) $g'(\theta, \tau) = -\theta f_1'(\theta) f_2(\tau), \forall \theta \in (\underline{\theta}, \overline{\theta}), \tau \in T$.

在上述条件下容易得到

$$E(k(Y, \tau)) = 0, \quad V(k(Y, \tau)) = [f_1'(\theta) f_2(\tau)]^{-1}.$$

令 $y_{ij}\ (j = 1, 2, \cdots, n_i)$ 是取自 $f(y; \theta_i, \tau_i)$ 的一组样本, $i = 1, \cdots, k$. 假设 $\{\theta_i\}$ 被某一个给定的半序所约束, 要求在此约束下 θ_i 的 MLE. 从条件 (A1)~ 条件 (A3) 容易得到, 如果参数 $\theta_i \in (\underline{\theta}, \overline{\theta})$ 没有任何约束, 则 θ_i 的 MLE 为

$$\hat{\theta}_i = \frac{1}{n_i} \sum_{j=1}^{n_i} k(y_{ij}, \tau_i). \tag{11.2.18}$$

下面的定理表明在约束条件下, θ_i 的 MLE 是基于 $\hat{\theta}_i$ 的保序回归.

定理 11.2.5 在约束条件下, $\boldsymbol{\theta} = (\theta_1, \cdots, \theta_k)$ 的 MLE 是 $(\hat{\boldsymbol{\theta}}, \boldsymbol{\omega})$ 的保序回归, 其中, $\hat{\boldsymbol{\theta}} = (\hat{\theta}_1, \cdots, \hat{\theta}_k)$, $\boldsymbol{\omega} = (n_1 f_2(\tau_1), \cdots, n_k f_2(\tau_k))'$.

证明 令 $\boldsymbol{\mu} = (\mu_1, \cdots, \mu_k)'$ 是一个参数, $\mu_i \in (\underline{\theta}, \overline{\theta})$, 则在点 $\boldsymbol{\mu}$ 的似然函数为

$$L(Y, \boldsymbol{\mu}) = \exp\left\{\sum_{i=1}^{k} f_1(\mu_i) f_2(\tau_i) n_i \hat{\theta}_i + \sum_{i=1}^{k}\sum_{j=1}^{n_i} s(y_{ij}, \tau_i) + \sum_{i=1}^{k} n_i q(\mu_i, \tau_i)\right\}.$$

令 G 为满足约束的保序函数的全体所组成的集合, 则 $\boldsymbol{\theta}$ 的 MLE 是 $\max\limits_{\boldsymbol{\mu} \in G} L(Y, \boldsymbol{\mu})$ 的解. 这等价于是下式的解:

$$\max_{\boldsymbol{\mu} \in G}\left\{\sum_{i=1}^{k} f_1(\mu_i) f_2(\tau_i) n_i \hat{\theta}_i + \sum_{i=1}^{k} n_i q(\mu_i, \tau_i)\right\}. \tag{11.2.19}$$

固定 $\theta_0 \in (\underline{\theta}, \overline{\theta})$, 利用条件 (A3) 和分部积分可以计算

$$q(\mu, \tau) = \int_{\theta_0}^{\mu} -t f_1'(t) f_2(\tau) \mathrm{d}t + c = -f_2(\tau)\left[\mu f_1(\mu) - \theta_0 f_1(\theta_0) - \int_{\theta_0}^{\mu_i} f_1(t) \mathrm{d}t\right] + c,$$

其中, c 是依赖 θ_0 和 τ 的常数, 但是不依赖 μ. 把 $q(\mu, \tau)$ 代入式 (11.2.19) 并除去只包含 $\boldsymbol{\mu}$ 的项有

$$\begin{aligned}
&\max_{\boldsymbol{\mu} \in G}\left\{\sum_{i=1}^{k}\left[f_1(\mu_i)\hat{\theta}_i - \mu_i f_1(\mu_i) + \int_{\theta_0}^{\mu_i} f_1(t) \mathrm{d}t\right] n_i f_2(\tau_i)\right\} \\
=&\max_{\boldsymbol{\mu} \in G}\left\{\sum_{i=1}^{k}\left[\int_{\theta_0}^{\mu_i} f_1(t) \mathrm{d}t + (\hat{\theta}_i - \mu_i) f_1(\mu_i)\right] n_i f_2(\tau_i)\right\}.
\end{aligned}$$

如果令 $\varPhi(z)=\int_{\theta_0}^{z}f_1(t)\mathrm{d}t$, 从条件 (A2) 可知 $\varPhi(z)$ 是一个凸函数. 利用定理 11.2.4 可知本定理结论成立.

为讨论定理 11.2.5 的应用, 给出下面的例子.

二项分布　回忆本节一开始所讨论的问题. 令 Y 为取值是 0 或者 1 的随机变量, 其中, $P(Y=1)=\theta$, 则对应于 $\{0,1\}$ 上可数测度 ν, 密度函数为

$$f(y;\theta)=\theta^y(1-\theta)(1-y)=\exp\left\{y\ln\left(\frac{\theta}{1-\theta}\right)+\ln(1-\theta)\right\}.$$

对应于式 (11.2.17), $(\underline{\theta},\overline{\theta})=(0,1)$, $\tau=1$, $s(y,\tau)=0$, $q(\tau,\theta)=\ln(1-\theta)$, $k(y,\tau)=y, f_2(\tau)=1$ 和 $f_1(\theta)=\ln[\theta(1-\theta)]$. 容易验证, 条件 (A1)~ 条件 (A3) 是被满足的. 对应于式 (11.2.18), $\hat{\theta}_i=\frac{1}{n_i}\sum_{j=1}^{n_i}y_{ij}=\hat{p}_i\ (i=1,\cdots,k)$, 其中, $\hat{p}_i$ 是本节一开始给出的在约束下的 MLE, 则从定理 11.2.5 可知在半序约束下, $\boldsymbol{\theta}=(\theta_1,\cdots,\theta_k)'$ 的 MLE 是 $(P,\boldsymbol{\omega})$ 保序回归, $\boldsymbol{\omega}=(\omega_1,\cdots,\omega_k)'$.

类似地可以验证, 对于几何分布、$\varGamma$ 分布、Poisson 分布、正态分布的均值与方差等, 定理 11.2.5 都是适用的.

11.2.4　MVA 算法

先讨论有限半序, 然后引入在有序半序约束下求保序回归的 MVA(minimum violator algorithm) 算法.

定义 11.2.4　对于 $\theta_s,\theta_t\in\varTheta$, 如果 $\theta_s\preceq\theta_t$, 并且不存在 $\theta\in\varTheta$, 使得 $\theta_s\preceq\theta\preceq\theta_t$, 则称 θ_s 为 θ_t 的前者.

定义 11.2.5　对于定义于 $\varTheta$ 上的半序 $\preceq$, 如果 $\varTheta$ 中存在一个元素没有前者, 并且 $\varTheta$ 中其他元素都只有一个前者, 则称 $\preceq$ 为有根半序 (rooted tree order).

定义 11.2.6　$\varTheta$ 中的元素 θ_t 被称为一个逆序元素, 如果 θ_s 是 θ_t 的前者, 并且 $x_t<x_s$; θ_t 被称为最小逆序元素, 如果 θ_t 是一个逆序元素, 并且 $x_t=\min\{x_i|i=1,2,\cdots,k\}$.

显然, 简单半序和简单树半序都是一个有根半序. 如果在 $\varTheta$ 中的元素都乘上 -1, 伞形半序 (11.2.5) 也可以看成一个有根半序, 但式 (11.2.6) 所定义的简单环型半序则不是一个有根半序.

对于简单半序的情况, 在 11.1 节介绍了 PAVA 算法. 这个算法显然不同于一般的半序约束, 下面所要介绍的 MVA 算法是由 Thompson (1962) 提出的.

对 $\varTheta$ 中的子集 A, 令 $A'=\{i|\theta_i\in A\}$, 则 $Av\{\theta_i\}=x_i, i=1,2,\cdots,n$,

$$Av\{A\}=\sum_{i\in A'}\omega_i x_i\Big/\sum_{i\in A'}\omega_i.$$

MVA 算法的实施步骤如下：

(1) 如果 $\boldsymbol{x}=(Av\{\theta_1\},\cdots,Av\{\theta_k\})'\in G$, 则令 $\tilde{\boldsymbol{\theta}}=\boldsymbol{x}$;

(2) 否则, 找出最小逆序元素 θ_t, 合并 θ_t 与其前者 θ_s, 并用一个元素 θ' 代表, 则 $Av\{\theta'\}=Av\{\theta_s,\theta_t\}$;

(3) 重复 (2), 直到 Θ 被分割为 m 个不相交的子块 $A_1,A_2,\cdots,A_m$, 使得 $\tilde{\boldsymbol{\theta}}=(\tilde{\theta_1},\cdots,\tilde{\theta_m}')\in G$, 其中, $\{\tilde{\theta_i}\}=Av\{A_j\}$ 对 $\theta_i\in A_j,i=1,\cdots,k,j=1,\cdots,m$.

定理 11.2.6 由上述 MVA 算法得到的解 $\tilde{\boldsymbol{\theta}}$ 是 $(\boldsymbol{x},\boldsymbol{\omega})$ 的保序回归.

为证明定理 11.2.6, 需要一些预备知识.

定义 11.2.7 Θ 的子集 L 是一个下集, 如果 $\theta_s\in L,\theta_t\in\Theta,\theta_t\leqslant\theta_s$, 则 $\theta_t\in L$; U 被称为一个上集, 如果 $\theta_s\in U,\theta_t\in\Theta,\theta_s\leqslant\theta_t$, 则 $\theta_t\in U$.

显然, L 为下集，$L^c=\Theta-L$ 为上集; U 为上集, 则 U_c 为下集. 如果 $\boldsymbol{y}$ 是一个保序函数, 则对实数 a, $[\boldsymbol{y}\leqslant a]=\{\theta_i|y_i\leqslant a\}$ 为一个下集, 而 $[\boldsymbol{y}\geqslant a]$ 为一个上集.

子集 U 为一个上集的充分必要条件是 $\left[I_U(i)=\begin{cases}1, & \theta_i\in U,\\ 0, & \theta_i\in U^c\end{cases}\right]$ 为一个保序函数.

引理 11.2.4 对于实数 a, 下集 L 和上集 U, 令 $\boldsymbol{x}^*$ 为 $(\boldsymbol{x},\boldsymbol{\omega})$ 保序回归, 则

$$Av\{L\cap[\boldsymbol{x}^*\geqslant a]\}\geqslant a,$$

$$Av\{L\cap[\boldsymbol{x}^*>a]\}>a,$$

$$Av\{L\cap[\boldsymbol{x}^*\leqslant a]\}\leqslant a,$$

$$Av\{L\cap[\boldsymbol{x}^*<a]\}<a.$$

证明 考虑最后一个不等式. 对于任意 $-\infty\leqslant a<b\leqslant+\infty$. 令 $[a<x_j^*<b]$ 表示 $\{\theta_j|a<x_j^*<b\}$, 类似定理 11.2.2 的证明有

$$\sum_{\theta_i\in[a<\boldsymbol{x}^*<b]}(x_i-x_i^*)\omega_i=0. \tag{11.2.20}$$

对下集 L, 令

$$I_L(i)=\begin{cases}1, & \theta_i\in L,\\ 0, & \text{其他},\end{cases}$$

则 $-I_L(i)$ 为一个保序函数. 从定理 11.1.2 可知

$$-\sum_{\theta_i\in L}(x_i-x_i^*)\omega_i=\sum_{i=1}^{k}(x_i-x_i^*)[-I_L(i)]\omega_i\leqslant 0. \tag{11.2.21}$$

如果 $U\cap[\boldsymbol{x}^*<a]$ 不空, 则

$$\begin{aligned}\sum_{\theta_i\in U\cap[\boldsymbol{x}^*<a]}(x_i-a)\omega_i &< \sum_{\theta_i\in U\cap[\boldsymbol{x}^*<a]}(x_i-x_i^*)\omega_i\\ &=\sum_{\theta_i\in[\boldsymbol{x}^*<a]}(x_i-x_i^*)\omega_i-\sum_{\theta_i\in U^c\cap[\boldsymbol{x}^*<a]}(x_i-x_i^*)\omega_i\\ &\leqslant 0,\end{aligned}$$

则

$$\sum_{\theta_i\in U\cap[\boldsymbol{x}^*<a]}x_i\omega_i<a\sum_{\theta_i\in U\cap[\boldsymbol{x}^*<a]}\omega_i,$$

从而可得 $Av\{U\cap[\boldsymbol{x}^*<a]\}<a$.

引理 11.2.5　令 $\boldsymbol{x}^*$ 为 $(\boldsymbol{x},\boldsymbol{\omega})$ 的保序回归, 如果 θ_t 的前者为 θ_s, 并且 $x_t=\min x_i$, 则 $x_s^*=x_t^*$.

证明　如果 $x_s^*\neq x_t^*$, 则令 $x_s^*=a<b=x_t^*$,

$$L=[\boldsymbol{x}^*\leqslant a]\bigcup\{\theta_t\}.$$

对 $\theta_h\in L,\theta_l\preceq\theta_h$, 如果 $\theta_h\in[\boldsymbol{x}^*\leqslant a]$, 则 $\theta_l\in[\boldsymbol{x}^*\leqslant a]\Rightarrow\theta_l\in L$; 如果 $\theta_h=\theta_t$, 因为 θ_s 是 θ_t 的前者, 则 $\theta_l\preceq\theta_s$. $x_l^*\preceq x_s^*=a,\theta_l\in[\boldsymbol{x}^*\leqslant a]\Rightarrow\theta_l\in L$, 则 L 为一个下集, 从而

$$x_t=Av\{\theta_t\}=Av\{L\cap[\boldsymbol{x}^*\geqslant b]\}\geqslant b.$$

另一方面, 从题设和引理 11.2.3 可知

$$a=Av\{[\boldsymbol{x}^*=a]\}\geqslant x_t\geqslant b,$$

是与 $a<b$ 矛盾的.

定理 11.2.6 的证明　令 θ_s 和 θ_t 为满足引理 11.2.5 条件的元素, 则为求 $(\boldsymbol{x},\boldsymbol{\omega})$ 的保序回归 $\boldsymbol{x}^*$, 只需考虑 G 的子集 G', 其中, $g_s=g_t$, 因为 $\preceq$ 是一个有限半序, θ_s 是 θ_t 的前者, 则可以用一个元素 θ' 来代替, $\theta'=\{\theta_s,\theta_t\}$, 得到一个新的有限集 Θ', 其中, 包含 $k-1$ 个元素. 令 $\preceq'$ 为 $\preceq$ 在 Θ' 上导出半序, 则 $\preceq'$ 也是一个有限半序. 显然, g 是一个对于 $\preceq$ 的保序函数且满足 $g_s=g_t$, 当且仅当 $\boldsymbol{g}'=(g_1',\cdots,g_{k-1}')'$ 是一个对于 $\preceq'$ 的保序函数, 其中, $g_i'=g_i$, $\theta_i\neq\theta_s,\theta_i\neq\theta_t,g_i'=g_s=(g_t)=g$. 如果 $\theta_i=\theta'=\{\theta_s,\theta_t\}$, $\boldsymbol{x}'=(x_1',\cdots,x_{k-1}')'$, 其中, $x_i'=x_i,\theta_i\neq\theta_s,\theta_i\neq\theta_t$, $x_i'=Av\{\theta_s,\theta_t\},\theta_i=\theta'=\{\theta_i,\theta_t\},\omega_i'=\omega_s+\omega_t,\theta_i=\theta'$, 则对任意的 $\boldsymbol{g}\in G$, 满足 $g_s=g_t$ 有

$$\sum_{i=1}^{k}(x_i-g_i)^2\omega_i=\sum_{\theta_i\neq\theta_s,\theta_i\neq\theta_t}(x_i-g_i)^2\omega_i+(x_s-g_s)^2\omega_s+(x_t-g_t)^2\omega_t$$

$$
\begin{aligned}
&= \sum_{\theta_i \neq \theta'} (a_i' - g_i)^2 \omega_i + (x_{\theta'}' - g_i)^2 \omega_{\theta'}' + (x_s - x_\theta')^2 \omega_s + (x_t - x_\theta')^2 \omega_t \\
&= \sum_{i=1}^{k} (x_i' - g_i')^2 \omega_i' + c,
\end{aligned}
$$

其中, c 是一个与 $\boldsymbol{g}$ 无关的常数. 因此, 求

$$
\min_{\boldsymbol{g} \in G} \sum_{i=1}^{k} (x_i - g_i)^2 \omega_i
$$

的解等价于求

$$
\min_{\boldsymbol{g}' \in G'} \sum_{i=1}^{k-1} (x_i' - g_i')^2 \omega_i'
$$

的解, 于是定理得证.

关于保序回归的优良性、保序回归的一些扩展 (如多维情形) 的讨论, 可参见文献 (史宁中, 1993) 一文及其相关的参考文献.

11.3 趋势性检验

例 11.3.1(模型的建立) 本例的实验数据来源于日本九州大学医学部内科第一实验室 (Shi, et al., 1988; Shi, 1991). 研究两种 Zucker 鼠的行为表现中的食物表现, 一种是胖型的 (obese), 一种是瘦型的 (lean), 并且认为胖型是因为某种隐性基因引起的 (Zucker and Zucker, 1961).

每种 Zucker 鼠各选 4 只, 记为 O_i 和 $L_i, i = 1, \cdots, 4$, 食用颗粒状食物. 分白天 (8a.m.~8p.m.) 和黑夜 (8p.m.~8a.m.) 记录食物量, 分别记为 A 和 B. 表 11.1 和表 11.2 分别记录了两种鼠在鼠龄 12, 23, 30 和 43 周时的进食量, 其岁数相当于人类 18, 30, 40 和 60 岁.

表 11.1 胖型 Zucker 鼠进食量

	周龄	12	23	30	43
	A	216	231	264	265
O_1	B	450	428	442	377
	$A+B$	666	659	706	642
	A	290	345	351	284
O_2	B	308	289	327	314
	$A+B$	598	634	678	598
	A	180	276	289	373
O_3	B	474	434	381	321
	$A+B$	654	710	670	694
	A	154	175	226	248
O_4	B	467	480	419	386
	$A+B$	621	655	645	634

表 11.2　瘦型 Zucker 鼠进食量

	周龄	12	23	30	43
	A	157	153	178	133
L_1	B	316	314	316	330
	$A+B$	473	467	494	463
	A	146	175	193	154
L_2	B	333	282	304	290
	$A+B$	479	457	497	444
	A	132	189	204	168
L_3	B	331	336	324	271
	$A+B$	463	525	528	439
	A	181	163	188	156
L_4	B	275	305	281	247
	$A+B$	456	468	469	403

可以根据研究目的不同, 构造不同的模型来分析这些数据 (史宁中, 2008; Shi and Tao, 2008). 实验的原本目的是要研究两种鼠的食物行为是否会随着年龄的增长出现本质的差异.

对应于鼠龄的 4 个总体, 每个总体取 4 个样本, 记为 y_{ij}. 分析表 11.1 可以看到随着周龄的增加, Zucker 鼠的进食量也是逐渐增加的 ($i=4$ 下降的情况在本节的最后再讨论). 这意味着均值 $\bar{y}_i=\sum\limits_{j=1}^{n_i}y_{ij}/n_i$ 也可能是逐渐增加的.

为了更好地分析上述问题, 考虑如下建模问题: 假定有 k 个相互独立的总体, $D_1,\cdots,D_k$, 从总体 D_i 中抽取样本容量为 n_i 的一组样本, $i=1,\cdots,k$. 如果只考虑观测误差, 则可以建立如下模型:

$$y_{ij}=\theta_i+\varepsilon_{ij},\quad i=1,\cdots,k,j=1,\cdots,n_i, \tag{11.3.1}$$

其中, θ_i 表示未知的参数, ε_{ij} 表示观测误差. 一般地, 假定 ϵ_{ij} 相互独立且 $\epsilon_{ij}\sim N(0,\sigma_i^2)$. 因而可以认为 $y_{i1},\cdots,y_{in_i}$ 是来自 $N(\theta_i,\sigma_i^2)$ 的一组样本.

再仔细分析模型 (11.3.1), 在通常情况下, D_i 在行为分析时表示年龄, 在药效分析时表示剂量, 在经济分析时表示时间. 因此, 在这些情况下都可以表示为 $D_1<D_2<\cdots<D_k$, 而对应的参数往往也可以表示为

$$H:\theta_1\leqslant\cdots\leqslant\theta_k.$$

在检验分析时, 应当充分考虑这个信息. 因此, 一个合适的检验问题应当为

$$H_0:\theta_1=\cdots=\theta_k\quad 和\quad H_1:H-H_0, \tag{11.3.2}$$

其中, $H-H_0$ 表示存在 $i<j$, 使得 $\theta_i<\theta_j$. 通常称为这样的问题为**趋势性检验**

(trend testing problem) 或者**半序约束下的检验** (order restricted testing problem), 特别地, 称 H 表示**简单半序约束**(simple order restriction).

首先说明由式 (11.3.2) 给出的检验是单边检验, 即 H_1 对应的参数空间为一个凸集. 令 $\Theta=\{\boldsymbol{\theta}\in\mathbb{R}^k|\theta_1\leqslant\cdots\leqslant\theta_k\}$. 令

$$\begin{aligned}\boldsymbol{a}_1&=(-1,1,0,\cdots,0,0)',\\ \boldsymbol{a}_2&=(0,-1,1,\cdots,0,0)',\\ &\vdots\\ \boldsymbol{a}_{k-1}&=(0,0,0,\cdots,-1,1)',\end{aligned}$$

则 Θ 可以写成下面的形式:

$$\Theta=\{\boldsymbol{\theta}\in\mathbb{R}^k|\boldsymbol{a}_i'\boldsymbol{\theta}\geqslant 0, i=1,\cdots,k-1\}. \tag{11.3.3}$$

因此, Θ 是一个多面体凸锥. 可以构造几种检验统计量来研究这个问题.

11.3.1 线性检验

1. Mantel 检验

因为由式 (11.3.2) 给出的检验问题中的参数太多, 分析起来比较困难, Mantel (1963) 提出一个缩减参数的方法. 假定参数遵循一个线性增长原则, 即令

$$\theta_i=\alpha+\beta t_i,\quad i=1,\cdots,k, \tag{11.3.4}$$

其中, $\beta\geqslant 0$, 而 t_i 是给定的常数, 满足 $t_1\leqslant\cdots\leqslant t_k$. 在这个模型下, 检验问题转化为

$$H_0:\beta=0\quad 和\quad H_1:\beta>0. \tag{11.3.5}$$

容易验证, 参数 α 和 β 的 MLE 是下式:

$$\min_{\alpha,\beta}\sum_{i=1}^{k}\sum_{j=1}^{n_i}(y_{ij}-\alpha-\beta t_i)^2=\min_{\alpha,\beta}\sum_{i=1}^{k}(\bar{y}_i-\alpha-\beta t_i)^2\omega_i$$

的解, 其中, $\omega_i=n_i$ 且 $\bar{y}_i=\sum y_{ij}/n_i$ $(i=1,\cdots,k)$. 令 $\hat{\alpha}$ 和 $\hat{\beta}$ 为 α 和 β 的 MLE, 则

$$\begin{aligned}\hat{\alpha}&=\bar{y}-\hat{\beta}\bar{t},\\ \hat{\beta}&=\frac{\sum\limits_{i=1}^{k}(t_i-\bar{t})(\bar{y}_i-\bar{y})\omega_i}{\sum\limits_{i=1}^{k}(t_i-\bar{t})^2\omega_i},\end{aligned}$$

其中, $\bar{y}$ 和 $\bar{t}$ 分别为加权平均, 即 $\bar{y}=\sum\omega_i\bar{y}_i/\sum\omega_i$ 和 $\bar{t}=\sum\omega_i t_i/\sum\omega_i$. 这时模型 (11.3.1) 的估计为 $\hat{y}_i=\hat{\alpha}+\hat{\beta}t_i\ (i=1,\cdots,k)$. 剩余平方和或者误差平方和为

$$\begin{aligned}R^2&=\sum_{i=1}^{k}(\bar{y}_i-\hat{\alpha}-\hat{\beta}t_i)^2\omega_i\\&=\sum_{i=1}^{k}(\bar{y}_i-\bar{y})^2\omega_i-\hat{\beta}^2\sum_{i=1}^{k}(t_i-\bar{t})^2\omega_i.\end{aligned}\tag{11.3.6}$$

对于 $\boldsymbol{\theta}\in\Theta$, 容易得到 $E_{\boldsymbol{\theta}}R^2=(k-1)\sigma^2-\sigma^2=(k-2)\sigma^2$, 因此,

$$\hat{\sigma}^2=\frac{1}{k-2}R^2$$

为 σ^2 的无偏估计. 注意到在 H_0 下, α 的 MLE 为 $\bar{y}$. 由式 (11.3.6),

$$\sum_{i=1}^{k}(\bar{y}_i-\bar{y})^2\omega_i-\sum_{i=1}^{k}(\bar{y}_i-\hat{\alpha}-\hat{\beta}t_i)^2\omega_i=\hat{\beta}^2\sum_{i=1}^{k}(t_i-\bar{t})^2\omega_i,\tag{11.3.7}$$

则对于检验问题 (11.3.5) 的似然比检验统计量为

$$t(y)=\frac{\hat{\beta}}{\hat{\sigma}}\sqrt{\sum_{i=1}^{k}(t_i-\bar{t})^2\omega_i}.\tag{11.3.8}$$

因为式 (11.3.7) 表示了直和分解, 则 $\hat{\beta}$ 与 $\hat{\sigma}$ 是独立的. 当 H_0 为真时,

$$\frac{\hat{\beta}}{\hat{\sigma}}\sqrt{\sum_{i=1}^{k}(t_i-\bar{t})^2\omega_i}\sim N(0,1),$$

而 $\hat{\sigma}^2/\sigma^2$ 服从自由度为 $k-2$ 分布的 χ^2 分布. 因此, 有下面的定理:

定理 11.3.1 对于检验问题 (11.3.5), 当 H_0 为真时, 由式 (11.3.8) 给出的似然比检验统计量 $t(Y)$ 服从自由度为 $k-2$ 的 t 分布. 水平 α 的似然比检验拒绝 H_0, 如果 $t(y)\geqslant t_\alpha(k-2)$, 其中, $t_\alpha(k-2)$ 是自由度为 $k-2$ 的 t 分布的上 α 点.

例 11.3.2 用 Mantel 检验来分析例 11.3.1 曾经研究过的问题. 令 $t_i=i\ (i=1,\cdots,4)$, 可以得到胖型和瘦型 Zucker 鼠的 β 估计分别为 $\hat{\beta}^{\mathrm{O}}=3.2$ 和 $\hat{\beta}^{\mathrm{L}}=2.8$, 则 t 值分别为 $t^{\mathrm{O}}=0.32$ 和 $t^{\mathrm{L}}=0.28$. 这时自由度为 $2, \alpha=0.05$ 的 t 分布的上 α 点为 2.9, 因此, 均不能拒绝式 (11.3.5) 中给出的零假设 H_0.

利用模型 (11.3.4), 虽然参数减少了, 但是如何决定常数 t_i 却是比较困难的. 由式 (11.3.8) 可以看到常数 t_i 对计算检验统计量是有影响的. 在实际应用中, 通常有两种方法来处理 t_i. 如果进行的是药物数据分析, 则用药物剂量来代替 t_i; 如果无更多的先验信息, 则如例 11.3.2 那样, 令 $t_i=i\ (i=1,\cdots,k)$. 下面讨论一种优化的方法.

2. 最优线性检验

为了讨论方便起见, 先考虑 σ^2 是已知的, 不失一般性, 令 $\sigma^2=1$. 对 $i=1,\cdots,k$, 令

$$c_i=\frac{t_i-\bar{t}}{\sqrt{\sum(t_j-\bar{t})^2\omega_j}},$$

则有 $\sum c_i\omega_i=0$, $\sum c_i^2\omega_i=1$. 这时由式 (11.3.8) 给出的似然比检验统计量可以写为

$$T_{\boldsymbol{c}}=\sum_{i=1}^{k}c_i\bar{y}_i\omega_i, \tag{11.3.9}$$

其中, $\boldsymbol{c}=(c_1,\cdots,c_k)'$. 注意到 $c_1\leqslant\cdots\leqslant c_k$, 把 $\boldsymbol{c}$ 的特点集中起来构成集合, 令

$$S=\left\{\boldsymbol{c}\in\mathbb{R}^k\left|\sum_{i=1}^{k}c_i\omega_i=0,\sum_{i=1}^{k}c_i^2\omega_i=1,c_1\leqslant\cdots\leqslant c_k\right.\right\}, \tag{11.3.10}$$

则 Mantel 检验中的系数必然是 S 中的一个点. 下面来寻找最优的系数.

现在回到检验问题 (11.3.2). 容易检验, 对任意 $\boldsymbol{\theta}\in\mathbb{R}^k$ 满足 $\theta_1=\cdots=\theta_k$, 则 $T_{\boldsymbol{c}}\sim N(0,1)$. 因此, $T_{\boldsymbol{c}}$ 是针对检验问题

$$H_0:\theta_1=\cdots=\theta_k=0\quad 和\quad H_{\boldsymbol{c}}:\boldsymbol{\theta}\in\eta\boldsymbol{c},\eta>0 \tag{11.3.11}$$

的 UMP 检验. 对于给定的水平 α, $\forall\,\boldsymbol{\theta}\in S$ 可以得到 $T_{\boldsymbol{c}}$ 的势函数为

$$\beta(\boldsymbol{c},\boldsymbol{\theta})=1-\varPhi\left(u_\alpha-\sum_{i=1}^{k}c_i\theta_i\omega_i\right).$$

称使得最小势达到最大的线性检验统计量 $T_{\boldsymbol{c}_0}$ 为**最优线性检验**, 即 $\boldsymbol{c}_0\in S$ 满足

$$\min_{\boldsymbol{\theta}\in S}\beta(\boldsymbol{c}_0,\boldsymbol{\theta})=\max_{\boldsymbol{c}\in S}\min_{\boldsymbol{\theta}\in S}\beta(\boldsymbol{c},\boldsymbol{\theta}),$$

等价于

$$\min_{\boldsymbol{\theta}\in S}\sum_{i=1}^{k}c_{0i}\theta_i\omega_i=\max_{\boldsymbol{c}\in S}\min_{\boldsymbol{\theta}\in S}\sum_{i=1}^{k}c_i\theta_i\omega_i. \tag{11.3.12}$$

下面利用式 (11.3.12) 求解 $\boldsymbol{c}_0$.

因为 S 能写成式 (11.3.3) 的形式, 也构成一个多面体凸锥, 因此, S 中任意个向量的**非负线性组合**仍然属于 S, 即 $\boldsymbol{b},\boldsymbol{c}\in S$ 则对所有 $\lambda_1\geqslant 0$ 和 $\lambda_2\geqslant 0$ 有 $\lambda_1\boldsymbol{b}+\lambda_2\boldsymbol{c}\in S$. 事实上, S 也可以看成是由棱向量生成的. 一个向量 $\boldsymbol{e}$ 被称为 S 的**棱向量** (edge vector), 如果 $\boldsymbol{e}$ 不能表示为 S 中与 $\boldsymbol{e}$ 不在同一直线上的两个以上向量的非负线性组合. 称包含棱向量的 S 中半直线为**棱**. 可以验证 S 中共有 $k-1$ 个

棱向量. 令 $\boldsymbol{c} \in S$, 则 $\boldsymbol{c}$ 的分量之间有 $k-1$ 个不等式, 其中, 棱向量应当满足分量之间一个真不等号成立, 其余 $k-2$ 个为等号. 通过计算, $k-1$ 个棱向量为

$$\boldsymbol{e}^{(m)} = \lambda_m(e_{m1}, \cdots, e_{mk})', \quad m = 1, \cdots, k-1,$$

其中, $e_{mi} = -1/s_m$, 当 $i < m$ 时; $e_{mi} = 1/(s_k - s_m)$, 当 $i > m$ 时且 $s_m = \omega_1 + \cdots + \omega_m$ 和 $s_k = \omega_1 + \cdots + \omega_k, \lambda_m$ 是一个标准化参数, 使得 $\boldsymbol{e}^{(m)} \in S$. 令 $\boldsymbol{b}, \boldsymbol{c} \in S$, 用 $A(\boldsymbol{b}, \boldsymbol{c})$ 表示向量 $\boldsymbol{b}$ 和 $\boldsymbol{c}$ 之间的夹角, 定义 $\cos A(\boldsymbol{b}, \boldsymbol{c}) = \sum b_i c_i \omega_i$. 因为 cos 函数是夹角的单调减函数, 对于任意给定的 S 中的向量 $\boldsymbol{c}$, 使其在 S 内达到最大角的向量 $\boldsymbol{b}$ 必然在某一个棱上. 因此, 式 (11.3.12) 又可以写为

$$\min_{1 \leqslant m \leqslant k-1} \sum_{i=1}^{k} c_{i0} e_i^{(m)} \omega_i = \max_{\boldsymbol{c} \in S} \min_{1 \leqslant m \leqslant k-1} \sum_{i=1}^{k} c_i e_i^{(m)} \omega_i. \tag{11.3.13}$$

可以验证, 如果一个向量 $\boldsymbol{a} \in S$ 且能表示为棱向量的正组合, 即

$$\boldsymbol{a} = r_1 \boldsymbol{e}^{(1)} + \cdots + r_{k-1} \boldsymbol{e}^{(k-1)}, \tag{11.3.14}$$

其中, $r_i > 0$ $(i = 1, \cdots, k-1)$, 并满足

$$\sum_{i=1}^{k} a_i e_i^{(1)} \omega_i = \cdots = \sum_{i=1}^{k} a_i e_i^{(k-1)} \omega_i, \tag{11.3.15}$$

则这个向量 $\boldsymbol{a}$ 满足式 (11.3.12). 解方程 (11.3.14) 和式 (11.3.15) 可以得到 $\boldsymbol{c}_0 = (c_{01}, \cdots, c_{0k})'$,

$$c_{0i} = \lambda \left(\sqrt{s_{i-1}(s_i - s_{i-1})} - \sqrt{s_i(s_k - s_i)} \right) / \omega_i, \quad i = 1, \cdots, k, \tag{11.3.16}$$

其中, $s_0 = 0$ 且 λ 是使 $\boldsymbol{c}_0 \in s$ 的标准化系数. 这样, 当 σ^2 未知时得到下面的定理.

定理 11.3.2　对于检验问题 (11.3.2), 最优线性检验为

$$T_{\boldsymbol{c}_0}(\boldsymbol{y}) = \frac{1}{\hat{\sigma}} \sum_{i=1}^{k} c_{0i} y_i \omega_i, \tag{11.3.17}$$

其中, $\boldsymbol{c}_0$ 由式 (11.3.16) 给出, $\hat{\sigma}^2$ 是 σ^2 的无偏估计, 即 $\hat{\sigma}^2 = {Q_1}^2/(n-k)$, $Q_1^2 = \sum_{i=1}^{k} \sum_{j=1}^{n_i} (y_{ij} - \bar{y}_i)^2$. 当 H_0 为真时, $T_{\boldsymbol{c}_0}(\boldsymbol{y})$ 服从自由度为 $n-k$ 的 t 分布.

例 11.3.3　继续讨论由例 11.3.1 分析过的问题. 由式 (11.3.16) 可以得到

$$\boldsymbol{c}_0 = (-0.7, -0.1.0.1, 0.7)',$$

则由式 (11.3.16), $T_{\boldsymbol{c}_0}^{\mathrm{O}}=0.75$ 和 $T_{\boldsymbol{c}_0}^{\mathrm{L}}=-0.48$, 均不能拒绝由式 (11.3.2) 给出的 H_0. 事实上, 由表 11.1 和表 11.2 可以看到两种 Zucker 鼠均当 $i=3$, 即 30 周龄时进食量最大, 因此, 式 (11.3.2) 中的对立假设应为

$$H_1^{\mathrm{u}}:\theta_1\leqslant\theta_2\leqslant\theta_3\geqslant\theta_4.$$

这种约束被称为**伞形半序约束**(umbrella order restriction). 一般写为

$$H_1^{\mathrm{u}}:\theta_1\leqslant\cdots\leqslant\theta_p\geqslant\cdots\geqslant\theta_k,$$

其中, 最高点在 p 处称 θ_p 为**峰**(peak). 对于这种约束下的检验问题, Shi (1988b) 研究了最优线性统计量, 这时最优系数 $\boldsymbol{c}_0=(c_{01},\cdots,c_{0k})'$ 满足

$$c_{0i}=\lambda\left(\sqrt{s_{i-1}(s_k-s_{i-1})}-\sqrt{s_i(s_k-s_i)}\right)/\omega_i,\quad i<p,$$

$$c_{0p}=\lambda\left(\sqrt{s_{p-1}(s_k-s_{p-1})}+\sqrt{s_p(s_k-s_p)}\right)/\omega_p,\quad i=p,$$

$$c_{0i}=\lambda\left(\sqrt{s_i(s_k-s_i)}-\sqrt{s_{i-1}(s_k-s_{i-1})}\right)/\omega_i,\quad i>p,$$

其中, $s_0=0$ 且 λ 是标准化系数. 对于这个例子, 可以得到

$$\boldsymbol{c}_0=(-0.38,-0.06,0.82,-0.38)'.$$

由式 (11.3.16) 计算, 得到 $T_{\boldsymbol{c}_0}^{\mathrm{O}}(y)=3.49$ 和 $T_{\boldsymbol{c}_0}^{\mathrm{L}}=4.28$. 这时自由度为 $n-k=12$, 当 $\alpha=0.01$ 时, $t_\alpha(12)=2.68$, 则两个检验均很显著地拒绝由式 (11.3.2) 给出的 H_0. 当对立假设不同时, 分析结果会有很大差异. 因此, 合理地构建检验问题对统计检验是十分重要的, 所谓 "合理" 是指要符合客观问题的背景. 由这个问题也可以看到, 定理 11.3.2 中的 t 分布比定理 11.3.1 中的 t 分布的自由度要大很多, 这是因为定理 11.3.2 没有假定模型 (11.3.4). 设计简单的模型会给计算带来方便, 但会影响分析的精度.

11.3.2 似然比检验

考虑检验问题 (11.3.2) 的似然比检验. 仍然假定方差是相等的, 先考虑方差已知的情况. 这时的对数似然函数为

$$\begin{aligned}l(\boldsymbol{x};\boldsymbol{\theta})&=-\sum_{i=1}^{k}\sum_{j=1}^{n_i}\frac{1}{2\sigma^2}(y_{ij}-\theta_i)^2+c\\&=-\frac{1}{2}\sum_{i=1}^{k}(\bar{y}_i-\theta_i)^2\omega_i-\frac{1}{2\sigma^2}\sum_{i=1}^{k}\sum_{j=1}^{n_i}(y_{ij}-\bar{y}_i)^2+c,\end{aligned}$$

其中, c 是一个与参数 $\boldsymbol{\theta}$ 无关的常数且 $\omega_i=n_i/\sigma^2$. 在 H_0 下, 参数 $\boldsymbol{\theta}$ 的 MLE 为

$$\bar{\boldsymbol{\theta}}_0 = (\bar{y}, \cdots, \bar{y}), \quad \bar{y} = \sum_{i=1}^{k} \bar{y}_i \omega_i \Big/ \sum_{i=1}^{k} \omega_i. \tag{11.3.18}$$

令在 H_1 下, $\boldsymbol{\theta}$ 的 MLE 为 $\hat{\boldsymbol{\theta}} = (\hat{\theta}_1, \cdots, \hat{\theta}_k)'$, 则 $\hat{\boldsymbol{\theta}} \in C$ 且满足

$$\sum_{i=1}^{k} (\bar{y}_i - \hat{\theta}_i)^2 \omega_i = \min_{\boldsymbol{\theta} \in C} \sum_{i=1}^{k} (\bar{y}_i - \theta_i)^2 \omega_i, \tag{11.3.19}$$

其中, $C = \{\boldsymbol{\theta} \in \mathbb{R}^k | \theta_1 \leqslant \cdots \leqslant \theta_k\}$. 这样, 求 H_1 下的 $\boldsymbol{\theta}$ 的 MLE 转化为在约束条件下求极值的问题. 在处理这一类问题时 Kuhn-Tucker 方法是有效的.

1. Kuhn-Tucker 条件

有时也称为 Kuhn-Tucker 方法, 这是一种特殊类型的 Lagrangian 乘子法. 令 $h(\boldsymbol{y}; \boldsymbol{\theta})$ 是由 $\mathbb{R}^n$ 到 $\mathbb{R}$ 的 $\boldsymbol{\theta}$ 的函数, 称之为**目标函数**, 其中, $\boldsymbol{y}$ 是给定的样本值. 令 $h_j(\boldsymbol{\theta})$ 为 $\boldsymbol{\theta}$ 的函数, 称之为**约束函数**, $j = 1, \cdots, m$. 现在考虑的问题是求下式的解:

$$\min_{\boldsymbol{\theta}} h(\boldsymbol{y}; \boldsymbol{\theta}), \tag{11.3.20}$$

其中, 参数 $\boldsymbol{\theta}$ 满足约束条件

$$h_j(\boldsymbol{\theta}) \leqslant 0, \quad j = 1, \cdots, m. \tag{11.3.21}$$

Kuhn 和 Tucker (1956) 指出, $\boldsymbol{\theta}_0 \in \mathbb{R}^n$ 是式 (11.3.20) 和式 (11.3.21) 的解的必要条件是下面 4 个式子成立:

(1) $\dfrac{\partial}{\partial \theta_i} h(\boldsymbol{y}; \boldsymbol{\theta}_0) + \sum\limits_{j=1}^{m} \lambda_j \dfrac{\partial}{\partial \theta_i} h_j(\boldsymbol{\theta}_0) = 0, i = 1, \cdots, n;$

(2) $\lambda_j h_j(\boldsymbol{\theta}_0) = 0, \ j = 1, \cdots, m;$

(3) $h_j(\boldsymbol{\theta}_0) \leqslant 0, \ j = 1, \cdots, m;$

(4) $\lambda_j \geqslant 0, j = 1, \cdots, m,$

其中, $\boldsymbol{\lambda} = (\lambda_1, \cdots, \lambda_m)'$ 为 Lagrangian 乘子. 通常称上面 4 个条件为 Kuhn-Tucker 条件. 特别是当目标函数和约束函数均为凸函数时, Kuhn-Tucker 条件还为充分条件, 并且 $\boldsymbol{\theta}$ 和 $\boldsymbol{\lambda}$ 的解是唯一的. 灵活地使用 Kuhn-Tucker 条件可以得到一些好的算法. 现在来求式 (11.3.19) 的解.

2. H_1 下的 MLE

对应于式 (11.3.20) 和式 (11.3.21), 目标函数为 $h(\boldsymbol{y}; \boldsymbol{\theta}) = \sum (\bar{y}_i - \theta_i)^2 \omega_i$; 约束函数为 $h_i(\boldsymbol{\theta}) = \theta_i - \theta_{i+1}$ $(i = 1, \cdots, k-1)$, 则可以得到 Lagrangian 方程为

$$H(\boldsymbol{y}; \boldsymbol{\theta}, \lambda) = \frac{1}{2} \sum_{i=1}^{k} (\bar{y}_i - \theta_i)^2 \omega_i + \sum_{i=1}^{k-1} \lambda_i (\theta_i - \theta_{i+1}).$$

这时的 Kuhn-Tucker 条件如下：

(1) $(\bar{y}_i-\theta_i)\omega_i-\lambda_i+\lambda_{i-1}=0,\ \ \lambda_0=\lambda_k=0,\ \ i=1,\cdots,k;$

(2) $\lambda_i(\theta_i-\theta_{i+1})=0,\ \ i=1,\cdots,k-1;$

(3) $\theta_i-\theta_{i+1}\leqslant 0,\ \ i=1,\cdots,k-1;$

(4) $\lambda_i\geqslant 0,\ \ i=1,\cdots,k-1.$

因为目标函数和约束函数都是凸函数, 上述条件是充分必要的, 并且解是唯一的.

为了计算方便起见, 对 $l\leqslant s$, 令

$$Av(l,s)=\sum_{i=l}^{s}\bar{y}_i\omega_i\Big/\sum_{i=l}^{s}\omega_i,$$

这是一个部分加权平均. 因为现在研究的是取自连续分布的样本, 不失一般性, 假定当 $s\neq s'$ 时有 $Av(l,s)\neq Av(l,s')$. 令 $\hat{\theta}_i$ 和 $\hat{\lambda}_i$ 是 Kuhn-Tucker 条件的解, 则由条件 (4) 知存在 $1\leqslant i_1<i_2<\cdots<i_t<i_{t+1}=k$, 满足

$$\hat{\lambda}_j\begin{cases}=0, & j=i_1,\cdots,i_t,i_{t+1},\\ >0, & \text{其他}.\end{cases}\tag{11.3.22}$$

由条件 (2) 和条件 (3) 知 $\hat{\boldsymbol{\theta}}=(\hat{\theta}_1,\cdots,\hat{\theta}_k)'$ 满足

$$\hat{\theta}_1=\cdots=\hat{\theta}_{i_1}<\hat{\theta}_{i_1+1}=\cdots=\hat{\theta}_{i_2}<\cdots<\hat{\theta}_{i_t+1}=\cdots=\hat{\theta}_k.\tag{11.3.23}$$

再解条件 (1) 可以得到

$$\hat{\theta}_j=Av(i_l+1,i_{l+1}),\quad i_l+1\leqslant j\leqslant i_{l+1},\ \ l=0,1,\cdots,t,\ \ i_0=0.\tag{11.3.24}$$

因此, 现在的关键是求满足式 (11.3.22) 的下标集 $\{i_1,\cdots,i_t\}$.

引理 11.3.1 令 i_1 由式 (11.3.22) 或式 (11.3.23) 给出, 则当 $j\neq i_1$ 时,

$$Av(1,i_1)<Av(1,j).\tag{11.3.25}$$

证明 已经假定了式 (11.3.25) 不存在相等的情况. 由式 (11.3.23), 令 $\hat{\theta}_1=\cdots=\hat{\theta}_{i_1}=\hat{\theta}^{(1)}$, $\hat{\theta}_{i_1+1}=\cdots=\hat{\theta}_{i_2}=\hat{\theta}^{(2)}$. 当 $j<i_1$ 时, 对条件 (1) 中的前 j 项求和有

$$\sum_{i=1}^{j}(\bar{y}_i-\hat{\theta}^{(1)})\omega_i-\lambda_j=0.$$

由 $\lambda_j>0$ 可解得 $Av(1,j)>\hat{\theta}^{(1)}=Av(1,i_1)$; 当 $j>i_1$ 时, 不失一般性, 令 $i_1<j\leqslant i_2$. 利用上面相同的方法及式 (11.3.23) 有 $Av(i_1+1,j)\geqslant\hat{\theta}^{(2)}>\hat{\theta}^{(1)}$. 注意到对于正数 a,b,c,d, 如果 $c/d>a/b$, 则有 $(a+c)/(b+d)>a/b$, 可以得到 $Av(1,j)>Av(1,i_1)$, 从而得到式 (11.3.25).

与引理 11.3.1 同样的方法, 可以得到确定 $i_2,\cdots,i_t$ 的方法, 这样就可以给出计算 θ 的 MLE 的算法.

(1) **下集合算法**(lower set algorithm).

第 1 步 寻找 i_1, 使其满足

$$Av(1,i_1)=\min\{Av(1,j)|1\leqslant j\leqslant k\};$$

第 $l+1$ 步 寻找 i_{l+1}, 使其满足

$$Av(i_l+1,i_{l+1})=\min\{Av(i_l+1;j)|i_l+1\leqslant j\leqslant k\}.$$

直到得到下标集 $\{i_1,\cdots,i_t\}$. 用式 (11.3.24) 定义 $\boldsymbol{\theta}$ 的 MLE 为 $\hat{\boldsymbol{\theta}}=(\hat{\theta}_1,\cdots,\hat{\theta}_k)'$.

为了讨论 MLE 的性质, 下面的算法也是有用的, 其证明也可以由引理 11.3.1 得到.

(2) **PAVA 算法**(pool adjacent violators algorithm).

第 1 步 如果 $\boldsymbol{y}\in C$, 则 $\hat{\boldsymbol{\theta}}=\boldsymbol{y}$; 否则, 进行第 2 步;

第 2 步 存在 i, 使得 $\bar{y}_i>\bar{y}_{i+1}$. 令 $\bar{y}_{(i)}=Av(i,i+1),\omega_{(i)}=\omega_i+\omega_{i+1}$.

对 $\bar{y}_1,\cdots,\bar{y}_{i-1},\bar{y}_{(i)},\bar{y}_{i+2},\cdots,\bar{y}_k$ 和权函数 $\omega_1,\cdots,\omega_{i-1},\omega_{(i)},\omega_{i+2},\cdots,\omega_k$ 重复上面两步, 直到得到下标集 $B_1,\cdots,B_l$, 满足

$$Av(B_1)<\cdots<Av(B_l),$$

其中, $Av(B_j)=\sum\limits_{i\in B_j}\bar{y}_i\omega_i\Big/\sum\limits_{i\in B_j}\omega_i\ (j=1,\cdots,l)$. 这时如果 $i\in B_j$, 则

$$\hat{\theta}_i=Av(B_j),\quad j=1,\cdots,l.$$

定理 11.3.3(投影定理) 令 $\hat{\boldsymbol{\theta}}\in\mathbb{R}^k$, 则 $\hat{\boldsymbol{\theta}}$ 是式 (11.3.19) 解的充分必要条件是 $\hat{\boldsymbol{\theta}}\in C$ 且

$$\sum_{i=1}^{k}(\bar{y}_i-\hat{\theta}_i)\hat{\theta}_i\omega_i=0, \tag{11.3.26}$$

$$\sum_{i=1}^{k}(\bar{y}_i-\hat{\theta}_i)\theta_i\omega_i\leqslant 0,\quad \forall\boldsymbol{\theta}\in C. \tag{11.3.27}$$

证明 如果 $\hat{\boldsymbol{\theta}}$ 是式 (11.3.19) 的解, 由式 (11.3.23), 当 $i\in\{i_l+1,\cdots,i_{l+1}\}$ 时, $\hat{\theta}_i$ 为一个常数, 令其为 $\hat{\theta}^{(l+1)}$ $(l=0,1,\cdots,t)$ 且 $i_0=0$, 则式 (11.3.26) 可以写为

$$\begin{aligned}\sum_{i=1}^{k}(\bar{y}_i-\hat{\theta}_i)\hat{\theta}_i\omega_i&=\sum_{l=0}^{t}\sum_{i_l+1}^{i_{l+1}}(\bar{y}_i-\hat{\theta}_i)\hat{\theta}_i\omega_i\\&=\sum_{l=0}^{t}\hat{\theta}^{(l+1)}\sum_{i_l+1}^{i_{l+1}}(\bar{y}_i-\hat{\theta}^{(l+1)})\omega_i.\end{aligned}$$

由式 (11.3.24) 知式 (11.3.26) 成立. 下面证式 (11.3.27). 对任意 $\boldsymbol{\theta} \in C$, 由凸锥定义对任意 $\alpha > 0$ 有 $\hat{\boldsymbol{\theta}} + \alpha\boldsymbol{\theta} \in C$. 由式 (11.3.19),

$$\sum_{i=1}^{k}(\bar{y}_i - (\hat{\theta}_i + \alpha\theta_i))^2\omega_i \geqslant \sum_{i=1}^{k}(\bar{y}_i - \hat{\theta}_i)^2\omega_i,$$

可以得到

$$\sum_{i=1}^{k}(\bar{y}_i - \hat{\theta}_i)\theta_i\omega_i \leqslant \frac{\alpha}{2}\sum_{i=1}^{k}\theta_i^2\omega_i.$$

由 $\alpha > 0$ 的任意性知式 (11.3.27) 成立.

反之, 如果 $\hat{\boldsymbol{\theta}} \in C$ 且满足式 (11.3.26) 和式 (11.3.27), 则对任意 $\boldsymbol{\theta} \in C$ 有

$$\begin{aligned}\sum_{i=1}^{k}(\bar{y}_i - \theta_i)^2\omega_i &= \sum_{i=1}^{k}(\bar{y}_i - \hat{\theta}_i)^2\omega_i + 2\sum_{i=1}^{k}(\bar{y}_i - \hat{\theta}_i)(\hat{\theta}_i - \theta_i)\omega_i + \sum_{i=1}^{k}(\hat{\theta}_i - \theta_i)^2\omega_i \\ &\geqslant \sum_{i=1}^{k}(\bar{y}_i - \hat{\theta}_i)^2\omega_i,\end{aligned}$$

即 $\hat{\boldsymbol{\theta}}$ 为式 (11.3.19) 的解.

定理 11.3.3 阐述了一个向量向一个多面体凸锥投影的充分必要条件. 令 $\bar{\boldsymbol{y}} = (\bar{y}_1, \cdots, \bar{y}_k)'$, 如果 $\bar{\boldsymbol{y}} \in C$, 则 $\hat{\boldsymbol{\theta}} = \bar{\boldsymbol{y}}$, 结果显然; 如果 $\bar{\boldsymbol{y}} \notin C$, 可以把 $\sum \bar{y}_i z_i \omega_i$ 看成一个内积, 则 $\hat{\boldsymbol{\theta}}$ 是 $\bar{\boldsymbol{y}}$ 到 C 上的投影, 因此, $\bar{\boldsymbol{y}} - \hat{\boldsymbol{\theta}}$ 与 $\hat{\boldsymbol{\theta}}$ 垂直, 即可以得到式 (11.3.26). 令 C^* 为 C 的一个**对偶锥** (dual cone), 即

$$C^* = \left\{\boldsymbol{a} \in \mathbb{R}^k \;\middle|\; \sum_{i=1}^{k} a_i\theta_i\omega_i \leqslant 0, \quad \forall\boldsymbol{\theta} \in C\right\},$$

则 $\bar{\boldsymbol{y}} - \hat{\boldsymbol{\theta}}$ 是到 C^* 上的投影. 而 C 中的向量与 C^* 中的向量之间的夹角均大于 $\pi/2$, 则式 (11.3.27) 成立.

由式 (11.3.26) 和式 (11.3.27) 容易得到对任意 $\boldsymbol{\theta} \in C$ 有

$$\sum_{i=1}^{k}(\bar{y}_i - \theta_i)^2\omega_i \geqslant \sum_{i=1}^{k}(\hat{\theta}_i - \theta_i)^2\omega_i,$$

则对任意 $\boldsymbol{\theta} \in C$ 有

$$E_{\boldsymbol{\theta}}\left[\sum_{i=1}^{k}(\bar{y}_i - \theta_i)^2\omega_i\right] > E_{\boldsymbol{\theta}}\left[\sum_{i=1}^{k}(\hat{\theta}_i - \theta_i)^2\omega_i\right]. \tag{11.3.28}$$

虽然 $\hat{\boldsymbol{\theta}}$ 不是参数 $\boldsymbol{\theta}$ 的无偏估计, 但式 (11.3.28) 表明 $\hat{\boldsymbol{\theta}}$ 的均方误差要小于 $\bar{y}_i$ 的均方误差. Lee (1981) 计算了这个差值, 并且证明式 (11.3.28) 对每一个 i 都是成立的, 即 $E_{\boldsymbol{\theta}}(\bar{y}_i - \theta_i)^2 > E_{\boldsymbol{\theta}}(\hat{\theta}_i - \theta_i)^2$ $(i = 1, \cdots, k)$. 在许多文献中称 $\hat{\boldsymbol{\theta}}$ 为 $\bar{\boldsymbol{y}}$ 的**保序回归** (isotonic regression).

3. 检验统计量及其在 H_0 下的分布

现在求检验问题 (11.3.2) 的似然比检验统计量. 如式 (11.3.18) 和式 (11.3.19) 所示, 令 $\hat{\boldsymbol{\theta}}_0$ 和 $\hat{\boldsymbol{\theta}}$ 分别为在 H_0 下和 H_1 下的 MLE, 则由式 (11.3.17) 似然比检验统计量等价于

$$\begin{aligned}-2(l(\boldsymbol{x};\hat{\boldsymbol{\theta}}_0)-l(\boldsymbol{x};\hat{\boldsymbol{\theta}}))&=\sum_{i=1}^{k}(\bar{y}_i-\bar{y})^2\omega_i-\sum_{i=1}^{k}(\bar{y}_i-\hat{\theta}_i)^2\omega_i\\&=\sum_{i=1}^{k}(\hat{\theta}_i-\bar{y})^2\omega_i+2\sum_{i=1}^{k}(\bar{y}_i-\hat{\theta}_i)(\hat{\theta}_i-\bar{y})\omega_i\\&=\sum_{i=1}^{k}(\hat{\theta}_i-\bar{y})^2\omega_i,\end{aligned}$$

其中, 第二式的第二项为零是根据定理 11.3.3. 通常记这时的似然比检验统计量为

$$\bar{\chi}^2=\sum_{i=1}^{k}(\hat{\theta}_i-\bar{y})^2\omega_i, \tag{11.3.29}$$

当 $\bar{\chi}^2$ 较大时, 拒绝 H_0. 现在计算当 H_0 为真时 $\bar{\chi}^2$ 的分布.

用 K 表示下标集, 即 $K=\{1,\cdots,k\}$. 由 $\hat{\boldsymbol{\theta}}$ 的构成知存在下标集块 $B_1,\cdots,B_l$, 使得 $B_i\bigcap B_j=\varnothing,\ i\neq j;\ \bigcup B_i=K$. 由 PAVA 算法可以得到

$$Av(B_1)<\cdots<Av(B_l).$$

令 L 表示 K 被分割为具有上述性质的下标子集块的个数的随机变量, 则取值范围为 $L=l\ (l=1,\cdots,k)$. 令

$$P(l,k)=P(L=l) \tag{11.3.30}$$

表示为 H_0 真 $L=l$ 的概率. 显然 $\sum P(l,k)=1$. 由全概率公式, 如果 H_0 为真, 则当 $c>0$ 时有

$$P(\bar{\chi}^2\geqslant c)=\sum_{l=2}^{k}P(\bar{\chi}^2\geqslant c|L=l)P(l,k); \tag{11.3.31}$$

当 $c=0$ 时有

$$P(\bar{\chi}^2=0)=P(1,k).$$

下面仔细计算这些概率.

引理 11.3.2 令 $\boldsymbol{Z}=(Z_1,\cdots,Z_s)'$ 是服从 s 维标准正态分布的随机变量, 令 $\boldsymbol{A}$ 是一个 $t\times s$ 的实数矩阵, 则对任意 $c>0$ 有

$$P(\boldsymbol{Z}'\boldsymbol{Z}\geqslant c\ |\boldsymbol{A}\boldsymbol{Z}\geqslant 0)=P(\boldsymbol{Z}'\boldsymbol{Z}\geqslant c).$$

证明 作极坐标变换

$$\begin{cases} Z_1 = R\ \sin\alpha_1, \\ Z_i = R\ \cos\alpha_1\cdots\cos\alpha_{i-1}\sin\alpha_i, \quad i=2,\cdots,s-1, \\ Z_s = R\ \cos\alpha_1\cdots\cos\alpha_{s-1}. \end{cases}$$

容易验证 $\boldsymbol{Z}'\boldsymbol{Z}=R^2$. 因为条件 $\boldsymbol{AZ}\geqslant 0$ 只与角度 α_i 有关, 而 R 又是与 α_i 独立的, 因此, 引理的结论成立.

引理 11.3.3 令 $V_1,\cdots,V_s$ 是相互独立的随机变量, 其中, V_i 服从正态分布 $N(\theta,1/b_i)$, 则在条件 $V_1\leqslant\cdots\leqslant V_s$ 下有

$$\sum_{i=1}^{s} b_i(V_i-\bar{V})^2\sim\chi^2_{s-1},$$

其中, $\bar{V}=\sum b_iV_i/\sum b_i$.

证明 令 $\boldsymbol{V}=(V_1,\cdots,V_s)'$, $\boldsymbol{B}=\mathrm{diag}(\sqrt{b_1},\cdots,\sqrt{b_s})$, $\boldsymbol{U}=\boldsymbol{BV}$. 令 $\boldsymbol{D}=(d_{ij})$ 是一个 $s\times s$ 正交阵, 其中, 最后一行元素为 $d_{sj}=\sqrt{b_j}/\sqrt{\sum b_i}$ $(j=1,\cdots,s)$. 令 $\boldsymbol{Z}=\boldsymbol{DU}$, 则有

$$\sum_{i=1}^{s} b_i(V_i-\bar{V})^2=\boldsymbol{Z}'\boldsymbol{Z}-Z_s^2=\sum_{i=1}^{s-1}Z_i^2,$$

其中, $Z_i\sim N(0,1)$ $(i=1,\cdots,s)$. 令 $\boldsymbol{C}$ 为一个 $(s-1)\times s$ 矩阵,

$$\boldsymbol{C}=\begin{pmatrix} -1 & 1 & 0 & \cdots & 0 & 0 \\ 0 & -1 & 1 & \cdots & 0 & 0 \\ \vdots & \vdots & \vdots & & \vdots & \vdots \\ 0 & 0 & 0 & \cdots & -1 & 1 \end{pmatrix}.$$

令 $\boldsymbol{A}=\boldsymbol{CB}^{-1}\boldsymbol{D}'$, 则 $V_1\leqslant\cdots\leqslant V_s$ 等价于 $\boldsymbol{AZ}=\boldsymbol{CB}^{-1}\boldsymbol{D}'\boldsymbol{DU}=\boldsymbol{CV}\geqslant 0$. 由引理 11.3.2 知结论成立.

引理 11.3.4 如果 H_0 为真, 当 $L=l$ 给定时, $\bar{\chi}^2$ 的条件分布为 χ^2_{l-1}.

证明 对总体的个数 k 用数学归纳法. 当 $k=1$ 时, 问题没有意义. 当 $k=2$ 时, 分两种情况 $l=1$ 或 $l=2$. 当 $l=1$ 时, 由式 (11.3.29), $\bar{\chi}^2=0$, 记其服从 χ^2_0 分布, 即自由度为 0 的 χ^2 分布; 当 $l=2$ 时, $\bar{y}_1\leqslant\bar{y}_2$, 这是引理 11.3.3 的结果.

现在设 $k=m-1$ 时结论成立, 讨论 $k=m$ 的情况. 得到的数据可以分为下面两种情况:

(1) $\bar{y}_1\leqslant\cdots\leqslant\bar{y}_m$;

(2) 存在 i, 使得 $\bar{y}_i>\bar{y}_{i+1}$.

对于第一种情况, 可以直接利用引理 11.3.3. 对于第二种情况, 由 PAVA 算法, 令

$$\bar{y}_{(i)} = (\omega_i \bar{y}_i + \omega_{i+1}\bar{y}_{i+1})/(\omega_i + \omega_{i+1}).$$

因为 $\bar{Y}_i - \bar{Y}_{i+1}$ 与 $\bar{Y}_{(i)}$ 是分布独立的, 所以在给定条件 $\bar{Y}_i - \bar{Y}_{i+1} < 0$ 下, $\bar{Y}_1, \cdots, \bar{Y}_{i-1}, \bar{Y}_{(i)}, \bar{Y}_{i+2}, \cdots, \bar{Y}_m$ 是相互独立的. 这时只有 $m-1$ 个变量, 由归纳假设, 结论成立.

由式 (11.3.13) 和引理 11.3.4, 有下面的定理:

定理 11.3.4　当 H_0 为真时, 对 $c > 0$ 有

$$P(\bar{\chi}^2 \geqslant c) = \sum_{l=2}^{k} P(l,k) P(\chi^2_{l-1} \geqslant c),$$

$$P(\bar{\chi}^2 = 0) = P(1,k),$$

其中, χ^2_{l-1} 表示服从自由度为 $l-1$ 的 χ^2 分布的随机变量, $P(l,k)$ 由式 (11.3.30) 给出.

一般地, 称定理 11.3.4 中的 $P(l,k)$ 为**水平概率**(level probability), 并且称所对应的下标集的分块 $B_1, \cdots, B_l$ 为**水平集** (level set). 下面讨论如何去求水平概率. 先从一个具体的概率讨论, 然后给出一般的结果.

考虑 $P(2,4)$. 这需要计算 4 个均值相等的正态总体的样本均值被下集合算法或者 PAVA 算法分为两块的概率. 显然, 这两块可以为下面三种情况:

(1) $B_1 = \{1\}, B_2 = \{2,3,4\}$;

(2) $B_1 = \{1,2\}, B_2 = \{3,4\}$;

(3) $B_1 = \{1,2,3\}, B_2 = \{4\}$.

先考虑第 (1) 种情况. 由下集合算法可知这是由两个事件组成的, 即

$D_1 = \{\bar{y}_1 < Av(1,2), \bar{y}_1 < Av(1,2,3), \bar{y}_1 < Av(1,2,3,4)\}$,

$D_2 = \{\bar{y}_2 > \bar{y}_3, Av(2,3) > \bar{y}_4\}$.

可以检验这两个事件是独立的. 分别用 $P(2,2;\omega_1,\omega_2+\omega_3+\omega_4)$ 和 $P(1,3;\omega_2,\omega_3,\omega_4)$ 来表示这两个事件的概率, 则第 (1) 种情况的概率可以表示为

$$P(2,2;\omega_1,\omega_2+\omega_3+\omega_4)P(1,3;\omega_2,\omega_3,\omega_4).$$

同理, 第 (2) 种情况的概率为

$$P(2,2;\omega_1+\omega_2,\omega_3+\omega_4)P(1,2;\omega_1,\omega_2)P(1,2;\omega_3,\omega_4),$$

第 (3) 种情况的概率为

$$P(2,2;\omega_1+\omega_2+\omega_3,\omega_4)P(1,3;\omega_1,\omega_2,\omega_3).$$

用 $c(B_i)$ 表示下标集 B_i 中元素的个数. 由上面的分析可以得到

$$P(2,4)=\sum_{\mathcal{L}_{24}}P(2,2;B_1,B_2)P(1,c(B_1))P(1,c(B_2)),$$

其中, $\mathcal{L}_{24}$ 表示上面的三种情况. 对一般情况有

$$P(l,k)=\sum_{\mathcal{L}_{lk}}P(l,l;B_1,\cdots,B_l)\prod_{i=1}^{l}P(1,c(B_i)),$$

其中, $\mathcal{L}_{lk}$ 表示用下集合算法把 k 个总体的样本均值分为 l 块 $B_1,\cdots,B_l$ 的所有可能. 在一般情况下, 这个概率的计算是很困难的, 因为从上面的分析中知道, 要涉及概率 $P(Y_1\leqslant Y_2\leqslant\cdots\leqslant Y_k)$ 的计算. 如果令 $Z_i=Y_{i+1}-Y_i\ (i=1,\cdots,k-1)$, 则概率可以表示为

$$P(Z_1\geqslant 0,\cdots,Z_{k-1}\geqslant 0).$$

这是多维正态分布随机变量取值于第一象限的概率, 通常称为**正象限概率** (orthant probability), 数值计算也是比较困难的. Sun (1988) 给出了一个算法, 可以计算 $k\leqslant 10$ 的情况.

下面考虑一类特殊的情况, 即在 $\omega_1=\cdots=\omega_k$ 的条件下, 当式 (11.3.2) 所示的 H_0 为真时, 计算 $P(l,k)$ 的值. 这时可以把 $y_1,\cdots,y_k$ 看成独立同分布取的样本. 不失一般性, 假定 $y_1<\cdots<y_k$. 这时用下集合算法或者 PAVA 算法, 得到 k 个下标集, 即 $l=k$. 令 $\pi(1),\cdots,\pi(k)$ 是 $1,\cdots,k$ 的一个置换, 从条件知得到样本 $y_{\pi(1)},\cdots,y_{\pi(k)}$ 的概率是相同的, 但是算法必然得到 $l<k$. 用 $r(l,k)$ 表示通过所有置换由算法得到 l 个下标集的个数, 则有

$$\sum_{l=1}^{k}r(l,k)s^l=s(s+1)\cdots(s+k-1).\tag{11.3.32}$$

下面用数学归纳法来证明式 (11.3.32).

当 $k=2$ 时, 对 $y_1<y_2,\pi(1)=2,\pi(2)=1\Leftrightarrow l=1;\pi(1)=1,\pi(2)=2\Leftrightarrow l=2$, 则式 (11.3.32) 成立.

假设当 $k=m-1$ 时成立, 讨论 $k=m$ 的情况. 这时可以分为两种情况: $\pi(m)=m$ 和 $\pi(m)=i$, 其中, $i\in\{1,2,\cdots,m-1\}$ 的置换个数为 $r_1(l,m)$ 和 $r_2(l,m)$, 则有

$$r(l,m)=r_1(l,m)+r_2(l,m).\tag{11.3.33}$$

对于第一种情况, 置换只在前 $m-1$ 个中, 因此, 由归纳假设有

$$\begin{aligned}\sum_{l=1}^{m} r_1(l,m)s^l &= s\sum_{l=1}^{m} r(l-1,m-1)s^{l-1}\\&= s\sum_{l=1}^{m-1} r(l,m-1)s^l\\&= s^2(s+1)\cdots(s+m-2).\end{aligned}$$

对于第二种情况, 对于固定 $i \in \{1,\cdots,m-1\}$, 置换也是在 $m-1$ 个中, 用 $r_i^*(l,m-1)$ 来表示所有置换的个数, 则由归纳假设有

$$\begin{aligned}\sum_{l=1}^{m} r_2(l,m)s^l &= \sum_{i=1}^{m-1}\sum_{l=1}^{m-1} r_i^*(l,m-1)s^l\\&= (m-1)s(s+1)\cdots(s+m-2).\end{aligned}$$

由式 (11.3.33) 可以得到式 (11.3.32).

定理 11.3.5　令 $y_1,\cdots,y_k$ 是独立同分布取自连续型分布的一组样本, 令 $P(l,k)$ 表示由下集合算法得到 l 个水平集的概率. 如果 $\omega_1=\cdots=\omega_k$, 则 $P(l,k)$ 的概率母函数为

$$P_k(s)=\sum_{l=1}^{k} P(l,k)s^l = s(s+1)\cdots(s+k-1)/k!. \tag{11.3.34}$$

证明　令 $Y=(Y_1,\cdots,Y_k)$. 用 P_Y 表示联合分布, 该分布是关于坐标对称的. 用 Y^* 表示 Y 的顺序统计量, P_{Y^*} 表示 Y^* 的概率分布. 令 $C=\{\boldsymbol{y}\in\mathbb{R}^k|y_1<y_2<\cdots<y_k\}$. 显然, $P_{Y^*}(C)=1$. 令 $m(y_1,y_2,\cdots,y_k)$ 表示水平集的个数, 则有

$$\begin{aligned}P_k(s) &= \int s^{m(y_1,y_2,\cdots,y_k)}\mathrm{d}P_Y\\&= \frac{1}{k!}\sum_{\pi}\int_C s^{m(y_{\pi(1)},y_{\pi(2)},\cdots,y_{\pi(k)})}\mathrm{d}P_{Y^*}\\&= \frac{1}{k!}\int_C\sum_{\pi} s^{m(y_{\pi(1)},y_{\pi(2)},\cdots,y_{\pi(k)})}\mathrm{d}P_{Y^*}\\&= \frac{1}{k!}\int_C s(s+1)\cdots(s+k-1)\mathrm{d}P_{Y^*}\\&= \frac{1}{k!}s(s+1)\cdots(s+k-1),\end{aligned}$$

其中, 和号表示对所有置换求和, 第 4 个等号利用了式 (11.3.32).

由式 (11.3.34), 容易计算 $P_k(s)=sP_{k-1}(s)/k+(k-1)P_{k-1}(s)/k$, 则可以得到下面的结果.

推论 11.3.1 当 $\omega_1=\omega_2=\cdots=\omega_k$ 时, 水平概率可以表示为

$$P(1,k)=\frac{1}{k},\quad P(k,k)=\frac{1}{k!},$$

$$P(l,k)=\frac{1}{k}P(l-1,k-1)+\frac{k-1}{k}P(l,k-1). \tag{11.3.35}$$

当方差未知时, 仍然假定 $\omega_1=\omega_2=\cdots=\omega_k$, 见式 (11.3.17). 令 $\hat{\sigma}_0^2$ 和 $\hat{\sigma}_1^2$ 分别为 σ^2 在 H_0 和 $H_0\cup H_1$ 下的 MLE, 则

$$\hat{\sigma}_0^2=\frac{1}{n}\sum_{i=1}^{k}\sum_{j=1}^{n_i}(y_{ij}-\bar{y})^2,$$

$$\hat{\sigma}_1^2=\frac{1}{n}\sum_{i=1}^{k}\sum_{j=1}^{n_i}(y_{ij}-\hat{\theta}_i)^2,$$

其中, $n=n_1+n_2+\cdots+n_k$, $\hat{\boldsymbol{\theta}}=(\hat{\theta}_1,\hat{\theta}_2,\cdots,\hat{\theta}_k)'$ 是由算法给出的 $\boldsymbol{\theta}$ 在 $H_0\cup H_1$ 下的 MLE, 则似然比检验统计量为 $\Lambda=(\hat{\sigma}_1^2/\hat{\sigma}_0^2)^{\frac{n}{2}}$, 它等价于

$$1-\Lambda^{\frac{2}{n}}=\frac{\sum\limits_{i=1}^{k}\sum\limits_{j=1}^{n_i}(y_{ij}-\bar{y})^2-\sum\limits_{i=1}^{k}\sum\limits_{j=1}^{n_i}(y_{ij}-\hat{\theta}_i)^2}{\sum\limits_{i=1}^{k}\sum\limits_{j=1}^{n_i}(y_{ij}-\bar{y})^2}.$$

利用定理 11.3.3 可以得到

$$\sum_{i=1}^{k}\sum_{j=1}^{n_i}(y_{ij}-\bar{y})^2=\sum_{i=1}^{k}\sum_{j=1}^{n_i}(y_{ij}-\hat{\theta}_i)^2+\sum_{i=1}^{k}n_i(\hat{\theta}_i-\bar{y})^2. \tag{11.3.36}$$

这样似然比检验统计量等价于

$$\bar{E}^2=\frac{\sum\limits_{i=1}^{k}n_i(\hat{\theta}_i-\bar{y})^2}{\sum\limits_{i=1}^{k}\sum\limits_{j=1}^{n_i}(y_{ij}-\bar{y})^2}. \tag{11.3.37}$$

比较式 (11.3.29), 式 (11.3.37) 的分子为 $\bar{\chi}^2$. 注意到式 (11.3.36) 表示的是一个直和分解, 则右边的两项是分布独立的. 类似于定理 11.3.4 同样的证明可以得到下面的定理:

定理 11.3.6 当 H_0 为真时, 对 $c>0$ 有

$$P(\bar{E}^2\geqslant c)=\sum_{l=2}^{k}P(l,k)P(B_{\frac{l-1}{2},\frac{n-l}{2}}\geqslant c),$$

$$P(\bar{E}^2=0)=P(1,k),$$

其中, $B_{s,t}$ 表示服从自由度为 s 和 t 的 Beta 分布的随机变量, $P(l,k)$ 由推论 11.3.1 给出.

例 11.3.4 继续分析由例 11.3.1 提供的数据. 假定 $\bar{y}_i^{\rm O}$ 和 $\bar{y}_i^{\rm L}$ 分别服从正态分布 $N(\theta_i^{\rm O},\sigma_{\rm O}^2)$ 和 $N(\theta_i^{\rm L},\sigma_{\rm L}^2), i=1,2,3,4$. 考虑检验问题, 针对胖型鼠的是

$$H_0^{\rm O}:\theta_1^{\rm O}=\theta_2^{\rm O}=\theta_3^{\rm O}=\theta_4^{\rm O} \quad 和 \quad H_1^{\rm O}:\theta_1^{\rm O}\leqslant\theta_2^{\rm O}\leqslant\theta_3^{\rm O}\leqslant\theta_4^{\rm O}, \tag{11.3.38}$$

针对瘦型鼠的是

$$H_0^{\rm L}:\theta_1^{\rm L}=\theta_2^{\rm L}=\theta_3^{\rm L}=\theta_4^{L} \quad 和 \quad H_1^{\rm L}:\theta_1^{\rm L}\leqslant\theta_2^{\rm L}\leqslant\theta_3^{\rm L}\leqslant\theta_4^{\rm L}. \tag{11.3.39}$$

分别计算似然比检验统计量. 用下集合算法可以得到在 H_1 下的 $\theta_i^{\rm O}$ 和 $\theta_i^{\rm L}$ 的 MLE 分别为

$$\begin{array}{llllll}\hat{\theta}_i^{\rm O}: & 634.75, & 660.42, & 660.42, & 660.42, & \bar{y}^{\rm O}=654.00,\\ \hat{\theta}_i^{\rm L}: & 467.75, & 479.25, & 508.00, & 508.00, & \bar{y}^{\rm L}=490.75.\end{array}$$

可以得到式 (11.3.37) 给出的似然比检验统计量, 分别为 $\bar{E}_{\rm O}^2=0.12$ 和 $\bar{E}_{\rm L}^2=0.35$. 因为 $\omega_1=\omega_2=\omega_3=\omega_4$, 可以利用定理 11.3.5 和定理 11.3.6 计算 p 值. 现在 $k=4$, 由式 (11.3.35) 可以得到

$$\begin{aligned}&P(1,4)=\frac{1}{4},\quad P(4,4)=\frac{1}{24},\\&P(2,4)=\frac{1}{4}P(1,3)+\frac{3}{4}P(2,3)=\frac{1}{4}\cdot\frac{1}{3}+\frac{3}{4}\cdot\frac{1}{2}=\frac{11}{24},\\&P(3,4)=1-\frac{1}{4}-\frac{1}{24}-\frac{11}{24}=\frac{1}{6}.\end{aligned}$$

这样可以得到 p 值分别为

$$\begin{aligned}p^{\rm O}&=P(\bar{E}_{\rm O}^2\geqslant 0.12)\\&=\frac{11}{24}P(B_{\frac{1}{2},\frac{14}{2}}\geqslant 0.12)+\frac{1}{6}P(B_{\frac{2}{2},\frac{13}{2}}\geqslant 0.12)+\frac{1}{24}P(B_{\frac{3}{2},\frac{12}{2}}\geqslant 0.12)\\&=0.186,\\p^{\rm L}&=P(\bar{E}_{\rm L}^2\geqslant 0.35)\\&=\frac{11}{24}P(B_{\frac{1}{2},\frac{14}{2}}\geqslant 0.35)+\frac{1}{6}P(B_{\frac{2}{2},\frac{13}{2}}\geqslant 0.35)+\frac{1}{24}P(B_{\frac{3}{2},\frac{12}{2}}\geqslant 0.35)\\&=0.023.\end{aligned}$$

因为 $p^{\rm O}>0.05$, 因此, 对于胖型鼠来说, 年龄的差异对于进食量没有本质的影响, 而对于瘦型鼠来说是有本质差异的. 因为瘦型鼠是参照组, 因而说明某种隐性基因在实验组中是起作用的.

11.3.3 线性秩模型

在这一节, 考虑更为一般的分布假设. 考虑如下模型:

$$y_{ij} = \theta_i + \varepsilon_{ij}, \quad j = 1, \cdots, n_i, i = 1, \cdots, k. \tag{11.3.40}$$

现在假定 ε_{ij} 独立同分布于一个连续分布函数 $F(x)$, 并且 $F(x)$ 关于零点是对称的. 由式 (11.3.40), 可以认为 $y_{i1}, \cdots, y_{in_i}$ 是独立同分布取自 $F(x-\theta_i)$ 的一组样本. 显然, 这类分布包含了正态分布. 考虑由式 (11.3.2) 给出的趋势性检验, 即

$$H_0 : \theta_1 = \cdots = \theta_k \quad \text{和} \quad H_1 - H_0 \ , \tag{11.3.41}$$

其中, $H_1 : \theta_1 \leqslant \cdots \leqslant \theta_k$. 现在需要构建基于秩的检验统计量.

令 r_{ij} 表示 y_{ij} 在混合样本

$$y_{11}, \cdots, y_{1n_1}, \cdots, y_{k1}, \cdots, y_{kn_k}$$

中的秩, 令 $\bar{r}_i = \sum\limits_j r_{ij}/n_i$ 表示秩的平均. 令 R_{ij} 和 $\bar{R}_i$ 为对应于 r_{ij} 和 $\bar{r}_i$ 的随机变量, 当 H_0 为真时可以得到

$$E_0\bar{R}_i = \frac{1}{2}(N+1),$$

$$V_0\bar{R}_i = \frac{1}{12n_i}(N-n_i)(N+1),$$

$$CV_0(\bar{R}_i, \bar{R}_j) = -\frac{1}{12}(N+1), \tag{11.3.42}$$

其中, $N = n_1 + \cdots + n_k$. 现在考虑极限的情况, 并假定 k 个样本量是依同样的速度趋于无穷的, 即对于任意 $i \in \{1, \cdots, k\}$, 存在 $\lambda_i \in (0,1)$, 当 $N \to \infty$ 时, $n_i/N \to \lambda_i$. 对于给定的 $\boldsymbol{a} \in \mathbb{R}^k$, 满足 $\sum \lambda_i a_i = 0$, $\sum \lambda_i a_i^2 = 1$, 称

$$T_{\boldsymbol{a}} = \sum_{i=1}^{k} \lambda_i a_i \bar{R}_i \tag{11.3.43}$$

为一个**线性秩检验** (linear rank test).

定理 11.3.7 如果 H_0 为真, 则当 $N \to \infty$ 时,

$$\sqrt{\frac{12}{N}} T_{\boldsymbol{a}} \xrightarrow{L} N(0\ ,1). \tag{11.3.44}$$

证明 对于 $i = 1, \cdots, k$, 令

$$T_i = \frac{a_i}{\sqrt{N}}\left(\bar{R}_i - \frac{N+1}{2}\right).$$

由式 (11.3.42) 有 $E_0T_i = 0$. 当 N 较大时有

$$V_0T_i = \frac{a_i^2}{12\lambda_i}(1-\lambda_i),$$

$$CV_0(T_i, T_j) = -\frac{1}{12}a_ia_j, \quad i \neq j.$$

因为 $\sqrt{12/N}T_a = \sqrt{12}\sum \lambda_iT_i$, 则 $E_0\sqrt{12/N}T_a = 0$,

$$V_0(\sqrt{12/N}T_a) \doteq \sum_{i=1}^k \lambda_ia_i^2 - \left(\sum_{i=1}^k \lambda_ia_i\right)^2 = 1.$$

由中心极限定理, 可以得到式 (11.3.44).

考虑检验统计量 $T_{\boldsymbol{a}}$ 的 Pitman 功效. 对于给定的 $\beta > 0$ 和 $\boldsymbol{c} \in \mathbb{R}^k$, 满足 $\sum \lambda_ic_i = 0, \sum \lambda_ic_i^2 = 1$, 建立假设

$$H(\boldsymbol{c}): \ \ \theta_i = \beta c_i/\sqrt{N}, \quad i = 1, \cdots, k.$$

类似于定理 11.3.7 的证明, 可以得到如果 $H(\boldsymbol{c})$ 为真, 则当 $N \to \infty$ 时,

$$\sqrt{\frac{12}{N}}T_{\boldsymbol{a}} \xrightarrow{L} N(\beta e(\boldsymbol{a}, \boldsymbol{c}), 1),$$

其中,

$$e(\boldsymbol{a}, \boldsymbol{c}) = \sum_{i=1}^k \lambda_ia_ic_i\sqrt{12}\int f^2(x)\mathrm{d}\mu(x), \tag{11.3.45}$$

$f(x)$ 为 $F(x)$ 的密度函数, 并且满足 $e(\boldsymbol{a}, \boldsymbol{c}) < \infty$. $e(\boldsymbol{a}, \boldsymbol{c})$ 为检验 $T_{\boldsymbol{a}}$ 在点 $\boldsymbol{c}$ 的 Pitman 功效. 下面令

$$C = \left\{\boldsymbol{c} \in \mathbb{R}^k \middle| c_1 \leqslant \cdots c_k, \sum_{i=1}^k \lambda_ic_i = 0, \sum_{i=1}^k \lambda_ic_i^2 = 1\right\}.$$

对应于检验问题 (11.3.41), 显然, 检验统计量 $T_{\boldsymbol{a}}$ 中的 $\boldsymbol{a}$ 和对应假设 $H(\boldsymbol{c})$ 中的 $\boldsymbol{c}$ 都应当满足 $\boldsymbol{a} \in C$ 和 $\boldsymbol{c} \in C$. 令 B 表示所有系数属于 C 的线性秩检验的集合, 即

$$B = \left\{T_{\boldsymbol{b}} \middle| T_{\boldsymbol{b}} = \sum_{i=1}^k \lambda_ib_i\bar{R}_i, \boldsymbol{b} \in C\right\}.$$

称 $T_{\boldsymbol{a}}$ 为**最优线性秩检验**, 如果 $T_{\boldsymbol{a}} \in B$, 且满足

$$\min_{\boldsymbol{c}\in C} e(\boldsymbol{a}, \boldsymbol{c}) = \max_{T_{\boldsymbol{b}}\in B}\min_{\boldsymbol{c}\in C} e(\boldsymbol{b}, \boldsymbol{c}).$$

这与前面讨论的最优线性检验的想法是一致的, 因此, 最优系数 $\boldsymbol{a}$ 满足 $\boldsymbol{a} \in C$,

$$\min_{\boldsymbol{c}\in C} \sum_{i=1}^{k} \lambda_i a_i c_i = \max_{\boldsymbol{b}\in C} \min_{\boldsymbol{c}\in C} \sum_{i=1}^{k} \lambda_i b_i c_i.$$

因此, $\boldsymbol{a} = (a_1, \cdots, a_k)'$ 满足

$$a_i = \beta \left(\sqrt{s_{i-1}(s_k - s_{i-1})} - \sqrt{s_i(s_k - s_i)} \right) / \lambda_i,$$

其中, $s_m = \lambda_1 + \cdots + \lambda_m, m = 1, \cdots, k, s_0 = 0, \beta$ 是一个标准系数, 使得 $\boldsymbol{a} \in C$.

最优线性秩检验有较好的稳健性, 详细的讨论可以参见文献 (Shi, 1988b).

11.4 小　　结

在统计科学中, 约束下的统计推断方法 (statistical inference under order restrictions) 至今仍然非常活跃, 仍有许多有挑战的课题. 这方面有更多的研究课题, 读者不难在文献中找到. 这里主要考虑 k 个独立的总体参数被序约束时的估计和假设检验问题. 以正态分布为例, 假定 k 个总体为 $N(\theta_i, a_i\sigma^2)$, 其中, a_i 已知, σ^2 已知或未知, $i = 1, \cdots, k$. 根据实际问题的不同, 有时均值可以考虑被下述半序约束:

简单半序：　$\theta_1 \leqslant \theta_2 \leqslant \cdots \leqslant \theta_k$;
伞形半序：　$\theta_1 \leqslant \cdots \leqslant \theta_p \geqslant \cdots \geqslant \theta_k$;
简单树半序：$\theta_1 \leqslant \theta_i, i = 2, \cdots, k$;
简单环半序：$\theta_1 \leqslant \theta_i \leqslant \theta_k, i = 2, \cdots, k-1$.

Bartholomew (1959a, 1959b) 最初考虑了简单半序下的似然比检验, 定理 11.3.5 中关于概率的结果是 Barton 和 Mallows (1961) 给出的. Shi (1988a) 讨论了伞形半序约束下的似然比检验, 给出了当 $k \leqslant 10$ 时的水平概率. Abelson 和 Tukey (1963), Schaafsma (1968) 讨论了简单半序下最优线性检验. Shi (1988b) 讨论了伞形半序约束下最优线性秩检验.

关于似然比检验的总结可以参见文献 (Barlow, et al., 1972; Robertson, et al., 1988; Silvapulle and Sen, 2004). 关于线性检验统计量的研究, 可以参见文献 (Schaafsma and Smid, 1966; Shi, 1987; Akkerboom, 1990).

参 考 文 献

史宁中. 1993. 保序回归与最大似然估计. 应用概率统计, 9(2): 203~215
史宁中. 2008. 统计检验的理论与方法. 北京: 科学出版社

Abelson R P, Tukey J W. 1963. Efficient utilization of non-numerical information in quantitative analysis: general theory and the case of the simple order. Ann. Math. Statist, 34: 1347～1369

Akkerboom J C. 1990. Testing Problems with Linear or Angular Inequality Constraints. New York: Springer-Verlag

Ayer M, Brunk H D, Ewing G M, et al. 1955. An empirical distribution function for sampling with incomplete information. Ann. Math. Statist, 26: 641～647

Barlow R E, Bartholomew D J, Bremner J M, et al. 1972. Statistical Inference under Order Restrictions: the Theory and Application of Isotonic Regression. New York: Wiley

Bartholomew D J. 1959a. A test of homogeneity for ordered alternatives I. Biometrika, 46: 36～48

Bartholomew D J. 1959b. A test of homogeneity for ordered alternatives II. Biometrika, 46: 328～335

Barton D E, Mallows C L. 1961. The randomization bases of the problem of the amalgamation of weighted means. J. R. Statist Soc, B 23: 303～305

Hestenes M R. 1975. Optimization Theory. New York: Wiley

Kuhn, H. W. and Tucker, A. E (eds.) 1956. Linear inequalities and related systems, Annals of Mathematics Studies, No. 38 (Princeton Univ. Press, Princeton)

Lee C I C. 1981. The quadratic loss of isotonic regression under normality. Ann. Statist., 9: 686～688

Mantel N. 1963. Chi-square tests with one degree of freedom: extensions of Mantel-Haenszel procedure. J. Amer. Statist. Assoc, 58: 690～700

Robertson T, Wright F T, Dykstra R L. 1988. Order Restricted Statistical Inference. New York: Wiley

Schaafsma W. 1968. A comparison of the most stringent and the most stringent somewhere most powerful test for certain problems with restricted alternative. Ann. Math. Statist, 39: 531～546

Schaafsma W, Smid L J. 1966. Most stringent somewhere most powerful test against alternatives restricted by a number of liner inequalities. Ann. Math. Statist, 37: 1161～1172

Shi N Z. 1987. Testing a normal mean vector against the alternative determined by a convex cone, Mem. Fac Sc Kyushu Univ, A41: 133～145

Shi N Z. 1988a. A test of homogeneity for umbrella alternatives. Commun Statist, A 17: 657～670

Shi N Z. 1988b. Rank test statistics for umbrella alternatives. Commun. Statist, A 17: 2059～2073

Shi N Z. 1988c. Testing the hull hypothesis that a normal mean vector lies in the positive orthant. Mem. Fac. Sc. Kyushu Univ, A, 42: 109～122

Shi N Z. 1991. A test of homogeneity of odds ratios against order restrictions. J. Amer.

Statist Assoc, 86: 154~158

Shi N Z, Kudo A, Fukagawa M, et al. 1988. Testing equality of proportions against trend and applications in study of aging effects. Bulletin of the Biometric Society of Japan, 9: 61~72

Shi N Z, Tao J. 2008. Statistical Hypothesis Testing: Theory and Methods. World Scientific Publishing Co. Pte. Ltd

Silvapulle M J, Sen P K. 2004. Constrained Statistical Inference: Inequality, Order, and Shape Restrictions. New York: Wiley

Sun H J. 1988. A Fortran subroutine for computing normal orthant probabilities of dimensions up to nine. Commun. Statist. B17: 1097~1111

Thompson W A Jr. 1962. The problem of negative estimates of variance components. Ann. Math. Statist, 33: 273~289

Zucker L M, Zucker T F. 1961. Fatty, a new mutation in the rat. J. Heredity, 52: 275~278

第 12 章　抽样调查：研究基础与未来发展

12.1　引　　言

抽样调查是一个应用范围非常广泛的统计学分支，它主要研究如何从全体被调查对象 (即总体) 中抽取一部分 (即样本)，以及如何根据所得到的样本数据对总体的目标量进行估计. 由于只是抽取了总体的一部分进行调查，所以费用省、时效性强是抽样调查的两个基本特点. 也正因为调查的只是总体的一部分，因此，必然会产生一定的误差，即抽样误差. 为了把误差减小到最低限度，统计学家们提出了各种抽样方法和估计方法. Bowley 最先提出了简单随机抽样法 (Rao, 1986). 后来，Tschuprow (1923), Neyman (1934,1938) 发展了分层抽样与多相抽样技术. 20 世纪 40 年代前后，抽样理论有了迅猛的发展. 在英国，Yates 和 Zacopancy (1935) 以及 Cochran 提出了比估计与回归估计 (Rao, 1986), Patterson (1950) 提出了连续调查时的样本轮换理论; 在美国，Hansen 和 Hurwitz (1943) 以及 Horvitz 和 Thompson (1952) 发展了不等概率抽样理论，而 Madow 和 Madow (1944) 则提出了实施起来十分方便的系统抽样法; 在印度，Mahalanobis (1944, 1946) 提出了整群抽样法、多阶抽样法以及控制非抽样误差的方法. 所有这些突出的成果构成了现代抽样调查技术的基本内容. 这些方法已被广泛地应用于社会经济和科学研究的各个领域，取得了令人满意的效果. 自文章 (Godambe, 1955) 发表以来，关于抽样调查的推断理论也有了较大的发展，这方面结果的总结可参见文献 (Cassel, et al., 1977).

尽管抽样理论的发展已趋于成熟，但随着计算机和信息技术的发展，经典的抽样调查方法遇到了越来越多的新问题，这同时也给抽样理论的进一步发展提供了更加广阔的空间. 例如，计算机的发展带动了计算机辅助面访调查 (computer assisted personal interviewing, CAPI)、计算机辅助电话调查 (computer assisted telephone interviewing, CATI)、计算机辅助自我调查 (computer assisted self-interviewing, CASI) 以及基于互联网的网络调查等新的调查方式的出现和发展. 另一方面，随着社会经济的发展，调查涉及的领域越来越广，社会结构和商业市场需求越来越复杂，各级政府部门、商业和学术机构越来越多地依赖于调查数据进行统计分析，以帮助作出正确的决策. 这些都给抽样调查研究带来了新的问题和机遇.

本章的目的是对抽样调查领域的若干未来发展及其研究基础作一些介绍，主要

本章作者：邹国华，中国科学院数学与系统科学研究院研究员；冯士雍，中国科学院数学与系统科学研究院研究员.

包括无回答、计量误差、固定样组调查、小域估计与多层次估计、计算机辅助调查、调查数据的二次分析、跨国调查以及多指标或多主题抽样与估计等. 这些未来发展领域多数在文献 (Kalton, 2003) 中已被简单提及, 应该说已基本达成共识.

12.2 无 回 答

在实际的抽样调查中, 无回答 (non-response) 现象是经常发生的. 这种现象产生的原因多种多样, 主要包括由于联系不上 (如未能找到某些样本单元或由于交通、气候等原因未能前去调查) 而导致的无回答, 由于拒绝合作 (如调查的问题涉及个人隐私) 而导致的无回答, 以及由于不能参加 (如语言不通、失去能力) 而导致的无回答 (Groves and Couper, 1998; 冯士雍等, 1998). 无回答常常会对调查结果产生比较大的影响. 一方面, 由于回答与不回答单元常有较大的差异, 因而对总体目标量的估计会产生偏倚; 另一方面, 无回答直接导致了样本量的减少, 这样对估计量的方差将产生影响, 特别是在无回答现象很严重的情况下, 甚至没法给出可靠的估计.

实际调查中的无回答一直是困扰调查统计工作者的一个问题. 不幸的是, 近年来, 实际调查的回答率一直呈下降的趋势. 事实上, 现代社会由于人群较大的流动性、社会治安状况等因素, 给入户面访调查带来了许多困难. 而移动电话的广泛使用也给电话调查带来了麻烦. 至于调查中拒绝合作的情况就更普遍了. 目前, 在大多数发达国家, 无回答率的上升在电话调查中表现得更为突出, 极少有电话调查的回答比例能高过 60%(而一些面对面的调查仍然能有 90% 的回答率). 对于固定样组调查, 因为跟踪被调查者的难度越来越大, 所以其无回答现象更加严重. 不过由于国情不同, 中国与大多数发达国家在不同调查方式的回答率上有较大差别: 国内调查的入户调查及其他面访的成功率远较发达国家低; 而电话调查的成功率则较发达国家稍高. 因此, Groves 等 (2002) 认为回答率下降可能是过去 10 年里抽样调查的研究者面对的最严峻的问题, 所以无回答是今后抽样调查研究最重要的问题之一.

处理无回答问题主要从两点入手: 一是研究回答率下降的原因, 以便对无回答进行事先预防和发展新的方法以提高回答率; 二是对无回答进行事后补救, 即对存在无回答的调查数据, 研究出适当的处理方法, 以对总体目标量进行准确的推断.

一般而言, 由于不能参加而导致的无回答是一种无意识的不回答, 相对来说更容易控制, 其危害也较小, 所以在提高回答率上, 现在的工作主要是提高联系到样本单元的概率和降低被拒绝回答的比例.

在提高联系样本的概率方面, 可以采用多次访问的办法. 即使接触到被调查者, 说服他们参加调查也可能不是一件容易的事情. 最简单、最常用的方法是提供给被调查者相应的奖励. Church(1993) 关于邮寄调查给出了三个主要的结论: 调查前给奖励比调查后给奖励更有效, 金钱奖励比非金钱奖励更有效, 以及大奖励比小奖励更有效. 而关于奖励如何在调查中起作用, 调查研究者也给出了一些理论结果, 如 Groves 等 (2000) 认为奖励对本来不想参加调查的那部分子总体影响最大, 使他们有了参加调查的理由. 在我国, 取得有关部门的配合、事先进行宣传等也是有效的手段.

另外, 调查问卷和问题的设计等都是需要仔细考虑的问题, 因为一个好的设计才能吸引被调查者参与调查, 从而降低无回答率, 而且一个设计得好的调查问卷有助于被调查者高质量地完成调查. 而对于涉及高度私人秘密的问题, 则可以采用随机化回答技术.

未来, 由于回答率的持续下降, 而且导致回答率下降的原因也越来越复杂, 因此, 在如何提高回答率的问题上关注会越来越多.

无论怎样努力, 完全避免无回答一般是不可能的, 此时如何处理含有无回答的调查数据就很重要了. 下面是一些常用的方法 (Lessler and Kalsbeek, 1992; 冯士雍等, 1998)：

(1) 最简单的方法莫过于什么都不做. 研究者可能认为现有的回答率已经能满足研究问题的需要. 当然在回答率比较高的调查中, 这种简单的做法有时的确会是不错的选择, 但面对越来越低的回答率, 这种方法的使用越来越需要谨慎. 也可能研究者假定目标变量在回答层和不回答层之间的差异很小以至于可以忽略, 但这个假定在很多情况下是不成立的.

(2) 替代. 在适当的情况下, 可以进行样本单元替换. 当然, 采取这种方法需十分慎重, 应遵循如下基本原则：替代者与被替代者应属于同一类型, 具有相似的特征.

(3) 估计潜在的偏倚. 调查研究者首先对调查所得的回答数据进行分析, 对回答者和无回答者之间的差异 (如关于辅助变量的差异) 进行比较, 估计可能有的偏倚.

(4) 对无回答进行适当的补救. 可以采用二相抽样法：对无回答单元进行再抽样, 这样得到无回答子样本的数据; 加权调整法：对回答数据进行加权调整, 以修正由于无回答引起的偏倚; 类推法：用观察到的与无回答者最相近的回答者数据进行推测; 插补法：把无回答数据用合适的估计值替代; 模型推断法：对无回答和总体的结构作一些假定, 建立适当的统计模型, 然后用模型来预测无回答的值. 例如, Rubin (1977) 提出了用 Bayes 方法对样本均值进行区间估计. 他通过假定如下的多元线性回归模型来预测样本中的无回答均值：

$$y_{gi} = \boldsymbol{\beta}'_g \boldsymbol{X}_{gi} + \varepsilon_{gi}, \tag{12.2.1}$$

其中, $i = 1, 2, \cdots, n$, $\varepsilon_{gi} \sim N(0, \sigma_g^2)$, $g = 1$ 表示样本单元已回答, $g = 0$ 表示无

回答. 此处样本单元的无回答值是利用 $\eta_1 = (\beta_1, \sigma_1^2)$ 的后验分布来预测的. 除了 Rubin 的模型, Singh 和 Sedransk (1978) 提出了利用辅助变量来进行 Bayes 推断, Cassel 等 (1983) 则提出了处理无回答的非 Bayes 模型方法等.

总之, 尽管已有许多方法处理无回答问题, 但总体而言, 仍不能令人满意, 尚有许多问题需要解决, 如对插补法, 统计分析方法的使用常常需要假定随机缺失机制; 而调查时愿意合作的人仍是越来越少, 甚至在面对低的电话调查回答率方面, Collins 和 Sykes (2003) 提倡摒弃概率抽样, 倾向调查那些愿意参加的被调查者, 并用他们偏爱的方式来收集数据.

12.3　固定样组调查

固定样组调查 (panel surveys) 是将同一样本用于一项持续多次的连续调查中. 这种调查方式可以获得关于固定样组的不同时间点的数据. 由于社会经济中对动态调查分析研究, 如分析数据的变化以及变量在不同时间点的关系等的需求越来越多, 固定样组数据的获得显得越来越重要. 固定样组数据的来源主要有 4 个方面 (Trivellato, 1999)：① 官方的固定样组数据; ② 一次性的横截面调查 (或称期调查), 而该调查收集了之前很长一段时间的相关信息; ③ 固定样组调查; ④ 综合以上三种方式. 然而, 官方的固定样组数据一般是有限的, 很多目标总体或目标总体的一些特性在官方记录里并没有, 而一次横截面调查中, 被调查者很多情况下难以回忆以前很长时间的信息, 所以通过一次调查来收集以前很长一段时间的信息难度是非常大的. 因此, 现实中很多情况下就需要通过固定样组调查来提供固定样组数据, 也就是说, 固定样组数据的一个主要来源就是固定样组调查. 这种调查方法最近一二十年来已有较多的应用. 例如, 在许多国家都开展了仿效密西根大学 PSID (panel study of income dynamics) 的住户样组调查. 我国的城市住户调查与城镇劳动力调查等也基本上采用了固定样组调查方法.

但是对一组固定样本进行重复的调查会带来不同于一般调查的许多问题. 一个主要问题就是由于被调查者要被反复地多次调查, 很多人会觉得负担太重而不愿意接受调查, 从而拒绝回答或敷衍了事给出不真实的回答, 这就是所谓的样本疲劳或样本老化现象. 另一方面, 由于现代社会人的流动性很大, 经常会发生样本单元无法找到的情况. 例如, 在我国交通运输量的抽样调查中, 经常会出现找不到车主的情况. 如果这些情况是随机发生的, 那一般只会影响到估计的有效性, 但现实中常常不是随机地发生, 这时很可能会带来估计的偏倚, 而且这种偏倚很难通过加权等简单的修正得以取消 (Heckman, 1979). 在固定样组调查中需要注意的另外一个问题是由于在调查中, 同样的问题会被重复地调查, 这样当期的回答很可能受到之前几期的影响, 这种现象称为固定样组适应 (panel conditioning), 它会引起固定样组设计的偏倚. 计量误差也是固定样组调查中需要重点注意的一个问题, 因为在一般情况下, 计量误差对分析固定样组数据的变化及不同时间点变量之间的关系比直接分析一次横截面数据影响更大, 并且固定样组调查相对复杂一些, 相应地出现计量误差的机会也会更多些 (Trivellato, 1999). 最后, 在固定样组调查中, 一个特别需要注意的问题是总体的变化, 因为几乎每个总体的构成成分都会随时间而变化, 如新的单元加入或旧的单元离开 (Duncan and Kalton,1987).

因此, 如何在设计调查时降低不回答率、减少计量误差和固定样组适应效应、处理总体的变化以及在分析调查数据时如何修正它们, 都成为固定样组调查很重要的研究课题. 关于固定样组调查中的期无回答, 感兴趣的读者可参见文献 (涂玉娟, 2006).

克服样本老化和减小固定样组适应效应的一个值得推荐的办法是采用样本轮换方法, 即每期对部分样本单元进行轮换. 这种方法在实际的调查中已被广泛使用, 其一般理论可参见文献 (Cochran, 1977). 对于有辅助信息可利用的情形, 可参见文献 (Sen, 1972, 1973; Feng and Zou, 1997). 借助于超总体模型研究样本轮换方法, 目前也有一些结果, 如文献 (Singh and Priyanka, 2007) 等. 当然, 严格地说, 基于样本轮换的调查不属于固定样组调查, 因为有些样本单元不是在整个调查期内都被调查. 它可以看成是固定样组调查的一个变种. 自然, 对样本轮换方法, 也会遇到找不到样本单元等各种问题, 这需要今后进一步的研究. 在这方面的一个成果可参见文献 (Zou, et al., 2002).

此外, 在实际的固定样组调查中, 为了获得更多的额外数据, 常在每期核心数据之外, 再在不同期附加局部模块, 以便获得所需要的额外数据. 这种方法有两个优点: 其一是增加了固定样组数据的可分析潜力; 第二是额外数据可以帮助争取到更多的资金, 以支持成本高的固定样组调查. 然而, 收集额外数据会增加复杂度, 同时也更加重了被调查者的负担, 从而使被调查者回答的数量减少. 因此, 在固定样组调查中, 要注意避免因过多的需求而使被调查者的调查负荷过重 (Kalton, 2003).

12.4 小 域 估 计

在一次大型的社会经济调查中, 人们最关心的是有关总体目标量的估计问题, 抽样设计也会围绕这些目标量的推断而进行. 然而在实际工作中, 除了总体目标量外, 人们还关心总体中具有某种特殊性质的部分单元所组成的子总体 (如某个较小的地理区域或具有某些特殊人口特征的子总体) 的统计信息. 如何利用现有调查信息在既获得总体目标量的准确推断的同时, 又能获得这样的子总体目标量的准确估计, 不仅是我国统计调查中遇到的难题, 也是世界范围内面临的挑战. 像这样需要单独给出估计, 但又不能作为层处理的子总体称为域, 也称为研究域 (domain of study). 而规模很小的域, 既包括地理上的小区域, 也包括总体中按照某种特性划分出的一个很小的子总体, 常称为小域 (small domain, small area). 对于域, 特别是小域, 由于落入其中的样本量通常很小 (甚至可能为零), 因此, 对它进行估计难度很大. 历史上, 对小域估计 (small area estimation) 的研究很早就出现在人口统计中. 近年来, 对小域统计的需求, 无论在区域政策的制定还是商业决策上都越来越多. 与 (小) 域估计相关联的另一个问题是多层次估计问题, 即在一次调查中除了主要目标量 (如全国) 外, 同时需要解决多层次 (如省、市、县区、乡镇) 目标量的估计问题, 以满足各级政府部门管理决策的需要. 此时所遇到的问题与小域的估计问题相类似, 即到下一级或几级时样本量可能很小或没有. 这些都是当今国际上抽样调查领域的重要前沿方向.

下面介绍域与小域估计的一些常用方法 (Rao, 2003; 丁文兴, 2005).

域和小域估计的传统方法主要是基于抽样设计提出的. 最近一二十年来, 对该问题的研究已经由过去主要基于抽样设计的方法研究转入现在主要以模型为基础的方法研究. 这样的模型建立了抽样理论与统计学其他分支联系的桥梁, 因此, 传统统计学中的各种模型, 如回归模型和时间序列模型, 以及各种估计方法, 如最佳线性无偏估计 (或预测) 法、极大似然法、Bayes 方法等, 都被应用于其研究中. 这种方法的优势也因为与其他统计学分支的密切结合而得到了较好的体现.

12.4.1 基于抽样设计的小域估计方法

与基于模型的方法不同, 这种方法不依赖于具体的模型假定, 因此, 关于模型常常是稳健的.

1. 直接估计法

直接估计法, 即直接利用落入域中的样本对域进行估计, 它适用于落入域内的样本量足够大的情形.

最基本也是最常见的直接估计量是下面的 Horvitz-Thompson 估计量:

$$\hat{y}_{a;HT} = \sum_{k \in s_a} y_k / \pi_k,$$

其中, $a(=1,2,\cdots,A)$ 表示第 a 个域, π_k 为单元 k 的入样概率, s_a 是落入第 a 个域内的子样本. 其他的直接估计量, 还有事后分层的 H-T 估计量、H-T 型比估计量以及广义回归估计量等.

2. 合成估计法

该方法是用大总体的估计量协助产生小域的估计量, 所以它是一种间接估计方法. 这种方法通常需要或隐含一定的假设条件.

以回归合成估计为例. 假设每个小域都有以总量 X_a 的形式给出的辅助信息, 则如下的估计量称为回归合成估计量:

$$\hat{Y}_{a;\ \mathrm{GRS}} = \boldsymbol{X}_a^{'}\hat{\boldsymbol{B}},$$

其中, $\hat{\boldsymbol{B}}$ 由下式定义:

$$\hat{\boldsymbol{B}} = \left(\sum_s x_k x_k^{'}/(\pi_k c_k)\right)^{-1}\left(\sum_s x_k y_k/(\pi_k c_k)\right).$$

该估计量的偏倚为

$$\mathrm{Bias}(\hat{Y}_{a;\ \mathrm{GRS}}) \approx \boldsymbol{X}_a^{'}(\boldsymbol{B} - \boldsymbol{B}_a),$$

其中,

$$\boldsymbol{B} = \left(\sum_U x_k x_k^{'}/c_k\right)^{-1}\left(\sum_U x_k y_k/c_k\right),$$

$$\boldsymbol{B}_a = \left(\sum_{U_a} x_k x_k^{'}/c_k\right)^{-1}\left(\sum_{U_a} x_k y_k/c_k\right).$$

当假设条件 $\boldsymbol{B} = \boldsymbol{B}_a$ 成立时, 估计量 $\hat{Y}_{a;\ \mathrm{GRS}}$ 的精度可以达到广义回归估计量 $\hat{Y}_{GR} = \boldsymbol{X}^{'}\hat{\boldsymbol{B}}$ 在样本足够多的大域上达到的精度.

当辅助变量 x 为单变量时, 令 $c_k = x_k$, 则估计量变为如下的比合成估计量:

$$\hat{Y}_{a;RS} = X_a\frac{\hat{Y}}{\hat{X}}.$$

该估计量需要或隐含的假设条件为 $R = R_a$, 其中, $R = Y/X, R_a = Y_a/X_a$. 当这个条件成立时, 估计量 $\hat{Y}_{a;RS}$ 的精度可以达到比估计量 $\hat{Y}_R = X(\hat{Y}/\hat{X})$ 在样本足够多的大域上达到的精度.

3. 组合估计法

由上面的介绍可知, 使用直接估计量并不需要借助于大总体, 因此, 额外的假设条件是不需要的, 但对小域的估计, 因为落入其中的样本量一般很小, 使用直接估计法会导致较大的方差; 而合成估计量虽然在假定的条件被满足时估计效果会较好, 但它对所假定的条件非常敏感, 当这些条件不满足时, 往往会产生非常大的偏倚. 因此, 一个自然的想法就是将直接估计量与合成估计量进行加权平均而得到如下的组合估计量:

$$\hat{Y}_{a;\mathrm{com}} = \phi_a\hat{Y}_a + (1-\phi_a)\hat{Y}_{as},$$

其中, $\hat{Y}_a$ 为某个直接估计量, $\hat{Y}_{as}$ 为某个合成估计量, 权数 $\phi_a \in [0,1]$. 这样问题就变成寻找最优的 ϕ_a, 使得 $\mathrm{MSE}(\hat{Y}_{a;\mathrm{com}})$ 达到最小.

4. James-Stein 型估计量

这是一种特殊的组合估计量, 由 Purcell 和 Kish (1979) 提出. 他们的方法是对所有小域估计量的 MSE 之和 $\sum_a \text{MSE}(\hat{Y}_{a;\text{com}})$ 关于一个公共权数 $\phi_i = \phi$ 进行极小化, 从而得到 James-Stein 型组合估计量. 这一公共权数下的组合估计量, 尽管不能保证对每个小域的估计效果最佳, 但能保证对所有小域的整体估计有较好的效果.

另一方面, 冯士雍和秦怀振根据我国国情提出了一种样本追加策略, 以满足多层次推断的需要. 该方法已在我国第二期妇女社会地位调查及国家统计局的批发、零售业调查中得到应用, 参见文献 (冯士雍等, 2001; 秦怀振, 2003; 李莉莉等, 2004). 样本追加策略的主要思想是按某种特定的概率抽样, 从总体中抽取基本样本对总体 (以及作为子总体的层, 如果进行分层抽样的话) 进行估计; 但对于特定的域, 基本样本落入该域中的单元一般很少, 因此, 不能直接对域的目标量进行推断. 为此, 在域内再按某种方法抽取部分单元作为追加样本, 然后和该域中的基本样本相结合, 以对域的目标量进行推断. 关于样本的追加, 主要有两种方式: 放回追加和不放回追加. 追加抽样是指针对总体推断的基本抽样完成后, 再对域进行的额外抽样; 放回追加是指在域内进行追加抽样时, 将属于域的基本样本单元全部放回, 对域中的所有单元进行抽样; 不放回追加是指进行追加抽样时只在域中基本样本以外的单元中进行抽样. 秦怀振 (2003) 主要研究了放回追加. 放回追加策略操作简便、样本兼容, 但域中的单元在基本抽样和追加抽样中可能被重复抽中. 显然, 重复样本在调查中不能提供额外的信息, 因而这种重复在某种程度上会影响估计量精度的提高, 而且一般也不易被实际工作者所采用. 为此, 李莉莉等 (2007) 考虑了不放回追加策略.

样本追加设计方法要求有现成的抽样框且目前主要是建立在一些相对简单的抽样设计上. 如果对所研究的小域没有现成的抽样框, 如何进行样本追加是需要仔细研究的; 而对于更复杂的抽样设计以及与其他方法, 如基于原小域内样本的直接估计与基于追加样本的估计之加权平均的比较也是值得进一步研究的问题.

12.4.2 基于模型的小域估计

根据模型中所能利用的辅助信息的层次, 小域估计模型可以分为两大类: 小域层次模型和单元层次模型. 前者主要适用于只能利用小域层次的汇总数据作为辅助信息的情形, 而后者适用于每个单元的辅助信息均可行的情形. 例如, 如果要估计某个县内学龄儿童在学的总人数, 则该县的总人口数就是一种可以被利用的小域层次的辅助信息; 而每个家庭的人数、经济状况和父母受教育的程度等就是单元层次的辅助信息. 以下分别对两类模型予以简单介绍.

1. 基本的小域层次模型

假定 $\theta_i = g(\bar{Y}_i)$ 为第 i 个小域内总体均值 $\bar{Y}_i$ 的函数, 并且 θ_i 与相关的小域层次辅助信息 $x_i = (x_{i1}, x_{i2}, \cdots, x_{ip})'$ 之间有如下的线性关系:

$$\theta_i = x_i^{'}\boldsymbol{\beta} + z_i u_i, \quad i = 1, 2, \cdots, m,$$

其中, m 为小域的个数, z_i 为已知的正常数, $\boldsymbol{\beta} = (\beta_1, \beta_2, \cdots, \beta_p)'$ 为回归系数向量, u_i 为独立同分布的小域效应且满足

$$E(u_i) = 0, \quad \text{Var}(u_i) = \sigma_u^2.$$

进一步, 假定对 θ_i 存在一个估计量 $\hat{\theta}_i$ 且

$$\hat{\theta}_i = \theta_i + e_i, \quad i = 1, 2, \cdots, m,$$

其中, e_i 为抽样误差, 相互独立, 并满足 $E(e_i|\theta_i) = 0, \text{Var}(e_i|\theta_i) = \psi_i$, 此处 ψ_i 为已知常数. 这样就得到如下的小域层次模型:

$$\hat{\theta}_i = x_i^{'}\boldsymbol{\beta} + z_i u_i + e_i, \quad i = 1, 2, \cdots, m. \tag{12.4.1}$$

在模型 (12.4.1) 中, 一般也假定抽样误差 e_i 和模型误差 u_i 相互独立.

2. 基本的单元层次模型

假设对每个小域内的单元都有辅助信息 $x_{ij} = (x_{ij1}, x_{ij2}, \cdots, x_{ijp})'$ 可以利用, 其中, $i = 1, 2, \cdots, m$ 表示第 i 个小域, $j = 1, 2, \cdots, N_i$ 表示第 i 小域内第 j 个单元, x_{ij} 为辅助变量在 (i, j) 单元上的取值. 建立目标变量 y_{ij} 与辅助变量 x_{ij} 之间的如下模型:

$$y_{ij} = x_{ij}'\boldsymbol{\beta} + u_i + e_{ij}, \tag{12.4.2}$$

其中, e_{ij} 为误差项, 与 u_i 相互独立, 满足 $E(e_{ij}) = 0$, $\text{Var}(e_{ij}) = k_{ij}\sigma^2$, 而 k_{ij} 为已知的正值常数, $i = 1, 2, \cdots, m$, $j = 1, 2, \cdots, N_i$. 这样就得到了最简单的线性形式的单元层次模型.

比较式 (12.4.1) 和式 (12.4.2) 可以明显看出小域层次模型与单元层次模型的区别: 前者只对 $i = 1, \cdots, m$ 建立, 而后者也包括了 $j = 1, \cdots, N_i$ 的情形.

目前, 对基本的小域模型有许多推广模型, 但多数是线性混合效应模型的特例, 这里就不一一介绍了. 总之, 发展新的适合描述各类数据的小域模型是一个有意义的研究课题.

在有了小域模型之后, 如何进行相应的推断也是需要研究的. 目前, 主要有如下方法:

(1) 最佳线性无偏预测 (BLUP) 方法. 考虑如下的一般线性混合效应模型:

$$\boldsymbol{y} = \boldsymbol{X\beta} + \boldsymbol{Zu} + \boldsymbol{e},$$

其中, $\boldsymbol{y}$ 为观测向量, $\boldsymbol{\beta}$ 为非随机的未知参数向量, $\boldsymbol{X}$ 和 $\boldsymbol{Z}$ 分别为已知的 $n \times p$ 和 $n \times q$ 阶列满秩设计阵, $\boldsymbol{u}$ 为随机效应向量, $\boldsymbol{e}$ 为随机误差向量, $\boldsymbol{u}$ 和 $\boldsymbol{e}$ 相互独立且满足 $E(\boldsymbol{u}) = 0$, $E(\boldsymbol{e}) = 0$, $\mathrm{Var}(\boldsymbol{u}) = \sigma^2\boldsymbol{G}$, $\mathrm{Var}(\boldsymbol{e}) = \sigma^2\boldsymbol{R}$, 而 $\boldsymbol{G}$ 和 $\boldsymbol{R}$ 为正定矩阵, 依赖于参数 $\boldsymbol{\delta} = (\delta_1, \delta_2, \cdots, \delta_r)$, σ^2 为正值常数. 显然, 这个模型包含了模型 (12.4.1) 和 (12.4.2) 作为特例, 它在经济、生物、农业、环境、医药等学科的研究中具有广泛的应用, 在文献中已被大量研究. Henderson(1950) 首次在这个模型下提出了参数的 BLUP 理论. 这里主要感兴趣于预测 $\boldsymbol{\beta}$ 和 $\boldsymbol{u}$ 的线性函数 $\mu = \boldsymbol{l}'\boldsymbol{\beta} + \boldsymbol{s}'\boldsymbol{u}$, 由此很易获得小域均值的估计.

假定 $\boldsymbol{\delta}$ 已知, Henderson(1950) 给出了如下 μ 的 BLUP:

$$\tilde{\mu} = t(\boldsymbol{\delta}, \boldsymbol{y}) = \boldsymbol{l}'\tilde{\boldsymbol{\beta}} + \boldsymbol{s}'\boldsymbol{G}\boldsymbol{Z}'\boldsymbol{V}^{-1}(\boldsymbol{y} - \boldsymbol{X}\tilde{\boldsymbol{\beta}}),$$

其中, $\boldsymbol{V} = \boldsymbol{V}(\boldsymbol{\delta}) = \boldsymbol{R} + \boldsymbol{ZGZ}'$, 而 $\tilde{\boldsymbol{\beta}} = \tilde{\boldsymbol{\beta}}(\boldsymbol{\delta}) = (\boldsymbol{X}'\boldsymbol{V}^{-1}\boldsymbol{X})^{-1}\boldsymbol{X}'\boldsymbol{V}^{-1}\boldsymbol{y}$ 为 $\boldsymbol{\beta}$ 的最佳线性无偏估计, $\tilde{\boldsymbol{u}} = \tilde{\boldsymbol{u}}(\boldsymbol{\delta}) = \boldsymbol{G}\boldsymbol{Z}'\boldsymbol{V}^{-1}(\boldsymbol{y} - \boldsymbol{X}\tilde{\boldsymbol{\beta}})$ 为 $\boldsymbol{u}$ 的 BLUP.

(2) 经验最佳线性无偏预测 (EBLUP). 如上所述, BLUP $t(\boldsymbol{\delta}, \boldsymbol{y})$ 依赖于参数 $\boldsymbol{\delta}$, 而在很多情况下, $\boldsymbol{\delta}$ 是未知的, 这样就需要对它进行估计. 在 $t(\boldsymbol{\delta}, \boldsymbol{y})$ 中, 用其估计量 $\hat{\boldsymbol{\delta}}$ 代替 $\boldsymbol{\delta}$, 得到的相应的 $t(\hat{\boldsymbol{\delta}}, \boldsymbol{y})$ 即为 EBLUP. 这样, 对于 EBLUP, 如何估计 $\boldsymbol{\delta}$ 是一个重要的研究工作. 主要方法有方差分析估计 (ANOVA)、极大似然估计 (ML)、约束极大似然估计 (REML)、最小范数二次无偏估计 (MINQUE) 以及谱分解估计 (spectral decomposition estimate), 这里就不详细述说了, 而对这些方法的改进依然在研究中.

(3) Bayes 方法. EBLUP 方法往往要求模型中的随机效应和误差分布满足正态性条件, 当这一条件得不到满足的时候, Bayes 方法显示了一定的优势. 以经验 Bayes(EB) 估计为例, 它是将经典的频率方法和 Bayes 方法相结合的一种估计方法, 这里只简单介绍其基本步骤.

(i) 求目标变量的后验密度: 利用 Bayes 方法由模型假定 $f(\boldsymbol{y}|\mu, \lambda)$ 以及 μ 的先验分布密度 $f(\boldsymbol{\mu}|\lambda)$ 导出目标变量 μ 的后验密度 $f(\mu|\boldsymbol{y}, \lambda)$, 其中, $\boldsymbol{y}$ 为观测数据向量, λ 为模型参数;

(ii) 估计模型参数: 在模型参数 λ 未知的情况下, 通过观测数据向量 $\boldsymbol{y}$ 的分布密度 $f(\boldsymbol{y}|\lambda)$ 对它进行估计, 所得估计记为 $\hat{\lambda}$;

(iii) 求 EB 估计值: 用 $\hat{\lambda}$ 代替 $f(\mu|\boldsymbol{y}, \lambda)$ 中的 λ, 再以 $f(\mu|\boldsymbol{y}, \hat{\lambda})$ 作为 Bayes 推断的基础. 对于 μ, 用 $f(\mu|\boldsymbol{y}, \hat{\lambda})$ 的均值作为其 EB 估计值.

当然除了一般经验 Bayes 方法, 还有经验 Bayes 的推广形式, 如线性经验 Bayes 以及其他 Bayes 方法, 如约束 Bayes 方法和多层 Bayes 方法等, 这里就不详细介绍了.

12.5 数据收集模式

如引言部分所述, 计算机的使用已经并将继续对抽样调查产生巨大的影响. 现在, 计算机已经以不同方式广泛地应用于数据收集中, 它不仅影响传统的数据收集模式 (modes of data collection), 而且产生出新的数据模式.

一般来说, 传统的数据收集方法主要有三种: ① 邮寄调查: 调查者把问卷邮寄 (或传真) 给被调查者, 被调查者在没有调查员协助的情况下回答完问题后寄回答卷; ② 面访调查: 调查者面对面地与被调查者沟通, 提出问题, 并得到回答; ③ 电话调查: 调查者通过电话联系被调查者, 向他们提出问题, 记录下他们的回答.

计算机技术对上述三种传统的数据收集模式都有较大的影响, 各种各样的计算机辅助方法已被应用于邮寄调查、面访和电话调查中. 越来越多的调查机构开始选择计算机辅助自我调查 (CASI), 这种方法通过给被调查者发送电子邮件而由被调查者使用计算机完成问卷, 其优点是既快速方便又节约成本. 从 20 世纪 80 年代开始出现了计算机辅助面访调查 (CAPI). 这些调查方式改变了传统的书面问卷形式, 以前被调查者阅读并回答书面的问卷, 现在他们不得不从电脑屏幕上看问卷并回答问题. 计算机辅助电话调查 (CATI) 在 1971 年由 Chilton 研究机构提出, 并逐渐代替了电话调查中的纸和笔模式. 相对于传统的电话调查方式, CATI 在调查成本、时效性以及数据质量等方面都有所提高 (Bergman, et al., 1994). Tourangeau (2004) 对计算机对数据收集模式的影响作了一个比较详细的综述.

除了计算机渗入传统的数据收集方式之外, 计算机的发展和应用也产生了一些新的数据收集方式 (Tourangeau, 2004), 如音频电脑辅助自我调查 (audio-CASI). Audio-CASI 这种调查方式是在电脑屏幕上显示问卷的问题和回答的选项, 同时通过麦克风播放给被调查者听, 然后被调查者通过键盘敲出答案. 这样, 调查者只负责管理电脑并解答被调查者的疑问, 他们完全不知道回答者所选择的答案. 利用这种新的数据收集方式既减少了由于调查者不同而带来的误差, 也保护了被调查者的隐私, 所以能有效地避免面访调查的缺点. 在电话调查中, 也有类似 audio-CASI 的新的调查方式, 称为互动式声音回答 (IVR). 与 audio-CASI 类似, IVR 是在电脑控制下, 电话语音播放问题, 而被调查者通过按键回答问题或用声音给出回答. 这种方式在商业调查中越来越多地被用到. 当然信息技术的发展对电话调查也有不利的一面, 如手机的广泛使用就给调查带来了一个问题: 因为人们接电话是要付费的, 这样就不愿意接受调查. 类似答录机也对回答率产生了负面的影响.

另一类由计算机技术发展出来的新的数据收集方式是基于互联网的网络调查. 网络调查有其独特的优点: 它减少了对调查者的需求, 与电话调查和面访调查相比, 极大地减少了成本. 另外, 网络调查的问卷内容可以有图片、对话, 甚至视频剪辑. 正是由于网络调查的低成本和高能力, 网络调查以爆炸式在增长, 已经被越来越多地应用于商业和人口调查中, 特别是商业机构对于网络调查尤其偏爱.

不过网络调查存在严重的覆盖不全和回答率不高的问题 (Couper, 2001): ① 网络调查的取样问题是比较严重的. 首先, 很多人是不接触网络的, 而接触网络的人群和不接触网络的人群之间是有差异的. 而更为严重的是, 在网民中取样是极其困难的, 因为没有关于网民的抽样框. 在传统的数据收集方式中, 因为有住户地址和电话号码, 所以很容易编制抽样框并选择样本, 而在网络调查中, 进行抽样则很困难. ② 网络调查的回答率相对于传统的调查一般更低, 特别是对于商业调查而言, 需要说服被调查者用基于电脑的方式而不是用笔和纸的方式来接受调查. 另外, 网络回答者同样会在意隐私, Moon(1998) 发现, 网络回答者更倾向于给出社会比较认可的回答而不是给出真实的回答. 正是网络调查的明显优势和其存在的缺点, 使得这种调查成了活跃的研究领域, 吸引了许多抽样调查工作者的涉足.

以上简要介绍了一些主要的调查数据收集方式. 同样的问题在不同的数据收集模式下可能会得到不同的答案, 因此, 对不同的调查数据收集方式进行仔细比较、了解各自的特点和适用场合是必要的. 例如, Holbrook 等 (2003) 认为, 电话调查鼓励回答者用满意策略以尽快完成该调查, 所以电话调查比面访调查得到的数据质量往往更差些. 一般而言, 被调查者给出的回答主要取决于三个因素: 所用调查方法对隐私的保护程度、给被调查者带来的回答负担以及该问卷的合法性 (Tourangeau and Smith, 1996). 这是采用所有的数据收集方式时都需要注意的问题.

12.6 二次分析

一般而言, 每项特定的调查都是针对需要调查研究的特定的目标变量而设计的, 目标量不同, 所用的调查方法和工具也不尽相同. 但实际中, 可能需要用所收集到的围绕原目标变量的调查数据对新的目标变量进行估计, 这样就出现了二次分析 (secondary analysis) 的问题. 因为原来的调查方法和工具并不是针对这个新的目标变量而设计的, 或者新的目标变量已经超出了当时调查研究的初衷, 因此, 对新的目标变量的估计和研究就不同于原变量, 这称为二次分析. Glass (1976) 正式定义二次分析如下: 为了解决原先的研究问题, 用现在更好的统计技术对原先的数据进行再次分析, 或者是用旧数据回答新的问题而进行的再次分析.

对调查数据的二次分析的需求正在持续增长, 这种需求不仅来源于公共政策的调查研究, 也来源于社会科学的调查研究, 甚至讲究调查数据时效性的商业调查研究也开始重视二次分析. 例如, Townsend (1962) 深入研究了二战后英国老年人机构的性质和处境. 这一研究引起了极大的关注, 不仅因为老年人机构是被英国公共政策所忽视的方面, 而且因为该研究所用的方法和它对公共政策的影响. 这项研究的原始资料此后一直被使用, 像 Charlesworth 和 Fink (2001) 对该研究资料进行了进一步研究, 利用二次分析来发掘新的信息.

Corti 和 Thompson(2004) 对二次分析进行了深入研究, 总结了其优势和缺点. 二次分析的优势包括以下几方面: ① 利用二次分析, 研究最近或更早的数据材料, 可以获得新的信息, 这样可以尽可能地充分利用抽样调查所得到的数据; ② 收集新的数据有时是非常昂贵的, 这样利用二次分析可以节约很多成本, 并且避免不必要的重复; ③ 针对特别珍贵的历史数据, 二次分析就更为重要, 因为这些历史数据是无法再次调查到的; ④ 针对原有数据的二次分析, 所采用的研究方式很可能与原来的不一样, 这样对抽样调查以及统计分析都会提出新的研究课题. 因此, 二次分析不仅仅只是被动的研究调查数据, 它对抽样调查和统计分析都会产生影响; ⑤ 任何现在得到的数据以后都会成为历史数据, 而且很可能以后它们还有利用价值, 所以研究二次分析会给未来再次分析现有数据创造条件.

但是, 二次分析本身在使用时也会遇到一些问题, 这些问题主要有以下几方面: ① 在进行调查研究、录入分析原始调查数据时, 研究者很可能带入他们自己的个人想法在里面, 从而改变原始数据的原始面貌, 这样在进行二次分析时将给后续的研究者带来麻烦, 特别是对于定性数据而言; ② 知识产权对二次分析的限制. 一些研究者已经在呼吁应当保护他们对自己数据的权利, 甚至有些研究者认为其数据是他们的私人权利而不愿意公开. 因为研究者越来越重视对自己数据的产权, 因此, 使用数据会受到越来越多的限制, 这对二次分析的影响无疑是相当大的; ③ 另外, 对二次分析的误解也在一定程度上影响到了二次分析的发展. 因为二次分析是建立在历史数据基础之上的, 这样就给二次分析的研究者带来了选择性的机会, 所以很多研究者对二次分析的科学性提出质疑. 应该指出的是, 二次分析本质上是对调查数据所包含信息的进一步挖掘, 因此, 对二次分析的这种质疑其实应该是对研究者提出的要求, 而并非针对二次分析本身.

以上的问题也提醒当前的调查研究工作者, 要尽可能地保留数据的原始性, 以便将来的研究者进行二次研究; 对于二次分析的研究者来说, 应该尊重事实, 而非故意选择有益于自己观点的历史数据和分析方法, 以尽可能地避免不科学性. 另外, 也要处理好知识产权的问题.

除了以上限制二次分析发展的外在因素外, 二次分析本身也有其自身的弱点: 由于二次分析是建立在旧的调查数据基础之上的, 但旧的调查数据又并非针对新的问题而抽取, 所以二次分析对新的问题能提供的信息应该是有限的, 而且用二次分析得到的估计的有效性可能会相对比较低, 甚至是有偏的. 但正是这个缺点, 也为二次分析的发展提供了空间. 例如, 在很多情况下, 二次分析方法可以和其他的方法一起被综合使用, 以弥补其信息量不足的缺点, 如对老的数据进行补充调查等.

总之, 现代社会对信息的需求大大地带动了二次分析的发展, 关于这个领域的研究也给抽样调查和统计研究带来了新的问题, 特别是二次分析会带动新的分析工具的研究, 所以未来这个方向, 特别是针对二次分析的统计分析研究, 可能会有长足发展.

12.7 跨 国 调 查

跨国调查 (cross-national survey), 顾名思义, 指的是在不同国家作同一个调查. 跨国调查已经存在很多年了, 如开始于 1972 年的世界生育力调查 (world fertility survey, WFS), 除了提供许多发展中国家的生育行为的可比较性数据外, 它在帮助发展中国家执行调查的能力建设方面也做出了很有价值的贡献. 其后的人口和健康调查 (demographic and health surveys, DHS) 则可视为 WFS 的延续. 当然类似的跨国调查越来越多, 如由联合国组织赞助的多指标整群调查 (multiple indicator cluster survey, MICS)、世界银行赞助的生活水平度量研究 (living standards measurement study, LSMS) 以及由欧盟组织的欧洲社会调查 (european social survey) 等 (Kalton, 2003).

然而, 一项跨国调查牵扯的内容非常多, 所以完成一项成功的跨国调查会遇到许多困难 (Smith, 1988):

首先, 组织的难度. 一个跨国调查的组织管理是极其复杂的, 牵扯到主要研究者之间的合作、赞助的来源、数据的收集、研究机构以及相关的政府等方面, 而且跨国调查的花费是非常高的, 调查的国家越多, 得到的信息就越多, 但所需的花费也相应地越多. 此外, 跨国调查的调查难度从计划、执行到分析都比普通调查大很多.

其次, 在跨国调查中存在计量问题. 因为各国的文化差异, 要使一个跨国调查做到有效、可靠和高效是一件困难的事情. 例如, 在原教旨主义的伊斯兰国家, 找女性接受调查的难度是比较大的.

而语言带来的困难也是非常大的. 因为语言本身的差异以及文化上的差异, 所以在很多情况下, 即使有翻译的帮助, 还是很难给出准确的问题或得到真实的回答. 而为了得到各个国家之间可比较的数据, 研究者需要想办法让其影响降到最低.

针对跨国调查面对的这些棘手问题, 抽样调查工作者作了一系列的研究, 如针对由于文化和语言差异可能导致的被调查者理解上的问题, 已提出相应的办法: ① 尽量多地用数值来表示; ② 尽量把问题和回答选项简单化; ③ 试图校准可能存在的误差. 当然这些方法在有些调查中可能又会带来新的问题 (Smith, 1988).

另外, 跨国调查不得不考虑一般调查的一些问题, 如覆盖率、抽样、调查者的培训和素质、回答率以及数据输入等. 因为跨国调查的复杂性, 这些一般调查会遇到的问题在跨国调查中很可能更加麻烦.

进行跨国调查的一个很重要的目的是在各个国家之间进行分析比较, 所以如何做到跨国调查的可复制性和可比较性将是一个重要的研究课题. 同时, 提出一些标准化的概念并给出度量也是一个重要的问题. 类似这样的问题在跨国研究中会越来越多地被提出, 这些问题都应该引起调查研究者的注意.

不光跨国调查本身有许多问题在不断提出并需得到解决, 同时因为跨国调查本身的复杂性, 以及跨国调查所得到的数据的复杂性, 它又将带动抽样调查其他方向的发展, 如由于跨国调查总体的相对更复杂性, 所以可能会提出新的抽样方法或对传统的抽样方法进行相应的改进, 而分析复杂的跨国调查数据就有可能会给统计分析带来新的问题.

12.8 其他重要方面

12.8.1 多指标或多主题抽样与估计

在大多数实际的抽样调查中, 抽样设计一般是围绕一个主要指标进行的, 但在实际问题中, 经常需要同时估计几个甚至多至上百个目标量, 这时逐个进行估计效果往往欠佳, 这是因为抽样的设计并没有顾及其他指标, 即所抽取的样本对其他指标可能并没有很好的代表性. 如何对这样的样本兼顾对其他指标估计的准确性是一个没有解决好的困难的问题, 而对于小域的多指标估计问题则更加困难. 关于多指标的抽样与估计问题, Bailey 和 Kott(1997) 提出了 MPPS 抽样方法, 即多变量 PPS 抽样. 这种抽样方法对采用以名录为抽样框的多指标调查具有较好的效果, 在我国农业调查中也已得到应用. 但是, 这种方法也还有许多需要进一步研究和改进的地方. 邵宗明等 (2001) 对多指标抽样调查进行了有益的探索, 他们将调查指标分为高成本指标和低成本指标, 基于单元抽样提出了成本限制下复合设计的概念, 将低成本样本信息作为辅助资料构造了高成本指标的比估计, 并给出了最优复合设计.

另一方面, 即使针对多个指标的样本已得到, 也经常会出现某些指标数据出现缺失的情况. 如何推算出这些缺失值以提高估计的精度是需要仔细研究的. 此外, 多个指标值之间的相关关系也是值得关注的.

12.8.2 计量误差

计量误差是非抽样误差中不可避免, 同时也很难处理的一种误差. 它不仅存在于抽样调查, 也存在于任何一项调查, 如全面调查中. 产生的原因包括调查方案的设计不够科学或不够完善; 调查员的业务能力不强及责任心不够等; 被调查者的理解不当、记忆不清以及故意的不真实回答等, 这是最严重的一种计量误差. 以下计量误差专指这种由被调查者引起的误差.

对计量误差的研究首先需要对计量误差进行量化 (冯士雍, 2007). 数值型的计量误差对调查估计影响的最简单模型是考虑计量中的固定偏差但没有随机变异的模型, 如 Zarkovich (1966) 讨论的模型. 对于有偏计量的数值化研究可通过收集样本单元其他准确或无偏的计量来进行, 这通常在子样本的基础上实施操作. 对于分类数据的计量误差, 误差是由于错误分类引起的, 特别是对敏感性问题的回答. 目前发展了不少基于随机化回答的技术来减少关于敏感性问题的回答误差. 这种方法也可以处理数量化的敏感性问题. 随机化回答技术的一个重要问题是如何在尽量消除被调查者顾虑的同时, 提高抽样估计的效率.

除了用随机化回答技术来处理敏感性问题以减少计量误差外, 在抽样理论中关于计量误差的研究目前还不是很完善, 多是针对个案或基于一些较简单的模型进行讨论, 真正能用于一般情形的普遍方法还很少.

12.8.3 复杂的超总体模型

对于抽样调查目标量的推断问题, 本质上有两种处理方式: 一种是传统的基于纯粹抽样设计的观点, 另一种是基于超总体模型的观点. 在超总体模型的观点下, 所研究的有限总体被看成是来自某一个超总体的样本. 这方面已有非常多的研究 (邹国华和冯士雍, 2007), 然而目前绝大多数文献考虑的是较简单的线性模型. 由于实际数据的复杂性, 在更一般的超总体模型, 如广义线性、半参数、非参数等模型下研究有限总体的估计问题值得进一步研究. 另一方面, 实际的观测值, 包括感兴趣的目标量和辅助变量, 可能是带有计量误差的, 因此, 考虑带计量误差的超总体模型也是具有实际意义的.

12.8.4 关于抽样误差的进一步研究

尽管抽样调查是一个发展相对比较成熟的学科, 但在经典的抽样理论中, 仍有一些问题至今没有明确的答案. 例如, 系统抽样设计由于不可测, 因此, 没有无偏的方差估计. 为此, 抽样调查研究者提出了许多方法, 如 Wolter (1985) 对不等概率系统抽样就总结了 8 个方差估计量. 在这些估计量中, 到底哪个更好并无定论, 进一步的深入研究是必要的, 或许需要发展新的思想和方法. 例如, 在方差估计量的比较方面, Sundberg (1994), 冯士雍和邹国华 (1998) 结合了参数估计理论中估计损失函数的思想, 提出了一种新的方法. 另一方面, 对现有的某些抽样技术进行适当改进也是必要的. 例如, 在实际的抽样调查中, 所使用的抽样方案常常并不是某个单一的抽样方法, 而是多种基本抽样方法的有机结合, 而实际抽样时与最初的设计又可能有差距, 因此, 最终所得样本一般是复杂的. 处理这种复杂样本的方差估计常常是困难的, 目前的方法主要有随机组方法、平衡半样本方法、刀切法 (自助法) 以及泰勒级数法. 这些方法的适用范围都非常广泛, 但在许多方面, 如估计效率、计算复杂度、缺失数据的处理等, 仍需作出改进.

12.9 结 束 语

本章对抽样调查领域将来的研究问题和发展及其研究基础作了一个简要的介绍, 希望有助于抽样调查工作者特别是年轻学者的研究. 需要说明的是, 由于知识水平所限以及文献查阅不全, 有些重要方面可能没有顾及, 因此, 不必完全拘泥于这里介绍的范围.

总之, 我们认为, 随着社会经济和科学技术的发展, 人们对信息的需求越来越多, 抽样调查作为一种快速、经济和有效地获取信息的手段必将继续显示其重要作用. 抽样调查依然是一个具有生命力、正在蓬勃发展的学科.

致谢　本项工作得到国家社会科学基金重大项目 “现代统计研究” 和国家自然科学基金 (资助号: 70625004) 的支持. 作者衷心感谢朱荣博士的帮助.

参 考 文 献

丁文兴. 2005. 域和小域估计的理论与方法研究. 北京: 中国科学院数学与系统科学研究院博士学位论文

冯士雍. 2007. 抽样调查应用与理论中的若干前沿问题. 统计与信息论坛, 22(1): 5~13

冯士雍, 倪加勋, 邹国华. 1998. 抽样调查理论与方法. 北京: 中国统计出版社

冯士雍, 秦怀振, 高嘉陵. 2001. 中国妇女社会地位调查 (第 2 期) 的抽样设计与数据处理方法. 技术报告

冯士雍, 邹国华. 1998. 系统抽样时方差估计量的比较. 系统科学与数学, 18(1): 47~57

李莉莉, 冯士雍, 秦怀振.2004. 批发零售贸易业、餐饮业抽样调查方案及数据处理方法. 数理统计与管理, 23(1): 19~26

李莉莉, 冯士雍, 秦怀振. 2007. 不放回样本追加策略下域的估计. 统计研究, 6: 80~84

秦怀振. 2003. 抽样调查中若干理论与实践问题的研究. 北京: 中国统计出版社

邵宗明, 冯士雍等. 2001. 分层次和多目标抽样调查方法研究. 国家社会科学基金资助项目研究报告.

涂玉娟. 2006. 固定样组调查中的期无回答.

邹国华, 冯士雍. 2007. 超总体模型下有限总体的估计. 系统科学与数学, 27(1): 27~38

Bailey J T, Kott P S. 1997. An application of multiple list frame sampling for multi-purpose surveys. ASA Proceedings of the Selection on Survey Research Methods

Bergman L R, Kristiansson K E, Olofsson A, et al. 1994. Decentralised CATI versus paper and pencil interviewing: effects on the results of the Swedish labor force surveys. J. Off. Stat, 10: 181～195

Cassel C M, Sarndal C E, Wretman J H. 1977. Foundation of Inferce in Survey Samping. New York: John Wiley

Cassel C M, Sarndal C E, Wretman J H. 1983. Some uses of statistical models in connection with the nonresponse problem. Incomplete Data in Sample Surveys, Vol. 3, Proceedings of the Symposium. New York: Academic. 143～160

Charlesworth J, Fink J. 2001. Historians and social science research data: the peter townsend collection. History Workshop Journal, 51: 206～219

Church A H. 1993. Estimating the effects of incentives on mail survey response rates: a meta-analysis. Public Opin, Q 57: 62～79

Cochran W G. 1977. Sampling Techniques. 3rd ed. John Wiley & Sons, New York. (抽样技术. 张尧庭与吴辉译. 北京：中国统计出版社, 1985)

Collins M, Sykes W. 2003. What is the future for telephone surveys? Proceedings of the Berlin Session of the International Statistical Institute (CD-ROM)

Corti L, Thompson P. 2004. Secondary analysis of archived data. Qualitative Research Practice: a Guide for Social Science Students and Researchers. 327～343

Couper M P. 2001. Web surveys: a review of issues and approaches. Public Opin, Q 64: 464～494

Duncan G J, Kalton G. 1987. Issues of design and analysis of surveys across time. International Statistical Review, 55: 97～117

Feng S Y, Zou G H. 1997. Sample rotation method with auxiliary variable. Communications in Statistics: Theory and Methods, 26: 1497～1509

Glass G V. 1976. Primary, secondary, and meta-analysis of research. Educational Researcher, 5(10): 3～8

Godambe V P. 1955. A unified theory of sampling from finite population. J.R.Statist.Soc.,B 17: 269～278

Groves R M, Couper M P. 1998. Nonresponse in Household Surveys. New York: Wiley

Groves R M, Dillman D A, Eltinge J L, et al. 2002. Survey Nonresponse. New York: Wiley

Groves R M, Singer E, Corning A. 2000. Leverage-salience theory of survey participation: description and an illustration. Public Opin, Q 64: 299～308

Hansen M H, Hurwitz W N. 1943. On the theory of sampling from finite population. Ann. Math. Statist, 14: 333～362

Heckman J J. 1979. Sample selection bias as a specification error. Econometrica, 46: 931～961

Henderson C R. 1950. Estimation of genetic parameters (Abstract). Annals of Mathematical Statistics, 21: 309～310

Holbrook A L, Green M C, Krosnick J A. 2003. Telephone versus face-to-face interviewing of national probability samples with long questionnaires: comparisons of respondent satisficing and social desirability response bias. Public Opin, Q 6:79~125

Horvitz D G, Thompson D J. 1952. A generalization of sampling without replacement from a finite universe. J. Amer. Statist. Assoc, 47: 663~685

Kalton G.2003. Survey research in the next decade: prospects and challenges. Proceedings of Statistics Canada Symposium 2003 Challenges in Survey Taking for the Next Decade

Lessler J T, Kalsbeek W D. 1992. Non-Sampling Error in Surveys. John Wiley & Sons, New York. (调查中的非抽样误差. 金勇进译. 北京：中国统计出版社, 1997)

Madow W G, Madow L W. 1994. On the theory of systematic sampling. Ann. Math. Statist, 15: 1~24

Mahalanobis P C. 1944. On Large-scale sample surveys. Phil. Trans. Roy. Soc. London, B 231: 329~451

Mahalanobis P C. 1946. Recent experiments in statistical sampling in the Indian Statistical Institute. J. R. Statist. Math, 2: 99~108

Moon Y. 1998. Impression management in computer-based interviews: the effects of input modality, output modality, and distance. Public Opin, Q 62:610~622

Neyman J. 1934. On the two different aspects of the representative method: the method of stratified sampling and the method of purposive selection. J. R. Statist. Soc, 97: 558~606

Neyman J. 1938. Contribution to the theory of sampling human populations. J. Amer. Statist. Assoc, 33: 101~116

Patterson H D. 1950. Sampling in successive occasion with partial replacement of units. J. R. Statist. Soc, 12: 241~255

Purcell N J, Kish L. 1979. Estimates for small domain. Biometrics, 35: 365~384

Rao C R. 1986. (数据收集进展. 杨青译. 数理统计与管理, 5: 1~10)

Rao J N K. 2003. Small Area Estimation. New York: John Wiley & Sons

Rubin D B. 1977. Formalizing subjective notions about the effect of nonrespondents in sample surveys. Journal of the American Statistical Association, 72: 538~543

Sen A R. 1972. Successive sampling with $p(p \geqq 1)$ auxiliary variables. Ann. Math. Statist, 43: 2031~2034

Sen A R. 1973. Theory and application of sampling on repeated occasions with several auxiliary variables. Biometrics, 29: 381~385

Singh B, Sedransk J H. 1978. Sample size seletion in regression analysis when there is nonresponse. Journal of the American Statistical Association, 73: 362~365

Singh G N, Priyanka K. 2007. Estimation of population mean at current occasion in successive sampling under a super-population model. Model Assisted Statistics and Applications, 2: 189~200

Smith T W. 1988. The ups and downs of cross-national survey research. GSS Cross-National

Report, 8: 18~24

Sundberg R. 1994. Precision estimation in sample survey inference: a criterion for choice between variance estimators. Biometrika, 81: 157~172

Tourangeau R. 2004. Survey research and societal change. Annu. Rev. Psychol, 55: 775~801

Tourangeau R, Smith T W. 1996. Asking sensitive questions: the impact of data collection mode, question format, and question context. Public Opin, Q 60: 275~304

Townsend P. 1962. The Last Refuge: A Survey of Residential Institutions and Homes for the Aged in England and Wales

Trivellato U. 1999. Issues in the design and analysis of panel studies: a cursory review. Quality & Quantity, 33: 339~352

Tschuprow A A. 1923. On the mathematical expectation of the moments frequency distributions in the case of correlated observations. Metron, 2: 461~493, 646~683

Wolter K M. 1985. Introduction to Variance Estimation. Springer, New York. (方差估计引论. 王吉利等译. 北京: 中国统计出版社, 1997)

Yates F, Zacopancy I. 1935. The estimation of the efficiency of sampling with special reference to sampling for yields in cereal experiments. J. Agric. Sci, 25: 545~577

Zarkovich S S. 1966. Quality of Statistical Data. Rome: Food and Agricultural Organization of the United Nations

Zou G H, Feng S Y, Qin H Z. 2002. Sample rotation theory with missing data. Science in China Ser, A 45: 42~63

第 13 章　试验设计和建模
——计算机试验及模型未知的试验

科学试验是人类赖以生存和发展的重要手段, 是人类认识自然、了解自然的重要工具, 许多重要的科学规律都是通过科学试验发现和证实的. 在工农业生产中, 人们希望通过试验达到优质、高产和低消耗. 当试验比较简单时, 人们凭经验就可以进行. 随着科学和技术的发展, 试验涉及的因素越来越多, 它们之间的关系非常复杂, 特别是在高科技的发展中, 面临多因素、非线性等复杂性, 光凭经验来安排试验已不能达到预期要求, 于是产生了 “试验设计” 这个分支. 如何安排试验是一门大学问. 试验安排得好, 会事半功倍. 设计一个试验涉及目的、构思、试验方案、技术保证、分析数据以及组织管理等, 限于篇幅, 本章仅涉及如何将统计学的理论和方法运用到试验的设计和建模中.

在试验中总存在一些不可控制的因素, 如气温、湿度、原材料不够均匀、操作人员的差异等, 它们的综合作用称为随机误差. 由于随机误差的存在, 在 “相同” 条件下做的试验, 其结果不尽相同, 它们的波动大小反映了随机误差的大小. 随机误差经常会干扰试验者的视线, 甚至误导试验的结论. 为此, 要求试验设计能大大降低随机误差的干扰. 而数理统计提供的各种数据分析方法, 可帮助试验者从错综复杂的数据中, 从随机误差的干扰中去伪存真, 找到客观存在的规律, 发现 “庐山真面目”, 所以 “一个精心设计的试验是认识世界的有效方法”.

假定在一个试验中选择了 s 个可控的因素$x_1, \cdots, x_s$, 通过试验希望能研究这 s 个因素对关心的指标 y 的影响和它们之间的关系. y 可以是物理指标 (强度、弹性)、化学反应结果 (转化率) 等, y 在试验设计领域中称为响应. 如果 y 和 $x_1, \cdots, x_s$ 之间有一个函数关系 (在试验设计中称为模型)

$$y = g(\boldsymbol{x}) = g(x_1, \cdots, x_s), \quad \boldsymbol{x} = (x_1, \cdots, x_s) \in \mathcal{J}, \tag{13.0.1}$$

其中, $\mathcal{J}$ 为试验区域, $\boldsymbol{x}$ 为 $\mathcal{J}$ 中的点, 又称为试验点. 当试验有试验误差干扰时, 模型 (13.0.1) 成为

$$y = g(x_1, \cdots, x_s) + \varepsilon, \tag{13.0.2}$$

本章作者: 方开泰, 中国科学院随机复杂结构与数据科学重点实验室研究员, BNU-HKBU 联合国际学院教授; 刘民千, 南开大学教授.

其中, 随机误差 ε 一般假定有零均值 ($E(\varepsilon)=0$) 及等方差 ($\mathrm{Var}(\varepsilon)=\sigma^2$). σ^2 决定了试验的精度, 要通过试验来估计. 在实际课题中, 试验者通常并不知道或不完全知道模型 (13.0.2), 要通过试验来估计这个模型的未知参数, 或甚至函数 g.

在古典的试验设计中, 一般假定模型 g 的形式已知, 但其中含有未知参数. 例如, 在单因素的试验中, 若因素 x 取 $a_1,\cdots,a_I$ 来做试验, 并分别重复 $n_1,\cdots,n_I$ 次, 在文献中称 $a_1,\cdots,a_I$ 为 x 的水平, 则这个试验的模型可表为

$$y_{ij}=\mu_i+\varepsilon_{ij}=\mu+\alpha_i+\varepsilon_{ij},\quad j=1,\cdots,n_i,i=1,\cdots,I, \tag{13.0.3}$$

其中, μ_i 为当 $x=a_i$ 时 y 的真值, y_{ij} 为当 $x=a_i$ 时第 j 次试验的响应, ε_{ij} 为该次试验的随机误差. 一般地, 假定 $E(\varepsilon_{ij})=0$, $\mathrm{Var}(\varepsilon_{ij})=\sigma^2$, σ^2 未知以及 $\{\varepsilon_{ij}\}$ 相互独立. μ_i 又可进一步分解为 $\mu_i=\mu+\alpha_i$, 其中, μ 为 y 在 $\mathcal{J}$ 上的总平均, α_i 称为 y 在水平 $x=a_i$ 上的主效应. 在模型 (13.0.3) 中, $\mu,\alpha_1,\cdots,\alpha_I,\sigma^2$ 未知, 要通过试验来估计.

模型 (13.0.2) 也可以是回归模型, 如单因素试验 ($s=1$) 的二次模型

$$y=\beta_0+\beta_1x+\beta_2x^2+\varepsilon, \tag{13.0.4}$$

其中, β_0,β_1,β_2 及 $\sigma^2=\mathrm{Var}(\varepsilon)$ 未知. 在探索性试验中, 试验者对模型 (13.0.2) 无先验知识, 这时要通过试验来估计模型 g, 这是现代试验设计的主攻目标之一.

试验设计是统计学的重要分支, 对人类认识世界起了极大的作用. 古典的试验设计方法, 如因子设计、区组设计、拉丁方设计、旋转设计、响应曲面设计等已建立了丰富的理论. 随着新技术和科学的飞速发展, 人类面对的问题越来越复杂, 在试验中的因素个数 s 可能会很大, 响应和因素之间的关系非线性, 需要突破古典试验设计中强烈依赖于模型的限制.

许多试验的前期研究可以在计算机上进行, 这可大大地节省试验的开支, 又可显著加快研究的进程. 在过去的 30 年中, 计算机试验从无到有, 提出了许多行之有效的方法, 建立了有关理论, 这方面的研究存在着广阔的空间.

试验设计在医学临床试验、药物有效性及毒性的试验, 在生物基因的研究和 cDNA Microarray 的试验等方面均发挥了极其重要的作用, 发展了许多新方法, 建立了新理论, 从*Handbook of Statistics*, 13 卷选择的 30 章可以见到内容之丰富. 限于作者知识的局限, 本章仅仅涉及因子设计、回归设计、均匀设计、超饱和设计以及序贯试验设计, 并提出一些进一步研究的课题.

13.1 古典的统计试验设计

古典的试验设计方法很多, 在实际中应用最广的有因子试验设计 (包括正交设

计)、最优设计或回归设计. 它们均假定模型的形式已知, 通过试验来估计模型中的未知参数, 并要求在一定的意义下, 试验设计达到最优.

13.1.1　因子试验及其部分实施

方差分析和多重比较已成功地用于单因素试验 (模型 (13.0.3)) 的数据分析. 对于多因素试验, 许多试验者将其化为多个单因素试验, 即变化一个因素的值, 固定其余因素. 当因素间有交互作用时, 这一方法往往不能找到最佳的结果. 早在 20 世纪 30 年代, 由于工农业试验的需要, 诞生了因子试验和区组试验设计. 在因子试验中, 每个因素取一些有代表性的值 (称为水平) 来研究. 若有 s 个因素, 它们各取 $q_1, q_2, \cdots, q_s$ 个水平, 共有 $N = q_1 \times q_2 \times \cdots \times q_s$ 个不同的水平组合. 若在所有的水平组合下做一次或多次试验 (称为全面试验), 试验数为 N 或 N 的倍数. 显然, 当 $s, q_1, q_2, \cdots, q_s$ 增加时, N 呈指数增长, 全面试验将失去可行性. 于是在很长一段时间内, 统计学家强调二水平试验, 即 $q_1 = q_2 = \cdots = q_s = 2$, 这时 $N = 2^s$, 它随 s 增长的速度相对较缓. 在因子试验中, 每个因素的作用用主效应来度量, 因素间的作用用交互作用来度量. 交互作用又分两因素间的交互作用、三因素间的交互作用等. 因素的主效应和交互效应的大小要通过试验来估计, 用 M 表示要估计的参数个数, n 表示实际试验的个数, 一般要求 $n > M$. n 越大, 需要的人力、物力越多, 试验周期也越长. 为此, 在因子试验的模型中必须保证主要的, 忽视次要的, 这就产生了如下原则:

(1) **稀疏原则**. 在一个因子试验中, 起关键作用的主效应和交互效应的数目不会太多;

(2) **有序原则**. 因子的主效应比交互作用重要, 低阶交互作用比高阶交互作用重要.

根据这两个原则, 在因子试验中, 大部分模型只考虑主效应或主效应及两因素之间的交互效应.

多水平的因子试验, 其未知参数的个数 M 随因子数 (s) 及每个因素的水平数的增加呈指数增长, 当所有因素的水平数均为 q 时有表 13.1. 这是为什么许多试验只考虑低水平 ($q = 2, 3$) 的原因.

表 13.1　起码试验数

	因素数 s							
	1	2	3	4	5	6	7	8
q=2	2	4	8	16	32	64	128	256
q=3	3	9	27	81	243	729	2187	6561
q=4	4	16	64	256	1024	4096	16384	65536

减小试验数的另一个办法是从所有 N 个水平组合中挑选最有代表性的组合,

被挑选的组合称为部分实施, 或部分因子设计. 如何挑选, 不同的设计选用不同的准则, 最常见的设计有如下两种:

(1) **正交设计**. 它采用水平组合均衡的原则, 要求每个因素的诸水平有相同的重复数, 以及要求任 k 个因素的水平组合有相同的重复数. k 称为设计的强度, 常用的正交设计为 $k=2$ 或 $k=3$.

(2) **均匀设计**. 均匀设计使得试验点在试验区域内分布最均匀. 有关均匀性的度量将在下面介绍.

早在 20 世纪, 由于农业试验的需要, Fisher, Yates, Bose 等先驱者将试验设计发展成为统计学的一个分支, 后来, 一批统计学家将因子设计的理论和方法日趋完善. 有关因子试验近期的代表作有 Dey 和 Mukerjee(1999), Wu 和 Hamada (2000), Mukerjee 和 Wu (2006) 等.

因子试验设计是目前用得最广的一类设计, 其理论和方法有十分丰富的内容. 尽管如此, 因子设计的研究仍然十分活跃, 新的概和结果不断涌现, 表现为以下几方面:

(1) 正规与**非正规正交设计**. 许多正交设计是通过群论的方法来构造的, 相应的正交设计具有如下性质: 任两个因素的交互作用仅反映在正交表的某些列, 这样的正交表称为正规的. 例如, 教科书上常见的 $L_8(2^7), L_{16}(2^{15})$ 等均为正规的, 但有更多的正交表并不是正规的, 如 $L_{12}(2^{11})$ 等, 这时任两列的交互作用并不集中在 $L_{12}(2^{11})$ 的某一列, 而是散布到正交表的许多列.

对正规因子设计，字长型向量是衡量设计能力的重要工具，所谓设计的最大分辨度 (maximum resolution, Box and Hunter, 1961) 和最小低阶混杂 (minimum aberration, 简记 MA, Fries and Hunter, 1980) 是比较不同设计的重要准则. 在 20 世纪，绝大部分研究集中在二水平的正规正交设计. 而 Deng 和 Tang (1999) 引入了 Minimum G-Aberration 准则来衡量二水平的非正规设计, 这一准则较难具体应用, 于是 Tang 和 Deng (1999) 进行了改进, 提出了 Minimum G_2-Aberration 准则. 21 世纪初，Ma 和 Fang (2001) 和 Xu 和 Wu (2001) 几乎同时将上述概念 (字长型) 及准则 (最大分辨度和最小低阶混杂) 推广至多水平的非正规因子设计，分别针对对称和非对称情形的设计提出了 MGA (minimum generalized aberration) 和 GMA (generalized minimum aberration) 准则. 与此同时，Fang 和 Mukerjee (2000) 将均匀性用于比较不同的因子设计，并建立了均匀性与字长型向量之间的解析联系. 均匀性是一个几何准则，对正规或非正规的因子设计一视同仁，故均匀性在因子设计的研究中有巨大的潜力，详见下节的讨论. 除此以外，许多度量正交性的其他准则也纷纷出笼，如 Xu (2003) 针对非正规设计提出的 MMA (minimum moment aberration)、Sun (1993) 提出的最大估计容量 (maximum estimation capacity)、Wu 和 Chen (1992) 提出的纯净效应 (clear effects) 准则等. 试验设计专著 Mukerjee 和

Wu (2006) 对这方面的结果有很好的总结. 最近，Zhang 等 (2008) 提出了一种反应正规设计本质的新的混杂型式 (文章中记为 AENP)，从本质上充分而完全地揭示了正规设计因子效应间的混杂信息，并基于这一新型式提出了一种新的选最优设计的 GMC (general minimum lower-order confounding) 准则，即一般最小低阶混杂准则. 针对这一准则已出现了一系列后续的研究.

另外，上述的多个准则还被推广应用于研究其他各类相关设计，如纯净准则下的非对称设计、最优分区组设计、裂区设计 (split-plot design)、稳健参数设计 (robust parameter design) 等. 这方面的工作可参见专著 (Mukerjee and Wu, 2006), 最近的文章 (Yang, et al., 2009; Zhao, et al, 2008; Zi, et al, 2007; Tang, 2007; Xu, 2006; Chen, et al, 2006; Li, et al, 2006; Yang, et al., 2006; Ai, et al., 2006; Zi, et al, 2006) 及其所引文献.

(2) **设计的分类**. 对给定的试验数 n, 因素的个数 s 以及因素的水平数 q, 相应的正交设计 (如果存在) 并不唯一, 根据试验的要求, 将具备相等能力的正交设计归类, 对正交设计的应用, 十分有益. Chen 等 (1993) 将许多二水平和三水平的因子按字长型向量的表现进行了归类. 近年来, 更细致分类的文章很多.

(3) **多水平试验**. 当模型为非线性时, 二水平和三水平的试验已不能真实地表达模型的概貌, 需要做水平更多的试验. 由于多水平的因子试验理论非常复杂, 这是一个有挑战性的研究方向.

13.1.2 回归设计

若在一个试验中, 若试验的结果 (响应)y 与 s 个因素 $x_1, \cdots, x_s$ 之间有如下的回归关系：

$$y = \beta_1 g_1(x_1, \cdots, x_s) + \cdots + \beta_m g_m(x_1, \cdots, x_s) + \varepsilon, \tag{13.1.1}$$

其中, $g_1, \cdots, g_m$ 为已知函数, 回归系数 $\beta_1, \cdots, \beta_m$ 及 $\sigma^2 = \mathrm{Var}(\varepsilon)$ 未知, 要通过试验来估计, 希望构造一个试验, 使得回归系数的估计有最好的精度, 即有最小的协方差阵. 一个矩阵的极小可能有多种不同的考虑, 从而产生不同的最优设计. 令

$$\boldsymbol{G} = \begin{pmatrix} g_1(x_1) & \cdots & g_m(x_1) \\ \vdots & & \vdots \\ g_1(x_n) & \cdots & g_m(x_n) \end{pmatrix}, \quad \boldsymbol{\beta} = \begin{pmatrix} \beta_1 \\ \vdots \\ \beta_m \end{pmatrix}, \tag{13.1.2}$$

其中, $\boldsymbol{x}_1, \cdots, \boldsymbol{x}_n$ 为试验点, 则 $\boldsymbol{\beta}$ 的最小二乘估计为

$$\hat{\boldsymbol{\beta}} = \left(\boldsymbol{G}^{\mathrm{T}}\boldsymbol{G}\right)^{-1} \boldsymbol{G}^{\mathrm{T}} \boldsymbol{y},$$

其中, $\boldsymbol{G}^{\mathrm{T}}$ 为 $\boldsymbol{G}$ 的转置, $\boldsymbol{y} = (y_1, \cdots, y_n)^{\mathrm{T}}$, 即响应值组成的向量. 估计 $\hat{\boldsymbol{\beta}}$ 是无偏的,

它的协方差阵为

$$\mathrm{Cov}(\hat{\boldsymbol{\beta}}) = \sigma^2 \boldsymbol{G}^{\mathrm{T}}\boldsymbol{G}^{-1},$$

其中, $\sigma^2 = \mathrm{Var}(\boldsymbol{\varepsilon})$, 也需要通过试验来估计. 令 $\boldsymbol{M} = \frac{1}{n}\boldsymbol{G}^{\mathrm{T}}\boldsymbol{G}$, 它称为信息矩阵, 包含了试验点及模型的信息. 欲使 $\mathrm{Cov}(\hat{\boldsymbol{\beta}})$ 达到最小等价于使 $\boldsymbol{M}$ 达到最大. 如下不同的回归设计来源于对矩阵 $\boldsymbol{M}$ 不同的极大含义:

(1) D 最优设计: 取试验点, 使 $\boldsymbol{M}$ 的行列式达极大;

(2) A 最优设计: 取试验点, 使 $\mathrm{tr}(\boldsymbol{M}^{-1})$ 达极大, 其中, $\mathrm{tr}(\boldsymbol{A})$ 为 $\boldsymbol{A}$ 的对角元素之和;

(3) E 最优设计: 取试验点, 使 $\boldsymbol{M}^{-1}$ 的最大特征根达极小;

(4) G 最优设计: 取试验点, 使响应 (y) 预报值 $(\hat{y})$ 的最大方差达极小.

显然, 当模型已知时, 最优回归设计提供了模型中未知参数的优良估计. 若试验者选错了模型, 相应的最优回归设计可能表现很差, 故回归设计强烈地依赖模型, 缺乏稳健性. 有关回归设计的专著可参见文献 (Atkinson and Donev, 1992; Pukelsheim, 1993).

最优设计有高效率的优点, 当模型已知时, 它是首选, 但最优设计过分依赖于模型, 从而缺乏稳健性. 如何提高最优设计的稳健性是最优设计的重要研究方向.

13.1.3 区组设计

在农业、生物等试验中, 很难做到试验条件完全一样. 两块试验田要使土壤、水分、通风等条件近似并不困难, 但如果有几十块试验田, 要它们有近似的条件就不容易了. 在生物和医药试验中, 如果一次要求太多的试验老鼠, 希望它们来自同一双父母是不容易的, 于是区组的概念成为古典试验设计中非常有用的工具, 同一区域的试验有十分近似的试验环境. 区组设计可以避免系统误差, 从而大大提高了试验结论的可靠性. 当每个区组的试验单元数目足够多时, 有完全区组设计, 但区组中的试验单元不够多时, 产生不完全区组设计. 后者必须拥有区组与因素间的种种均衡性, 例如, 平衡不完全区组设计(BIB) 就是让试验满足要求的均衡性. 这一类的设计有极其丰富的内容, 形成 "组合设计" 这一数学中的分支. 有兴趣的读者可参见文献 (Street, 1996; Caliński and Kageyma, 1996; Gupta and Mukerjee, 1996) 的综合评述文章.

13.2 模型未知的试验和计算机试验

13.2.1 模型未知的试验设计

上述两类试验设计均假定响应 (y) 与因素 $(x_1, \cdots, x_s)$ 之间的关系 (模型) 类型已知, 但在大多数的试验中, 试验者对模型 (13.0.2) 并不十分清楚, 要通过试验点来估计 g, 这时如何来选择试验设计呢? 记试验点为 $\boldsymbol{x}_1, \cdots, \boldsymbol{x}_n$, 相应的响应为 $y_1, \cdots, y_n$, $\hat{g}(x_1, \cdots, x_s)$ 为 g 的一个估计, 它是数据 $\{y_1, \cdots, y_n; \boldsymbol{x}_1, \cdots, \boldsymbol{x}_n\}$ 的一个函数. 直观上, 希望 $\hat{g}$ 和 g 之间的偏差

$$|g(x_1, \cdots, x_s) - \hat{g}(x_1, \cdots, x_s)|$$

在试验范围内一致地小于给定的精度 δ. 要直接达到这个要求在理论上是困难的. 均匀设计 (方开泰, 1980; Fang and Wang, 1994) 首先采用总均值模型作为突破口. 考虑模型 (13.0.2),

$$y = g(\boldsymbol{x}) + \varepsilon = g(x_1, \cdots, x_s) + \varepsilon, \quad \boldsymbol{x} \in \mathcal{J},$$

其中, ε 为随机误差, 通常假定 $\varepsilon \sim N(0, \sigma^2)$. 在多数试验中, $\mathcal{J}$ 是一个超矩形, 即 $\mathcal{J} = [a_1, b_1] \times [a_2, b_2] \times \cdots \times [a_s, b_s]$. 不失一般性, 可假定 $\mathcal{J}$ 为一个单位超立方体, $\mathcal{J} = [0,1]^s$. y 在 $\mathcal{J}$ 上的总均值为

$$\text{mean}(y) = \int_{[0,1]^s} g(\boldsymbol{x}) \mathrm{d}\boldsymbol{x}.$$

记试验点集为 $\mathcal{P} = \{\boldsymbol{x}_1, \cdots, \boldsymbol{x}_n\}$, 真模型 g 在 $\mathcal{P}$ 上的平均 $\bar{y}(\mathcal{P}) \equiv \bar{y} = \dfrac{1}{n}\sum_{i=1}^{n} g(\boldsymbol{x}_i)$ 是 mean(y) 的一个无偏估计. 总均值模型是寻求一个设计 $\mathcal{P}^*$, 使其 $\bar{y}(\mathcal{P}^*)$ 与 mean(y) 最接近. 由数论中的 Koksma-Halwka 不等式,

$$|\text{mean}(y) - \bar{y}(\mathcal{P})| \leqslant V(g) D(\mathcal{P}),$$

其中, $V(g)$ 为函数 g 在 $[0,1]^s$ 上一定意义下的总变差, $D(\mathcal{P})$ 为试验点集 $\mathcal{P}$ 的偏差, 详见文献 (Hua and Wang, 1981; Fang and Wang, 1994). $V(g)$ 仅依赖于模型, 而 $D(\mathcal{P})$(一种均匀性测度) 的值取决于试验设计. 使 $D(\mathcal{P})$ 达极小的设计称为均匀设计. 均匀设计不仅是在总均值模型下的最优设计, 它有更多的优良性, 详见文献 (Wiens, 1991; Xie and Fang, 2000; Hickernell, 1999; Yue and Hickernell, 1999; Hickernell and Liu, 2002). 后者指出 "Although it is rare for a single design to be both maximally efficient and robust, it is shown here that uniform designs limit the effects of aliasing to yield reasonable efficiency and robustness together".

13.2.2 计算机试验

计算机技术的飞速发展改变了人们的生活, 也改变了许多领域研究的方法和思路, 在试验设计领域内也毫不例外. 由于传统的试验方法是在实验室或工农业生产

现场进行, 需要经费、有关设备和材料、有经验的工程师和操作人员. 有的试验费时很长. 如果有些实验能在计算机上进行, 可达到多快好省的目的.

在统计学领域内, 计算机试验可以分为两类: 一类为计算机模拟计算, 如用计算机产生正态分布的样本, 产生需要的统计量, 然后来研究该统计量的表现; 另一类是计算机试验, 试验者知道原模型 (13.0.1), 但该模型过于复杂, 没有解析表达式且计算时间过长, 在实际中难以直接使用, 为此, 希望能寻找一个易算的近似模型 $\hat{g}(x_1,\cdots,x_s)=\hat{g}(\boldsymbol{x})$ 来代替真模型 $g(x)$. 在文献中, $\hat{g}(\boldsymbol{x})$ 又称为拟模型 (metamodel). 为了获得一个高质量的拟模型, 需要预先做一批试验, 然后用试验数据来寻找 y 和 $x_1,\cdots,x_s$ 之间的拟模型 $\hat{g}$. 在实际中, 用拟模型 $\hat{g}$ 来代替真模型 g, 其过程如图 13.1 所示. 根据上述思路, 要解决试验设计和建模两方面的要求.

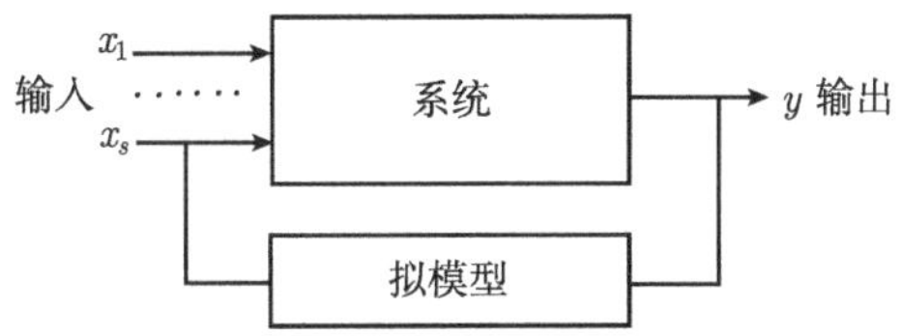

图 13.1 仿真试验

(1) **试验设计** 在系统的输入参数空间 (或称为试验区域) 选择 n 个有代表性的组合 (试验点), 使得试验点能填满在参数空间, 在文献上称为 space filling design;

(2) **建模** 对每个试验点 $\boldsymbol{x}_i$, 计算相应的输出 $y_i=g(\boldsymbol{x}_i)(i=1,\cdots,n)$, 并用数据集 $\{y_i,\boldsymbol{x}_i|i=1,\cdots,n\}$ 来寻找一个高质量的拟模型 $\hat{g}$.

请注意, 在计算机试验中不存在随机试验误差, 与模型未知试验的模型 (13.0.2) 有本质的不同, 在绝大多数文献中, 是将两类试验分开研究的. 但是在试验设计和建模的要求上, 两类试验有许多共性. 当 s 个输入参数中可能有一些参数对 y 影响不大, 在建模时这些参数未能包含在拟模型之内, 这时, 这些次要参数的影响可视为试验误差. 用这种观点, 两类试验的设计和建模有更多的共性.

计算机试验和建模已有 30 多年历史, 在统计、工程和许多科研领域都是一个热门课题, 有关综述的文献可参见 (Sacks, et al., 1989a; Koehler and Owen, 1996; Simpson, et al., 2001). 有关的专著可参见 (Santner, et al., 2003; 方开泰和马长兴, 2001; Fang, et al., 2005). 在计算机试验及模型未知的试验中, 遇到了一系列有挑战性的课题, 下面介绍其中的一部分.

13.2.3 均匀设计的构造

在单位超立方体 $[0,1]^s$ 上构造一个有 n 次试验的均匀设计, 是使其有最好的均匀性. 传统的度量均匀性的测度在数论方法中是星偏差. 星偏差是 $[0,1]^s$ 上均匀分布函数 $F(\boldsymbol{x})$ 和 n 个试验点的经验分布函数 $F_n(\boldsymbol{x})$ 之差的一种 L_p 范数, 即

$\|F(\boldsymbol{x})-F_n(\boldsymbol{x})\|_p$. 当 $p\to\infty$ 时, 这个范数为 $\sup_{\boldsymbol{x}\in[0,1]^s} \mid F(\boldsymbol{x})-F_n(\boldsymbol{x}) \mid$ 称为星偏差. 由于星偏差计算过于复杂, 相应的 L_2 星偏差虽然好算, 但不具备坐标系交换不变性. 为此, Hickernell (1998) 提出了多个有良好性质的新偏差, 其中, 以中心化 L_2 偏差、可卷 L_2 偏差以及 Hickernell 和 Liu(2002) 提出的离散偏差更为有用. 在以下文中, 用 $D(\mathcal{P}_n)$ 表示设计 $\mathcal{P}_n$ 的上述三个偏差中的一个. 对于单因素试验 ($s=1$), 均匀设计可以求出, 在中心化 L_2 偏差下, 均匀设计为 $\left\{\frac{1}{2n},\frac{3}{2n},\cdots,\frac{2n-1}{2n}\right\}$. 对于多因素试验, 求均匀设计在计算复杂性上是一个 NP Hard 问题. 其实, 从实用的角度, 只需要求出均匀性好的设计就可以了.

将备选的空间缩小是降低计算复杂性的有效途径, 于是提出了 U 型设计的概念. 一个有 n 次试验, s 个因素, 每个因素有 q 个水平的 U 型设计是一个 $n\times s$ 矩阵, 其每列中元素 $1,2,\cdots,q$ 出现的频率相同, 记为 $\boldsymbol{U}(n;q^s)$. 若将水平 $1,2,\cdots,q$ 变为 $\frac{1}{2q},\frac{3}{2q},\cdots,\frac{2q-1}{2q}$, 则得到 $[0,1]^s$ 上的一个设计, 矩阵的 n 个行对应 n 个试验点, 这些试验的全体记为 $\mathcal{U}(n;q^s)$. 当 $q=n$ 时, 每个因素的水平为 $\left\{\frac{1}{2n},\frac{3}{2n},\cdots,\frac{2n-1}{2n}\right\}$, 它是单因素的均匀设计. 在集合 $\mathcal{U}(n;q^s)$ 上求均匀设计就是在其上求偏差最小的设计. 上述做法大大缩小了计算的复杂性. 尽管如此, 在 $\mathcal{U}(n;q^s)$ 上求均匀设计其计算依然复杂. 为此, 在文献中提出了许多简化计算的方法, 如好格子点法、拉丁方方法、切割法、折叠法、叠合法、不完全区组设计法以及数值优化算法. 这些方法的详细介绍可参见文献 (Fang, et al., 2005). 在计算机试验中, 需要的试验数 n 可以很大 (并不影响经费), 但寻求高质量的大 n 的均匀设计仍是一个挑战性的课题.

由于 $\mathcal{U}(n;q^s)$ 是一个离散集合, 在其上的函数 (这里就是偏差) 没有连续及可微的概念, 古典优化的各种梯度法是爱莫能助. Fang 和 Winker 合作了多篇文章, 将随机优化中的门限接受法加以改进, 用来搜索均匀设计. 详见文献 (Fang, et al., 2000; Fang, et al., 2005). 随机优化的方法很多, 如退火法、遗传法、进化法等, 读者不妨试试其效果.

13.2.4 建模方法

记试验数据为 $\{\boldsymbol{x}_k=(x_{k1},\cdots,x_{ks}),y_k,k=1,\cdots,n\}$, 在计算机试验中 $y_k=g(x_{k1},\cdots,x_{ks})$, 可以算出, 在实际试验中, y_k 是由试验获得. 建模的目的是找一个易于计算的拟模型 $\hat{g}$, 使得它与真模型 g 在试验区域内一致地接近. 度量接近的水平一般用均方误, 它定义为

$$\text{MSE}=\frac{1}{L}\sum_{l=1}^{L}(g(\boldsymbol{x}_l)-\hat{g}(\boldsymbol{x}_l))^2, \tag{13.2.1}$$

其中, $\{\boldsymbol{x}_l, l=1,\cdots,L\}$ 为试验区域内随机选择的 L 个点. 在计算机试验中, 真模型 g 已知, 均方误很容易算出; 在模型未知的试验中, 则需要追加试验或用 K-fold cross validation 等方法, 详见文献 (Fang, et al., 2005).

在高维空间建模是一个困难、极具挑战性的课题. 目前, 流行的做法有以下几种:

(1) **基函数法** 在试验区域 $\mathcal{J}$ 选一组基函数 $B_0(\boldsymbol{x}), B_1(\boldsymbol{x}), \cdots, B_J(\boldsymbol{x})$, 考虑拟模型有如下形式:

$$\hat{g}(\boldsymbol{x}) = \beta_0 B_0(\boldsymbol{x}) + \beta_1 B_1(\boldsymbol{x}) + \cdots + \beta_J B_J(\boldsymbol{x}), \tag{13.2.2}$$

其中, $\beta_0, \beta_1, \cdots, \beta_J$ 可用最小二乘法估出. 基函数可选用多项式、正交多项式、回归样条函数、傅里叶函数基、小波等. 再用筛选变量的方法, 将模型 (13.2.2) 中不重要的变量剔除, 就可获得不少有用的拟模型.

(2) **Kriging 方法** 该方法是由南非地质学家 Krige 于 1951 年在他的硕士论文中发明的. 20 世纪 80 年代末, Sacks 等 (1989a, 1989b) 将这一方法发扬光大, 用于计算机试验的建模, 后来又进一步将 Bayes 的思想加入其中, 详见文献 (Morris, et al., 1993). Kriging 方法在建模中很有用, 但有时有过拟合的现象.

(3) **人工神经网络法** 该方法原则上可用于任何数据和任何复杂的非线性模型, 但其稳健性表现不够稳定, 有时表现很好, 有时很差. 另外, 该方法提供的拟模型没有解析表达式, 对于分析诸因素对响应的关系很不方便. 有关人工神经网络的专著和文章很多, 如可参见文献 (Haykin, 1998).

(4) **仿射性基函数** 考虑关于 $x_1, \cdots, x_s$ 对称的函数,

$$\phi(\boldsymbol{x}) = \phi(x_1, \cdots, x_s) = r(\| \boldsymbol{x} \|), \tag{13.2.3}$$

其中, $\| \boldsymbol{x} \|$ 是向量 $\boldsymbol{x}$ 的 L_2 模. 许多有用的多元分布函数都可以表为仿射性对称函数, 如标准多元正态分布, 在 $\mathbb{R}^s$ 空间中的球面或球体内的均匀分布、多元对称的皮尔逊 II 型和 VII 型分布 (Fang, et al., 1990). 将仿射对称函数 $r(\| \boldsymbol{x} \|)$ 作线性变换得

$$k\left(\frac{\| \boldsymbol{x} - \boldsymbol{x}_i \|}{\theta}\right), \quad i = 1, \cdots, n.$$

拟函数可取为如下的形式:

$$g(\boldsymbol{x}) = \mu + \sum_{j=1}^{n} \beta_j k\left(\frac{\| \boldsymbol{x} - \boldsymbol{x}_i \|}{\theta}\right). \tag{13.2.4}$$

常用的有 $k(z) = z, k(z) = z^3, k(z) = z^2 \log z$ 或 $k(z) = \mathrm{e}^{-z^2}$ 等. 利用仿射性对称函数构造的拟模型, 计算简单, 在建模中被普遍使用. 有关建模的上述方法的介绍和讨论可参见文献 (Fang, et al., 2005).

当试验点数不够多且 s 又不太少时, 建模是极具挑战性的课题, 新的方法不断涌现.

13.2.5 不同试验设计方法之间的关系和相互渗透

已回顾了许多设计方法, 如因子设计 (包括正交设计)、回归设计、组合设计 (包括各种区组设计)、均匀设计等. 不同的设计起源于不同的研究背景和试验目的, 用不同的准则来度量. 在文献中一般是将这些设计分开进行研究的. 近年来, 人们发现不同的试验设计方法之间也有一定的共性, 从而可以建立它们之间的联系, 并将它们互相渗透、发展新理论、发现新结果. 这里列举部分结果, 读者不难举一反三, 发现更多的关联.

1) **因子设计和均匀性**

均匀性虽然是个几何准则, 但蕴涵了许多统计的信息, 从而均匀性在因子设计中应有丰富的应用.

(1) *均匀性用于鉴别不同构因子设计*. 两个因子设计称为同构的, 如果一个可以由另一个通过变换试验次序、因素重新标号或交换每列中因子的水平定义. 两个同构的设计在传统的因子设计理论中是等价的. 对于两个因子设计 $D_n(q^s)$(有 n 次试验、s 个因素、每个因素有 q 个不同水平), 要鉴别它们是否同构, 需要比较 $n!s!(q!)^s$ 个同类设计, 计算复杂性上是一个 NP Hard 问题. 直观上, 易见交换一个因子设计的设计点编号和因子编号, 不会影响设计的均匀性和投影均匀性. 利用这一事实, Ma 等 (2001) 提出了一个鉴别不同构因子设计的算法 (NIU). 用 NIU 算法可以极快地鉴别不同构的因子设计, 如两个不同构的 $L_{32768}(2^{31})$ 设计, 完全的比较需要比较 $32768!2^{31}31!$ 个设计, 而用 NIU 算法只需 n 步. 详细讨论可见文献 (Ma, et al. 1999). 上述思想也用于识别不等价的 Hadamard 矩阵, 详见文献 (Fang and Ge, 2004).

(2) *正交性与均匀性*. 正交设计是基于因素间水平组合的均衡性来定义的, 显然, 正交设计的试验点在其试验范围内 (不失一般性, 仍定为 s 维空间的单位超立方体) 满足一定意义下的均匀性. 选用中心化 L_2 偏差, 可以发现 (Fang, et al., 2000), 常用的许多正交表均是一定意义下的均匀设计, 可以通过优化算法用计算机在极短时间内求得, 而这些正交设计是数学家们通过多年才获得的. Fang 和 Ma (2000) 还进一步发现两个同构的 $L_9(3^4)$ 有不同的统计性质, 这一发现打破了 "同构正交表有相同统计性质" 的断言. 因此, 将均匀性加入到比较正交设计, 可以发展许多新的结论. 这方面仍有很大的研究空间.

(3) *优势理论平台*. 注意到正交设计、超饱和设计和常见的均匀设计都是从 U 型设计中用不同的准则选出来的, 当 (n, s, q) 给定后, 不同的准则导出不同的设计. 这一共同性提示我们也许可以将这三类设计放在同一理论平台上. Zhang 等 (2005) 利用数学中的优势理论(theory of majorization), 将这三类设计放在同一个框架下研究, 不同的准则表成优势理论中的不同 Schur 凸函数. 这是站在一个更高的台阶上来理解上述三类设计, 同时用同一的理论来求上述三类设计中诸准则的下界, 而在文献中, 这些下界是不同作者在不同的文献中分别获得的. Fang 和 Zhang (2004) 利用优势理论来比较不同构的饱和正交设计$L_{16}(2^{15})$, 得到与文献中不同的结论, 引发了人们对比较正交设计各种准则的重新思考.

2) **回归设计与均匀设计**

前面曾述及回归设计当模型选择正确时有最好的 "有效性", 但缺乏对模型变化的稳健性; 均匀设计具有稳健性, 但不能确保有效性, 一个自然的想法是将两类设计点适当混杂, 使新设计能兼顾 "有效性" 和 "稳健性". 曾有人作过尝试, 结果证明上述思路是可行的, 但尚未见到正式发表的文章.

3) **均匀混料试验设计**

在新材料、食品及低温超导等研究中, 将不同的材料混在一起合成一个崭新的产品, 有关的试验称为混料试验. 用 $x_1,\cdots,x_s$ 表示 s 种材料在混合时的比例, 它们必须满足

$$\begin{cases} x_i \geqslant 0, i=1,\cdots,s, \\ x_1+\cdots+x_s=1. \end{cases} \tag{13.2.5}$$

如何选择最佳的比例使产品有最好的性能, 这是混料设计的目标. Cornell (2002) 收集了混料设计的各种方法和有关建模. 为了给使用者更多的选择, Fang 和 Wang (1994) 将均匀性系统地用于混料设计, 创造了混料均匀设计. 但在大部分的课题中, 不同原料比例的使用范围可能很不一样, 即存在 $0\leqslant a_i<b_i\leqslant 1$, 使得

$$\begin{cases} a_i \leqslant x_i \leqslant b_i, i=1,\cdots,s, \\ x_1+\cdots+x_s=1. \end{cases} \tag{13.2.6}$$

显然, 这时的试验范围为

$$\mathcal{J}(\boldsymbol{a},\boldsymbol{b})=\{(\boldsymbol{x}_1,\cdots,\boldsymbol{x}_s)|a_i\leqslant x_i\leqslant b_i, i=1,\cdots,s, x_1+\cdots+x_s=1\}.$$

混料均匀设计的目标是在 $\mathcal{J}(\boldsymbol{a},\boldsymbol{b})$ 上寻找 n 个试验点 $x_1,\cdots,x_n$, 使其在 $\mathcal{J}(\boldsymbol{a},\boldsymbol{b})$ 上散布均匀. 这里涉及如下两个主要的问题:

(1) 如何定义在 $\mathcal{J}(\boldsymbol{a},\boldsymbol{b})$ 上的均匀性测度;

(2) 如何寻找试验点, 使之在 $\mathcal{J}(\boldsymbol{a},\boldsymbol{b})$ 上散布均匀.

Wang 和 Fang (1996) 运用变换的方法解决了上述两个问题, 但所用的方法对于约束 b_i-a_i 甚小时, 相应的均匀设计看上去不是那么均匀. 随后, Fang 和 Yang (1999) 利用 Monto Carlo 中的接受–拒绝法 (acceptance-rejection technique) 和逆变换法, 对 Wang 和 Fang 的方法有所改进. 近年来, 不少作者试图在 $\mathcal{J}(a,b)$ 上定义

新的均匀性测度和构造有关的均匀设计, 详见文献 (Prescott, 2008; Borkowski and John, 2006; 宁建辉, 2008).

13.3 序贯设计

人类认识自然是一个长期的过程, 不断深化, 用新知识、新技术不断修正已建立的理论. 一个项目的试验很难一步到位, 序贯试验就是将试验分成多次, 将已做试验的信息, 用于随后的试验之中. 例如, 一个探索性的试验中, 第一轮试验通常选取的试验范围较大, 因素的数目较多. 通过试验可删除影响不显著的因素, 缩小试验范围, 然后进入第二轮试验. 这时, 因素的数目已大大减少, 可以安排更为精细的试验. 如果第二轮试验达不到预期的目的, 可进入第三轮、第四轮试验等.

13.3.1 超饱和试验设计

第一轮试验中由于因素太多, 势必要求较大的试验数目 n. 为了节省经费和时间, 能否用较小的试验数 n, 在第一轮试验中来筛选因素呢? 这一想法形成了当前很热门的 "超饱和试验设计". 在一个有 s 个因素的试验中, 若因素的水平数分别为 $q_1, \cdots, q_s$. 按因子试验的主效应可加模型, 共有 $M = \sum_{j=1}^{s}(q_j - 1)$ 个主效应要估计, 如果 $M > n-1$, 这时必有一部分主效应互相混杂而估不出来, 这样的设计称为超饱和试验设计. 超饱和试验设计是希望用有限的资源, 最好地筛选出有影响的因素.

(1) **超饱和设计的最优准则** 对二水平超饱和设计，Booth 和 Cox (1962) 从设计矩阵列相关的角度提出了 $E(s^2)$ 准则. 关于该准则的下界问题，近年来有很多的研究，最新的如文献 (Das, et al., 2008; Bulutoglu and Ryan, 2008). 从定义看，显然超饱和设计一定不是正交设计，于是人们考虑近似正交或部分因素之间正交. 所谓设计中某些列之间正交，就是这些因素的水平组合有相同的重复次数. 如果它们之间的重复次数不同，但最好不要相差太多. Wang 和 Wu (1992) 首次提出 "nearly orthogonal array" 的概念，Yamada 和 Lin (1999) 针对三水平超饱和设计提出了 Aveχ^2 准则，Fang 等 (2000) 和 Lu 和 Sun (2001) 针对多水平超饱和设计分别提出了 Ave(f^2) 和 $E(d^2)$ 准则. 后来对混水平的情形，Yamada 和 Matsui (2002) 提出了 $\chi^2(D)$ 准则，Fang 等 (2003) 提出了 $E(f_{\text{NOD}})$ 准则. 显然，均匀性也可作为衡量超饱和设计好坏的标准，特别是可取离散偏差作为均匀性度量，或构造超饱和设计的准则. 另外，前面提到的 GMA 和 MMA 准则也可作为超饱和设计的准则. 关于这些准则的下界及相互之间关系的研究，目前已有不少的文献 (如 Li, et al., 2004; Fang, et al. 2004; Xu and Wu, 2005; Liu, et al. 2006; Ai, et al., 2007; Liu and Lin, 2009). 上述这些研究都是针对平衡设计 (balanced design)进行的. 最近，Chen 和

Liu (2008b) 针对一般试验次数下混水平超饱和设计得到了 $\chi^2(D)$ 及 $E(f_{\rm NOD})$ 的下界和充要条件. 对上述各准则, 往往需要在特定的参数组合下才能达到文献中已给出的下界. 当因素数 s 不太多, 或特定的参数组合不能满足时, 有关的紧下界尚未获得, 这是一个很有意义的课题.

(2) **超饱和设计的构造** 最初, 许多作者把超饱和设计局限于二水平或三水平, 关于这些设计的构造, 目前已有相当丰富的文献. 作者可从上面刚刚提到的这些文献或其所引用的参考文献中看到各种构造方法和最优设计. 而从实用角度看, 多水平及混水平的超饱和设计也是十分需要的. 如果均匀设计是在 U 设计的框架下, 当水平数较大时, 均匀设计也是超饱和设计. 近年来, 用均匀性和均衡性来构造多水平及混水平的超饱和设计也已有了丰富的成果和有效的方法, 特别是所选用准则 (如 $\chi^2(D)$, $E(f_{\rm NOD})$, GMA, 及离散偏差等) 的下界对构造方法及优化算法很有参考价值. 这方面的最新成果参见文献 (如 Chen and Liu, 2008a, 2008b; Nguyen and Liu, 2008; Liu and Lin, 2009; Liu and Cai, 2009; Liu and Zhang, 2009). 特别要提到的是, Nguyen (1996) 首先建立了二水平超饱和设计与平衡不完全区组设计 (BIBD)之间的联系, 其方法被 Liu 和 Zhang (2000) 进行了推广. 而 Fang 等 (2002) 则建立了多水平超饱和设计与可分解的 BIBD 之间的联系. 此后, 有相当数量的文章用 $E(f_{\rm NOD})$ 及离散偏差等作准则, 通过不完全区组设计构造了一大批超饱和设计, 这其中包括我们和我们的合作者的不少工作. 在超饱和设计的构造方面, 如何构造达到或接近相关准则下界的设计, 或构造参数不满足下界所需的特定组合的设计, 以及构造尽可能最小化 $\max_{1\leqslant i<j\leqslant s} f_{\rm NOD}^{ij}$ 或 $\max_{1\leqslant i<j\leqslant s}\chi^2(x_i,x_j)$ (Chen and Liu, 2008a, 2008b) 的设计仍是非常值得探索的课题.

(3) **超饱和设计的数据分析** 使用超饱和设计的主要吸引力在于它的经济性, 用较少的试验次数可用来考察筛选较多的因子, 关键问题是如何进行数据分析. 利用效应稀疏原则, 可认为只有少数几个重要的因子具有较大的效应, 从而可以把它们估计出来. 因而从本质上讲设计的超饱和性不是数据分析中的障碍, 但是在分析方法上是需要研究的. 现已有不少方法, 如逐步回归分析方法、Bayes 方法、MCMC 方法、带惩罚的最小二乘方法、基于对照的方法等, 但都是针对二水平超饱和设计而言的. 最近, Zhang 等 (2007) 对混水平的超饱和设计提出了偏最小二乘变量选择法, 可有效地应用于活跃效应的筛选, 而 Phoa 等 (2009) 则提出了一种通过 Dantzig 选择量进行超饱和设计变量筛选的方法. 超饱和设计的数据分析具有相当大的难度但有重要理论意义和实际价值, 这方面研究的空间仍很大.

13.3.2 响应曲面方法

响应曲面方法 (response surface methodology, 简记为 RSM)是在工业试验中非常流行的方法, 由 Box 和 Wilson (1951) 首先提出来的. 由于工业生产不允许试验范围太大, 故第一轮试验是在一个小的范围内进行. 由于范围小, 可以认为模型已知. 例如, 可用二水平正交试验加一个中心点来安排试验. 然后用一个低阶多项式回归来拟合试验数据, 根据试验结果的分析, 将试验范围作一个小的移动, 然后重复以上的步骤, 直至满意为止, 详细介绍可参见文献 (Mayers and Montgomery, 1995). RSM 是目前最流行的用于工业生产的序贯试验方法.

由于 RSM 的试验的主体是基于二水平的正交设计的, 近年来, 不少文章将二水平推广为多水平, 将正交设计换为均匀设计. 例如, 文献 (王莉丽和王柱, 2005; 张英香等, 2006). 这一思路最初来源于优化的序贯数论方法(SNTO)(Fang and Wang, 1994). 用这一方法, 每一轮试验都在前一轮试验的基础上将试验范围大大缩小. 序贯均匀设计已有不少成功的案例.

13.4 结 束 语

在统计科学中, 试验设计有较长的历史, 但是至今仍然非常活跃, 其原因是新技术、新科学不断涌现, 需要新的试验设计的方法和相应的建模技术. 借助于试验设计和建模的理论和方法, 会大大加速科学的新发现、新技术的顺利诞生, 使新产品更加完美. 特别是非统计专业的研究生, 如果在试验设计和建模方面有一定的知识, 将会大大有助于课题的研究. 试验设计和建模方向仍有许多有挑战的课题, 本章中提及了很少的一部分, 供有关读者参考. 这方面有更多的研究课题, 读者不难在文献中找到.

参 考 文 献

方开泰. 1980. 均匀设计－数论方法在试验设计的应用. 应用数学学报, 3: 363～372

方开泰, 马长兴. 2001. 正交与均匀试验设计. 北京: 科学出版社

宁建辉. 2008. 混料试验的均匀设计. 武汉: 华中师范大学博士学位论文

王莉丽, 王柱. 2005. 序贯均匀设计－多维空间的选优法. 数理统计与管理, 24(1): 103～108

张英香, 陈谨, 王柱. 2006. 二维序贯均匀等距设计对跳比单调函数类的有效性. 数理统计与管理, 25(1): 39～42

Ai M Y, Fang K T, He S Y. 2007. $E(\chi^2)$-optimal mixed-level supersaturated designs. J. Statist. Plann. Inference, 137: 306～316

Ai M Y, Yang G J, Zhang R C. 2006. Minimum aberration blocking of regular mixed factorial designs. J. Statist. Plann. Inference, 136: 1439～1511

Atkinson A C, Donev A N. 1992. Optimum Experimental Designs. Oxford Science Publication, Oxford. UK

Booth K H V, Cox D R. 1962. Some systematic supersaturated designs. Technometrics, 4: 489～495

Box G E P, Hunter J S. 1961. The 2^{k-p} fractional factorial designs. Technometrics, 3: 311~351, 449~458

Box G E P, Wilson K B. 1951. On the experimental attainment of optimum conditions. J. R. Stat. Soc. Ser. B, 13: 1~45

Bulutoglu D A, Ryan K J. 2008. $E(s^2)$-optimal supersaturated designs with good minimax properties when N is odd. J. Statist. Plann. Inference, 138: 1754~1762

Booth K H V, Cox D R. 1962. Some systematic supersaturated designs. Technometrics, 4: 489~495

Borkowski J J. 2006. Space-filling designs for high-dimensional mixture experiments with multiple constraints. Proceedings of the 3rd Sino-International Symposium on Probability, Statistics, and Quantitative Management. Taipei, Taiwan. 19~29

Chen B J, Li P F, Liu M Q, Zhang R C. 2006. Some results on blocked regular 2-level factorial designs with clear effects. J. Statist. Plann. Inference, 136: 4436~4449

Chen J, Liu M Q. 2008a. Optimal mixed-level k-circulant supersaturated designs. J. Statist. Plann. Inference, 138: 4151~4157

Caliński T, Kageyma S. 1996. Block designs: their combinatorial and statistical properties. *In*: Ghosh S, Rao C R. Handbook of Statistics 13. Elsevier Science B.V.. Amsterdam. 809~873

Chen J, Sun D X, Wu C F J. 1993. A catalogue of two-level and three-level fractional factorial designs with small runs. Int. Statist. Rev, 61: 131~145

Cornell J A. 2002. Experiments with Mixtures, Designs, Models and the Analysis of Mixture Data. 3rd ed. New York: Wiley

Chen J, Liu M Q. 2008b. Optimal mixed-level supersaturated design with general number of runs. Statist. Probab. Lett. 78: 2496~2502

Das A, Dey A, Chan L Y, Chatterjee K. 2008. On $E(s^2)$-optimal supersaturated designs. J. Statist. Plann. Inference, 138: 3749~3757

Deng L Y, Tang B. 1999. Generalized resolution and minimum aberration criteria for Plackett-Burman and other nonregular factorial designs. Statist. Sinica, 9: 1071~1082

Dey. A, Mukerjee R. 1999. Fractional Factorial Plans. New York: Wiley

Fang K T, Ge G N, Liu M Q, Qin H. (2004). Combinatorial constructions for optimal supersaturated designs. Discrete Math., 279: 191~202

Fang K T, Lin D K J, Liu M Q. 2003. Optimal mixed-level supersaturated design. Metrika, 58: 279~291

Fries A, Hunter W G. 1980. Minimum aberration 2^{k-p} designs. Technometrics, 22: 601~608

Fang K T, Ge G N. 2004. A sensitive algorithm for detecting the inequivalence of Hadamard matrices. Math. Computation, 73: 843~851

Fang K T, Ge G N, Liu M Q. 2002. Uniform supersaturated design and its construction. Sci. China, Ser., A 45: 1080~1088

Fang K T, Kotz S, Ng K W. 1990. Symmetric Multivariate and Related Distributions. London and New York: Chapman and Hall Ltd

Fang K T, Li R, Sudjianto A. 2005. Design and Modeling for Computer Experiments. London: Chapman & Hall/CRC Press

Fang K T, Lin D K J. 2003. Uniform experimental design and its application in industry. *In*: Khattree R, Rao C R. Handbook on Statistics 22: Statistics in Industry. Elsevier, North-Holland. 131~170

Fang K T, Lin D K J, Ma C X. 2000. On the construction of multi-level supersaturated designs. J. Statist. Plan. Infer., 86: 239~252

Fang K T, Lin D K J, Winker P, et al. 2000. Uniform design: Theory and Applications. Technometrics, 42: 237~248

Fang K T, Ma C X. 2000. The usefulness of uniformity in experimental design. *In*: Kollo T, Tiit E M, Srivastava M. New Trends in Probability and Statistics (5). The Netherlands: TEV and VSP. 51~59

Fang K T, Mukerjee R. 2000. A connection between uniformity and aberration in regular fractions of two-level factorials. Biometrika, (87): 193~198

Fang K T, Wang Y. 1994. Number-theoretic Methods in Statistics. London: Chapman and Hall

Fang K T, Yang Z H. 1999. On uniform design of experiments with restricted mixtures and generation of uniform distribution on some domains. Statist. Probab. Lett., 46: 113~120

Fang K T, Zhang A. 2004. Minimum aberration majorization in non-isomorphic saturated designs. J. Statist. Plan. Infer., 126: 337~346

Ghosh S, Rao C R. Handbook of Statistics 13, Elsevier, North-Holland. The Netherlands: Amsterdam

Gupta S, Mukerjee R. 1996. Developments in incomplete block designs for parallel line bioassays. *In*: Ghosh S, Rao C R. Handbook of Statistics 13. Elsevier Science B.V.. Amsterdam. 875~901

Haykin S S. 1998. Neural Networks: A Comprehensive Foundation. Upper Saddle River, N.J. USA: Prentice Hall

Hickernell F J. 1998. Lattice rules: how well do they measure up? *In*: Hellekalek P, Larcher G. Random and Quasi-Random Point Sets. Springer-Verlag. 106~166

Hickernell F J. 1999. Goodness-of-fit statistics, discrepancies and robust designs. Statist. Probab. Lett., 44: 73~78

Hickernell F J, Liu M Q. 2002. Uniform designs limit aliasing. Biometrika, 389: 893~904

Hua L K, Wang Y. 1981. Applications of Number theory to Numerical Analysis. Berlin and Beijing: Springer-Verlag and Science Press

Koehler J R, Owen A B. 1996. Computer experiments. *In*: Ghosh S, Rao C R. Handbook of Statistics 13. Elsevier Science B.V.. Amsterdam. 261~308

Li P F, Chen B J, Liu M Q, Zhang R C. 2006. A note on minimum aberration and clear criteria. Statist. Probab. Lett., 76: 1007~1011

Li P F, Liu M Q, Zhang R C. 2004. Some theory and the construction of mixed-level supersaturated designs. Statist. Probab. Lett., 69: 105~116

Liu M Q, Fang K T, Hickernell F J. 2006. Connections among different criteria for asymmetrical fractional factorial designs. Statist. Sinica, 16: 1285~1297

Liu M Q, Zhang L. 2009. An algorithm for constructing mixed-level k-circulant supersaturated designs. Comput. Statist. Data Anal., 53: 2465~2470

Liu M Q, Zhang R C. 2000. Construction of $E(s^2)$ optimal supersaturated designs using cyclic BIBDs. J. Statist. Plann. Inference, 91: 139~150

Lu X, Sun Y. 2001. Supersaturated designs with more than two levels. Chinese Ann. Math, B 22: 183~194

Liu M Q, Cai Z Y. 2009. Construction of mixed-level supersaturated designs by the substitution method. Statist. Sinica 19: 1705~1719

Liu M Q, Lin D K J. 2009. Construction of optimal mixed-level supersaturated designs. Statist. Sinica 19: 197~211

Ma C X, Fang K T. 2001. A note on generalized aberration in factorial designs. Metrika, 53: 85~93

Ma C X, Fang K T, Lin D K J. 2001. On the isomorphism of fractional factorial designs. J. Complexity, 17: 86~97

Mayers R H, Montgomery D C. 1995. Response Surface Methodolgy: Process and Producet Optimization Using Designed Experiments. New York: Wiley

McKay M D, Beckman R J, Conover W J. 1979. A comparison of three methods for selecting values of input variables in the analysis of output from a computer code. Technometrics, 21: 239~245

Morris M D, Mitchell T J, Ylvisaker D. 1993. Bayesian design and analysis of computer experiments: use of derivatives in surface prediction. Technometrics, 35: 243~255

Mukerjee R, Wu C F J. 2006. A Modern Theory of Factorial Designs. New York: Springer

Nguyen N K. 1996. An algorithmic approach to constructing supersaturated designs. Technometrics, 38: 69~73

Nguyen N K, Liu M Q. 2008. An algorithmic approach to constructing mixed-level orthogonal and near-orthogonal arrays. Comput. Statist. Data Anal., 52: 5269~5276

Prescott P. 2008. Nearly uniform designs for mixture experiments. Comm. Statist. Theory and Methods, 37: 2095~2115

Pukelsheim F. 1993. Optimum Design of Experiments. New York: Wiley

Phoa F K H, Pan Y H, Xu H. 2009. Analysis of supersaturated designs via Dantzig selector. J. Statist. Plann. Inference 139: 2362~2372

Sacks J, Schiller S B, Welch W J. 1989a. Designs for computer experiments. Technometrics, 31: 41~47

Sacks J, Welch W J, Mitchell T J, Wynn HP. 1989b. Design and analysis of computer experiments. Statistical Science, 4: 409~435

Santner T J, Williams B J, Notz W I. 2003. The Design and Analysis of Computer Experiments. New York: Springer

Simpson T W, Lin D K J, Chen W. 2001. Sampling strategies for computer experiments: design and analysis. International J. Reliability and Applications, 2: 209~240

Street D J. 1996. Block and other designs used in agriculture. *In*: Ghosh S, Rao C R. Handbook of Statistics 13. Elsevier Science B.V. Amsterdam. 759~808

Sun D X. 1993. Estimation capacity and related topics in experimental designs. PhD dissertation. University of Waterloo, Waterloo

Tang B. 2007. Construction results on minimum aberration blocking schemes for 2^m designs. J. Statist. Plann. Inference, 137: 2355~2361

Tang B, Deng L Y. 1999. Minimum G_2-aberration for nonregular fractional factorial designs. Ann. Statist., 27: 1914~1926

Wu C F J, Chen Y. 1992. A graph-aided method for planning two-level experiments when certain interactions are important. Technometrics, 34: 162~175

Xu H. 2006. Blocked regular fractional factorial designs with minimum aberration. Ann. Statist., 34: 2534~2553

Xu H, Wu C F J. 2005. Construction of optimal multi-level supersaturated designs. Ann. Statist., 33: 2811~2836

Wang J C, Wu C F J. 1992. Nearly orthogonal arrays with mixed levels and small runs. Technometrics, 34: 409~422

Wang Y, Fang K T. 1996. Uniform design of experiments with mixtures. Science in China, Series A 39: 264~275

Wiens D P. 1991. Designs for approximately linear regression: two optimality properties of uniform designs. Statist. & Prob. Letters, 12: 217~221

Wu C F J, Hamada M. 2000. Experiments: Planning, Analysis, and Parameter Design Optimization. New York: Wiley

Xie M Y, Fang K T. 2000. Admissibility and minimaxity of the uniform design in nonparametric regression model. J. Statist. Plann. Inference, 83: 101~111

Xu H. 2003. Minimum moment aberration for nonregular designs and supersaturated designs. Statist. Sinica, 13: 691~708

Xu H, Wu C F J. 2001. Generalized minimum aberration for asymmetrical fractional factorial designs. Ann. Statist., 29: 1066~1077

Yamada S, Lin D K J. 1999. Three-level supersaturated designs. Statist. Probab. Lett., 45: 31~39

Yamada S, Matsui T. 2002. Optimality of mixed-level supersaturated designs. J. Statist. Plann. Inference, 104: 459~468

Yang J F, Li P F, Liu M Q, Zhang R C. 2006. $2^{(n_1+n_2)-(k_1+k_2)}$ fractional factorial split-plot designs containing clear effects. J. Statist. Plann. Inference, 136: 4450~4458

Yang J F, Liu M Q, Zhang R C. 2009. Some results on fractional factorial split-plot designs with multi-level factors. Comm. Statist. Theory Methods, 38: 3623~3633

Yue R X, Hickernell F J. 1999. Robust Optimal Designs for Fitting approximately Liner Models. Statist. 9: 1053~1069

Zhang A J, Fang K T, Li R, et al. 2005. Majorization framework balanced lattice designs. Ann. Statist., 33: 2837~2853

Zhang Q. Z., Zhang R. C, Liu M. Q. 2007. A method for screening active effects in supersaturated designs. J. Statist. Plann. Inference, 137: 2068~2079

Zhang R C, Li P, Zhao S L, Ai M Y. 2008. A general minimum lower-order confounding criterion for two-level regular designs. Statist. Sinica, 18: 1689~1705

Zhao S L, Zhang R C, Liu M Q. 2008. Some results on 4^m2^n designs with clear two-factor interaction components. Sci. China Ser. A, 51: 1297~1314

Zi X M, Liu M Q, Zhang R C. 2007. Asymmetrical designs containing clear effects. Metrika, 65: 123~131

Zi X M, Zhang R C, Liu M Q. 2006. Bounds on the maximum numbers of clear two-factor interactions for $2^{(n_1+n_2)-(k_1+k_2)}$ fractional factorial split-plot designs. Sci. China Ser. A, 49: 1816~1829

索　　引

《现代数学基础丛书》已出版书目

1 数理逻辑基础(上册) 1981.1 胡世华 陆钟万 著
2 数理逻辑基础(下册) 1982.8 胡世华 陆钟万 著
3 紧黎曼曲面引论 1981.3 伍鸿熙 吕以辇 陈志华 著
4 组合论(上册) 1981.10 柯 召 魏万迪 著
5 组合论(下册) 1987.12 魏万迪 著
6 数理统计引论 1981.11 陈希孺 著
7 多元统计分析引论 1982.6 张尧庭 方开泰 著
8 有限群构造(上册) 1982.11 张远达 著
9 有限群构造(下册) 1982.12 张远达 著
10 测度论基础 1983.9 朱成熹 著
11 分析概率论 1984.4 胡迪鹤 著
12 微分方程定性理论 1985.5 张芷芬 丁同仁 黄文灶 董镇喜 著
13 傅里叶积分算子理论及其应用 1985.9 仇庆久 陈恕行 是嘉鸿 刘景麟 蒋鲁敏 编
14 辛几何引论 1986.3 J.柯歇尔 邹异明 著
15 概率论基础和随机过程 1986.6 王寿仁 编著
16 算子代数 1986.6 李炳仁 著
17 线性偏微分算子引论(上册) 1986.8 齐民友 编著
18 线性偏微分算子引论(下册) 1992.1 齐民友 徐超江 编著
19 实用微分几何引论 1986.11 苏步青 华宣积 忻元龙 著
20 微分动力系统原理 1987.2 张筑生 著
21 线性代数群表示导论(上册) 1987.2 曹锡华 王建磐 著
22 模型论基础 1987.8 王世强 著
23 递归论 1987.11 莫绍揆 著
24 拟共形映射及其在黎曼曲面论中的应用 1988.1 李 忠 著
25 代数体函数与常微分方程 1988.2 何育赞 萧修治 著
26 同调代数 1988.2 周伯壎 著
27 近代调和分析方法及其应用 1988.6 韩永生 著
28 带有时滞的动力系统的稳定性 1989.10 秦元勋 刘永清 王 联 郑祖庥 著
29 代数拓扑与示性类 1989.11 [丹麦] I.马德森 著
30 非线性发展方程 1989.12 李大潜 陈韵梅 著

31 仿微分算子引论 1990.2 陈恕行 仇庆久 李成章 编
32 公理集合论导引 1991.1 张锦文 著
33 解析数论基础 1991.2 潘承洞 潘承彪 著
34 二阶椭圆型方程与椭圆型方程组 1991.4 陈亚浙 吴兰成 著
35 黎曼曲面 1991.4 吕以辇 张学莲 著
36 复变函数逼近论 1992.3 沈燮昌 著
37 Banach 代数 1992.11 李炳仁 著
38 随机点过程及其应用 1992.12 邓永录 梁之舜 著
39 丢番图逼近引论 1993.4 朱尧辰 王连祥 著
40 线性整数规划的数学基础 1995.2 马仲蕃 著
41 单复变函数论中的几个论题 1995.8 庄圻泰 杨重骏 何育赞 闻国椿 著
42 复解析动力系统 1995.10 吕以辇 著
43 组合矩阵论(第二版) 2005.1 柳柏濂 著
44 Banach 空间中的非线性逼近理论 1997.5 徐士英 李 冲 杨文善 著
45 实分析导论 1998.2 丁传松 李秉彝 布 伦 著
46 对称性分岔理论基础 1998.3 唐 云 著
47 Gel'fond-Baker 方法在丢番图方程中的应用 1998.10 乐茂华 著
48 随机模型的密度演化方法 1999.6 史定华 著
49 非线性偏微分复方程 1999.6 闻国椿 著
50 复合算子理论 1999.8 徐宪民 著
51 离散鞅及其应用 1999.9 史及民 编著
52 惯性流形与近似惯性流形 2000.1 戴正德 郭柏灵 著
53 数学规划导论 2000.6 徐增堃 著
54 拓扑空间中的反例 2000.6 汪 林 杨富春 编著
55 序半群引论 2001.1 谢祥云 著
56 动力系统的定性与分支理论 2001.2 罗定军 张 祥 董梅芳 著
57 随机分析学基础(第二版) 2001.3 黄志远 著
58 非线性动力系统分析引论 2001.9 盛昭瀚 马军海 著
59 高斯过程的样本轨道性质 2001.11 林正炎 陆传荣 张立新 著
60 光滑映射的奇点理论 2002.1 李养成 著
61 动力系统的周期解与分支理论 2002.4 韩茂安 著
62 神经动力学模型方法和应用 2002.4 阮 炯 顾凡及 蔡志杰 编著
63 同调论——代数拓扑之一 2002.7 沈信耀 著
64 金兹堡-朗道方程 2002.8 郭柏灵 黄海洋 蒋慕容 著

65　排队论基础　2002.10　孙荣恒　李建平　著
66　算子代数上线性映射引论　2002.12　侯晋川　崔建莲　著
67　微分方法中的变分方法　2003.2　陆文端　著
68　周期小波及其应用　2003.3　彭思龙　李登峰　谌秋辉　著
69　集值分析　2003.8　李　雷　吴从炘　著
70　强偏差定理与分析方法　2003.8　刘　文　著
71　椭圆与抛物型方程引论　2003.9　伍卓群　尹景学　王春朋　著
72　有限典型群子空间轨道生成的格(第二版)　2003.10　万哲先　霍元极　著
73　调和分析及其在偏微分方程中的应用(第二版)　2004.3　苗长兴　著
74　稳定性和单纯性理论　2004.6　史念东　著
75　发展方程数值计算方法　2004.6　黄明游　编著
76　传染病动力学的数学建模与研究　2004.8　马知恩　周义仓　王稳地　靳　祯　著
77　模李超代数　2004.9　张永正　刘文德　著
78　巴拿赫空间中算子广义逆理论及其应用　2005.1　王玉文　著
79　巴拿赫空间结构和算子理想　2005.3　钟怀杰　著
80　脉冲微分系统引论　2005.3　傅希林　闫宝强　刘衍胜　著
81　代数学中的 Frobenius 结构　2005.7　汪明义　著
82　生存数据统计分析　2005.12　王启华　著
83　数理逻辑引论与归结原理(第二版)　2006.3　王国俊　著
84　数据包络分析　2006.3　魏权龄　著
85　代数群引论　2006.9　黎景辉　陈志杰　赵春来　著
86　矩阵结合方案　2006.9　王仰贤　霍元极　麻常利　著
87　椭圆曲线公钥密码导引　2006.10　祝跃飞　张亚娟　著
88　椭圆与超椭圆曲线公钥密码的理论与实现　2006.12　王学理　裴定一　著
89　散乱数据拟合的模型、方法和理论　2007.1　吴宗敏　著
90　非线性演化方程的稳定性与分歧　2007.4　马　天　汪宁宏　著
91　正规族理论及其应用　2007.4　顾永兴　庞学诚　方明亮　著
92　组合网络理论　2007.5　徐俊明　著
93　矩阵的半张量积:理论与应用　2007.5　程代展　齐洪胜　著
94　鞅与 Banach 空间几何学　2007.5　刘培德　著
95　非线性常微分方程边值问题　2007.6　葛渭高　著
96　戴维-斯特瓦尔松方程　2007.5　戴正德　蒋慕蓉　李栋龙　著
97　广义哈密顿系统理论及其应用　2007.7　李继彬　赵晓华　刘正荣　著
98　Adams 谱序列和球面稳定同伦群　2007.7　林金坤　著

99 矩阵理论及其应用 2007.8 陈公宁 编著

100 集值随机过程引论 2007.8 张文修 李寿梅 汪振鹏 高 勇 著

101 偏微分方程的调和分析方法 2008.1 苗长兴 张 波 著

102 拓扑动力系统概论 2008.1 叶向东 黄 文 邵 松 著

103 线性微分方程的非线性扰动(第二版) 2008.3 徐登洲 马如云 著

104 数组合地图论(第二版) 2008.3 刘彦佩 著

105 半群的 S-系理论(第二版) 2008.3 刘仲奎 乔虎生 著

106 巴拿赫空间引论(第二版) 2008.4 定光桂 著

107 拓扑空间论(第二版) 2008.4 高国士 著

108 非经典数理逻辑与近似推理(第二版) 2008.5 王国俊 著

109 非参数蒙特卡罗检验及其应用 2008.8 朱力行 许王莉 著

110 Camassa-Holm 方程 2008.8 郭柏灵 田立新 杨灵娥 殷朝阳 著

111 环与代数(第二版) 2009.1 刘绍学 郭晋云 朱 彬 韩 阳 著

112 泛函微分方程的相空间理论及应用 2009.4 王 克 范 猛 著

113 概率论基础(第二版) 2009.8 严士健 王隽骧 刘秀芳 著

114 自相似集的结构 2010.1 周作领 瞿成勤 朱智伟 著

115 现代统计研究基础 2010.3 王启华 史宁中 耿 直 主编

116 图的可嵌入性理论(第二版) 2010.3 刘彦佩 著

117 非线性波动方程的现代方法(第二版) 2010.4 苗长兴 著

118 算子代数与非交换 L_p 空间引论 2010.5 许全华 吐尔德别克 陈泽乾 著

119 非线性椭圆型方程 2010.7 王明新 著

120 流形拓扑学 2010.8 马 天 著

121 局部域上的调和分析与分形分析及其应用 2011.4 苏维宜 著

122 Zakharov 方程及其孤立波解 2011.6 郭柏灵 甘在会 张景军 著

123 反应扩散方程引论(第二版) 2011.9 叶其孝 李正元 王明新 吴雅萍 著

124 代数模型论引论 2011.10 史念东 著

125 拓扑动力系统——从拓扑方法到遍历理论方法 2011.12 周作领 尹建东 许绍元 著

126 Littlewood-Paley 理论及其在流体动力学方程中的应用 2012.3 苗长兴 吴家宏 章志飞 著

127 有约束条件的统计推断及其应用 2012.3 王金德 著

128 混沌、Mel'nikov 方法及新发展 2012.6 李继彬 陈凤娟 著

129 现代统计模型 2012.6 薛留根 著

130 金融数学引论 2012.7 严加安 著

131 零过多数据的统计分析及其应用 2013.1 解锋昌 韦博成 林金官 著

132　分形分析引论　2013.6　胡家信　著
133　索伯列夫空间导论　2013.8　陈国旺　编著
134　广义估计方程估计方程　2013.8　周　勇　著
135　统计质量控制图理论与方法　2013.8　王兆军　邹长亮　李忠华　著
136　有限群初步　2014.1　徐明曜　著
137　拓扑群引论(第二版)　2014.3　黎景辉　冯绪宁　著
138　现代非参数统计　2015.1　薛留根　著